2 Mathematical Algorithms Unlimited

새로운 두 수학 @5

Two New Math
TNM

owl@owl.co.kr
www.owl.co.kr
OWL Lab., Seoul, South Korea
2nd Edition in 2025

아울연구소 이두진 지음
연구원 김성희

양자의 심장
Pulsing Quantum

Two New Math

새로운 두 수학 5
양자의 심장 Pulsing Quantum

2025년 11월 20일 초판 인쇄
2025년 11월 30일 초판 발행

| 저　　자 | 아울연구소 이두진
| 발 행 인 | 조규백
| 발 행 처 | 도서출판 구민사
| | (07293) 서울특별시 영등포구 문래북로 116, 604호(문래동3가 46, 트리플렉스)
| 전　　화 | (02) 701-7421
| 팩　　스 | (02) 3273-9642
| 홈페이지 | www.kuhminsa.co.kr
| 신고번호 | 제 2012-000055호 (1980년 2월4일)
| ISBN | 979-11-6875-636-6 (93410)

| 정　　가 | 32,000원

※ 낙장 및 파본은 구입하신 서점에서 바꿔드립니다.
※ 본서를 허락없이 부분 또는 전부를 무단복제, 게재행위는 저작권법에 저촉됩니다.

양자론의 옷깃을 다시 여민다.

지금까지의 양자역학은 선분논리 속에 있었다. 땅은 네모이고 하늘은 둥글다는 말에서 벗어나지 못했다. 우리는 양자에 대해 첫 단추부터 다시 생각해 보아야 한다.

신비한 현상을 보았을 때 영감을 받아 소설을 쓰는 것도 좋지만 내 눈에 장착된 렌즈부터 살펴보아야 한다. 우리는 렌즈를 통해 세상을 인식한다. 렌즈를 교체해서 세상을 보면 평소에 보이지 않던 무늬들이 춤을 추며 노래를 한다.

파동과 입자는 길이와 각도의 관계에서 유래한다. 길이는 선형의 1차원이고 각도는 원형의 2차원이다. 길이의 양 끝은 0과 ∞이어서 끝이 없지만 우리는 선분으로 인식한다. 길이는 0과 ∞가 만나 원을 이루면서 각도가 탄생한다.

길이와 각도는 본래 같은 것인데 우리의 눈이 다른 것으로 구분했다. 길이로 펼쳐져 있는 것은 파동이라고 불렀고 각도로 회전하여 양 끝맺음을 이루면 입자라 말했다. 파동과 입자는 인식으로 구분했을 뿐 본래 구분이 없었다.

양자 역학은 파동과 입자의 관계에 대한 해석이다. 양자의 척도를 어디에 두느냐에 따라 입자에 대한 해석도 달라진다. 선분논리의 눈은 파동이 입자가 되는 것을 양자화라고 말하는데, 이 논리의 전제는 시간 이후의 시공간을 배경에 두고 있다.

시간 이전의 **동시공간**을 전제로 한 회전논리의 눈으로 보면 세상이 달라진다. 시간의 평면파가 동시공간을 형성하고 공간에 존재하는 수량으로 나타난다. 이 수량을 **공간량**이라 부르고 입자를 대표하는 **양자**가 된다.

우리는 시간이 무엇인지 잘 몰랐다. 그러나 시간이 상대적 관계라는 것을 받아들이는 데는 무리가 없어 보인다. 회전논리는 시간의 탄생을 0과 ∞의 관계에서 찾았다. 그리고 광속을 초월하는 방법에서 시간을 멈추는 관점을 소개한다. 그것이 동시공간이다. 광속뿐 아니라 어떤 속도도 0보다 빠른 것은 없다.

알고 나면 당연하다. 시간을 멈추는 것으로 광속을 초월한다. 시간을 느리게 하려면 얼리면 된다. 물리적 관계는 시간을 의미하기 때문에 온도가 낮아지면 그들의 시간이 느려진다. 우리는 냉동기술로 이미 그 사실을 상식으로 알고 있지만 낫 놓고 기역 자를 모른다.

극저온의 임계점에서 **공간 분기** 현상을 일으켜 양자막이 깨지면 초전도와 같은 현상이 나타난다. 사실은 초전도 현상이 나타나는 것이 아니라 고전역학의 공식이 **0입자**로 작용하지 않는 것이다. 우리는 항상 나의 환경을 기준으로 생각하는 습관이 있어서 초전도 현상이 나타난다고 말한다.

당연한 **양자 얽힘**이 신비한 현상으로 보이는 것은 나를 기준으로 생각한 착각에서 비롯한다. 세상이 존재하는 것은 끊임없이 연속된 흐름 위에 있기 때문이다. 이런 연속된 시간의 흐름은 선분논리의 눈에 "인과(因果)"로 해석된다.

알고 보면 신비하거나 이해할 수 없는 현상은 없다. 단지 지금 당장 그 인과를 해석하지 못했을 뿐이다. 내가 알고 있는 것을 전부라고 생각하는 천재는 "인간은 이해할 수 없다"는 말을 한다. 물론 그 당시의 대중을 두고 한 말일 것이다. 경험하지 못해서 이해할 수 없어야만 하는 것은 아니다.

어린 시절부터 선분논리와 회전논리가 있다는 것만이라도 들을 기회가 있다면 그들이 누릴 수 있는 세상은 우주가 무한한 만큼 넓어질 것이다. 우리는 뒤늦게나마 회전논리의 소용돌이를 타고 양자의 심장 박동을 느끼면서 태초의 우주로 여행할 것이다.

참고로 수학적 유물들은 중등교육 수학 수준에서 여정의 지팡이를 쥐고 체험할 수 있도록 전시해 두었다. 회전논리가 쥐여주는 수학의 지팡이는 계산을 빨리하는 경주가 아니다. 논리의 흐름을 따라 여행하다가 주변에 널려 있는 0입자들과 대화를 나누는 일상이다.

그런 일상 속에 석학들이나 알 법한 지식이 상식으로 변한다. 상식은 다시 우리의 일상을 자연스레 윤택하게 한다. 수학의 난제나 양자역학의 난제들도 모두 알고 보면 당연한 상식의 수준에서 내 옆에 잠들고 있다.

제1부 양자의 심장   11
Pulsing Quantum

파동 현미경   12
Wave Microscopes

잠재된 소용돌이, 모멘텀과 퍼텐셜   16
Potential Spiral

질량과 시간, 특수 상대성   33
Special Relativity of Mass & Time

파동의 두 관점, 오메가   71
Two Wave Viewpoints, Omega

오일러 파동 방정식   79
Euler Wave Equation

시공간의 파동, 슈뢰딩거 방정식   86
Spacetime Wave, Schrödinger Equation

허수계의 시간 소용돌이   99
Time Spiral in Imaginary System

전자의 무늬   109
Electron Patterns

켤레 쌍곡선 파동   111
Conjugate Hyperbolic Wave

시공간 잠재 에너지 분해   134
TimeSpace Potential Decomposition

시간과 공간의 대화   144
Dialogue of Time & Space Wave

좌표계 변환 현미경   159
System Transformation Microscope

구 좌표계의 두 눈	178
Spherical Two Eyes	

삼각 거울, 90도의 문	196
Triangle Mirror, 90-Door	

구면 조화파 소용돌이 속으로   209
Into Spherical Harmonic Vortex

키클롭스의 세 눈 r, θ, φ	225
Cyclops' Coordinates	

라플라시안 파도의 시작	238
Genesis of Laplacian Wave Dynamics	

라플라시안의 각운동	249
Laplacian Angular Momentum	

라플라시안의 재구성	267
Laplacian Reimagined	

회전하는 파동 실험	290
Spinning Wave Dynamics	

구면 조화파의 만물, 입자	303
Spherical Harmonic, Creatures	

각도의 양자화, 양자수	332
Angle Quantization : Quantum Numbers	

각운동과 스핀 양자화	344
Angular Momentum & Spin Quantization	

원자 에너지 속으로   375
Diving Into Atomic Energy

두 동심원의 관계	384
Two Concentric Relation	

동심원 에너지 정리	413
Concentric Energy Theorem	

동심원의 왜곡	442
Concentric Distortion	

각도의 무늬 : 르장드르 다항식   465
Angular Harmonics : Legendre Polynomials

오일러-코시 미분 방정식   467
Euler-Cauchy Equation

무한 굴레, 르장드르 미분 방정식   473
Sisyphus, Legendre Differential Equation

연속 미분파, 로드리게스 공식   480
Multiple Differential Wave, Rodrigues' Formula

르장드르 파동의 유래   493
Genesis of Legendre Waves

르장드르 평면파, 직교성   521
Legendre Plane Wave, Orthogonality

오일러의 베타와 감마, 평면파   525
Euler's Beta & Gamma, Plane Wave

미적분 동시공간   560
Calculus Sync-Clone Space

반정수 베타파   576
Half-Integer Beta Wave

르장드르 직교성 : 반정수 베타파   588
Legendre Orthogonality: Half-Integer Beta Wave

연관 르장드르 관점 렌즈   598
Associated Legendre ViewPoint Lens

동시공간 사인파의 신호 얽힘   607
Signal Entanglement of Sync-Cloned Sine Waves

각도의 진동 도약   613
Angular Dimensional Pulsing

각도 입자의 연산자 분기   619
Angular Genesis : Operator Bifurcation

길이와 각도 렌즈   633
Length & Angle Lens

각도의 심장   644
Pulsing Angle

연관 르장드르 직교성   653
Associated Legendre Orthogonality

각도의 양자화   672
Angle Quantization

제 1 부
양자의 심장
Pulsing Quantum

파동 현미경
Wave Microscopes

뉴턴의 미분법과 운동 법칙 이후 현대의 양자 역학은 오일러의 원 방정식인 **오일러 공식**에서 오비탈이라고 하는 **슈뢰딩거 방정식**의 전자 모델에 이르렀다.

오일러의 뒤를 이은 **라그랑주**는 오일러의 지지를 받으며 **라그랑지언**이라 불리는 포괄적인 수학과 물리학의 기초 논리들을 탄탄하게 마련했다.

한편 라그랑주의 후배 **라플라스**도 태생이 늦지만 동시대의 과학적 이슈들을 연구하면서 **라플라시안**이라 불리는 기초 논리들을 남겼다.

현대 수학과 물리학은 모두 **오일러-라그랑주-라플라스**의 논리 정리에 베이스캠프를 두고 있다.

Isaac Newton 1643~1727

...

from Euler to Schrödinger

Leonhard Euler 1707~1783
Joseph-Louis Lagrange 1736~1813
Charles-Augustin de Coulomb, 1736~1806
Pierre-Simon Laplace 1749~1827
André-Marie Ampère 1775~1836
Carolus Fridericus Gauss 1777~1855
Michael Faraday 1791~1867
James Clerk Maxwell 1831~1879

...

Max Planck 1858~1947
Erwin Schrödinger 1887~1961

...

Louis de Broglie 1892~1987

사람들은 양자 역학에서 이해하지 못하는 논리를 맞이했을 때 고전 물리학과 양자 역학은 다르다고 말하곤 한다.

그러나 나중에 알고 보면 물리학은 수학을 벗어난 적이 없고 양자 역학은 고전 물리학을 벗어난 적이 없다. 단지 현시점에 선분논리를 회전논리로 완성하지 못했을 뿐이다.

자기복제 존재론으로 소개했던 우주 탄생의 원리에서 관람했듯이 모든 현상들이나 입자들은 0과 ∞의 자기복제 관계 속에 있다. 이 원리를 기하적 무늬로 나타낸 것이 점이고 원이며 구체다.

따라서 전자구름의 궁금증에서 시작했던 슈뢰딩거 방정식도 오일러의 원 방정식에 베이스캠프가 있다.

슈뢰딩거가 자신의 방정식에 대한 의미를 설명할 때 고양이 이야기를 했던 것에 대중의 이목이 집중되면서 의도치 않게 그 원리가 왜곡되는 사회적 현상을 낳았다. 슈뢰딩거 방정식을 확률적 접근에서 시작했다고 말할 수 있지만 직접적인 수학적 방법은 편미분이다.

게다가 수학과 물리학을 구분 없이 연구하던 시대의 수학자들이 오일러 공식을 토대로 행성 궤도에 대한 물리적 해법들을 모두 정리한 상태였다.

슈뢰딩거와 경쟁 상황에 있던 하이젠베르크도 같은 문제를 고민하고 있었다. 슈뢰딩거는 **미분법**으로 접근했고 하이젠베르크는 **행렬역학**으로 접근했다. 두 학자는 모두 양자 역학을 정리하기 위해 오일러에서 라그랑주, 라플라스 시대의 수학을 연구하여 자신의 문제에 적용하려 했으며 비슷한 시기에 모두 해법을 찾았다.

결국 파동론을 확률로 접근하다가 확률적 현상을 해석하고, 이를 포괄적으로 정리하기 위해 미분의 입자성과 행렬의 고윳값 논리를 사용했던 것이다.

Major Bases

1748, Euler's formula $e^{i\theta} = \cos\theta + i\sin\theta$

1785, Coulomb's law $|F| = k_e \dfrac{|q_1||q_2|}{r^2} = \dfrac{1}{4\pi\varepsilon_0} \dfrac{|q_1 q_2|}{r^2}$

1760, 1788, Lagrangian mechanics $L = T - V$, $E = T + V$

Lagrangian field theory, Lagrangian

1776, Laplacian, Laplace's equation $\Delta f = \nabla^2 f = \nabla \cdot \nabla f = 0$

Harmonic function, Heat equation, Laplace's tidal equations

1784, Laplace's Spherical Harmonics, Laplace's coefficients

$$\nabla^2 f = \frac{1}{r^2}\frac{\partial}{\partial r}\left(r^2 \frac{\partial f}{\partial r}\right) + \frac{1}{r^2 \sin\theta}\frac{\partial}{\partial \theta}\left(\sin\theta \frac{\partial f}{\partial \theta}\right) + \frac{1}{r^2 \sin^2\theta}\frac{\partial^2 f}{\partial \varphi^2} = 0$$

1835, Gauss's law (1773, Lagrange first)

1861, Maxwell's equations

Gauss's law for magnetism $\nabla \cdot \mathbf{B} = 0$

Faraday's law of induction $\nabla \times \mathbf{E} = -\dfrac{\partial \mathbf{B}}{\partial t}$

Ampère's circuital law $\nabla \times \mathbf{B} = \mu_0 \left(\mathbf{J} + \varepsilon_0 \dfrac{\partial \mathbf{E}}{\partial t}\right)$

1861, Maxwell's light speed $c^2 \mu_0 \varepsilon_0 = 1$

...

1900, Planck relation $E = h\nu = hf$

Planck's law of black body radiation, Planck's constant

1925~1926, Schrödinger equation

$$i\hbar \frac{\partial}{\partial t}\Psi(x,t) = \left[-\frac{\hbar^2}{2m}\frac{\partial^2}{\partial x^2} + V(x,t)\right]\Psi(x,t)$$

잠재된 소용돌이, 모멘텀과 퍼텐셜
Potential Spiral

전자기학에 대한 문제는 이미 맥스웰 방정식으로 정리된 상태였다. 맥스웰 방정식 또한 수학의 역사 흐름을 들여다보면 이미 오일러에서 시작한 라그랑지언과 라플라시안의 나블라 시공간 논리를 전자기 시공간에 적용한 결과다.

맥스웰이 방정식을 정리하면서 알게 된 광자의 속도와 전자기파 속도의 동치성은 입자와 파동의 교환 원리를 유도케 한다. 그 결과 중 하나가 플랑크 관계식이라 할 수 있다.

$$\text{Planck relation} \quad E = h\nu = hf$$

이는 파동과 입자의 동시성을 의미하며 새로운 두 수학은 이를 **편광 현상**으로 표현한다. 본질은 하나인데 선분논리의 눈에는 관점에 따라 달리 보인다. 게다가 회전논리는 물리적 현상에서도 "관점으로 관계한다"고 해석한다.

인간만이
관점을 가지는 것은 아니다

양자역학의 본격적인 논란은 빛의 이중성 실험에서 촉발됐다. 이후 빛은 입자성을 이야기할 때 **광자**라 부르고, 파동성을 이야기할 때

광파라 부르게 된다. 광자가 중력장의 일종이라면, 광파는 전자파의 일종이 된다. 따라서 빛은 광자로 중력장에 존재하고, 광파로 전자기장에 존재한다.

플레밍의 왼손 법칙과 같이 전기장, 자기장, 물리장은 서로 90도로 교차하여 3차원 동시관계를 형성한다. 세 개의 장 중에 전기장과 자기장은 맥스웰 방정식을 토대로 강력과 약력으로 확장하여 전자기장이 만족스럽게 정리되었다. 하지만 맥스웰 방정식에서 주울(J)로 정리한 물리장에 대해서는 모호함이 남아 있다.

맥스웰 방정식에서 주울(J)을 물리장이라고 부르는 것은 고전적 운동 역학을 대표하는 의도에서 사용한 용어였다. 하지만 넓은 의미에서 물리장은 세 개의 장을 모두 포괄하는 것으로 해석될 수 있는 혼란이 있다.

주울(J)의 개념은 $J = Nm$ 에서 나온 논리장이다. 지구에서의 N(뉴턴)은 무게를 의미하고 질량(kg)에 중력 가속도를 곱하여 만족한다. 따라서 주울(J)은 중력장으로 대표할 수 있게 된다. 그렇다면 맥스웰 방정식은 전기장, 자기장, 중력장에 대한 역학 관계로 정리할 수 있다.

$$[J] = [Nm] = [kg \cdot m/s^2 \cdot m] = [kg \cdot m^2/s^2]$$
$$1[N] = 9.8[m/s^2] \cdot 1[kg]$$

여기서 주의할 것이 있다. 전기장, 자기장, 중력장은 인간이 구분한 논리장이라는 점이다. 무한계 자체는 본래 구분이 없다. 그리고 맥스웰 방정식에서 보듯이 세 개의 논리장은 서로 동시관계로 존재하는 동시장이다. 전자기장에서 중력장으로 에너지가 전달되는 데 걸리는 시간에는 격차가 없다.

이제 맥스웰의 논리장을 전기장, 자기장, 중력장으로 정리하고, 빛의 이중성을 관찰하자.

먼저 세 개의 논리장에 대해 관찰한다. 전기장은 전자를 대표하는 논리 공간이고, 자기장은 자기력을 대표하는 논리 공간이다. 중력장은 중력을 대표하는 논리 공간이며, 중력의 본질은 질량이다.

이렇게 해석하고 되돌아 보면, 현대 물리학이 전자와 질량에 대한 논리는 많이 확보하고 있지만, 자기력에 대한 논리는 어딘가 부족함을 느낀다. 이는 전자로 물리적인 다각적 관찰이 용이한 데 비해 자기에 대한 관찰이 물리적으로 한계가 있기 때문이다. 그래서 선분논리는 자기장을 전기장으로 해석하는 기질을 발휘했다.

빛을 파장으로 해석하면 전자파 속에서 스펙트럼으로 펼쳐 논리를 전개할 수 있다. 따라서 광파는 전기장과 자기장에서 관측이 가능하다. 한편 광전 효과와 같이 빛을 입자로 해석하면 광자는 질량과 전하가 0이지만 스핀이 1인 입자이므로 전자기장과 무관하게 독립적일수 있다.

여기서 선택의 갈림길이 Y자로 펼쳐진다. 논리장의 전체 집합을 맥스웰 방정식의 3차원 속에 국한할 것인지, 아니면 또 다른 차원에 둘 것인지에 대한 문제다.

만약 맥스웰의 3차원 논리장에 국한한다면 질량이 0이더라도 중력장에 귀속시켜야만 한다. 그렇지 않고 다른 길을 선택한다면 전하와 질량이 모두 0이므로 전자기장에 속하지 않고 중력장에도 속하지 않아야 한다.

이런 분류 방식이 바로 선분논리다. 어느 쪽을 선택하더라도 논리의 결함이 발생하여 선분논리는 논리의 벼랑끝에서 연속적 논리를 펼치지 못하고 멈춘다.

회전논리는 이와 같은 경우 동시성을 채택한다. 동시공간은 시간을 흐르게 하여 관점에 따라 달리 보이는 무늬를 포괄하는 재주가 있다. 여기서 시간을 흐르게 한다는 것은 회전운동을 직선운동으로 관점 전환하여 선분논리를 진행케한다는 의미다.

전기장, 자기장, 중력장은 원뿔곡선과 같이, 하나의 논리장을 편미분하여 단면을 보고 그린 그림이다. 회전논리는 수량이 0인 것을 양자화하여 0입자로 해석한다. 따라서 광자를 질량의 관점에서 보면 중력장에 속한다고 할 수 있고, 전하의 관점에서 보면 전자기장에 속한다고 할 수 있다.

그러나 전자기장의 상대적 존재로 해석하는 경우가 많기 때문에 광자는 중력장에 해당하는 것으로 보고 논리를 전개하는 사례가 많아진다.

논리장을 입자로 해석하여 논리를 전개하면 논리장들은 모두 3차원의 구체 공간으로 양자화된다. 이는 논리가 완성되는 기준이 0과 무한대가 만나 원의 무늬를 그리는 것으로 만족하기 때문이다.

따라서 빛의 관점으로 논리장을 완성시키고 모델링을 하면, 다채롭게 빛나는 구슬이 된다. 이는 전기장, 자기장, 중력장에 대한 세 구슬이 동시공간에 겹쳐져 하나의 구슬로 표현되는 플레밍의 왼손 법칙을 낳은 원인이기도 하다.

우리는 이제 질량을 척도로 에너지를 계산한 것과 파동을 척도로 에너지를 구한 것이 왜 동치인지를 근원적으로 알게 됐다. 그 근원적 원리는 원뿔곡선의 착시현상에 있다.

원뿔의 단면을 원으로 보고 그 원을 기준으로 연속적으로 변하는 반지름에 대해 적분하면 원뿔이 나온다. 상대적으로 원뿔의 단면을 쌍곡선으로 보고 그 쌍곡선에 대해 회전 적분을 해도 같은 원뿔이 나온다. 이렇듯 질량과 파동은 원뿔의 두 단면과 같은 관계에 있다.

착시현상이라고 부정적인 오류로만 본다면 세계관을 넓힐 필요가 있다. 참인 것을 인식하려면 동시에 거짓인 것이 존재한다는 것을 받아들여야 한다. 우리는 오일러의 오차 h 가 미시 세계의 문을 열었다는 것을 기억한다.

참고로 중력장은 표준모형에서 힉스장으로 질량의 원류를 해석하고 있다. 회전논리는 표준모형이 말하는 힉스장을 동시공간의 일종으로 해석한다. 힉스장의 논리는 회전논리에서 말하는 0과 무한대의 관계로 시간이 흐르고 공간에 수량이 형성되는 과정을 선분논리의 방식으로 해석한 것이다.

플랑크 관계식은 빛의 그림자인 열에 대한 논리장을 파동으로 해석한 논리다. 따라서 플랑크 관계식은 열의 파동론을 에너지로 해석한 결과라 할 수 있다.

플랑크 관계식은 라그랑주 역학과 결합하여 전자와 같은 미시 세계의 양자를 파동의 관점에서 눈으로 볼 수 있게 한다. 이것이 슈뢰딩거 방정식이다.

슈뢰딩거 방정식은 전자의 모형을 전체 집합의 관점에서 그린 그림이다. 그런데 당시 사람들은 부분만을 보려고 하니 이를 이해시키려고 슈뢰딩거 고양이 이야기가 나오고 하이젠베르크의 불확정성 원리가 나온 것이다.

하이젠베르크의 확률과 행렬 역학 이야기는 나중으로 미루고 슈뢰딩거 방정식의 미분법에 논점을 두고 이야기를 이어간다.

양자 세계는 빛과 파동의 관계에서 시작한다. 맥스웰은 전자기장이 물리장과 관계하면서 발생하는 고웃값인 투자율과 유전율에서 빛을 보았다. 자기장과 물리장의 관계에서 μ 투자율이 나오고, 전기장과 물리장의 관계에서 ε 유전율이 나왔다.

$$\text{Maxwell's light speed} \quad c^2\mu_0\varepsilon_0 = 1$$

고윳값의 본질은 비례상수다. 두 세계의 관계가 비례 관계에 있을 때의 상수이며 수열의 관점에서 등비수열의 연쇄반응을 일으킨다. 고윳값의 개념은 수학에서 수학 상수, 물리학에서 물리 상수, 천체물리학에서 우주 상수를 낳는다.

또한 등비와 등차의 복합 수열과 같은 복잡계의 다양한 수열들은 미분의 나블라 입자 개념을 도입하면서 고윳값의 등비수열로 양자화된다.

맥스웰의 광속 방정식은 c 광속의 제곱인 2차원 입자로 정리된다. 이는 광자의 켤레 성질을 의미하며 라플라시안의 두 나블라 관계를 암시한다.

$$\text{Laplacian} \quad \Delta f = \nabla^2 f = \nabla \cdot \nabla f = 0$$

파동은 새로운 두 수학의 관점과 같이 두 파동의 관점에서 실수 차원은 코사인, 허수 차원은 사인이 서로 관계를 한다. 이 두 파동의 관계가 2차원의 원을 그렸다.

> Euler's formula $e^{i\theta} = \cos\theta + i\sin\theta$

    오일러 방정식이 파동과 입자의 두 관점을 통합했다. 코사인과 사인 두 파동이 관계하여 자연 상수를 중심으로 지수함수가 원을 그린다.

    이것은 모든 곡선이 0과 ∞의 관계로 선분의 양 끝을 형성하고, 두 시공간 입자의 관계로 시간이 흘러 왜곡된 기하체라는 것을 의미한다.

    따라서 파동으로 인지되는 에너지는 개곡선을 그리고, 입자로 인식되는 에너지는 폐곡선을 그린다. 슈뢰딩거 방정식은 전자를 입자로 보고 추적하지만, 파동을 도구로 삼았기 때문에 오일러 방정식을 토대로 파동을 해석한다.

    파동의 속도는 λ 파장과 f 주파수 두 인자의 곱으로 결정된다. 따라서 광속도 이 공식과 같다. 파장은 주기적 파동의 한마디 길이를 말하고, 이를 **단위 파동**이라고도 한다. 주파수는 초당 단위 파동의 수를 말한다.

    주파수는 초당 파동의 길이를 의미하므로 m/s 와 같이 속도의 개념을 담고 있다. 단지 주파수에는 파장이 포함되어 있지 않고 파동의 수만 있기 때문에 일반적으로 Hz 헤르츠 단위를 사용한다.

$$c : [\text{m/s}], \quad v : [\text{m/s}], \quad \lambda : [\text{m}], \quad f : [\text{Hz}] = [1/\text{s}]$$

$$\text{wave speed} \quad v = \lambda f \ [\text{m/s}]$$

$$\text{light} - \text{wave relation} \quad c = \lambda f, \quad f = \frac{c}{\lambda}$$

모멘텀은 뉴턴 운동 법칙을 확장한 오일러 운동 법칙 중 오일러 첫 번째 운동 법칙에 베이스캠프가 있다. 강체에 대한 **p** 선형 모멘텀을 t 시간으로 편미분하면 F 외력이 된다는 의미다.

$$F : [\text{kg} \cdot \text{m/s}^2] = [\text{N}], \quad \mathbf{p} : [\text{kg} \cdot \text{m/s}], \quad t : [\text{s}]$$

$$\text{Euler's first law} \quad F_{\text{ext}} = \frac{d\mathbf{p}}{dt} \ [\text{kg} \cdot \text{m/s}^2]$$

모멘텀은 등속 운동 또는 선형 운동의 관점에서 운동량으로 해석한다. 그래서 이런 운동량을 **선형 모멘텀** 또는 **선형 운동량**이라 부른다. 물질계는 논리의 시작인 주체가 질량을 가진 물체다. 이 물체가 추가적인 외력없이 어떤 속도를 가지고 운동하고 있으므로 질량에 속도를 곱해 그 수량을 양자화하여 **모멘텀**이라 말한다.

$$\text{Force} \quad F = ma \ [\text{kg} \cdot \text{m/s}^2]$$

$$F = \frac{d\mathbf{p}}{dt} \ [\text{kg} \cdot \text{m/s}^2] = [\text{kg} \cdot \frac{\text{m}}{\text{s}} \cdot \frac{1}{\text{s}}]$$

$$\text{linear momentum} \quad p = mv = mc \ [\text{kg} \cdot \text{m/s}], \quad c = \frac{p}{m}$$

$$\text{Kinetic energy} \quad E = \frac{1}{2}mv^2 \ [\text{J}]$$

$$[\text{J}] = [\text{Nm}] = [\text{kg} \cdot \text{m}^2/\text{s}^2]$$

등속 운동은 물체가 속도를 보유했다는 의미에서 **관성 운동**이라고도 부른다. 관성이라는 용어의 원본은 Inertia 다. Inertia 는 단어 자체가 말하듯이 안에 깊숙이 내재된 것을 의미한다.

관성 운동의 관점을 강조하여 말할 때 모멘텀을 **관성 모멘텀**이라고 이야기하기도 한다. 이 부분은 새로운 두 수학의 공간 분기 이론에서 별도로 탐색하고 정리하고 있다.

이 원리를 오일러는 안으로 소용돌이친다고 표현했고, 새로운 두 수학은 **식은 동시공간**이라 말한다. 입자를 중심으로 밖으로 치는 소용돌이는 외부로 발산하여 원형이 쌍곡선형으로 펼쳐지는 시공간이고, 안으로 회전하는 소용돌이는 수렴하여 원형을 보존하는 동시공간이다.

등속 운동은 시간과 거리의 좌표 평면에서 대각선 무늬로 나타난다. 이런 등속 운동에서 시간을 흐르게 하여 시간이 흐른 과거의 운동 결과 수량을 적분 계산하면 삼각형 면적 공식과 같이 계산된다. 물리학에서는 이렇게 시간이 흐른 운동 결과 수량을 **운동 에너지**라고 부른다.

따라서 엄밀하게 말할 때, **운동량**은 시간이 멈춘 동시공간에서의 수량이고, **운동 에너지**는 시간이 흘러 만들어진 시공간의 수량이다.

운동량을 의미하는 **모멘텀**에 시간을 곱하면 이것 또한 논리적으로 시공간을 형성하는 에너지가 된다. 그러나 이 에너지는 운동 에너지의 구성 인자와 다르며, 물리 세계와 관계하여 표출된 에너지가 아니다. 그러므로 잠재된 에너지라는 의미에서 **퍼텐셜 에너지**라고 이름 붙였다.

$$\text{potential Energy} \quad E_p = pc = P(x,t) \; [\text{kg} \cdot \text{m}^2/\text{c}^2] = [\text{kg} \cdot \frac{\text{m}}{\text{s}} \cdot \frac{\text{m}}{\text{s}}] = [\text{J}]$$

$$\text{Gravitational Energy} \quad U_g = mgh \; [\text{kg} \cdot \text{m}^2/\text{s}^2] = [\text{kg} \cdot \frac{\text{m}}{\text{s}^2} \cdot \text{m}] = [\text{J}]$$

$$\text{Kinetic Energy} \quad E_k = \frac{1}{2}mv^2 \; [\text{kg} \cdot \text{m}^2/\text{s}^2] = [\text{J}]$$

낙하 운동에서 이동한 구간의 에너지를 **운동 에너지**로 구분하고 나머지 구간의 에너지를 **위치 에너지**로 정리했다. 잠재적 에너지라는 관점에서 **위치 에너지**를 **퍼텐셜 에너지**라고 해석하기도 한다.

따라서 어떤 물체가 가진 총 에너지는 **위치 에너지 + 운동 에너지**라는 논리가 정리된다. 이 원리가 바로 **라그랑지언 역학**이다. 라그랑지언 역학의 원리는 양자 역학에 그대로 적용된다.

포괄적으로 **퍼텐셜 에너지**는 입자가 가진 총 에너지에서 운동 에너지나 소리 에너지, 빛 에너지 등 입자로부터 방출되는 에너지를 제외한 **나머지 에너지** 또는 **잠재 에너지**를 의미한다. 따라서 **퍼텐셜 에너지**는 여집합과 같은 **여 에너지**의 별명을 붙일 수 있다.

$$\text{Lagrangian mechanics} \quad L = T - V = \frac{1}{2}m\dot{x}^2 + mgx$$

$$T: \text{kinetic energy}, \quad V: \text{potential energy}$$

$$E = E_k + E_p$$

또한 라그랑지언에서 표현하듯이 **운동 에너지**는 포괄적 의미에서 모든 **방출 에너지**를 의미한다.

같은 방식으로 **모멘텀**은 **남은 운동량** 또는 **잠재 운동량**이라 해야 옳다.

영어에서 모멘텀은 그 의미가 분명하지만 모멘텀을 번역한 운동량이라는 용어는 그 의미의 구분이 불분명하기 때문에 많은 학도들에게 적지 않은 혼돈을 야기할 뿐아니라 일반 대중과 소통하는데 어려움이 다분하다.

파동의 구성 요소에 대한 논리는 f 주파수에 대한 해석에서 h 플랑크 상수를 도출하면서 일단락됐다. 이 문제는 1900년 플랑크의 흑체 실험과 1905년 아인슈타인의 광전 효과 논리가 결합하면서 광자의 이중성을 받아들이는 계기가 됐다.

파동 에너지와 입자 에너지를 하나의 방정식에 놓기까지는 수년의 시간이 소요됐다. 이 논쟁의 매듭은 1924년 드브로이 물질파에 베이스캠프가 있다.

현대는 파동 에너지 또는 질량을 가진 물질 에너지 등 에너지장에서 방정식의 등호가 이어지는 것은 당연해 보인다. 하지만 당시는 파동이 입자가 되는 것을 받아들이는데 어려움이 있었다.

$$\text{Planck} - \text{Einstein relation} \quad E = hf = mc^2 \ [\text{J}]$$

$$h = \frac{E}{f} \ [\text{J/Hz}]$$

플랑크 상수는 파동 에너지를 주파수로 쪼개어 주파수 하나의 에너지로 정의했다. 이는 파동 에너지가 주파수를 고윳값으로 하고 기본 단위 파동에 비례한다는 생각에서 도출되었다. 따라서 플랑크 상수는 단위 에너지이고 파동의 기저가 된다.

참고로 고윳값은 관점에 따라 정해지는 상대적 의미다. 위의 이야기는 척도인 기저를 플랑크 상수로 두었기 때문에 주파수가 고윳값이 되어 변화무쌍한 파동 에너지를 결정한다고 했다.

그러나 시간을 척도로 하면 시간을 멈춘 동시 상태에서 특정 주파수가 기준이 되고 플랑크 상수는 고윳값이 된다. 이런 회전논리는 동시공간에서 시간을 나블라로 편미분하여 기본 입자를 추출하는 효과를 얻는다.

λ 드브로이 파장은 h 플랑크 상수를 정해진 상수가 아닌 변화무쌍한 수량으로 보고 p 모멘텀으로 쪼개어 만든 파동의 기본입자다. 그리고 여기서 p 모멘텀은 플랑크 상수가 만든 입자의 잠재 운동량이다.

$$\text{de Broglie wavelength} \quad \lambda = \frac{h}{p}$$

드브로이 파장을 모멘텀으로 해석하면 질량을 가진 물질계의 모멘텀과 연결된다. 결국 모멘텀이 파동과 입자의 매개 역할을 하게 됐다.

$$E = hf = \frac{hc}{\lambda} = pc = mc^2 = E$$

$$p = |\mathbf{p}| = mc = \frac{E}{c} = \frac{h}{\lambda}$$

이 때문에 양자 역학에서 모멘텀은 중요한 요소로 작용하고 모멘텀을 에너지화하면서 퍼텐셜 에너지 개념이 확립된다.

$$\text{potential Energy} \quad E_p = pc = P(x, t)$$

슈뢰딩거는 전자구름의 모형을 기하적으로 해석해야 했다. 이는 전자라고 생각하는 입자의 위치가 불규칙하기 때문에 물리적 실험 결과로 얻을 수 있는 값들은 특정 벡터라기보다는 확률적 분포에 의한 통계적 전체 에너지량으로 귀결된다.

따라서 퍼텐셜 에너지량을 기하적으로 해석할 수 있는 방법이 필요하다. 그 솔루션은 차후에 찾아보고 우선 퍼텐셜 에너지를 공간을 상징하는 위치 x 와 시간 t 의 관계로 구상한다. 이렇게만 해도 공간과 시간이 시공간 에너지의 무늬를 그리는 $P(x,t)$ 함수가 된다.

수학은 본래 이렇게 간단한 생각의 메모다. 어떤 것이든 관계만 지으면 함수가 되고 공식이 된다.

$P(x,t)$ 함수는 회전논리에서 말하는 일종의 관점 함수법을 사용하고 있다. 질량, 광속, 주파수로 구성된 에너지 입자를 위상과 시간으로 관점만 전환하면 그림이 그려진다. 그 그림이 어떻게 그려지게 할 것인지는 어떤 수학적 시스템을 도입하는지에 따라 결정된다.

Mass-Wave-Potential-Spacetime ViewPoint

$$E_k = \frac{1}{2}mv^2 = \frac{1}{2}mc^2 = \frac{1}{2}pc = \frac{1}{2}p\frac{p}{m} = \frac{p^2}{2m} = \frac{h^2}{2m\lambda^2}$$

$$E = E_k + E_p = \frac{p^2}{2m} + E_p = \frac{h^2}{2m\lambda^2} + P(x,t) = hf$$

$$\therefore E = \frac{h^2}{2m\lambda^2} + P(x,t) = hf$$

전자와 같은 미시 세계의 양자에 대한 총 에너지는 라그랑지언 역학을 토대로 질량과 파장 그리고 플랑크 상수에 의해 운동 에너지가 결정된다. 그 무늬가 어떻게 될지는 모르지만 잠재적 퍼텐셜 에너지가 위상과 시간으로 변화무쌍한 그림을 그린다.

$P(x,t)$ 퍼텐셜 함수는 나중에 오일러-라그랑주-라플라스를 토대로 **르장드르**와 **라게르**가 자리매김한 다항식을 만나 구면 좌표계의 **구면 조화파**에 베이스캠프를 마련한다.

이에 대한 이야기를 풀어가려면 파동과 각도에 대한 수학적 정리를 머릿속 메모리에 올릴 필요가 있다. 세상의 모든 천재는 쓰고 나면 무심하게 잊고 머릿속을 비운다.

수학은
정리가 시작과 끝이다

수학은 논리의 조각들을 차분히 정리하면서 그것을 남긴 자의 이야기를 듣고, 그것과 나 그리고 동료들과도 대화하며 시작과 끝을 매듭짓는 일이다. 이런 과정에서 드러난 무늬들의 의미를 해석하면서 공식과 같은 응용 도구들이 자연스레 나타나고, 공학자들은 그런 응용 프로그램들을 활용하여 공작물을 만든다.

Algorithmic Flow

light – wave relation $\quad c = \lambda f, \quad f = \dfrac{c}{\lambda}$

Newton's laws of motion

linear momentum $\quad p = mv = mc, \quad c = \dfrac{p}{m}$

Planck relation $\quad E = hf$

$$E = hf = \frac{hc}{\lambda} = pc = mc^2$$
$$p = |\mathbf{p}| = mc = \frac{E}{c} = \frac{h}{\lambda}$$

1924, de Broglie wavelength $\quad \lambda = \dfrac{h}{p}$

1760, Lagrangian $\quad L = T - V = \dfrac{1}{2} m \dot{x}^2 + mgx$

T: kinetic energy, $\quad V$: potential energy

$$E = E_k + E_p$$

potential Energy $\quad E_p = pc = P(x, t)$

Gravitational Energy $\quad U_g = mgh$

kinetic Energy $\quad E_k = \dfrac{1}{2} m v^2$

Mass-Wave-Potential-Spacetime ViewPoint

$$E_k = \frac{1}{2}mv^2 = \frac{1}{2}mc^2 = \frac{1}{2}pc = \frac{1}{2}p\frac{p}{m} = \frac{p^2}{2m} = \frac{h^2}{2m\lambda^2}$$
$$E = E_k + E_p = \frac{p^2}{2m} + E_p = \frac{h^2}{2m\lambda^2} + P(x,t) = hf$$
$$\therefore \ E = \frac{h^2}{2m\lambda^2} + P(x,t) = hf$$

질량과 시간, 특수 상대성
Special Relativity of Mass & Time

 질량과 광속의 관계는 특수 상대성 이론에서 광속이 일정하다는 결론으로 도출됐다. 대중은 상대성 이론을 모두 아인슈타인이 완성한 것으로 착각하지만 당대 여러 학자들의 합작품이다. 이 문제는 질량에 대한 관점보다는 시간의 실체를 밝히는데 있었다.

 시간과 속도 이야기는 갈릴레이 변환, 맥스웰의 광속 이후 로런츠 변환, 푸엥카레의 동시성과 상대성, 민코프스키 4차원 시공간, 아인슈타인의 사고실험 등 여러 학자들의 노력들이 포함되어 있다. 논문의 발표 시점은 각자의 여건에 따라 나타난 현상에 불과하다. 그중 수학적 맥락의 중심에는 민코프스키 시공간과 로런츠 변환이 있다.

 시간에 대한 의문은 고대로부터 있었고 나름의 논리로 인식했지만 손에 잡히지 않는 철학으로 남았다. 근세에 이르러 속도 개념이 정리되면서 빛의 속도에 대한 의구심이 시간 여행에 첫발을 내딛는다.

 갈릴레이도 빛의 속도에 호기심을 갖고 빛의 속도를 측정하는 실험을 하기도 했다. 그러나 빛의 속도에 대한 접근은 물리적 측정량보다는 속도 속에 담긴 척도에 있으며 그 척도가 시간이다.

 갈릴레이는 이런 생각을 했다고 전해진다. 일반적으로 척도는 하나만 있어야 하지만 만일 하나의 좌표계가 더 있고 그 좌표계가 이동한다면 그 좌표계 속에 있는 입자의 속도는 어떠할까?

이때 갈릴레이의 생각은 지금 우리의 생각과 전제 조건이 다르다. 지금의 우리는 상대성 논리를 당연하게 여기지만 당시는 종교의 원력으로 절대성 논리만이 허락되는 시대였다.

따라서 갈릴레이는 이를 벗어나고 싶었지만 그의 생각에는 상대적 시간의 개념이 배경에 없었다. 이는 마치 허수가 없는 실수계에 머무는 것과 같다. 한걸음 더 들어가면 음수의 면적이 존재할 수 없었던 시절과 같다. 양음의 관계는 실수와 허수의 관계와 같고 그 관계 알고리즘은 대칭성에 있다.

갈릴레이의 두 좌표계 관계는 후대 학자들의 두 좌표계와 전제 조건이 다르다. 따라서 두 좌표계 변환 공식은 취지는 같으나 두 세계에 대한 비례상수가 누락된 것처럼 보인다. 대중적 학자들은 갈릴레이가 틀렸다는 데 환호하는 경향이 짙다.

사람들은 자신의 관점과 달리 인과因果를 전개하면 해석이 잘못됐다고 말하며 경쟁 구도를 형성하는 습관이 있다. 이런 습관은 동전의 양면이다.

두 좌표계의 속도 문제는 후대에 로런츠가 비례상수 감마를 덧붙여 정리했다. 이를 사람들은 **갈릴레이 변환**과 **로런츠 변환**이라 부른다.

갈릴레이 시대는 과학의 기초를 마련하는 시기였다. 따라서 거시 세계의 물리 법칙들을 정리하는데 주안점이 있었다. **갈릴레이 변환**

은 시간이 멈춘 동시공간에서 시간과 공간의 관계를 해석했다.

갈릴레이 변환

Galilean transformation $\quad x' = x - vt$

$t' = t$

갈릴레이 변환과 로런츠 변환은 모두 좌표계 변환에 대한 문제이지만 반대로 보면 그냥 음의 위치 이동과 다를 바 없다.

좌표계의 이동이 의미 있는 이유는 회전논리에서 설명하는 바와 같이 관점 이동에 대한 응용 프로그램으로 유용하기 때문이다. 이는 양자 역학에서 사고 실험으로 역학적 관계를 해석하고 예측하는데 중요한 역할을 한다.

갈릴레이 변환이 동시공간에서의 논리라면 **로런츠 변환**은 시공간의 좌표계 변환이다.

로런츠 변환

Lorentz transformation $\quad x' = \gamma (x - vt)$

여기에는 비례상수 감마가 곱해져 등비수열로 무한계의 공간을 그린다. 회전논리에서 두 우주의 관계를 간단히 정리할 때 사용하는 일종의 우주상수와 같다. 이 감마를 **로런츠 인자**라 부른다.

로런츠 인자

$$\text{Lorentz factor} \quad \gamma = \frac{1}{\sqrt{1-\frac{v^2}{c^2}}}$$

로런츠 인자 속에는 특수 상대성에서 말하는 광속과 시공간의 비밀이 담겨 있다.

맥스웰의 광속 공식을 살펴보면 광속은 투자율과 유전율에 따라 결정된다. 피상적으로 보면 속도의 요소인 시간과 거리와는 직접적으로 무관해 보인다. 이 때문에 광속은 진공 상태에서 일정하게 유지될 것으로 예측할 수 있게 됐다.

@@ 광속의 비율성

$$\therefore \quad c^2 \mu_0 \varepsilon_0 = 1 , \quad c^2 = \frac{1}{\mu_0 \varepsilon_0} = \frac{\nabla x^2}{\nabla t^2}$$

$$c = \frac{x}{t} = \frac{x'}{t'} \quad : \text{Constant Light Speed}$$

$$c^2 = \frac{x^2}{t^2} , \quad t^2 = \frac{x^2}{c^2} , \quad \frac{t^2}{x} = \frac{x}{c^2} , \quad \frac{1}{c} = \frac{t}{x}$$

또하나 눈여겨 볼 부분은 광속의 제곱으로 공식이 정리되어 있다는 점이다. 이는 나중에 허수축의 요소가 제곱으로 표출된 것임을 알 수 있게 될 것이다.

맥스웰의 광속 공식을 변형해가며 다각도로 관찰한다. 이런 과정은 광고쟁이가 남들이 보지 못하는 무늬를 찾기 위해 제품을 가지고 대화하며 놀 듯 다각도로 분석하는 행위와 같다.

이 과정에서 광속이 두 좌표계에 동일하게 작용한다는 가설을 도출할 수 있게 된다.

두 좌표계의 관계에서는 상대적인 비례상수가 있을 수 있지만 각 좌표계 안에서는 동일한 시공간의 매질 속에서 같은 속도의 광속이 존재한다.

따라서 로런츠 변환의 공간 공식 양변에 광속을 곱해 줄 수 있다.

로런츠 시간 변환

$$\frac{1}{c} = \frac{t}{x} = \frac{t'}{x'}, \quad \frac{1}{c}x' = \gamma(x - vt)\frac{1}{c}$$

$$t' = t'\frac{x'}{x'} = \frac{t'}{x'}x' = \frac{1}{c}x' = \gamma(x - vt)\frac{1}{c}$$

$$= \gamma(x - vt)\frac{t}{x} = \gamma\left(t - \frac{vt^2}{x}\right)$$

$$\therefore \quad t' = \gamma\left(t - \frac{vx}{c^2}\right)$$

여기서 광속은 분수 형태로 사용한다. 이는 특수 상대성의 의문인 속도 변화에 대한 관점에 접근하기 위해서다.

이렇게 양변에 광속의 역수를 곱하면 좌변이 시간으로 정리되어 좌표계의 변환을 시간의 눈으로 볼 수 있게 된다.

우리는 이제 로런츠 변환을 통해 두 좌표계의 상대적 관계를 공간의 눈과 시간의 눈으로 볼 준비가 됐다. 시공간의 두 눈으로 관찰하는 이유는 속도 변환을 정리하기 위해서다.

결국 광속과 좌표계의 속도가 핵심인데 두 속도 사이의 관계는 같은 속도 성분에 대한 비례상수의 관계이므로 우리는 이를 **베타**라고 개념화할 수 있다.

광속 대비 좌표계 속도 베타를 시공간의 두 로런츠 변환 식에 대입하여 감마와 베타, 두 관점의 비례상수에 관한 식으로 변환한다.

@@ 좌표계 변환 속도비

$$\text{Velocity Ratio} \quad \beta = \frac{v}{c}$$

$$x' = \gamma(x - vt) = \gamma(x - \beta c t)$$

$$t' = \gamma\left(t - \frac{vx}{c^2}\right) = \gamma\left(t - \beta\frac{x}{c}\right)$$

시공간 두 식에 각각 흐르는 알고리즘을 합하여 우리가 찾으려는 무늬를 뽑아내려면 연립 방정식을 이용할 필요가 있다. 두 식을 연립한다는 것은 두 눈의 관점을 하나의 관점으로 통일시키는 것을 의미한다.

앞서 맥스웰의 광속에서 해석했듯이 광속의 일반성을 또 한 번 이용한다. 로런츠 변환의 시간 공식 양변에 광속을 곱하여 공간 공식과 통할 수 있도록 차원을 통일시킨다.

$$ct' = c\gamma \left(t - \beta \frac{x}{c}\right) = \gamma(ct - \beta x) = x'$$

이런 방식은 양자의 수학적 접근에서 공간을 두 번 미분하는 라플라시안이나 반대 방향으로 두 번 적분하는 제곱과 같은 무늬로 반복되어 나타난다.

로런츠 변환의 두 관점을 연립하기 편리한 방식으로 정리한다. 이제 우리는 로런츠 변환을 x 와 ct 두 관점으로 보면서 필요에 따라 두 눈에 나타나는 현상을 하나로 겹쳐 입체적으로 관찰할 수 있게 됐다.

로런츠 공간 변환

$$\therefore \quad x' = \gamma(x - \beta ct) , \quad ct' = \gamma(ct - \beta x)$$
$$\therefore \quad x' = \gamma \underline{x} - \gamma \beta \underline{ct} , \quad ct' = -\gamma \beta \underline{x} + \gamma \underline{ct}$$

먼저 기초적인 다항식의 관점에서 연립 방정식을 정리해 보자. 두 식의 차이로 연립 방정식을 합치고 x 와 ct 로 정리하면, 등호를 기준으로 계수가 각 차원마다 같다는 방정식의 원리를 사용할 수 있게 된다.

그런데 이 원리를 사용하려면 조건이 필요하다. 두 좌표계의 공간과 시간이 각각 같다는 전제 조건하에 있어야 한다. 이렇게 다항식 계수의 성질을 이용하여 감마와 베타의 관계를 정리할 수 있다.

Linear Equation Test

$$x' - ct' = (\gamma + \gamma\beta)x - (\gamma\beta + \gamma)ct$$

$$\text{if} \quad x' = x, \ t' = t$$

$$\gamma + \gamma\beta = 1, \quad \gamma(1+\beta) = 1, \quad 1+\beta = \frac{1}{\gamma}, \quad \gamma = \frac{1}{1+\beta}$$

$$\therefore \quad \gamma = \frac{1}{1+\beta}$$

단순한 다항식 관점의 연립 방정식으로도 로런츠 계수 감마를 정리할 수 있다.

그러나 이 관점은 1차원의 실수 관점이 전제되어 있음을 망각하면 안된다. 복소수 차원에서 허수축 속에 숨은 시간의 부스러기가 전혀 나타나지 않았다. 그 부스러기는 각도가 가진 부스러기들이다.

복소수 차원에서 관측한다는 것은 최소 2차원 시공간의 관계를 본다는 의미다. 복소수 차원의 좌표계 변환은 오일러 공식을 토대로 정리한 삼각함수의 회전 변환을 관점 현미경으로 삼아 관찰해야 한다.

언뜻 생각하면 회전 변환은 길이 변환과 별개인 것처럼 보이지만 극 좌표계의 원리와 같이 모든 공간의 기저는 회전 변환에 반지름을 비례상수 또는 고윳값으로 가진 단위벡터들이다.

회전변환

Rotation transformation $\begin{bmatrix} \cos\theta & -\sin\theta \\ \sin\theta & \cos\theta \end{bmatrix}$

회전 변환은 변환 전의 원본과 변환 후의 자기복제품, 둘 간의 관계 중간에서 일명 관측자이자 연산자의 역할을 한다.

연산자의 관점에서 생각해 보면, 덧셈이나 곱셈 등은 그 자체만으로도 어떤 **관계 알고리즘**이 있다. 그런 관계 알고리즘으로 인해 파생된 항등원, 사칙연산 등의 법칙들이 그 특성으로 나타난다. 같은 연쇄적 파생 원리로, 회전 변환이라는 연산자도 관계 알고리즘에 의해 발생하는 특성들이 있다.

관계 알고리즘으로 발생하는 특성들 중 직교성이 두 좌표계의 관계에서 유용한 응용 프로그램이 된다. 두 입자의 직교성은 어떤 관점에 대해 90도 관계로 동시성이 성립한다는 것을 암시한다.

앞서 방정식 알고리즘을 각도로 해석한 바와 같이, 등호의 양쪽에 있는 입자는 관점에 따라 180도이면서 90도로 관계한다. 따라서 직교성이 성립하는 두 입자의 관계는 방정식이 성립하는 동시 관계가 되는 셈이다.

좌표축의 본질은 벡터다. 두 입자의 관계는 두 좌표축의 관계와 같다. 그리고 벡터와 행렬은 실체가 하나인 두 관점의 논리 입자다.

따라서 두 입자의 직교성을 분석하려면, 두 입자를 두 좌표축으로 관점전환하면 된다. 두 좌표축의 직교성은 두 벡터의 길이와는 무관하게 성립하는 논리이므로 고윳값을 제거한 두 단위벡터로 관계를 정리할 수 있다. 그래서 양자역학은 두 입자의 고윳값을 구하여 단위벡터로 단순화하고 두 입자의 직교성을 확인하는 실험을 빈번하게 수행한다.

좌표계의 특성은 좌표축에 해당하는 단위벡터의 관점에서 정리한다. 이는 단위벡터의 특성이 곧 좌표계 속에 있는 모든 벡터 입자에 그대로 적용되기 때문이다. 이 부분은 행렬 역학에 많이 활용되는 원리다.

회전 변환은 90도 단위로 평행과 직교가 진동하는 파동이다.

라디안 각도는 π 단위로 정수성을 가진다. 따라서 90도는 반정수성이다. 각도 세타를 90도의 배수로 설정하고 회전 변환 파동기를 작동시키면, 짝수일 때 180도 평행의 특성이 나타나고 홀수일 때 90도 직교의 특성이 나타난다.

이는 표준모형에서 정수 입자와 반정수 입자를 구분하는 기준으로 연쇄반응한다. 이런 현상은 결국 3차원 구체의 형성원리를 토대로 피타고라스의 삼각형에서 알게 된 삼각함수 코사인파와 사인파의 파동 무늬로 판별한다.

@@ 회전변환의 진동성

$$\begin{bmatrix} n \\ \frac{n}{2}\pi \\ \cos\frac{n}{2}\pi \\ \sin\frac{n}{2}\pi \\ \cos^2\frac{n}{2}\pi + \sin^2\frac{n}{2}\pi \end{bmatrix} = \begin{bmatrix} 0 & 1 & 2 & 3 & 4 & \cdots \\ 0 & \frac{1}{2}\pi & \pi & \frac{3}{2}\pi & 2\pi & \cdots \\ +1 & 0 & -1 & 0 & +1 & \cdots \\ 0 & +1 & 0 & -1 & 0 & \cdots \\ (+1)^2 & (+1)^2 & (-1)^2 & (-1)^2 & (+1)^2 & \cdots \end{bmatrix}$$

$$\begin{vmatrix} \cos\theta & -\sin\theta \\ \sin\theta & \cos\theta \end{vmatrix} = \cos^2\theta + \sin^2\theta = 1^2 = (\pm 1)^2$$

Parallel property (Even)　　$\theta = 2n\pi = \{0, 2\pi, 4\pi, \cdots\}$

$$\cos^2\theta + \sin^2\theta = (+1)^2 = 1$$

Orthonormal property (Odd)　　$\theta = (2n-1)\pi = \{\pi, 3\pi, \cdots\}$

$$\cos^2\theta + \sin^2\theta = (-1)^2 = 1$$

한편 회전 변환은 삼각함수에 대한 행렬이다. 회전 변환의 절댓값은 복소평면에서 반지름 제곱의 평면파를 의미한다. 그리고 반지름 평면파 속에는 켤레성이 양/음으로 진동하는 무늬가 숨겨져 있다. 이렇게 제곱 속에 숨어 있는 양/음의 진동이 평행과 직교의 관계를 대변한다.

회전 변환의 관점에서 90도로 직교하는 특성을 가진다는 것은 포괄적으로 x 와 y 가 서로 자리바꿈 하는 $y=x$ 대칭 구도와 같다. 그리고 180도로 평행한 특성은 0점으로 쪼개진 수평선의 양/음 대칭과 같다.

@@ 회전변환의 직교관계

$$\begin{bmatrix} \cos\theta & -\sin\theta \\ \sin\theta & \cos\theta \end{bmatrix} \begin{bmatrix} x \\ y \end{bmatrix} = \begin{bmatrix} x\cos\theta - y\sin\theta \\ x\sin\theta + y\cos\theta \end{bmatrix} = \begin{bmatrix} x' \\ y' \end{bmatrix}$$

@@ $\theta = \dfrac{\pi}{2}$, $\begin{bmatrix} 0 & -1 \\ 1 & 0 \end{bmatrix} \begin{bmatrix} x \\ y \end{bmatrix} = \begin{bmatrix} -y \\ x \end{bmatrix} = \begin{bmatrix} x' \\ y' \end{bmatrix}$

@@ $\theta = \pi$, $\begin{bmatrix} -1 & 0 \\ 0 & -1 \end{bmatrix} \begin{bmatrix} x \\ y \end{bmatrix} = \begin{bmatrix} -x \\ -y \end{bmatrix} = \begin{bmatrix} x' \\ y' \end{bmatrix}$

따라서 행렬은 차원이 엇갈린 행과 열의 대각 관계를 통해 대칭 알고리즘의 무늬를 유추할 수 있게 한다. 참고로 선분논리는 두 입자의 직교성을 주로 내적관계로 해석하는 것이 일반적이다.

@@ 내적 판별법

$$\therefore \vec{A} \cdot \vec{B} = |A||B|\cos\theta$$

@@ $\theta = \dfrac{\pi}{2}$, $\vec{A} \cdot \vec{B} = |A||B|\cos\dfrac{\pi}{2} = 0$ $\therefore \vec{A} \perp \vec{B}$

@@ $\theta = \pi$, $\vec{A} \cdot \vec{B} = |A||B|\cos\pi = -|A||B|$ $\therefore \vec{A} \parallel \vec{B}$

이런 회전 변환의 성질을 이용하여 로런츠 변환의 두 식을 행렬로 정리하고 회전 변환의 눈으로 해석해 본다.

로런츠 변환을 회전 변환으로 해석한다는 것은 로런츠 변환이 회전 변환의 특성을 모두 가졌다는 것을 의미한다. 따라서 로런츠 변환은 회전 변환의 평행성과 직교성을 모두 포괄하는 오일러 공식이 성립한다는 의미가 된다.

또한 회전 변환을 행렬식으로 해석하여 절댓값을 구한다는 것은 단위원의 반지름 1에 대한 평면파를 구하는 것과 같다.

Matrix linear equation & Orthonormal property

$$\therefore \quad x' = \gamma \underline{x} - \gamma \beta \underline{ct}, \quad ct' = -\gamma \beta \underline{x} + \gamma \underline{ct}$$

$$\therefore \quad \begin{vmatrix} \cos\theta & -\sin\theta \\ \sin\theta & \cos\theta \end{vmatrix} = \cos^2\theta + \sin^2\theta = 1^2 = (\pm 1)^2$$

$$\begin{bmatrix} x' \\ ct' \end{bmatrix} = \begin{bmatrix} \gamma & -\beta\gamma \\ -\beta\gamma & \gamma \end{bmatrix} \begin{bmatrix} x \\ ct \end{bmatrix}, \quad \begin{vmatrix} \gamma & -\beta\gamma \\ -\beta\gamma & \gamma \end{vmatrix} = \gamma^2 - \beta^2\gamma^2 = (\pm 1)^2 = 1$$

$$\gamma^2 - \beta^2\gamma^2 = 1, \quad \gamma^2(1-\beta^2) = 1, \quad \gamma^2 = \frac{1}{1-\beta^2}$$

$$\therefore \quad \gamma^2 = \frac{1}{1-\beta^2} \qquad \therefore \quad \gamma = \pm \frac{1}{\sqrt{1-\beta^2}}$$

로런츠 변환을 회전 변환에 대한 반지름 평면파로 해석하여 감마를 정리하면 평면파 속에 있는 제곱 알고리즘으로 인해 양/음으로 진동하는 결과가 나온다.

끝으로 감마의 제곱은 선분논리에서 사용하는 양수 조건을 이용하여 로런츠 인자로 귀결된다.

로런츠 인자로 정리

$$\text{Lorentz factor} \quad \gamma = \frac{1}{\sqrt{1-\frac{v^2}{c^2}}} = \frac{1}{\sqrt{1-\beta^2}} = \sqrt{1-\beta^2}^{\,-1} \;,\; \beta = \frac{v}{c}$$

로런츠 인자 속에 있는 베타는 광속 대비 좌표계 속도로 정리된다. 일반적으로 좌표계 속도는 광속보다 느리므로 베타는 1보다 작은 분수의 특성을 가졌다.

게다가 거시 세계 속 입자의 속도는 광속보다 매우 느리다. 이 때문에 베타를 0과 같이 취급한다. 따라서 로런츠 변환의 감마는 1이 되어 갈릴레이 변환 공식과 같아지는 결과를 얻는다.

Galilean Gamma Test

$$\text{light speed} \quad c = \sqrt{\frac{1}{\mu_0 \varepsilon_0}} \approx 299\;792\;458\;[\text{m}/\text{s}] \simeq 3 \times 10^8\;[\text{m}/\text{s}]$$

$$\beta = \frac{v}{c} \simeq \frac{v}{3 \times 10^8} \simeq 0 \;,\; \gamma = \left(\sqrt{1-\beta^2}\right)^{-1} \simeq 1$$

$$\therefore\; x' = \gamma\,(x - vt) \simeq (x - vt)$$

It means Galilean transformation

물리학계 뿐만 아니라 수학계도 근의 해가 음수로 나타나는 현상을 보고 싶어 하지 않는다. 그렇다고 해서 무한계가 이를 허용하는 것은 아니다. 당연히 광속보다 빠른 경우가 발생할 수 있고 이 경우 허수계로 넘어가 음의 도약 현상이 일어난다.

음의 도약은 우리의 눈에 잘 관측되지 않지만 나중에 허수계의 소용돌이 시간이 실수계의 공간 왜곡 현상으로 다시 나타날 것이다. 그래서 우리는 로런츠 변환의 계수 조건을 제한하지 않는다. 단지 선분논리의 관점에 따라 필요한 만큼의 조건을 사용할 따름이다.

로런츠 인자는 오일러의 회전논리를 잘 이해하고 있는 듯 보인다. 로런츠 인자의 구조에는 오일러 방정식의 무늬가 흐른다.

수학계에서도 쌍곡선에 대한 정리나 해석이 부족해 보이는 측면이 있다. 우리는 앞서 오일러 공식의 원을 관점 전환하여 윙크 축분해 한 경험이 있다.

이와 같은 방식으로 각도 세타를 관점 현미경으로 렌즈를 교체하여 관찰하면 쌍곡선으로 변해 보인다.

먼저 복소수 원 방정식에 켤레원을 곱해 단위원을 만들어 관찰해 보자. 딱히 우리가 찾는 로런츠 인자 무늬는 나타나지 않는다.

@@ 켤레 복소원

Circle $\quad \cos\theta + i\sin\theta = e^{i\theta}$

Conjugate Circle $\quad \cos\theta - i\sin\theta = e^{-i\theta}$

@@ 단위원

$$(\cos\theta + i\sin\theta)(\cos\theta - i\sin\theta) = e^{i\theta} \cdot e^{-i\theta} = 1$$

$$\therefore \cos^2\theta + \sin^2\theta = 1$$

@@ 단위원 삼각 렌즈

$$\sin^2\theta = 1 - \cos^2\theta, \quad \sin\theta = \pm\sqrt{1-\cos^2\theta}$$

$$\cos^2\theta = 1 - \sin^2\theta, \quad \cos\theta = \pm\sqrt{1-\sin^2\theta}$$

$$\tan^2\theta = \frac{\sin^2}{\cos^2}, \quad \cos^2\theta = \frac{\sin^2}{\tan^2} = \frac{1-\cos^2}{\tan^2}$$

이번엔 관점 현미경의 실수 각도 렌즈를 허수 각도 렌즈로 교체하여 삼각함수를 쌍곡 함수로 전환한다.

@@ 각도 관점 현미경

Hyperbolic transformation $\quad \theta = i\zeta$

$$\cosh\zeta = \cos(i\zeta), \quad \sinh\zeta = -i\sin(i\zeta)$$

허수 각도 관점 현미경으로 오일러 원을 관찰하자. 그러면 쌍곡선이 나타난다. 이런 현상이 원과 쌍곡선이 같은 알고리즘을 가졌다는 암시다.

원과 쌍곡선은 관점만 달리하여 관측한 하나의 실체에 대한 무늬라는 것이 쌍곡 변환을 통해 알 수 있다. 원과 쌍곡선을 지수함수의 관점에서 바라보면, 원은 허수각 $i\theta$ 이고, 쌍곡선은 음수각 $-\zeta$ 이다.

복소평면의 실수와 허수는 실수평면에서 양/음으로 나타난다. 그리고 원은 양쪽으로 펼쳐진 쌍곡선이 된다. 쌍곡선의 두 포물선은 복소원의 켤레성을 의미한다.

@@ 쌍곡 함수 렌즈

$$\cos\theta + i\sin\theta = e^{i\theta}$$

$$\underbrace{\cos(i\zeta)}_{\cosh\zeta} + \underbrace{i\sin(i\zeta)}_{-\sinh\zeta} = e^{ii\zeta} = e^{-\zeta}$$

Hyperbolic $\quad \cosh\zeta - \sinh\zeta = e^{-\zeta} = \dfrac{1}{e^{\zeta}}$

다시 말해 복소원의 켤레성은 쌍곡선의 양/음으로 표현된다는 의미다. 쌍곡선에 나타나는 음의 지수함수는 지수분수 함수이고, 이는 수렴하는 무늬를 의미한다. 지수분수 함수는 양자역학에서 입자를 모델링할 때 주요 원리로 활용된다.

양자역학은 수많은 논리적 시행착오를 거쳐 지수분수 함수를 솔루션으로 활용하게 되지만, 이 솔루션은 원과 쌍곡선의 동시성에서 유래했다.

밖에서 안을 보면 수렴하는 원의 알고리즘이 양자화하여 입자로 보이지만, 안에서 밖을 보면 무한히 발산하는 쌍곡선의 알고리즘이 끝없는 파동으로만 보인다.

한편 원을 지수 곡선으로 분석하면 무한히 발산하지만, 쌍곡선을 지수 곡선으로 분석하면 분수의 무늬를 그리며 수렴한다.

따라서 원 모양의 미시 세계 속 입자를 모델링할 때, 쌍곡선의 지수분수 함수로 접근해야 수렴하여 양자화하는 현상을 목격할 수 있게 된다. 이런 것이 바로 **켤레의 동시성**이다.

이번엔 **허수각 관점**에서 **오일러 단위원**을 관찰한다. 그러면 이것은 **단위 쌍곡선**이라 이름 붙여도 무방할 것 같다.

@ 단위원과 단위 쌍곡선
$$\cos^2 \theta + \sin^2 \theta = 1$$
$$\cosh^2 \zeta + (-i)^2 \sinh^2 \zeta = 1$$
$$\cosh^2 \zeta - \sinh^2 \zeta = 1 \quad \text{Hyperbola}$$

쌍곡선은 XY평면과 복소평면에 같은 무늬로 나타난다. 또한 복소평면에서는 오일러 공식의 실수각 θ 에 허수각 $i\zeta$ 를 대입한 무늬이고, 오일러 공식에 삼각함수를 쌍곡함수로 대체한 것과도 같다.

@@ 쌍곡함수 변환 렌즈

$$\cos(i\zeta) = \cosh\zeta, \quad i\sin(i\zeta) = -\sinh\zeta$$

$$\cos(i\zeta) = \cosh\zeta = x, \quad -i\sin(i\zeta) = \sinh\zeta = y$$

$$\sin(i\zeta) = -\frac{1}{i}\sinh\zeta = -\frac{1}{i}\frac{i}{i}\sinh\zeta = -\frac{i}{-1}\sinh\zeta = i\sinh\zeta$$

$$\therefore \sin(i\zeta) = i\sinh\zeta = iy$$

$$\therefore (x, y) = (\cos i\zeta, -i\sin i\zeta) = (\cosh\zeta, \sinh\zeta)$$

$$\cos\theta + i\sin\theta = e^{i\theta}$$

$$\cos(i\zeta) + i\sin(i\zeta) = e^{i(i\zeta)} = e^{-\zeta}$$

$$\cosh\zeta - \sinh\zeta = e^{-\zeta} = \frac{1}{e^{\zeta}}$$

$$(\cosh\zeta - \sinh\zeta)(\cosh\zeta + \sinh\zeta) = e^{-\zeta}e^{\zeta} = 1$$

$$x^2 - y^2 = \cosh^2\zeta - \sinh^2\zeta = 1$$

이는 복소원이 실수평면과 복소평면에서 동시에 같은 무늬로 나타나는 원리를 그대로 사용했기 때문이다. 각각의 평면은 모두 가로축과 세로축의 관계로 만들어진 평면파 공간이며 동시에 관점 렌즈다.

본래 원은 지름을 180도 회전하여 하나의 원을 만든다. 360도를 회전하면 두 개의 원을 만든다. 그래서 원도 구체의 형성 원리와 같이 켤레로 존재한다. 이 원리가 양자역학에서 파울리 배타 원리를 만들어야 링구조의 논리가 완성되는 근원적 이유가 된다.

원이 켤레로 존재하는 것과 같이 쌍곡선 파동도 같은 알고리즘으로 켤레 쌍곡선 파동이 존재한다. 그리고 켤레 쌍곡선의 곱이 평면파를 형성하여 **단위 쌍곡선**에 도달한다.

@@ 쌍곡함수의 신호 대칭성

$$\cos(i\zeta) = \cosh \zeta, \quad \cosh \zeta = \cosh(-\zeta)$$

@ $\cosh(-\zeta) = \cos(-i\zeta) = \cos(i\zeta) = \cosh(\zeta)$

@@ $-\zeta \stackrel{@}{=} \zeta, \quad -i\zeta \stackrel{@}{=} i\zeta \quad :\text{In cos}$

$$i \sin(i\zeta) = -\sinh \zeta, \quad -\sinh \zeta = \sinh(-\zeta)$$

@ $\sinh(-\zeta) = -i \sin(-i\zeta) = i \sin(i\zeta) = -\sinh(\zeta)$

@@ 쌍곡함수의 켤레성

Hyperbolic Wave $\quad \cosh \zeta - \sinh \zeta = e^{-\zeta}$

$\cosh(-\zeta) - \sinh(-\zeta) = e^{\zeta} \quad :\text{Conjugate}$

@@ 단위 쌍곡선

Conjugate Hyperbolic Wave $\quad \cosh \zeta + \sinh \zeta = e^{\zeta}$

$(\cosh \zeta - \sinh \zeta)(\cosh \zeta + \sinh \zeta) = e^{-\zeta} e^{\zeta} = 1$

$\therefore \cosh^2 \zeta - \sinh^2 \zeta = 1 \quad :\text{Hyperbola}$

단위 쌍곡선을 여러 각도에서 관찰하고 cosh 의 관점에서 tanh 와의 관계로 정리하면 우리가 찾던 로런츠 인자 무늬가 나타난다.

@@ 단위 쌍곡선 감마파

$$\because \sinh = \cosh \cdot \tanh \, , \quad \tanh = \frac{\sinh}{\cosh}$$

$$\cosh^2 \zeta = 1 + \sinh^2 \zeta = 1 + \cosh^2 \zeta \tanh^2 \zeta$$

$$\cosh^2 \zeta - \cosh^2 \zeta \tanh^2 \zeta = 1$$

$$\cosh^2 \zeta (1 - \tanh^2 \zeta) = 1 \, , \quad \cosh^2 \zeta = \frac{1}{1 - \tanh^2 \zeta}$$

$$\therefore \cosh \zeta = \pm \sqrt{\frac{1}{1 - \tanh^2 \zeta}} = \pm \frac{1}{\sqrt{1 - \tanh^2 \zeta}}$$

이제야 로런츠와 대화가 통하게 됐다. 우리는 당시 로런츠의 생각을 제대로 정리할 수 있다.

로런츠는 쌍곡선에서 광속의 무늬를 만났다. 로런츠 인자의 감마와 베타에는 회전 변환에 따른 **허수각 제타**가 숨어 있는 꼴이다.

허수각 제타는
감마와 베타의 중심에 있다

우리는 허수축에서 시간이 소용돌이치는 허수각 제타를 볼 수 있게 되었다.

@@ 로런츠 인자의 쌍곡 감마파 변환

$$\text{Lorentz factor} \quad \gamma = \frac{1}{\sqrt{1-\beta^2}}, \quad \beta = \frac{v}{c}$$

$$\therefore \quad \cosh \zeta = \pm \frac{1}{\sqrt{1-\tanh^2 \zeta}}$$

$$\beta = \tanh \zeta, \quad \gamma = \cosh \zeta, \quad \beta\gamma = \sinh \zeta, \quad \zeta = \tanh^{-1} \beta$$

로런츠 변환을 제대로 정리해 보자. 좌표계 고윳값 감마의 관점을 토대로 공간 x 의 관점, 베타 속도비의 관점, 허수각 제타의 관점이 있다. 이 관점들은 일종의 키클롭스 눈으로 본 두 은하계와 같다.

@@ 로런츠 변환의 쌍곡 변환

$$\text{Lorentz transformation} \quad x' = \gamma(x - vt)$$

$$\beta = \frac{v}{c}, \quad v = c\beta$$

$$x' = \gamma(x - \beta ct) = \gamma x - \beta \gamma c t$$

$$x' = x \cosh \zeta - ct \sinh \zeta$$

선분논리는 로런츠 변환을 Lorentz boost 라고 부르기도 한다. 이는 일종의 점화식 같은 의미도 있고, 그 변환의 속도가 기하급수적으로 변하며 무한대를 향하는 느낌이 들기 때문이다. 이런 느낌은 쌍곡선의 무늬에서 나왔다.

선분논리는 나중에 이런 현상을 Rapidity 라고 불렀다. 로런츠 변환은 x 에만 공간적 변화가 있을 때 로런츠 부스트 x 라고 한다. 3차원의 경우 x 만 변화가 있고, y, z 에는 변화가 없는 상태로 표기 된다.

> **Lorentz boost x**
> $$t' = \gamma \left(t - \frac{vx}{c^2} \right), \quad x' = \gamma (x - vt)$$
> $$y' = y, \quad z' = z$$

허수각 제타의 관점에서 시간과 공간의 변화를 해석할 때는 쌍곡함수를 이용하여 **로런츠 부스트 제타**를 사용한다.

> **Lorentz boost ξ (zeta)**
> $$ct' = ct \cosh \zeta - x \sinh \zeta, \quad x' = x \cosh \zeta - ct \sinh \zeta$$
> $$y' = y, \quad z' = z$$

그리고 로런츠 인자 베타를 사용할 때는 **로런츠 인자 부스트 베타**라 부른다.

> **Lorentz factor boost β (beta)**
> $$x' = \gamma (x - \beta ct), \quad ct' = \gamma (ct - \beta x)$$

허수각은 시간계에서 소용돌이쳐 공간으로 차원 도약을 이끈다

에너지를 특수 상대성 이론의 시공간 평면으로 해석하면, 에너지 평면파의 논리가 전개된다. 앞서 로런츠 변환에서 관찰한 바와 같이, 상대적 시공간은 관측에 따른 변화량 또는 오차가 발생한다. 이런 시공간의 **변화**라는 개념에는 동시에 쌍으로 존재하는 **불변**이라는 개념이 있다.

따라서 **변화량**과 **불변량**을 합하여 **전체 수량**으로 논리가 펼쳐진다. 이는 복소평면의 논리와 맥을 함께 한다.

에너지도 **변화 에너지**와 **불변 에너지**로 쌍을 이룬다면, 질량을 관점으로 한 에너지는 **불변 질량**이라는 개념을 필연적으로 동반하게 된다.

그렇다면 **불변 질량**에 **광속의 제곱**을 곱하면 **불변 에너지**가 된다. 상대적으로 **변화 에너지**는 운동량의 관점에서 **운동량 × 광속**으로 정의할 수 있다.

$$E_p = pc, \quad E_0 = m_0 c^2$$
$$@@ \quad E_k = E_p + E_0 \quad : \text{in Length}$$

여기에 특수 상대성의 시공간 평면파 개념을 도입하면, 피타고라스 삼각형의 구도가 나타난다. 이것은 선분논리에서 **에너지-운동량 관계**라고 말한다.

Energy–momentum relation

$$E_k^2 = E_p^2 + E_0^2 = p^2c^2 + m_0^2c^4$$

in SpaceTime, Special relativity

m_0 : Rest mass, Invariant mass

$E_0 = m_0c^2$: Rest mass energy

에너지-운동량 관계는 아인슈타인의 특수 상대성 이론에서 **아인슈타인 삼각형**이라 부르기도 한다.

Einstein Triangle

$$E_m = mc^2 , \quad E_p = pc , \quad E_T^2 = E_p^2 + E_m^2$$

에너지-운동량 관계에서 광속을 1로 놓고 분석하면, 운동량과 질량이 근원적으로 하나의 알고리즘이라는 것을 볼 수 있다.

운동량을 회전논리로 보면 각운동량이 되고, 각운동량은 안으로 소용돌이쳐 임계점에 도달하여 식으면 질량으로 양자화한다.

$$E_k^2 = p^2c^2 + m_0^2c^4$$
$$c = 1 , \quad E_k^2 = p^2 + m_0^2$$

특수 상대성을 토대로 한 시공간 평면파를 라그랑지언 역학에 도입하면, 시공간 에너지로 해석하는 특수 상대성 이론이 된다.

$$E = E_k + E_p = \sqrt{p^2c^2 + (m_0c^2)^2} + E_p$$

1906 Max Planck, 1926 Walter Gordon, 1928 Paul Dirac

그러나 우리는 특수 상대성 여행을 하면서 무언가 개운치 않은 부스러기를 느낀다. 회전논리는 **자기복제 동시론**으로 일관된 논리를 펼친다. 그런데 **에너지-운동량 관계**의 평면파 공식은 이항 정리의 합성 차원에 대한 논리가 누락됐다. 고대로부터 내려온 **이항 정리**에는 두 차원의 합성된 차원이 있었다.

$$(x+y)^2 = x^2 + y^2 + 2xy \quad : \text{Binomial}$$
$$xy = 0, \quad (x+y)^2 = x^2 + y^2$$
$$c^2 = a^2 + b^2 \quad : \text{Pythagorean theorem}$$

이항 정리에서 xy 와 같은 합성항이 0 이라면 피타고라스 정리와 같은 무늬가 된다. 물론 선분논리의 눈은 합성항이 0인 경우를 상상하기 어렵다. 하지만 회전논리는 이런 것을 0입자로 해석하여 존재 가능한 논리로 운용한다.

이는 X축과 Y축이 90도로 관계하여 0점을 만들고 평면파로 완전한 관계 공간을 형성하는 원리로 인해 태초부터 가능했다. 이것이 **무한계**의 **동시 알고리즘**이다.

그리고 **변화 에너지**와 **불변 에너지**의 합은 라그랑지언의 알고리즘과 본질적으로 같은 원리다. **변화**와 **불변**의 상대적 동시 관계는 **운동**과 **위치**의 상대적 동시 관계와 같은 켤레 구도다.

본래 라그랑지언에도 평면파가 있다. 이항 정리의 단순한 제곱 논리를 사용하여 라그랑지언 평면파를 전개하면, 운동과 위치가 중첩된 차원이 발생한다.

Energy Plane Wave Triangle

$$E = E_k + E_p \quad : \text{Lagrangian}$$

$$E^2 = (E_k + E_p)^2 = E_k^2 + E_p^2 + 2E_k E_p$$

$$2E_k E_p = 0 \quad \therefore \quad E^2 = E_k^2 + E_p^2$$

운동 에너지와 위치 에너지의 중첩 상태, 0입자

운동과 위치의 두 중첩 차원은 양자역학의 관점에서 **중첩 상태**와 같다. 이것이 바로 0입자가 가질 수 있는 **불확정성**이다. 불확정성은 동시공간에서 중첩 상태를 가지고, 시공간에서 양자 얽힘 현상을 낳는다.

그래서 시공간 속 **운동 에너지**와 **위치 에너지**는 둘 중 하나로만 확정되고, **전체 에너지**로 두 에너지 상태를 구분하여 확인할 수 있다. 게다가 운동 영역과 위치 영역의 경계를 확대하면 그 경계선이 모호해진다.

로런츠 인자는 특수 상대성의 시공간 알고리즘을 함축한 무늬다. 따라서 운동량에 로런츠 인자를 도입하면, 특수 상대성의 시공간에 대한 에너지 논리를 전개할 수 있다.

Momentum with Lorentz factor

$$p = \gamma m v, \quad \gamma = \sqrt{1-\beta^2}^{-1}, \quad \beta = vc^{-1}$$

$$E = \gamma m c^2 = hf$$

$$\beta \approx 0, \quad \gamma = 1, \quad E = mc^2 = hf$$

갈릴레이 변환의 이해와 같이, 로런츠 인자 감마를 1로 설정하면 **질량**과 **파동**의 **등가 원리**를 가능케 한 **드브로이 물질파**를 만날 수 있다. 이는 나중에 시공간 평면파로 전자 밀도를 해석할 수 있게 하는 기반이 된다.

$$|\mathbf{p}| = p = \frac{E}{c} = \frac{hf}{\lambda f} = \frac{h}{\lambda}$$

$$\text{de Broglie wavelength} \quad \lambda = \frac{h}{p}$$

$$\text{light-wave relation} \quad f = \frac{c}{\lambda}$$

$$\text{linear momentum} \quad p = mv = mc, \quad c = \frac{p}{m}$$

Planck relation $\quad E = hf$

$$E = hf = h\frac{c}{\lambda} = pc = mcc = mc^2$$

$$\therefore\ E = hf = pc = mc^2$$

Galilean transformation

$$x' = x - vt$$
$$t' = t$$

Lorentz transformation

$$x' = \gamma(x - vt)$$

Maxwell's light speed $\quad c^2 \mu_0 \varepsilon_0 = 1, \quad c^2 = \dfrac{1}{\mu_0 \varepsilon_0} = \dfrac{\nabla x^2}{\nabla t^2}$

$$c = \frac{x}{t} = \frac{x'}{t'} \quad : \text{Constant Light Speed}$$

$$c^2 = \frac{x^2}{t^2}, \quad t^2 = \frac{x^2}{c^2}, \quad \frac{t^2}{x} = \frac{x}{c^2}, \quad \frac{1}{c} = \frac{t}{x}$$

$$\frac{1}{c}x' = \gamma(x - vt)\frac{1}{c}$$

$$t' = \frac{t'}{x'}x' = \frac{1}{c}x' = \gamma(x - vt)\frac{1}{c} = \gamma(x - vt)\frac{t}{x} = \gamma\left(t - \frac{vt^2}{x}\right)$$

$$\therefore \quad t' = \gamma\left(t - \frac{vx}{c^2}\right)$$

velocity ratio $\beta = \dfrac{v}{c}$

$$x' = \gamma (x - vt) = \gamma (x - \beta ct)$$

$$t' = \gamma \left(t - \dfrac{vx}{c^2}\right) = \gamma \left(t - \beta \dfrac{x}{c}\right)$$

$$ct' = c\gamma \left(t - \beta \dfrac{x}{c}\right) = \gamma (ct - \beta x)$$

$$\therefore \quad x' = \gamma (x - \beta ct) , \quad ct' = \gamma (ct - \beta x)$$

$$\therefore \quad x' = \gamma \underline{x} - \gamma \beta \underline{ct} , \quad ct' = -\gamma \beta \underline{x} + \gamma \underline{ct}$$

Linear equation test

$$x' - ct' = (\gamma + \gamma \beta)x - (\gamma \beta + \gamma)ct$$

if $x' = x$, $t' = t$

$$\gamma + \gamma \beta = 1, \quad \gamma (1 + \beta) = 1, \quad 1 + \beta = \dfrac{1}{\gamma}, \quad \gamma = \dfrac{1}{1 + \beta}$$

$$\therefore \quad \gamma = \dfrac{1}{1 + \beta}$$

Rotation transformation $\begin{bmatrix} \cos\theta & -\sin\theta \\ \sin\theta & \cos\theta \end{bmatrix}$

$$\begin{vmatrix} \cos\theta & -\sin\theta \\ \sin\theta & \cos\theta \end{vmatrix} = \cos^2\theta + \sin^2\theta = 1^2 = (\pm 1)^2$$

Parallel property (Even)　$\theta = 2n\pi = \{0,\ 2\pi,\ 4\pi,\ \cdots\}$

$$\cos^2\theta + \sin^2\theta = (+1)^2 = 1$$

Orthonormal property (Odd)　$\theta = (2n-1)\pi = \{\pi,\ 3\pi,\ \cdots\}$

$$\cos^2\theta + \sin^2\theta = (-1)^2 = 1$$

$$\begin{bmatrix} n \\ \dfrac{n}{2}\pi \\ \cos\dfrac{n}{2}\pi \\ \sin\dfrac{n}{2}\pi \\ \cos^2\dfrac{n}{2}\pi + \sin^2\dfrac{n}{2}\pi \end{bmatrix} = \begin{bmatrix} 0 & 1 & 2 & 3 & 4 & \cdots \\ 0 & \dfrac{1}{2}\pi & \pi & \dfrac{3}{2}\pi & 2\pi & \cdots \\ +1 & 0 & -1 & 0 & +1 & \cdots \\ 0 & +1 & 0 & -1 & 0 & \cdots \\ (+1)^2 & (+1)^2 & (-1)^2 & (-1)^2 & (+1)^2 & \cdots \end{bmatrix}$$

$$\begin{bmatrix} \cos\theta & -\sin\theta \\ \sin\theta & \cos\theta \end{bmatrix} \begin{bmatrix} x \\ y \end{bmatrix} = \begin{bmatrix} x\cos\theta - y\sin\theta \\ x\sin\theta + y\cos\theta \end{bmatrix} = \begin{bmatrix} x' \\ y' \end{bmatrix}$$

@@　$\theta = \dfrac{\pi}{2}$,　$\begin{bmatrix} 0 & -1 \\ 1 & 0 \end{bmatrix} \begin{bmatrix} x \\ y \end{bmatrix} = \begin{bmatrix} -y \\ x \end{bmatrix} = \begin{bmatrix} x' \\ y' \end{bmatrix}$

@@　$\theta = \pi$,　$\begin{bmatrix} -1 & 0 \\ 0 & -1 \end{bmatrix} \begin{bmatrix} x \\ y \end{bmatrix} = \begin{bmatrix} -x \\ -y \end{bmatrix} = \begin{bmatrix} x' \\ y' \end{bmatrix}$

$$\because \vec{A} \cdot \vec{B} = |A||B|\cos\theta$$

@@　$\theta = \dfrac{\pi}{2}$,　$\vec{A} \cdot \vec{B} = |A||B|\cos\dfrac{\pi}{2} = 0$　$\therefore \vec{A} \perp \vec{B}$

@@　$\theta = \pi$,　$\vec{A} \cdot \vec{B} = |A||B|\cos\pi = -|A||B|$　$\therefore \vec{A} \parallel \vec{B}$

Matrix linear equation & Orthonormal property

$$\because \quad x' = \gamma \underline{x} - \gamma\beta \underline{ct}, \quad ct' = -\gamma\beta \underline{x} + \gamma \underline{ct}$$

$$\because \quad \begin{vmatrix} \cos\theta & -\sin\theta \\ \sin\theta & \cos\theta \end{vmatrix} = \cos^2\theta + \sin^2\theta = 1^2 = (\pm 1)^2$$

$$\begin{bmatrix} x' \\ ct' \end{bmatrix} = \begin{bmatrix} \gamma & -\beta\gamma \\ -\beta\gamma & \gamma \end{bmatrix} \begin{bmatrix} x \\ ct \end{bmatrix}, \quad \begin{vmatrix} \gamma & -\beta\gamma \\ -\beta\gamma & \gamma \end{vmatrix} = \gamma^2 - \beta^2\gamma^2 = (\pm 1)^2 = 1$$

$$\gamma^2 - \beta^2\gamma^2 = 1, \quad \gamma^2(1-\beta^2) = 1, \quad \gamma^2 = \frac{1}{1-\beta^2}$$

$$\therefore \quad \gamma^2 = \frac{1}{1-\beta^2} \qquad \therefore \quad \gamma = \pm\frac{1}{\sqrt{1-\beta^2}}$$

Lorentz factor

$$\gamma = \sqrt{1-\beta^2}^{\,-1}, \quad \beta = \frac{v}{c}$$

$$\gamma = \frac{1}{\sqrt{1-\frac{v^2}{c^2}}} = \frac{1}{\sqrt{1-\beta^2}} = \sqrt{1-\beta^2}^{\,-1}$$

Galilean gamma test

light speed $\quad c = \sqrt{\dfrac{1}{\mu_0 \varepsilon_0}} \approx 299\,792\,458 \text{ [m/s]} \simeq 3 \times 10^8 \text{ [m/s]}$

$$\beta = \frac{v}{c} \simeq \frac{v}{3 \times 10^8} \simeq 0, \quad \gamma = \left(\sqrt{1-\beta^2}\right)^{-1} \simeq 1$$

$$\therefore \quad x' = \gamma(x - vt) \simeq (x - vt)$$

It means Galilean transformation

Euler's formula to Hyperbolic Lorentz boost

Circle Wave $\quad \cos\theta + i\sin\theta = e^{i\theta}$

Conjugate Circle Wave $\quad \cos\theta - i\sin\theta = e^{-i\theta}$

$$(\cos\theta + i\sin\theta)(\cos\theta - i\sin\theta) = e^{i\theta} \cdot e^{-i\theta} = 1$$

$$\therefore \cos^2\theta + \sin^2\theta = 1 \quad : \text{Circle}$$

$$(x, y) = (\cos\theta, \sin\theta)$$

$$x^2 + y^2 = \cos^2\theta + \sin^2\theta = 1$$

$$\sin^2\theta = 1 - \cos^2\theta, \quad \sin\theta = \pm\sqrt{1 - \cos^2\theta}$$

$$\cos^2\theta = 1 - \sin^2\theta, \quad \cos\theta = \pm\sqrt{1 - \sin^2\theta}$$

$$\tan^2\theta = \frac{\sin^2}{\cos^2}, \quad \cos^2\theta = \frac{\sin^2}{\tan^2} = \frac{1 - \cos^2}{\tan^2}$$

Hyperbolic transformation $\quad \theta = i\zeta$

$$\cosh\zeta = \cos(i\zeta), \quad \sinh\zeta = -i\sin(i\zeta), \quad -\sinh\zeta = i\sin(i\zeta)$$

$$\cos\theta + i\sin\theta = e^{i\theta}$$

$$\underbrace{\cos(i\zeta)}_{\cosh\zeta} + \underbrace{i\sin(i\zeta)}_{-\sinh\zeta} = e^{ii\zeta} = e^{-\zeta}$$

Hyperbolic Wave $\quad \cosh\zeta - \sinh\zeta = e^{-\zeta} = \dfrac{1}{e^{\zeta}}$

$$\cos^2\theta + \sin^2\theta = 1^2$$

Hyperbolic transformation $\quad \theta = i\zeta$

$$\cos(i\zeta) = \cosh\zeta, \quad i\sin(i\zeta) = -\sinh\zeta$$

$$\bigl(\cos(i\zeta)\bigr)^2 + \bigl(i\sin(i\zeta)\bigr)^2 = 1^2, \quad \cosh^2\zeta + (-i)^2\sinh^2\zeta = 1$$

$$\cosh^2\zeta - \sinh^2\zeta = 1 \quad \text{Hyperbola}$$

$$\cos(i\zeta) = \cosh\zeta = x, \quad -i\sin(i\zeta) = \sinh\zeta = y$$

$$\therefore (x,y) = (\cos i\zeta, -i\sin i\zeta) = (\cosh\zeta, \sinh\zeta)$$

$$\therefore x^2 - y^2 = \cosh^2\zeta - \sinh^2\zeta = 1$$

Hyperbolic Wave $\quad \cosh\zeta - \sinh\zeta = e^{-\zeta}$

@@ $\quad -\zeta \stackrel{@}{=} \zeta, \quad -i\zeta \stackrel{@}{=} i\zeta \quad$: In cos

$$\cosh(-\zeta) - \sinh(-\zeta) = e^{\zeta} \quad \text{: Conjugate}$$

@@ $\quad \cosh(-\zeta) = \cos(-i\zeta) = \cos(i\zeta) = \cosh(\zeta)$

@@ $\quad \sinh(-\zeta) = -i\sin(-i\zeta) = i\sin(i\zeta) = -\sinh(\zeta)$

$$\therefore \cosh\zeta = \cosh(-\zeta), \quad -\sinh\zeta = \sinh(-\zeta)$$

Conjugate Hyperbolic Wave $\quad \cosh\zeta + \sinh\zeta = e^{\zeta}$

$$(\cosh\zeta - \sinh\zeta)(\cosh\zeta + \sinh\zeta) = e^{-\zeta}e^{\zeta} = 1$$

$$\therefore \cosh^2\zeta - \sinh^2\zeta = 1 \quad \text{: Hyperbola}$$

$$\because \sinh = \cosh \cdot \tanh \,, \quad \tanh = \frac{\sinh}{\cosh}$$

$$\cosh^2 \zeta = 1 + \sinh^2 \zeta = 1 + \cosh^2 \zeta \tanh^2 \zeta$$

$$\cosh^2 \zeta - \cosh^2 \zeta \tanh^2 \zeta = 1$$

$$\cosh^2 \zeta \,(1 - \tanh^2 \zeta) = 1$$

$$\cosh^2 \zeta = \frac{1}{1 - \tanh^2 \zeta}$$

$$\therefore \quad \cosh \zeta = \pm \sqrt{\frac{1}{1 - \tanh^2 \zeta}} = \pm \frac{1}{\sqrt{1 - \tanh^2 \zeta}}$$

$$@ @ \quad \tanh \zeta \stackrel{@}{=} \beta = \frac{v}{c} \,, \quad \cosh \zeta \stackrel{@}{=} \gamma = \frac{1}{\sqrt{1 - \beta^2}}$$

$$\text{Lorentz factor} \quad \gamma = \frac{1}{\sqrt{1 - \beta^2}} \,, \quad \beta = \frac{v}{c}$$

$$\therefore \quad \beta = \tanh \zeta \,, \quad \gamma = \cosh \zeta \,, \quad \beta \gamma = \sinh \zeta \,, \quad \zeta = \tanh^{-1} \beta$$

$$\text{Lorentz transformation} \quad x' = \gamma \,(x - vt)$$

$$\beta = \frac{v}{c} \,, \quad v = c \beta \,, \quad x' = \gamma (x - \beta c t) = \gamma x - \beta \gamma c t$$

$$\therefore \quad x' = x \cosh \zeta - c t \sinh \zeta$$

Lorentz boost x $\quad t' = \gamma \left(t - \dfrac{vx}{c^2} \right) \,, \quad x' = \gamma \,(x - vt)$

Lorentz boost ζ $\quad ct' = ct \cosh \zeta - x \sinh \zeta \,, \quad x' = x \cosh \zeta - ct \sinh \zeta$

Lorentz factor boost γ $\quad x' = \gamma \,(x - \beta ct) \,, \quad ct' = \gamma \,(ct - \beta x)$

$$y' = y \,, \quad z' = z$$

$$E = E_k + E_p \quad : \text{Lagrangian}$$

$$E^2 = (E_k + E_p)^2 = E_k^2 + E_p^2 + 2E_k E_p$$

$$2E_k E_p = 0 \quad \therefore \quad E^2 = E_k^2 + E_p^2$$

운동 에너지와 위치 에너지의 중첩 상태, 0입자

Energy–momentum relation

$$E^2 = p^2 c^2 + m_0^2 c^4$$

in SpaceTime, Special relativity

m_0 : Rest mass, Invariant mass

$E_0 = m_0 c^2$: Rest mass energy

$$E = \sqrt{p^2 c^2 + (m_0 c^2)^2} + P$$

1906 Max Planck, 1926 Walter Gordon, 1928 Paul Dirac

$$c = 1, \quad E^2 = p^2 + m_0^2$$

Einstein Triangle

$$E_m = mc^2, \quad E_p = pc, \quad E_T = \sqrt{E_p^2 + E_m^2}$$

Momentum with Lorentz factor

$$p = \gamma m v, \quad \gamma = \sqrt{1-\beta^2}^{-1}, \quad \beta = vc^{-1}$$

$$E = \gamma m c^2 = hf$$

$$\beta \approx 0, \quad \gamma = 1, \quad E = mc^2 = hf$$

$$|\mathbf{p}| = p = \frac{E}{c} = \frac{hf}{\lambda f} = \frac{h}{\lambda}$$

de Broglie wavelength $\quad \lambda = \dfrac{h}{p}$

light − wave relation $\quad f = \dfrac{c}{\lambda}$

linear momentum $\quad p = mv = mc, \quad c = \dfrac{p}{m}$

Planck relation $\quad E = hf$

$$E = hf = h\frac{c}{\lambda} = pc = mcc = mc^2$$

$$\therefore \ E = hf = pc = mc^2$$

파동의 두 관점, 오메가
Two Wave Viewpoints, Omega

파동은 오일러 이후 두 관점으로 나뉜다. 하나는 1차원 선형 파동이고 나머지는 2차원 원형 파동이다. 영어권에서는 Linear Wave 와 Angular Wave 로 표현한다. 2차원 이상의 다차원 파동이 있을 것이라 생각할 수 있다.

Linear Wave

$$v = \lambda f, \quad \nu\lambda = 1 = fT, \quad \nu = \frac{1}{\lambda}, \quad T = \frac{1}{f}$$

Linear wavelength λ

Linear frequency f

Linear wavenumber $\tilde{\nu}$ or ν

Linear period T

Linear speed v

Angular Wave

$$k\lambda = 2\pi = \frac{\omega}{f}, \quad k = \frac{2\pi}{\lambda}, \quad \omega = 2\pi f, \quad T = \frac{1}{\omega} = \frac{1}{2\pi f}$$

Angular wavelength $\bar{\lambda}$ or λ

Angular frequency ω

Angular wavenumber k

Angular period T_a or T

그러나 다차원 방정식이 1, 2차원 방정식의 조합으로 파생된 방정식임을 인식할 수 있게 되면, 모든 현상은 0과 ∞의 두 관계로 정리된다는 것을 알 수 있다.

1차원의 직선과 2차원의 곡선 이외의 기하체 기저는 없으며 2차원도 1차원의 자기복제로 파생된 별종이다. 2차원 이상 기하체는 모두 곡선의 별종이며 이 원리는 푸앵카레의 공간 분기 정리에 있다.

그리고 다차원의 연속체들은 모두 각도 알고리즘의 연쇄반응들이다. 오일러도 그 점을 잘 알고 있었을 것이다. 그래서 파동은 1차원적 해석에 각도의 개념을 더해 2차원의 원형 파동으로 확장 정리한다.

원형 파동은 직선의 데카르트 좌표계를 원형 극 좌표계로 관점 전환하고, 원의 핵심 인자인 각도에 대한 파동 정리로 본질의 맥을 잡는다. 이것이 바로 오일러의 ω **각주파수**다.

이와 같은 파동에 대한 두 관점의 분파는 서로 상대적 관계를 통해 파동의 성질을 도출할 수 있게 할 뿐 아니라, 전에 생각지도 못했던 무한 알고리즘의 문을 연다.

ω 는 다시 두 관점으로 쪼개진다. 하나는 **각주파수**이고 또 하나는 **각속도**다.

$$\text{Angular frequency} \quad \omega = 2\pi f \ [\text{rad}/s]$$
$$\text{Angular velocity} \quad \omega = \frac{d\theta}{dt} \ [\text{rad}/s]$$
$$[\text{Hz}] = [1/s], \quad [\text{rad}/s] = [m/s]$$

각주파수의 관점은 단위 원주 2π 를 기저로 삼고 f 주파수를 고윳값으로 삼은 동시공간 입자다. 각속도의 관점은 시공간 속의 속도 개념이며 각도를 시간으로 미분한 시공간 입자다.

각속도는 원주율 π 에 대한 파동적 해석을 낳는다. 나중에 플랑크 상수를 단위 원주 2π 로 쪼개서 입자성을 가진 더 미세한 디렉 상수로 만든다. 이는 단위원이 모든 왜곡 입자의 기원이기 때문이다.

각주파수는 각속도와 상대 관계에서 동시 복제성을 가지고 있어 등호가 성립하는 방정식이 된다. 이 관계는 필요에 따라 관점을 사용하여 수평의 관계와 수직의 두 관계로, 뿌리가 같지만 가지가 달라 보이는 새로운 논리의 연쇄반응을 일으킬 수 있다.

$$\frac{d\theta}{dt} = \omega = 2\pi f$$
$$d\theta = \omega \cdot dt = 2\pi f \cdot dt$$
$$@@ \quad \theta = \omega t = 2\pi f t$$

각도를 변수로 했던 사인 함수는 이제 각속도와 시간의 곱으로 파동을 만들어 내는 Oscillator 발진기가 된다. 참고로 선분논리의 물리학에서 발진기는 주로 코사인 함수를 사용한다. 그 이유는 오일러 공식에서 실수부가 코사인이기 때문이다.

$$f(t) = \cos\theta = \cos(\omega t) = \cos(2\pi f t)$$
$$t = 1, \quad f(1) = \cos\theta = \cos\omega = \cos 2\pi f$$

각도에 대한 관점을 함수로 전환하면 각도 함수가 된다. 각도 함수의 변수를 공간과 시간으로 구분하여 관계시키면 복소수와 같이 공간항과 시간항으로 구성된 다항식이 나타난다.

$$\text{Angular wavenumber} \quad k = \frac{2\pi}{\lambda}$$
$$E = E_p - E_k \quad : \text{Lagrangian}$$
$$@@ \quad \theta(x,t) = kx - \omega t = kx - 2\pi f t$$
$$f(x,t) = \cos\theta(x,t) = \cos(kx - \omega t) = \cos(kx - 2\pi f t)$$

각도 함수 $\theta(x,t)$ 는 라그랑지주 역학에서와 같이 회전 입자가 에너지 보존의 법칙으로 존재할 수 있다는 근원적 원리에 뿌리가 있다. kx 는 **위치 에너지** E_p 에 해당한다면 ωt 는 **운동 에너지** E_k 에 해당한다. 두 에너지는 작용과 반작용의 구도로 안정된 경계를 형성하고 독립적 입자로 양자화한다.

이렇게 수학은 관점 전환으로 다양한 세상을 탐험할 수 있다. 계산적 수학에서 뜬금없이 "대입했더니 이렇게 되더라"와 같은 말은 설명할 여유가 없거나 "뒷걸음쳤더니 행운을 맞았다"라는 해석과 같다.

방향을 알고 여행하는 것과 길을 잃고 헤매는 것은 큰 차이가 있다.

관점 전환은
새로운 무한의 출입문이다

이제 각도를 1차원의 길이 공간으로 볼 수도 있고 다차원의 시공간으로 볼 수도 있는 관점 현미경을 가졌다.

오메가의 본질을 돌이켜 본다. 단위원 둘레 2π 로 오메가를 쪼개면 초당 진동수인 주파수가 된다.

$$\frac{\omega}{2\pi} = f$$

$$[Hz] = [1/s], \quad rad = 1$$

$$\therefore [Hz] = [1/s] = [rad/s]$$

관점에 따라 주파수를 파동의 최소 단위인 기저로 삼을 수 있다. 단위계에서 1/s 라는 의미는 rad = 1 의 의미를 잠재적으로 내포하고 있다. 따라서 관점에 따라 **각주파수**의 단위 rad/s 와 같은 세계에서 관계할 수 있다.

Angular ViewPoint

$$\text{Angular frequency} \quad \omega = 2\pi f$$

$$\text{Angular velocity} \quad \omega = \frac{d\theta}{dt}$$

$$\frac{d\theta}{dt} = \omega = 2\pi f$$

$$\text{Angular wavenumber} \quad k = \frac{2\pi}{\lambda}, \quad 2\pi = k\lambda$$

$$d\theta = \omega \, dt = 2\pi f \, dt$$
$$\theta = \omega t = 2\pi f t$$

$$f(t) = \sin\theta = \sin(\omega t) = \sin(2\pi f t)$$
$$f(1) = \sin\theta = \sin\omega = \sin 2\pi f$$

$$\theta(t) = \omega t = 2\pi f t$$
$$f(t) = \sin\theta(t) = \sin(\omega t) = \sin(2\pi f t)$$

$$\theta(x,t) = kx - \omega t = kx - 2\pi f t$$
$$f(x,t) = \sin\theta(x,t) = \sin(kx - \omega t) = \sin(kx - 2\pi f t)$$

주파수를 원의 세계로 관점 전환하여 각주파수 오메가를 만든다. 반대로 각주파수를 2π 로 쪼갠 것은 회전논리의 일환이다.

같은 방식으로 플랑크 상수를 원의 세계로 관점 전환하면 각주파수와 같은 형식이 되며, 플랑크 상수를 2π 로 쪼개면 디렉 상수가 된다. 디렉 상수는 플랑크 상수를 더 미세하게 줄였다는 의미에서 **축소 플랑크 상수**라고도 부른다.

$$\text{Dirac constant} \quad \hbar = \frac{h}{2\pi}, \quad h = 2\pi\hbar$$

Reduced Planck constant

$$\hbar\omega = \frac{h}{2\pi}2\pi f = hf, \quad \frac{\omega}{f} = 2\pi = \frac{h}{\hbar}, \quad \omega : f = h : \hbar$$

$$h = 6.62607015 \times 10^{-34} \; [\text{J}/\text{Hz}]$$
$$h = 4.135667696... \times 10^{-15} \; [\text{eV}/\text{Hz}]$$

$$\hbar = 1.054571817... \times 10^{-34} \; [\text{J} \cdot \text{s}]$$
$$\hbar = 6.582119569... \times 10^{-16} \; [\text{eV} \cdot \text{s}]$$

이는 플랑크 상수보다 더 미세한 척도를 갖게 된 것을 의미하며 파동에 입자성을 부여한 것과 같다. 따라서 디렉 상수를 통하면 파동과 입자를 드나들 수 있게 된다. 이런 관계로 인해 ω 각주파수와 f 선형 주파수는 2π를 사이에 두고 디렉 상수와 플랑크 상수의 관계와 대칭성을 보인다.

디렉 상수에 **각파수**를 곱하면 **각운동량** 또는 **각모멘트**가 된다. 이 논리는 양자 세계에서 입자를 파동으로 해석했기 때문에 **양자 각운동량**으로 구분하여 말하기도 한다. 이런 소통 현상은 고전 물리학과 양자 역학이 다르다는 생각에서 유래했다.

$$\text{Angular wavenumber } k = \frac{2\pi}{\lambda}$$

$$\hbar k = \frac{h}{2\pi}\frac{2\pi}{\lambda} = \frac{h}{\lambda} = p : \text{Quantum Angular Momentum}$$

k **각파수**는 단위 원주 2π 를 λ 각파장으로 나눈 파동의 수다. 즉 파동이 원을 형성하여 입자가 될 때 원 둘레 자체가 파동이 되어 단위 파장이 몇 개 있는지를 확인할 수 있게 하는 것이 각파수다.

이렇게 정리된 원형 파동의 구성 요소들을 바탕으로 라그랑지언 에너지 공식을 관점 전환하여 슈뢰딩거 방정식에 대한 에너지 방정식의 기본형을 정리해 둔다.

$$E = E_k + E_p = \frac{p^2}{2m} + E_p = \frac{h^2}{2m\lambda^2} + P(x,t) = hf$$

$$E = \frac{p^2}{2m} + P(x,t) = \frac{h^2}{2m\lambda^2} + P(x,t) = hf$$

$$\hbar^2 k^2 = \frac{h^2}{\lambda^2} = p^2$$

$$\therefore E = \frac{\hbar^2 k^2}{2m} + P(x,t) = \hbar\omega$$

오일러 파동 방정식
Euler Wave Equation

양자의 모든 파동 방정식은 오일러 공식의 변형이다. 양자는 파동을 원으로 양자화한 입자이고, 파동은 본래 그 태생이 원을 축분해하여 코사인과 사인으로 나타났기 때문이다.

$$1748,\ \text{Euler's formula} \quad e^{i\theta} = \cos\theta + i\sin\theta$$

오일러 공식은 이미 입자와 파동 두 관점을 가진 관점 현미경이다. 지수함수의 관점으로 보면 원을 그리는 입자가 나타나고, 코사인 함수의 관점으로 보면 무한히 진동하는 파동이 흐른다. 따라서 오일러 공식 그 자체가 파동 방정식이다.

오일러 공식의 기본 관점은 각도와 반지름이다. 그런데 슈뢰딩거는 전자 입자를 위상과 시간의 관점에서 보고 싶어 했다. 오일러 공식에서 반지름은 단위원의 고윳값에 해당하므로, 오일러 파동 방정식 시스템을 분석하기 위해 반지름이 1인 단위원을 시스템의 기저로 삼아 분석한다.

$$re^{i\theta} = r\left(\cos\theta + i\sin\theta\right)$$
$$\theta = kx - \omega t, \quad \Psi(x,t) = e^{i\theta}$$

단위원에서는 각도만이 시간의 흐름에 따라 입자의 위상이 결정된다. 앞서 사고 실험실에서 각도를 함수로 전환하고 공간과 시간의 다항식으로 정리했던 관점 현미경을 사용한다. 이렇게 하면 오일러 파동 방정식은 파동 함수를 상징하는 Ψ 프사이로 정리된다.

$$\Psi_z(x,t) = \cos(kx - \omega t) + i\sin(kx - \omega t)$$

Original Wave Function

$$\sin\theta = 0 , \quad \Psi(x,t) = \cos(kx - \omega t)$$

Custom Wave Function

파동 방정식의 원형은 오일러 공식이므로 복소수형이다. 그러나 물리학자들은 실수부의 코사인만 사용한다. 이 때문에 복소수 부분의 시간 알고리즘이 종종 부스러기로 발생한다.

우리는 이런 무한의 부스러기가 애초에 발생하지 않도록 복소수 파동 그 자체를 파동 방정식으로 사용할 것이다.

$$\Psi_z(x,t) = \cos(kx - \omega t) + i\sin(kx - \omega t)$$
$$\Psi_z = \cos\theta + i\sin\theta = e^{i\theta}$$
$$\theta = kx - \omega t = \theta(x,t)$$

파동 방정식의 핵심 요소인 각도를 시공간 함수로 정리한다. 이 각도 함수는 사인과 코사인 함수와 관계하는 회전 알고리즘을 가졌다.

각도에 시간이 흐른다

따라서 사인과 코사인을 각각 시간과 공간으로 편미분하여 그 입자를 추출하고 각 입자들의 관계 알고리즘을 도구로 삼아 파동 함수를 분석한다.

Chain rule : 합성함수 연쇄 미분법

$$h(x) = f(g(x)), \quad h'(x) = f'(g(x))g'(x)$$

Lagrange's notation

$$\frac{d}{dx}f(g(x)) = \frac{d}{dg}\frac{dg}{dx}f(g(x)) = \frac{d}{dg}f(g)\frac{d}{dx}g(x)$$

Leibniz's notation

$$\theta = \theta(x, t) = kx - \omega t, \quad \theta(x) = kx, \quad \theta(t) = -\omega t$$

$$\frac{\partial}{\partial x}\sin\theta = \frac{\partial}{\partial \theta}\sin\theta \frac{\partial}{\partial x}\theta(x) = \frac{\partial}{\partial \theta}\sin\theta \frac{\partial}{\partial x}(kx)$$
$$= \cos\theta \cdot k = k\cos\theta$$

$$\frac{\partial}{\partial x}\cos\theta = \frac{\partial}{\partial \theta}\cos\theta \frac{\partial}{\partial x}\theta(x) = \frac{\partial}{\partial \theta}\cos\theta \frac{\partial}{\partial x}(kx)$$
$$= -\sin\theta \cdot k = -k\sin\theta$$

$$\frac{\partial}{\partial x}^2 \sin\theta = \frac{\partial}{\partial x}\frac{\partial}{\partial x}\sin\theta = \frac{\partial}{\partial x} k\cos\theta = \frac{\partial}{\partial \theta} k\cos\theta \frac{\partial}{\partial x}(kx)$$
$$= -k\sin\theta \cdot k = -k^2 \sin\theta$$

$$\frac{\partial}{\partial x}^2 \cos\theta = \frac{\partial}{\partial x}\frac{\partial}{\partial x}\cos\theta = \frac{\partial}{\partial x}(-k\sin\theta) = -k\frac{\partial}{\partial \theta}(\sin\theta)\frac{\partial}{\partial x}(kx)$$
$$= -k\cos\theta \cdot k = -k^2 \cos\theta$$

$$\frac{\partial}{\partial t}\sin\theta = \frac{\partial}{\partial \theta}\sin\theta \frac{\partial}{\partial t}\theta(t) = \frac{\partial}{\partial \theta}\sin\theta \frac{\partial}{\partial t}(-\omega t)$$
$$= \cos\theta \cdot -\omega = -\omega\cos\theta$$

$$\frac{\partial}{\partial t}\cos\theta = \frac{\partial}{\partial \theta}\cos\theta \frac{\partial}{\partial t}\theta(t) = \frac{\partial}{\partial \theta}\cos\theta \frac{\partial}{\partial t}(-\omega t)$$
$$= -\sin\theta \cdot -\omega = \omega\sin\theta$$

파동 함수를 공간과 시간의 관점으로 편미분하는 것은 구조적으로 각도 함수와 삼각함수가 합성된 합성함수를 연쇄적으로 편미분하는 것을 의미한다.

각도 공간을 x 의 k 배수로 단순화하여 단위 공간을 만들고 시간을 t 의 ω 배수로 단순화하여 단위 시공간을 만들었다.

이것은 회전논리의 동시공간에서 당연한 것이지만, 선분논리에서는 이상적인 다차원 힐베르트 공간의 기저와 고윳값의 관계로 설명한다.

이 부분은 선분논리의 힐베르트 공간과 하이젠베르크의 행렬 역학을 여행하면서 Bra-ket 표기법을 통해 관람할 수 있을 것이다.

힐베르트 공간은 동시 복제 공간 속에 있다

각도 공간의 두 눈은 관점에 따라 편미분의 한쪽 눈만을 이용하여 kx 동시공간과 $-\omega t$ 시공간을 구분하여 편미분 관점 전환을 유도할 수 있다.

한편 동시공간은 라플라시안의 정리를 동시공간으로 재해석한 바와 같이, 두 공간 입자의 관계로 변화무쌍한 모든 공간 입자들을 만든다.

$$(\nabla, \nabla) = \nabla \cdot \nabla = 0 = \nabla^2 = \Delta$$

따라서 각도의 동시공간을 두 번 미분해 보면 k 고윳값의 차원을 무한히 늘려가며 진동한다는 것을 알 수 있다. 게다가 이 진동은 양음뿐 아니라 실수부의 코사인과 허수부의 사인이 서로 자리를 바꾸며 진동한다. 이 관계는 양과 음, 실수와 허수가 대칭적 상대 관계를 하며 동시공간을 형성한다.

시공간의 시간은 1차원 편미분만으로도 시공간 입자를 정리하는 데 충분하다. 시간은 시간 자신이 0과 ∞의 관계로 1차원을 형성함과 동시에 1차원 길이 공간을 만들고, 이후에는 시간 자신의 복제품인 공간과 관계하여 시공간을 무한 차원으로 확장하기 때문이다.

이와 같은 사고 실험은 결국 원을 축분해하고 실수의 눈과 허수의 눈을 번갈아 윙크하며 원의 본질인 각도를 분석하는 것과 같다.

각도의 무늬를 시간과 공간의 관점에서 편미분하여 미시 세계를 입자로 들여다볼 관점 현미경을 정리해 둔다.

$$\frac{\partial}{\partial x}\sin\theta = k\cos\theta, \quad \frac{\partial}{\partial x}\cos\theta = -k\sin\theta$$

$$\therefore \frac{\partial^2}{\partial x^2}\sin\theta = -k^2\sin\theta, \quad \frac{\partial^2}{\partial x^2}\cos\theta = -k^2\cos\theta$$

$$\therefore \frac{\partial}{\partial t}\sin\theta = -\omega\cos\theta, \quad \frac{\partial}{\partial t}\cos\theta = \omega\sin\theta$$

각도 현미경으로 파동 방정식을 들여다보면 파동이 원을 그리는 입자가 나타날 것이다.

Angular Euler's formula to Wave

1748, Euler's formula $\quad e^{i\theta} = \cos\theta + i\sin\theta$

$$re^{i\theta} = r\left(\cos\theta + i\sin\theta\right)$$

$$\theta = kx - \omega t, \quad \Psi(x,t) = e^{i\theta}$$

$$\Psi_z(x,t) = \cos(kx - \omega t) + i\sin(kx - \omega t)$$

$$\sin\theta = 0, \quad \Psi(x,t) = \cos(kx - \omega t)$$

$$\Psi_z(x,t) = \cos(kx - \omega t) + i\sin(kx - \omega t)$$

$$\Psi_z = \cos\theta + i\sin\theta = e^{i\theta}$$

$$\theta = kx - \omega t = \theta(x,t), \quad \theta(x) = kx, \quad \theta(t) = -\omega t$$

$$\frac{\partial}{\partial x}\sin\theta = \frac{\partial}{\partial \theta}\sin\theta \frac{\partial}{\partial x}\theta(x) = \frac{\partial}{\partial \theta}\sin\theta \frac{\partial}{\partial x}(kx) = \cos\theta \cdot k = k\cos\theta$$

$$\frac{\partial}{\partial x}\cos\theta = \frac{\partial}{\partial \theta}\cos\theta \frac{\partial}{\partial x}\theta(x) = \frac{\partial}{\partial \theta}\cos\theta \frac{\partial}{\partial x}(kx) = -\sin\theta \cdot k = -k\sin\theta$$

$$\frac{\partial^2}{\partial x}\sin\theta = \frac{\partial}{\partial x}\frac{\partial}{\partial x}\sin\theta = \frac{\partial}{\partial x}k\cos\theta = \frac{\partial}{\partial \theta}k\cos\theta \frac{\partial}{\partial x}(kx) = -k\sin\theta \cdot k = -k^2\sin\theta$$

$$\frac{\partial^2}{\partial x}\cos\theta = \frac{\partial}{\partial x}\frac{\partial}{\partial x}\cos\theta = \frac{\partial}{\partial x}(-k\sin\theta) = -k\frac{\partial}{\partial \theta}(\sin\theta)\frac{\partial}{\partial x}(kx) = -k\cos\theta \cdot k = -k^2\cos\theta$$

$$\frac{\partial}{\partial t}\sin\theta = \frac{\partial}{\partial \theta}\sin\theta \frac{\partial}{\partial t}\theta(t) = \frac{\partial}{\partial \theta}\sin\theta \frac{\partial}{\partial t}(-\omega t) = \cos\theta \cdot -\omega = -\omega\cos\theta$$

$$\frac{\partial}{\partial t}\cos\theta = \frac{\partial}{\partial \theta}\cos\theta \frac{\partial}{\partial t}\theta(t) = \frac{\partial}{\partial \theta}\cos\theta \frac{\partial}{\partial t}(-\omega t) = -\sin\theta \cdot -\omega = \omega\sin\theta$$

$$\frac{\partial}{\partial x}\sin\theta = k\cos\theta, \quad \frac{\partial}{\partial x}\cos\theta = -k\sin\theta$$

$$\therefore \frac{\partial^2}{\partial x}\sin\theta = -k^2\sin\theta, \quad \frac{\partial^2}{\partial x}\cos\theta = -k^2\cos\theta$$

$$\therefore \frac{\partial}{\partial t}\sin\theta = -\omega\cos\theta, \quad \frac{\partial}{\partial t}\cos\theta = \omega\sin\theta$$

시공간의 파동, 슈뢰딩거 방정식
Spacetime Wave, Schrödinger Equation

오일러 복소원은 파동이 양자화하여 입자가 되는 원리를 가지고 있다. 입자를 대표하는 원은 각도의 회전으로 형성된다. 이런 각도를 속도로 해석하면 시간과 공간의 개념을 모두 담을 수 있다.

따라서 시공간이 입자를 형성하는 원리는 각도를 속도로 분해하는 과정에서 시작한다. 속도를 분석하려면 두 관점이 필요하다.

하나는 직선적 속도이고 또 하나는 회전적 속도다. 두 관점의 속도는 하나의 각도 알고리즘을 바라보고 있다. 두 관점의 속도를 방정식으로 전환하면, 방정식의 "＝0"에서 각도에 대한 **0입자**가 나타난다.

각속도 방정식과 각도 함수

$$v = \lambda f = \frac{\Delta \theta}{t} = \frac{x - \theta}{t}$$

$$\omega = \frac{d\theta}{dt} = 2\pi f = k\lambda f = kv$$

$$\omega t = kvt = kx, \quad kx - \omega t = 0 \quad \therefore \theta(x,t) = kx - \omega t$$

@@ 0입자 원리 : 0입자는 모든 알고리즘 무늬를 포괄한다. 따라서 방정식은 함수로 변환할 수 있다.

방정식 $\stackrel{@}{=}$ 0입자 $\longrightarrow$ 함수 $\theta(x, t)$

$$\theta = kx - \omega t, \quad k = \frac{\omega}{v} \quad : \text{wavenumber}$$
$$\therefore \Psi_z = \cos\theta + i\sin\theta, \quad \theta = kx - \omega t$$

회전논리는 방정식에서 **0입자**를 해석한다. 본래 모든 방정식에는 **0입자 알고리즘**이 있다. 방정식의 양변에서 한 변을 0으로 정리하면 그것이 바로 **0입자**다. "=0"은 0입자를 의미하고, 반대쪽 변은 그 입자의 알고리즘을 담은 함수가 된다.

그래서 컴퓨터로 어떤 알고리즘을 그림으로 그리거나 특정 값을 계산할 때는 알고리즘을 담은 **함수**를 사용한다. 이렇듯 모든 방정식에는 **0입자 알고리즘**이 숨어 있다.

각도에 대한 두 속도의 관점으로 형성된 **각속도 방정식**은 관점 전환으로 **각도 함수**가 된다. **복소원 파동 함수**는 **각도 변수**를 **각도 함수**로 관점 전환하여 시간과 공간에 대한 **파동 방정식**으로 전환할 수 있게 된다. 이 파동 방정식이 슈뢰딩거 방정식의 씨앗이다.

$$\therefore \Psi_z = \cos\theta + i\sin\theta, \quad \theta = kx - \omega t$$

파동 방정식을 x 공간으로 한 번 미분하면, 실수부 코사인은 허수 차원으로 이동하고, 허수부 사인은 실수 차원으로 이동한다. 복소수의 관점에서는 허수부가 음수로 변하는 켤레성도 나타나며, 각도의 파동 수인 k 각파수는 켤레원의 배수 또는 고윳값으로 작용하는 구도가 된다.

파동의 공간 일차 편미분

$$\frac{\partial}{\partial x}\Psi_z = \frac{\partial}{\partial x}\left(\cos\theta + i\sin\theta\right) = \frac{\partial}{\partial x}\left(\cos(kx-\omega t) + i\sin(kx-\omega t)\right)$$

$$\frac{\partial}{\partial x}\cos(kx-\omega t) = -k\sin(kx-\omega t) = -k\sin\theta$$

$$\frac{\partial}{\partial x}i\sin(kx-\omega t) = ik\cos(kx-\omega t) = ik\cos\theta$$

$$\therefore \frac{\partial}{\partial x}\Psi_z = -k(\sin\theta - i\cos\theta)$$

공간의 눈으로 한 번 더 편미분하면, 켤레원은 다시 오일러 원으로 재귀하고 각파수는 제곱으로 차원 도약을 한다. 이는 파동 함수가 복소수의 성질을 그대로 보여준다.

파동의 공간 이차 편미분

$$\left(\frac{\partial}{\partial x}\right)^2 \Psi_z = \left(\frac{\partial}{\partial x}\right)^2 (\cos\theta + i\sin\theta)$$

$$\frac{\partial^2}{\partial x^2}\cos(kx - \omega t) = \frac{\partial}{\partial x}\left(-k\sin(kx - \omega t)\right) = -k^2\cos\theta$$

$$\frac{\partial^2}{\partial x^2}i\sin(kx - \omega t) = \frac{\partial}{\partial x}ik\cos(kx - \omega t) = -ik^2\sin\theta$$

$$\therefore \frac{\partial^2}{\partial x^2}\Psi_z = -k^2(\cos\theta + i\sin\theta) \quad , \quad \frac{\partial^2}{\partial x^2} = -k^2$$

공간을 2차 미분하는 이유는 공간이 제곱의 평면파로 존재하기 때문이다. 원론적으로 공간은 시간파를 자기복제하여 90도로 교차한 결레 파동이 차원 도약하여 평면파로 존재한다.

시간의 경우 선형의 파동으로만 존재하기 때문에 1차 미분으로 그 본질 입자를 얻는데 충분하다. 시간이 평면파가 된다면 차원 도약으로 인해 공간이 되어 버린다.

공간 2차 미분의 결과가 각파수 k 의 제곱인 평면파인데, 그것도 음수로 나타난다.

공간 2차 미분을 입자로 해석하면 **공간 0입자**가 된다. **공간 0입자**는 라플라시안과 같은 **0입자**를 의미한다. 이 **0입자**는 그 수량은 0이기 때문에 현상으로 표출되지 않지만 알고리즘을 가진 입자다.

공간 2차 미분 입자가 음수의 각파수 평면파로 나타나는 것은 공간 입자가 양수의 상대인 음수 쪽에서 유래한다는 것을 암시한다. 공간은 실수계이므로 양/음으로 논리의 방향성을 표출한다.

따라서 복소평면의 시공간을 전제로 해석하면, 음의 각파수 평면파는 시간의 세계인 허수계에서 유래했다는 것을 의미한다.

이번엔 시간의 눈으로 파동 함수를 들여다본다. 앞서 공간의 1차 편미분과 같은 켤레원이 나타나고, 고윳값은 오메가 각속도가 켤레원에 대한 비례상수로 표출된다. 이것이 시간의 소용돌이다.

$$\text{파동의 시간 일차 편미분}$$

$$\frac{\partial}{\partial t}\Psi_z = \frac{\partial}{\partial t}(\cos\theta + i\sin\theta)$$

$$\frac{\partial}{\partial t}\cos(kx - \omega t) = \omega\sin(kx - \omega t) = \omega\sin\theta$$

$$\frac{\partial}{\partial t}i\sin(kx - \omega t) = -i\omega\cos(kx - \omega t) = -i\omega\cos\theta$$

$$\therefore \frac{\partial}{\partial t}\Psi_z = \omega(\sin\theta - i\cos\theta) = -i\omega(\cos\theta + i\sin\theta) , \quad \frac{\partial}{\partial t} = -i\omega$$

상대적으로 파동 함수를 시간 미분하면, **시간 미분 입자**는 음의 허수계에서 각속도 $-i\omega$로 나타난다. 이것 역시 **시간 0입자**다. 허수계에서 음수는 복소평면의 시공간을 전제로 했을 때 실수계로 향하는 방향성을 의미한다.

$$@@ \quad \frac{\partial}{\partial t} = -i\omega$$

각속도는 시간의 소용돌이를 대표한다.
시간의 소용돌이는 공간계로 차원 도약한다.
허수계의 음부호는 공간계를 비추는 거울이다.

시간의 소용돌이는 복소수의 켤레 차원에서 돌고 있다. 실수 차원에서 시간의 존재는 인식할 수 있으나, 허수 차원에서는 파동과 같이 양음으로 진동하며 소용돌이치기 때문에 그 무늬를 표면적으로 알아차리기 어렵다.

켤레원의 비밀을 알고 싶다면 시공간의 편미분이 어떤 의미인지 그 무늬를 뽑아내면 실마리를 찾을 수 있을 것이다. 이 의문은 잠시 미뤄두고 파동 함수 정리를 이어간다.

우리는 시공간의 편미분을 통해 원의 켤레성을 알아차렸지만, 슈뢰딩거의 목표는 파동이 시간과 공간의 변화로 나타나는 현상을 보는 것이었다.

슈뢰딩거의 관점을 실현하려면, 공간의 편미분으로 얻은 고윳값인 각파수와 시간의 편미분으로 얻은 고윳값 각속도의 무늬로 정리하는 과정이 필요하다.

각파수를 기준으로 변형된 공간 2차 편미분 파동 방정식을 정리하면 각파수의 무늬가 나타난다.

$$\cos\theta + i\sin\theta = \Psi_z$$

$$\frac{\partial^2}{\partial x^2}\Psi_z = -k^2\underbrace{(\cos\theta + i\sin\theta)}_{\Psi_z} = -k^2\Psi_z$$

$$\therefore \frac{\partial^2}{\partial x^2}\Psi_z = -k^2\Psi_z, \quad k^2 = -\frac{\partial^2}{\partial x^2}\frac{\Psi_z}{\Psi_z} = -\frac{\partial^2}{\partial x^2} = -\nabla_x^2$$

이런 오일러의 파동 방정식의 알고리즘은 나중에 시간의 관점으로 재해석하여 새로워 보이는 헬름홀츠 방정식으로 탄생한다.

참고로 헬름홀츠 방정식은 구면계의 입체 파동을 무한으로 확대하면 2차원의 평면파가 된다는 것을 암시한다. 이는 둥근 지구 표면 위에서 평면을 해석하는 것과 같다.

헬름홀츠 방정식 : Helmholtz Equation
Hermann Ludwig Ferdinand von Helmholtz 1821~1894

$$\nabla^2\Psi = -k^2\Psi, \quad k = \frac{\omega}{v} \quad : \text{wavenumber}$$

헬름홀츠 방정식은 오일러 공식의 시간 관점이다

$$\frac{1}{c^2}\frac{\partial^2}{\partial t^2}\Psi + k^2\Psi = 0$$

$$c = 1, \quad \frac{\partial^2}{\partial t^2}\Psi + k^2\Psi = 0$$

구면파의 극한은 평면파다.
라플라시안의 고윳값은 제곱이다.

같은 방식으로 시간 편미분 파동 방정식을 각속도 기준으로 정리하면 각속도 오메가의 무늬가 허수의 시간 인자 무늬로 나타난다.

$$\frac{\partial}{\partial t}\Psi_z = \omega\underbrace{(\sin\theta - i\cos\theta)}_{-i\Psi_z} = -i\omega\Psi_z$$

$$\therefore \frac{\partial}{\partial t}\Psi_z = -i\omega\Psi_z, \quad \omega = \frac{-1}{i}\frac{\partial}{\partial t}\frac{\Psi_z}{\Psi_z} = i\frac{\partial}{\partial t}\frac{\Psi_z}{\Psi_z} = i\frac{\partial}{\partial t} = i\nabla_t$$

이제 라그랑지언 에너지 공식에 각파수와 각속도의 무늬를 대입하면 시간과 공간의 관계로 형성되는 파동 방정식이 나타난다. 각도의 파동 방정식이 시공간의 파동 방정식으로 전환되었다.

$$E = E_k + E_p = hf = \hbar\omega \quad \because hf = \frac{h}{2\pi}2\pi f = \hbar\omega$$

$$\hbar k = \frac{h}{2\pi}\frac{2\pi}{\lambda} = \frac{h}{\lambda} = p$$

$$E_k = \frac{p^2}{2m} = \frac{h^2}{2m\,\lambda^2} = \frac{\hbar^2 k^2}{2m}, \quad E_p = P(x,t)$$

$$\therefore\ E = \frac{\hbar^2 k^2}{2m} + P(x,t) = \hbar\omega$$

$$\therefore\ k^2 = -\frac{\partial^2}{\partial x^2}\frac{\Psi_z}{\Psi_z}, \quad \omega = i\frac{\partial}{\partial t}\frac{\Psi_z}{\Psi_z}$$

$$E = \frac{\hbar^2}{2m}\cdot -\frac{\partial^2}{\partial x^2}\frac{\Psi_z}{\Psi_z} + P(x,t) = \hbar i\frac{\partial}{\partial t}\frac{\Psi_z}{\Psi_z}$$

시공간의 파동 방정식 양변에 **Ψ** 파동 함수를 곱해주면 슈뢰딩거 방정식이 된다. 따라서 슈뢰딩거 방정식은 라그랑지언 에너지에 파동 입자를 곱한 구조가 되며, 이것을 **파동 에너지 방정식**이라 할 수 있다.

$$\therefore\ \Psi_z \cdot E = -\frac{\hbar^2}{2m}\frac{\partial^2 \Psi_z}{\partial x^2} + P(x,t)\cdot\Psi_z = i\hbar\frac{\partial \Psi_z}{\partial t}$$

$$\therefore\ \Psi(x,t)\cdot E = \left(-\frac{\hbar^2}{2m}\frac{\partial^2}{\partial x^2} + P(x,t)\right)\Psi(x,t) = i\hbar\frac{\partial}{\partial t}\Psi(x,t)$$

1925~1926, Schrödinger Equation

$$i\hbar\frac{\partial}{\partial t}\Psi(x,t) = \left[-\frac{\hbar^2}{2m}\frac{\partial^2}{\partial x^2} + V(x,t)\right]\Psi(x,t)$$

수학적 흐름을 통찰해 보면, 라그랑지언 에너지 공식은 오일러 운동 법칙에 토대가 있고 슈뢰딩거 방정식은 오일러 원에 라그랑지언 에너지를 곱한 것과 같다.

양자 역학은
오일러 수학의 손바닥 위에 있다

양자 역학에서 슈뢰딩거 방정식을 토대로 전자를 해석하는 이유는 양자의 눈이 관측 가능한 최소 단위가 원이고 여기에 에너지를 곱하면 관측 가능한 입자가 되기 때문이다.

에너지는 본래 그 형체가 없어 물리적 관점에 따라 운동 에너지, 잠재 에너지, 빛 에너지, 전자기 에너지 등으로 목격된다. 이런 에너지에 시간과 공간의 기하적 관점으로 관점 현미경을 만들면 양자의 실체를 구체적으로 관측할 수 있다.

그래서 양자 역학은 슈뢰딩거 방정식을 다양한 수학적 응용 프로그램으로 변형하고, 힐베르트 공간의 직교성으로 존재 가능한 입자에 대한 타당성을 얻는다. 양자 역학을 제대로 이해하려면, 허수계와 시공간의 관계를 탐색해야 한다.

Space x Partial Derivative

$$\because \Psi_z = \cos\theta + i\sin\theta, \quad \theta = kx - \omega t$$

$$\frac{\partial}{\partial x}\Psi_z = \frac{\partial}{\partial x}\cos\theta + i\frac{\partial}{\partial x}\sin\theta = -k\sin\theta + ik\cos\theta$$

$$\therefore \frac{\partial}{\partial x}\Psi_z = -k(\sin\theta - i\cos\theta)$$

$$\frac{\partial^2}{\partial x^2}\Psi_z = \frac{\partial^2}{\partial x^2}\cos\theta + i\frac{\partial^2}{\partial x^2}\sin\theta = -k^2\cos\theta - ik^2\sin\theta$$

$$\therefore \frac{\partial^2}{\partial x^2}\Psi_z = -k^2(\cos\theta + i\sin\theta)$$

Helmholtz Equation

Hermann Ludwig Ferdinand von Helmholtz 1821~1894

$$\nabla^2\Psi = -k^2\Psi, \quad k = \frac{\omega}{v} \quad : \text{wavenumber}$$

$$\frac{1}{c^2}\frac{\partial^2}{\partial t^2}\Psi + k^2\Psi = 0$$

$$c = 1, \quad \frac{\partial^2}{\partial t^2}\Psi + k^2\Psi = 0$$

Time t Partial Derivative

$$\frac{\partial}{\partial t}\Psi_z = \frac{\partial}{\partial t}\cos\theta + i\frac{\partial}{\partial t}\sin\theta = \omega\sin\theta - i\omega\cos\theta$$

$$\therefore \frac{\partial}{\partial t}\Psi_z = \omega(\sin\theta - i\cos\theta)$$

SpaceTime Recursion

$$\cos\theta + i\sin\theta = \Psi_z$$

$$\frac{\partial}{\partial x}^2 \Psi_z = -k^2 \underbrace{(\cos\theta + i\sin\theta)}_{\Psi_z} = -k^2 \Psi_z$$

$$\therefore \frac{\partial}{\partial x}^2 \Psi_z = -k^2 \Psi_z, \quad k^2 = -\frac{\partial^2}{\partial x^2}\frac{\Psi_z}{\Psi_z} = -\frac{\partial^2}{\partial x^2}$$

$$\Psi_z = \cos\theta + i\sin\theta = \frac{\cos\theta + i\sin\theta}{1}\frac{-i}{-i} = \frac{\sin\theta - i\cos\theta}{-i}$$

$$\therefore \sin\theta - i\cos\theta = -i\Psi_z$$

$$\frac{\partial}{\partial x}\Psi_z = -k\underbrace{(\sin\theta - i\cos\theta)}_{-i\Psi_z} = ik\Psi_z$$

$$\therefore \frac{\partial}{\partial x}\Psi_z = ik\Psi_z, \quad \frac{\partial}{\partial x} = ik, \quad k = \frac{1}{i}\frac{\partial}{\partial x}\frac{\Psi_z}{\Psi_z}$$

$$\frac{\partial^2}{\partial x^2}\Psi_z = \frac{\partial}{\partial x}\frac{\partial}{\partial x}\Psi_z = \frac{\partial}{\partial x}ik\Psi_z = ik \cdot ik\Psi_z = -k^2\Psi_z$$

$$\frac{\partial}{\partial t}\Psi_z = \omega\underbrace{(\sin\theta - i\cos\theta)}_{-i\Psi_z} = -i\omega\Psi_z$$

$$\therefore \frac{\partial}{\partial t}\Psi_z = -i\omega\Psi_z, \quad \omega = \frac{-1}{i}\frac{\partial}{\partial t}\frac{\Psi_z}{\Psi_z} = i\frac{\partial}{\partial t}\frac{\Psi_z}{\Psi_z} = i\frac{\partial}{\partial t}$$

Lagrangian to Schrödinger Equation

1760, Lagrangian $\quad L = T - V = \dfrac{1}{2} m \dot{x}^2 + mgx$

$$\because E = E_k + E_p = \frac{h^2}{2m\lambda^2} + P(x,t) = hf$$

$$\because E = \frac{\hbar^2 k^2}{2m} + P(x,t) = \hbar\omega$$

$$\because \frac{\partial^2}{\partial x}\Psi_z = -k^2 \Psi_z, \quad k^2 = -\frac{\partial^2}{\partial x^2}\frac{\Psi_z}{\Psi_z} = -\frac{\partial^2}{\partial x^2}$$

$$\because \frac{\partial}{\partial t}\Psi_z = -i\omega \Psi_z, \quad \omega = i\frac{\partial}{\partial t}\frac{\Psi_z}{\Psi_z}$$

$$\because E = \frac{\hbar^2 k^2}{2m} + P(x,t) = \hbar\omega$$

$$E = \frac{\hbar^2}{2m} \cdot -\frac{\partial^2}{\partial x^2}\frac{\Psi_z}{\Psi_z} + P(x,t) = \hbar i \frac{\partial}{\partial t}\frac{\Psi_z}{\Psi_z}$$

$$\therefore \Psi_z \cdot E = -\frac{\hbar^2}{2m}\frac{\partial^2 \Psi_z}{\partial x^2} + P(x,t)\cdot \Psi_z = i\hbar \frac{\partial \Psi_z}{\partial t}$$

$$\therefore \Psi(x,t) \cdot E = -\frac{\hbar^2}{2m}\frac{\partial^2}{\partial x^2}\Psi(x,t) + P(x,t)\cdot \Psi(x,t) = i\hbar \frac{\partial}{\partial t}\Psi(x,t)$$

$$\therefore \Psi(x,t) \cdot E = \left[-\frac{\hbar^2}{2m}\frac{\partial^2}{\partial x^2} + P(x,t)\right]\Psi(x,t) = i\hbar \frac{\partial}{\partial t}\Psi(x,t)$$

$$\therefore \Psi(x,t) \cdot E = \left[-\frac{\hbar^2}{2m}\nabla_x^2 + P(x,t)\right]\Psi(x,t) = i\hbar \nabla_t \Psi(x,t)$$

1925~1926, Schrödinger Equation

$$i\hbar \frac{\partial}{\partial t}\Psi(x,t) = \left[-\frac{\hbar^2}{2m}\frac{\partial^2}{\partial x^2} + V(x,t)\right]\Psi(x,t)$$

허수계의 시간 소용돌이
Time Spiral in Imaginary System

우리는 오일러 파동 방정식을 각도 현미경으로 관찰하면서 시간 입자와 공간 입자를 발견했다.

미시 세계를 관찰하는 순간 상태는 변하거나 결정된다고 말했다. 이 말은 지금의 학계에서도 자주 흘러나온다. 게다가 이 말에 정당성을 부여하기 위해 당시 천재라고 추앙받던 리차드 파인만은 이런 말을 덧붙인다.

만일 양자 세계를 이해했다면 양자를 제대로 알지 못한 것이다.
인간은 양자 세계를 제대로 알 수 없다.

정말 그럴까?
인간은 죽기 전까지 꾸준히 어리석다.
파인만 시대에 몰랐던 것을 지금도 모른다고 할까?

사실 이건 치열한 논쟁 분위기를 탈피하기 위한 정치적 미사여구에 불과하다. 알면 아는 것이고 모르면 모를 뿐이다. 내가 모른다고 해서 과거 현재 미래의 모든 인간이 알 수 없다고 말하는 것은 정치적인 이야기이지 과학적인 논리가 아니다.

내가 사용하는 수학이 선분논리인지 회전논리인지 그는 알지 못했다. 그 시대는 두 수학이 없었다. 하나의 수학만이 권위를 가졌다.

그가 잘했다고 하는 수학은 선분논리였다. 시작을 만나지 못한 선분의 끝에는 무한의 벼랑이 있다. 그래서 인간은 양자를 알 수 없다고 했고 사람들은 고전 물리학과 양자 역학이 다르다고 한다.

한편 관측에 따라 양자의 상태가 달라진다는 말은 지극히 당연하다. 그런데 사람들은 그 이유를 개념치 않고 관측만으로도 상태가 달라지니 참으로 신비하다 말하고 신을 만난 듯 감동에만 머물려 한다. 그리고 끝내 거시 세계와 미시 세계가 다른 물리 법칙을 따른다고만 생각하여 착각의 굴레에 들어간다.

관측을 한다는 것은 거시든 미시든 모두 관계하는 시간이 흘러 그 관계값이 관측값이 된다. 모든 관측은 연속적으로 연결되고 관계를 해야만 가능하다. 단지 고전 역학의 관점은 관측에 의한 상태 변화가 0과 같기 때문에 무시할 따름이었다.

정도가 다를 뿐,
모든 파동은 모든 입자와 관계한다.
허수 차원까지 관측하려면 파동으로 관측해야 한다.

양자 세계에서 물리적 관측은 광파나 전자파 또는 전자기장과 같은 관측자를 사용한다. 관측 대상도 광자나 전자 등과 같은 파동성 입자들이다.

관측자는 관측 대상 입자와 같은 성질을 가지고 있다. 당연히 관측자는 관측 대상의 상태에 상대적으로 큰 변화를 야기할 수 있다.

이 때문에 사고 실험실에서 관측할 때는 관측자와의 관계를 감안하여 연속적 연산으로 실험 결과를 도출할 필요가 있었던 것이다.

양자 행렬 역학은 힐베르트 공간을 거점으로 관측자를 행렬 연산자로 사용하여 양자의 기저와 고윳값에 대한 논리가 전개된다.

물론 물리학자들은 수학의 기초 원리를 정리하는 역할이 아니라 정리된 수학적 논리를 물리계에 적용하는 입장이니, 원리를 제대로 모르고도 수학적 논리를 피상적으로 활용하는데는 문제가 없다. 이런 역할 분담은 물리학자와 공학자의 관계에도 성립한다.

관측자를 행렬 연산자로 사용하는 것은 행렬이 최소 단위 공간인 2차원을 행과 열로 구성하기 때문이다.

관측자 행렬을 단위 공간으로 정의했다는 것은 관측자인 내가 어떤 공간에 있는지를 결정했다는 의미다.

나의 공간에서 대상 입자에 대한 실험 결과치를 계산하면 나의 공간에 대한 대상 입자의 벡터가 나타난다. 이 원리를 이용하는 것이 행렬 역학의 기본적인 응용 프로그램이다.

이렇게 하면 관측 대상 입자를 내가 원하는 공간에 놓고 분석할 수 있게 된다. 이런 이상적인 공간을 가능케 한 논리가 힐베르트 공간이다.

그래서 행렬 관측자를 관측 연산자라 부르게 되고 관측으로 입자의 상태가 변한다고 말한다. 이 부분은 나중에 하이젠베르크를 만나 그의 이야기를 통해 알아볼 기회가 있을 것이다.

파동 함수를 시간의 눈으로 편미분하면, 각속도 오메가가 허수 차원에서 나온다.

$$\frac{\partial}{\partial t}\Psi_z = -i\omega\Psi_z$$

$$\omega = \frac{-1}{i}\frac{\partial}{\partial t}\frac{\Psi_z}{\Psi_z} = i\frac{\partial}{\partial t}\frac{\Psi_z}{\Psi_z} = i\frac{\partial}{\partial t}$$

파동을 시간으로 편미분하는 것은 음의 허수 차원에서 파동이 각속도 오메가를 가진 것과 같으며, 이 논리의 흐름 자체가 파동이 자기복제하는 순간을 포착한 것이다.

시간 편미분으로 자기복제된 방정식을 각속도로 정리하면 허수 차원에서 소용돌이치는 시간 입자를 만난다. 우리는 시간 입자를 안으로 소용돌이치는 나블라로 표기할 수 있다.

$$\omega = i\frac{\partial}{\partial t} = i\nabla_t$$

파동의 자기복제 순간은 각속도로 정리하는 과정에서 잠시 분수로 나타났다 사라진다. 우리는 이 순간을 시간과 파동의 관계로 묶어 실험실 진열대에 보관해 둔다.

$$\omega = i\frac{\partial}{\partial t}\frac{\Psi_z}{\Psi_z} = i\frac{\partial}{\partial t}, \quad (t, \Psi_z) = i\frac{\partial}{\partial t}\frac{\Psi_z}{\Psi_z}$$

자기복제 알고리즘은 0 이 자기복제하여 ∞ 를 만들고, 0 과 ∞ 가 관계하여 시간과 공간을 동시에 만든다고 했다. 선분논리의 복소수 차원에서 이 과정을 엿볼 수 있다.

시간은 허수 차원에서 소용돌이쳐 물리량이 측정 가능한 실수 차원의 각속도로 나타난다.

그래서 민코프스키 시공간의 기하적 모형은 1차원 허수 시간축에서 쌍원뿔이 소용돌이치고 2차원 실수 공간축에서 평면이 그려진다.

파동을 공간의 눈으로 편미분하는 과정을 들여다 보자. 여기서는 1단계 음의 허수 차원의 공간 입자가 측정 가능한 실수 차원의 각파수로 양자화된다.

$$\frac{\partial}{\partial x}\Psi_z = ik\Psi_z$$

$$k = \frac{1}{i}\frac{\partial}{\partial x}\frac{\Psi_z}{\Psi_z} = -i\frac{\partial}{\partial x} = -i\nabla_x$$

2단계에서는 2차원으로 형성된 실수 공간 입자가 음의 차원에서 소용돌이쳐 2차원 각파수를 낳는다.

$$\frac{\partial^2}{\partial x^2}\Psi_z = -k^2\Psi_z$$

$$k^2 = -\frac{\partial^2}{\partial x^2}\frac{\Psi_z}{\Psi_z} = -\frac{\partial^2}{\partial x^2}$$

$$k = -i\frac{\partial}{\partial x}, \quad k^2 = -\frac{\partial^2}{\partial x^2}$$

이 상황을 나블라 입자로 정리하면, 라플라시안 관계가 나타난다. 공간 입자에서 나온 라플라시안은 나중에 조화로운 구면 조화파 입자로 연쇄반응한다.

$$k = -i\nabla_x$$
$$k^2 = -\nabla_x^2 = -(\nabla_x, \nabla_x) = -\Delta_x$$

공간의 관점도 시간의 관점과 같은 알고리즘으로 작동하기 때문에, 공간에서도 동시 자기복제 관계로 차원을 높여가는 현상을 목격할 수 있다. 돌이켜 미분 입자 자체를 통찰하면, 결국 미분이라는 관계 연산자 속에 동시 자기복제 알고리즘이 있었다.

$$(x, \Psi_z) = -i\frac{\partial}{\partial x}\frac{\Psi_z}{\Psi_z}$$

미분은
동시 자기복제의 역산이다

Reinterpretation of Angle with Sync-Clone Relation

시간은 허수 차원에서 소용돌이친다.
시간과 공간의 분기점은 허수축이다.

$$\frac{\partial}{\partial t}\Psi_z = -i\omega\Psi_z, \quad \omega = \frac{-1}{i}\frac{\partial}{\partial t}\frac{\Psi_z}{\Psi_z} = i\frac{\partial}{\partial t}\frac{\Psi_z}{\Psi_z} = i\frac{\partial}{\partial t}$$

$$\omega = i\frac{\partial}{\partial t}$$

각속도는 허수 차원의 시간 입자다.

$$\omega = i\nabla_t$$

시간 입자는 허수 차원에서 소용돌이쳐
실수 차원에서 각속도로 나타난다.

$$\omega = i\frac{\partial}{\partial t}\frac{\Psi_z}{\Psi_z} = i\frac{\partial}{\partial t}$$

시간 미분 입자는
동시 자기복제 상대 관계로 시공간을 만든다.

$$(t, \Psi_z) = i\frac{\partial}{\partial t}\frac{\Psi_z}{\Psi_z}$$

시간과 입자의 동시 자기복제 관계

미분 입자는 동시 자기복제 알고리즘이다.
수학은 관계를 연산자로 구체화한다.
관측은 관계의 결과치다.

$$\frac{\partial}{\partial x}\Psi_z = ik\Psi_z, \quad k = \frac{1}{i}\frac{\partial}{\partial x}\frac{\Psi_z}{\Psi_z} = -i\frac{\partial}{\partial x}$$

$$\frac{\partial^2}{\partial x^2}\Psi_z = -k^2\Psi_z, \quad k^2 = -\frac{\partial^2}{\partial x^2}\frac{\Psi_z}{\Psi_z} = -\frac{\partial^2}{\partial x^2}$$

$$k = -i\frac{\partial}{\partial x}$$

각파수 k 는 음의 허수 차원 공간 입자다.

$$k^2 = -\frac{\partial^2}{\partial x^2}$$

2차원 각파수 k^2 은 음의 2차원 공간 입자다.

$$k = -i\nabla_x$$

$$k^2 = -\nabla_x^2 = -(\nabla_x, \nabla_x) = -\Delta_x$$

공간 입자는
음의 허수 차원에서 소용돌이쳐
양의 실수 차원으로 도약한다.

$$k = -i\frac{\partial}{\partial x}\frac{\Psi_z}{\Psi_z} = -i\frac{\partial}{\partial x}, \quad k^2 = -\frac{\partial^2}{\partial x^2}\frac{\Psi_z}{\Psi_z} = -\frac{\partial^2}{\partial x^2}$$

공간 미분 입자는
동시 자기복제 관계로 각도 공간을 만든다.

$$(x, \Psi_z) = -i\frac{\partial}{\partial x}\frac{\Psi_z}{\Psi_z}$$

공간과 입자의 동시 자기복제 관계

전자의 무늬

Electron Patterns

 인류는 원자를 쪼개면서 양성자와 중성자로 뭉쳐진 원자핵을 만났다. 그러나 그 과정에서 나타난 부스러기를 추스르는 과제가 남았다. 하이젠베르크와 슈뢰딩거를 거점으로 행렬 역학과 파동 방정식이 그 부스러기를 추슬러 전자구름을 오비탈로 정리했다.

 우리는 이 과정을 따라 여행하면서 그들과 대화를 하고 재해석하며 시공간 형성 알고리즘을 보았다. 오일러가 강조했던 실수계와 허수계의 조합이 90도에서 이루어지고, 그 결과가 물리적으로 측정 가능한 현상으로 나타났던 것이다. 일반적인 물리적 현상은 실수계의 눈으로만 보아도 충분했다. 이것이 일명 학계에서 말하는 고전 역학이다.

 고전 역학과 달라 보이는 양자 역학은 개념화한 수량을 입자로만 연구하는 것이 아니었다. 학자들이 인식하지 못했다 해도 그 여정은 결국 입자와 파동의 관계를 들여다보고 시간과 공간의 관계를 알게 되는 길이다.

 양자 역학은 허수계의 눈을 가리고서는 좀처럼 이해할 수 없는 신묘한 현상이다. 시간의 소용돌이는 허수계에 있고 공간의 소용돌이는 실수계에서 진동한다. 두 눈으로 동시에 보아야 진동하는 두 파동이 소용돌이로 보이고, 두 소용돌이가 90도에서 결맞음을 일으켜 원을 그린다. 이렇게 되면 공간만으로 인식했던 원이 동시공간의 원으로 다가온다.

 우리는 풍부한 데이터를 바탕으로 오일러 파동 방정식에서 시간 입자를 발견할 수 있었지만, 과거의 선대 석학들은 상대적으로 여유롭지 않았다.

 이쯤에서 수많은 학자들의 자료를 정리한 위키-구글링과 같은 **공유 지식 여행**을 거리낌 없이 할 필요가 있다. 모든 수학적 논리를 세세하게 다 탐험하다가 내가 모래 속으로 사라져버릴 수 있기 때문이다. 우리는 모래시계 속에서 숨 쉬고 있고 학자들의 과학적 실험을 신뢰한다. 신뢰는 종교적 믿음을 의미하진 않는다.

켤레 쌍곡선 파동
Conjugate Hyperbolic Wave

앞서 윙크 축분해를 통해 오일러 공식이 허수계의 사인과 실수계의 코사인 두 파동으로 원을 그린다는 것을 알았다. 그렇다면 실수계와 허수계는 어떻게 관계할 수 있었을까? 이 문제는 시간과 공간의 관계에 대한 배경의 문제를 의미한다.

허수는 홀로 있으면 그냥 또 하나의 척도로 좌표축이 있을 뿐이다. 그런데 좌표축으로 온전히 존재하려면 그 또한 홀로 존재할 수 없으므로 양음으로 갈라져 나타난다.

이런 양음의 관계가 복소수에서 말하는 짝, 켤레다. 그런데 이런 양음 대칭의 켤레성은 실수계에 이미 존재했었다. 홀로 있으면 현상으로 나타나지 않지만 짝을 이루면 존재성이 형성된다. 이 원리를 우리는 **동시존재 원리**라 말했다.

동시존재 원리가 양음의 원리고 복소수의 켤레 원리다. 복소수의 켤레가 그냥 허수부에 양음 부호를 변경하는 것만을 의미하는 것이 아니고 동시에 존재하는 대칭성을 암시한다. 이 대칭성으로 나타난 현상이 허수부의 양음이라는 속성이다.

오일러 공식을 켤레로 표현하면 단위원이 완성되는데 이 원을 우리는 **복소 단위원**이라 이름 짓는다.

$$C_{@}^{\pm\theta} = \Psi_z(\theta) = \cos\theta \pm i\sin\theta = e^{\pm i\theta}$$

Complex Unit Circle

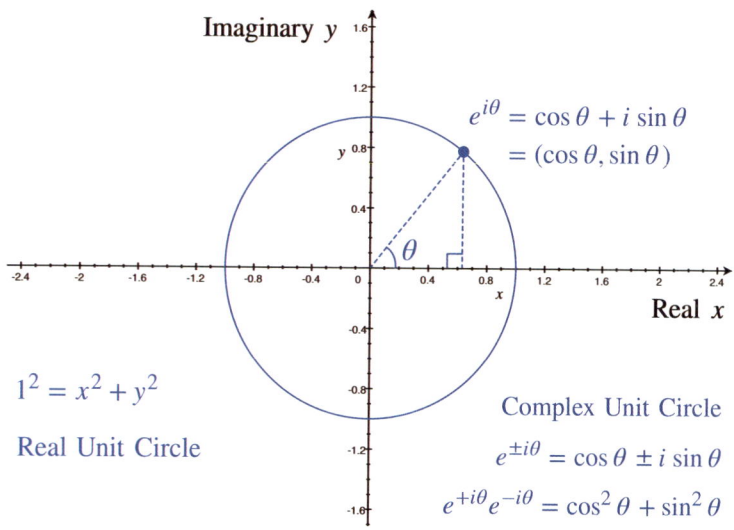

그렇다면 오일러 공식의 표준형인 양수부는 **원의 파동** Circle Wave 가 되고 상대 쪽의 음수부는 **켤레 원의 파동** Conjugate Circle Wave 가 된다.

$$C_{@}^{\theta} = \Psi_z(\theta) = \cos\theta + i\sin\theta = e^{i\theta}$$

Circle Wave

$$C_@^{-\theta} = \Psi_z(-\theta) = \cos\theta - i\sin\theta = e^{-i\theta}$$

Conjugate Circle Wave

그러나 사람은 일상적으로 소통할 때 시간의 흐름에 따른 언어를 사용하기 때문에 "거시기"와 같은 굳이 엄밀한 단어를 사용하지 않는 것이 정상적이다. 그래서 그냥 포괄적으로 오일러 공식을 보면 원이라고 말하는 것이다.

수학적으로 해석하면 원의 켤레성은 **켤레 변환**으로 정리할 수 있다. 복소수의 관점은 허수의 양음이지만 실수의 관점은 각도 세타가 양음 대칭 변환한 것으로 보인다.

$$C_@^{\theta} = \Psi_z(\theta) = \cos\theta + i\sin\theta = e^{i\theta}$$

@@ Conjugate Transformation

$$i\theta = -i\theta, \quad \theta = -\theta$$

$$C_@^{-\theta} = \Psi_z(-\theta) = \cos\theta - i\sin\theta = e^{-i\theta}$$

Conjugate Circle Wave

원의 파동과 켤레 원의 파동을 90도로 교차 관계하는 것은 수학적으로 두 축을 서로 곱하여 무한한 평면을 만드는 것과 같다. 이렇게 하면 반지름 1인 원이 실수의 눈에 나타난다.

$$C_@ = C_@^{\theta} \, C_@^{-\theta}$$
$$= (\cos\theta + i\sin\theta)(\cos\theta - i\sin\theta) = e^{i\theta}e^{-i\theta} = 1$$

$$C_@ = \cos^2\theta + \sin^2\theta = e^{i\theta}e^{-i\theta} = 1 \quad : \text{Circle}$$
$$x^2 + y^2 = 1 \quad : \text{Unit Circle}$$

@@ 실수의 눈

실수의 눈에 나타난다는 것은 XY 좌표 평면에 그릴 수 있다는 것을 의미하며, 물리적으로는 관측 가능한 물리량이 있다는 것을 의미한다. 복소 단위원의 생성 과정을 동시공간으로 정리해둔다.

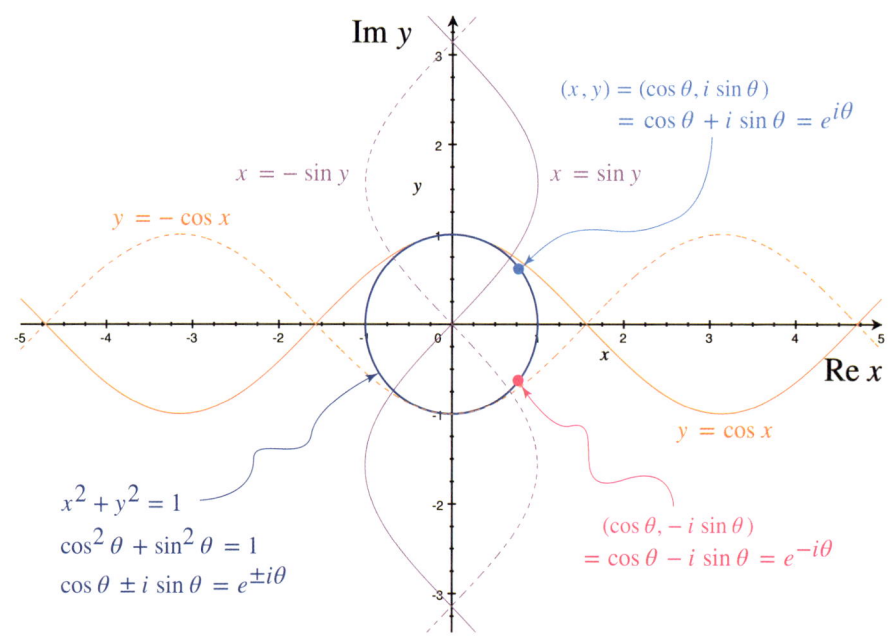

허수축에서 사인파가 양음 쌍을 형성하고 매번 180도 지점에서 폐곡선으로 입자를 이루며 무한히 펼쳐져 있다. 동시에 실수축의 코사인 역시 양음으로 쌍을 형성하고 매번 180도 지점에서 공간을 닫으며 무한히 펼친다.

사인과 코사인의 공간 매듭은 90도의 시간차를 가지면서 서로 쌍을 이루고 원의 균일한 반지름 1을 만든다.

이는 차원의 상대 관계가 각도의 관점에서 90도를 이루는 것을 의미하고, 열림과 닫힘이 서로 만나 무한히 반복되는 무한성으로 존재 가능한 입자를 만든다는 것을 의미한다.

따라서 존재 가능하여 측정 가능한 모든 입자는 닫힌 상태의 폐곡선일 수밖에 없다. 수학에서 폐곡선형의 그룹 이론, **리 군 Lie group**에 의미를 두고 논리가 전개되는 이유이기도 하다.

따라서 입자 물리학의 근원은 폐곡선이고 폐곡선의 원형은 단위원이다. 그래서 물리학은 원의 알고리즘에서 벗어날 수 없다. 양자 역학의 전자 역시 원의 알고리즘에 접근하는 논리다.

이번엔 각도를 허수의 눈으로 탐험해 본다. 실수계에서 원의 무늬를 그렸다면 허수계에서는 어떤 무늬를 그릴까?

각도 세타(θ)에서 허수계의 제타(ζ)로 관점 현미경 렌즈를 교체하여 관찰한다. 결과를 보면 알겠지만 이것을 우리는 **쌍곡선 변환**이라 이름 붙인다.

$$C_@^\theta = \Psi_z(\theta) = \cos\theta + i\sin\theta = e^{i\theta} \quad : \text{Circle Wave}$$

Hyperbolic Transformation $\theta = i\zeta$

$$C_@^{i\zeta} = \Psi_z(i\zeta) = \cos(i\zeta) + i\sin(i\zeta) = e^{i(i\zeta)} = e^{-\zeta}$$

Complex Unit Hyperbola

선분논리의 수학은 각도가 허수일 때 삼각함수를 **쌍곡선 함수**로 전환한다. 본래 삼각함수는 직각 삼각형의 논리에서 나왔고 선분의 상대적 삼각관계는 알고 보니 원의 알고리즘이었다.

지금은 쌍곡선 함수를 원의 함수와 비교하면 간단히 원과 쌍곡선이 양음 또는 켤레 대칭임을 알 수 있다. 하지만 선분논리는 심증은 있으나 명확한 연속적 해석을 하지 못했다. 못해서 라기보다는 아마도 관심 밖에 있었던 것 같다. 쌍곡선에 대한 논리는 분절적 선분들만이 즐비하다.

쌍곡선 함수 변환은 허수각($i\zeta$)을 허수계 속의 실수각(ζ)으로 변환하면서 cos 은 cosh 로, sin 은 sinh 로 동시에 변환한다.

sinh : **h**yperbolic **sin**e ,   **cosh** : **h**yperbolic **cos**ine

$$\cos(i\zeta) = \cosh(\zeta)\,,\quad i\sin(i\zeta) = -\sinh(\zeta)$$

$$C_{@}^{i\zeta} = \Psi_z(i\zeta) = \cosh \zeta - \sinh \zeta = e^{-\zeta} \quad : \text{Hyperbolic Wave}$$

$$\cos(i\zeta) = \cosh \zeta = x, \quad -i\sin(i\zeta) = \sinh \zeta = y$$
$$\therefore x^2 - y^2 = \cosh^2 \zeta - \sinh^2 \zeta = 1$$

선분논리는 쌍곡선에 대한 쌍곡 함수를 **쌍곡 삼각형**으로 정의한다. **쌍곡 삼각형**은 쌍곡선으로 인해 휘어진 삼각형을 의미한다. 그리고 쌍곡 함수의 각도 제타(ζ)를 **쌍곡 삼각형**의 넓이로 해석한다.

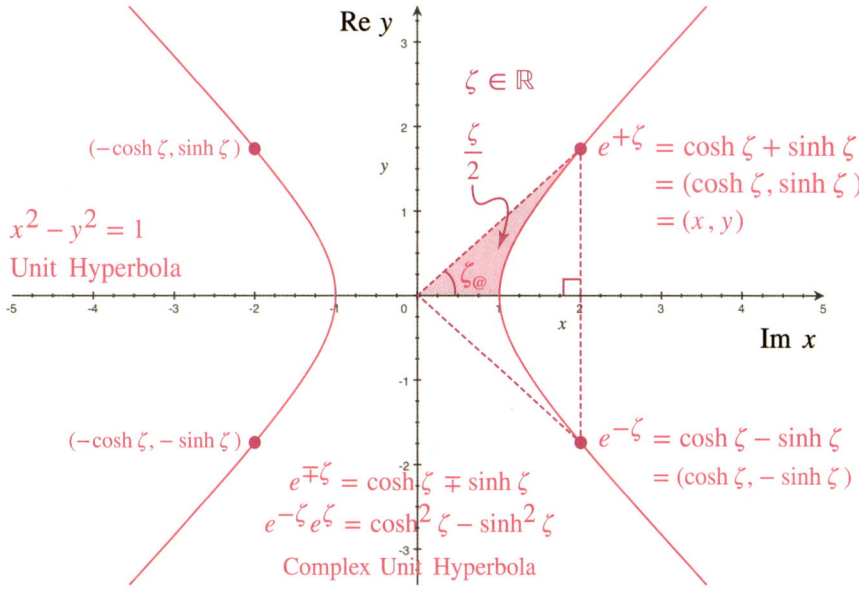

직각 삼각형의 관점에서 **쌍곡 직각 삼각형**은 **쌍곡 이등변 삼각형**의 반쪽이 된다. 이 경우 **쌍곡 직각 삼각형**의 넓이는 쌍곡 함수의 각도 제타(ζ)의 반쪽이 된다.

이와 같은 반쪽 현상은 기하적으로 **이등변 삼각형**이 **켤레 직각 삼각형**의 동시 자기복제로 대칭을 이루어 존재하기 때문이다. 이 논리를 역으로 바라보면 직각의 논리가 1/2 반정수의 특성으로 양자화한다는 것을 알 수 있다.

회전논리는 **쌍곡 직각 삼각형**의 사잇각을 쌍곡 함수의 관점 각도 제타($\zeta_@$)로 해석하고, 삼각 함수와 같은 알고리즘으로 쌍곡 함수를 해석한다.

쌍곡선은 원의 관점을 허수각으로 관점 전환하여 형성되었기 때문에, 원의 삼각 함수와 쌍곡선의 쌍곡 함수는 본질적 알고리즘이 같고 방향만 상대적이다.

선분논리의 쌍곡 함수는 독립적 관점에서 허수와 무관한 알고리즘이지만, 오일러 공식을 허수각($i\zeta$)으로 변환한 생성 원리에 따르면 쌍곡 함수는 **상대적 허수 알고리즘**을 가지고 있다.

상대적 허수 알고리즘은 본질적으로 양/음의 상대성이며 복소수의 켤레성을 의미한다. 따라서 **양음 알고리즘** 또는 **켤레 알고리즘**이라고도 말할 수 있다.

cos 은 양과 음이 같은 좌우 대칭이기 때문에 허수각($i\zeta$)에 대해서도 cosh 와 같은 값을 가진다. 이는 양음 대칭 관계가 실수와 허수에 대해서도 대칭 관계를 유지한다는 의미다.

하지만 sin 은 양음이 반대인 대각 대칭이다. 따라서 허수각($i\zeta$)으로 전환하면 sinh 로 변환할 때 음의 부호(−)와 허수(i)가 튀어나온다.

이런 상대적 현상은 복소평면의 평면파에도 연쇄적인 상대적 변화를 일으킨다. 복소평면의 상대적 변화는 평면 위의 모든 입자를 대표하는 순서쌍 또는 점의 변화를 추적하는 것으로 해석해낼 수 있다.

$$(x, y) = (\cos i\zeta, -i \sin i\zeta) = (\cosh \zeta, \sinh \zeta)$$
$$= (\text{Im}_x, \text{Re}_y) = \left(\frac{e^\zeta + e^{-\zeta}}{2}, \frac{e^\zeta - e^{-\zeta}}{2}\right)$$

$$(x, y) = (\cosh \zeta, \sinh \zeta) \stackrel{@}{=} \cosh \zeta - \sinh \zeta = e^{-\zeta}$$
$$(x, -y) = (\cosh \zeta, -\sinh \zeta) \stackrel{@}{=} \cosh \zeta + \sinh \zeta = e^{\zeta}$$

오일러의 원은 복소평면에서 그 논리가 시작했다. 이 복소평면은 X축이 실수축이며 코사인 파동을 대표하고, Y축은 허수축이며 사인 파동을 대표한다. 코사인과 사인의 각도는 실수각(θ)이었다.

$$@@ \text{ Circle Complex Axial Plane}$$
$$C_@^\theta = \Psi_z(\theta) = \cos \theta + i \sin \theta = e^{i\theta}$$
$$\theta \in \mathbb{R}, \quad i\theta \in \mathbb{I}$$

$$@@ \quad (x, y) = (\text{Re}_x, \text{Im}_y) = (\cos\theta, i\sin\theta)$$
$$= \cos\theta + i\sin\theta = e^{i\theta}$$

$$\cos\theta + i\sin\theta = e^{i\theta}, \quad \cos\theta - i\sin\theta = e^{-i\theta}$$

$$2\cos\theta = e^{i\theta} + e^{-i\theta}, \quad \cos\theta = \frac{e^{i\theta} + e^{-i\theta}}{2} \in \mathbb{R}$$
$$2i\sin\theta = e^{i\theta} - e^{-i\theta}, \quad i\sin\theta = \frac{e^{i\theta} - e^{-i\theta}}{2} \in \mathbb{I}$$

오일러 복소원의 실수각 세타(θ)를 허수각($i\zeta$)으로 관점 전환하면 복소 쌍곡선이 된다. 이때 쌍곡 함수에서 사용하는 각도는 실수각 제타(ζ)가 된다. 쌍곡 함수에 있는 **켤레 알고리즘**은 X축을 허수축으로 변환하고, Y축을 실수축으로 변환한다.

@@ Hyperbolic Complex Axial Plane

$$@@ \quad \theta = i\zeta \in \mathbb{I}, \quad \zeta \in \mathbb{R}, \quad i\zeta \in \mathbb{I} = \mathbb{C}\backslash\mathbb{R}$$
$$C_@^{i\zeta} = \Psi_z(i\zeta) = \cos(i\zeta) + i\sin(i\zeta) = \cosh\zeta - \sinh\zeta = e^{-\zeta}$$
$$C_@^{i\zeta} = \Psi_z(i\zeta) = \cosh\zeta - \sinh\zeta = e^{-\zeta}$$

$$\zeta \in \mathbb{R}, \quad i\zeta \in \mathbb{I}$$

$$x = \cosh \zeta = \cos i\zeta \in \mathbb{I}$$
$$y = \sinh \zeta = -i \sin i\zeta \in \mathbb{R}$$

@@ $(x, y) = (\text{Im}_x, \text{Re}_y) = (\cosh \zeta, \sinh \zeta)$

@= $\cosh \zeta - \sinh \zeta = e^{-\zeta}$

 그런데 선분논리는 쌍곡 함수를 정의할 때 실수만 취하고 선언해 버렸다. 이 때문에 선분논리 수학은 쌍곡 함수를 실수 평면으로만 해석한다. 이런 논리의 첫 단추는 쌍곡선에서 허수계의 시간 파동을 가리는 연쇄반응으로 이어진다.

 선분논리는 쌍곡 함수의 두 축이 모두 실수축이라 생각한다. 이는 코사인이 실수만 취하고 사인은 허수만 취한다는 논리에 기초한다. 그러나 허수계 속에 들어가면 그 속에 실수가 있다. 선분논리는 이 점을 망각했다.

 코사인에 허수를 대입한다는 것을 단순한 숫자로 생각하고 코사인은 실수만 살아남는다는 논리로 제단하면 현재의 선분논리의 쌍곡 함수가 된다. 제한된 선언의 프레임 속에서 볼 때 틀린 논리는 아니다. 단지 나중에 이해할 수 없는 신비한 현상이 나타날 뿐이다.

 그러나 코사인을 허수 렌즈로 파동을 관측하면 허수계에서 진동하는 실수의 파동이 보인다. 따라서 코사인에 허수를 대입한 결과는 허수계의 파동이 된다.

 선분논리의 수학은 회전논리 수학에서 사용하는 관점이나 존재라는 개념이 정립되지 않은 상태의 논리다. 이를 감안하고 선분논리를 대할 필요가 있다.

**회전논리는
두 관점의 쌍곡 함수를 운용한다**

 실수계에는 코사인이 있고 허수계에는 사인이 있다는 논리는 엄밀하게 착각이다. 실수계와 허수계에는 파동이 있고 그 파동의 격차가 90도일 뿐이다. 코사인은 실수계에도 있을 수 있고 허수계에도 있을 수 있다. 사인과 코사인은 본래 같은 파동이다.

 이렇게 쌍곡선 변환 렌즈를 사용하면, **원 파동**이 **쌍곡선 파동**으로 나타난다. 쌍곡선으로 변한 **쌍곡선 파동** 역시 양음의 짝 대칭으로 **켤레 쌍곡선 파동**이 동시에 나타난다.

 이런 일련의 과정은 동시에 발생하며 우리는 이 프로세스를 **켤레 쌍곡선 변환**이라 이름 지어 논리의 거점을 마련한다.

$$C_@^{\mp i\zeta} = \Psi_z(i\zeta) = \cosh\zeta \mp \sinh\zeta = e^{\mp\zeta}$$

Complex Unit Hyperbola

$$C_@^{i\zeta} = \Psi_z(i\zeta) = \cosh\zeta - \sinh\zeta = e^{-\zeta}$$

Hyperbolic Wave

@@ Conjugate Hyperbolic Transformation

$$\theta = -i\zeta, \quad i\zeta = -i\zeta, \quad \zeta = -\zeta$$

$$C_@^{-i\zeta} = \Psi_z(-i\zeta) = \cosh\zeta + \sinh\zeta = e^{\zeta}$$

Conjugate Hyperbolic Wave

쌍곡선 파동과 **켤레 쌍곡선 파동**을 90도 교차 관계하여 곱하면 우리가 눈으로 확인할 수 있는 쌍곡선이 된다.

$$C_@^{\zeta} = C_@^{i\zeta} \, C_@^{-i\zeta}$$
$$= (\cosh\zeta - \sinh\zeta)(\cosh\zeta + \sinh\zeta) = e^{-\zeta}e^{\zeta} = 1$$

$$C_@^{\zeta} = \cosh^2\zeta - \sinh^2\zeta = 1 \quad : \text{Hyperbola}$$
$$x^2 - y^2 = 1 \quad : \text{Unit Hyperbola}$$

@@ 허수의 눈

논리적으로 쌍곡선의 반지름은 1이지만 일반적으로 알고 있는 원의 반지름과는 매우 달라 보인다. 원은 반지름이 1로 일정하지만 쌍곡선은 반지름이 1에서 폭발하여 무한대를 향해 늘어난다.

게다가 원은 사방으로 닫힌 폐곡선이지만 쌍곡선은 양방향이 터져 있는 두 개의 개곡선이 쌍을 이루어 X축과 Y축의 관점에 따라 달라 보인다. 이는 원 속에 숨겨진 0과 ∞의 **상대적 동시존재 알고리즘**이 드러난 것이다.

켤레성은 양음의 짝이 본질이었다. 그러나 원에서 반지름의 제곱은 양음의 켤레성이 드러나지 않았다. 반면 쌍곡선에서는 허수계가 실수계로 전환되면서 반지름이 허수의 제곱에서 음수로 나타났다. 여기에는 양음의 짝, 켤레성이 숨겨져 있다.

원 방정식에서 반지름이 1이라는 것은 원칙적으로 1의 제곱을 의미한다. 따라서 반지름은 본래 +1과 -1인데 인간은 길이나 넓이에서 양수만 인식하고 그림을 그리기 때문에 +1만 취했던 것이다.

그러나 본질의 알고리즘을 분석할 때는 -1도 감안해서 대칭적으로 해석해야 무한의 부스러기를 놓치지 않을 수 있다.

$$x^2 + y^2 = r^2 = 1^2$$
$$r^2 = 1, \quad r = \pm\sqrt{1} \quad \therefore \quad r = \pm 1$$

원은 기하적으로 완전 대칭이기 때문에 음수 반지름을 달리 해석할 길이 없었지만 쌍곡선은 다르다. 쌍곡선 방정식을 실수의 눈과 허수의 눈으로 살펴보면 반지름이 -1과 +1인 **켤레 단위 쌍곡선**이 나타난다.

$$x^2 - y^2 = 1^2 = i \cdot (-i) = = -i^2 \quad : \text{Real eye}$$
$$x^2 - y^2 = -1 = \sqrt{-1}^2 = i^2 \quad : \text{Imaginary eye}$$
$$x^2 - y^2 = \mp 1 = \pm i^2 \quad : \text{Conjugate Unit Hyperbola}$$

본래 쌍곡선은 원을 허수의 눈으로 렌즈 교환하여 관측한 무늬이므로 실수부와 허수부가 뒤바뀌는 효과를 얻는다.

이런 켤레 변환의 알고리즘을 일관되게 전개하면 cosh, sinh 두 켤레 쌍곡선 파동이 켤레 쌍곡선을 그리는 현상을 맞이할 수 있다.

켤레 쌍곡선의 반지름이 −1이라는 것은 i 의 제곱에서 유래한 것이다. 제곱이 음수인 것은 허수의 관점에서 반지름이 1인 것과 같다. 따라서 **켤레 쌍곡선**을 **허수형 쌍곡선**이라 부를 수 있다.

허수형 쌍곡선은 Y축의 ±∞ 방향으로 펼쳐진다. 반면 반지름이 1에서 시작하는 일명 **실수형 단위 쌍곡선**은 X축의 ±∞ 방향으로 펼쳐진다.

두 쌍곡선은 관점에 따라 다양한 해석과 응용 프로그램들이 연쇄 반응을 일으킬 수 있다. 그중 가장 기본적인 쌍곡선의 흐름은 0으로 향하는 수렴의 특성과 ∞로 향하는 발산의 특성이다.

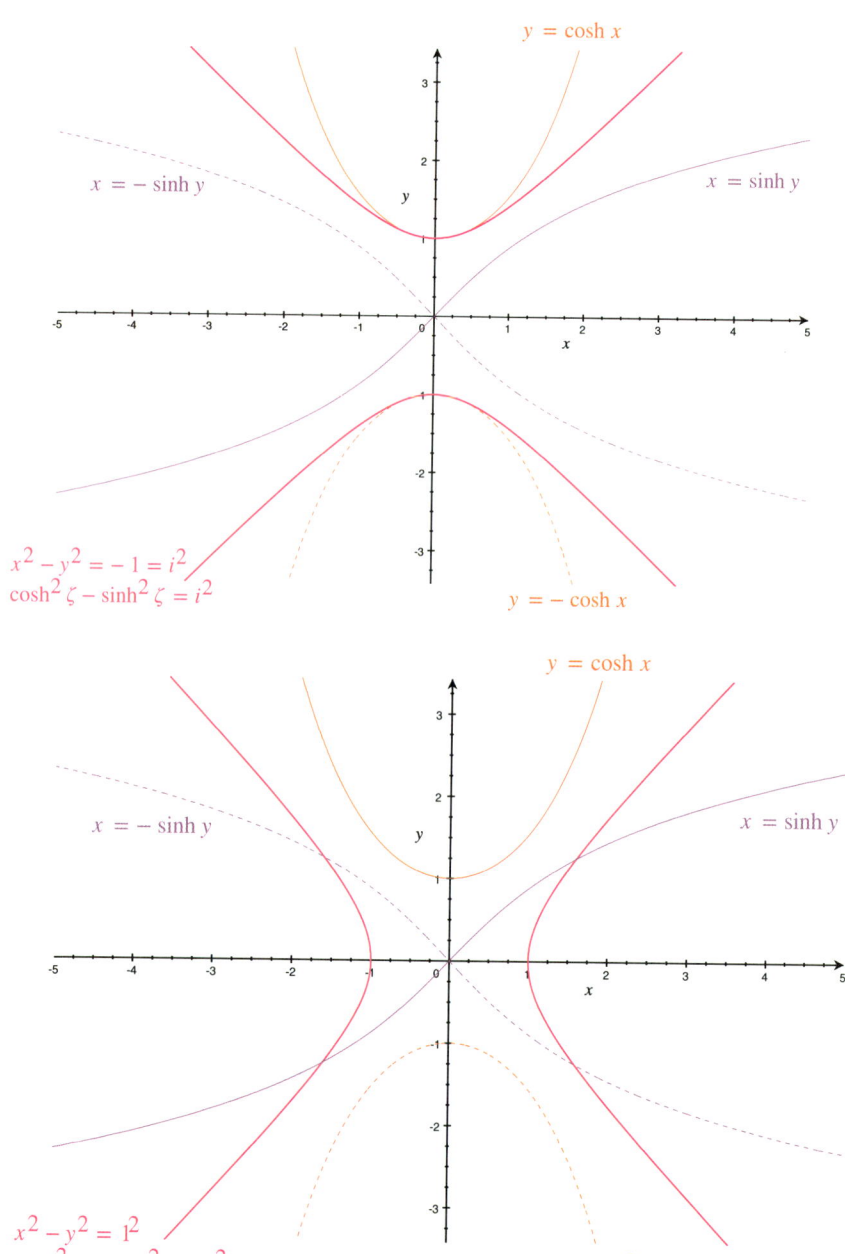

그리고 쌍곡선의 상반되는 두 흐름은 0과 ∞의 동시존재 관계로 동시공간을 형성하고 만난다. 실수의 눈에는 있을 수 없는 사건이지만 복소수의 눈에는 자연스러운 현상이다.

이 현상은 선분논리에서도 만나 볼 수 있는데 그것이 바로 4차원 시공간이다. 여기서 말하는 4차원 시공간은 특수 상대성 이론의 민코프스키 시공간과는 관점이 약간 다르다.

이 공간은 앞서 소개한 동시공간의 튜브형이다. 특히 튜브형의 경우 선분논리에서 Clifford Torus 가 눈에 띄며, 쌍곡선의 양 끝이 만나 원을 만들면서 튜브형의 4차원 공간을 형성한다고 해석한다. 구글링을 통해 간단히 관람할 수 있는 흥미 있는 여행 코스가 될 수 있을 것이다.

켤레의 두 쌍곡선을 동시에 그래프에 올리고 축소하여 거시의 관점에서 관람하면, XY 두 좌표축을 대각선으로 가르는 별빛이 보인다.

이런 실험은 파동의 미시 관점과 입자의 거시 관점 차이를 체험할 수 있게 해준다. 양자 역학의 착각은 이와 같은 미세한 부스러기에서 나타난다. 두 쌍곡선은 거시에서 90도로 교차하는 두 직선과 같은 흐름을 보인다.

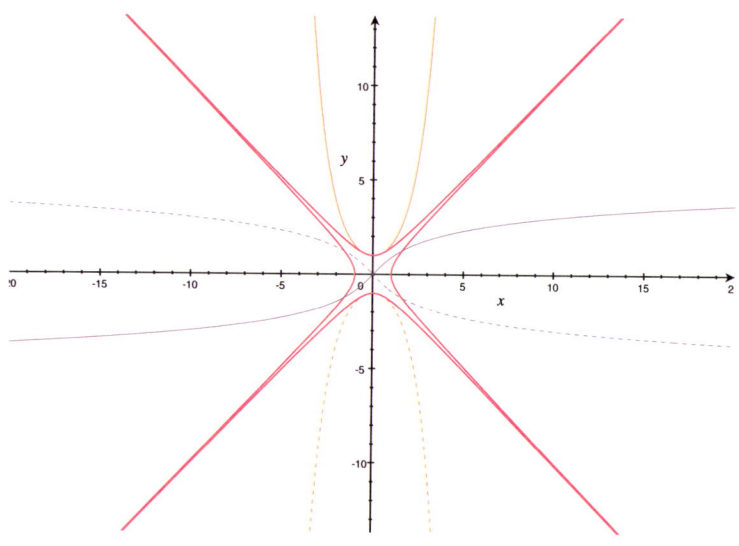

그런데 두 쌍곡선 배경에서 진동하는 4개의 쌍곡선 파동은 둘씩 켤레 짝을 형성하면서 cosh 와 sinh 가 무한대 양 끝으로 갈수록 같은 무늬로 보인다.

이 두 파동의 쌍은 미시에서 그 흐름이 달라 보였다. 이런 흐름이 두 쌍곡선이 좌표축 대각선 45도에서 만나는 흐름을 이끈다.

돌이켜보면 원의 cos 과 sin 두 파동은 완전히 같은 무늬이면서 단지 시간차만 90도가 있었을 뿐이다. 원과 쌍곡선의 대칭성은 정수와 분수의 대칭 관계와 같은 흐름이다.

쌍곡선의 무늬와 분수함수의 무늬를 비교해 보면, 0에서 반지름 사이 구간의 곡률에만 차이가 있고 90도로 펼쳐 무한대로 향하는 거시적 무늬는 동일하다. 거시적 관점에서 다른 점이 있다면 90도 회전 변환 관계가 있다는 특성이다.

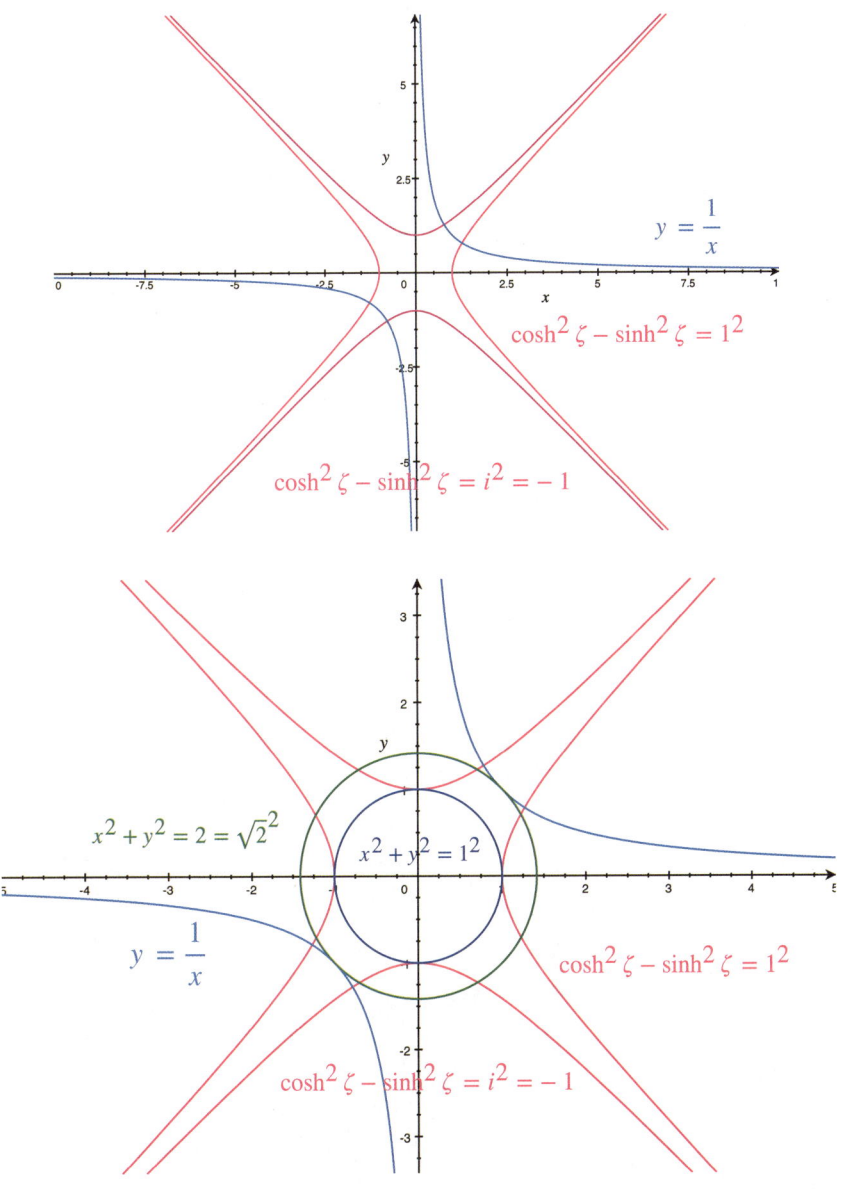

앞서 분수함수의 적분 특성에서 관람했듯이, **단위 쌍곡선**의 반지름의 제곱이 1에서 시작했다면 **단위 분수함수**의 반지름의 제곱은 2에서 시작한다.

따라서 분수함수를 쌍곡선 함수와 같은 방식으로 복소평면의 해석이 가능하다. 그러나 우리는 이쯤에서 쌍곡선 베이스캠프 구축을 마무리하고 양자의 세계로 여행을 이어간다.

Complex Wave Reinterpretation

$$C_@^{\pm\theta} = \Psi_z(\theta) = \cos\theta \pm i\sin\theta = e^{\pm i\theta}$$

Complex Unit Circle

$$C_@^{\theta} = \Psi_z(\theta) = \cos\theta + i\sin\theta = e^{i\theta}$$

Circle Wave

@@ Conjugate Transformation

$$i\theta = -i\theta, \quad \theta = -\theta$$

$$C_@^{-\theta} = \Psi_z(-\theta) = \cos\theta - i\sin\theta = e^{-i\theta}$$

Conjugate Circle Wave

$$C_@ = C_@^{\theta} \, C_@^{-\theta}$$
$$= (\cos\theta + i\sin\theta)(\cos\theta - i\sin\theta) = e^{i\theta}e^{-i\theta} = 1$$

$$C_@ = \cos^2\theta + \sin^2\theta = e^{i\theta}e^{-i\theta} = 1 \quad : \text{Circle}$$

$$x^2 + y^2 = 1 \quad : \text{Unit Circle}$$

@@ 실수의 눈

Hyperbolic Transformation $\quad \theta = i\zeta$

$$C_@^{\mp i\zeta} = \Psi_z(i\zeta) = \cosh\zeta \mp \sinh\zeta = e^{\mp\zeta}$$

Complex Unit Hyperbola

$$C_@^{i\zeta} = \Psi_z(i\zeta) = \cosh\zeta - \sinh\zeta = e^{-\zeta}$$

Hyperbolic Wave

@@ Conjugate Hyperbolic Transformation

$$\theta = -i\zeta, \quad i\zeta = -i\zeta, \quad \zeta = -\zeta$$

$$C_@^{-i\zeta} = \Psi_z(-i\zeta) = \cosh\zeta + \sinh\zeta = e^{\zeta}$$

Conjugate Hyperbolic Wave

$$C_@^{\zeta} = C_@^{i\zeta} C_@^{-i\zeta}$$
$$= (\cosh\zeta - \sinh\zeta)(\cosh\zeta + \sinh\zeta) = e^{-\zeta}e^{\zeta} = 1$$

$$C_@^{\zeta} = \cosh^2\zeta - \sinh^2\zeta = 1 \quad : \text{Hyperbola}$$

$$x^2 - y^2 = 1 \quad : \text{Unit Hyperbola}$$

@@ 허수의 눈

시공간 잠재 에너지 분해
TimeSpace Potential Decomposition

앞서 파동 방정식은 오일러 공식에서 유래했고, 라그랑지언 역학과 결합하여 시공간 파동 방정식에 도달했다. 이 과정을 돌이켜보면 파동 입자에 에너지를 곱해 파동 입자를 시공간 에너지 물리량으로 해석하여 측정 가능한 실존성을 확보하기 위해서였다.

$$\text{Lagrangian} \quad L = T - V = \frac{1}{2}m\dot{x}^2 + mgx$$

$$E = \frac{\hbar^2 k^2}{2m} + P(x,t) = \hbar\omega$$

$$E = -\frac{\hbar^2}{2m}\frac{\partial^2}{\partial x^2} + P(x,t) = i\hbar\frac{\partial}{\partial t}$$

$$\Psi_z \cdot E = -\frac{\hbar^2}{2m}\frac{\partial^2 \Psi_z}{\partial x^2} + P(x,t) \cdot \Psi_z = i\hbar\frac{\partial \Psi_z}{\partial t}$$

$$\Psi(x,t) \cdot E = \left[-\frac{\hbar^2}{2m}\frac{\partial^2}{\partial x^2} + P(x,t)\right]\Psi(x,t) = i\hbar\frac{\partial}{\partial t}\Psi(x,t)$$

그런데 파동 방정식에는 풀지 않은 퍼텐셜 에너지 항이 있다. 퍼텐셜은 잠재 에너지였고, 잠재 에너지는 잠재 운동량에 속도를 곱해 시공간 에너지가 된다. 잠재 운동량은 모멘텀이라 불렀다.

이런 용어들은 단위로 메모리에 올리고 사고 실험을 하는 것이 유용하다. 수천 년간의 수학적 논리가 함축되는 곳이 단위계이기 때문이다.

$$뉴턴 \ Newton \quad N = kg \cdot m/s^2$$
$$모멘트 \ Moment \quad N \cdot m = kg \cdot m^2/s^2$$

$$잠재 \ 운동량 \ Momentum \quad N \cdot s = kg \cdot m/s$$
$$잠재 \ 에너지 \ Potential \quad J = kg \cdot m^2/s^2$$

단위계에서 보이듯이 퍼텐셜은 질량과 거리 그리고 시간이 관계한 에너지 입자다.

질량은 드브로이 물질파 논리를 통해 파동으로 변환할 수 있다. 파동은 주파수와 파장으로 구성되어 있으므로 시간과 거리로 환산된다는 것을 의미한다. 이 때문에 $P(x,t)$ 퍼텐셜은 t 시간과 x 공간을 변수로 정의할 수 있게 된 것이다.

그런데 퍼텐셜은 잠재된 에너지를 의미하므로 외부 시간의 흐름에 영향을 받지 않는 것으로 가정하여 시간이 정지한 동시공간에서 퍼텐셜을 계산할 수 있다.

따라서 퍼텐셜 함수의 시간 인자는 0으로 두어도 된다. 이에 관한 선대 학자들의 논의는 Rest Mass 의 관점에 베이스캠프가 있다.

$$P(x,t) = P(x,0) = P(x)$$

시간이 흘러도 퍼텐셜 에너지는 유지되는 상태
Rest Mass 불변 질량

시간 인자를 0으로 설정하면 퍼텐셜은 위치 공간에 대해서만 영향을 받게 되어 **시간 독립 퍼텐셜**로 파동 방정식을 정리할 수 있게 된다.

$$\Psi_z \cdot E = -\frac{\hbar^2}{2m}\frac{\partial^2 \Psi_z}{\partial x^2} + P(x) \cdot \Psi_z = i\hbar\frac{\partial \Psi_z}{\partial t}$$

시간과 공간 독립 퍼텐셜

파동 입자 Ψ(프사이) 함수에는 시간과 공간 두 인자가 있다. 파동 방정식 속에 있는 파동 입자를 시간과 공간으로 온전히 쪼갤 수 있을까?

앞서 오일러 공식에서 파동 함수를 유도할 때 각도 세타를 시간과 공간으로 분리한 바가 있었다.

$$\Psi_z = \cos\theta + i\sin\theta = e^{i\theta}, \quad \theta = kx - \omega t = \theta(x,t)$$
$$\Psi_z(x,t) = \cos(kx - \omega t) + i\sin(kx - \omega t) \quad : \text{Original Wave Function}$$
$$\sin\theta = 0, \quad \Psi(x,t) = \cos(kx - \omega t) \quad : \text{Custom Wave Function}$$

파동 방정식은 2차 편미분으로 구성되어 있다. 시공간의 분리는 편미분의 알고리즘이 어떤 다항식을 구성하느냐에 달렸다. 실수부와 허수부는 각각 편미분을 하므로 시간 변수와 공간 변수를 분리하는데 문제가 없다. 남은 부분은 삼각함수의 편미분 특성으로 변수 분리가 결정된다.

삼각함수의 미분은 삼각함수 안의 변수($\theta = kx - \omega t$)를 미분하고 삼각함수 자체를 미분하여 두 결과를 곱하는 형식을 취한다. 그리고 편미분은 해당 변수가 없는 항을 0으로 소거한다.

이런 편미분의 특성을 감안하여 다항식의 변수를 분리하는 방법을 **변수 분리법**이라 한다.

삼각함수와 복소수로 구성된 파동 함수는 시간 변수와 공간 변수로 구분하여 시간 함수와 공간 함수의 곱으로 정리할 수 있다. 우리는 공간 함수를 소문자 프사이(ψ)로 사용하고 시간 함수는 소문자 타우(τ)를 사용하기로 한다.

$$\Psi_z \stackrel{@}{=} \Psi(x, t) = \psi(x)\tau(t)$$

Fourier Method, Separation of variables 변수 분리법
@@ 시공간 분리

변수 분리법으로 파동 방정식을 재정리하고 시간의 눈과 공간의 눈으로 각각 관찰한다.

$$\psi(x)\tau(t) \cdot E = -\frac{\hbar^2}{2m}\frac{\partial^2}{\partial x^2}\psi(x)\tau(t) + P(x) \cdot \psi(x)\tau(t) = i\hbar\frac{\partial}{\partial t}\psi(x)\tau(t)$$

공간의 눈으로 보면 τ 타우 시간 함수는 모두 소거할 수 있다. 이렇게 하면 공간 함수만 남게 되어 **공간 파동 방정식**으로 정리된다. 사람들은 이 파동 방정식을 **시간 독립 파동 방정식**이라 부른다.

$$\psi(x)\cancel{\tau(t)} \cdot E = -\frac{\hbar^2}{2m}\frac{\partial^2}{\partial x^2}\psi(x)\cancel{\tau(t)} + P(x) \cdot \psi(x)\cancel{\tau(t)}$$

$$\therefore \psi(x) \cdot E = -\frac{\hbar^2}{2m}\frac{\partial^2}{\partial x^2}\psi(x) + P(x) \cdot \psi(x)$$

공간 파동 방정식 Time Independent Wave Equation

같은 방식으로 시간의 눈을 통해 파동 방정식을 정리하면 공간 함수 $\psi(x)$ 를 모두 소거할 수 있어 **시간 파동 방정식**으로 정리할 수 있다. 이 방정식 역시 사람들은 시간을 기준으로 **시간 의존 방정식**이라 부른다.

$$\cancel{\psi(x)}\tau(t) \cdot E = i\hbar\frac{\partial}{\partial t}\cancel{\psi(x)}\tau(t)$$

$$\therefore \tau(t) \cdot E = i\hbar\frac{\partial}{\partial t}\tau(t)$$

시간 파동 방정식 Time Dependent Wave Equation

두 방정식은 관점에 따라 파동 에너지의 물리량을 산출할 수 있어 양자 역학에 중요한 실험 도구로 활용된다. 우리는 시간과 공간 방정식을 시간 입자와 공간 입자로 사고 실험실에서 사용할 것이다.

한편 선분논리에서 라그랑지언의 에너지 방정식을 행렬 역학의 베이스캠프인 해밀토니안의 언어로 번역하여 논리를 전개하기도 한다.

$$\text{Lagrangian} \quad L = T - V = E$$
$$\text{Hamiltonian} \quad \hat{H} = \hat{T} + \hat{V} = E$$

해밀토니안은 행렬의 직교성을 토대로 고윳값과 단위벡터를 이용하여 측정된 입자의 물리량을 분석하는 데 활용된다. 행렬 역학의 언어는 브라-켓 표기법을 사용하여 파동 입자를 벡터로 해석하고 논리를 전개한다. 여기서는 행렬 역학의 간단한 표기법만 언급하고 구체적인 여행은 추후 여정으로 남겨둔다.

Bra-ket Notation : Quantum States

$\langle \rangle$: Angle Brackets : Kets , $|$: Vertical Bar : Bars
Vector space : V, Complex plane : $\mathbb{C}$
Unit Vector : $\hat{\mathbf{v}} = \hat{v} = |v\rangle$
Vector Length : $|\vec{v}| = \|\vec{v}\| = v$
Vector : $\vec{V} = \mathbf{V} = v\hat{\mathbf{V}} = v|v\rangle = |V\rangle$
$|\Psi\rangle$: State Vector

해밀토니안은 공간 파동 방정식과 시간 파동 방정식을 브라-켓 표기법으로 정리한다.

$$\text{Time Independent} \quad E|\Psi\rangle = \hat{H}|\Psi\rangle$$

$$E \cdot \Psi(x) = \left[-\frac{\hbar^2}{2m}\frac{\partial^2}{\partial x^2} + P(x) \right] \cdot \Psi(x)$$

$$\text{Time Dependent} \quad \hat{H}|\Psi(t)\rangle = i\hbar\frac{\partial}{\partial t}|\Psi(t)\rangle$$

$$E \cdot \Psi(t) = i\hbar\frac{\partial}{\partial t}\Psi(t)$$

$$\Psi_z \cdot E = -\frac{\hbar^2}{2m}\frac{\partial^2}{\partial x^2}\Psi_z + P(x,t) \cdot \Psi_z = i\hbar\frac{\partial \Psi_z}{\partial t}$$

$$\Psi(x,t) \cdot E = \left[-\frac{\hbar^2}{2m}\frac{\partial^2}{\partial x^2} + P(x,t)\right]\Psi(x,t) = i\hbar\frac{\partial}{\partial t}\Psi(x,t)$$

$$P(x,t) = P(x,0) = P(x)$$

시간이 흘러도 퍼텐셜 에너지는 유지되는 상태
Rest Mass (불변 질량)

$$\Psi_z \cdot E = -\frac{\hbar^2}{2m}\frac{\partial^2 \Psi_z}{\partial x^2} + P(x) \cdot \Psi_z = i\hbar\frac{\partial \Psi_z}{\partial t}$$

시간과 공간 독립 퍼텐셜

SpaceTime Wave Equation

$$\Psi_z \overset{@}{=} \Psi(x,t) = \psi(x)\tau(t)$$

Separation of variables 변수 분리법 : 시공간 분리

$$\psi(x)\tau(t) \cdot E = -\frac{\hbar^2}{2m}\frac{\partial^2}{\partial x^2}\psi(x)\tau(t) + P(x) \cdot \psi(x)\tau(t) = i\hbar\frac{\partial}{\partial t}\psi(x)\tau(t)$$

$$\psi(x)\cancel{\tau(t)} \cdot E = -\frac{\hbar^2}{2m}\frac{\partial^2}{\partial x^2}\psi(x)\cancel{\tau(t)} + P(x) \cdot \psi(x)\cancel{\tau(t)}$$

$$\therefore \ \psi(x) \cdot E = -\frac{\hbar^2}{2m}\frac{\partial^2}{\partial x^2}\psi(x) + P(x) \cdot \psi(x)$$

공간 파동 방정식 Time independent wave equation

$$\cancel{\psi(x)}\tau(t) \cdot E = i\hbar\frac{\partial}{\partial t}\cancel{\psi(x)}\tau(t)$$

$$\therefore \ \tau(t) \cdot E = i\hbar\frac{\partial}{\partial t}\tau(t)$$

시간 파동 방정식 Time dependent wave equation

Hamiltonian Wave Equation

Lagrangian $L = T - V = E$

Hamiltonian $\hat{H} = \hat{T} + \hat{V} = E$

Time Independent $E\,|\Psi\rangle = \hat{H}\,|\Psi\rangle$

$$E \cdot \Psi(x) = \left[-\frac{\hbar^2}{2m}\frac{\partial^2}{\partial x^2} + P(x) \right] \cdot \Psi(x)$$

Time Dependent $\hat{H}\,|\Psi(t)\rangle = i\hbar\dfrac{\partial}{\partial t}|\Psi(t)\rangle$

$$E \cdot \Psi(t) = i\hbar\frac{\partial}{\partial t}\Psi(t)$$

시간과 공간의 대화
Dialogue of Time & Space Wave

    시간 파동 방정식은 시간의 눈으로 1차 편미분 형식을 취하고 있다. 시간 파동 입자는 등호를 기준으로 양쪽에 자기복제된 동시공간 상태에 있다.

$$\tau(t) \cdot E = i\hbar \frac{\partial}{\partial t}\tau(t)$$

    동시공간 입자를 시간으로 적분하면 시공간 입자가 나타날 것이다. 시간 파동 방정식은 미분 형태로 되어 있으니 시간 적분형으로 재정리한다.

$$-\frac{i}{\hbar} E\, \partial t = \frac{1}{i\hbar} E\, \partial t = \frac{1}{\tau(t)}\partial \tau(t) = \frac{1}{\tau}\partial \tau$$

$$\int_0^t -\frac{i}{\hbar} E\, \partial t = \int_{\tau(0)}^{\tau(t)} \frac{1}{\tau}\partial \tau$$

    선분논리에서 이와 같이 적분을 사용하는 이유는 회전논리의 0과 ∞ 관계로 시공간을 생성하는 알고리즘에 그 토대가 있다.

    여기서 0과 ∞ 관계는 특정하지 않은 무한한 시간 t 를 의미하며, 이런 시간의 관계가 무한히 다양한 시공간 입자를 생성한다는 의미를 내포하고 있다.

왼쪽은 음의 허수계에서 에너지와 디렉 상수로 구성되어 있고 오른쪽은 타우 시간 파동이 분수의 흐름을 따라 시간이 흐른다.

왼쪽 에너지 부분을 먼저 적분해 보면 단순하게 에너지와 시간의 곱으로 총 에너지가 음의 허수계에 존재한다.

$$\int_0^t -\frac{i}{\hbar}E\,\partial t = \left[-\frac{i}{\hbar}Et\right]_0^t = -\frac{i}{\hbar}Et + \frac{i}{\hbar}E0 = -\frac{i}{\hbar}Et$$

오른쪽 시간 파동의 분수 흐름을 왼쪽과 똑같이 경과된 시간만큼 적분하면 ln 자연로그로 계산된다.

$$\int_{\tau(0)}^{\tau(t)} \frac{1}{\tau}\partial\tau = \left[\ln\tau\right]_{\tau(0)}^{\tau(t)} = \ln\tau(t) - \ln\tau(0) = \ln\frac{\tau(t)}{\tau(0)}$$

왼쪽의 허수계 에너지 수량과 오른쪽의 시간 입자 수량 사이에 등호 관계가 성립한다.

ln 자연로그는 지수함수의 역수이므로 **켤레 원 파동**으로 정리가 가능하다.

시간 파동 타우를 관점으로 최종 정리하면 시간 의존이라 말하는 **시간 파동 함수**가 된다. 이는 파동 관점의 이름이고 우리는 필요에 따라 타우를 **시간 입자**라 부를 것이다.

$$-\frac{E}{\hbar}it = \ln\frac{\tau(t)}{\tau(0)}, \quad e^{-\frac{E}{\hbar}it} = \frac{\tau(t)}{\tau(0)}$$

$$@@ \quad \tau(t) = \tau(0)e^{-\frac{E}{\hbar}it}$$

시간 파동 함수 : Time Dependent Wave Function

슈뢰딩거의 파동 방정식은 단순히 라그랑지언 에너지에 파동 함수를 곱한 것이었다. 방정식의 양변에 같은 수를 곱해도 등호가 성립하는 수학적 기초 논리는 회전논리의 눈에 **동시 자기복제 원리**로 나타난다.

$$@_1 \quad \tau(t)\cdot E = i\hbar\frac{\partial}{\partial t}\tau(t), \quad E = i\hbar\frac{\partial}{\partial t}\frac{\tau(t)}{\tau(t)}$$

$$@_2 \quad E = -\frac{\hbar^2}{2m}\frac{\partial^2}{\partial x^2}\frac{\psi(x)}{\psi(x)} + P(x)$$

$$-\frac{\hbar^2}{2m}\frac{\partial^2}{\partial x^2}\frac{\psi(x)}{\psi(x)} + P(x) = E = i\hbar\frac{1}{\tau(t)}\frac{\partial}{\partial t}\tau(t)$$

$$\therefore \psi(x)\cdot E = -\frac{\hbar^2}{2m}\frac{\partial^2}{\partial x^2}\psi(x) + P(x)\cdot\psi(x)$$

회전논리의 두 눈은 에너지를 중심에 두고 그 흐름을 동시 양방향으로 왼쪽의 **공간 파동**과 오른쪽의 **시간 파동**이 대화하는 무늬를 그린다.

앞서 아무것도 없는 0의 상태에서 시간 이전의 동시공간을 거쳐 시공간이 탄생하는 과정을 통해 등호의 동시공간 특성을 보여 준 바 있다. 이와 같이 등호가 성립한다는 것은 서로 90도로 관계하여 새로운 2차원 평면을 형성한다는 의미다.

선분논리에서는 90도가 아닌 관계도 있을 수 있다고 생각한다. 그래서 직교 관계를 특별히 언급하고 그 특성을 이용하여 다양한 해법을 전개한다.

이는 선분논리의 시작점이 시공간의 어떤 공리로부터 시작했기 때문이고, 시공간의 왜곡 현상이 논리의 시작점부터 존재하여 "왜곡 현상이 없다면"이라는 조건을 "직교 관계라면"이라고 설명하는 것이다.

회전논리는 시간이 흐르지 않는 동시공간에서 논리를 전개하기 때문에 시공간의 왜곡이 없는 상태에서 등호 관계는 항상 직교 관계를 할 수 있게 된다.

물리적 측정은 두 측정값 사이에 시간의 차이가 반드시 존재한다. 그래서 두 측정값 사이에는 시간의 왜곡 현상이 있기 마련이다. 그러나 하나의 객체가 **동시 자기복제**로 동시공간 논리를 전개하면 시간차에 의한 왜곡 현상이 발생하지 않는다.

에너지를 통해 대화하는 시간과 공간, 두 입자는 본래 하나였다. 인간의 관점으로 변수 분리하여 켤레와 같이 쌍으로 존재하는 동시공간 관계를 형성하게 된 것이다.

$$\Psi(x,t) \cdot E = \left[-\frac{\hbar^2}{2m}\frac{\partial^2}{\partial x^2} + P(x,t) \right] \Psi(x,t) = i\hbar\frac{\partial}{\partial t}\Psi(x,t)$$

$$\Psi(x,t) \cdot E = i\hbar\frac{\partial}{\partial t}\Psi(x,t)$$

$$\Psi_z \stackrel{@}{=} \Psi(x,t) = \psi(x)\tau(t)$$

시간 파동 방정식에는 적분 과정에서 하나였던 시간 입자가 0과 t로 쪼개진 상태다. 시간이 0인 상태의 시간 입자의 수량은 얼마일까?

$$\tau(t) = \tau(0)e^{-\frac{E}{\hbar}it}, \quad \tau(0) = 1$$

$$@@ \quad \tau(t) = e^{-\frac{E}{\hbar}it}$$

$$\tau(t) \cdot E = i\hbar\frac{\partial}{\partial t}\tau(t)$$

$$@@ \quad \tau(t) \cdot \frac{E}{i\hbar} = \frac{\partial}{\partial t}\tau(t)$$

Sync-Clone Self-replication tau

회전논리의 눈은 간단하다. 시간이 흐르지 않으니 그 수량은 없는 것이며, 없다는 것은 상대적 관계로 그 숫자가 나타날 수 있다는 것을 의미한다.

여기서는 시간이 0인 타우 입자가 에너지 파동 입자와 곱셈 관계를 하고 있다. 곱셈의 관계에서 없다는 것은 항등원 1을 의미한다.

이렇듯 없다는 의미는 선분논리의 수학에서 둘 간의 관계에 따라 다르게 반응하고 나타나는 상대성을 가졌다. 이는 관계가 시간과 공간을 만들기 때문이다.

만일 둘 간의 관계가 덧셈이라면 항등원 0이 될 것이고 그 관계가 행렬이면 항등 행렬 I 가 될 것이다.

직교 관계에 따른 속성은 그 세계의 항등원을 중심으로 90도 관계를 형성하기 때문에 둘 관계의 중심은 항등원에 있다.

조금만 확장하면 도형의 무게 중심의 의미가 그 세계의 항등원을 의미하며 이것을 대중들은 XY 좌표계에서 0이라 말한다.

선분논리에서 직교 관계는 다양한 언어로 표현하는데 그 근본 원리는 두 단위벡터의 내적으로 표현한다.

공간 입자와 시간 입자를 단위 행렬로 표시하고 내적 관계를 해석하면 cos 90도가 0이 되므로 "공간 벡터와 시간 벡터는 수직이다"라고 설명한다.

$$\hat{\psi} \cdot \hat{\tau} = |\hat{\psi}| \times |\hat{\tau}| \cos \frac{\pi}{2} = |\hat{\psi}| \times |\hat{\tau}| \cdot 0 = 0$$

@@　　$\hat{\psi} \perp \hat{\tau}$

시공간 평면 : 시간과 공간은 직교로 만난다.

그러나 이 논리의 전개는 시공간 평면을 공리와 같이 전제로 한 해석일 따름이다. 시간과 공간이 90도로 관계하는 것은 시간과 공간이 관계하기 전 단계에서 논리가 시작된다.

동시공간에서 두 축이 모두 같은 밀도를 가진 균일한 2차원 시공간 평면을 형성한 후에야 비로소 시공간 평면 바탕 위에 각도가 왜곡된 다양한 현상들이 있을 수 있기 때문이다. 이를 한마디로 정리한 것이 **상대적 동시존재** 이론이다.

따라서 둘 간의 관계란 항상 90도에서 완전 대칭을 이룰 수 있고, 그 속에서 여러 가지 왜곡된 각도의 입자들이 존재할 수 있다.

각도는 2차원 이상에서 발생한다

이 원리를 각도의 관점에서 수학적으로 정리해 보자. 둘 간의 각도 자체가 정의되지 않은 1차원 상태에서 두 입자가 관계하면 직교 관계로 각도가 생성되어 2차원 평면이 탄생한다.

$$1 = \text{Undefined, Nonexistent}$$
$$@@ \quad |\hat{\mathbf{0}}| = 0, \quad |\hat{\infty}| = \infty$$

$$\angle(\hat{\mathbf{0}}, \hat{\infty}) = \text{Undefined}$$
$$@@ \quad \hat{\mathbf{0}} \perp \hat{\infty}$$
Sync-Clone Space Relation : no angle before

$$\hat{\mathbf{0}} \perp \hat{\infty}, \quad \angle(\hat{\psi}, \hat{\tau}) = \text{Undefined}$$
$$@@ \quad \hat{\psi} \perp \hat{\tau}$$

$$\hat{\mathbf{0}} = \hat{\infty}, \quad (\hat{\mathbf{0}}, \hat{\infty}) = \hat{\mathbf{0}} \cdot \hat{\infty} = 0 \times \infty = 0$$
$$@@ \quad \hat{\mathbf{0}} \perp \hat{\infty}$$

$$@ \quad 1 = \text{Undefined}$$
$$(\hat{\mathbf{0}}, \hat{\infty}) = \hat{\mathbf{0}} \cdot \hat{\infty} = |\hat{\mathbf{0}}| \times |\hat{\infty}| \cos 0_? = 1_? \times 1_? \cos 0_?$$

 시공간의 관계가 직교하는 특성은 파동 방정식의 시공간 변수 분리 과정에도 은연중에 나타난다. 이는 파동 방정식이 동시 자기복제의 알고리즘에서 유래했기 때문이다.

 시공간 함수와 변수 분리된 시간 함수에 시간을 0으로 설정하면 시간과 무관한 공간 함수가 되어야 한다.

이때 변수 분리된 시간 함수와 공간 함수는 곱 관계이며, 변수 분리 방정식이 성립하려면 시간이 없는 $t=0$ 에 대한 **시간 입자**가 $\tau(0)=1$ 이여야 한다.

$$\Psi(x,0) = \psi(x)\tau(0) = \psi(x)$$
$$\psi(x)\tau(0) = \psi(x) \cdot 1 = \psi(x)$$

$$@@ \quad \tau(0) = 1$$
$$t = 0 \,,\, 동시공간$$

시간 $t=0$ 인 타우가 곱셈의 항등원 1이라는 원리를 관점 현미경 렌즈로 삼아 반대 방향으로 시공간 파동 방정식을 정리한다.

$$\tau(0) = \tau(0) \cdot e^{-\frac{E}{\hbar}i0} = \tau(0) \cdot e^0 = \tau(0) \cdot 1$$
$$@@ \quad \tau(0) = e^{-\frac{E}{\hbar}i0} = 1$$

$$\Psi(x,t) = \psi(x)\tau(t) \,,\quad \tau(0) = 1$$
$$\tau(t) = \tau(0)e^{-\frac{E}{\hbar}it} = e^{-\frac{E}{\hbar}it}$$

이 실험실에서 시간 입자의 항등원 특성은 지수함수의 곱셈 파동에서 나타난 입자의 차원 특성임을 알 수 있다.

$$\therefore \Psi(x,t) = \psi(x)\tau(t) = \psi(x)\, e^{-\frac{i}{\hbar}Et}$$

시공간 파동 방정식

$$\Psi(x,0) = \psi(x)\tau(0) = \psi(x)\, e^{-\frac{i}{\hbar}E0} = \psi(x)$$

@@ $\Psi(x,0) = \psi(x)$

$t = 0$, 동시공간

여러 석학들이 파동 방정식을 유도할 때는 실험적 관점에서 측정 결과를 해석할 수 있는 도구를 구하는 것이 중요했었다. 그 이후의 양자 역학은 파동 방정식이라는 도구를 어떻게 변형하여 활용할지가 궁금해진다. 이런 논리적 연쇄반응이 시간과 공간을 쪼개는 흐름을 일으켰다.

반대쪽에서는 원론적으로 파동 방정식이 어떻게 만들어질 수 있는지의 연쇄반응이 있는데, 이 흐름의 진동은 미약하여 주목을 받지 못하나 나중에 큰 파도로 몰려 올 것이다. 우리는 이 부분을 준비하여 파동 방정식 속에 숨은 알고리즘을 정리하는 중이다.

시간에 대한 이해는 특수 상대성 이론에 그쳐있다. 우리는 시간의 해석을 허수계의 소용돌이로 해석할 수 있게 되었다.

한걸음 더 허수의 시간 속으로 들어가 보면, 디렉 상수로 쪼개진 **양자 에너지 기본 입자**를 볼 수 있다. 시간의 눈으로 파동 방정식을 들여다보면, 허수계의 시간 입자 하나가 실수계에 관측 가능한 **단위**

에너지 입자로 나타난다.

$$E = -\frac{\hbar^2}{2m}\frac{\partial^2}{\partial x^2} + P(x,t) = i\hbar\frac{\partial}{\partial t}, \quad E = i\hbar\frac{\partial}{\partial t}$$

$$@@ \quad \frac{E}{i\hbar} = \frac{\partial}{\partial t}, \quad \frac{E}{\hbar} = i\frac{\partial}{\partial t} = i\nabla_t$$

양자 에너지 기본 입자

이것을 우리는 **양자 에너지 기본 입자**라 이름 붙여 둔다. 여기서 양자 에너지란 실수계에서 관측 가능한 에너지를 의미한다. 그리고 허수계의 시간 파동이 등호의 직교 관계를 통로로 실수계에서 원 무늬의 폐곡선을 그리면서 단위 에너지 입자로 탄생한다.

"철이 든다"는 말은 어디서 나왔을까?
그런데 우리는 그 말을 어떻게 알아들을 수 있을까?

"철"은 한자에서도 밝을 철(哲) 자와 같이 비슷한 그림을 찾을 수 있다. 하지만 동이족이라 부르는 상나라 사람들의 갑골 문자 이야기를 들어보면, 본래 소리가 먼저 나오고 그것을 요즘의 이모티콘과 같이 그림으로 그린 것이 한자가 되었다. 물론 그 이후에는 문자가 소리를 만드는 방정식의 알고리즘이 작동한다.

후대의 소리와 한자는 닭과 알의 회전논리로 공존한다. 아마도 고대의 "철"자는 시간이 철 따라 공간을 바꿔 계절을 만드는 이치의 깨달음에서 나온 것이 아닐까 생각해 본다.

사람은 죽기전까지 철이 들지 않는다는 것을 알았는데, 그렇다면 철은 만물의 이치를 말하는 것 같다. 만물의 이치는 끝이 없지만 단위 입자의 원리를 안다면 모든 이치를 안다고 할 수 있지 않을까?

아니다. 철이 든 자의 이야기를 들어보면, 아는 것이 모든 실수계 행동에서 자연스레 나타나야 한다고 한다. 그것이 확률 분포에 의한 다양성과 불확정 원리로 인해 실수계에서 극한적 분포로 나타난다고 해도 $1/\infty$ 과 같이 불가능해 보인다는 것이다. 이런 생각을 뜬금없이 굴려보는 것은 몇 사람 남지 않았겠지만 우리가 왜 이 여행을 하게 됐느냐에 대한 돌이킴이다.

Integral : Time Dependent

$$\tau(t) \cdot E = i\hbar \frac{\partial}{\partial t} \tau(t)$$

$$-\frac{i}{\hbar} E \, \partial t = \frac{1}{i\hbar} E \, \partial t = \frac{1}{\tau(t)} \partial \tau(t) = \frac{1}{\tau} \partial \tau$$

$$\int_0^t -\frac{i}{\hbar} E \, \partial t = \int_{\tau(0)}^{\tau(t)} \frac{1}{\tau} \partial \tau$$

$$\int_0^t -\frac{i}{\hbar} E \, \partial t = \left[-\frac{i}{\hbar} E t \right]_0^t = -\frac{i}{\hbar} E t + \frac{i}{\hbar} E 0 = -\frac{i}{\hbar} E t$$

$$\int_{\tau(0)}^{\tau(t)} \frac{1}{\tau} \partial \tau = \left[\ln \tau \right]_{\tau(0)}^{\tau(t)} = \ln \tau(t) - \ln \tau(0) = \ln \frac{\tau(t)}{\tau(0)}$$

$$-\frac{E}{\hbar} i t = \ln \frac{\tau(t)}{\tau(0)} , \quad e^{-\frac{E}{\hbar} i t} = \frac{\tau(t)}{\tau(0)}$$

$$@@ \quad \tau(t) = \tau(0) e^{-\frac{E}{\hbar} i t}$$

시간 파동 Time Dependent Wave

SpaceTime Orthogonal Relation

$@_1 \quad \tau(t) \cdot E = i\hbar \dfrac{\partial}{\partial t}\tau(t), \quad E = i\hbar \dfrac{\partial}{\partial t}\dfrac{\tau(t)}{\tau(t)}$

$@_2 \quad E = -\dfrac{\hbar^2}{2m}\dfrac{\partial^2}{\partial x^2}\dfrac{\psi(x)}{\psi(x)} + P(x)$

$-\dfrac{\hbar^2}{2m}\dfrac{\partial^2}{\partial x^2}\dfrac{\psi(x)}{\psi(x)} + P(x) = E = i\hbar \dfrac{1}{\tau(t)}\dfrac{\partial}{\partial t}\tau(t)$

$\therefore \psi(x) \cdot E = -\dfrac{\hbar^2}{2m}\dfrac{\partial^2}{\partial x^2}\psi(x) + P(x) \cdot \psi(x)$

$\Psi(x,t) \cdot E = \left[-\dfrac{\hbar^2}{2m}\dfrac{\partial^2}{\partial x^2} + P(x,t)\right]\Psi(x,t) = i\hbar \dfrac{\partial}{\partial t}\Psi(x,t)$

$\Psi(x,t) \cdot E = i\hbar \dfrac{\partial}{\partial t}\Psi(x,t)$

$\Psi_z \stackrel{@}{=} \Psi(x,t) = \psi(x)\tau(t)$

$@@ \quad \tau(t) = \tau(0)e^{-\frac{E}{\hbar}it}, \quad \tau(0) = 1, \quad \tau(t) = e^{-\frac{E}{\hbar}it}$

$@@ \quad \tau(t) \cdot E = i\hbar \dfrac{\partial}{\partial t}\tau(t), \quad \tau(t) \cdot \dfrac{E}{i\hbar} = \dfrac{\partial}{\partial t}\tau(t)$

$\hat{\psi} \cdot \hat{\tau} = |\hat{\psi}| \times |\hat{\tau}|\cos\dfrac{\pi}{2} = |\hat{\psi}| \times |\hat{\tau}| \cdot 0 = 0$

$@@ \quad \hat{\psi} \perp \hat{\tau}$

시공간 평면 : 시간과 공간은 직교로 만난다.

SpaceTime Wave Equation

$$\Psi(x,t) = \psi(x)\tau(t), \quad \tau(0) = 1$$

$$\tau(t) = \tau(0)e^{-\frac{E}{\hbar}it} = e^{-\frac{E}{\hbar}it}$$

$$\therefore \Psi(x,t) = \psi(x)\tau(t) = \psi(x)\, e^{-\frac{i}{\hbar}Et}$$

시공간 파동 방정식

$$\Psi(x,0) = \psi(x)\tau(0) = \psi(x)\, e^{-\frac{i}{\hbar}E0} = \psi(x)$$

$$@@ \quad \Psi(x,0) = \psi(x)$$

$$t = 0, \quad 동시공간$$

Time Energy Relation

$$E = -\frac{\hbar^2}{2m}\frac{\partial^2}{\partial x^2} + P(x,t) = i\hbar\frac{\partial}{\partial t}, \quad E = i\hbar\frac{\partial}{\partial t}$$

$$@@ \quad \frac{E}{i\hbar} = \frac{\partial}{\partial t}, \quad \frac{E}{\hbar} = i\frac{\partial}{\partial t} = i\nabla_t$$

양자 에너지 기본 입자

허수축 시간 입자는
실수계에서 양자 에너지로 관측된다.

좌표계 변환 현미경
System Transformation Microscope

시간에 대한 분석은 비교적 단순한 1차원의 편미분에서 근본 흐름을 찾아볼 수 있었다. 시간이 1차원에 그친데 반해 2차원부터는 공간의 모형으로 형상화된다.

공간은 2차원이 모태이기 때문에 2차 방정식만으로도 그 본질적 알고리즘을 파악하는데 충분하다. 그러나 우리가 알고 싶은 것은 시간의 파동이 3차원 공간에서 어떤 공간적 현상을 일으키는가에 대한 호기심이다.

이 문제는 과학자들이 원소 주기율표를 정리하는데 중요한 척도이기 때문에, 근대 물리학이 양자 역학으로 간판을 걸고 신장개업할 만한 혁신적 사안이었다.

파동 방정식을 2차원에서 해석하는 일은 이미 파동 방정식 자체가 오일러 원과 쌍곡선이 공리와 같이 작동된 논리이기 때문에 그 이상의 호기심은 좀처럼 드러나지 않는다.

파동 방정식이 3차원으로 차원 이동하는 원리와 현상은 최대의 관심사일 수밖에 없다. 그리고 이 문제가 양자 역학의 정점에 자리 잡고 있고 그 핵심 베이스캠프가 **구면 조화파**다.

Spherical harmonics : 구면 조화파 또는 구면 고조파
Spherical coordinate system : 구 좌표계

구면 조화파는 2차원의 원 파동을 3차원의 구 좌표계로 이동하면서 알게 되는 각도 알고리즘에 방점이 있다.

이 여행 코스에는 여러 학자들이 개척한 다양한 방식이 있다. 대표적인 코스가 **라플라스 방정식**과 **르장드르 다항식** 그리고 **라게르 다항식**이다. 라플라스와 르장드르는 동시대 학자였고 라게르는 후대 학자다.

Pierre-Simon Laplace 1749~1827
Adrien-Marie Legendre 1752~1833
Edmond Laguerre 1834~1886

르장드르와 라게르는 0차부터 1, 2, 3, … , 무한대로 향하는 다항식을 수열의 논리로 접근해 2차 편미분에 도달했다. 라플라스는 열역학의 무늬에서 2차 편미분을 입자의 관점으로 접근했다고 해석할 수 있다. 두 코스의 공통점은 2차 편미분 방정식이다.

좌표계의 전환은 통찰적으로 정리된 라플라스 방정식이 전체 여행 지도를 파악하기에 유용하다.

Laplace's Equation

$$\nabla^2 f = \Delta f = 0$$

$$\Delta = \nabla^2 = \nabla \cdot \nabla = (\nabla, \nabla) \equiv \nabla \perp \nabla$$

라플라스 방정식의 핵심은 2차 편미분을 함축적으로 표기한 **라플라시안 델타**에 있다.

일반적으로 선분논리는 라플라시안 델타를 그냥 2차 편미분 연산자라고만 해석한다. 회전논리는 1차 편미분한 두 시공간 근본 입자가 90도로 관계하여 2차원 동시공간을 형성하는 것으로 해석한다.

따라서 나중에 라플라시안은 관점에 따라 시간 입자와 공간 입자의 관계가 시공간을 형성하는 관계로 사용하고, 이번과 같이 단순히 두 공간 입자가 2차원 공간을 형성하는 것으로 해석하기도 한다.

결국 라플라스 방정식은 오일러 공식을 바탕에 두고 양자 역학의 중심에 베이스캠프로 자리 잡을 수밖에 없다.

라플라스 방정식을 거점으로 나블라의 소용돌이를 타고 좌표계 차원 이동을 시도한다. 선분논리는 데카르트 좌표계 **XYZ**에서 수학을 시작했다. 우리도 그런 교육을 받았기 때문에 이 프레임에서 벗어나지 못했다. 따라서 라플라스 방정식은 데카르트 좌표계로 간단히 기록하고 전례되어 내려왔다.

라플라스 방정식이 0으로 성립할 수 있었던 것은 회전논리에서 설명한 바와 같이 X축, Y축, Z축이 초기에 균일한 기본 공간을 형성하기 때문에 90도로 관계하여 새로운 공간을 창조했고 세 차원이 모두 그 원점인 0에서 차원간 소통이 가능해진 탓이다.

게다가 라플라스 방정식은 편미분을 1차원만으로 정리하지 못하고 2차 편미분 입자로 정리할 수밖에 없었다. 라플라스가 이런 특성을 특별히 라플라시안 델타로 기록했다.

Cartesian coordinates

$$\nabla^2 f(x, y, z) = \frac{\partial^2 f}{\partial x^2} + \frac{\partial^2 f}{\partial y^2} + \frac{\partial^2 f}{\partial z^2} = 0$$

이는 앞서 파동 방정식에서 관람한 바와 같이, 1차원 시간과 달리 각도가 있는 2차원 이상의 공간은 허수계의 시간과 켤레를 형성한다. 이 결과로 공간은 제곱으로 실수계에 발현되는 각도의 특성을 가졌고, 이 때문에 라플라시안 델타가 나왔던 것이다.

사실 이런 회전논리의 재해석은 나블라의 입자 논리가 선분들의 조각에서 시작과 끝이 만나 원을 형성했기 때문에 가능하다.

데카르트 좌표계에서 구 좌표계로 곧바로 이동할 수 있지만, 각도의 알고리즘을 제대로 관람하려면 실린더 좌표계를 거쳐갈 필요가 있다. 데카르트 좌표계의 정육면체에서 구체로 변하는 중간 과정에 원통형의 실린더 좌표계가 논리적 거점 역할을 한다.

실린더 좌표계는 여러 용도가 있겠지만, 전자기 업계에서 거시적 관점의 전류 흐름이 원통형을 그리기 때문에 단면적 분석에서 중요한 도구로 활용되기도 한다.

Cylindrical coordinates

$$x = r\cos\varphi, \quad y = r\sin\varphi, \quad z = z$$

$$\nabla^2 f(r,\varphi,z) = \frac{1}{r}\frac{\partial}{\partial r}\left(r\frac{\partial f}{\partial r}\right) + \frac{1}{r^2}\frac{\partial^2 f}{\partial \varphi^2} + \frac{\partial^2 f}{\partial z^2} = 0$$

$$x = \rho\cos\varphi, \quad y = \rho\sin\varphi, \quad z = z$$

$$\nabla^2 f(\rho,\varphi,z) = \frac{1}{\rho}\frac{\partial}{\partial \rho}\left(\rho\frac{\partial f}{\partial \rho}\right) + \frac{1}{\rho^2}\frac{\partial^2 f}{\partial \varphi^2} + \frac{\partial^2 f}{\partial z^2} = 0$$

데카르트 좌표계에서 실린더 좌표계로 전환하면 라플라시안 2차 편미분 방정식의 계수가 달라진다. 2차 편미분은 2차 다항식이다.

우선 축의 변환 관계를 살펴본다. X축은 반지름 축으로 변환되고, Y축은 XY축 사이의 각도 φ 축으로 변한다. Z축은 변함이 없다.

따라서 라플라시안의 x 편미분 항은 ρ 반지름 편미분 항으로 변환되고, y 편미분 항은 XY축 사잇각 φ 편미분 항으로 변한다.

반지름에 대한 편미분은 1차 항으로 변하면서 반지름을 정수와 역수로 쪼개어 동시 자기복제 무늬를 드러낸다.

XY 사잇각에 대한 편미분은 2차 항으로 유지되면서 반지름 제곱의 역수가 나타난다.

이는 모두 삼각함수에 대한 편미분의 특성으로 발생한 것이며, 이 계수들은 각 세계의 차원 변환에 대한 비례상수들과 같다.

이 부분은 구면 좌표계와 구면 조화파를 관점 현미경으로 관찰할 때 구체적으로 볼 수 있을 것이다. 실린더 좌표계에서 반지름과 XY 사잇각의 원리는 모두 구면 좌표계에 사용되기 때문이다. 실린더 좌표계는 X축과 Y축 사이의 각도 φ (피)를 관점으로 좌표계를 형성한다.

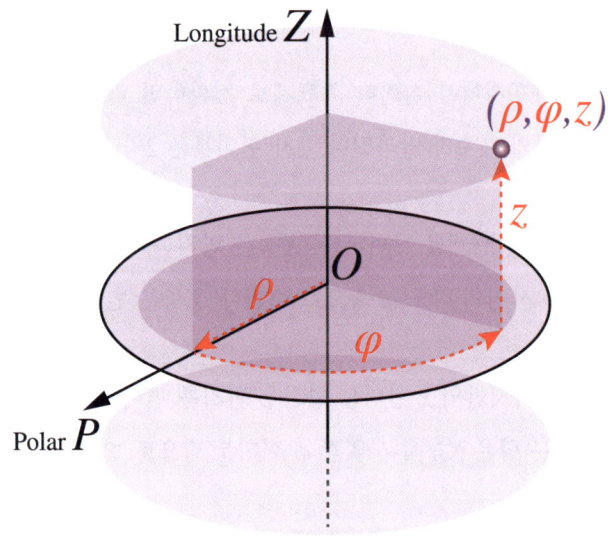

Cylinderlical coordinate system

원통의 반지름은 2차원 원의 반지름과 같은 개념이기에 r 로 표기하기도 하고, 전자기학의 관점에서 XY평면에 있는 반지름으로 구분하여 ρ (로우)를 사용하기도 한다.

ρ 는 나중에 구면 좌표계에서 반지름이 XY평면에 투사된 그림자로 나타난다.

이런 현상에 따라 우리는 ρ 에 **그림자 반지름**이라는 별명을 붙여 둔다. 따라서 (x, y) 는 φ 와 ρ 에 의해 결정된다.

특히 각도 φ 는 XY 두 차원이 새로운 2차원 평면을 형성하는 기본 알고리즘을 가지고 있으며, 지구 좌표계 GPS 에서 가로 방향의 **longitude 경도**에 해당한다. 이 각도는 나중에 양자 역학에서 **자기 양자수**를 결정하는 요인으로 작용한다.

φ : phi, 소문자 피, varphi
경도 : Longitude
자기 양자수 : Magnetic quantum number

구면 좌표계는 실린더 좌표계의 XY 사잇각 φ 의 원리에 Z축에서 기울어진 각도 θ 개념이 추가된다. 수학에서 이 각도는 앞서 언급한 바 있는 **오일러 각**에 베이스캠프가 마련되어 있다.

오일러 각은 앞서 소개한 바와 같이 요, 피치, 롤 세 가지 2차원 회전을 합쳐 3차원 공간에서 비행체의 회전 변환을 해석한 논리였다.

$$\text{yaw} : \alpha \;, \quad \text{pitch} : \beta \;, \quad \text{roll} : \gamma \quad : \text{Euler angles}$$

$$R = R_z(\alpha)\,R_y(\beta)\,R_x(\gamma)$$

$$= \begin{bmatrix} \cos\alpha & -\sin\alpha & 0 \\ \sin\alpha & \cos\alpha & 0 \\ 0 & 0 & 1 \end{bmatrix}\overset{\text{yaw}}{} \begin{bmatrix} \cos\beta & 0 & \sin\beta \\ 0 & 1 & 0 \\ -\sin\beta & 0 & \cos\beta \end{bmatrix}\overset{\text{pitch}}{} \begin{bmatrix} 1 & 0 & 0 \\ 0 & \cos\gamma & -\sin\gamma \\ 0 & \sin\gamma & \cos\gamma \end{bmatrix}\overset{\text{roll}}{}$$

$$= \begin{bmatrix} \cos\alpha\cos\beta & \cos\alpha\sin\beta\sin\gamma - \sin\alpha\cos\gamma & \cos\alpha\sin\beta\cos\gamma + \sin\alpha\sin\gamma \\ \sin\alpha\cos\beta & \sin\alpha\sin\beta\sin\gamma + \cos\alpha\cos\gamma & \sin\alpha\sin\beta\cos\gamma - \cos\alpha\sin\gamma \\ -\sin\beta & \cos\beta\sin\gamma & \cos\beta\cos\gamma \end{bmatrix}$$

오일러 각은 다양한 관점에서 활용되고 해석된다. 오일러 각의 논리는 회전하는 강체에 대한 포괄적인 이야기에서 나왔으므로 구면 좌표계의 원리가 모두 담겨있다.

구면 좌표계의 회전 변환에서는 XY 평면을 따라 회전하는 **요**와 Z축으로 향하는 **피치**만을 사용하고 전방으로 돌진하는 **롤**은 고정된 반지름으로 대체했다. 이는 운동하는 시공간의 비행체와 달리 동시 공간의 정지된 입자를 실험 대상으로 좌표계 변환을 했기 때문이다.

회전축 기울기 각도 θ 는 일상에서 팽이나 지구가 회전축이 기울어진 상태로 자전을 하면서 세차 운동을 일으킨다. 그리고 구면 좌표계는 x, y, z 가 모두 **반지름**과 **각도 변환**의 영향을 받는다.

구면 좌표계의 변수 r, θ, φ 를 찬찬히 살펴 본다. 반지름 r 은 원점에서 어떤 입자 P 까지의 거리이다. 오일러 각 θ 는 Z축에서 기울어진 **자전축의 각도**이며, 경도각 φ 는 실린더 좌표계와 같이 X축에서 XY평면에 드리워진 그림자 반지름 ρ 까지의 각도다.

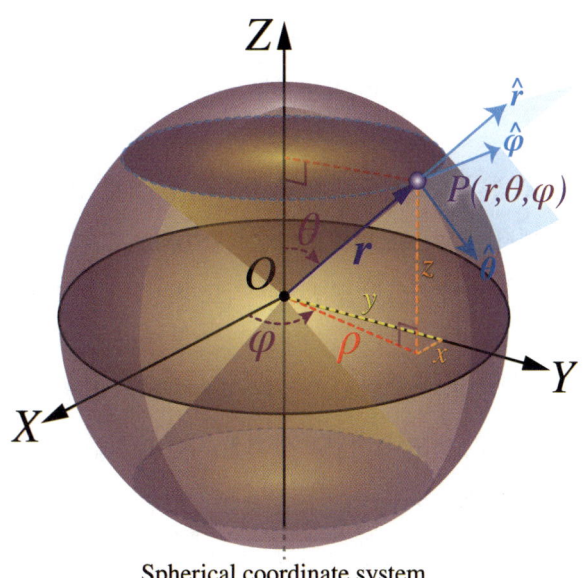

Spherical coordinate system

$$\rho = r \sin \theta$$
$$\therefore x = \rho \cos \varphi = r \sin \theta \cos \varphi$$
$$\therefore y = \rho \sin \varphi = r \sin \theta \sin \varphi$$

$$\text{Spherical coordinates}: \begin{bmatrix} x = r \sin \theta \cos \varphi \\ y = r \sin \theta \sin \varphi \\ z = r \cos \theta \end{bmatrix}$$

θ, φ 는 관점에 따라 다양하게 별명을 부를 수 있다. φ 는 앞서 실린더 좌표계와 같이 **경도** 또는 **자기 양자수**의 의미이고, θ 는 **여위**

도, **방위 양자수**를 의미한다.

여위도란 일반적으로 사용하는 지구본의 **위도**와 각도 값이 여집합과 같다는 의미에서 붙여진 이름이다. 지구의 북극이 90도이면 여위도는 0도이고, 지구의 적도가 0도라면 여위도는 90도가 된다. 지구의 남극은 −90도가 되는데 이때 여위도는 180도가 된다.

따라서 일반적으로 **위도**라 하면 적도를 0점으로 한 척도이고, 구면 좌표계에서 사용하는 **여위도**는 Z축을 0점으로 한 척도다. 척도가 다르지만 구체의 가로선을 만드는 각도라는 개념은 동일하다.

그래서 여위도라는 말보다 일반적으로 이해하기 쉬운 위도를 포괄적으로 사용하고, 위도와 여위도가 다른 사안이 있을 때만 여위도라는 점을 강조한다.

양자 역학에서 파동 방정식을 해석할 때 **자기 양자수**는 m 을 사용하고 **방위 양자수**는 ℓ 을 사용한다.

θ : theta : **여위도** CoLatitude

ℓ : **방위 양자수** : Azimuthal quantum number

부양자수, 각양자수, 궤도 양자수, 위도선의 개수

φ : phi : 경도 Longitude
m : 자기 양자수 : Magnetic quantum number

경도선의 개수

방위 양자수는 구면을 **가로**로 가르는 **위도선 개수**가 되고, **자기 양자수**는 **세로**로 자르는 **경도선 개수**가 된다.

참고로 위도와 경도는 관점에 따라 뒤바꿔 말하는 경우도 종종 발생한다. 여기서는 θ 가 가로 위도선을 결정하고 φ 가 세로 경도선을 결정한다는 탄생의 관점에서 정리하고 있다.

그러나 탄생 후 활용의 관점은 그 자리가 뒤집히는 현상이 나타난다. 지구본과 같이 위도선과 경도선이 그려진 상태에서 그 눈금을 읽을 때는 위도 눈금이 각도 φ 에 대응하고, 경도 눈금이 각도 θ 에 대응하게 된다. 물론 위도의 눈금이 경도값인 것이 표준이다. 그래서 우리는 동경 132, 북위 37이라고 말한다.

이런 현상은 본래 자연스러운 상대적 현상이다. 그래서 시간이 흐르기 전 동시공간의 관점과 시간이 흐른 후 시공간의 관점이 서로 대칭적인 반대 무늬를 그리기 일쑤다. 이는 안에서 밖을 보면 쌍곡선 무늬를 하고 밖에서 안을 보면 구체로 보이는 알고리즘과 같다.

세차 운동은 2차원 원운동이 소용돌이치며 3차원의 구체를 형성하는 과정의 일부를 포착한 셈이다. Z축으로 돌출된 원운동인 세차 운동은 에너지 중심을 기준으로 쌍원뿔을 그리며 켤레로 작동한다.

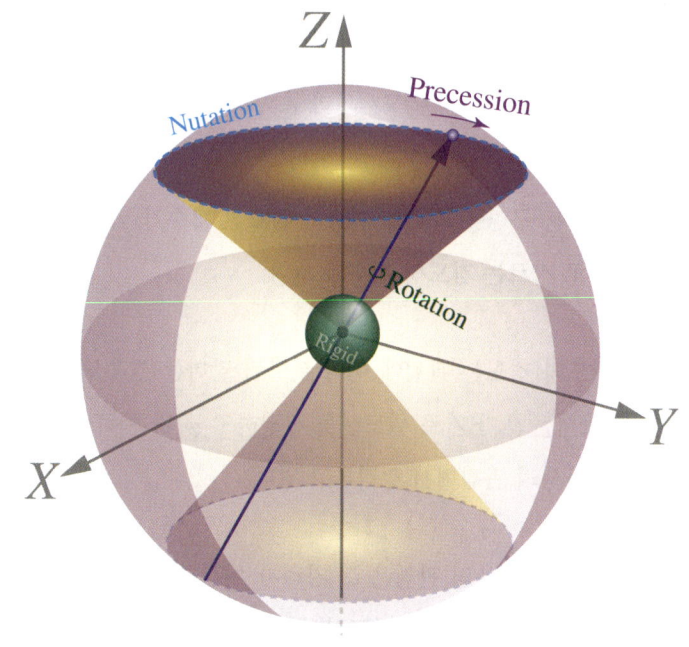

Precession : 세차 운동 (歲差運動) : 옆돌기 운동
Nutation : 장동(章動) : 자전축의 미시 진동
Rotation : 자전(自轉),   Rigid : 강체(剛體)

전체 에너지계가 구 좌표계라고 전제하면 한 입자 P 는 Z축을 회전축으로 2차원 원운동을 하고 3차원 구체의 중심, 원점 O 를 중심으로 쌍원뿔을 그리며 켤레 대칭으로 세차 운동을 한다.

선분논리에서는 P 입자가 있는 쪽만을 토크가 발생하는 회전 운동과 자전에 대한 스핀으로 생각한다. 이 문제는 나중에 양자 역학의 스핀 문제에서 많은 학자들을 혼돈케하는 부스러기의 연쇄반응으로 나타난다.

우리는 세차 운동을 복소수의 두 눈으로 인식한다. 입자가 있어 관측 가능한 원뿔을 정-원뿔이라고 하면 반대쪽에 있는 원뿔은 **그림자 원뿔**이라 별명을 붙일 수 있다.

그림자 원뿔은 잘 보이진 않지만 정-원뿔 운동의 켤레 대칭으로 관측 가능해진다. 이는 마치 빛이 없어 보이지 않는 블랙홀을 시공간의 왜곡으로 추정하는 것보다 더 명확하게 관측하는 방법이다.

또한 일반적으로 한쪽 원뿔만으로 입자의 세차 운동이나 각운동량을 계산하는 데 그치지만 우리는 복소수의 두 눈으로 구체와 쌍원뿔의 기하체 자체를 **시공간 에너지**라는 관점에서 논리를 전개할 수 있게 된다.

복소수의 두 눈으로 구면 좌표계의 정리를 자세히 보면, 선분논리에서 사용하는 구면 좌표계는 XYZ 좌표계를 r, θ, φ 로 변환하여 인식하는 방식이다.

물론 r, θ, φ 로 완전히 관점 전환하면 불가능한 것도 아니겠지만, 온전히 r, θ, φ 로 구면 좌표계를 인식하고 논리를 전개하는 것은 아니다. 그래서 파동 방정식을 구면 좌표계로 해석할 때 역시 θ, φ 각도를 삼각함수로 계산하여 이해한다.

만일 온전한 구면 좌표계를 척도로 논리를 전개한다면 다항식의 계수가 모두 1인 상태에서 논리를 시작해야 하고 삼각함수를 굳이 쓸 일이 없다. 이는 본래 온전한 구면 좌표계의 θ, φ 각도축이 휘어지지 않고 직선이기 때문이다.

라플라스 방정식을 구면 좌표계로 전환할 때, 2차 편미분 항에 계수가 나타난다는 것 자체가 XYZ 좌표계를 기준으로 구면 좌표계를 해석했다는 의미를 배경에 두고 있다.

온전한 구면 좌표계의 모형은 구면 좌표계 정리 그림에서와 같이 반지름 r, 위도 θ, 경도 φ 세 개의 단위벡터 축을 토대로 무한대를 향해 펼쳐진다.

Original Spherical coordinates

$(\mathbf{r}, \boldsymbol{\theta}, \boldsymbol{\varphi}) = \gamma\,(\hat{\mathbf{r}}, \hat{\boldsymbol{\theta}}, \hat{\boldsymbol{\varphi}}) \stackrel{@}{=} (r\,\hat{\mathbf{r}}, \theta\,\hat{\boldsymbol{\theta}}, \varphi\,\hat{\boldsymbol{\varphi}})$

0에서 $\pm\infty$까지 펼쳐져 있는 좌표계와 단위 좌표계가 비례관계에 있기 때문에 특정하지 않은 비례상수 γ의 곱으로 정리할 수 있다. 비례상수 γ는 특정하지 않아 관점에 따라 0에서 $\pm\infty$까지 연속적으로 사용할 수 있는 수를 의미한다.

또 다른 관점에서 보면, XYZ 좌표계가 구면 좌표계로 변하면서 각 단위벡터에 다른 비례상수가 적용된다. 이는 각각의 단위벡터가 동일 시간계에서 서로 다르게 변하는 고윳값을 비례상수로 갖는다는 것을 의미한다.

라플라스 방정식을 통한 구면 좌표계의 해석은 다음과 같다. 라플라스 방정식은 편미분 알고리즘만 따로 분리하여 라플라시안 또는 라플라스 연산자 델타(Δ)라고 부른다.

Laplacian, Laplace Operator

$$\Delta = \nabla^2 = \nabla \cdot \nabla$$

Nabla, Del Operator

$$\nabla = \left(\frac{\partial}{\partial r}, \frac{1}{r}\frac{\partial}{\partial \theta}, \frac{1}{r\sin\theta}\frac{\partial}{\partial \varphi} \right) = \frac{\partial}{\partial r}\hat{\mathbf{r}} + \frac{1}{r}\frac{\partial}{\partial \theta}\hat{\boldsymbol{\theta}} + \frac{1}{r\sin\theta}\frac{\partial}{\partial \varphi}\hat{\boldsymbol{\varphi}}$$

라플라시안 델타는 편미분을 의미하는 **나블라** 연산자의 제곱이다. **나블라** 연산자는 **델** 연산자라고도 부른다. 라플라시안은 2차원이기 때문에 그 근본 알고리즘을 파악하기 위해서는 1차원의 나블라가 구면 좌표계에서 어떻게 나타나는지 확인해 볼 필요가 있다.

나블라를 XYZ 좌표계에서 구면 좌표계로 관점 전환하면, 반지름 r 과 오일러 각 θ 그리고 오일러 각 θ 에 의한 삼각함수 $\sin\theta$ 가 분수의 파도를 타고 계수로 나타난다. 이런 구면 좌표계 변환은 앞서 관람한 바 있는 **그래디언트**로 정리할 수도 있다.

$$\nabla f = \frac{\partial f}{\partial r}\hat{\mathbf{r}} + \frac{1}{r}\frac{\partial f}{\partial \theta}\hat{\boldsymbol{\theta}} + \frac{1}{r\sin\theta}\frac{\partial f}{\partial \varphi}\hat{\boldsymbol{\varphi}} \quad : \text{Gradient } f$$

그래디언트에 나블라로 한 번 더 편미분 소용돌이를 몰아치면, r, θ, φ 각각의 단위벡터에 있던 계수들이 구면 좌표계 변환에 따른 편미분 특성들로 인해 또 한 번 나타난다.

단위벡터는 관점에 따라 달라질 수 있으므로 라플라시안은 단위벡터를 포괄적인 관점에서 함수 f를 사용하여 정리하는 것이 일반적이다.

$$\nabla^2 f = \frac{1}{r^2}\frac{\partial}{\partial r}\left(r^2 \frac{\partial f}{\partial r}\right) + \frac{1}{r^2 \sin\theta}\frac{\partial}{\partial \theta}\left(\sin\theta \frac{\partial f}{\partial \theta}\right) + \frac{1}{r^2 \sin^2\theta}\frac{\partial^2 f}{\partial \varphi^2}$$
$$= \left(\frac{\partial^2}{\partial r^2} + \frac{2}{r}\frac{\partial}{\partial r}\right)f + \frac{1}{r^2 \sin\theta}\frac{\partial}{\partial \theta}\left(\sin\theta \frac{\partial}{\partial \theta}\right)f + \frac{1}{r^2 \sin^2\theta}\frac{\partial^2}{\partial \varphi^2}f$$

라플라시안 구면 좌표계 변환의 계수들을 처음 보면 의심스러운 부분이 있을 것이다. 특히 반지름 쪽에는 곱셈형과 덧셈형 두 가지 관점을 보여준다.

물론 편미분의 계산에 의해 그렇게 됐겠지만 알고리즘을 분석할 때는 결과 자체를 직관할 수 있는 재해석이 분석의 마무리에 자리하고 있다.

라플라시안을 알고리즘 관점에서 함수 f를 제거하고 계수만 남겨 연산자 자체를 논리 입자로 정리하면, 그 본질적 흐름을 해독하고 폭넓게 활용하는 데 도움이 되기도 한다.

$$\nabla^2 = \frac{1}{r^2}\frac{\partial}{\partial r}\left(r^2\frac{\partial}{\partial r}\right) + \frac{1}{r^2\sin\theta}\frac{\partial}{\partial \theta}\left(\sin\theta\frac{\partial}{\partial \theta}\right) + \frac{1}{r^2\sin^2\theta}\frac{\partial^2}{\partial \varphi^2}$$

Laplace's equation ViewPoints

Laplace's equation : $\nabla^2 f = \Delta f = 0$

$\Delta = \nabla^2 = \nabla \cdot \nabla = (\nabla, \nabla) \equiv \nabla \perp \nabla$

Cartesian coordinates

$$\nabla^2 f(x,y,z) = \frac{\partial^2 f}{\partial x^2} + \frac{\partial^2 f}{\partial y^2} + \frac{\partial^2 f}{\partial z^2} = 0$$

Cylindrical coordinates

$x = r\cos\varphi, \quad y = r\sin\varphi, \quad z = z$

$$\nabla^2 f(r,\varphi,z) = \frac{1}{r}\frac{\partial}{\partial r}\left(r\frac{\partial f}{\partial r}\right) + \frac{1}{r^2}\frac{\partial^2 f}{\partial \varphi^2} + \frac{\partial^2 f}{\partial z^2} = 0$$

Spherical coordinates

$x = r\sin\theta\cos\varphi, \quad y = r\sin\theta\sin\varphi, \quad z = r\cos\theta$

$$\nabla = \left(\frac{\partial}{\partial r}, \frac{1}{r}\frac{\partial}{\partial \theta}, \frac{1}{r\sin\theta}\frac{\partial}{\partial \varphi}\right) = \frac{\partial}{\partial r}\hat{\mathbf{r}} + \frac{1}{r}\frac{\partial}{\partial \theta}\hat{\boldsymbol{\theta}} + \frac{1}{r\sin\theta}\frac{\partial}{\partial \varphi}\hat{\boldsymbol{\varphi}}$$

Nabla, Del Operator

$$\nabla f = \frac{\partial f}{\partial r}\hat{\mathbf{r}} + \frac{1}{r}\frac{\partial f}{\partial \theta}\hat{\boldsymbol{\theta}} + \frac{1}{r\sin\theta}\frac{\partial f}{\partial \varphi}\hat{\boldsymbol{\varphi}} \quad : \text{Gradient } f$$

Laplacian

$$\nabla^2 f = \frac{1}{r^2}\frac{\partial}{\partial r}\left(r^2\frac{\partial f}{\partial r}\right) + \frac{1}{r^2\sin\theta}\frac{\partial}{\partial \theta}\left(\sin\theta\frac{\partial f}{\partial \theta}\right) + \frac{1}{r^2\sin^2\theta}\frac{\partial^2 f}{\partial \varphi^2}$$

$$= \frac{1}{r}\frac{\partial^2}{\partial r^2}(rf) + \frac{1}{r^2\sin\theta}\frac{\partial}{\partial \theta}\left(\sin\theta\frac{\partial f}{\partial \theta}\right) + \frac{1}{r^2\sin^2\theta}\frac{\partial^2 f}{\partial \varphi^2}$$

$$= \left(\frac{\partial^2}{\partial r^2} + \frac{2}{r}\frac{\partial}{\partial r}\right)f + \frac{1}{r^2\sin\theta}\frac{\partial}{\partial \theta}\left(\sin\theta\frac{\partial}{\partial \theta}\right)f + \frac{1}{r^2\sin^2\theta}\frac{\partial^2}{\partial \varphi^2}f$$

구 좌표계의 두 눈
Spherical Two Eyes

우리가 알고 있는 세상은 길이와 각도 두 논리로 시공간이 펼쳐져 있다. 데카르트 좌표계와 구면 좌표계를 관계시키면, 길이의 논리와 각도의 논리가 어떻게 시간의 파도로 공간의 비단길을 자아내는지 알 수 있을 것 같다.

데카르트 좌표계와 구면 좌표계를 연결하는 거점은 좌표계의 중심 0점에서 어떤 입자까지의 거리 r 이다. 이 거리가 데카르트 좌표계에서는 단순한 **길이**이지만 구면 좌표계에서는 원 또는 구체의 반지름으로 작용한다.

데카르트 좌표계는 길이의 관점에서 반지름을 XYZ축 각각의 길이 제곱에 대한 합으로 구할 수 있다. 이는 당연히 고대의 피타고라스 정리에 의한 논리였다.

$$r^2 = x^2 + y^2 + z^2$$

논리를 반지름 r 에서 시작하면 XYZ 좌표계를 각도로 정리할 수 있게 된다. XYZ 좌표계의 원점을 기준으로 시작한 논리가 어느새 상대 쪽 어떤 점 입자를 기준으로 관점이 전환된다.

x, y, z 를 r, θ, φ 로 정리할 수 있었던 것은 기하적 관점에서 해석한 결과다.

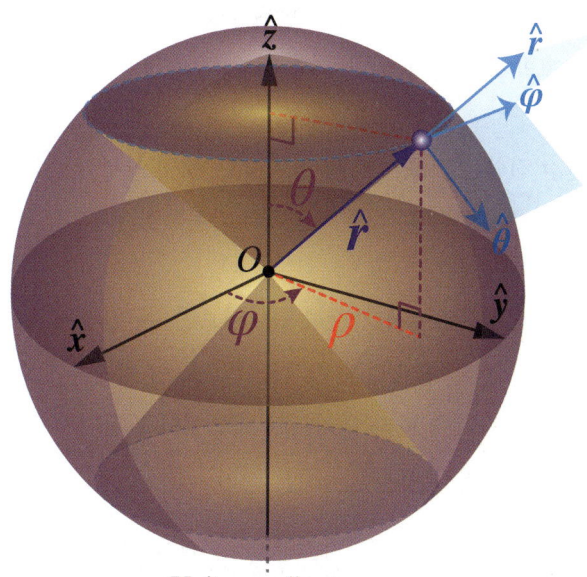

Unit coordinates

$$\rho = r \sin\theta$$
$$x = \rho \cos\varphi = r \sin\theta \cos\varphi$$
$$y = \rho \sin\varphi = r \sin\theta \sin\varphi$$
$$\therefore x = r \sin\theta \cos\varphi, \quad y = r \sin\theta \sin\varphi, \quad z = r \cos\theta$$

$$\begin{bmatrix} x \\ y \\ z \end{bmatrix} = r \begin{bmatrix} \sin\theta \cos\varphi \\ \sin\theta \sin\varphi \\ \cos\theta \end{bmatrix} = r\hat{\mathbf{r}} \quad \therefore \begin{bmatrix} \sin\theta \cos\varphi \\ \sin\theta \sin\varphi \\ \cos\theta \end{bmatrix} = \hat{\mathbf{r}} = \hat{\mathbf{r}}(\theta, \varphi)$$

(x, y, z) 와 (r, θ, φ) 의 관계식을 행렬로 정리하면 반지름 r 을 고윳값으로 하는 반지름 단위행렬이 나타난다. 이 단위행렬의 논리를 반대 방향으로 거슬러 올라가면 반지름 벡터를 만난다.

따라서 관점에 따라 이 **반지름 단위행렬**을 **반지름 단위벡터**로도 해석하여 정리할 수 있게 된다.

이런 관점 전환은 좌표계 속에 점이 있는 것이 아니라 점과 좌표계가 대등한 상대적 관계를 하는 개념에서 가능해졌다.

이 흐름을 동시공간에서 가만히 들여다보면, 두 입자의 상대적 관계를 연결하는 첫 번째 다리가 반지름이었다. 이 반지름에 화살표를 어느 쪽으로 하느냐에 따라 데카르트 좌표계의 관점인지 구면 좌표계의 관점인지가 결정된다.

구면 좌표계를 단위벡터의 관점에서 보면, 동시 자기복제 원리에 따라 좌표계 자체가 성립하기 위해 모든 기준축이 90도로 직교하는 기본 성질을 가지고 있다.

따라서 r, θ, φ 의 단위벡터들은 서로 90도 관계에 있다. 여기서 각 단위벡터들 간의 이야기를 잘 들어보면 서로 90도 회전하여 순환하는 동시 자기복제 현상이 나타난다.

r 축은 90도 회전하여 θ 축 또는 φ 축이 되고 그 반대 방향도 가능하여 어느 축, 어느 방향을 기준으로 시작하더라도 무한히 90도 회전 변환을 통해 좌표축을 공간이동할 수 있다.

이 원리를 이용하면 앞서 반지름 r 축을 기준으로 한 좌표계 변환 관계에서 θ 축, φ 축 관점의 변환 관계도 연쇄적으로 뽑아낼 수 있다.

한편 삼각함수에는 **시간차 쌍둥이 특성**이 있다. sin 과 cos 파동 무늬는 90도의 시간차가 있었다. 각도에 90도를 더하면 0점이 90도 이동되는 관계로 sin 과 cos 은 서로 그 무늬가 뒤바뀐다. 게다가 sin 과 cos 의 태생은 90도 시간차가 있어 하나는 양음의 극성을 가졌고 또 하나는 양음이 나타나지 않는다.

$$\angle(\hat{\mathbf{r}}, \hat{\boldsymbol{\theta}}, \hat{\boldsymbol{\varphi}}) = \frac{\pi}{2}$$

$$\sin\left(\theta + \frac{\pi}{2}\right) = \cos\theta, \quad \cos\left(\theta + \frac{\pi}{2}\right) = -\sin\theta$$

$$\nabla^2 = \frac{1}{r^2}\frac{\partial}{\partial r}\left(r^2\frac{\partial}{\partial r}\right) + \frac{1}{r^2}\frac{1}{\sin\theta}\frac{\partial}{\partial \theta}\left(\sin\theta\frac{\partial}{\partial \theta}\right) + \frac{1}{r^2}\frac{1}{\sin^2\theta}\frac{\partial^2}{\partial \varphi^2}$$

반지름 r 단위벡터를 함수의 관점으로 전환하고 90도 회전시켜 본다. θ 에 +90도를 적용하면 반지름 r 단위벡터는 위도 θ 단위벡터가 된다.

$$@_1 \quad \hat{\mathbf{r}}\left(\theta + \frac{\pi}{2}, \varphi\right) = \hat{\boldsymbol{\theta}}(\theta, \varphi)$$

$$@_2 \quad \hat{\mathbf{r}}\left(\text{Undefined}, \varphi + \frac{\pi}{2}\right) = \hat{\boldsymbol{\varphi}}(\varphi)$$

그런데 경도 φ 에 +90도를 적용하려고 보니 φ 는 θ 의 각도와 무관하게 그 방향이 일정하다. 되짚어 위도 θ 를 살펴보면 θ 는 φ 가 변함에 따라 그 방향이 달라진다.

이런 경우 **Unlimited 무한 존재론**을 이용하여 Undefined 로 선언할 수 있다. 이렇게 하면 유한계에서 선언되지 않아 존재하지 않는 것으로 소멸되는 연쇄효과를 얻는다.

따라서 경도 φ 에 +90도를 적용할 때는 θ 를 Undefined 로 선언하여 θ 관련 삼각함수가 존재하지 않게 정리할 필요가 있다. 그렇지 않으면 나중에 무한의 부스러기가 혼돈을 일으킬 것이다.

@@ 90도 회전 렌즈

$$@_{\frac{\pi}{2}} \quad \theta = \theta + \frac{\pi}{2}$$

$$@ \quad \sin\left(\theta + \frac{\pi}{2}\right) = \cos\theta, \quad \cos\left(\theta + \frac{\pi}{2}\right) = -\sin\theta$$

$$\hat{\mathbf{r}} = \hat{\mathbf{r}}(\theta, \varphi) = \begin{bmatrix} \sin\theta\,\cos\varphi \\ \sin\theta\,\sin\varphi \\ \cos\theta \end{bmatrix}$$

$$\hat{\mathbf{r}}\left(\theta + \frac{\pi}{2}, \varphi\right) = \begin{bmatrix} \sin\left(\theta + \frac{\pi}{2}\right)\cos\varphi \\ \sin\left(\theta + \frac{\pi}{2}\right)\sin\varphi \\ \cos\left(\theta + \frac{\pi}{2}\right) \end{bmatrix} = \begin{bmatrix} \cos\theta\,\cos\varphi \\ \cos\theta\,\sin\varphi \\ -\sin\theta \end{bmatrix} = \hat{\boldsymbol{\theta}}(\theta, \varphi) = \hat{\boldsymbol{\theta}}$$

@@ Undefined Operator

비존재非存在, 항등원, 중심, 기저

$$\therefore \sin(\text{Undefined}) \stackrel{@}{=} \frac{1}{0} \stackrel{@}{=} \cos(\text{Undefined})$$

$$\sin(\text{Undefined}) \cdot \cos\left(\varphi + \frac{\pi}{2}\right) = 1 \cdot \cos\left(\varphi + \frac{\pi}{2}\right) = -\sin\varphi$$

$$\sin(\text{Undefined}) \cdot \sin\left(\varphi + \frac{\pi}{2}\right) = 1 \cdot \sin\left(\varphi + \frac{\pi}{2}\right) = \cos\varphi$$

$$\cos(\text{Undefined}) = 0$$

$$\hat{\mathbf{r}}\left(\text{Undefined}, \varphi + \frac{\pi}{2}\right) = \begin{bmatrix} \sin(\text{Undefined})\cos\left(\varphi + \frac{\pi}{2}\right) \\ \sin(\text{Undefined})\sin\left(\varphi + \frac{\pi}{2}\right) \\ \cos(\text{Undefined}) \end{bmatrix} = \begin{bmatrix} -\sin\varphi \\ \cos\varphi \\ 0 \end{bmatrix} = \hat{\boldsymbol{\varphi}}(\varphi) = \hat{\boldsymbol{\varphi}}$$

$$@@ \quad \begin{bmatrix} \sin\theta\cos\varphi \\ \sin\theta\sin\varphi \\ \cos\theta \end{bmatrix} = \hat{\mathbf{r}}, \quad \begin{bmatrix} \cos\theta\cos\varphi \\ \cos\theta\sin\varphi \\ -\sin\theta \end{bmatrix} = \hat{\boldsymbol{\theta}}, \quad \begin{bmatrix} -\sin\varphi \\ \cos\varphi \\ 0 \end{bmatrix} = \hat{\boldsymbol{\varphi}}$$

이렇게 반지름 r 단위벡터를 90도 회전시켜 위도 θ 단위벡터와 경도 φ 단위벡터의 변환 관계를 정리했다.

이로써 우리는 데카르트 좌표계에서 구면 좌표계로 전환하는 기본 입자들을 구면 단위벡터들로 정리한 셈이다.

좌표계의 단위벡터는 그 공간 시스템의 Basis 기저를 의미한다. 함수는 좌표축의 단위벡터들로 정리할 수 있고, 단위벡터는 고윳값과 함께 무한계를 정의할 수 있다.

그런데 고윳값은 관점에 따라 스칼라 값 이외에도 다른 세계의 함수나 벡터를 사용할 수도 있다. 앞서 관람한 바 있는 변수 분리법도 이와 같은 원리가 작동하기 때문에 가능했다.

엄밀한 선분논리의 수학은 실수 또는 스칼라를 고윳값이라 세뇌한다. 그러나 회전논리는 그 실체의 관점에 따라 프레임을 자유롭게 설정하고 논리를 전개할 수 있어 단순한 비례상수로 해석한다.

$$f(x,y,z) = x\hat{\mathbf{x}} + y\hat{\mathbf{y}} + z\hat{\mathbf{z}} \stackrel{@}{=} r \cdot R(\theta,\varphi)(\hat{\mathbf{x}} + \hat{\mathbf{y}} + \hat{\mathbf{z}})$$

$$f(r,\theta,\varphi) = r\hat{\mathbf{r}} + \theta\hat{\boldsymbol{\theta}} + \varphi\hat{\boldsymbol{\varphi}} \stackrel{@}{=} r\left(\hat{\mathbf{r}} + \hat{\boldsymbol{\theta}} + \hat{\boldsymbol{\varphi}}\right)$$

$$\mathbf{f}(x,y,z) = \mathbf{x} + \mathbf{y} + \mathbf{z} = x\hat{\mathbf{x}} + y\hat{\mathbf{y}} + z\hat{\mathbf{z}} = |f_{xyz}| \cdot \hat{\mathbf{f}}_{xyz} = r \cdot \hat{\mathbf{f}}$$

$$\mathbf{f}(r,\theta,\varphi) = \mathbf{r} + \boldsymbol{\theta} + \boldsymbol{\varphi} = r\hat{\mathbf{r}} + \theta\hat{\boldsymbol{\theta}} + \varphi\hat{\boldsymbol{\varphi}} = |f_{r\theta\varphi}| \cdot \hat{\mathbf{f}}_{r\theta\varphi} = r \cdot \hat{\mathbf{R}}$$

$$\therefore f(x,y,z) \equiv \mathbf{f} = f\hat{\mathbf{f}} \equiv r\hat{\mathbf{R}} = \mathbf{R} \equiv R(r,\theta,\varphi) \equiv f(r,\theta,\varphi)$$

ViewPoint Variety

데카르트계와 구면계의 단위벡터 관계 알고리즘은 앞서 정리한 r, θ, φ 의 단위벡터에 모두 담겨 있다. 이 단위벡터를 함수와 다항식 표기법으로 정리한다.

Unit Vector Relation

$$\left((\hat{\mathbf{x}}, \hat{\mathbf{y}}, \hat{\mathbf{z}}) , (\hat{\mathbf{r}}, \hat{\boldsymbol{\theta}}, \hat{\boldsymbol{\varphi}})\right)$$

$$\hat{f}(r, \theta, \varphi) = \left(\hat{\mathbf{r}} + \hat{\boldsymbol{\theta}} + \hat{\boldsymbol{\varphi}}\right) = \hat{\mathbf{R}}\left(\hat{\mathbf{x}} + \hat{\mathbf{y}} + \hat{\mathbf{z}}\right)$$

$$\hat{\mathbf{r}} = \sin\theta \cos\varphi \; \hat{\mathbf{x}} + \sin\theta \sin\varphi \; \hat{\mathbf{y}} + \cos\theta \; \hat{\mathbf{z}}$$
$$\hat{\boldsymbol{\theta}} = \cos\theta \cos\varphi \; \hat{\mathbf{x}} + \cos\theta \sin\varphi \; \hat{\mathbf{y}} - \sin\theta \; \hat{\mathbf{z}}$$
$$\hat{\boldsymbol{\varphi}} = -\sin\varphi \; \hat{\mathbf{x}} + \cos\varphi \; \hat{\mathbf{y}}$$

단위벡터 다항식을 행렬 표기법으로 정리하면 XYZ 좌표계 관점으로 본 구면 좌표계로의 변환 관계가 정리된다. 여기서 삼각함수로 구성된 행렬 벡터가 바로 **구면 회전 변환** R 이다.

$$\hat{f}_{@xyz}(r, \theta, \varphi) \stackrel{@}{=} \begin{bmatrix} \sin\theta \cos\varphi & \sin\theta \sin\varphi & \cos\theta \\ \cos\theta \cos\varphi & \cos\theta \sin\varphi & -\sin\theta \\ -\sin\varphi & \cos\varphi & 0 \end{bmatrix} \begin{bmatrix} \hat{\mathbf{x}} \\ \hat{\mathbf{y}} \\ \hat{\mathbf{z}} \end{bmatrix} = \begin{bmatrix} \hat{\mathbf{r}} \\ \hat{\boldsymbol{\theta}} \\ \hat{\boldsymbol{\varphi}} \end{bmatrix} = \hat{f}(r, \theta, \varphi)$$

Cartesian to Spherical : Unit Vector

$$\therefore R \stackrel{@}{=} \hat{\mathbf{R}} = \hat{\mathbf{R}}(r, \theta, \varphi) = \begin{bmatrix} \hat{\mathbf{r}} \\ \hat{\boldsymbol{\theta}} \\ \hat{\boldsymbol{\varphi}} \end{bmatrix} = \begin{bmatrix} \sin\theta \cos\varphi & \sin\theta \sin\varphi & \cos\theta \\ \cos\theta \cos\varphi & \cos\theta \sin\varphi & -\sin\theta \\ -\sin\varphi & \cos\varphi & 0 \end{bmatrix}$$

Spherical Rotation Matrix R

선분논리에서는 **XYZ 좌표계 관점의 구면 회전 변환 R** 을 기준으로 구면계의 논리를 전개하는 것이 일반적이다.

위의 단위벡터에 대한 회전 변환을 일반 벡터의 관계로 정리해 본다. 단위벡터와 일반 벡터의 차이는 고윳값에 있다. 관점에 따라 고윳값을 설정할 수 있다고 했다. 그렇다면 구면 회전 변환의 핵심 알고리즘이 모두 담겨 있는 r, θ, φ 의 단위벡터 관점에서는 각 단위벡터에 자신의 고윳값을 곱해주는 방법이 정리하기에 간단해 보인다.

General Vector Relation

$$\big((x,y,z)\,,(r,\theta,\varphi)\big) \equiv \big((\mathbf{x},\mathbf{y},\mathbf{z})\,,(\mathbf{r},\boldsymbol{\theta},\boldsymbol{\varphi})\big)$$

$$f(r,\theta,\varphi) = r\,\hat{\mathbf{r}} + \theta\,\hat{\boldsymbol{\theta}} + \varphi\,\hat{\boldsymbol{\varphi}}$$

$$\mathbf{r} = r\,\hat{\mathbf{r}} = r(\,\sin\theta\cos\varphi\,\hat{\mathbf{x}} + \sin\theta\sin\varphi\,\hat{\mathbf{y}} + \cos\theta\,\hat{\mathbf{z}}\,)$$

$$\boldsymbol{\theta} = \theta\,\hat{\boldsymbol{\theta}} = \theta(\,\cos\theta\cos\varphi\,\hat{\mathbf{x}} + \cos\theta\sin\varphi\,\hat{\mathbf{y}} - \sin\theta\,\hat{\mathbf{z}}\,)$$

$$\boldsymbol{\varphi} = \varphi\,\hat{\boldsymbol{\varphi}} = \varphi(\,-\sin\varphi\,\hat{\mathbf{x}} + \cos\varphi\,\hat{\mathbf{y}}\,)$$

$$f_{@xyz}(r,\theta,\varphi) \stackrel{@}{=} \begin{bmatrix} r\sin\theta\cos\varphi & r\sin\theta\sin\varphi & r\cos\theta \\ \theta\cos\theta\cos\varphi & \theta\cos\theta\sin\varphi & -\theta\sin\theta \\ -\varphi\sin\varphi & \varphi\cos\varphi & \varphi 0 \end{bmatrix} \begin{bmatrix} \hat{\mathbf{x}} \\ \hat{\mathbf{y}} \\ \hat{\mathbf{z}} \end{bmatrix} = \begin{bmatrix} \mathbf{r} \\ \boldsymbol{\theta} \\ \boldsymbol{\varphi} \end{bmatrix} = f(r,\theta,\varphi)$$

Cartesian to Spherical : General Vector

r, θ, φ 개별적 고윳값으로 정리하고 보면 회전 변환 행렬 R 내부 인자들에 변화가 생기고 R 행렬에 대한 고윳값을 추출해내기 어렵

다. 이럴 때는 논리의 시작점을 되짚어 볼 필요가 있다. 이 회전 변환은 그 시작점이 반지름 r 이었다.

회전 변환 R 단위행렬의 관점에서 구면 좌표계 변환 관계를 다항식으로 다시 정리하고, 다항식을 다시 행렬 표기법으로 재정리해 본다. 그러면 단위행렬 R 을 중심으로 정리했기 때문에 고윳값이 반지름 r 로 나타난다.

$$f(r, \theta, \varphi) = r\left(\hat{\mathbf{r}} + \hat{\boldsymbol{\theta}} + \hat{\boldsymbol{\varphi}}\right) = r\hat{\mathbf{R}}\left(\hat{\mathbf{x}} + \hat{\mathbf{y}} + \hat{\mathbf{z}}\right)$$

$$\mathbf{r} = r\hat{\mathbf{r}} = r(\ \sin\theta\cos\varphi\ \hat{\mathbf{x}} + \sin\theta\sin\varphi\ \hat{\mathbf{y}} + \cos\theta\ \hat{\mathbf{z}}\ )$$

$$\boldsymbol{\theta} = r\hat{\boldsymbol{\theta}} = r(\ \cos\theta\cos\varphi\ \hat{\mathbf{x}} + \cos\theta\sin\varphi\ \hat{\mathbf{y}} - \sin\theta\ \hat{\mathbf{z}}\ )$$

$$\boldsymbol{\varphi} = r\hat{\boldsymbol{\varphi}} = r(\ -\sin\varphi\ \hat{\mathbf{x}} + \cos\varphi\ \hat{\mathbf{y}}\ )$$

$$f_{@xyz}(r, \theta, \varphi) \stackrel{@}{=} r \begin{bmatrix} \sin\theta\cos\varphi & \sin\theta\sin\varphi & \cos\theta \\ \cos\theta\cos\varphi & \cos\theta\sin\varphi & -\sin\theta \\ -\sin\varphi & \cos\varphi & 0 \end{bmatrix} \begin{bmatrix} \hat{\mathbf{x}} \\ \hat{\mathbf{y}} \\ \hat{\mathbf{z}} \end{bmatrix} = \begin{bmatrix} r \\ \theta \\ \varphi \end{bmatrix} = f(r, \theta, \varphi)$$

Cartesian to Spherical : General Vector

이렇게 우리는 반지름으로부터 **회전 변환 단위 R** 을 거쳐 일반 벡터의 회전 변환까지 도달할 수 있게 되었다. 이제 데카르트계와 구면계의 두 눈을 뜰 때가 됐다.

두 좌표계의 변환은 단위벡터의 관계로도 정리할 수 있고, 라플라스 방정식과 같이 함수 f 를 사용하여 어떤 입자가 변환되는 관계로 정리할 수도 있다.

두 표기법에 차이가 있다면 $r=1$ 로 반지름을 무시한 **기저**의 관점과 어떤 반지름을 가진 **일반 좌표계**의 관점이 다를 뿐이다.

r, θ, φ 에 어떤 변환을 곱했을 때 x, y, z 가 되었다는 구도는 척도의 기준이 구면 좌표계의 단위벡터이므로 **구면계 관점**이라 할 수 있다.

$$\hat{f}(x,y,z) = \begin{bmatrix} \hat{\mathbf{x}} \\ \hat{\mathbf{y}} \\ \hat{\mathbf{z}} \end{bmatrix} = \begin{bmatrix} \sin\theta\cos\varphi & \cos\theta\cos\varphi & -\sin\varphi \\ \sin\theta\sin\varphi & \cos\theta\sin\varphi & \cos\varphi \\ \cos\theta & -\sin\theta & 0 \end{bmatrix} \begin{bmatrix} \hat{r} \\ \hat{\theta} \\ \hat{\varphi} \end{bmatrix} \stackrel{@}{=} \hat{f}_{@r\theta\varphi}(x,y,z)$$

Cartesian from Spherical : Unit Vector

반대로 x, y, z 에 어떤 변환을 곱해 r, θ, φ 가 되는 구도는 그 척도의 기준이 데카르트 좌표계이므로 **데카르트계 관점**이 된다.

$$\hat{f}_{@xyz}(r,\theta,\varphi) \stackrel{@}{=} \begin{bmatrix} \sin\theta\cos\varphi & \sin\theta\sin\varphi & \cos\theta \\ \cos\theta\cos\varphi & \cos\theta\sin\varphi & -\sin\theta \\ -\sin\varphi & \cos\varphi & 0 \end{bmatrix} \begin{bmatrix} \hat{\mathbf{x}} \\ \hat{\mathbf{y}} \\ \hat{\mathbf{z}} \end{bmatrix} = \begin{bmatrix} \hat{r} \\ \hat{\theta} \\ \hat{\varphi} \end{bmatrix} = \hat{f}(r,\theta,\varphi)$$

Cartesian to Spherical : Unit Vector

구면계 관점과 데카르트계 관점은 서로 **동시 자기복제**를 바탕에 두고 성립하며, 양방향의 변환은 삼각함수의 변환이다. 삼각함수의 변환은 결국 각도의 변환에 궁극적인 알고리즘이 있다.

결과적으로 두 변환은 각도에 의한 변환이므로 **회전 변환**이라 정리할 수 있다.

단위 좌표계의 관점에서는 반지름이 1인 회전 변환으로 변환의 논리가 완성되고, 일반 좌표계는 반지름을 임의의 r로 삼아 단위 좌표계 회전 변환 논리의 확장으로 그 논리가 자동 작동한다.

이것은 **오일러 각**과 **오일러 회전 변환**의 알고리즘이다. 우리는 오일러 각과 회전 변환에 회전논리를 적용한 셈이다.

일반적으로 선분논리는 오일러의 회전 변환에서 2차원 회전 변환의 관계를 다루고, 3차원 회전 변환은 구면 좌표계 변환으로 분류하여 논한다. 그러나 회전 변환의 논리는 각도의 논리에서 연속적으로 연쇄반응한 논리의 결과다.

두 관점의 회전 변환의 고윳값에 해당하는 고유 행렬은 삼각함수로 구성되어 있으며, 관점에 따라 행과 열이 뒤바뀌어 있다는 것을 알 수 있다. 이는 잠시 후 확인할 수 있겠지만 **대칭 행렬**이면서 **에르미트 행렬**이고 **역행렬 관계**에 있다.

선분논리는 양방향의 회전 변환을 한쪽 방향만으로 해석하는 경향이 짙다. 선분논리는 데카르트계의 x, y, z를 구면계의 r, θ, φ로 변환하는 흐름을 회전 변환의 정방향으로 본다.

이는 **데카르트계 관점**이라 할 수 있다. 따라서 선분논리의 구면 좌표계를 바탕으로 한 **구면 조화파** 역시, **데카르트계 관점**으로 구면계를 관측한 결과라 할 수 있다.

선분논리에서 구면계의 회전 변환은 어떤 논리의 흐름에서 정리된 것인지를 되짚어 보자. 먼저 x, y, z 를 r, θ, φ 로 어떻게 정리할지 그림을 그려 기하적으로 해석했다. 그리고 x, y, z 각각의 관계식을 복소수 표기법과 같이 단위벡터의 다항식으로 정리했다.

단위벡터 다항식을 행렬로 정리하면서 단위벡터들의 계수들이 회전 변환의 무늬를 보여준다. 이것이 선분논리의 회전 변환 R, 회전 행렬이다.

기하적으로 구면 좌표계는 데카르트 좌표계 위에서 어떤 한 점의 단위벡터로 나타났었고, 같은 방법으로 반대 방향의 r, θ, φ 를 x, y, z 의 단위벡터 다항식으로 정리할 수 있게 된다.

$$R \stackrel{@}{=} \hat{\mathbf{R}} = \hat{\mathbf{R}}_{@xyz}(r,\theta,\varphi) = \begin{bmatrix} \hat{\mathbf{r}} \\ \hat{\boldsymbol{\theta}} \\ \hat{\boldsymbol{\varphi}} \end{bmatrix} = \begin{bmatrix} \sin\theta\cos\varphi & \sin\theta\sin\varphi & \cos\theta \\ \cos\theta\cos\varphi & \cos\theta\sin\varphi & -\sin\theta \\ -\sin\varphi & \cos\varphi & 0 \end{bmatrix}$$

$$\begin{bmatrix} \sin\theta\cos\varphi & \cos\theta\cos\varphi & -\sin\varphi \\ \sin\theta\sin\varphi & \cos\theta\sin\varphi & \cos\varphi \\ \cos\theta & -\sin\theta & 0 \end{bmatrix} = \begin{bmatrix} \hat{\mathbf{x}} \\ \hat{\mathbf{y}} \\ \hat{\mathbf{z}} \end{bmatrix} = \hat{\mathbf{R}}_{@r\theta\varphi}(x,y,z) \stackrel{@}{=} R^{-1}$$

선분논리는 이 변환 R 을 구면 좌표계 회전 변환으로 정리했다. 그리고 회전논리의 관점에서 이 회전 변환 R 은 XYZ 좌표계 현미경으로 구면 좌표계를 관찰하는 꼴이다.

반대로 구면계 현미경으로 데카르트계를 관찰하는 회전 변환은 역행렬이 되어 역회전 변환이 된다.

$$\therefore R^{-1} = R^T = R^\dagger, \quad RR^{-1} = I = RR^T = RR^\dagger$$

$$\begin{bmatrix} \hat{\mathbf{r}} \\ \hat{\boldsymbol{\theta}} \\ \hat{\boldsymbol{\varphi}} \end{bmatrix} = R \begin{bmatrix} \hat{\mathbf{x}} \\ \hat{\mathbf{y}} \\ \hat{\mathbf{z}} \end{bmatrix}, \quad R^{-1} \begin{bmatrix} \hat{\mathbf{r}} \\ \hat{\boldsymbol{\theta}} \\ \hat{\boldsymbol{\varphi}} \end{bmatrix} = \begin{bmatrix} \hat{\mathbf{x}} \\ \hat{\mathbf{y}} \\ \hat{\mathbf{z}} \end{bmatrix}$$

Spherical coordinate system

$$r^2 = x^2 + y^2 + z^2, \quad \rho = r \sin \theta$$
$$x = \rho \cos \varphi = r \sin \theta \cos \varphi, \quad y = \rho \sin \varphi = r \sin \theta \sin \varphi$$
$$\therefore x = r \sin \theta \cos \varphi, \quad y = r \sin \theta \sin \varphi, \quad z = r \cos \theta$$

$$\begin{bmatrix} x \\ y \\ z \end{bmatrix} = r \begin{bmatrix} \sin \theta \cos \varphi \\ \sin \theta \sin \varphi \\ \cos \theta \end{bmatrix} = r\hat{\mathbf{r}} \quad \therefore \begin{bmatrix} \sin \theta \cos \varphi \\ \sin \theta \sin \varphi \\ \cos \theta \end{bmatrix} = \hat{\mathbf{r}} = \hat{\mathbf{r}}(\theta, \varphi)$$

$$\because \angle(\hat{\mathbf{r}}, \hat{\boldsymbol{\theta}}, \hat{\boldsymbol{\varphi}}) = \frac{\pi}{2}, \quad \sin\left(\theta + \frac{\pi}{2}\right) = \cos \theta, \quad \cos\left(\theta + \frac{\pi}{2}\right) = -\sin \theta$$

$$\hat{\mathbf{r}}\left(\theta + \frac{\pi}{2}, \varphi\right) = \hat{\boldsymbol{\theta}}(\theta, \varphi), \quad \hat{\mathbf{r}}\left(\text{Undefined}, \varphi + \frac{\pi}{2}\right) = \hat{\boldsymbol{\varphi}}(\varphi)$$

$$\hat{\mathbf{r}}\left(\theta + \frac{\pi}{2}, \varphi\right) = \begin{bmatrix} \sin\left(\theta + \frac{\pi}{2}\right) \cos \varphi \\ \sin\left(\theta + \frac{\pi}{2}\right) \sin \varphi \\ \cos\left(\theta + \frac{\pi}{2}\right) \end{bmatrix} = \begin{bmatrix} \cos \theta \cos \varphi \\ \cos \theta \sin \varphi \\ -\sin \theta \end{bmatrix} = \hat{\boldsymbol{\theta}}(\theta, \varphi) = \hat{\boldsymbol{\theta}}$$

$$\hat{\mathbf{r}}\left(\text{Undefined}, \varphi + \frac{\pi}{2}\right) = \begin{bmatrix} \sin(\text{Undefined}) \cos\left(\varphi + \frac{\pi}{2}\right) \\ \sin(\text{Undefined}) \sin\left(\varphi + \frac{\pi}{2}\right) \\ \cos(\text{Undefined}) \end{bmatrix} = \begin{bmatrix} -\sin \varphi \\ \cos \varphi \\ 0 \end{bmatrix} = \hat{\boldsymbol{\varphi}}(\varphi) = \hat{\boldsymbol{\varphi}}$$

$$\therefore \begin{bmatrix} \sin \theta \cos \varphi \\ \sin \theta \sin \varphi \\ \cos \theta \end{bmatrix} = \hat{\mathbf{r}}, \quad \begin{bmatrix} \cos \theta \cos \varphi \\ \cos \theta \sin \varphi \\ -\sin \theta \end{bmatrix} = \hat{\boldsymbol{\theta}}, \quad \begin{bmatrix} -\sin \varphi \\ \cos \varphi \\ 0 \end{bmatrix} = \hat{\boldsymbol{\varphi}}$$

$$f(x,y,z) = x\hat{\mathbf{x}} + y\hat{\mathbf{y}} + z\hat{\mathbf{z}} \stackrel{@}{=} r \cdot R(\theta,\varphi)(\hat{\mathbf{x}} + \hat{\mathbf{y}} + \hat{\mathbf{z}})$$

$$f(r,\theta,\varphi) = r\hat{\mathbf{r}} + \theta\hat{\boldsymbol{\theta}} + \varphi\hat{\boldsymbol{\varphi}} \stackrel{@}{=} r\left(\hat{\mathbf{r}} + \hat{\boldsymbol{\theta}} + \hat{\boldsymbol{\varphi}}\right)$$

$$\mathbf{f}(x,y,z) = \mathbf{x} + \mathbf{y} + \mathbf{z} = x\hat{\mathbf{x}} + y\hat{\mathbf{y}} + z\hat{\mathbf{z}} = |f_{xyz}| \cdot \hat{\mathbf{f}}_{xyz} = r \cdot \hat{\mathbf{f}}$$

$$\mathbf{f}(r,\theta,\varphi) = \mathbf{r} + \boldsymbol{\theta} + \boldsymbol{\varphi} = r\hat{\mathbf{r}} + \theta\hat{\boldsymbol{\theta}} + \varphi\hat{\boldsymbol{\varphi}} = |f_{r\theta\varphi}| \cdot \hat{\mathbf{f}}_{r\theta\varphi} = r \cdot \hat{\mathbf{R}}$$

$$\therefore\ f(x,y,z) \equiv \mathbf{f} = f\hat{\mathbf{f}} = r\hat{\mathbf{R}} = \mathbf{R} \equiv R(r,\theta,\varphi) \equiv f(r,\theta,\varphi)$$

ViewPoint Variety

Unit Vector Relation

$$\left((\hat{\mathbf{x}},\hat{\mathbf{y}},\hat{\mathbf{z}})\ ,\ (\hat{\mathbf{r}},\hat{\boldsymbol{\theta}},\hat{\boldsymbol{\varphi}})\right)$$

$$\hat{f}(r,\theta,\varphi) = \left(\hat{\mathbf{r}} + \hat{\boldsymbol{\theta}} + \hat{\boldsymbol{\varphi}}\right) = \hat{\mathbf{R}}\left(\hat{\mathbf{x}} + \hat{\mathbf{y}} + \hat{\mathbf{z}}\right)$$

$$\hat{\mathbf{r}} = \sin\theta\cos\varphi\ \hat{\mathbf{x}} + \sin\theta\sin\varphi\ \hat{\mathbf{y}} + \cos\theta\ \hat{\mathbf{z}}$$

$$\hat{\boldsymbol{\theta}} = \cos\theta\cos\varphi\ \hat{\mathbf{x}} + \cos\theta\sin\varphi\ \hat{\mathbf{y}} - \sin\theta\ \hat{\mathbf{z}}$$

$$\hat{\boldsymbol{\varphi}} = -\sin\varphi\ \hat{\mathbf{x}} + \cos\varphi\ \hat{\mathbf{y}}$$

$$\hat{f}_{@xyz}(r,\theta,\varphi) \stackrel{@}{=} \begin{bmatrix} \sin\theta\cos\varphi & \sin\theta\sin\varphi & \cos\theta \\ \cos\theta\cos\varphi & \cos\theta\sin\varphi & -\sin\theta \\ -\sin\varphi & \cos\varphi & 0 \end{bmatrix} \begin{bmatrix} \hat{\mathbf{x}} \\ \hat{\mathbf{y}} \\ \hat{\mathbf{z}} \end{bmatrix} = \begin{bmatrix} \hat{\mathbf{r}} \\ \hat{\boldsymbol{\theta}} \\ \hat{\boldsymbol{\varphi}} \end{bmatrix} = \hat{f}(r,\theta,\varphi)$$

Cartesian to Spherical : Unit Vector

$$\therefore\ R \stackrel{@}{=} \hat{\mathbf{R}} = \hat{\mathbf{R}}(r,\theta,\varphi) = \begin{bmatrix} \hat{\mathbf{r}} \\ \hat{\boldsymbol{\theta}} \\ \hat{\boldsymbol{\varphi}} \end{bmatrix} = \begin{bmatrix} \sin\theta\cos\varphi & \sin\theta\sin\varphi & \cos\theta \\ \cos\theta\cos\varphi & \cos\theta\sin\varphi & -\sin\theta \\ -\sin\varphi & \cos\varphi & 0 \end{bmatrix}$$

Spherical Rotation Matrix R

General Vector Relation

$$((x,y,z), (r,\theta,\varphi)) \equiv ((\mathbf{x},\mathbf{y},\mathbf{z}), (\mathbf{r},\boldsymbol{\theta},\boldsymbol{\varphi}))$$

$$f(r,\theta,\varphi) = r\,\hat{\mathbf{r}} + \theta\,\hat{\boldsymbol{\theta}} + \varphi\,\hat{\boldsymbol{\varphi}}$$

$$\mathbf{r} = r\,\hat{\mathbf{r}} = r(\sin\theta\cos\varphi\,\hat{\mathbf{x}} + \sin\theta\sin\varphi\,\hat{\mathbf{y}} + \cos\theta\,\hat{\mathbf{z}})$$

$$\boldsymbol{\theta} = \theta\,\hat{\boldsymbol{\theta}} = \theta(\cos\theta\cos\varphi\,\hat{\mathbf{x}} + \cos\theta\sin\varphi\,\hat{\mathbf{y}} - \sin\theta\,\hat{\mathbf{z}})$$

$$\boldsymbol{\varphi} = \varphi\,\hat{\boldsymbol{\varphi}} = \varphi(-\sin\varphi\,\hat{\mathbf{x}} + \cos\varphi\,\hat{\mathbf{y}})$$

$$f_{@xyz}(r,\theta,\varphi) \stackrel{@}{=} \begin{bmatrix} r\sin\theta\cos\varphi & r\sin\theta\sin\varphi & r\cos\theta \\ \theta\cos\theta\cos\varphi & \theta\cos\theta\sin\varphi & -\theta\sin\theta \\ -\varphi\sin\varphi & \varphi\cos\varphi & \varphi 0 \end{bmatrix} \begin{bmatrix} \hat{\mathbf{x}} \\ \hat{\mathbf{y}} \\ \hat{\mathbf{z}} \end{bmatrix} = \begin{bmatrix} r \\ \theta \\ \varphi \end{bmatrix} = f(r,\theta,\varphi)$$

Cartesian to Spherical : General Vector

$$f(r,\theta,\varphi) = r\left(\hat{\mathbf{r}} + \hat{\boldsymbol{\theta}} + \hat{\boldsymbol{\varphi}}\right) = r\hat{\mathbf{R}}\left(\hat{\mathbf{x}} + \hat{\mathbf{y}} + \hat{\mathbf{z}}\right)$$

$$\mathbf{r} = r\,\hat{\mathbf{r}} = r(\sin\theta\cos\varphi\,\hat{\mathbf{x}} + \sin\theta\sin\varphi\,\hat{\mathbf{y}} + \cos\theta\,\hat{\mathbf{z}})$$

$$\boldsymbol{\theta} = r\,\hat{\boldsymbol{\theta}} = r(\cos\theta\cos\varphi\,\hat{\mathbf{x}} + \cos\theta\sin\varphi\,\hat{\mathbf{y}} - \sin\theta\,\hat{\mathbf{z}})$$

$$\boldsymbol{\varphi} = r\,\hat{\boldsymbol{\varphi}} = r(-\sin\varphi\,\hat{\mathbf{x}} + \cos\varphi\,\hat{\mathbf{y}})$$

$$f_{@xyz}(r,\theta,\varphi) \stackrel{@}{=} r\begin{bmatrix} \sin\theta\cos\varphi & \sin\theta\sin\varphi & \cos\theta \\ \cos\theta\cos\varphi & \cos\theta\sin\varphi & -\sin\theta \\ -\sin\varphi & \cos\varphi & 0 \end{bmatrix} \begin{bmatrix} \hat{\mathbf{x}} \\ \hat{\mathbf{y}} \\ \hat{\mathbf{z}} \end{bmatrix} = \begin{bmatrix} r \\ \theta \\ \varphi \end{bmatrix} = f(r,\theta,\varphi)$$

Cartesian to Spherical : General Vector

Two Eyes in Spherical Transpose

$$\hat{f}_{@xyz}(r,\theta,\varphi) \stackrel{@}{=} \begin{bmatrix} \sin\theta\cos\varphi & \sin\theta\sin\varphi & \cos\theta \\ \cos\theta\cos\varphi & \cos\theta\sin\varphi & -\sin\theta \\ -\sin\varphi & \cos\varphi & 0 \end{bmatrix} \begin{bmatrix} \hat{x} \\ \hat{y} \\ \hat{z} \end{bmatrix} = \begin{bmatrix} \hat{r} \\ \hat{\theta} \\ \hat{\varphi} \end{bmatrix} = \hat{f}(r,\theta,\varphi)$$

Cartesian to Spherical : Unit Vector

$$\hat{f}(x,y,z) = \begin{bmatrix} \hat{x} \\ \hat{y} \\ \hat{z} \end{bmatrix} = \begin{bmatrix} \sin\theta\cos\varphi & \cos\theta\cos\varphi & -\sin\varphi \\ \sin\theta\sin\varphi & \cos\theta\sin\varphi & \cos\varphi \\ \cos\theta & -\sin\theta & 0 \end{bmatrix} \begin{bmatrix} \hat{r} \\ \hat{\theta} \\ \hat{\varphi} \end{bmatrix} \stackrel{@}{=} \hat{f}_{@r\theta\varphi}(x,y,z)$$

Cartesian from Spherical : Unit Vector

Spherical Rotation Matrix

$$\therefore R \stackrel{@}{=} \hat{\mathbf{R}} = \hat{\mathbf{R}}(r,\theta,\varphi) = \begin{bmatrix} \hat{r} \\ \hat{\theta} \\ \hat{\varphi} \end{bmatrix} = \begin{bmatrix} \sin\theta\cos\varphi & \sin\theta\sin\varphi & \cos\theta \\ \cos\theta\cos\varphi & \cos\theta\sin\varphi & -\sin\theta \\ -\sin\varphi & \cos\varphi & 0 \end{bmatrix}$$

$$\begin{bmatrix} \sin\theta\cos\varphi & \cos\theta\cos\varphi & -\sin\varphi \\ \sin\theta\sin\varphi & \cos\theta\sin\varphi & \cos\varphi \\ \cos\theta & -\sin\theta & 0 \end{bmatrix} = \begin{bmatrix} \hat{x} \\ \hat{y} \\ \hat{z} \end{bmatrix} = \hat{\mathbf{R}}_{@r\theta\varphi}(x,y,z) \stackrel{@}{=} R^{-1}$$

$$\therefore R^{-1} = R^T = R^\dagger, \quad RR^{-1} = I = RR^T = RR^\dagger$$

$$\begin{bmatrix} \hat{r} \\ \hat{\theta} \\ \hat{\varphi} \end{bmatrix} = R \begin{bmatrix} \hat{x} \\ \hat{y} \\ \hat{z} \end{bmatrix}, \quad R^{-1} \begin{bmatrix} \hat{r} \\ \hat{\theta} \\ \hat{\varphi} \end{bmatrix} = \begin{bmatrix} \hat{x} \\ \hat{y} \\ \hat{z} \end{bmatrix}$$

삼각 거울, 90도의 문
Triangle Mirror, 90-Door

하나의 입자를 두 눈으로 해석한 데카르트계와 구면계, 두 관점을 벡터 입자로 관찰해 본다. 이는 원뿔을 직선과 곡선 두 관점으로 관찰하고 두 관점 자체를 입자화해서 관점 자체의 알고리즘을 탐색하는 것과 같다.

데카르트계의 관점 입자를 $\mathbf{f}$ 벡터 입자로 하고 구면계의 관점 입자를 S 벡터 입자로 선언한다. 두 벡터 입자는 고윳값과 단위벡터의 곱으로 정리할 수 있으며, 다항식 또는 행렬로 다각적인 관계 실험을 해볼 수 있다. 특히 행렬의 경우 가로 행과 세로 열의 90도 회전 관점이 있다.

$$\mathbf{f}(x, y, z) = x\,\hat{\mathbf{x}} + y\,\hat{\mathbf{y}} + z\,\hat{\mathbf{z}}$$
$$\mathbf{S}(r, \theta, \varphi) = r\,\hat{\mathbf{r}} + \theta\,\hat{\boldsymbol{\theta}} + \varphi\,\hat{\boldsymbol{\varphi}}$$

$$x\,\hat{\mathbf{x}} + y\,\hat{\mathbf{y}} + z\,\hat{\mathbf{z}} = \begin{bmatrix} x\,\hat{\mathbf{x}} \\ y\,\hat{\mathbf{y}} \\ z\,\hat{\mathbf{z}} \end{bmatrix} = \begin{bmatrix} \hat{\mathbf{x}}x \\ \hat{\mathbf{y}}y \\ \hat{\mathbf{z}}z \end{bmatrix} = \begin{bmatrix} \hat{\mathbf{x}} \\ \hat{\mathbf{y}} \\ \hat{\mathbf{z}} \end{bmatrix} \begin{bmatrix} x \\ y \\ z \end{bmatrix}$$

$$r\,\hat{\mathbf{r}} + \theta\,\hat{\boldsymbol{\theta}} + \varphi\,\hat{\boldsymbol{\varphi}} = \begin{bmatrix} r\,\hat{\mathbf{r}} \\ \theta\,\hat{\boldsymbol{\theta}} \\ \varphi\,\hat{\boldsymbol{\varphi}} \end{bmatrix} = \begin{bmatrix} r \\ \theta \\ \varphi \end{bmatrix} \begin{bmatrix} \hat{\mathbf{r}} \\ \hat{\boldsymbol{\theta}} \\ \hat{\boldsymbol{\varphi}} \end{bmatrix} = \begin{bmatrix} r & \theta & \varphi \end{bmatrix} \begin{bmatrix} \hat{\mathbf{r}} \\ \hat{\boldsymbol{\theta}} \\ \hat{\boldsymbol{\varphi}} \end{bmatrix} = \begin{bmatrix} \hat{\mathbf{r}} & \hat{\boldsymbol{\theta}} & \hat{\boldsymbol{\varphi}} \end{bmatrix} \begin{bmatrix} r \\ \theta \\ \varphi \end{bmatrix}$$

$\mathbf{f}$ 벡터 입자와 S 벡터 입자는 서로 독립적인 세계이면서 둘 간의

중심에서 회전 변환의 연관관계를 맺는다. 이는 데카르트계와 구면계의 회전 변환 R을 0점으로 삼아 오일러 복소평면과 같은 직교 관계가 성립한다는 것을 의미한다.

직교 관계는 XY평면과 같이 X축 벡터와 Y축 벡터가 0점을 중심으로 1:1 관계로 균일한 평면을 형성하는 조건을 가진다. 그리고 직교 관계의 베이스캠프는 **동시 자기복제 존재론**에 있었다.

$$\mathbf{f} = \mathbf{S}, \quad \mathbf{f} \perp \mathbf{S}$$
$$\mathbf{f} \cdot \mathbf{S} = |\mathbf{f}| \cdot |\mathbf{S}| \cos \frac{\pi}{2} = 0, \quad \mathbf{f} \times \mathbf{S} = \infty \stackrel{@}{=} \nabla^2 f = 0$$

$$y = f_@(x), \quad f_@^{-1}(y) = x, \quad y \perp x$$

Orthonormal ViewPoints Relation

두 벡터가 직교한다는 것은 두 벡터의 내적에서 핵심 요소인 cos 90도가 0인 산술적 특성으로 쉽게 이해할 수 있다.

또한 $y=f(x)$ 함수의 관점에서 역함수 관계가 직교 관계를 배경에 두고 있음을 염두에 둘 필요가 있다.

90도의 직교 특성은 두 벡터를 행렬로 해석하여 곱 관계를 구성할 수 있다. 이때 행렬의 가로와 세로 특성에 따라 등호 관계를 90도 곱 관계로 취하면 서로 상대를 1:1로 바라보는 구도가 연출된다. 이 구도는 앞서 만든 구면 회전 변환과 같은 흐름이다.

$$\begin{bmatrix} x \\ y \\ z \end{bmatrix} \begin{bmatrix} \hat{x} \\ \hat{y} \\ \hat{z} \end{bmatrix} = \begin{bmatrix} r \\ \theta \\ \varphi \end{bmatrix} \begin{bmatrix} \hat{r} \\ \hat{\theta} \\ \hat{\varphi} \end{bmatrix}$$

$$\begin{bmatrix} \hat{x} \\ \hat{y} \\ \hat{z} \end{bmatrix} \begin{bmatrix} \hat{r} & \hat{\theta} & \hat{\varphi} \end{bmatrix} \begin{bmatrix} x \\ y \\ z \end{bmatrix} = \begin{bmatrix} r \\ \theta \\ \varphi \end{bmatrix}$$

$$\begin{bmatrix} x \\ y \\ z \end{bmatrix} = \begin{bmatrix} \hat{r} \\ \hat{\theta} \\ \hat{\varphi} \end{bmatrix} \begin{bmatrix} \hat{x} & \hat{y} & \hat{z} \end{bmatrix} \begin{bmatrix} r \\ \theta \\ \varphi \end{bmatrix}$$

(x, y, z) 단위벡터를 세로 축으로 하고 (r, θ, φ) 단위벡터를 가로 축에 배치하여 곱하면, **데카르트계×구면계** 2차원 평면이 된다.

이는 (x, y, z) **데카르트계**를 (r, θ, φ) **구면계**로 변환하는 회전 변환 R의 구도와 같다. 따라서 좌표계의 회전 변환은 직교 관계로 평면을 형성하는 것과 같은 알고리즘을 가졌다.

$$\therefore \begin{bmatrix} \hat{x} \\ \hat{y} \\ \hat{z} \end{bmatrix} \begin{bmatrix} \hat{r} & \hat{\theta} & \hat{\varphi} \end{bmatrix} \begin{bmatrix} x \\ y \\ z \end{bmatrix} = \begin{bmatrix} \hat{x}\hat{r} & \hat{x}\hat{\theta} & \hat{x}\hat{\varphi} \\ \hat{y}\hat{r} & \hat{y}\hat{\theta} & \hat{y}\hat{\varphi} \\ \hat{z}\hat{r} & \hat{z}\hat{\theta} & \hat{z}\hat{\varphi} \end{bmatrix} \begin{bmatrix} x \\ y \\ z \end{bmatrix} = \begin{bmatrix} r \\ \theta \\ \varphi \end{bmatrix}$$

구면계에서 데카르트계로 역변환 하는 회전 변환도 같은 방식으로 유도할 수 있다.

데카르트계에서 구면계로의 변환을 정변환 R 로 삼으면, 반대 방향은 역변환이 된다. **정변환**과 **역변환**의 회전 변환 행렬을 비교해 보면 **좌대각선(↘)**을 경계로 **우대각선(↗)**의 인자들이 서로 대칭 구도임을 알 수 있다.

$$\begin{bmatrix} x \\ y \\ z \end{bmatrix} = \begin{bmatrix} \hat{r} \\ \hat{\theta} \\ \hat{\varphi} \end{bmatrix} \begin{bmatrix} \hat{x} & \hat{y} & \hat{z} \end{bmatrix} \begin{bmatrix} r \\ \theta \\ \varphi \end{bmatrix} = \begin{bmatrix} \hat{x}\hat{r} & \hat{y}\hat{r} & \hat{z}\hat{r} \\ \hat{x}\hat{\theta} & \hat{y}\hat{\theta} & \hat{z}\hat{\theta} \\ \hat{x}\hat{\varphi} & \hat{y}\hat{\varphi} & \hat{z}\hat{\varphi} \end{bmatrix} \begin{bmatrix} r \\ \theta \\ \varphi \end{bmatrix}$$

$$\begin{bmatrix} \hat{x}\hat{r} & \hat{x}\hat{\theta} & \hat{x}\hat{\varphi} \\ \hat{y}\hat{r} & \hat{y}\hat{\theta} & \hat{y}\hat{\varphi} \\ \hat{z}\hat{r} & \hat{z}\hat{\theta} & \hat{z}\hat{\varphi} \end{bmatrix} = \begin{bmatrix} \hat{x}\hat{r} & \hat{y}\hat{r} & \hat{z}\hat{r} \\ \hat{x}\hat{\theta} & \hat{y}\hat{\theta} & \hat{z}\hat{\theta} \\ \hat{x}\hat{\varphi} & \hat{y}\hat{\varphi} & \hat{z}\hat{\varphi} \end{bmatrix}^T$$

$$\therefore \ R = (R^{-1})^T$$

좌대각선 ↘

Left-to-Right Diagonal

Main Diagonal

Primary Diagonal

우대각선 ↗

Right-to-Left Diagonal

Anti-Diagonal

Secondary Diagonal

이런 대칭 구도의 행렬을 **대칭 행렬** 또는 **전치 행렬**이라고 한다.

전치 행렬의 인자들이 모두 실수이면 **에르미트 행렬**이기도 하다.

구면 회전 변환 R 행렬의 인자는 모두 실수 삼각함수이기 때문에 **대칭 행렬**이고 **전치 행렬**이며 **에르미트 행렬**이라고 말할 수 있게 된 것이다.

구면 회전 변환은 **정변환**과 **역변환**, 두 관점이 있다. 이 두 행렬을 곱하면 그 대칭 관계에 어떤 무늬로 나타날까?

선분논리는 일반적으로 정행렬과 역행렬을 곱하면 항등 행렬 I 가 된다고 했다. 그런데 여기에는 전제가 있다. 같은 좌표계 속에 있을 때 그 중심이 항등 행렬 I 이기 때문이었다. 이는 곱셈의 항등원이 1이고 덧셈에 대한 항등원이 0인 것과 같은 알고리즘이다.

따라서 행렬의 항등원이 I 라는 것은 대명사적 의미이고 그 모양은 상대적으로 다를 수 있다.

구면 회전 변환에 대한 정변환 행렬과 역변환 행렬을 실제로 곱해보면, 시간을 들여 계산해야 할 사안인 것을 알 수 있다. 복잡한 다항식의 곱셈과 덧셈을 정리하고 조감하면 나름대로 아름다운 무늬가 그 모습을 내비친다.

$$RR^T = \begin{bmatrix} \hat{x}\hat{r} & \hat{x}\hat{\theta} & \hat{x}\hat{\varphi} \\ \hat{y}\hat{r} & \hat{y}\hat{\theta} & \hat{y}\hat{\varphi} \\ \hat{z}\hat{r} & \hat{z}\hat{\theta} & \hat{z}\hat{\varphi} \end{bmatrix} \begin{bmatrix} \hat{x}\hat{r} & \hat{y}\hat{r} & \hat{z}\hat{r} \\ \hat{x}\hat{\theta} & \hat{y}\hat{\theta} & \hat{z}\hat{\theta} \\ \hat{x}\hat{\varphi} & \hat{y}\hat{\varphi} & \hat{z}\hat{\varphi} \end{bmatrix}$$

$$= \begin{bmatrix} \hat{x}\hat{r}\hat{x}\hat{r} + \hat{x}\hat{\theta}\hat{x}\hat{\theta} + \hat{x}\hat{\varphi}\hat{x}\hat{\varphi} & \hat{x}\hat{r}\hat{y}\hat{r} + \hat{x}\hat{\theta}\hat{y}\hat{\theta} + \hat{x}\hat{\varphi}\hat{y}\hat{\varphi} & \hat{x}\hat{r}\hat{z}\hat{r} + \hat{x}\hat{\theta}\hat{z}\hat{\theta} + \hat{x}\hat{\varphi}\hat{z}\hat{\varphi} \\ \hat{y}\hat{r}\hat{x}\hat{r} + \hat{y}\hat{\theta}\hat{x}\hat{\theta} + \hat{y}\hat{\varphi}\hat{x}\hat{\varphi} & \hat{y}\hat{r}\hat{y}\hat{r} + \hat{y}\hat{\theta}\hat{y}\hat{\theta} + \hat{y}\hat{\varphi}\hat{y}\hat{\varphi} & \hat{y}\hat{r}\hat{z}\hat{r} + \hat{y}\hat{\theta}\hat{z}\hat{\theta} + \hat{y}\hat{\varphi}\hat{z}\hat{\varphi} \\ \hat{z}\hat{r}\hat{x}\hat{r} + \hat{z}\hat{\theta}\hat{x}\hat{\theta} + \hat{z}\hat{\varphi}\hat{x}\hat{\varphi} & \hat{z}\hat{r}\hat{y}\hat{r} + \hat{z}\hat{\theta}\hat{y}\hat{\theta} + \hat{z}\hat{\varphi}\hat{y}\hat{\varphi} & \hat{z}\hat{r}\hat{z}\hat{r} + \hat{z}\hat{\theta}\hat{z}\hat{\theta} + \hat{z}\hat{\varphi}\hat{z}\hat{\varphi} \end{bmatrix}$$

$$= \begin{bmatrix} \hat{x}^2\hat{r}^2 + \hat{x}^2\hat{\theta}^2 + \hat{x}^2\hat{\varphi}^2 & \hat{x}\hat{y}\hat{r}^2 + \hat{x}\hat{y}\hat{\theta}^2 + \hat{x}\hat{y}\hat{\varphi}^2 & \hat{x}\hat{z}\hat{r}^2 + \hat{x}\hat{z}\hat{\theta}^2 + \hat{x}\hat{z}\hat{\varphi}^2 \\ \hat{y}\hat{x}\hat{r}^2 + \hat{y}\hat{x}\hat{\theta}^2 + \hat{y}\hat{x}\hat{\varphi}^2 & \hat{y}^2\hat{r}^2 + \hat{y}^2\hat{\theta}^2 + \hat{y}^2\hat{\varphi}^2 & \hat{y}\hat{z}\hat{r}^2 + \hat{y}\hat{z}\hat{\theta}^2 + \hat{y}\hat{z}\hat{\varphi}^2 \\ \hat{z}\hat{x}\hat{r}^2 + \hat{z}\hat{x}\hat{\theta}^2 + \hat{z}\hat{x}\hat{\varphi}^2 & \hat{z}\hat{y}\hat{r}^2 + \hat{z}\hat{y}\hat{\theta}^2 + \hat{z}\hat{y}\hat{\varphi}^2 & \hat{z}^2\hat{r}^2 + \hat{z}^2\hat{\theta}^2 + \hat{z}^2\hat{\varphi}^2 \end{bmatrix}$$

$$= \begin{bmatrix} \hat{x}^2\left(\hat{r}^2+\hat{\theta}^2+\hat{\varphi}^2\right) & \hat{x}\hat{y}\left(\hat{r}^2+\hat{\theta}^2+\hat{\varphi}^2\right) & \hat{x}\hat{z}\left(\hat{r}^2+\hat{\theta}^2+\hat{\varphi}^2\right) \\ \hat{y}\hat{x}\left(\hat{r}^2+\hat{\theta}^2+\hat{\varphi}^2\right) & \hat{y}^2\left(\hat{r}^2+\hat{\theta}^2+\hat{\varphi}^2\right) & \hat{y}\hat{z}\left(\hat{r}^2+\hat{\theta}^2+\hat{\varphi}^2\right) \\ \hat{z}\hat{x}\left(\hat{r}^2+\hat{\theta}^2+\hat{\varphi}^2\right) & \hat{z}\hat{y}\left(\hat{r}^2+\hat{\theta}^2+\hat{\varphi}^2\right) & \hat{z}^2\left(\hat{r}^2+\hat{\theta}^2+\hat{\varphi}^2\right) \end{bmatrix}$$

$$= \begin{bmatrix} \hat{x}^2 & \hat{x}\hat{y} & \hat{x}\hat{z} \\ \hat{y}\hat{x} & \hat{y}^2 & \hat{y}\hat{z} \\ \hat{z}\hat{x} & \hat{z}\hat{y} & \hat{z}^2 \end{bmatrix} \left(\hat{r}^2+\hat{\theta}^2+\hat{\varphi}^2\right)$$

$$RR^T = \begin{bmatrix} \hat{x}^2 & \hat{x}\hat{y} & \hat{x}\hat{z} \\ \hat{y}\hat{x} & \hat{y}^2 & \hat{y}\hat{z} \\ \hat{z}\hat{x} & \hat{z}\hat{y} & \hat{z}^2 \end{bmatrix} \left(\hat{r}^2+\hat{\theta}^2+\hat{\varphi}^2\right)$$

Symmetric Matrix

이것이 내심 보고 싶었던 대칭 행렬의 무늬다. 여기서 한걸음 더 들어가 보면, 구면계 단위벡터 제곱의 합은 **피타고라스 정리**에서 많이 보던 무늬다.

단위벡터 제곱 역시 두 관점이 있다. 하나는 단위벡터의 절댓값으로 그 벡터의 길이를 해석하는 관점이다. 이 관점은 모든 단위벡터가 1이라는 고정 관념을 바탕으로 구면계 단위벡터 제곱의 합이 3이 되는 결과를 얻는다.

$$\hat{\mathbf{x}}^2 = \|\hat{\mathbf{x}}\| = \hat{\mathbf{y}}^2 = \|\hat{\mathbf{y}}\| = \hat{\mathbf{z}}^2 = \|\hat{\mathbf{z}}\| = 1$$

Unit Vector Length

$$\hat{\mathbf{r}}^2 = \|\hat{\mathbf{r}}\| = 1 = \|\hat{\boldsymbol{\theta}}\| = \hat{\boldsymbol{\theta}}^2 = \|\hat{\boldsymbol{\varphi}}\| = \hat{\boldsymbol{\varphi}}^2$$

$$\hat{\mathbf{r}}^2 + \hat{\boldsymbol{\theta}}^2 + \hat{\boldsymbol{\varphi}}^2 = 1 + 1 + 1 = 3$$

다시 피타고라스 정리의 논리로 생각하면 구면계 단위벡터 제곱의 합은 1의 제곱이므로 1이라는 결과가 나온다. 이를 어쩌나!

$$\hat{\mathbf{r}}^2 + \hat{\boldsymbol{\theta}}^2 + \hat{\boldsymbol{\varphi}}^2 = 1^2 = 1$$

단위벡터 길이의 관점은 피타고라스 정리의 관점과 다를 수 있지만 일관된 논리의 흐름에는 문제가 없다.

따라서 이 문제는 관점의 문제일 뿐이다. 이는 같은 원뿔을 보고 관점에 따라 점, 직선, 다양한 곡선이 나타나는 것과 같은 원리다. 그렇다면 어떤 관점으로 연속적 논리를 전개할지 선택이 남았다.

다른 여행 중에도 간간이 안내한 바 있듯이, 관점은 무엇을 기저로 삼고 그 척도에 따라 그 세계를 여행하는 것이라고 했다.

심리적으로 본다면 기저가 그 세계의 신인 셈이다. 신은 기본 척도만 제공하고 그 척도의 관계로 만물이 나타났다 사라진다. 따라서 신이 만물의 생사에 관심도 없고 관여하지 않아야 온전한 시공간의 존재를 유지할 수 있다.

선분논리는 오일러의 복소수 논리에서 연쇄반응하여 사원수 다항식이 나왔고, 이를 더 발전시킨 것이 해밀턴 역학이다.

$$\det R = \pm 1, \quad R^T = R^{-1}$$
Orthogonal Matrix

$$q = a + bi + cj + dk$$
Euler Parameters, Quaternion

$$\|q\|^2 = a^2 + b^2 + c^2 + d^2 = 1$$
Euler Rodrigues Formula

$$\vec{x}' = \begin{bmatrix} a^2+b^2-c^2-d^2 & 2(bc-ad) & 2(bd+ac) \\ 2(bc+ad) & a^2+c^2-b^2-d^2 & 2(cd-ab) \\ 2(bd-ac) & 2(cd+ab) & a^2+d^2-b^2-c^2 \end{bmatrix} \vec{x}$$

단위 사원수 $q=a+bi+cj+dk$ 에 대응하는 회전 행렬

원론을 되돌아보면, **복소수**의 원리는 **삼각함수**로 해석했으므로 그 토대에 **피타고라스 정리**가 있다. 이 흐름에 맞춰 오일러 공식은 4차원에서 단위벡터 제곱의 합이 1이라는 관점으로 논리의 일관성을 이어간다.

따라서 회전 변환의 단위벡터 제곱의 합도 1을 적용하면 더욱 아름다운 대칭 행렬로 정리된다. 이런 방식의 관계를 선분논리에서는 **텐서 곱**이라고도 한다. 텐서 곱에 대한 이야기는 다음에 관람할 기회가 있을 것이다.

$$\hat{\mathbf{r}}^2 + \hat{\theta}^2 + \hat{\varphi}^2 = 1^2 = 1$$

$$R \otimes R = RR^T = \begin{bmatrix} \hat{\mathbf{x}}^2 & \hat{\mathbf{x}}\hat{\mathbf{y}} & \hat{\mathbf{x}}\hat{\mathbf{z}} \\ \hat{\mathbf{y}}\hat{\mathbf{x}} & \hat{\mathbf{y}}^2 & \hat{\mathbf{y}}\hat{\mathbf{z}} \\ \hat{\mathbf{z}}\hat{\mathbf{x}} & \hat{\mathbf{z}}\hat{\mathbf{y}} & \hat{\mathbf{z}}^2 \end{bmatrix}$$

Tensor Product

이 논리의 흐름은 데카르트계와 구면계에만 국한하지 않고, 모든 좌표계 변환에 통하는 일반적 **좌표계 회전 변환**의 논리다.

좌표계 회전 변환의 무늬는 좌표계 기하적 공간에서 해석하는 90도 관계였다. 그러나 행렬로 그 무늬를 분석하면 좌대각선(↘)을 경계로 두 삼각형이 거울과 같이 대칭으로 두 차원의 통로를 만든다는 비밀이 드러난다.

XY평면 중심에 있는 0점은 그 공간에 대한 수량이 0이기 때문에 그 속을 들여다볼 수 없다. 이는 알고리즘만 가진 0입자를 0이라는 수량으로 보고 분석할 수 없다는 의미다.

행렬의 중심은 좌대각선이다. 그래서 좌대각선의 중심을 주대각선(Main Diagonal)이라고 부른다. 여기서 논리가 끝나면 선분논리다. 행렬의 중심 논리를 공간의 중심 논리와 연결하면 회전논리가 된다.

공간의 세계에서 XY평면의 중심은 0점이면서 X와 Y의 곱이 제곱의 평면파로 0입자를 형성한다. 행렬의 세계에서 좌대각선은 행과 열의 곱이 제곱의 평면파를 형성하여 0입자를 만든다. 따라서 행렬의 좌대각선은 XY평면에서 0점에 해당한다.

행렬의 논리 세계와 XY평면의 논리 세계가 표면적으로 서로 달라 보이지만, 두 세계는 모두 사칙연산에서 유래했으며 논리적 연쇄반응의 산물이었다.

회전 변환 행렬을 들여다보면 행과 열이 자리바꿈을 하면서 대칭성을 보인다. 그리고 행과 열의 대칭성 중심에는 좌대각선이 있었다. 이는 0입자를 행렬의 좌대각선으로 분석할 수 있다는 것을 암시한다.

Orthonormal ViewPoints Relation

$$\mathbf{f}(x,y,z) = x\hat{\mathbf{x}} + y\hat{\mathbf{y}} + z\hat{\mathbf{z}}, \quad \mathbf{S}(r,\theta,\varphi) = r\hat{\mathbf{r}} + \theta\hat{\boldsymbol{\theta}} + \varphi\hat{\boldsymbol{\varphi}}$$

$$x\hat{\mathbf{x}} + y\hat{\mathbf{y}} + z\hat{\mathbf{z}} = \begin{bmatrix} x\hat{\mathbf{x}} \\ y\hat{\mathbf{y}} \\ z\hat{\mathbf{z}} \end{bmatrix} = \begin{bmatrix} \hat{\mathbf{x}}x \\ \hat{\mathbf{y}}y \\ \hat{\mathbf{z}}z \end{bmatrix} = \begin{bmatrix} \hat{\mathbf{x}} \\ \hat{\mathbf{y}} \\ \hat{\mathbf{z}} \end{bmatrix} \begin{bmatrix} x \\ y \\ z \end{bmatrix}$$

$$r\hat{\mathbf{r}} + \theta\hat{\boldsymbol{\theta}} + \varphi\hat{\boldsymbol{\varphi}} = \begin{bmatrix} r\hat{\mathbf{r}} \\ \theta\hat{\boldsymbol{\theta}} \\ \varphi\hat{\boldsymbol{\varphi}} \end{bmatrix} = \begin{bmatrix} r \\ \theta \\ \varphi \end{bmatrix} \begin{bmatrix} \hat{\mathbf{r}} \\ \hat{\boldsymbol{\theta}} \\ \hat{\boldsymbol{\varphi}} \end{bmatrix} = \begin{bmatrix} r & \theta & \varphi \end{bmatrix} \begin{bmatrix} \hat{\mathbf{r}} \\ \hat{\boldsymbol{\theta}} \\ \hat{\boldsymbol{\varphi}} \end{bmatrix} = \begin{bmatrix} \hat{\mathbf{r}} & \hat{\boldsymbol{\theta}} & \hat{\boldsymbol{\varphi}} \end{bmatrix} \begin{bmatrix} r \\ \theta \\ \varphi \end{bmatrix}$$

$$\because \mathbf{f} = \mathbf{S}, \quad \mathbf{f} \perp \mathbf{S}, \quad \mathbf{f} \cdot \mathbf{S} = 0, \quad \mathbf{f} \times \mathbf{S} = \infty \stackrel{@}{=} \nabla^2 f = 0$$

$$y = f_@(x), \quad f_@^{-1}(y) = x, \quad y \perp x$$

Orthonormal ViewPoints Relation

$$\begin{bmatrix} x \\ y \\ z \end{bmatrix} \begin{bmatrix} \hat{\mathbf{x}} \\ \hat{\mathbf{y}} \\ \hat{\mathbf{z}} \end{bmatrix} = \begin{bmatrix} r \\ \theta \\ \varphi \end{bmatrix} \begin{bmatrix} \hat{\mathbf{r}} \\ \hat{\boldsymbol{\theta}} \\ \hat{\boldsymbol{\varphi}} \end{bmatrix}, \quad \begin{bmatrix} \hat{\mathbf{x}} \\ \hat{\mathbf{y}} \\ \hat{\mathbf{z}} \end{bmatrix} \begin{bmatrix} \hat{\mathbf{r}} & \hat{\boldsymbol{\theta}} & \hat{\boldsymbol{\varphi}} \end{bmatrix} \begin{bmatrix} x \\ y \\ z \end{bmatrix} = \begin{bmatrix} r \\ \theta \\ \varphi \end{bmatrix}, \quad \begin{bmatrix} x \\ y \\ z \end{bmatrix} = \begin{bmatrix} \hat{\mathbf{r}} \\ \hat{\boldsymbol{\theta}} \\ \hat{\boldsymbol{\varphi}} \end{bmatrix} \begin{bmatrix} \hat{\mathbf{x}} & \hat{\mathbf{y}} & \hat{\mathbf{z}} \end{bmatrix} \begin{bmatrix} r \\ \theta \\ \varphi \end{bmatrix}$$

$$\therefore \begin{bmatrix} \hat{\mathbf{x}} \\ \hat{\mathbf{y}} \\ \hat{\mathbf{z}} \end{bmatrix} \begin{bmatrix} \hat{\mathbf{r}} & \hat{\boldsymbol{\theta}} & \hat{\boldsymbol{\varphi}} \end{bmatrix} \begin{bmatrix} x \\ y \\ z \end{bmatrix} = \begin{bmatrix} \hat{\mathbf{x}}\hat{\mathbf{r}} & \hat{\mathbf{x}}\hat{\boldsymbol{\theta}} & \hat{\mathbf{x}}\hat{\boldsymbol{\varphi}} \\ \hat{\mathbf{y}}\hat{\mathbf{r}} & \hat{\mathbf{y}}\hat{\boldsymbol{\theta}} & \hat{\mathbf{y}}\hat{\boldsymbol{\varphi}} \\ \hat{\mathbf{z}}\hat{\mathbf{r}} & \hat{\mathbf{z}}\hat{\boldsymbol{\theta}} & \hat{\mathbf{z}}\hat{\boldsymbol{\varphi}} \end{bmatrix} \begin{bmatrix} x \\ y \\ z \end{bmatrix} = \begin{bmatrix} r \\ \theta \\ \varphi \end{bmatrix}$$

$$\begin{bmatrix} x \\ y \\ z \end{bmatrix} = \begin{bmatrix} \hat{\mathbf{r}} \\ \hat{\boldsymbol{\theta}} \\ \hat{\boldsymbol{\varphi}} \end{bmatrix} \begin{bmatrix} \hat{\mathbf{x}} & \hat{\mathbf{y}} & \hat{\mathbf{z}} \end{bmatrix} \begin{bmatrix} r \\ \theta \\ \varphi \end{bmatrix} = \begin{bmatrix} \hat{\mathbf{x}}\hat{\mathbf{r}} & \hat{\mathbf{y}}\hat{\mathbf{r}} & \hat{\mathbf{z}}\hat{\mathbf{r}} \\ \hat{\mathbf{x}}\hat{\boldsymbol{\theta}} & \hat{\mathbf{y}}\hat{\boldsymbol{\theta}} & \hat{\mathbf{z}}\hat{\boldsymbol{\theta}} \\ \hat{\mathbf{x}}\hat{\boldsymbol{\varphi}} & \hat{\mathbf{y}}\hat{\boldsymbol{\varphi}} & \hat{\mathbf{z}}\hat{\boldsymbol{\varphi}} \end{bmatrix} \begin{bmatrix} r \\ \theta \\ \varphi \end{bmatrix}$$

$$\begin{bmatrix} \hat{\mathbf{x}}\hat{\mathbf{r}} & \hat{\mathbf{x}}\hat{\boldsymbol{\theta}} & \hat{\mathbf{x}}\hat{\boldsymbol{\varphi}} \\ \hat{\mathbf{y}}\hat{\mathbf{r}} & \hat{\mathbf{y}}\hat{\boldsymbol{\theta}} & \hat{\mathbf{y}}\hat{\boldsymbol{\varphi}} \\ \hat{\mathbf{z}}\hat{\mathbf{r}} & \hat{\mathbf{z}}\hat{\boldsymbol{\theta}} & \hat{\mathbf{z}}\hat{\boldsymbol{\varphi}} \end{bmatrix} = \begin{bmatrix} \hat{\mathbf{x}}\hat{\mathbf{r}} & \hat{\mathbf{y}}\hat{\mathbf{r}} & \hat{\mathbf{z}}\hat{\mathbf{r}} \\ \hat{\mathbf{x}}\hat{\boldsymbol{\theta}} & \hat{\mathbf{y}}\hat{\boldsymbol{\theta}} & \hat{\mathbf{z}}\hat{\boldsymbol{\theta}} \\ \hat{\mathbf{x}}\hat{\boldsymbol{\varphi}} & \hat{\mathbf{y}}\hat{\boldsymbol{\varphi}} & \hat{\mathbf{z}}\hat{\boldsymbol{\varphi}} \end{bmatrix}^T \qquad \therefore R = (R^{-1})^T$$

$$RR^T = \begin{bmatrix} \hat{x}\hat{r} & \hat{x}\hat{\theta} & \hat{x}\hat{\varphi} \\ \hat{y}\hat{r} & \hat{y}\hat{\theta} & \hat{y}\hat{\varphi} \\ \hat{z}\hat{r} & \hat{z}\hat{\theta} & \hat{z}\hat{\varphi} \end{bmatrix} \begin{bmatrix} \hat{x}\hat{r} & \hat{y}\hat{r} & \hat{z}\hat{r} \\ \hat{x}\hat{\theta} & \hat{y}\hat{\theta} & \hat{z}\hat{\theta} \\ \hat{x}\hat{\varphi} & \hat{y}\hat{\varphi} & \hat{z}\hat{\varphi} \end{bmatrix} = \begin{bmatrix} \hat{x}\hat{r}\hat{x}\hat{r} + \hat{x}\hat{\theta}\hat{x}\hat{\theta} + \hat{x}\hat{\varphi}\hat{x}\hat{\varphi} & \hat{x}\hat{r}\hat{y}\hat{r} + \hat{x}\hat{\theta}\hat{y}\hat{\theta} + \hat{x}\hat{\varphi}\hat{y}\hat{\varphi} & \hat{x}\hat{r}\hat{z}\hat{r} + \hat{x}\hat{\theta}\hat{z}\hat{\theta} + \hat{x}\hat{\varphi}\hat{z}\hat{\varphi} \\ \hat{y}\hat{r}\hat{x}\hat{r} + \hat{y}\hat{\theta}\hat{x}\hat{\theta} + \hat{y}\hat{\varphi}\hat{x}\hat{\varphi} & \hat{y}\hat{r}\hat{y}\hat{r} + \hat{y}\hat{\theta}\hat{y}\hat{\theta} + \hat{y}\hat{\varphi}\hat{y}\hat{\varphi} & \hat{y}\hat{r}\hat{z}\hat{r} + \hat{y}\hat{\theta}\hat{z}\hat{\theta} + \hat{y}\hat{\varphi}\hat{z}\hat{\varphi} \\ \hat{z}\hat{r}\hat{x}\hat{r} + \hat{z}\hat{\theta}\hat{x}\hat{\theta} + \hat{z}\hat{\varphi}\hat{x}\hat{\varphi} & \hat{z}\hat{r}\hat{y}\hat{r} + \hat{z}\hat{\theta}\hat{y}\hat{\theta} + \hat{z}\hat{\varphi}\hat{y}\hat{\varphi} & \hat{z}\hat{r}\hat{z}\hat{r} + \hat{z}\hat{\theta}\hat{z}\hat{\theta} + \hat{z}\hat{\varphi}\hat{z}\hat{\varphi} \end{bmatrix}$$

$$= \begin{bmatrix} \hat{x}^2\hat{r}^2 + \hat{x}^2\hat{\theta}^2 + \hat{x}^2\hat{\varphi}^2 & \hat{x}\hat{y}\hat{r}^2 + \hat{x}\hat{y}\hat{\theta}^2 + \hat{x}\hat{y}\hat{\varphi}^2 & \hat{x}\hat{z}\hat{r}^2 + \hat{x}\hat{z}\hat{\theta}^2 + \hat{x}\hat{z}\hat{\varphi}^2 \\ \hat{y}\hat{x}\hat{r}^2 + \hat{y}\hat{x}\hat{\theta}^2 + \hat{y}\hat{x}\hat{\varphi}^2 & \hat{y}^2\hat{r}^2 + \hat{y}^2\hat{\theta}^2 + \hat{y}^2\hat{\varphi}^2 & \hat{y}\hat{z}\hat{r}^2 + \hat{y}\hat{z}\hat{\theta}^2 + \hat{y}\hat{z}\hat{\varphi}^2 \\ \hat{z}\hat{x}\hat{r}^2 + \hat{z}\hat{x}\hat{\theta}^2 + \hat{z}\hat{x}\hat{\varphi}^2 & \hat{z}\hat{y}\hat{r}^2 + \hat{z}\hat{y}\hat{\theta}^2 + \hat{z}\hat{y}\hat{\varphi}^2 & \hat{z}^2\hat{r}^2 + \hat{z}^2\hat{\theta}^2 + \hat{z}^2\hat{\varphi}^2 \end{bmatrix}$$

$$= \begin{bmatrix} \hat{x}^2\left(\hat{r}^2+\hat{\theta}^2+\hat{\varphi}^2\right) & \hat{x}\hat{y}\left(\hat{r}^2+\hat{\theta}^2+\hat{\varphi}^2\right) & \hat{x}\hat{z}\left(\hat{r}^2+\hat{\theta}^2+\hat{\varphi}^2\right) \\ \hat{y}\hat{x}\left(\hat{r}^2+\hat{\theta}^2+\hat{\varphi}^2\right) & \hat{y}^2\left(\hat{r}^2+\hat{\theta}^2+\hat{\varphi}^2\right) & \hat{y}\hat{z}\left(\hat{r}^2+\hat{\theta}^2+\hat{\varphi}^2\right) \\ \hat{z}\hat{x}\left(\hat{r}^2+\hat{\theta}^2+\hat{\varphi}^2\right) & \hat{z}\hat{y}\left(\hat{r}^2+\hat{\theta}^2+\hat{\varphi}^2\right) & \hat{z}^2\left(\hat{r}^2+\hat{\theta}^2+\hat{\varphi}^2\right) \end{bmatrix} = \begin{bmatrix} \hat{x}^2 & \hat{x}\hat{y} & \hat{x}\hat{z} \\ \hat{y}\hat{x} & \hat{y}^2 & \hat{y}\hat{z} \\ \hat{z}\hat{x} & \hat{z}\hat{y} & \hat{z}^2 \end{bmatrix}\left(\hat{r}^2+\hat{\theta}^2+\hat{\varphi}^2\right)$$

$$RR^T = \begin{bmatrix} \hat{x}^2 & \hat{x}\hat{y} & \hat{x}\hat{z} \\ \hat{y}\hat{x} & \hat{y}^2 & \hat{y}\hat{z} \\ \hat{z}\hat{x} & \hat{z}\hat{y} & \hat{z}^2 \end{bmatrix}\left(\hat{r}^2+\hat{\theta}^2+\hat{\varphi}^2\right) \quad : \text{Symmetric Matrix}$$

$$\hat{x}^2 = \|\hat{x}\| = \hat{y}^2 = \|\hat{y}\| = \hat{z}^2 = \|\hat{z}\| = 1 \quad : \text{Unit Vector Length}$$

$$\hat{r}^2 = \|\hat{r}\| = 1 = \|\hat{\theta}\| = \hat{\theta}^2 = \|\hat{\varphi}\| = \hat{\varphi}^2, \quad \hat{r}^2 + \hat{\theta}^2 + \hat{\varphi}^2 = 1 + 1 + 1 = 3$$

$$\hat{r}^2 + \hat{\theta}^2 + \hat{\varphi}^2 = 1^2 = 1$$

$$\det R = \pm 1, \quad R^T = R^{-1} \quad : \text{Orthogonal Matrix}$$

$$q = a + bi + cj + dk \quad : \text{Euler Parameters}$$

$$\|q\|^2 = a^2 + b^2 + c^2 + d^2 = 1 \quad : \text{Euler Rodrigues Formula}$$

$$\hat{r}^2 + \hat{\theta}^2 + \hat{\varphi}^2 = 1^2 = 1$$

$$R \otimes R = RR^T = \begin{bmatrix} \hat{x}^2 & \hat{x}\hat{y} & \hat{x}\hat{z} \\ \hat{y}\hat{x} & \hat{y}^2 & \hat{y}\hat{z} \\ \hat{z}\hat{x} & \hat{z}\hat{y} & \hat{z}^2 \end{bmatrix} \quad : \text{Tensor Product}$$

구면 조화파 소용돌이 속으로
Into Spherical Harmonic Vortex

구면 조화파를 고조파(高調波)라고 번역하는 경우도 있다. 이는 harmonic 을 높이가 고른 파동이라 해석했기 때문이다. 조화롭다는 하모닉의 일상적인 인식과 동떨어진 어감이라서 처음에는 잘 와닿지 않는다. 그래서 **조화파**라고 말하는 경우가 늘고 있다.

구면 조화파는 사실 무한에 대한 이야기에서 시작됐다. 고대에는 제논의 분수 접근법이 있었고, 근세에는 야코프 베르누이가 소용돌이에 대한 질문을 던졌다.

수학은 익숙한 데카르트계의 직선을 토대로 회전하는 원을 해석하여 구면계에 도달한다. 그들은 피타고라스 정리에 바탕을 두고 삼각함수로 원의 무한 회전을 이해했다.

$$\frac{\partial}{\partial \theta} \sin \theta = \cos \theta, \quad \frac{\partial}{\partial \theta} \cos \theta = -\sin \theta$$

사인을 각도로 편미분하면 삐딱하게 쪼개지면서 반대쪽 코사인이 보인다. 반대방향에서 코사인을 각도로 편미분하면 거울 속 양음이 반전되는 것과 같이 사인을 비춘다. 사인과 코사인은 삼각 공간에서 쌍둥이다. 왜 그럴까?

미분은 근본 입자가 나올 때까지 무한히 쪼개는 일을 한다. 죽어도 쪼개지 못할 것을 ... 사람은 그것을 쪼개어 입자로 만들었다.

근본으로 쪼개면 정말 무엇이 나올까?

그것은 생각으로 존재하는 **관계**이며, 여기서는 그것을 **시간**이라 부른다.

사인을 미분하면 쌍둥이인 코사인이 나온다. 그 이유는 여러 가지 수리적 관점에서 이해할 수도 있지만, 직관적으로 통찰해 보면 기하적으로 오일러 공식에서 사인을 허수축, 코사인을 실수축으로 정리했기 때문이다.

두 축은 90도 상대적 관계로 2차원 동시공간을 존재케 한다. 그래서 허수축의 근본 입자는 실수축이 되고 실수축의 근본 입자는 허수축이 된다. 여기서 좌우가 바뀌는 양음의 거울 대칭은 사인의 양음 대칭 알고리즘으로 발현된다.

사인은 코사인으로 변하면서 좌우 구분이 필요없는 완전 대칭이 되고, 코사인은 사인으로 변하면서 양음이 생겨 거울대칭이 된다.

삼각함수의 미분 특성을 바탕으로 반지름 입자를 관찰해 본다. 구면계 회전 변환 R 에 따라 단위벡터는 다음과 같이 정리할 수 있다.

$$R \stackrel{@}{=} \hat{\mathbf{R}} = \hat{\mathbf{R}}_{@xyz}(r,\theta,\varphi) = \begin{bmatrix} \hat{\mathbf{r}} \\ \hat{\boldsymbol{\theta}} \\ \hat{\boldsymbol{\varphi}} \end{bmatrix} = \begin{bmatrix} \sin\theta\cos\varphi & \sin\theta\sin\varphi & \cos\theta \\ \cos\theta\cos\varphi & \cos\theta\sin\varphi & -\sin\theta \\ -\sin\varphi & \cos\varphi & 0 \end{bmatrix}$$

$$\hat{\mathbf{r}} = \begin{bmatrix} \sin\theta\cos\varphi \\ \sin\theta\sin\varphi \\ \cos\theta \end{bmatrix}, \quad \hat{\boldsymbol{\theta}} = \begin{bmatrix} \cos\theta\cos\varphi \\ \cos\theta\sin\varphi \\ -\sin\theta \end{bmatrix}, \quad \hat{\boldsymbol{\varphi}} = \begin{bmatrix} -\sin\varphi \\ \cos\varphi \\ 0 \end{bmatrix}$$

먼저 반지름 입자 r 을 위도 θ 와 경도 φ 의 회전 변환에 따른 단위행렬 입자로 정리할 수 있다.

$$\mathbf{r} = r\hat{\mathbf{r}} = r \begin{bmatrix} \sin\theta\cos\varphi \\ \sin\theta\sin\varphi \\ \cos\theta \end{bmatrix}$$

$$\frac{\partial}{\partial r}\mathbf{r} = \frac{\partial}{\partial r}r\hat{\mathbf{r}} = 1 \cdot \hat{\mathbf{r}} = \begin{bmatrix} \sin\theta\cos\varphi \\ \sin\theta\sin\varphi \\ \cos\theta \end{bmatrix} = \hat{\mathbf{r}}$$

반지름 r 단위행렬을 위도 θ 방향으로 비스듬하게 편광으로 편미분하여 관찰하면, 흥미롭게 위도 θ 단위행렬이 나타난다.

$$\frac{\partial}{\partial \theta}\mathbf{r} = \frac{\partial}{\partial \theta}r\hat{\mathbf{r}} = r\frac{\partial}{\partial \theta}\begin{bmatrix} \sin\theta\cos\varphi \\ \sin\theta\sin\varphi \\ \cos\theta \end{bmatrix} = r\begin{bmatrix} \cos\theta\cos\varphi \\ \cos\theta\sin\varphi \\ -\sin\theta \end{bmatrix} = r\hat{\boldsymbol{\theta}}$$

실험은 장난기가 있어야 맛이 난다. 장난기에 가속도를 붙여보자. 반지름 r 단위행렬을 경도 φ 방향으로 삐딱하게 노려본다. 어이쿠! 위도 θ 에 대한 사인이 튀어나오면서 경도 φ 단위행렬이 된다.

$$\frac{\partial}{\partial \varphi}\mathbf{r} = \frac{\partial}{\partial \varphi}r\hat{\mathbf{r}} = r\frac{\partial}{\partial \varphi}\begin{bmatrix} \sin\theta\cos\varphi \\ \sin\theta\sin\varphi \\ \cos\theta \end{bmatrix}$$

$$= r\begin{bmatrix} -\sin\theta\sin\varphi \\ \sin\theta\cos\varphi \\ 0 \end{bmatrix} = r\sin\theta\begin{bmatrix} -\sin\varphi \\ \cos\varphi \\ 0 \end{bmatrix} = r\sin\theta\,\hat{\boldsymbol{\varphi}}$$

물론 수리적으로 따지면 그럴 만한 이유가 있지만, 관조적으로 이런 미분 현상을 이해하고 정리할 필요가 있다. 그래야 나의 두뇌 회로가 신의 알고리즘을 습득해 자연스레 그에 알맞게 작동하기 때문이다. 삼각함수의 원리가 삼각함수에만 있겠는가? 우리 일상에 일어나는 사건들이 그런 근본 알고리즘에 바탕을 두고 발생한다.

삼각함수의 미분 현상은 그 핵심 알고리즘이 90도 시간차에 있기 때문이다. 앞서 직교 관계 실험에서 각도에 90도를 더하여 쌍둥이를 만난 현상과 미분한 현상이 같은 무늬로 나타났다. 이는 모두 **동시**

자기복제 원리로 시공간이 존재할 수 있기 때문이다.

$$\sin\left(\theta + \frac{\pi}{2}\right) = \cos\theta, \quad \cos\left(\theta + \frac{\pi}{2}\right) = -\sin\theta$$

$$\frac{\partial}{\partial\theta}\sin\theta = \cos\theta, \quad \frac{\partial}{\partial\theta}\cos\theta = -\sin\theta$$

그래서 구면 조화파를 유도할 때 편미분의 원리가 활용될 수 있었던 것이다. 이 원리를 간파하고 정리한 것은 아닐 수 있지만, 선분논리의 편미분학은 연속적 연쇄반응의 파도를 타고 라플라시안의 구면 조화파를 거쳐 수소 원자 오비탈 모델까지 도달할 수 있었다.

그래서 어떤 논리를 사용하든 연속적 논리의 전개는 군 이론에서 말하는 매끄러운 다양체를 형성하고 존재 가능한 현상이 된다.

이 사고 실험을 통해 우리는 반지름 벡터의 미분이 구면 좌표계 내에서 **좌표축 회전 변환** 효과를 얻는다는 것을 알 수 있다. 이를 다시 단위벡터의 관점에서 방정식들을 정리하면, 반지름 r 의 편미분 관점에 대한 구면계 r, θ, φ 단위벡터 입자들을 얻게 된다. 이는 근본적으로 미분 알고리즘이 90도 좌표축 회전과 같기 때문에, 반지름 r 을 미분하면 90도 관계에 있는 θ, φ 로 나타났던 것이다.

이것은 반지름을 키클롭스 세 눈으로 보는 관점이다. 키클롭스 세 눈은 편미분 편광법을 사용했다.

$$\frac{\partial \mathbf{r}}{\partial r} = \hat{\mathbf{r}} \, , \quad \frac{\partial \mathbf{r}}{\partial \theta} = r\,\hat{\boldsymbol{\theta}} \, , \quad \frac{\partial \mathbf{r}}{\partial \varphi} = r\sin\theta\,\hat{\boldsymbol{\varphi}}$$

$$\therefore \; \frac{\partial \mathbf{r}}{\partial r} = \hat{\mathbf{r}} \, , \quad \frac{1}{r}\frac{\partial \mathbf{r}}{\partial \theta} = \hat{\boldsymbol{\theta}} \, , \quad \frac{1}{r\sin\theta}\frac{\partial \mathbf{r}}{\partial \varphi} = \hat{\boldsymbol{\varphi}}$$

구면계 속에서 r, θ, φ 단위벡터들은 그 길이가 모두 1이다. 이를 토대로 반지름에 대한 키클롭스의 편미분 관점을 스칼라 길이로 해석해 정리한다.

반지름은 좌표축의 관점에 따라 고윳값이 달라진다. 이는 구면계의 좌표축들이 데카르트계의 관점에서 볼 때 서로 다른 우주상수를 가진다는 것을 의미한다. 그렇다면 우리는 키클롭스의 눈으로 세상을 보고 있는 셈이다.

$$|\hat{\mathbf{r}}| = 1 = |\hat{\boldsymbol{\theta}}| = |\hat{\boldsymbol{\varphi}}|$$

$$\left|\frac{\partial \mathbf{r}}{\partial r}\right| = |\hat{\mathbf{r}}| = 1 \, , \quad \left|\frac{\partial \mathbf{r}}{\partial \theta}\right| = \left|r\,\hat{\boldsymbol{\theta}}\right| = r\left|\hat{\boldsymbol{\theta}}\right| = r \cdot 1 = r$$

$$\left|\frac{\partial \mathbf{r}}{\partial \varphi}\right| = \left|r\sin\theta\,\hat{\boldsymbol{\varphi}}\right| = r\sin\theta\left|\hat{\boldsymbol{\varphi}}\right| = r\sin\theta \cdot 1 = r\sin\theta$$

$$\therefore \left|\frac{\partial \mathbf{r}}{\partial r}\right| = 1, \quad \left|\frac{\partial \mathbf{r}}{\partial \theta}\right| = r, \quad \left|\frac{\partial \mathbf{r}}{\partial \varphi}\right| = r \sin \theta$$

회전논리의 흐름을 타고 단위벡터의 원론으로 반지름에 대한 키클롭스 편미분을 다시 정리하고 관찰해 본다. 절댓값을 이용한 고윳값과 단위벡터 방정식에서 다시 단위벡터 관점으로 정리하면 **동시 자기복제** 무늬가 분수 형태로 드러난다.

$$\frac{\partial \mathbf{r}}{\partial r} = \left|\frac{\partial \mathbf{r}}{\partial r}\right| \hat{\mathbf{r}}, \quad \frac{\partial \mathbf{r}}{\partial \theta} = \left|\frac{\partial \mathbf{r}}{\partial \theta}\right| \hat{\boldsymbol{\theta}}, \quad \frac{\partial \mathbf{r}}{\partial \varphi} = \left|\frac{\partial \mathbf{r}}{\partial \varphi}\right| \hat{\boldsymbol{\varphi}}$$

$$\therefore \frac{\frac{\partial \mathbf{r}}{\partial r}}{\left|\frac{\partial \mathbf{r}}{\partial r}\right|} = \hat{\mathbf{r}}, \quad \frac{\frac{\partial \mathbf{r}}{\partial \theta}}{\left|\frac{\partial \mathbf{r}}{\partial \theta}\right|} = \hat{\boldsymbol{\theta}}, \quad \frac{\frac{\partial \mathbf{r}}{\partial \varphi}}{\left|\frac{\partial \mathbf{r}}{\partial \varphi}\right|} = \hat{\boldsymbol{\varphi}}$$

우리가 편미분으로 구면 좌표계를 분석하고 탐험하는 이유는 그 여행코스의 목적지에 라플라스 구면 조화파가 있기 때문이다. 반지름에 대한 **키클롭스 편미분** 관점 현미경을 토대로 위도와 경도에 대한 편미분 현상을 반지름, 위도, 경도 각각의 관점에서 탐험을 이어 간다.

반지름, 위도, 경도 세 축의 단위벡터를 모두 반지름의 눈으로 보면, 모두 0이 되어 사라져 버린다.

$$\frac{\partial}{\partial r}\hat{\mathbf{r}} = \frac{\partial}{\partial r}\begin{bmatrix} \sin\theta\;\cos\varphi \\ \sin\theta\;\sin\varphi \\ \cos\theta \end{bmatrix} = \begin{bmatrix} \frac{\partial}{\partial r}\sin\theta\;\cos\varphi \\ \frac{\partial}{\partial r}\sin\theta\;\sin\varphi \\ \frac{\partial}{\partial r}\cos\theta \end{bmatrix} = \begin{bmatrix} 0 \\ 0 \\ 0 \end{bmatrix} = 0$$

$$\frac{\partial}{\partial r}\hat{\boldsymbol{\theta}} = \frac{\partial}{\partial r}\begin{bmatrix} \cos\theta\;\cos\varphi \\ \cos\theta\;\sin\varphi \\ -\sin\theta \end{bmatrix} = 0\;,\quad \frac{\partial}{\partial r}\hat{\boldsymbol{\varphi}} = \frac{\partial}{\partial r}\begin{bmatrix} -\sin\varphi \\ \cos\varphi \\ 0 \end{bmatrix} = 0$$

$$\therefore\; \frac{\partial\hat{\mathbf{r}}}{\partial r} = 0\;,\quad \frac{\partial\hat{\boldsymbol{\theta}}}{\partial r} = 0\;,\quad \frac{\partial\hat{\boldsymbol{\varphi}}}{\partial r} = 0$$

이번엔 키클롭스의 위도 θ 눈으로 단위벡터들을 들여다본다. 경도 φ 단위벡터 축은 0으로 사라져 보이질 않고, 반지름 r 축에서 위도 θ 축이 나타난다. 반대로 위도 θ 축에서는 화살표가 양음이 뒤집힌 반지름 $-r$ 축이 보인다.

$$\frac{\partial}{\partial \theta}\hat{\boldsymbol{\varphi}} = \frac{\partial}{\partial \theta}\begin{bmatrix} -\sin\varphi \\ \cos\varphi \\ 0 \end{bmatrix} = 0$$

$$\frac{\partial}{\partial \theta}\hat{\mathbf{r}} = \frac{\partial}{\partial \theta}\begin{bmatrix} \sin\theta\;\cos\varphi \\ \sin\theta\;\sin\varphi \\ \cos\theta \end{bmatrix} = \begin{bmatrix} \cos\theta\;\cos\varphi \\ \cos\theta\;\sin\varphi \\ -\sin\theta \end{bmatrix} = \hat{\boldsymbol{\theta}}$$

$$\frac{\partial}{\partial \theta}\hat{\boldsymbol{\theta}} = \frac{\partial}{\partial \theta}\begin{bmatrix} \cos\theta \cos\varphi \\ \cos\theta \sin\varphi \\ -\sin\theta \end{bmatrix} = \begin{bmatrix} -\sin\theta \cos\varphi \\ -\sin\theta \sin\varphi \\ -\cos\theta \end{bmatrix} = -\begin{bmatrix} \sin\theta \cos\varphi \\ \sin\theta \sin\varphi \\ \cos\theta \end{bmatrix} = -\hat{\mathbf{r}}$$

$$\therefore \ \frac{\partial \hat{\boldsymbol{\varphi}}}{\partial \theta} = 0, \quad \frac{\partial \hat{\mathbf{r}}}{\partial \theta} = \hat{\boldsymbol{\theta}}, \quad \frac{\partial \hat{\boldsymbol{\theta}}}{\partial \theta} = -\hat{\mathbf{r}}$$

마지막 키클롭스의 경도 φ 눈으로 구면계 세 축을 보면, 직선이 아닌 곡선의 파동 무늬가 나타난다. 좌표축이 곡선으로 휘었다.

$$\frac{\partial}{\partial \varphi}\hat{\mathbf{r}} = \frac{\partial}{\partial \varphi}\begin{bmatrix} \sin\theta \cos\varphi \\ \sin\theta \sin\varphi \\ \cos\theta \end{bmatrix} = \begin{bmatrix} -\sin\theta \sin\varphi \\ \sin\theta \cos\varphi \\ 0 \end{bmatrix} = \sin\theta \begin{bmatrix} -\sin\varphi \\ \cos\varphi \\ 0 \end{bmatrix} = \sin\theta \ \hat{\boldsymbol{\varphi}}$$

$$\frac{\partial}{\partial \varphi}\hat{\boldsymbol{\theta}} = \frac{\partial}{\partial \varphi}\begin{bmatrix} \cos\theta \cos\varphi \\ \cos\theta \sin\varphi \\ -\sin\theta \end{bmatrix} = \begin{bmatrix} -\cos\theta \sin\varphi \\ \cos\theta \cos\varphi \\ 0 \end{bmatrix} = \cos\theta \begin{bmatrix} -\sin\varphi \\ \cos\varphi \\ 0 \end{bmatrix} = \cos\theta \ \hat{\boldsymbol{\varphi}}$$

특히 경도 φ 축은 간단해 보이지만, 사인파와 코사인파가 뒤엉켜 있다. 오일러 원의 켤레성을 이용하여 엉킨 실타래를 차근히 풀면, 경도축의 상대가 위도축과 반지름축이었다는 것을 깨닫게 된다.

$$\frac{\partial}{\partial \varphi}\hat{\boldsymbol{\varphi}} = \frac{\partial}{\partial \varphi}\begin{bmatrix} -\sin\varphi \\ \cos\varphi \\ 0 \end{bmatrix} = \begin{bmatrix} -\cos\varphi \\ -\sin\varphi \\ 0 \end{bmatrix} = \begin{bmatrix} -(\cos^2\theta + \sin^2\theta)\cos\varphi \\ -(\cos^2\theta + \sin^2\theta)\sin\varphi \\ (\cos\theta \sin\theta - \sin\theta \cos\theta) \end{bmatrix}$$

$$1 = e^{i\theta}e^{-i\theta} = (\cos\theta + i\sin\theta)(\cos\theta - i\sin\theta) = \cos^2\theta + \sin^2\theta$$

$$\frac{\partial}{\partial\varphi}\hat{\boldsymbol{\varphi}} = \begin{bmatrix} -\cos^2\theta\,\cos\varphi \\ -\cos^2\theta\,\sin\varphi \\ \cos\theta\sin\theta \end{bmatrix} - \begin{bmatrix} \sin^2\theta\,\cos\varphi \\ \sin^2\theta\,\sin\varphi \\ \sin\theta\cos\theta \end{bmatrix}$$

$$= -\cos\theta\begin{bmatrix} \cos\theta\,\cos\varphi \\ \cos\theta\,\sin\varphi \\ -\sin\theta \end{bmatrix} - \sin\theta\begin{bmatrix} \sin\theta\,\cos\varphi \\ \sin\theta\,\sin\varphi \\ \cos\theta \end{bmatrix} = -\cos\theta\,\hat{\boldsymbol{\theta}} - \sin\theta\,\hat{\mathbf{r}}$$

$$\therefore \frac{\partial\hat{\mathbf{r}}}{\partial\varphi} = \sin\theta\,\hat{\boldsymbol{\varphi}}, \quad \frac{\partial\hat{\boldsymbol{\theta}}}{\partial\varphi} = \cos\theta\,\hat{\boldsymbol{\varphi}}, \quad \frac{\partial\hat{\boldsymbol{\varphi}}}{\partial\varphi} = -\cos\theta\,\hat{\boldsymbol{\theta}} - \sin\theta\,\hat{\mathbf{r}}$$

그리고 그 속에선 위도축의 코사인 파동과 반지름축의 사인 파동, 두 실이 서로 빙글빙글 춤을 추고 있었던 것이다. 복잡해 보였던 엉킨 실타래 속에서 사랑의 무늬를 본 키클롭스의 마음에 꽃이 피려 한다.

이로써 우리는 키클롭스 세 눈으로 구면계의 세 축들을 모두 단위벡터로 관찰하고 90도의 회전 알고리즘들을 체험했다. 이제 우리는 키클롭스의 두근거림을 뒤로한 채, 키클롭스와 함께 라플라스를 만나러 갈 것이다.

앞선 여행에서 키클롭스의 세 눈을 합쳐 나블라로 표기했고, 데카르트계에서는 키클롭스의 세 눈을 x, y, z 단위벡터로 정리한 바 있었다. 우리는 이제 **구면 회전 변환** R 을 한바퀴 돌려 구면계로 전환할 수 있다.

$$\nabla_{xyz} = \left(\frac{\partial}{\partial x}, \frac{\partial}{\partial y}, \frac{\partial}{\partial z}\right) = \frac{\partial}{\partial x}\hat{\mathbf{x}} + \frac{\partial}{\partial y}\hat{\mathbf{y}} + \frac{\partial}{\partial z}\hat{\mathbf{z}}$$

$$\hat{\mathbf{x}} = \hat{\mathbf{r}}\sin\theta\cos\varphi, \quad \hat{\mathbf{y}} = \hat{\mathbf{r}}\sin\theta\sin\varphi, \quad \hat{\mathbf{z}} = \hat{\mathbf{r}}\cos\theta$$

Spherical Rotation

$$R = \begin{bmatrix}\hat{\mathbf{r}}\\ \hat{\boldsymbol{\theta}}\\ \hat{\boldsymbol{\varphi}}\end{bmatrix} = \begin{bmatrix}\sin\theta\cos\varphi & \sin\theta\sin\varphi & \cos\theta\\ \cos\theta\cos\varphi & \cos\theta\sin\varphi & -\sin\theta\\ -\sin\varphi & \cos\varphi & 0\end{bmatrix}, \quad \begin{bmatrix}\hat{\mathbf{r}}\\ \hat{\boldsymbol{\theta}}\\ \hat{\boldsymbol{\varphi}}\end{bmatrix} = R\begin{bmatrix}\hat{\mathbf{x}}\\ \hat{\mathbf{y}}\\ \hat{\mathbf{z}}\end{bmatrix}$$

구면계에서 키클롭스의 눈으로 분석한 바에 따라 r, θ, φ 단위벡터를 정리하면, 구면계 속의 기본입자 나블라, 델 연산자가 된다.

$$\frac{\partial \mathbf{r}}{\partial r} = \hat{\mathbf{r}}, \quad \frac{1}{r}\frac{\partial \mathbf{r}}{\partial \theta} = \hat{\boldsymbol{\theta}}, \quad \frac{1}{r\sin\theta}\frac{\partial \mathbf{r}}{\partial \varphi} = \hat{\boldsymbol{\varphi}} \quad : \text{Cyclops Eyes}$$

$$\nabla_{r\theta\varphi} = \left(\frac{\partial}{\partial r}, \frac{1}{r}\frac{\partial}{\partial \theta}, \frac{1}{r\sin\theta}\frac{\partial}{\partial \varphi}\right) = \frac{\partial}{\partial r}\hat{\mathbf{r}} + \frac{1}{r}\frac{\partial}{\partial \theta}\hat{\boldsymbol{\theta}} + \frac{1}{r\sin\theta}\frac{\partial}{\partial \varphi}\hat{\boldsymbol{\varphi}}$$

$$\therefore \nabla = \frac{\partial}{\partial r}\hat{\mathbf{r}} + \frac{1}{r}\frac{\partial}{\partial \theta}\hat{\boldsymbol{\theta}} + \frac{1}{r\sin\theta}\frac{\partial}{\partial \varphi}\hat{\boldsymbol{\varphi}}$$

선분논리에서 좌표계의 나블라 또는 델을 **연산자**라고 하여 일반 대중이 이해하기 어렵게 했다. 이렇게 추상적으로 이름 붙일 수밖에 없었던 이유는 모든 입자가 **관계**로 시공간을 만드는 원리에 의해 **존재**할 수 있기 때문이다.

구면계의 키클롭스 눈으로 어떤 함수 입자를 관찰하면 그것이 바로 **구면계 그래디언트**다.

단, 망각하기 쉬운 하나가 있다. 키클롭스의 눈은 데카르트계의 관점으로 시작했다는 점이다. 이는 외부에 있는 데카르트계 키클롭스가 구면계를 관찰한다는 의미다.

$$\therefore \nabla f = \frac{\partial f}{\partial r}\hat{\mathbf{r}} + \frac{1}{r}\cdot\frac{\partial f}{\partial \theta}\hat{\boldsymbol{\theta}} + \frac{1}{r\sin\theta}\cdot\frac{\partial f}{\partial \varphi}\hat{\boldsymbol{\varphi}} \quad : \text{Gradient } f$$

구면계 키클롭스 눈을 제곱하면 구면계 라플라스를 만날 수 있다. 키클롭스 눈을 제곱한다는 것은 복소수의 두 렌즈를 통해 안과 밖을 동시에 입체적으로 본다는 의미다.

안에서 보는 관점이 허수계라면 밖에서 보는 관점은 실수계가 된다. 이를 수학적으로 정리한 안팎의 관계가 실수계에서는 **곱셈**이고 포괄적으로는 **내적 연산**이다.

$$\therefore \nabla_{r\theta\varphi} = \left(\frac{\partial}{\partial r}, \frac{1}{r}\frac{\partial}{\partial \theta}, \frac{1}{r\sin\theta}\frac{\partial}{\partial \varphi}\right) = \frac{\partial}{\partial r}\hat{r} + \frac{1}{r}\frac{\partial}{\partial \theta}\hat{\theta} + \frac{1}{r\sin\theta}\frac{\partial}{\partial \varphi}\hat{\varphi}$$

$$\nabla^2 = \nabla \cdot \nabla = \frac{\partial}{\partial r}\frac{\partial}{\partial r}\hat{r}\cdot\hat{r} + \frac{1}{r}\frac{\partial}{\partial \theta}\frac{1}{r}\frac{\partial}{\partial \theta}\hat{\theta}\cdot\hat{\theta} + \frac{1}{r\sin\theta}\frac{\partial}{\partial \varphi}\frac{1}{r\sin\theta}\frac{\partial}{\partial \varphi}\hat{\varphi}\cdot\hat{\varphi}$$

키클롭스 눈을 제곱하면 단위벡터가 두 개씩 짝을 짓는다. 이는 단위벡터의 제곱이고 벡터의 길이를 의미하므로 모두 1이 된다. 1은 상대적 좌표계의 척도에서 기본 눈금 하나를 의미한다. 지극히 양자적 개념이다.

$$\hat{r}\cdot\hat{r} = |\hat{r}|^2 \cos 0 = |\hat{r}|^2 = 1, \quad \hat{r}\cdot\hat{r} = \hat{\theta}\cdot\hat{\theta} = \hat{\varphi}\cdot\hat{\varphi} = 1$$

$$\nabla^2 = \nabla \cdot \nabla = \frac{\partial^2}{\partial r^2} + \frac{1}{r^2}\frac{\partial^2}{\partial \theta^2} + \frac{1}{r^2\sin\theta^2}\frac{\partial^2}{\partial \varphi^2}$$

$$\nabla^2 = \frac{\partial^2}{\partial r^2} + \frac{1}{r^2}\frac{\partial^2}{\partial \theta^2} + \frac{1}{r^2\sin^2\theta}\frac{\partial^2}{\partial \varphi^2} \quad : \text{Brief mode}$$

이렇게 정리된 구면계 키클롭스 눈은 구면계 라플라시안 델타가 된다. 선분논리에서 구면계 라플라시안은 관점에 따라 다른 유형을 제시한다. 이는 라플라시안이 제곱으로 되어 있기 때문에 발생하는 부스러기들이다.

라플라시안 자체는 공간 알고리즘이고 이 알고리즘이 다른 객체와 관계를 할 때 공간 알고리즘에 대한 연쇄반응이 일어난다. 그래서 선분논리의 수학에서는 라플라시안을 덧셈이나 곱셈과 같이 **연산자**라 부른다.

구면계 라플라시안은 2차 미분 방정식으로 구성되어 있다. 이는 2차 미분 방정식의 미분 알고리즘이 공간에 모양을 그려내는 근본 알고리즘이라는 것을 암시한다. 미분의 특이성은 잠시 후 탐험하게 될 **곱 미분법**에서 공간을 둘로 쪼개는 현상으로 나타난다. 이 때문에 구면계 라플라시안이 여러 가지 유형으로 정리된다.

구면계 라플라시안은 반지름 항과 각도 항 두 가지로 구분할 수 있다. 각도 항의 파동은 나중에 각운동량으로 양자화되지만, 반지름 항의 파동은 미분의 둘로 나누기 특성으로 관찰해야 한다.

이는 경험적으로 반지름이 직선이라는 논리에서 시작했으나 곡선의 파동으로 해석해야 하기 때문이다. 이러한 실험의 기록들이 라플라시안의 반지름 항을 여러 관점의 미분 특성으로 기록하게 했다.

그러나 그 원류가 모두 미분 입자의 제곱인 평면파임을 염두에 두어야 한다. 결국 반지름 항이 여러 관점으로 나타난 것은 선분논리가 인식하는 파동이 2차원 곡선에서 논리를 시작했기 때문이다.

첫번째는 라플라시안이 2차 편미분 입자이기 때문에 반지름 r 제곱으로 다항식을 묶을 수 있도록 자기복제 원리로 유형을 정리한 식이다. 일반적으로 이 유형을 구면계 라플라시안 표준형으로 많이 언급한다.

$$\nabla^2 = \frac{1}{r^2}\frac{\partial}{\partial r}\left(r^2\frac{\partial}{\partial r}\right) + \frac{1}{r^2\sin\theta}\frac{\partial}{\partial \theta}\left(\sin\theta\frac{\partial}{\partial \theta}\right) + \frac{1}{r^2\sin^2\theta}\frac{\partial^2}{\partial \varphi^2} \quad : \text{Public mode}$$

$$\Delta f = \nabla^2 f = \nabla \cdot \nabla f$$

$$\therefore \Delta f = \frac{1}{r^2}\frac{\partial}{\partial r}\left(r^2\frac{\partial f}{\partial r}\right) + \frac{1}{r^2\sin\theta}\frac{\partial}{\partial \theta}\left(\sin\theta\frac{\partial f}{\partial \theta}\right) + \frac{1}{r^2\sin^2\theta}\frac{\partial^2 f}{\partial \varphi^2}$$

두번째는 반지름 2차 편미분 항에 반지름을 1차만 자기복제한 유형이다. 이 유형은 두 차례 편미분이 f에 반응할 때 곱 미분법이 연쇄 현상을 일으키고, 다음의 세번째 모형과 같은 무늬를 보인다.

$$\nabla^2 = \frac{1}{r}\frac{\partial^2}{\partial r^2}r + \frac{1}{r^2\sin\theta}\frac{\partial}{\partial \theta}\left(\sin\theta\frac{\partial}{\partial \theta}\right) + \frac{1}{r^2\sin^2\theta}\frac{\partial^2}{\partial \varphi^2}$$

$$\therefore \Delta f = \frac{1}{r}\frac{\partial^2}{\partial r^2}(rf) + \frac{1}{r^2\sin\theta}\frac{\partial}{\partial \theta}\left(\sin\theta\frac{\partial f}{\partial \theta}\right) + \frac{1}{r^2\sin^2\theta}\frac{\partial^2 f}{\partial \varphi^2}$$

$$(f \cdot g)' = f' \cdot g + f \cdot g' \quad : \text{Product Rule}$$

$$\frac{1}{r}\frac{\partial^2}{\partial r^2}(rf) = \frac{1}{r}\frac{\partial}{\partial r}\left(\frac{\partial}{\partial r}r\right)f + \underline{\frac{1}{r}\frac{\partial}{\partial r}r\left(\frac{\partial}{\partial r}f\right)}$$

$$= \frac{1}{r}\frac{\partial}{\partial r}f + \frac{1}{r}\left(\frac{\partial}{\partial r}r\right)\frac{\partial}{\partial r}f + \frac{1}{r}r\left(\frac{\partial}{\partial r}\frac{\partial}{\partial r}f\right)$$

$$= \frac{1}{r}\frac{\partial}{\partial r}f + \frac{1}{r}\frac{\partial}{\partial r}f + \frac{\partial^2}{\partial r^2}f = \left(\frac{2}{r}\frac{\partial}{\partial r} + \frac{\partial^2}{\partial r^2}\right)f$$

세번째는 첫번째 모형이 변형된 사례다. 첫번째 모형의 반지름 항은 곱 미분법에 따라 두 항으로 쪼개진다. 이 모형은 나중에 연관 라게르 미분 방정식에서 사용된다. 미분 방정식을 포괄적으로 해석할 때 1차와 2차 미분 요소가 필요하기 때문에 반지름에 대한 미분 방정식을 유도할 때 유용하다.

$$(f \cdot g)' = f' \cdot g + f \cdot g' \quad : \text{Product Rule}$$

$$\frac{1}{r^2}\frac{\partial}{\partial r}\left(r^2\frac{\partial}{\partial r}\right) = \frac{1}{r^2}\frac{\partial}{\partial r}r^2\frac{\partial}{\partial r} + \frac{1}{r^2}r^2\frac{\partial}{\partial r}\frac{\partial}{\partial r} = \frac{2}{r}\frac{\partial}{\partial r} + \frac{\partial^2}{\partial r^2}$$

$$\nabla^2 = \left(\frac{\partial^2}{\partial r^2} + \frac{2}{r}\frac{\partial}{\partial r}\right) + \frac{1}{r^2\sin\theta}\frac{\partial}{\partial \theta}\left(\sin\theta\frac{\partial}{\partial \theta}\right) + \frac{1}{r^2\sin^2\theta}\frac{\partial^2}{\partial \varphi^2}$$

$$\therefore \Delta f = \left(\frac{\partial^2}{\partial r^2} + \frac{2}{r}\frac{\partial}{\partial r}\right)f + \frac{1}{r^2\sin\theta}\frac{\partial}{\partial \theta}\left(\sin\theta\frac{\partial}{\partial \theta}\right)f + \frac{1}{r^2\sin^2\theta}\frac{\partial^2}{\partial \varphi^2}f$$

키클롭스의 세 눈 r, θ, φ
Cyclops' Coordinates

그러나 이런 해석으로는 부족함이 있다. 이것은 결과를 산술적으로 변형한 정도에 불과하다. 구면 조화파의 반지름 항이 근본적으로 어떻게 두 항으로 쪼개지는지, 반지름과 두 각도의 관계는 서로 어떤 작용을 하는지 탐험할 필요가 있다. 세번째 라플라시안 모형은 다이버전스 논리에서 그 부스러기의 연유를 찾아볼 수 있다.

$$\Delta f = \underbrace{\nabla^2 f = \nabla \cdot \nabla f}_{\text{Conjugate Square}} = \underbrace{\nabla \cdot \mathbf{F} = \text{div}\, \mathbf{F}}_{\text{Divergence}}$$

라플라시안은 나블라를 제곱한 **켤레 연산자 관점**과 나블라와 그래디언트의 내적한 **다이버전스 관점**이 있다. 켤레 연산자 관점이 첫번째 라플라시안이었다.

다이버전스를 단순한 내적의 편미분 관점에서 정리하면, 편미분 인자에 벡터 인자를 곱하는 구조다. 데카르트계는 좌표계 변환을 하지 않았기 때문에 편미분할 때 발생하는 특별한 계수들이 없어 간단하게 정리된다.

$$\nabla \cdot \mathbf{F}(x, y, z) = \left(\frac{\partial}{\partial x}, \frac{\partial}{\partial y}, \frac{\partial}{\partial z}\right) \cdot (F_x, F_y, F_z) = \frac{\partial F_x}{\partial x} + \frac{\partial F_y}{\partial y} + \frac{\partial F_z}{\partial z}$$

$$\nabla \cdot \mathbf{F}(\mathbf{r}) = \left(\frac{\partial}{\partial r} , \frac{\partial}{\partial \theta} , \frac{\partial}{\partial \varphi} \right) \cdot \left(F_r , F_\theta , F_\varphi \right)$$

그러나 구면계의 관점은 데카르트계에 대한 비례상수들이 있기 때문에 세밀한 편미분 특성들이 연쇄반응을 일으킨다. 구면계 나블라는 구면계 단위벡터로 구성되어 있었고, 구면계 그래디언트 역시 구면계 단위벡터로 정리할 수 있다.

$$\nabla f = \mathbf{F} = \frac{\partial f}{\partial r}\hat{\mathbf{r}} + \frac{1}{r} \cdot \frac{\partial f}{\partial \theta}\hat{\boldsymbol{\theta}} + \frac{1}{r \sin \theta} \cdot \frac{\partial f}{\partial \varphi}\hat{\boldsymbol{\varphi}} = \hat{\mathbf{r}}F_r + \hat{\boldsymbol{\theta}}F_\theta + \hat{\boldsymbol{\varphi}}F_\varphi$$

$$\nabla f = \mathbf{F} = \left(F_r , F_\theta , F_\varphi \right) = \left(\frac{\partial f}{\partial r} , \frac{1}{r}\frac{\partial f}{\partial \theta} , \frac{1}{r \sin \theta}\frac{\partial f}{\partial \varphi} \right)$$

좌표는 계수의 행렬이고,
좌표축은 단위벡터다.

$$\mathbf{r} = r\hat{\mathbf{r}}$$

$$\nabla = \nabla_{r\theta\varphi} = \frac{\partial}{\partial r}\hat{\mathbf{r}} + \frac{1}{r}\frac{\partial}{\partial \theta}\hat{\boldsymbol{\theta}} + \frac{1}{r \sin \theta}\frac{\partial}{\partial \varphi}\hat{\boldsymbol{\varphi}}$$

$$\mathbf{F}(\mathbf{r}) = \hat{\mathbf{r}}F_r + \hat{\boldsymbol{\theta}}F_\theta + \hat{\boldsymbol{\varphi}}F_\varphi$$

$$\nabla \cdot \mathbf{F}(\mathbf{r}) = \left(\frac{\partial}{\partial r}\hat{\mathbf{r}} + \frac{1}{r}\frac{\partial}{\partial \theta}\hat{\boldsymbol{\theta}} + \frac{1}{r\sin\theta}\frac{\partial}{\partial \varphi}\hat{\boldsymbol{\varphi}}\right) \cdot \left(\hat{\mathbf{r}}F_r + \hat{\boldsymbol{\theta}}F_\theta + \hat{\boldsymbol{\varphi}}F_\varphi\right)$$

이 두 벡터의 곱은 $3 \times 2 \times 3 = 18$ 개의 항을 가진 다항식 계산이 된다. 일반적인 두 벡터의 곱은 $3 \times 3 = 9$ 개의 항이 되겠지만, 나블라와 그래디언트의 곱은 나블라 자체가 편미분 성질을 가지고 있다.

미분의 곱 법칙은 단위벡터의 편미분과 함수 F 인자에 대한 편미분이 서로 다른 차원을 형성하여 2배의 항을 만든다.

$$(u \cdot v)' = u' \cdot v + u \cdot v'$$

$$\frac{d}{dx}(u \cdot v) = \frac{du}{dx} \cdot v + u \cdot \frac{dv}{dx} \quad : \text{Product Rule}$$

그리고 다항식의 계산 과정에는 단위벡터의 제곱이 1인 성질과 서로 다른 단위벡터 곱이 수직으로 인해 0이 되는 성질이 나타난다.

Spherical Axial Relations

$$\frac{\partial \hat{\mathbf{r}}}{\partial r} = 0 \,, \quad \frac{\partial \hat{\boldsymbol{\theta}}}{\partial r} = 0 \,, \quad \frac{\partial \hat{\boldsymbol{\varphi}}}{\partial r} = 0 \,, \quad \frac{\partial \hat{\boldsymbol{\varphi}}}{\partial \theta} = 0$$

$$\frac{\partial \hat{\mathbf{r}}}{\partial \theta} = \hat{\boldsymbol{\theta}} \ , \quad \frac{\partial \hat{\boldsymbol{\theta}}}{\partial \theta} = -\hat{\mathbf{r}}$$

$$\frac{\partial \hat{\mathbf{r}}}{\partial \varphi} = \sin\theta\, \hat{\boldsymbol{\varphi}} \ , \quad \frac{\partial \hat{\boldsymbol{\theta}}}{\partial \varphi} = \cos\theta\, \hat{\boldsymbol{\varphi}} \ , \quad \frac{\partial \hat{\boldsymbol{\varphi}}}{\partial \varphi} = -\cos\theta\, \hat{\boldsymbol{\theta}} - \sin\theta\, \hat{\mathbf{r}}$$

Orthonormal Axial Properties

$$\hat{\mathbf{r}} \cdot \hat{\mathbf{r}} = |\hat{\mathbf{r}}|^2 = 1$$
$$\hat{\mathbf{r}} \cdot \hat{\mathbf{r}} = \hat{\boldsymbol{\theta}} \cdot \hat{\boldsymbol{\theta}} = \hat{\boldsymbol{\varphi}} \cdot \hat{\boldsymbol{\varphi}} = 1$$

$$\hat{\mathbf{r}} \perp \hat{\boldsymbol{\theta}} \perp \hat{\boldsymbol{\varphi}}$$
$$\hat{\mathbf{r}} \cdot \hat{\boldsymbol{\theta}} = |\hat{\mathbf{r}}||\hat{\mathbf{r}}|\cos\frac{\pi}{2} = 0$$
$$\hat{\mathbf{r}} \cdot \hat{\boldsymbol{\theta}} = \hat{\mathbf{r}} \cdot \hat{\boldsymbol{\varphi}} = \hat{\boldsymbol{\theta}} \cdot \hat{\boldsymbol{\varphi}} = 0$$

반지름 단위벡터를 반지름으로 미분한다는 것은 무한대의 선을 무수히 쪼개어 그 길이가 0이 되게 한다는 의미다. 따라서 반지름 단위벡터를 반지름으로 미분하면 0이 된다.

$$\frac{\partial \hat{\mathbf{r}}}{\partial r} = 0$$

각도 단위벡터를 반지름으로 미분하면 어떻게 될까? 위도/경도 두 각도와 반지름은 모두 서로 90° 관계다. 편미분은 수리적으로 0에 접근하는 오차 0의 논리이지만, 기하적 관점에서는 입자를 단면으로 관찰하는 스냅 사진이다.

90° 관계의 입자가 서로 상대방을 향해 사진을 찍으면 아무것도 나타나지 않아 그 공간량은 0이 되어 버린다. 따라서 반지름 r 로 위도 θ 와 경도 φ 단위벡터를 미분하면 0이 된다.

$$\frac{\partial \hat{\theta}}{\partial r} = 0, \quad \frac{\partial \hat{\varphi}}{\partial r} = 0$$

이 현상은 반지름 r 의 관점에서 두 각도의 세계에 대해 독립적이라는 것을 말한다. 다항식의 미분 논리에서 미분의 관점과 무관한 항을 상수항으로 취급하여 0으로 소멸시키는 원리가 여기에서 나왔다.

$$\frac{d}{dx}(ax + by + cz) = a + 0 + 0$$

선분논리의 구면계에서 위도와 경도의 관계는 태생의 비밀에 의존성이 있다. 선분논리의 구면계에는 0점에서 무한대로 향해 뻗어있는 1차원 직선이 있다. 이것이 반지름 r 이다. 반지름이 존재한 후, 세로 방향의 위도 θ 가 XY 평면에 그림자를 드리운다. 이것이 반지름의 그림자 ρ 다. 반지름 그림자 ρ 를 경로 φ 로 360도 회전시켜 원반을 만든다.

반지름 그림자 ρ 는 위도 θ 가 0도에서 180도로 변하면서 양음의 무수한 원반을 만든다. 위도 θ 가 북극에서 적도까지 연속적으로 회전하면 구체의 윗쪽 반구를 완성하고, 연이어 적도에서 남극까지 회전하면 구체의 아래쪽 반구를 완성하여 하나의 구체가 된다.

게다가 위도 θ 는 360도까지 존재하기 때문에 180도에서 360도까지 회전하여 켤레 구체가 또하나 만들어진다. 이것이 하나의 공간에 평면파로 실존하는 쌍양자 원리다. 참고로 쌍양자는 완전히 겹쳐 있는 상태이기 때문에 선분논리의 눈은 대부분 이것을 보지 못하고 지나친다.

그래서 선분논리의 눈은 반지름, 위도, 경도 순에 따라 구면계가 존재하는 것으로 논리를 정리한다. 이런 논리의 흐름이 구면계를 (r, θ, φ) 순서쌍으로 표현하게 되는 근원적 유래라 할 수 있다.

회전논리의 동시 자기복제 존재론은
반지름, 위도, 경도가 동시에 존재하는 것으로 해석한다.

아무것도 없는 0에는 본래 **관계**라는 것조차 존재하지 않고, 관계에 의해 생성되는 **시간**도 없다. 0점이 존재하려면 ∞점이 켤레로 동시에 존재해야 한다. 이것을 선분논리가 이해하기 쉽게 설명한 원리가 **동시 자기복제 존재론**이다. 그래서 0이 자기복제로 ∞를 만드는 시간은 0이고 이런 시간을 동시라 말한다.

0과 ∞의 관계로 형성된 1차원 직선에는 각도의 개념이 존재하지 않았다. 직선이 존재하려면 이것 역시 켤레로 존재하기 때문에 0과 ∞의 관계를 형성한다.

구면계 속에서 두 직선의 관계는 0점을 공유한 상태에서 끝점인 ∞가 두 ∞로 갈라져 0과 ∞의 관계를 이어간다. 이 두 ∞가 두 반지름인 셈이다. 여기서 반지름은 본래 쌍으로 존재하기 때문에 양음의 반지름이 동시에 존재한다. 이런 반지름 쌍이 바로 지름이다.

선분논리는 반지름이 360도 회전하여 하나의 원반을 그리는 것으로 해석하지만, 이것은 복소수의 반쪽인 실수만 인식하는 결과를 낳는다. 반지름은 켤레인 지름으로 존재하고, 지름 속 두 반지름은 0과 ∞의 관계로 회전이라는 각도를 존재케 한다.

회전논리의 구면계는 모두 켤레를 토대로 공간입자가 존재한다. 본래 0차원인 점에서 3차원 입체가 동시에 생성되어 공간을 이루지만, 3차원 입체가 생성된 이후에 3차원 구면계를 해석하면 2차원의 두 각도에 선후의 얽힘 현상이 나타난다.

지름이 존재하고 원반이 만들어지느냐, 아니면 지름이 결정되고 원반이 만들어지느냐의 관점차가 얽힘 현상의 원인이다.

본래 지름과 원반의 존재는 동시에 발생한다. 동시를 두고 선후를 따지려니 양방향의 얽힘 현상이 나타나는 것이다. 따라서 위도와 경도의 선후는 양방향으로 논리를 만족한다. 그러나 선분논리의 수학은 한쪽을 양수로 두어야 반대쪽을 음수로 이해하여 관측가능한 존재가 된다.

지름을 가로 방향의 경도 φ 로 360도 회전시키면 무수한 지름이 연결되어 켤레 원반을 만든다. 이렇게 회전할 수 있는 동력은 지름 자체가 켤레이기 때문이다.

켤레 원반을 세로 방향의 위도 θ 로 180도 회전하면 무수한 원반을 연속하여 하나의 원뿔이 만들어진다. 연이어 나머지 180를 회전하여 켤레 원뿔을 만든다.

이렇게 만들어진 쌍원뿔은 구체의 중심인 적도 원반에서 위/아래 양방향으로 동시에 각운동을 한다. 하나의 각운동은 하나의 쌍원뿔을 그리지만, 0에서 ∞ 까지 연속적 각운동을 하면 각운동의 원반이 하나의 구면계를 완성하고 실존 입자로 양자화한다.

회전논리로 구면계를 설명하자면 지름과 원반 그리고 쌍원뿔 알고리즘 자체가 **켤레 0입자**로 동시에 존재할 수 있기 때문에, 공간에 실존 입자로 나타날 때는 "짠!" 하고 나타난다. 실존 입자 형성에 필요한 시간은 공간계가 아닌 시간계에서 소용돌이쳤다.

시간계를 이용한 공간 입자의 형성 과정은 선분논리의 눈으로 볼 수 있게 했기 때문에, 비록 선후의 얽힘 현상이 있다 하더라도 선택을 통해 생성원리를 순차적으로 나열할 수 있다. 하지만 각 단계가 발생하는 데 걸리는 시간은 켤레의 동시성으로 인해 0시간이 소요된다. 따라서 일련의 생성 알고리즘이 모두 가동한다고 해도 소요 시간의 합은 0이다.

공간의 눈은 90도 관계에 있는 시간계의 파동을 편미분으로 볼 수밖에 없기 때문에, 시간을 초월한 동시수량 0시간으로 측정된다. 1차원의 시간축과 공간축은 각자 완전한 독립적 평행이다.

단지 2차원 시공간 평면파의 격자 관계를 형성했을 때 상호 의존적 현상을 보이며, 시공간 속에서 측정한 시간이 우리가 말하는 상대적 시간이 된다. 여기서부터 우리는 시간의 눈으로 시공간을 관찰하면서 시간을 측정한다. 이 때문에 인간은 공간이 시간에 의존하여 자연현상을 일으키는 것으로 인식하게 됐다.

따라서 선분논리의 수학은 위도가 존재한 다음에 경도가 존재하는 것으로 기술한다. 이는 경도 φ 가 위도 θ 에 의존적이라는 해석으로 연쇄반응한다. 되돌아 반지름 r 은 두 각도가 존재하기 전에 있었다.

반지름 r 에서 시작하여 위도 θ 와 경도 φ 가 의존적이라는 것은 상호 편미분에서 계수(비례상수)로 표출된다. 앞서 1차원 반지름으로 2차원 두 각도를 관측할 때는 그 형체가 없는 0입자로 나타났다. 그러나 2차원인 두 각도의 눈으로 위도 θ 와 경도 φ 그리고 반지름 r 을 관측하면 의존성을 상징하는 계수 무늬들이 나타난다.

편미분이란 단면을 관측하는 눈이라 했다. 이 계수들은 나와 상대의 관계에 대한 고윳값과 같다.

먼저 위도 θ 의 눈으로 관찰하자. 반지름의 위도 단면에는 계수가 1로 나타나고 위도 θ 단위벡터가 보인다.

$$\frac{\partial \hat{\mathbf{r}}}{\partial \theta} = 1 \cdot \hat{\boldsymbol{\theta}}, \quad \frac{\partial \hat{\boldsymbol{\theta}}}{\partial \theta} = -\hat{\mathbf{r}}$$

이는 위도의 부모가 켤레 반지름이기 때문이다. 위도의 눈으로 위도의 부모인 지름을 보면 부모 DNA 속 나의 단면이 나 자신인 것으로 나타난다.

위도에 대한 반지름의 단면에서 계수가 1인 것은 DNA 알고리즘만 관계하기 때문이다. 그리고 계수가 양수인 것은 부모와 자식의 의존적 관계 흐름을 정방향으로 생각했기 때문이다. 다시 말해 자식이 부모의 단면에서 보는 방향을 일반적인 방향으로 생각한다는 것이다.

참고로 앞서 부모가 자식 또는 손자를 관측하는 경우 모두 0이 되었다. 이는 부모가 자식이나 손자의 영향으로 탄생하지 않았기 때문이다.

$$\frac{\partial \hat{\mathbf{r}}}{\partial r} = 0, \quad \frac{\partial \hat{\boldsymbol{\theta}}}{\partial r} = 0, \quad \frac{\partial \hat{\boldsymbol{\varphi}}}{\partial r} = 0, \quad \frac{\partial \hat{\boldsymbol{\varphi}}}{\partial \theta} = 0$$

위도 θ 의 눈으로 위도 자신을 관찰하면 0입자라 할 수도 있지만 이렇게 되면 아무것도 인식할 수 없게 된다. 선분논리의 두뇌를 가진 내가 나 자신을 인식할 수 있는 방법은 내가 존재하기 위한 상대 존재를 찾는데 있다.

나의 존재에 대한 상대적 존재는 부모다. 내 속에서 부모를 찾는 방향은 역방향이다. 그래서 위도 θ 의 눈으로 위도 자신을 관찰하면 부모인 음의 반지름 단위벡터가 보인다.

$$\frac{\partial \hat{\boldsymbol{\theta}}}{\partial \theta} = -\hat{\mathbf{r}}$$

이번엔 경도 φ 의 눈으로 관측하자. 선분논리의 구면계 생성 원리에 따라 경도 φ 의 부모는 위도 θ 이고 조부모가 반지름 r 이다. 따라서 구면계에서 경도는 위도의 자식이고 반지름의 손자다.

경도 φ 의 눈으로 조부모인 반지름 r 을 바라보면, 조부모의 단면에 자기 자신이 보인다. 그런데 그 중간에 있는 부모의 그림자 ρ 가 계수로 나타난다. 부모의 그림자 ρ 는 조부모에서 연속적으로 유래한 $\sin\theta$ 로 그림자를 비춘다. 자식이 조상을 바라보는 방향을 정방향으로 삼았기 때문에 양수다.

$$\rho = r \sin \theta \stackrel{@}{=} \sin \theta \ , \quad \rho_0 = \sin \theta$$

$$\frac{\partial \hat{\mathbf{r}}}{\partial \varphi} = \sin \theta \, \hat{\boldsymbol{\varphi}} = \rho_0 \hat{\boldsymbol{\varphi}}$$

경도 φ 의 눈으로 부모인 위도 θ 를 바라본다. 역시 부모의 단면에서 자기 자신이 보인다. 그리고 부모의 그림자 $\cos\theta$ 가 계수로 나타난다.

$$(\theta, \varphi) = \varDelta, \quad \theta : \sin, \quad \varphi : \cos, \quad \frac{\partial \hat{\boldsymbol{\theta}}}{\partial \varphi} = \cos\theta\, \hat{\boldsymbol{\varphi}}$$

직각 삼각형에서 사잇각을 기준으로 위도 θ 는 세로 높이에 해당하고 경도 φ 는 가로 밑변에 해당한다. 세로 높이의 상대적 짝은 가로 밑변이다. 삼각형 세계 속에서 높이의 그림자는 빗변을 통해 밑변에 드리운다. 삼각함수에서 높이는 sin 이 대표하고, 밑변은 cos 이 대표한다.

그래서 세로 높이 세계에 있는 부모의 그림자는 가로 밑변 세계에 있는 자식에게 $\cos\theta$ 로 그림자를 비춘다.

경도 φ 의 눈으로 자기 자신을 보면 어떻게 될까? 경도 탄생의 비밀이 모두 드러난다. 물론 0입자로 해석하면 아무것도 알 수 없다. 경도의 부모인 위도는 $\cos\theta$ 로 그림자를 비추고, 조부모인 반지름은 $\sin\theta$ 로 그림자를 비춘다. 따라서 경도는 조부모와 부모의 영향을 모두 받고 있다.

$$\frac{\partial \hat{\boldsymbol{\varphi}}}{\partial \varphi} = -\cos\theta\, \hat{\boldsymbol{\theta}} - \sin\theta\, \hat{\mathbf{r}}$$

이렇게 탐색한 구면계 속 단위벡터의 편미분 성질을 다시 정리하고, 직교성의 0입자 소멸성을 이용하면 구면계 라플라시안을 소거법으로 간략하게 정리할 수 있게 된다.

Spherical Axial Relations

$$\frac{\partial \hat{\mathbf{r}}}{\partial r} = 0, \quad \frac{\partial \hat{\boldsymbol{\theta}}}{\partial r} = 0, \quad \frac{\partial \hat{\boldsymbol{\varphi}}}{\partial r} = 0$$

$$\frac{\partial \hat{\mathbf{r}}}{\partial \theta} = \hat{\boldsymbol{\theta}}, \quad \frac{\partial \hat{\boldsymbol{\theta}}}{\partial \theta} = -\hat{\mathbf{r}}, \quad \frac{\partial \hat{\boldsymbol{\varphi}}}{\partial \theta} = 0$$

$$\frac{\partial \hat{\mathbf{r}}}{\partial \varphi} = \sin\theta\, \hat{\boldsymbol{\varphi}}, \quad \frac{\partial \hat{\boldsymbol{\theta}}}{\partial \varphi} = \cos\theta\, \hat{\boldsymbol{\varphi}}, \quad \frac{\partial \hat{\boldsymbol{\varphi}}}{\partial \varphi} = -\cos\theta\, \hat{\boldsymbol{\theta}} - \sin\theta\, \hat{\mathbf{r}}$$

Orthonormal Axial Properties

$$\hat{\mathbf{r}} \cdot \hat{\mathbf{r}} = |\hat{\mathbf{r}}|^2 = 1, \quad \hat{\mathbf{r}} \cdot \hat{\mathbf{r}} = \hat{\boldsymbol{\theta}} \cdot \hat{\boldsymbol{\theta}} = \hat{\boldsymbol{\varphi}} \cdot \hat{\boldsymbol{\varphi}} = 1$$

$$\hat{\mathbf{r}} \perp \hat{\boldsymbol{\theta}} \perp \hat{\boldsymbol{\varphi}}, \quad \hat{\mathbf{r}} \cdot \hat{\boldsymbol{\theta}} = \hat{\mathbf{r}} \cdot \hat{\boldsymbol{\varphi}} = \hat{\boldsymbol{\theta}} \cdot \hat{\boldsymbol{\varphi}} = 0$$

라플라시안 파도의 시작
Genesis of Laplacian Wave Dynamics

내 머릿속 메모리를 좀 넉넉하게 할당하고 그림 맞추기를 시작한다. 나블라의 두 눈으로 18개의 짝이 완성되면 단위벡터의 제곱과 수직을 이용하여 1과 0으로 정리한다.

$$\nabla \cdot \mathbf{F(r)} = \left(\frac{\partial}{\partial r}, \frac{1}{r}\frac{\partial}{\partial \theta}, \frac{1}{r\sin\theta}\frac{\partial}{\partial \varphi} \right) \cdot \left(F_r, F_\theta, F_\varphi \right)$$

$$\nabla \cdot \mathbf{F(r)} = \left(\frac{\partial}{\partial r}\hat{\mathbf{r}} + \frac{1}{r}\frac{\partial}{\partial \theta}\hat{\boldsymbol{\theta}} + \frac{1}{r\sin\theta}\frac{\partial}{\partial \varphi}\hat{\boldsymbol{\varphi}} \right) \cdot \left(\hat{\mathbf{r}}F_r + \hat{\boldsymbol{\theta}}F_\theta + \hat{\boldsymbol{\varphi}}F_\varphi \right)$$

$$\nabla = \frac{\partial}{\partial r}\hat{\mathbf{r}} + \frac{1}{r}\frac{\partial}{\partial \theta}\hat{\boldsymbol{\theta}} + \frac{1}{r\sin\theta}\frac{\partial}{\partial \varphi}\hat{\boldsymbol{\varphi}}$$

$$\nabla \stackrel{@}{=} \hat{\mathbf{r}}\frac{\partial}{\partial r} + \hat{\boldsymbol{\theta}}\frac{1}{r}\frac{\partial}{\partial \theta} + \hat{\boldsymbol{\varphi}}\frac{1}{r\sin\theta}\frac{\partial}{\partial \varphi}$$

▽ 연산자 해석에 주의

여기서 주의할 것이 있다. 다이버전스에 있는 나블라는 연산자다. 나블라 연산자는 순서쌍에서 사원수 표기법인 다항식으로 해석할 때 단위벡터를 사용하여 각 차원을 표현한다.

그러나 연산자 나블라가 다른 벡터와 관계할 때는 각 차원의 편미분이 상대의 벡터와만 관계한다. 나블라를 사원수 표기법으로 작성할 때 사용했던 단위벡터들은 각 편미분이 어느 차원인지를 구분하기 위한 표현일 뿐이다. 따라서 다이버전스를 전개할 때는 혼돈하지 않도록 각 차원의 단위벡터들을 편미분 연산자 앞 쪽에 배치하고 상대 벡터와 반응시킬 필요가 있다.

$$\nabla \cdot \mathbf{F}(\mathbf{r}) = \left(\hat{\mathbf{r}} \frac{\partial}{\partial r} + \hat{\boldsymbol{\theta}} \frac{1}{r} \frac{\partial}{\partial \theta} + \hat{\boldsymbol{\varphi}} \frac{1}{r \sin\theta} \frac{\partial}{\partial \varphi} \right) \cdot \left(\hat{\mathbf{r}} F_r + \hat{\boldsymbol{\theta}} F_\theta + \hat{\boldsymbol{\varphi}} F_\varphi \right)$$

$$= \hat{\mathbf{r}} \frac{\partial}{\partial r} \cdot \left(\hat{\mathbf{r}} F_r + \hat{\boldsymbol{\theta}} F_\theta + \hat{\boldsymbol{\varphi}} F_\varphi \right) + \hat{\boldsymbol{\theta}} \frac{1}{r} \frac{\partial}{\partial \theta} \cdot \left(\hat{\mathbf{r}} F_r + \hat{\boldsymbol{\theta}} F_\theta + \hat{\boldsymbol{\varphi}} F_\varphi \right)$$
$$+ \frac{1}{r \sin\theta} \hat{\boldsymbol{\varphi}} \frac{\partial}{\partial \varphi} \cdot \left(\hat{\mathbf{r}} F_r + \hat{\boldsymbol{\theta}} F_\theta + \hat{\boldsymbol{\varphi}} F_\varphi \right)$$

$$= @_1 + @_2 + @_3$$

이 다이버전스는 앞서 언급한 바와 같이 $3 \times 3 = 9$ 개의 항으로 전개된다. 그러나 각 항은 모두 곱 미분법에 따른 연쇄 반응으로 인해 $3 \times 2 \times 3 = 18$ 개의 항으로 전개된다. 선택과 집중을 해야 정확히 계산할 수 있으므로 우리는 반지름, 위도, 경도 세 그룹으로 나누어 연쇄반응을 관찰하기로 한다.

$$@_1 = \hat{\mathbf{r}} \frac{\partial}{\partial r} \cdot \left(\hat{\mathbf{r}} F_r + \hat{\boldsymbol{\theta}} F_\theta + \hat{\boldsymbol{\varphi}} F_\varphi \right)$$

$$= \hat{\mathbf{r}} \cdot \frac{\partial}{\partial r} \left(\hat{\mathbf{r}} F_r \right) + \hat{\mathbf{r}} \cdot \frac{\partial}{\partial r} \left(\hat{\boldsymbol{\theta}} F_\theta \right) + \hat{\mathbf{r}} \cdot \frac{\partial}{\partial r} \left(\hat{\boldsymbol{\varphi}} F_\varphi \right)$$

$$= \hat{\mathbf{r}} \cdot F_r \frac{\partial \hat{\mathbf{r}}}{\partial r} + \hat{\mathbf{r}} \cdot \hat{\mathbf{r}} \frac{\partial F_r}{\partial r} + \hat{\mathbf{r}} \cdot F_\theta \frac{\partial \hat{\boldsymbol{\theta}}}{\partial r} + \hat{\mathbf{r}} \cdot \hat{\boldsymbol{\theta}} \frac{\partial F_\theta}{\partial r} + \hat{\mathbf{r}} \cdot F_\varphi \frac{\partial \hat{\boldsymbol{\varphi}}}{\partial r} + \hat{\mathbf{r}} \cdot \hat{\boldsymbol{\varphi}} \frac{\partial F_\varphi}{\partial r}$$

$$@_2 = \hat{\boldsymbol{\theta}} \frac{1}{r} \frac{\partial}{\partial \theta} \cdot \left(\hat{\mathbf{r}} F_r + \hat{\boldsymbol{\theta}} F_\theta + \hat{\boldsymbol{\varphi}} F_\varphi \right)$$

$$= \hat{\boldsymbol{\theta}} \frac{1}{r} \cdot \frac{\partial}{\partial \theta} \left(\hat{\mathbf{r}} F_r \right) + \hat{\boldsymbol{\theta}} \frac{1}{r} \cdot \frac{\partial}{\partial \theta} \left(\hat{\boldsymbol{\theta}} F_\theta \right) + \hat{\boldsymbol{\theta}} \frac{1}{r} \cdot \frac{\partial}{\partial \theta} \left(\hat{\boldsymbol{\varphi}} F_\varphi \right)$$

$$= \hat{\boldsymbol{\theta}} \cdot F_r \frac{1}{r} \frac{\partial \hat{\mathbf{r}}}{\partial \theta} + \hat{\boldsymbol{\theta}} \cdot \hat{\mathbf{r}} \frac{1}{r} \frac{\partial F_r}{\partial \theta}$$

$$+ \hat{\boldsymbol{\theta}} \cdot F_\theta \frac{1}{r} \frac{\partial \hat{\boldsymbol{\theta}}}{\partial \theta} + \hat{\boldsymbol{\theta}} \cdot \hat{\boldsymbol{\theta}} \frac{1}{r} \frac{\partial F_\theta}{\partial \theta}$$

$$+ \hat{\boldsymbol{\theta}} \cdot F_\varphi \frac{1}{r} \frac{\partial \hat{\boldsymbol{\varphi}}}{\partial \theta} + \hat{\boldsymbol{\theta}} \cdot \hat{\boldsymbol{\varphi}} \frac{1}{r} \frac{\partial F_\varphi}{\partial \theta}$$

$$@_3 = \frac{1}{r \sin \theta} \hat{\boldsymbol{\varphi}} \frac{\partial}{\partial \varphi} \cdot \left(\hat{\mathbf{r}} F_r + \hat{\boldsymbol{\theta}} F_\theta + \hat{\boldsymbol{\varphi}} F_\varphi \right)$$

$$= \frac{1}{r \sin \theta} \hat{\boldsymbol{\varphi}} \cdot \frac{\partial}{\partial \varphi} \left(\hat{\mathbf{r}} F_r \right) + \frac{1}{r \sin \theta} \hat{\boldsymbol{\varphi}} \cdot \frac{\partial}{\partial \varphi} \left(\hat{\boldsymbol{\theta}} F_\theta \right) + \frac{1}{r \sin \theta} \hat{\boldsymbol{\varphi}} \cdot \frac{\partial}{\partial \varphi} \left(\hat{\boldsymbol{\varphi}} F_\varphi \right)$$

$$= \hat{\boldsymbol{\varphi}} \cdot F_r \frac{1}{r \sin \theta} \frac{\partial \hat{\mathbf{r}}}{\partial \varphi} + \hat{\boldsymbol{\varphi}} \cdot \hat{\mathbf{r}} \frac{1}{r \sin \theta} \frac{\partial F_r}{\partial \varphi}$$

$$+ \hat{\boldsymbol{\varphi}} \cdot F_\theta \frac{1}{r \sin \theta} \frac{\partial \hat{\boldsymbol{\theta}}}{\partial \varphi} + \hat{\boldsymbol{\varphi}} \cdot \hat{\boldsymbol{\theta}} \frac{1}{r \sin \theta} \frac{\partial F_\theta}{\partial \varphi}$$

$$+ \hat{\boldsymbol{\varphi}} \cdot F_\varphi \frac{1}{r \sin \theta} \frac{\partial \hat{\boldsymbol{\varphi}}}{\partial \varphi} + \hat{\boldsymbol{\varphi}} \cdot \hat{\boldsymbol{\varphi}} \frac{1}{r \sin \theta} \frac{\partial F_\varphi}{\partial \varphi}$$

정리된 세 그룹의 결과를 모아 18개 항을 나열하고 각 항에서 나타날 파동 간섭현상을 찾아보자.

$$\nabla \cdot \mathbf{F}(\mathbf{r}) = @_1 + @_2 + @_3$$

$$\nabla \cdot \mathbf{F}(\mathbf{r}) = \hat{\mathbf{r}} \cdot F_r \frac{\partial \hat{\mathbf{r}}}{\partial r} + \hat{\mathbf{r}} \cdot \hat{\mathbf{r}} \frac{\partial F_r}{\partial r} + \hat{\mathbf{r}} \cdot F_\theta \frac{\partial \hat{\boldsymbol{\theta}}}{\partial r} + \hat{\mathbf{r}} \cdot \hat{\boldsymbol{\theta}} \frac{\partial F_\theta}{\partial r} + \hat{\mathbf{r}} \cdot F_\varphi \frac{\partial \hat{\boldsymbol{\varphi}}}{\partial r} + \hat{\mathbf{r}} \cdot \hat{\boldsymbol{\varphi}} \frac{\partial F_\varphi}{\partial r}$$

$$+ \hat{\boldsymbol{\theta}} \cdot F_r \frac{1}{r} \frac{\partial \hat{\mathbf{r}}}{\partial \theta} + \hat{\boldsymbol{\theta}} \cdot \hat{\mathbf{r}} \frac{1}{r} \frac{\partial F_r}{\partial \theta} + \hat{\boldsymbol{\theta}} \cdot F_\theta \frac{1}{r} \frac{\partial \hat{\boldsymbol{\theta}}}{\partial \theta} + \hat{\boldsymbol{\theta}} \cdot \hat{\boldsymbol{\theta}} \frac{1}{r} \frac{\partial F_\theta}{\partial \theta} + \hat{\boldsymbol{\theta}} \cdot F_\varphi \frac{1}{r} \frac{\partial \hat{\boldsymbol{\varphi}}}{\partial \theta} + \hat{\boldsymbol{\theta}} \cdot \hat{\boldsymbol{\varphi}} \frac{1}{r} \frac{\partial F_\varphi}{\partial \theta}$$

$$+ \hat{\boldsymbol{\varphi}} \cdot F_r \frac{1}{r \sin \theta} \frac{\partial \hat{\mathbf{r}}}{\partial \varphi} + \hat{\boldsymbol{\varphi}} \cdot \hat{\mathbf{r}} \frac{1}{r \sin \theta} \frac{\partial F_r}{\partial \varphi}$$

$$+ \hat{\boldsymbol{\varphi}} \cdot F_\theta \frac{1}{r \sin \theta} \frac{\partial \hat{\boldsymbol{\theta}}}{\partial \varphi} + \hat{\boldsymbol{\varphi}} \cdot \hat{\boldsymbol{\theta}} \frac{1}{r \sin \theta} \frac{\partial F_\theta}{\partial \varphi}$$

$$+ \hat{\boldsymbol{\varphi}} \cdot F_\varphi \frac{1}{r \sin \theta} \frac{\partial \hat{\boldsymbol{\varphi}}}{\partial \varphi} + \hat{\boldsymbol{\varphi}} \cdot \hat{\boldsymbol{\varphi}} \frac{1}{r \sin \theta} \frac{\partial F_\varphi}{\partial \varphi}$$

각 항의 간섭현상은 앞서 정리한 두 단위벡터의 관계에서 발생한다.

$$\frac{\partial \hat{\mathbf{r}}}{\partial r} = 0, \quad \frac{\partial \hat{\boldsymbol{\theta}}}{\partial r} = 0, \quad \frac{\partial \hat{\boldsymbol{\varphi}}}{\partial r} = 0, \quad \frac{\partial \hat{\boldsymbol{\varphi}}}{\partial \theta} = 0$$

$$\frac{\partial \hat{\mathbf{r}}}{\partial \theta} = \hat{\boldsymbol{\theta}}, \quad \frac{\partial \hat{\boldsymbol{\theta}}}{\partial \theta} = -\hat{\mathbf{r}}$$

$$\frac{\partial \hat{\mathbf{r}}}{\partial \varphi} = \sin\theta\, \hat{\boldsymbol{\varphi}} \;,\quad \frac{\partial \hat{\boldsymbol{\theta}}}{\partial \varphi} = \cos\theta\, \hat{\boldsymbol{\varphi}} \;,\quad \frac{\partial \hat{\boldsymbol{\varphi}}}{\partial \varphi} = -\cos\theta\, \hat{\boldsymbol{\theta}} - \sin\theta\, \hat{\mathbf{r}}$$

$$\hat{\mathbf{r}} \cdot \hat{\mathbf{r}} = \hat{\boldsymbol{\theta}} \cdot \hat{\boldsymbol{\theta}} = \hat{\boldsymbol{\varphi}} \cdot \hat{\boldsymbol{\varphi}} = 1$$

$$\hat{\mathbf{r}} \perp \hat{\boldsymbol{\theta}} \perp \hat{\boldsymbol{\varphi}} \;,\quad \hat{\mathbf{r}} \cdot \hat{\boldsymbol{\theta}} = \hat{\mathbf{r}} \cdot \hat{\boldsymbol{\varphi}} = \hat{\boldsymbol{\theta}} \cdot \hat{\boldsymbol{\varphi}} = 0$$

0이 있는 항은 사라지니 무거운 짐을 좀 덜게 되어 홀가분해진다. 남은 항들 중에 단위벡터가 같거나 수직인 무늬를 찾으면, 두 단위벡터가 다시 만나 제곱 또는 수직의 관계로 1 또는 0이 된다.

$$\nabla \cdot \mathbf{F}(\mathbf{r}) = \underbrace{\hat{\mathbf{r}} \cdot F_r \cdot 0}_{\frac{\partial \hat{\mathbf{r}}}{\partial r}=0} + \underbrace{1 \cdot \frac{\partial F_r}{\partial r}}_{\hat{\mathbf{r}}\hat{\mathbf{r}}=1} + \underbrace{\hat{\mathbf{r}} \cdot F_\theta \cdot 0}_{\frac{\partial \hat{\boldsymbol{\theta}}}{\partial r}=0} + \underbrace{0 \cdot \frac{\partial F_\theta}{\partial r}}_{\hat{\mathbf{r}}\hat{\boldsymbol{\theta}}=0} + \underbrace{\hat{\mathbf{r}} \cdot F_\varphi \cdot 0}_{\frac{\partial \hat{\boldsymbol{\varphi}}}{\partial r}=0} + \underbrace{0 \cdot \frac{\partial F_\varphi}{\partial r}}_{\hat{\mathbf{r}}\hat{\boldsymbol{\varphi}}=0}$$

$$+ \underbrace{\hat{\boldsymbol{\theta}} \cdot F_r \frac{1}{r} \hat{\boldsymbol{\theta}}}_{\frac{\partial \hat{\mathbf{r}}}{\partial \theta}=\hat{\boldsymbol{\theta}},\; \hat{\boldsymbol{\theta}}\hat{\boldsymbol{\theta}}=1} + \underbrace{0 \frac{1}{r}\frac{\partial F_r}{\partial \theta}}_{\hat{\boldsymbol{\theta}}\hat{\mathbf{r}}=0} + \underbrace{\hat{\boldsymbol{\theta}} \cdot F_\theta \frac{1}{r}(-\hat{\mathbf{r}})}_{\hat{\boldsymbol{\theta}}\hat{\mathbf{r}}=0} + \underbrace{1 \frac{1}{r}\frac{\partial F_\theta}{\partial \theta}}_{\hat{\boldsymbol{\theta}}\hat{\boldsymbol{\theta}}=1} + \underbrace{\hat{\boldsymbol{\theta}} \cdot F_\varphi \frac{1}{r} \cdot 0}_{\frac{\partial \hat{\boldsymbol{\varphi}}}{\partial \theta}=0} + \underbrace{0 \frac{1}{r}\frac{\partial F_\varphi}{\partial \theta}}_{\hat{\boldsymbol{\theta}}\hat{\boldsymbol{\varphi}}=0}$$

$$+ \underbrace{\hat{\boldsymbol{\varphi}} \cdot F_r \frac{1}{r\sin\theta}\sin\theta\,\hat{\boldsymbol{\varphi}}}_{\frac{\partial \hat{\mathbf{r}}}{\partial \varphi}=\sin\theta\,\hat{\boldsymbol{\varphi}},\; \hat{\boldsymbol{\varphi}}\hat{\boldsymbol{\varphi}}=1} + \underbrace{0 \frac{1}{r\sin\theta}\frac{\partial F_r}{\partial \varphi}}_{\hat{\boldsymbol{\varphi}}\hat{\mathbf{r}}=0} + \underbrace{\hat{\boldsymbol{\varphi}} \cdot F_\theta \frac{1}{r\sin\theta}\cos\theta\,\hat{\boldsymbol{\varphi}}}_{\frac{\partial \hat{\boldsymbol{\theta}}}{\partial \varphi}=\cos\theta\,\hat{\boldsymbol{\varphi}},\; \hat{\boldsymbol{\varphi}}\hat{\boldsymbol{\varphi}}=1}$$

$$+0\underbrace{\frac{1}{r\sin\theta}\frac{\cancel{\partial F_\theta}}{\partial\varphi}}_{\hat{\varphi}\hat{\theta}=0}+\underbrace{\hat{\varphi}\cdot F_\varphi\frac{1}{r\sin\theta}(\cancel{-\cos\theta\hat{\theta}-\sin\theta\hat{r}})}_{\frac{\partial\hat{\varphi}}{\partial\varphi}=-\cos\theta\hat{\theta}-\sin\theta\hat{r},\ \hat{\varphi}\hat{\theta}=0,\ \hat{\varphi}\hat{r}=0}+1\underbrace{\frac{1}{r\sin\theta}\frac{\partial F_\varphi}{\partial\varphi}}_{\hat{\varphi}\hat{\varphi}=1}$$

$$\hat{\theta}\cdot F_r\frac{1}{r}\frac{\partial\hat{r}}{\partial\theta}\overset{@}{=}\hat{\theta}\cdot F_r\frac{1}{r}\hat{\theta}=\frac{1}{r}F_r$$

$$\hat{\varphi}\cdot F_r\frac{1}{r\sin\theta}\frac{\partial\hat{r}}{\partial\varphi}\overset{@}{=}\hat{\varphi}\cdot F_r\frac{1}{r\sin\theta}\sin\theta\hat{\varphi}=\frac{1}{r}F_r$$

$$\hat{\varphi}\cdot F_\theta\frac{1}{r\sin\theta}\frac{\partial\hat{\theta}}{\partial\varphi}\overset{@}{=}\hat{\varphi}\cdot F_\theta\frac{1}{r\sin\theta}\cos\theta\hat{\varphi}=\frac{1}{r}\frac{\cos\theta}{\sin\theta}F_\theta$$

소거되고 남은 항들을 추스린 후 F 인자의 관점으로 정리하면, 앞서 보았던 세번째 라플라시안 모형의 무늬가 드러나기 시작한다.

$$\nabla\cdot\mathbf{F}(\mathbf{r})=\left(\hat{r}\frac{\partial}{\partial r}+\hat{\theta}\frac{1}{r}\frac{\partial}{\partial\theta}+\hat{\varphi}\frac{1}{r\sin\theta}\frac{\partial}{\partial\varphi}\right)\cdot\left(\hat{r}F_r+\hat{\theta}F_\theta+\hat{\varphi}F_\varphi\right)$$

$$=\frac{\partial F_r}{\partial r}+F_r\frac{1}{r}+\frac{1}{r}\frac{\partial F_\theta}{\partial\theta}+\frac{1}{r}F_r+F_\theta\frac{1}{r}\frac{\cos\theta}{\sin\theta}+\frac{1}{r\sin\theta}\frac{\partial F_\varphi}{\partial\varphi}$$

$$=\left(\frac{\partial}{\partial r}+\frac{1}{r}+\frac{1}{r}\right)F_r+\frac{1}{r}\left(\frac{\partial}{\partial\theta}+\frac{\cos\theta}{\sin\theta}\right)F_\theta+\frac{1}{r\sin\theta}\frac{\partial F_\varphi}{\partial\varphi}$$

$$= \left(\frac{\partial}{\partial r} + \frac{2}{r}\right)F_r + \frac{1}{r}\left(\frac{\partial}{\partial \theta} + \frac{\cos\theta}{\sin\theta}\right)F_\theta + \frac{1}{r\sin\theta}\frac{\partial F_\varphi}{\partial \varphi}$$

반지름 항의 계수는 반지름 r 을 자기복제 하는 것으로 첫번째 라플라시안 모형과 일치하는 무늬가 나온다.

$$\nabla \cdot \mathbf{F}(\mathbf{r}) = \underline{\left(\frac{\partial}{\partial r} + \frac{2}{r}\right)F_r} + \frac{1}{r}\left(\frac{\partial}{\partial \theta} + \frac{\cos\theta}{\sin\theta}\right)F_\theta + \frac{1}{r\sin\theta}\frac{\partial F_\varphi}{\partial \varphi}$$

$$\therefore \frac{\partial}{\partial r}r^2 = 2r, \quad \frac{2}{r} = \frac{2}{r}\frac{r}{r} = \frac{2r}{r^2} = \frac{1}{r^2}2r = \frac{1}{r^2}\frac{\partial}{\partial r}r^2$$

$$\left(\frac{\partial}{\partial r} + \underline{\frac{2}{r}}\right)F_r = \left(\frac{\partial}{\partial r} + \underline{\frac{1}{r^2}\frac{\partial}{\partial r}r^2}\right)F_r$$

$$\therefore \mathbf{F}(\mathbf{r}) = \hat{\mathbf{r}}F_r + \hat{\boldsymbol{\theta}}F_\theta + \hat{\boldsymbol{\varphi}}F_\varphi, \quad \frac{\partial}{\partial r}F_r \overset{@}{=} \frac{\partial}{\partial r}\lambda \overset{@}{=} 0$$

$$\left(\frac{\partial}{\partial r} + \frac{2}{r}\right)F_r = \underline{\frac{\partial}{\partial r}F_r} + \frac{1}{r^2}\frac{\partial}{\partial r}r^2 F_r = \frac{1}{r^2}\frac{\partial}{\partial r}r^2 F_r$$

$$\therefore \left(\frac{\partial}{\partial r} + \frac{2}{r}\right)F_r = \frac{1}{r^2}\frac{\partial}{\partial r}r^2 F_r$$

그런데 위도 항의 계수는 눈대중으로 라플라시안의 모형과 비슷해 보이지만 그 계산의 흐름이 쉽게 어림 잡히지 않는다. 이러한 점이 관점의 부스러기를 더욱 두드러지게 한다. 이는 관점의 부스러기 효과이지 지금까지의 계산 오류인 것 같지 않다.

라플라시안 모형에 맞춰 분모에 있는 사인 함수를 공통 계수 밖으로 빼내보자. 이때 편미분의 특성이 사인 함수의 발목을 잡는다.

편미분 밖으로 나가려면 그 차원의 법칙에 따라 환복해야 한다고 한다. 그 규칙은 미분의 곱셈 법칙이었다.

$$\nabla \cdot \mathbf{F}(\mathbf{r}) = \left(\frac{\partial}{\partial r} + \frac{2}{r}\right) F_r + \frac{1}{r}\left(\frac{\partial}{\partial \theta} + \frac{\cos\theta}{\sin\theta}\right) F_\theta + \frac{1}{r\sin\theta}\frac{\partial F_\varphi}{\partial \varphi}$$

$$\frac{1}{r}\left(\frac{\partial}{\partial \theta} F_\theta + \frac{\cos\theta}{\sin\theta} F_\theta\right) = \frac{1}{r}\left(\frac{\sin\theta}{\sin\theta}\frac{\partial}{\partial \theta} F_\theta + \frac{\cos\theta}{\sin\theta} F_\theta\right)$$

$$\stackrel{@}{=} \frac{1}{r}\left(\frac{1}{\sin\theta}\frac{\partial}{\partial \theta}(\sin\theta\, F_\theta) + \frac{\cos\theta}{\sin\theta} F_\theta\right)$$

$$\therefore \frac{1}{r}\left(\frac{\partial}{\partial \theta} F_\theta + \frac{\cos\theta}{\sin\theta} F_\theta\right) = \frac{1}{r\sin\theta}\frac{\partial}{\partial \theta}(\sin\theta\, F_\theta)$$

회전논리는 0입자에 대한 논리가 배경에 있기 때문에 간단히 사인을 미분 안쪽으로 이동시킬 수 있지만, 선분논리의 눈은 이해하기 어렵다. 선분논리의 곱 미분법으로 보면 숨어 있는 0입자의 관계 논리가 드러난다.

$$\because \frac{\partial}{\partial \theta}\left(\sin \theta \, F_\theta\right) = \cos \theta \, F_\theta + \sin \theta \, \frac{\partial F_\theta}{\partial \theta}$$

$$\frac{\partial}{\partial \theta}\left(\sin \theta \, F_\theta\right) - \cos \theta \, F_\theta = \sin \theta \, \frac{\partial F_\theta}{\partial \theta}$$

$$\frac{1}{\sin \theta}\left(\frac{\partial}{\partial \theta}\left(\sin \theta \, F_\theta\right) - \cos \theta \, F_\theta\right) = \frac{\sin \theta}{\sin \theta} \frac{\partial F_\theta}{\partial \theta}$$

$$\frac{1}{r}\left(\frac{\partial}{\partial \theta} F_\theta + \frac{\cos \theta}{\sin \theta} F_\theta\right) = \frac{1}{r}\left(\frac{\sin \theta}{\sin \theta}\frac{\partial}{\partial \theta} F_\theta + \frac{\cos \theta}{\sin \theta} F_\theta\right)$$

$$= \frac{1}{r}\left(\frac{1}{\sin \theta}\left(\frac{\partial}{\partial \theta}\left(\sin \theta \, F_\theta\right) - \cos \theta \, F_\theta\right) + \frac{\cos \theta}{\sin \theta} F_\theta\right)$$

$$= \frac{1}{r \sin \theta}\left(\left(\frac{\partial}{\partial \theta}\left(\sin \theta \, F_\theta\right) - \cos \theta \, F_\theta\right) + \frac{\cos \theta}{1} F_\theta\right)$$

$$= \frac{1}{r \sin \theta}\left(\frac{\partial}{\partial \theta}\left(\sin \theta \, F_\theta\right) \underbrace{- \cos \theta \, F_\theta + \frac{\cos \theta}{1} F_\theta}_{=0}\right) = \frac{1}{r \sin \theta}\frac{\partial}{\partial \theta}\left(\sin \theta \, F_\theta\right)$$

$$\because \; \cancel{-\cos \theta \, F_\theta} + \cancel{\frac{\cos \theta}{1}} F_\theta = 0 \quad : 0입자, 공간계 소멸 알고리즘$$

$$\therefore \; \frac{1}{r}\left(\frac{\partial}{\partial \theta} F_\theta + \frac{\cos \theta}{\sin \theta} F_\theta\right) = \frac{1}{r \sin \theta}\frac{\partial}{\partial \theta}\left(\sin \theta \, F_\theta\right)$$

삼각함수는 사인과 코사인의 90도 관계가 미분에 의한 0입자로 만나 같은 차원 속 양음의 관계로 나타난다. 따라서 두 입자의 관계는 서로 다른 차원에서 90도 관계의 곱(내적)에 의해 0입자의 소멸성이 평면파로 나타나고, 서로 같은 차원에서는 양/음 180도 합의 관계로 0입자의 소멸성이 연쇄반응한다.

그래서 분자의 코사인은 자기복제된 양음이 만나 소멸되고 라플라시안 모형의 계수 무늬가 나타난다. 이로써 다이버전스 관점의 라플라시안 첫번째 모형과 비슷한 1차 편미분 무늬가 됐다.

$$\nabla \cdot \mathbf{F} = \left(\frac{\partial}{\partial r} + \frac{2}{r} \right) F_r + \frac{1}{r} \left(\frac{\partial}{\partial \theta} + \frac{\cos \theta}{\sin \theta} \right) F_\theta + \frac{1}{r \sin \theta} \frac{\partial F_\varphi}{\partial \varphi}$$

$$\therefore \nabla \cdot \mathbf{F} = \frac{1}{r^2} \frac{\partial}{\partial r} \left(r^2 F_r \right) + \frac{1}{r \sin \theta} \frac{\partial}{\partial \theta} \left(\sin \theta \, F_\theta \right) + \frac{1}{r \sin \theta} \frac{\partial F_\varphi}{\partial \varphi}$$

구면계 F 벡터는 본래 구면계 그래디언트였다. 그리고 F 인자는 본래 F 벡터의 스칼라 길이값을 의미하며, 라플라시안에서 사용하는 f 함수를 편미분한 것과 같았다.

구면계의 스칼라 계수 F 인자를 라플라시안 f 함수로 교체하면, 앞서 구면계 첫번째 라플라시안 모형과 같아진다.

$$\nabla f = \mathbf{F} = \left(F_r, F_\theta, F_\varphi \right) = \left(\frac{\partial f}{\partial r}, \frac{1}{r} \frac{\partial f}{\partial \theta}, \frac{1}{r \sin \theta} \frac{\partial f}{\partial \varphi} \right)$$

$$\therefore \nabla \cdot \mathbf{F} = \nabla^2 f$$
$$= \frac{1}{r^2}\frac{\partial}{\partial r}\left(r^2 \frac{\partial f}{\partial r}\right) + \frac{1}{r^2 \sin\theta}\frac{\partial}{\partial \theta}\left(\sin\theta \frac{\partial f}{\partial \theta}\right) + \frac{1}{r^2 \sin^2\theta}\frac{\partial^2 f}{\partial \varphi^2}$$

끝으로 편미분은 각각의 관점 세계 속에서 0점을 향한다. 편미분이 0에 접근하는 입자성은 모든 직교 좌표계에 적용되기 때문에 구면계 라플라스 방정식도 0으로 귀결된다.

$$\therefore F_r = \frac{\partial f}{\partial r} = |\mathbf{F}_r|\ ,\quad \frac{\partial}{\partial r}F_r = \frac{\partial}{\partial r}\frac{\partial f}{\partial r} = 0\ ,\quad \frac{\partial}{\partial r} = 0$$

scalar partial differential = 0

$$\therefore \nabla \cdot \mathbf{F} = \nabla^2 f = 0$$
$$= \frac{1}{r^2}\frac{\partial}{\partial r}\left(r^2 \frac{\partial f}{\partial r}\right) + \frac{1}{r^2 \sin\theta}\frac{\partial}{\partial \theta}\left(\sin\theta \frac{\partial f}{\partial \theta}\right) + \frac{1}{r^2 \sin^2\theta}\frac{\partial^2 f}{\partial \varphi^2}$$

라플라시안의 각운동

Laplacian Angular Momentum

라플라스 연산자 또는 라플라시안을 방정식으로 해석하고, 반지름 부분을 어떤 세계의 비례상수 λ 로 해석해 본다.

$$\nabla^2 = \underbrace{\frac{1}{r^2}\frac{\partial}{\partial r}\left(r^2\frac{\partial}{\partial r}\right)}_{\frac{\lambda}{r^2}} + \underbrace{\frac{1}{r^2\sin\theta}\frac{\partial}{\partial\theta}\left(\sin\theta\frac{\partial}{\partial\theta}\right) + \frac{1}{r^2\sin^2\theta}\frac{\partial^2}{\partial\varphi^2}}_{-\frac{\lambda}{r^2}} = 0$$

$$\nabla^2 = \left(\frac{\partial^2}{\partial r^2} + \frac{2}{r}\frac{\partial}{\partial r}\right) + \frac{1}{r^2\sin\theta}\frac{\partial}{\partial\theta}\left(\sin\theta\frac{\partial}{\partial\theta}\right) + \frac{1}{r^2\sin^2\theta}\frac{\partial^2}{\partial\varphi^2} = 0$$

$$\therefore \frac{1}{r^2}\frac{\partial}{\partial r}\left(r^2\frac{\partial}{\partial r}\right) \overset{@}{=} \frac{\partial^2}{\partial r^2} + \frac{2}{r}\frac{\partial}{\partial r} \overset{@}{=} \nabla^2 - \left(-\frac{\lambda}{r^2}\right) = \frac{\lambda}{r^2}$$

반지름 항은 본래 입자의 크기에 대한 알고리즘을 가졌다. 그리고 각도 부분은 입자가 원을 그려 완성하되 그 원의 모형이 왜곡되는 현상을 보인다.

구면계에서 각도는 위도 θ 와 경도 φ 로 구분된다. 위도 θ 는 특정 반지름 내에서 위/아래로 크기가 다른 무수한 원을 그릴 수 있다. 그러나 경도 φ 는 XY 평면을 360도 회전하며 180도마다 하나의 원을 그려 두 개의 원으로 3차원 입자를 형성한다.

위도 θ 가 무수한 원을 그리는 현상을 고전 물리학에서는 팽이의 회전과 같은 각운동량으로 설명한다. 각운동량에 대한 논리는 나중에 논리적 연쇄반응을 일으켜 슈뢰딩거 방정식의 무늬를 연관 르장드르 다항식으로 전개할 수 있게 했다.

각운동량은 각도의 양자화로 방위 양자수 $\ell(\ell+1)$ 로 정리할 수 있는데, 이 부분은 잠시 후 구체적으로 살펴보기로 하고 여기서는 라플라시안과의 관계에 주안점을 둔다. 참고로 각운동량의 양자화는 제곱에서 그 무늬를 드러내며, 제곱은 켤레의 곱으로 이루어져 있다.

Angular Momentum

$$\mathbf{L} = \mathbf{r} \times \mathbf{p} = \mathbf{r} \times m\mathbf{v} = m\mathbf{r} \times \mathbf{v} = mr^2\left(-\dot{\varphi}\sin\theta\,\hat{\boldsymbol{\theta}} + \dot{\theta}\,\hat{\boldsymbol{\varphi}}\right)$$

$$\mathbf{L} = -i\hbar(\mathbf{x}\times\nabla) = \left(L_x, L_y, L_z\right) = L_x\mathbf{i} + L_y\mathbf{j} + L_z\mathbf{k}$$

$$\mathbf{L}^2 = \mathbf{L}\bar{\mathbf{L}} = -i\hbar(\mathbf{r}\times\nabla)\cdot i\hbar(\mathbf{r}\times\nabla) = \hbar^2\ell(\ell+1)$$

$$\therefore \mathbf{L}^2 = \hbar^2\ell(\ell+1)$$

각운동량은 반지름이 1일 경우, 미분의 특성으로 양자화되는 기본 알고리즘을 확인할 수도 있다.

$$\frac{\partial^2}{\partial r^2}r^2 = \frac{\partial}{\partial r}\left(\frac{\partial}{\partial r}r^2\right) = \frac{\partial}{\partial r}2r$$
$$= 2 = 1\cdot 2 = 1\cdot(1+1) = \ell(\ell+1)$$

$$@@ \quad \nabla_r^2 r^2 = \frac{\partial^2}{\partial r^2} r^2 = \ell(\ell+1)$$

$$@@ \quad \nabla_r^2 = \frac{\partial^2}{\partial r^2} = \frac{\ell(\ell+1)}{r^2}$$

라플라시안은 반지름 알고리즘과 각도 알고리즘이 상대적으로 존재한다. 그래서 각운동량은 반지름 관점에서 회전을 생각할 수도 있고, 각도 관점에서 회전을 생각할 수도 있다. 각도의 회전으로 각운동량을 관찰하면 $\hbar$ 를 척도로 해석할 수 있게 된다.

$$\nabla^2 = \frac{1}{r^2}\frac{\partial}{\partial r}\left(r^2\frac{\partial}{\partial r}\right) + \frac{1}{r^2}\left(\frac{1}{\sin\theta}\frac{\partial}{\partial\theta}\left(\sin\theta\frac{\partial}{\partial\theta}\right) + \frac{1}{\sin^2\theta}\frac{\partial^2}{\partial\varphi^2}\right) = 0$$

$$\nabla_r^2 = \frac{1}{r^2}\frac{\partial}{\partial r}\left(r^2\frac{\partial}{\partial r}\right)$$

$$\nabla_{\theta\varphi}^2 = \frac{1}{r^2}\left(\frac{1}{\sin\theta}\frac{\partial}{\partial\theta}\left(\sin\theta\frac{\partial}{\partial\theta}\right) + \frac{1}{\sin^2\theta}\frac{\partial^2}{\partial\varphi^2}\right)$$

$$\nabla^2 = \nabla_r^2 + \nabla_{\theta\varphi}^2 = \frac{\lambda}{r^2} + \left(-\frac{\lambda}{r^2}\right) = 0$$

$$\nabla^2 = \nabla_r^2 + \nabla_{\theta\varphi}^2 = \frac{\ell(\ell+1)}{r^2} + \left(-\frac{\ell(\ell+1)}{r^2}\right) = 0$$

$$\therefore r^2\nabla^2 = r^2\nabla_r^2 + r^2\nabla_{\theta\varphi}^2 = \lambda + (-\lambda) = 0$$

@@ $r^2\nabla^2 = r^2\nabla_r^2 + r^2\nabla_{\theta\varphi}^2 = \ell(\ell+1) + \bigl(-\ell(\ell+1)\bigr) = 0$

$$-\lambda = -\ell(\ell+1) = -\frac{L^2}{\hbar^2}$$

$$= \frac{1}{\sin\theta}\frac{\partial}{\partial\theta}\left(\sin\theta\frac{\partial}{\partial\theta}\right) + \frac{1}{\sin^2\theta}\frac{\partial^2}{\partial\varphi^2} = r^2\nabla_{\theta\varphi}^2$$

$$\therefore L^2 = -\hbar^2 r^2 \nabla_{\theta\varphi}^2$$

$$L^2 = -\hbar^2 r^2 \nabla_{\theta\varphi}^2 = -\hbar^2 r^2 (\nabla^2 - \nabla_r^2) = -\hbar^2 r^2 \nabla^2 + \hbar^2 r^2 \nabla_r^2$$

$$L^2 = -\hbar^2 r^2 \nabla^2 + \hbar^2 \frac{\partial}{\partial r}\left(r^2 \frac{\partial}{\partial r}\right)$$

$$L^2 = -\hbar^2 \left(\frac{1}{\sin\theta}\frac{\partial}{\partial\theta}\left(\sin\theta\frac{\partial}{\partial\theta}\right) + \frac{1}{\sin^2\theta}\frac{\partial^2}{\partial\varphi^2}\right)$$

$$r^2\nabla_r^2 = \frac{\partial}{\partial r}\left(r^2\frac{\partial}{\partial r}\right)$$

$$r^2\nabla_{\theta\varphi}^2 = \frac{1}{\sin\theta}\frac{\partial}{\partial\theta}\left(\sin\theta\frac{\partial}{\partial\theta}\right) + \frac{1}{\sin^2\theta}\frac{\partial^2}{\partial\varphi^2}$$

$$\therefore L^2 = -\hbar^2\left(r^2\nabla^2 - r^2\nabla_r^2\right) = -\hbar^2 r^2 \nabla_{\theta\varphi}^2 = \hbar^2\ell(\ell+1) = \hbar^2\lambda$$

라플라시안과 각운동량의 관계는 관점에 따라 허수계의 $\hbar$ 척도로 운동량을 해석할 수 있다. 이렇게 되면 반지름의 외적과 각도의 편미분 관계로 논리를 전개할 수 있게 된다.

$$\because L^2 = -\hbar^2 r^2 \nabla^2_{\theta\varphi}, \quad \nabla^2_r = \frac{1}{r^2}\frac{\partial}{\partial r}\left(r^2 \frac{\partial}{\partial r}\right), \quad \nabla^2_{\theta\varphi} = -\frac{1}{r^2}\frac{L^2}{\hbar^2}$$

$$\nabla^2 = \nabla^2_r + \nabla^2_{\theta\varphi} = \frac{1}{r^2}\frac{\partial}{\partial r}\left(r^2 \frac{\partial}{\partial r}\right) - \frac{1}{r^2}\frac{L^2}{\hbar^2}$$

$$\mathbf{L} = -i\hbar\, \mathbf{r}\times\nabla = i\hbar\left(\frac{1}{\sin\theta}\frac{\partial}{\partial\varphi}\hat{\boldsymbol{\theta}} - \frac{\partial}{\partial\theta}\hat{\boldsymbol{\varphi}}\right)$$

$$\nabla = \left(\frac{\partial}{\partial r}, \frac{1}{r}\frac{\partial}{\partial\theta}, \frac{1}{r\sin\theta}\frac{\partial}{\partial\varphi}\right) = \frac{\partial}{\partial r}\hat{\mathbf{r}} + \frac{1}{r}\frac{\partial}{\partial\theta}\hat{\boldsymbol{\theta}} + \frac{1}{r\sin\theta}\frac{\partial}{\partial\varphi}\hat{\boldsymbol{\varphi}}$$

$$\mathbf{r}\times\nabla = \mathbf{r}\times\left(\frac{\partial}{\partial r}\hat{\mathbf{r}} + \frac{1}{r}\frac{\partial}{\partial\theta}\hat{\boldsymbol{\theta}} + \frac{1}{r\sin\theta}\frac{\partial}{\partial\varphi}\hat{\boldsymbol{\varphi}}\right)$$

$$\mathbf{r} = r\hat{\mathbf{r}}, \quad \mathbf{r}\times\nabla = r\hat{\mathbf{r}}\times\left(\frac{\partial}{\partial r}\hat{\mathbf{r}} + \frac{1}{r}\frac{\partial}{\partial\theta}\hat{\boldsymbol{\theta}} + \frac{1}{r\sin\theta}\frac{\partial}{\partial\varphi}\hat{\boldsymbol{\varphi}}\right)$$

$$\mathbf{r}\times\nabla = r\frac{\partial}{\partial r}\hat{\mathbf{r}}\times\hat{\mathbf{r}} + r\frac{1}{r}\frac{\partial}{\partial\theta}\hat{\mathbf{r}}\times\hat{\boldsymbol{\theta}} + r\frac{1}{r\sin\theta}\frac{\partial}{\partial\varphi}\hat{\mathbf{r}}\times\hat{\boldsymbol{\varphi}}$$

$$\because \hat{\mathbf{r}}\times\hat{\mathbf{r}} = |\hat{\mathbf{r}}||\hat{\mathbf{r}}|\sin 0 \cdot \hat{\mathbf{n}} = \hat{\mathbf{0}}, \quad \hat{\mathbf{r}}\times\hat{\boldsymbol{\theta}} = \hat{\boldsymbol{\varphi}}, \quad \hat{\mathbf{r}}\times\hat{\boldsymbol{\varphi}} = -\hat{\boldsymbol{\theta}}$$

$$\mathbf{r}\times\nabla = \hat{\mathbf{0}} + \frac{\partial}{\partial\theta}\hat{\boldsymbol{\varphi}} - \frac{1}{\sin\theta}\frac{\partial}{\partial\varphi}\hat{\boldsymbol{\theta}}$$

$$\hat{\mathbf{r}} = (\sin\theta\cos\varphi)\,\hat{\mathbf{x}} + (\sin\theta\sin\varphi)\,\hat{\mathbf{y}} + (\cos\theta)\,\hat{\mathbf{z}}$$

$$\hat{\boldsymbol{\theta}} = (\cos\theta\cos\varphi)\,\hat{\mathbf{x}} + (\cos\theta\sin\varphi)\,\hat{\mathbf{y}} + (-\sin\theta)\,\hat{\mathbf{z}}$$

$$\hat{\mathbf{r}} \times \hat{\boldsymbol{\theta}} = \begin{vmatrix} \hat{\mathbf{x}} & \hat{\mathbf{y}} & \hat{\mathbf{z}} \\ \sin\theta\cos\varphi & \sin\theta\sin\varphi & \cos\theta \\ \cos\theta\cos\varphi & \cos\theta\sin\varphi & -\sin\theta \end{vmatrix}$$

$$= \hat{\mathbf{x}} \cdot \big(\sin\theta\sin\varphi \cdot (-\sin\theta) - \cos\theta \cdot \cos\theta\sin\varphi\big)$$
$$-\hat{\mathbf{y}} \cdot \big(\sin\theta\cos\varphi \cdot (-\sin\theta) - \cos\theta \cdot \cos\theta\cos\varphi\big)$$
$$+\hat{\mathbf{z}} \cdot \big(\sin\theta\cos\varphi \cdot \cos\theta\sin\varphi - \sin\theta\sin\varphi \cdot \cos\theta\cos\varphi\big)$$

$$\hat{\mathbf{r}} \times \hat{\boldsymbol{\theta}} = \hat{\boldsymbol{\varphi}}$$

$$\hat{\mathbf{r}} = \sin\theta\cos\varphi\,\hat{\mathbf{x}} + \sin\theta\sin\varphi\,\hat{\mathbf{y}} + \cos\theta\,\hat{\mathbf{z}}$$

$$\hat{\boldsymbol{\varphi}} = -\sin\varphi\,\hat{\mathbf{x}} + \cos\varphi\,\hat{\mathbf{y}}$$

$$\hat{\mathbf{r}} \times \hat{\boldsymbol{\varphi}} = \begin{vmatrix} \hat{\mathbf{x}} & \hat{\mathbf{y}} & \hat{\mathbf{z}} \\ \sin\theta\cos\varphi & \sin\theta\sin\varphi & \cos\theta \\ -\sin\varphi & \cos\varphi & 0 \end{vmatrix}$$

$$\hat{\mathbf{x}} : \sin\theta\sin\varphi \cdot 0 - \cos\theta \cdot \cos\varphi = -\cos\theta\cos\varphi$$

$$\hat{\mathbf{y}} : -\big(\sin\theta\cos\varphi \cdot 0 - \cos\theta \cdot (-\sin\varphi)\big) = -\cos\theta\sin\varphi$$

$$\hat{\mathbf{z}} : \sin\theta\cos\varphi \cdot \cos\varphi + \sin\theta\sin\varphi \cdot \sin\varphi = \sin\theta$$

$$\hat{\mathbf{r}} \times \hat{\boldsymbol{\varphi}} = -\cos\theta\cos\varphi\,\hat{\mathbf{x}} - \cos\theta\sin\varphi\,\hat{\mathbf{y}} + \sin\theta\,\hat{\mathbf{z}} = -\hat{\boldsymbol{\theta}}$$

$$\therefore \mathbf{r} \times \nabla = \frac{\partial}{\partial\theta}\hat{\boldsymbol{\varphi}} - \frac{1}{\sin\theta}\frac{\partial}{\partial\varphi}\hat{\boldsymbol{\theta}}, \quad \frac{\mathbf{L}}{i\hbar} = -\mathbf{r}\times\nabla = \frac{1}{\sin\theta}\frac{\partial}{\partial\varphi}\hat{\boldsymbol{\theta}} - \frac{\partial}{\partial\theta}\hat{\boldsymbol{\varphi}}$$

구면계에서 각운동량은 XY평면이 소용돌이쳐 Z축 방향으로 도약하여 양자화하는 구도를 그린다.

참고로 각운동 벡터입자는 쌍원뿔이며, 반지름 벡터와 운동량 벡터의 외적으로 정리했다. 운동량은 질량과 속도의 곱이었고, 파동의 관점에서 운동량 벡터는 라플라시안의 소용돌이가 허수의 시간계에서 회전하여 디렉상수 단위로 양자화한다.

이렇게 양자화한 결과가 공간계의 쌍원뿔이다. 여기서 라플라시안은 회전하여 동심원을 이루고 0입자로 양자화하는 알고리즘을 가졌다.

$$\mathbf{L} = \mathbf{r} \times \mathbf{p} = \mathbf{r} \times m\mathbf{v}$$
$$\mathbf{L} = \mathbf{r} \times \mathbf{p} = -i\hbar(\mathbf{x} \times \nabla) = \left(L_x, L_y, L_z\right)$$

$$\mathbf{p} = m\mathbf{v} = -i\hbar\nabla \stackrel{@}{=} -i\nabla, \quad \hbar \stackrel{@}{=} 1$$

$i\hbar$: 시간계, $-i\hbar$: 공간계, ∇ : 0입자, 양자화 알고리즘

반지름 입자와 운동량 입자를 XYZ 입체 공간 속 순서쌍으로 관계를 정리하면, 반지름 입자는 실수계에 있고, 운동량은 음의 허수계에 있다.

$$\mathbf{r} = (x, y, z)$$
$$\mathbf{p} = -i\nabla = -i(p_x, p_y, p_z) = -i\left(\frac{\partial}{\partial x}, \frac{\partial}{\partial y}, \frac{\partial}{\partial z}\right)$$

음의 허수계란 허수계에서 회전 관계를 하여 공간계로 도약하는

알고리즘을 의미한다. 그래서 공간계의 반지름이 시간계의 운동량과 외적 관계를 하면 차원 도약을 하여 쌍원뿔의 두 원반이 양음으로 발현한다.

이런 각운동량의 외적 관계를 행렬로 정리하면 3×3 행렬식이 된다. 이 행렬식은 사원수 표기법에 그 토대가 있다. 그리고 x, y, z 각 단위벡터는 대각선 여인자 관계를 통해 차원 도약의 무늬가 드러난다.

$$\mathbf{L} = \begin{vmatrix} \hat{x} & \hat{y} & \hat{z} \\ x & y & z \\ p_x & p_y & p_z \end{vmatrix} \;,\quad \mathbf{L}_z = \begin{vmatrix} & & \hat{z} \\ x & y & \\ p_x & p_y & \end{vmatrix}$$

Z 입자의 여인자 행렬은 XY평면파 회전관계

$$\because \; |\mathbf{A} \times \mathbf{B}| = |\mathbf{A}||\mathbf{B}|\sin\theta = \begin{vmatrix} a & b \\ c & d \end{vmatrix} = ad - bc$$

$$\mathbf{z} = \begin{bmatrix} x & p_x \\ y & p_y \end{bmatrix} = \mathbf{r}_{xy} \times \mathbf{p}_{xy} \stackrel{@}{=} |\mathbf{r}_{xy}||\mathbf{p}_{xy}|\sin\theta \cdot \hat{\mathbf{z}} = L_z \hat{\mathbf{z}}$$

$$|\hat{\mathbf{z}}| = \begin{vmatrix} x & p_x \\ y & p_y \end{vmatrix} = |\mathbf{r}_{xy} \times \mathbf{p}_{xy}| = |\mathbf{r}_{xy}||\mathbf{p}_{xy}|\sin\theta = L_z$$

외적의 고윳값은 여인자 행렬식이다.

따라서 반지름 축과 운동량 축이 회전 관계를 통해 Z축으로 도약하는 각운동량 L_z 입자는 (x, y) 와 (P_x, P_y) 의 행렬식으로 정리할 수 있게 된다.

@1 각운동량 L_z 입자의 여인자 관점

$$\mathbf{L} = \mathbf{r} \times \mathbf{p} = -i\hbar(\mathbf{x} \times \nabla) = \left(L_x, L_y, L_z\right)$$

$$\mathbf{L} = \begin{vmatrix} \hat{x} & \hat{y} & \hat{z} \\ x & y & z \\ p_x & p_y & p_z \end{vmatrix}, \quad \mathbf{L}_z = \begin{vmatrix} x & y & \hat{z} \\ p_x & p_y & \end{vmatrix}$$

$$\mathbf{p} = m\mathbf{v} = -i\hbar\nabla = -i\hbar\left(\frac{\partial}{\partial x}, \frac{\partial}{\partial y}, \frac{\partial}{\partial z}\right) = (p_x, p_y, p_z)$$

$$@ \quad p_x = -i\hbar\frac{\partial}{\partial x}, \quad p_y = -i\hbar\frac{\partial}{\partial y}, \quad p_z = -i\hbar\frac{\partial}{\partial z}$$

$$L_z = \begin{vmatrix} x & y & \hat{z} \\ p_x & p_y & \end{vmatrix} = \begin{vmatrix} x & p_x \\ y & p_y \end{vmatrix} = xp_y - yp_x = -i\hbar\left(x\frac{\partial}{\partial y} - y\frac{\partial}{\partial x}\right) = -i\hbar\nabla_z$$

$$@ \quad \hbar = 1, \quad p_x = -i\frac{\partial}{\partial x}, \quad p_y = -i\frac{\partial}{\partial y}, \quad p_z = -i\frac{\partial}{\partial z}$$

$$L_z = \begin{vmatrix} x & p_x \\ y & p_y \end{vmatrix} = xp_y - yp_x = x\left(-i\frac{\partial}{\partial y}\right) - y\left(-i\frac{\partial}{\partial x}\right)$$

$$@_1 \quad L_z = -i\left(x\frac{\partial}{\partial y} - y\frac{\partial}{\partial x}\right) = -i\frac{\partial}{\partial \varphi} = -i\nabla_z$$

여인자 행렬의 관점으로 각운동의 차원 도약을 간단히 정리할 수 있지만 여기에는 야코비안 회전변환으로 함축된 알고리즘이 숨어 있다. 물론 야코비안 회전변환은 오일러 회전변환을 토대로 한다.

다음 전개에 대해 더 자세한 수학적 논리는 잠시 후 본 장 말미에 참조할 수 있도록 덧붙여 둔다. 여기서는 라플라시안에 주안점을 두자.

@2 각운동량 L_z 입자의 회전변환 관점

$$x = r \sin\theta \cos\varphi , \quad y = r \sin\theta \sin\varphi$$

$$@ \quad \theta = \frac{\pi}{2} , \quad \sin\frac{\pi}{2} = 1 , \quad \rho = r \sin\frac{\pi}{2} = r$$

$$@ \quad \angle(x,y) = \varphi , \quad x = r \cos\varphi , \quad y = r \sin\varphi$$

$$\begin{bmatrix} \frac{\partial}{\partial x} \\ \frac{\partial}{\partial y} \end{bmatrix} = J^{-T} \begin{bmatrix} \frac{\partial}{\partial r} \\ \frac{\partial}{\partial \varphi} \end{bmatrix} = \begin{bmatrix} \frac{\partial r}{\partial x} & \frac{\partial \varphi}{\partial x} \\ \frac{\partial r}{\partial y} & \frac{\partial \varphi}{\partial y} \end{bmatrix} \begin{bmatrix} \frac{\partial}{\partial r} \\ \frac{\partial}{\partial \varphi} \end{bmatrix} = \begin{bmatrix} \cos\varphi & -\frac{\sin\varphi}{r} \\ \sin\varphi & \frac{\cos\varphi}{r} \end{bmatrix} \begin{bmatrix} \frac{\partial}{\partial r} \\ \frac{\partial}{\partial \varphi} \end{bmatrix}$$

$$@_{J^{-T}} \quad \frac{\partial}{\partial x} = \cos\varphi \frac{\partial}{\partial r} - \frac{\sin\varphi}{r} \frac{\partial}{\partial \varphi} , \quad \frac{\partial}{\partial y} = \sin\varphi \frac{\partial}{\partial r} + \frac{\cos\varphi}{r} \frac{\partial}{\partial \varphi}$$

$$L_z = -i \left(x \frac{\partial}{\partial y} - y \frac{\partial}{\partial x} \right)$$

$$L_z = -i \left[r \cos\varphi \left(\sin\varphi \frac{\partial}{\partial r} + \frac{\cos\varphi}{r} \frac{\partial}{\partial \varphi} \right) - r \sin\varphi \left(\cos\varphi \frac{\partial}{\partial r} - \frac{\sin\varphi}{r} \frac{\partial}{\partial \varphi} \right) \right]$$

$$= -i \left[r \cos\varphi \sin\varphi \frac{\partial}{\partial r} + \cos^2\varphi \frac{\partial}{\partial \varphi} - r \sin\varphi \cos\varphi \frac{\partial}{\partial r} + \sin^2\varphi \frac{\partial}{\partial \varphi} \right]$$

$$\cos^2 \varphi + \sin^2 \varphi = 1$$

@2 $\quad L_z = -i(\cos^2 \varphi + \sin^2 \varphi)\dfrac{\partial}{\partial \varphi} = -i\dfrac{\partial}{\partial \varphi}$

라플라시안에서 반지름의 관점은 곱 미분의 특성에 따라 1차 미분 계수가 1인 경우와 2인 경우가 나타난다.

$$\left(r\dfrac{\partial}{\partial r} + 1\right) r\dfrac{\partial}{\partial r} = r\dfrac{\partial}{\partial r}\left(r\dfrac{\partial}{\partial r}\right) + r\dfrac{\partial}{\partial r} = r\dfrac{\partial}{\partial r}r\dfrac{\partial}{\partial r} + rr\dfrac{\partial}{\partial r}\dfrac{\partial}{\partial r} + r\dfrac{\partial}{\partial r}$$

$$= r\dfrac{\partial}{\partial r} + r^2\dfrac{\partial^2}{\partial r^2} + r\dfrac{\partial}{\partial r} = r^2\dfrac{\partial^2}{\partial r^2} + 2r\dfrac{\partial}{\partial r} = \left(r\dfrac{\partial}{\partial r} + 2\right) r\dfrac{\partial}{\partial r}$$

$$\therefore \left(r\dfrac{\partial}{\partial r} + 1\right) r\dfrac{\partial}{\partial r} = \left(r\dfrac{\partial}{\partial r} + 2\right) r\dfrac{\partial}{\partial r}$$

이런 이유로 각운동량을 정리할 때 라플라시안 반지름의 1차 미분 계수에서 1을 사용하는 경우가 종종 있다. 따라서 라플라시안 반지름은 미분의 특성에 따라 여러 가지 무늬로 표기할 수 있으나 모두 같은 알고리즘을 가졌다.

$$\nabla^2 = \dfrac{1}{r^2}\dfrac{\partial}{\partial r}\left(r^2\dfrac{\partial}{\partial r}\right) + \dfrac{1}{r^2 \sin \theta}\dfrac{\partial}{\partial \theta}\left(\sin \theta \dfrac{\partial}{\partial \theta}\right) + \dfrac{1}{r^2 \sin^2 \theta}\dfrac{\partial^2}{\partial \varphi^2}$$

$$\nabla^2 = \nabla_r^2 + \nabla_{\theta\varphi}^2 , \quad r^2\nabla^2 = r^2\nabla_r^2 + r^2\nabla_{\theta\varphi}^2$$

$$\mathbf{L}^2 = -r^2\nabla^2 + r^2\nabla_r^2 = -r^2\nabla_{\theta\varphi}^2$$

$$\mathbf{L}^2 = -r^2\nabla^2 + \underline{\frac{\partial}{\partial r}\left(r^2\frac{\partial}{\partial r}\right)} = -r^2\nabla_{\theta\varphi}^2$$

$$\frac{\partial}{\partial r}\left(r^2\frac{\partial}{\partial r}\right) = \frac{\partial}{\partial r}r^2\frac{\partial}{\partial r} + r^2\frac{\partial}{\partial r}\frac{\partial}{\partial r} = 2r\frac{\partial}{\partial r} + r^2\frac{\partial^2}{\partial r^2} = \left(2 + r\frac{\partial}{\partial r}\right)r\frac{\partial}{\partial r}$$

$$\therefore \frac{\partial}{\partial r}\left(r^2\frac{\partial}{\partial r}\right) = \left(2 + r\frac{\partial}{\partial r}\right)r\frac{\partial}{\partial r}$$

$$\therefore \frac{\partial}{\partial r}\left(r^2\frac{\partial}{\partial r}\right) = \left(r\frac{\partial}{\partial r} + 2\right)r\frac{\partial}{\partial r} = \left(r\frac{\partial}{\partial r} + 1\right)r\frac{\partial}{\partial r} \stackrel{@}{=} \frac{\partial^2}{\partial r^2} = \nabla_r^2$$

@1 각운동량 Lz 입자 : 여인자 행렬

$$\mathbf{p} = m\mathbf{v} = -i\hbar \nabla = -i\hbar \left(\frac{\partial}{\partial x}, \frac{\partial}{\partial y}, \frac{\partial}{\partial z}\right) = (p_x, p_y, p_z)$$

$$@ \quad p_x = -i\hbar \frac{\partial}{\partial x}, \quad p_y = -i\hbar \frac{\partial}{\partial y}, \quad p_z = -i\hbar \frac{\partial}{\partial z}$$

$$L_z = \begin{vmatrix} x & y & \hat{z} \\ p_x & p_y & \end{vmatrix} = \begin{vmatrix} x & p_x \\ y & p_y \end{vmatrix} = xp_y - yp_x = -i\hbar \left(x\frac{\partial}{\partial y} - y\frac{\partial}{\partial x}\right) = -i\hbar \nabla_z$$

$$@@ \quad \hbar = 1, \quad L_z = -i\left(x\frac{\partial}{\partial y} - y\frac{\partial}{\partial x}\right) = -i\nabla_z$$

@2 각운동량 Lz 입자 : 야코비안 회전변환

$$\frac{\partial}{\partial x} = \frac{\partial r}{\partial x} \cdot \frac{\partial}{\partial r} + \frac{\partial \varphi}{\partial x} \cdot \frac{\partial}{\partial \varphi}, \quad \frac{\partial}{\partial y} = \frac{\partial r}{\partial y} \cdot \frac{\partial}{\partial r} + \frac{\partial \varphi}{\partial y} \cdot \frac{\partial}{\partial \varphi}$$

$$J = \frac{\partial(x,y)}{\partial(r,\varphi)} = \begin{bmatrix} \frac{\partial x}{\partial r} & \frac{\partial x}{\partial \varphi} \\ \frac{\partial y}{\partial r} & \frac{\partial y}{\partial \varphi} \end{bmatrix} = \begin{bmatrix} \cos\varphi & -r\sin\varphi \\ \sin\varphi & r\cos\varphi \end{bmatrix}$$

$$\begin{bmatrix} \frac{\partial}{\partial x} \\ \frac{\partial}{\partial y} \end{bmatrix} = J^{-T} \begin{bmatrix} \frac{\partial}{\partial r} \\ \frac{\partial}{\partial \varphi} \end{bmatrix} = \begin{bmatrix} \frac{\partial r}{\partial x} & \frac{\partial \varphi}{\partial x} \\ \frac{\partial r}{\partial y} & \frac{\partial \varphi}{\partial y} \end{bmatrix} \begin{bmatrix} \frac{\partial}{\partial r} \\ \frac{\partial}{\partial \varphi} \end{bmatrix} = \begin{bmatrix} \cos\varphi & -\frac{\sin\varphi}{r} \\ \sin\varphi & \frac{\cos\varphi}{r} \end{bmatrix} \begin{bmatrix} \frac{\partial}{\partial r} \\ \frac{\partial}{\partial \varphi} \end{bmatrix}$$

야코비안 역전치 행렬 변환

$$\because A = \begin{bmatrix} a & b \\ c & d \end{bmatrix}, \quad A^{-1} = \frac{1}{ad-bc}\begin{bmatrix} d & -b \\ -c & a \end{bmatrix}$$

$$J^{-1} = \frac{1}{\det J}\begin{bmatrix} r\cos\varphi & r\sin\varphi \\ -\sin\varphi & \cos\varphi \end{bmatrix}$$

$$\det J = |J| = \begin{vmatrix} \cos\varphi & -r\sin\varphi \\ \sin\varphi & r\cos\varphi \end{vmatrix} = r(\cos^2\varphi + \sin^2\varphi) = r$$

$$J^{-1} = \frac{1}{r}\begin{bmatrix} r\cos\varphi & r\sin\varphi \\ -\sin\varphi & \cos\varphi \end{bmatrix} = \begin{bmatrix} \cos\varphi & \sin\varphi \\ -\dfrac{\sin\varphi}{r} & \dfrac{\cos\varphi}{r} \end{bmatrix}$$

$$J^{-T} = \left(J^{-1}\right)^T = \begin{bmatrix} \cos\varphi & -\dfrac{\sin\varphi}{r} \\ \sin\varphi & \dfrac{\cos\varphi}{r} \end{bmatrix}$$

$$\begin{bmatrix} \dfrac{\partial}{\partial x} \\ \dfrac{\partial}{\partial y} \end{bmatrix} = J^{-T}\begin{bmatrix} \dfrac{\partial}{\partial r} \\ \dfrac{\partial}{\partial \varphi} \end{bmatrix} = \begin{bmatrix} \dfrac{\partial r}{\partial x} & \dfrac{\partial \varphi}{\partial x} \\ \dfrac{\partial r}{\partial y} & \dfrac{\partial \varphi}{\partial y} \end{bmatrix}\begin{bmatrix} \dfrac{\partial}{\partial r} \\ \dfrac{\partial}{\partial \varphi} \end{bmatrix} = \begin{bmatrix} \cos\varphi & -\dfrac{\sin\varphi}{r} \\ \sin\varphi & \dfrac{\cos\varphi}{r} \end{bmatrix}\begin{bmatrix} \dfrac{\partial}{\partial r} \\ \dfrac{\partial}{\partial \varphi} \end{bmatrix}$$

$$\frac{\partial}{\partial x} = \frac{\partial r}{\partial x}\cdot\frac{\partial}{\partial r} + \frac{\partial \varphi}{\partial x}\cdot\frac{\partial}{\partial \varphi} = \cos\varphi\frac{\partial}{\partial r} - \frac{\sin\varphi}{r}\frac{\partial}{\partial \varphi}$$

$$\frac{\partial}{\partial y} = \frac{\partial r}{\partial y}\cdot\frac{\partial}{\partial r} + \frac{\partial \varphi}{\partial y}\cdot\frac{\partial}{\partial \varphi} = \sin\varphi\frac{\partial}{\partial r} + \frac{\cos\varphi}{r}\frac{\partial}{\partial \varphi}$$

$$x = r\sin\theta\cos\varphi, \quad y = r\sin\theta\sin\varphi$$

@ $\theta = \dfrac{\pi}{2}, \quad \sin\dfrac{\pi}{2} = 1, \quad \rho = r\sin\dfrac{\pi}{2} = r$

@ $\angle(x,y) = \varphi, \quad x = r\cos\varphi, \quad y = r\sin\varphi$

@$_{J^{-T}}$ $\quad \dfrac{\partial}{\partial x} = \cos\varphi\dfrac{\partial}{\partial r} - \dfrac{\sin\varphi}{r}\dfrac{\partial}{\partial \varphi}, \quad \dfrac{\partial}{\partial y} = \sin\varphi\dfrac{\partial}{\partial r} + \dfrac{\cos\varphi}{r}\dfrac{\partial}{\partial \varphi}$

$$L_z = -i\left(x \cdot \frac{\partial}{\partial y} - y \cdot \frac{\partial}{\partial x}\right) = -i\,\nabla_z$$

$$\nabla_z = r\cos\varphi\left(\sin\varphi\frac{\partial}{\partial r} + \frac{\cos\varphi}{r}\frac{\partial}{\partial \varphi}\right) - r\sin\varphi\left(\cos\varphi\frac{\partial}{\partial r} - \frac{\sin\varphi}{r}\frac{\partial}{\partial \varphi}\right)$$

$$= \cancel{r\cos\varphi\sin\varphi\frac{\partial}{\partial r}} + \cancel{r}\cos\varphi\frac{\cos\varphi}{\cancel{r}}\frac{\partial}{\partial \varphi} - \cancel{r\sin\varphi\cos\varphi\frac{\partial}{\partial r}} + \cancel{r}\sin\varphi\frac{\sin\varphi}{\cancel{r}}\frac{\partial}{\partial \varphi}$$

$$= (\cos^2\varphi + \sin^2\varphi) \cdot \frac{\partial}{\partial \varphi} = \frac{\partial}{\partial \varphi}$$

@@ $\quad L_z = -i\,\nabla_z = -i\dfrac{\partial}{\partial \varphi} = -i\,\nabla_\varphi$

@3 각운동량 Lz 입자 : 미분 렌즈

$$x = r\sin\theta\cos\varphi\,,\quad y = r\sin\theta\sin\varphi$$

@ $\quad \theta = \dfrac{\pi}{2}\,,\quad \sin\dfrac{\pi}{2} = 1\,,\quad \rho = r\sin\dfrac{\pi}{2} = r$

@ $\quad \angle(x,y) = \varphi\,,\quad x = r\cos\varphi\,,\quad y = r\sin\varphi\,,\quad r = \sqrt{x^2 + y^2}$

@3.1 cos 각도 미분 렌즈

$$x = r\cos\varphi$$

$$\frac{\partial}{\partial r}x = \frac{\partial}{\partial r}r\cos\varphi = \cos\varphi \quad : \text{Independent } r, \varphi$$

@ $\quad \dfrac{\partial x}{\partial r} = \cos\varphi\,,\quad r \perp \varphi$

@3.2 cos 길이 미분 렌즈

$$\because \frac{d}{dx}\sqrt{x} = \frac{d}{dx}x^{\frac{1}{2}} = \frac{1}{2}x^{\frac{-1}{2}} = \frac{1}{2\sqrt{x}}$$

$$\frac{\partial}{\partial x}r = \frac{\partial}{\partial x}\sqrt{x^2+y^2} = \frac{\partial}{\partial x}\sqrt{x^2+y^2} \cdot \frac{\partial}{\partial x}\left(x^2+y^2\right)$$

$$= \frac{1}{2\sqrt{x^2+y^2}} \cdot 2x = \frac{x}{\sqrt{x^2+y^2}} = \frac{x}{r}$$

$$@ \quad \frac{\partial r}{\partial x} = \frac{x}{r} = \cos\varphi, \quad r = \sqrt{x^2+y^2}$$

@3.3 cos 실수 공간계 양/음 진동성

$$@@ \quad \frac{\partial r}{\partial x} = \cos\varphi = \frac{x}{r} = \frac{\partial x}{\partial r}$$

@3.4 sin 각도/길이 미분 렌즈

$$y = r\sin\varphi$$

$$1 = \frac{\partial}{\partial y}y = \frac{\partial}{\partial y}r\sin\varphi = \frac{\partial r}{\partial y}\sin\varphi$$

$$@ \quad \frac{r}{y} = \frac{1}{\sin\varphi} = \frac{\partial r}{\partial y}$$

$$\frac{\partial}{\partial y}r = \frac{\partial}{\partial y}\sqrt{x^2+y^2} = \frac{1}{2\sqrt{x^2+y^2}} \cdot 2y = \frac{y}{\sqrt{x^2+y^2}} = \frac{y}{r}$$

$$@ \quad \frac{\partial r}{\partial y} = \frac{y}{r} = \sin\varphi$$

@3.5 sin 허수 시간계 양/음 대칭성

@@ $\quad \dfrac{\partial r}{\partial y} = \dfrac{y}{r} = \sin\varphi, \quad \dfrac{r}{y} = \dfrac{1}{\sin\varphi} = \dfrac{\partial r}{\partial y}$

@3.6 경도의 길이 미분 렌즈

$\because \tan\varphi = \dfrac{y}{x}, \quad \varphi = \tan^{-1}\left(\dfrac{y}{x}\right)$

$\because \dfrac{d}{d\varphi}\tan\varphi = \dfrac{1}{\cos\varphi} = \sec\varphi, \quad \dfrac{d}{dx}\tan^{-1}x = \dfrac{1}{1+x^2}$

$$\dfrac{\partial\varphi}{\partial x} = \dfrac{d}{dx}\tan^{-1}\left(\dfrac{y}{x}\right) = \dfrac{1}{1+\left(\dfrac{y}{x}\right)^2} \cdot \dfrac{d}{dx}\dfrac{y}{x} = \dfrac{1}{1+\left(\dfrac{y}{x}\right)^2} \cdot \dfrac{-y}{x^2}$$

$$= \dfrac{1}{\dfrac{x^2+y^2}{x^2}} \cdot \dfrac{-y}{x^2} = \dfrac{x^2}{x^2+y^2} \cdot \dfrac{-y}{x^2} = \dfrac{-y}{x^2+y^2} = \dfrac{-y}{r^2} = -\dfrac{\sin\varphi}{r}$$

@3.6.1 $\quad \dfrac{\partial\varphi}{\partial x} = -\dfrac{y}{x^2+y^2} = \dfrac{-y}{r^2} = -\dfrac{\sin\varphi}{r}$

$$\frac{\partial \varphi}{\partial y} = \frac{d}{dy}\tan^{-1}\left(\frac{y}{x}\right) = \frac{1}{1+\left(\frac{y}{x}\right)^2} \cdot \frac{d}{dy}\frac{y}{x} = \frac{1}{1+\left(\frac{y}{x}\right)^2} \cdot \frac{1}{x}$$

$$= \frac{1}{\frac{x^2+y^2}{x^2}}\frac{1}{x} = \frac{x^2}{x^2+y^2}\frac{1}{x} = \frac{x}{r^2} = \frac{\cos\varphi}{r}$$

@3.6.2 $\quad \dfrac{\partial \varphi}{\partial y} = \dfrac{x}{x^2+y^2} = \dfrac{x}{r^2} = \dfrac{\cos\varphi}{r}$

@ $\quad \dfrac{d}{dx}\dfrac{y}{x} = \dfrac{-y}{x^2}\,,\quad \dfrac{d}{dy}\dfrac{y}{x} = \dfrac{1}{x}$

@ @ $\quad \dfrac{\partial \varphi}{\partial x} = \dfrac{-y}{r^2} = -\dfrac{\sin\varphi}{r}\,,\quad \dfrac{\partial \varphi}{\partial y} = \dfrac{x}{r^2} = \dfrac{\cos\varphi}{r}$

$$\frac{\partial}{\partial x} = \frac{\partial r}{\partial x}\cdot\frac{\partial}{\partial r} + \frac{\partial \varphi}{\partial x}\cdot\frac{\partial}{\partial \varphi} = \cos\varphi\frac{\partial}{\partial r} - \frac{\sin\varphi}{r}\frac{\partial}{\partial \varphi}$$

$$\frac{\partial}{\partial y} = \frac{\partial r}{\partial y}\cdot\frac{\partial}{\partial r} + \frac{\partial \varphi}{\partial y}\cdot\frac{\partial}{\partial \varphi} = \sin\varphi\frac{\partial}{\partial r} + \frac{\cos\varphi}{r}\frac{\partial}{\partial \varphi}$$

$$\frac{\partial}{\partial x} = \cos\varphi\frac{\partial}{\partial r} - \frac{\sin\varphi}{r}\frac{\partial}{\partial \varphi}\,,\quad \frac{\partial}{\partial y} = \sin\varphi\frac{\partial}{\partial r} + \frac{\cos\varphi}{r}\frac{\partial}{\partial \varphi}$$

$$\therefore\ \begin{bmatrix}\dfrac{\partial}{\partial x}\\ \dfrac{\partial}{\partial y}\end{bmatrix} = J^{-T}\begin{bmatrix}\dfrac{\partial}{\partial r}\\ \dfrac{\partial}{\partial \varphi}\end{bmatrix} = \begin{bmatrix}\dfrac{\partial r}{\partial x} & \dfrac{\partial \varphi}{\partial x}\\ \dfrac{\partial r}{\partial y} & \dfrac{\partial \varphi}{\partial y}\end{bmatrix}\begin{bmatrix}\dfrac{\partial}{\partial r}\\ \dfrac{\partial}{\partial \varphi}\end{bmatrix} = \begin{bmatrix}\cos\varphi & -\dfrac{\sin\varphi}{r}\\ \sin\varphi & \dfrac{\cos\varphi}{r}\end{bmatrix}\begin{bmatrix}\dfrac{\partial}{\partial r}\\ \dfrac{\partial}{\partial \varphi}\end{bmatrix}$$

라플라시안의 재구성
Laplacian Reimagined

경도 φ 가 180도 회전하여 하나의 원을 만드는 것을 의아해 할 수 있다. 일반적으로 2차원에서 원을 360도를 회전해야 하나의 원을 완성하는데, 3차원에서는 180도를 회전하여 하나의 원을 그리고 구체를 형성한다.

이는 인간이 이해할 수 없는 양자의 세계이기 때문이 아니다. 현재 나와 내 주변의 석학들이 이해하지 못한다고 해서 인간이 이해할 수 없는 세계라고 안내하면 되겠는가. 두메산골에 홀로 세상을 고민하는 한 꼬맹이가 동전을 돌리며 헤아리고 있을 수 있다.

2차원은 1차원 선을 토대로 한 바퀴 돌아 하나의 원 입자를 만든다. 같은 방법으로 3차원은 2차원 면을 회전하여 하나의 구 입자를 만든다.

이때 원은 1차원 선을 360도 회전해야 완성되지만, 3차원의 구는 2차원의 원을 180도만 회전해도 하나의 구체가 완성된다. 그래도 납득되지 않는다면 동전을 가지고 직접 돌려보면 된다.

그래서 양자 역학에서 복소수의 켤레성이 나타난다. 전자가 양음으로 존재하며, 정입자와 반입자, 정물질과 반물질 등 쌍양자들이 존재하는 것이다. 근거 없이 억지스러워 보였지만 파울리 배타 원리가 결과적으로 맞아떨어졌던 이유도 여기에 있다.

사람들은 이유가 가까운 곳에 있으면 **정리**라 하고, 근거가 불투명하지만 논리가 성립하면 **원리**라 말하곤 한다.

전자 오비탈 모형에서 입자의 모양을 일그러진 원으로 왜곡하는 주요 원인은 위도 θ 에 있다고 할 수 있다.

위도의 상태가 방위 양자수를 결정하고 방위 양자수 내에서 양음으로 경도의 자기 양자수가 원을 그리면, 구체가 쪼개져 아령 모양을 만든다. 그리고 구체 속 원이 터져 쌍곡선을 그리면 튜브 모양이 나타난다.

사실 아령 모양도 본래 쌍곡선이 회전하여 실수계에서 두 입자로 나타나는 현상이다. 관점에 따라 그 해석이 조금씩 다를 뿐이다.

우리는 이 사고 실험을 통해 무한을 유한으로 보는 관점에 대한 **부스러기 발생 과정**을 확인했고, **동시 자기복제**의 실용성과 그 의미를 생각해 볼 기회를 가졌다.

수학에서 문제를 풀어 해결했다거나 증명해 논리의 거점을 확보한 것은 과거 단계에 해당한다. 그런 논리의 베이스캠프 속에 숨은 의미를 분석하고 재해석하는 것은 현재와 미래의 단계라 할 수 있으므로 미래를 개척하는 중요한 과정이다.

     수학은 증명으로 끝나는 것이 아니다.

증명으로 존재성을 확보할 수는 있으나 실체 그 자체를 의미하는 것은 아니다. 증명으로 논리를 확보하고 난 후 그제야 생각이라는 것을 본격적으로 시작할 수 있다.

깊은 곳으로 여행하다 보면 출발할 때를 자주 잊곤 한다. 미분의 원론을 돌이켜 보면, 미분 논리의 시작은 X축과 Y축의 변화량 비율이었다.

이는 X축 세계와 Y축 세계가 90도로 관계하면서 XY평면이라는 시공간 관계를 형성했고, 그 속에 자리 잡은 한 입자가 X, Y 두 세계의 비례 관계로 시공간을 해석하는 구도를 보인다. 따라서 미술에서의 원근법과 같이 X축을 보는 것과 Y축을 보는 것이 어떤 비례 관계로 그 크기가 달라 보이는 현상이다.

$$f'(x) = \frac{d}{dx}f(x) = \frac{f(x+0) - f(x)}{(x+0) - x} = \frac{\Delta y}{\Delta x} = \tan\varphi \overset{@}{=} \frac{\text{Im}}{\text{Re}} \overset{@}{=} \frac{y}{x}$$

$$\therefore y = \lambda_x \cdot x \quad \therefore U_{xyz} = \lambda_c \cdot U_{r\theta\varphi}$$

미분은
두 세계의 배율이다

구면계 라플라시안에서 나타나는 분수 편미분을 들여다 보면, 반지름 항의 경우 편미분의 관점에 따라 조금씩 다른 결과가 나타난다.

이는 경우에 따라 편미분에서 교환법칙과 결합법칙이 통하지 않는다는 것을 의미한다. 그래서 라플라시안이 구면계를 표현할 때 2차 편미분을 두 개의 1차 편미분으로 나누고 각 편미분의 영향이 어느 부분인지 괄호로 표시했던 것이다.

$$\frac{1}{r^2}\frac{\partial}{\partial r}\left(r^2\frac{\partial}{\partial r}\right) = \frac{1}{r^2}\frac{\partial}{\partial r}r^2\frac{\partial}{\partial r} + \frac{1}{r^2}r^2\frac{\partial}{\partial r}\frac{\partial}{\partial r}$$

$$= \frac{2r}{r^2}\frac{\partial}{\partial r} + \frac{1}{r^2}r^2\frac{\partial^2}{\partial r^2} = \left(\frac{2}{r}\frac{\partial}{\partial r} + \frac{\partial^2}{\partial r^2}\right)$$

$$\frac{1}{r}\frac{\partial^2}{\partial r^2}r = \frac{1}{r}\frac{\partial}{\partial r}\frac{\partial}{\partial r}r + \frac{1}{r}\frac{\partial}{\partial r}r\frac{\partial}{\partial r}$$

$$= \frac{1}{r}\frac{\partial}{\partial r} + \frac{1}{r}\frac{\partial}{\partial r}r\frac{\partial}{\partial r} + \frac{1}{r}\frac{\partial}{\partial r}\frac{\partial}{\partial r}$$

$$= \frac{1}{r}\frac{\partial}{\partial r} + \frac{1}{r}\frac{\partial}{\partial r} + \frac{\partial^2}{\partial r^2} = \left(\frac{2}{r}\frac{\partial}{\partial r} + \frac{\partial^2}{\partial r^2}\right)$$

$$\therefore \frac{1}{r}\frac{\partial^2}{\partial r^2}r = \frac{1}{r^2}\frac{\partial}{\partial r}\left(r^2\frac{\partial}{\partial r}\right) = \frac{\partial^2}{\partial r^2} + \frac{2}{r}\frac{\partial}{\partial r} \stackrel{@}{=} \nabla_r^2$$

구면계 라플라시안을 몇 가지 관점으로 정리하는 이유는 편미분의 편광 효과로 나타나는 부스러기를 추스르기 위해서였다.

편광 현상은 차원을 낮추면서 세부적인 파동을 소거하는 알고리즘에 원류가 있으며, 그 결과가 계수로 나타나는 현상을 보인다.

이와 같은 수학적 현상은 파동의 간섭 현상과 같은 알고리즘이다. 그래서 미분이라는 수학적 논리가 물질계의 입자와 파동에 대한 근본 알고리즘을 무늬로 그려 우리에게 보여준다.

각도 항도 구면계 라플라시안을 간단히 편미분으로 실험해 본다. 위도 θ 항은 평면파 알고리즘이 0으로 소멸하는 과정에서 곱 미분법에 따라 1차 미분항이 발생한다.

그리고 1차 미분항의 계수에 탄젠트 분수함수 무늬를 남긴다. 포괄적인 라플라시안 평면파 렌즈로 보면 양자화의 소멸성으로 1차 미분 역시 0으로 소멸된다.

$$\frac{1}{r^2 \sin\theta} \frac{\partial}{\partial\theta} \left(\sin\theta \frac{\partial}{\partial\theta} \right)$$

$$= \frac{1}{r^2 \sin\theta} \cdot \frac{\partial}{\partial\theta} \sin\theta \cdot \frac{\partial}{\partial\theta} + \frac{1}{r^2 \sin\theta} \sin\theta \cdot \frac{\partial}{\partial\theta} \frac{\partial}{\partial\theta}$$

$$= \frac{1}{r^2} \frac{\cos\theta}{\sin\theta} \frac{\partial}{\partial\theta} + \frac{1}{r^2} \frac{\partial^2}{\partial\theta^2} = \frac{1}{r^2} \left(\frac{1}{\tan\theta} \frac{\partial}{\partial\theta} + \frac{\partial^2}{\partial\theta^2} \right)$$

$$\therefore \frac{1}{r^2 \sin\theta} \frac{\partial}{\partial\theta} \left(\sin\theta \frac{\partial}{\partial\theta} \right) = \frac{1}{r^2} \left(\frac{1}{\tan\theta} \frac{\partial}{\partial\theta} + \frac{\partial^2}{\partial\theta^2} \right) \stackrel{@}{=} \nabla^2_\theta$$

$$@ \quad \frac{\partial^2}{\partial \theta^2} = 0, \quad \frac{\partial}{\partial \theta} = 0$$

$$@@ \quad \nabla_\theta^2 = \frac{1}{r^2}\left(\frac{1}{\tan\theta}\frac{\partial}{\partial\theta} + \frac{\partial^2}{\partial\theta^2}\right) = \frac{1}{r^2}\left(\frac{1}{\tan\theta}0 + 0\right) = 0$$

하지만 우리는 여기서 평면파 속에 숨겨진 무늬를 추출하기 위해 소멸 과정의 시간을 잠시 멈춘다. 1차 미분 연산자를 1로 하여 1차 미분 계수를 살려두고 분석한다.

$$@ \quad \frac{\partial^2}{\partial \theta^2} = 0, \quad \frac{\partial}{\partial \theta} = 1$$

$$@@ \quad \nabla_\theta^2 = \frac{1}{r^2}\left(\frac{1}{\tan\theta}\frac{\partial}{\partial\theta} + \frac{\partial^2}{\partial\theta^2}\right) = \frac{1}{r^2}\left(\frac{1}{\tan\theta}1 + 0\right) = \frac{1}{r^2}\frac{1}{\tan\theta}$$

위도 θ에 남겨진 탄젠트는 각운동량의 쌍원뿔 무늬를 형성하는 기울기 역할을 한다. 그러나 경도 φ 항은 회전하여 원반을 그리는데, 이 원반은 평면파 단위원 1로 양자화하기 때문에 미분하면 0으로 완전히 소멸된다.

$$@@ \quad \frac{\partial^2}{\partial\varphi^2} = 0 \quad \therefore \quad \nabla_\varphi^2 \stackrel{@}{=} \frac{1}{r^2\sin^2\theta}\frac{\partial^2}{\partial\varphi^2} \stackrel{@}{=} 0$$

반지름과 두 각도의 편미분 결과를 라플라시안 방정식에 적용하면, 반지름과 위도의 관계식으로 정리할 수 있다. 이는 반지름과 위도가 입자의 모형을 결정한다는 의미를 내포하기도 한다.

이와 같이 편미분 요소를 모두 0 또는 1로 소멸시키면서 분석하는 방법은 구면계의 근본 무늬에 접근하려는 사고실험의 일종이다. 이 분석법은 **0입자**로 시간이 멈춘 동시 상태에서 선분논리의 눈이 **1입자**를 인식할 수 있도록 하는 **특수(特殊) 분석법**이다.

분석은 대상을 단순화하는 것으로 복잡해 보이는 대상의 근본 알고리즘을 잡아낸다. 이런 분석법은 확률적 접근법의 일종이다.

관점 렌즈를 사용하여 미분 인자들을 모두 0 또는 1로 만든 라플라시안 표본을 컴퓨터 그래프로 그려 관찰한다. 그러면 탄젠트의 특성에 따라 시간의 파동이 양자화하여 분절적인 궤도의 무늬가 드러난다.

Special Analysis of Angles

$$\nabla^2 = \frac{1}{r^2}\frac{\partial}{\partial r}\left(r^2\frac{\partial}{\partial r}\right) + \frac{1}{r^2\sin\theta}\frac{\partial}{\partial\theta}\left(\sin\theta\frac{\partial}{\partial\theta}\right) + \frac{1}{r^2\sin^2\theta}\frac{\partial^2}{\partial\varphi^2} = 0$$

$$@@\quad \frac{\partial^2}{\partial r^2}=0,\quad \frac{\partial}{\partial r}=0,\quad \frac{\partial^2}{\partial\theta^2}=0,\quad \underline{\frac{\partial}{\partial\theta}=1},\quad \frac{\partial^2}{\partial\varphi^2}=0$$

$$\nabla^2 = \frac{\partial^2}{\partial r^2} + \frac{2}{r}\frac{\partial}{\partial r} + \frac{1}{r^2}\frac{1}{\tan\theta}\frac{\partial}{\partial\theta} + \frac{1}{r^2}\frac{\partial^2}{\partial\theta^2} + \frac{1}{r^2\sin^2\theta}\frac{\partial^2}{\partial\varphi^2}$$

$$\nabla^2 \stackrel{@}{=} 0 + 0 + \frac{1}{r^2}\frac{1}{\tan\theta} + 0 + 0 = \frac{1}{r^2}\frac{1}{\tan\theta} = 0$$

$$\therefore \ \nabla^2 \stackrel{@}{=} \frac{1}{r^2}\frac{1}{\tan\theta}$$

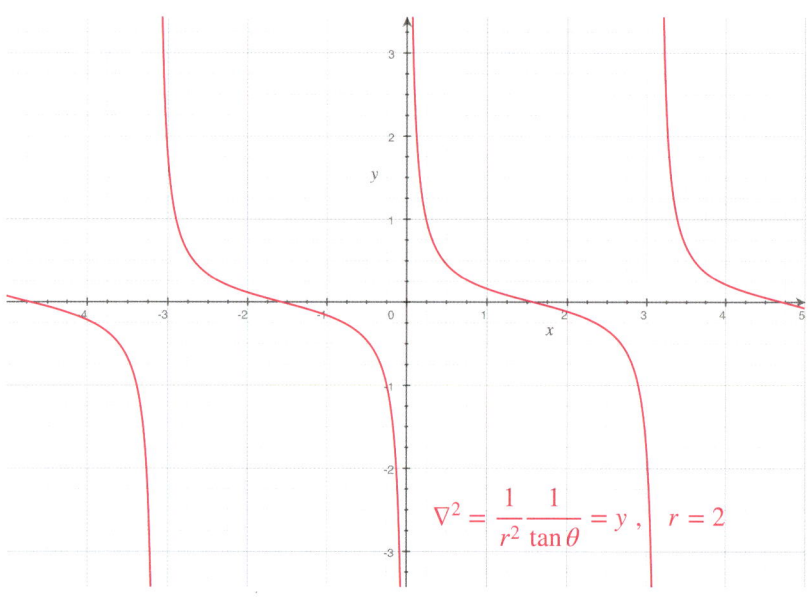

$$\nabla^2 = \frac{1}{r^2}\frac{1}{\tan\theta} = y, \quad r = 2$$

    라플라시안의 탄젠트 표본이 구면계 속에 있지만 2차 편미분 요소를 모두 제거했기 때문에, 궤도의 분절 간격이 왜곡되지 않고 균일하게 나타난다. 이는 보어가 초기에 전자껍질을 구상한 관점과 크게 다르지 않다.

여기에 원의 왜곡 현상을 추가하면 전자의 에너지 준위 무늬가 되고, 구체의 왜곡 현상을 추가하면 전자 오비탈 모형이 된다.

따라서 전자 궤도의 왜곡 현상은 직선을 곡선으로 왜곡하는 미분 알고리즘으로 나타나며, 분수의 관점에서는 자연상수 e 가 회전하는 로그 알고리즘으로 발생한다.

이렇게 시간과 공간을 넘나드는 회전논리는 나중에 각도의 르장드르와 반지름의 라게르 알고리즘을 탐험할 때 좀 더 자세히 엿볼 수 있다.

선대 학자들의 정리를 나름의 관점으로 해석하고 논리를 펼치는 것은, 비록 논리의 결함이나 오차가 있다 하더라도 중요한 의미를 찾아내고 새로운 무한의 문을 여는 기회가 될 수 있다.

잘못된 해석이 나타나 그 해석의 오류를 교정하는 과정에서 부산물들이 중요한 응용 프로그램을 만들수 있게 하기도 한다. 처음에 잘못된 해석이라 생각했지만 우여곡절 끝에 원론에 도달하면 특별한 도구를 얻게 되는 보상이 있다.

완벽해 보이는 세상을 뒤집는 행위는 금기였다. 그러나 원을 뒤집으면 쌍곡선 무늬를 보여준다. 나만의 완벽함만 추구하면 기회를 얻을 수 없다. 어리석은 나를 볼 수 있을 때 도전의 문이 열린다.

Spherical Axial Relation

$$\because \frac{\partial}{\partial \theta} \sin \theta = \cos \theta , \quad \frac{\partial}{\partial \theta} \cos \theta = - \sin \theta$$

$$R \stackrel{@}{=} \hat{\mathbf{R}} = \hat{\mathbf{R}}_{@xyz}(r, \theta, \varphi) = \begin{bmatrix} \hat{\mathbf{r}} \\ \hat{\boldsymbol{\theta}} \\ \hat{\boldsymbol{\varphi}} \end{bmatrix} = \begin{bmatrix} \sin \theta \cos \varphi & \sin \theta \sin \varphi & \cos \theta \\ \cos \theta \cos \varphi & \cos \theta \sin \varphi & -\sin \theta \\ -\sin \varphi & \cos \varphi & 0 \end{bmatrix}$$

$$\hat{\mathbf{r}} = \begin{bmatrix} \sin \theta \cos \varphi \\ \sin \theta \sin \varphi \\ \cos \theta \end{bmatrix} , \quad \hat{\boldsymbol{\theta}} = \begin{bmatrix} \cos \theta \cos \varphi \\ \cos \theta \sin \varphi \\ -\sin \theta \end{bmatrix} , \quad \hat{\boldsymbol{\varphi}} = \begin{bmatrix} -\sin \varphi \\ \cos \varphi \\ 0 \end{bmatrix}$$

$$\mathbf{r} = r \hat{\mathbf{r}} = r \begin{bmatrix} \sin \theta \cos \varphi \\ \sin \theta \sin \varphi \\ \cos \theta \end{bmatrix} , \quad \frac{\partial}{\partial r} \mathbf{r} = \frac{\partial}{\partial r} r \hat{\mathbf{r}} = 1 \cdot \hat{\mathbf{r}} = \begin{bmatrix} \sin \theta \cos \varphi \\ \sin \theta \sin \varphi \\ \cos \theta \end{bmatrix} = \hat{\mathbf{r}}$$

$$\frac{\partial}{\partial \theta} \mathbf{r} = \frac{\partial}{\partial \theta} r \hat{\mathbf{r}} = r \frac{\partial}{\partial \theta} \begin{bmatrix} \sin \theta \cos \varphi \\ \sin \theta \sin \varphi \\ \cos \theta \end{bmatrix} = r \begin{bmatrix} \cos \theta \cos \varphi \\ \cos \theta \sin \varphi \\ -\sin \theta \end{bmatrix} = r \hat{\boldsymbol{\theta}}$$

$$\frac{\partial}{\partial \varphi} \mathbf{r} = \frac{\partial}{\partial \varphi} r \hat{\mathbf{r}} = r \frac{\partial}{\partial \varphi} \begin{bmatrix} \sin \theta \cos \varphi \\ \sin \theta \sin \varphi \\ \cos \theta \end{bmatrix} = r \begin{bmatrix} -\sin \theta \sin \varphi \\ \sin \theta \cos \varphi \\ 0 \end{bmatrix} = r \sin \theta \begin{bmatrix} -\sin \varphi \\ \cos \varphi \\ 0 \end{bmatrix} = r \sin \theta \, \hat{\boldsymbol{\varphi}}$$

$$\frac{\partial \mathbf{r}}{\partial r} = \hat{\mathbf{r}} , \quad \frac{\partial \mathbf{r}}{\partial \theta} = r \hat{\boldsymbol{\theta}} , \quad \frac{\partial \mathbf{r}}{\partial \varphi} = r \sin \theta \, \hat{\boldsymbol{\varphi}}$$

$$\therefore \frac{\partial \mathbf{r}}{\partial r} = \hat{\mathbf{r}} , \quad \frac{1}{r} \frac{\partial \mathbf{r}}{\partial \theta} = \hat{\boldsymbol{\theta}} , \quad \frac{1}{r \sin \theta} \frac{\partial \mathbf{r}}{\partial \varphi} = \hat{\boldsymbol{\varphi}}$$

$$\because |\hat{\mathbf{r}}| = 1 = |\hat{\boldsymbol{\theta}}| = |\hat{\boldsymbol{\varphi}}|$$

$$\left|\frac{\partial \mathbf{r}}{\partial r}\right| = |\hat{\mathbf{r}}| = 1, \quad \left|\frac{\partial \mathbf{r}}{\partial \theta}\right| = \left|r\,\hat{\boldsymbol{\theta}}\right| = r\left|\hat{\boldsymbol{\theta}}\right| = r \cdot 1 = r$$

$$\left|\frac{\partial \mathbf{r}}{\partial \varphi}\right| = \left|r \sin\theta\,\hat{\boldsymbol{\varphi}}\right| = r \sin\theta\,|\hat{\boldsymbol{\varphi}}| = r \sin\theta \cdot 1 = r \sin\theta$$

$$\therefore \left|\frac{\partial \mathbf{r}}{\partial r}\right| = 1, \quad \left|\frac{\partial \mathbf{r}}{\partial \theta}\right| = r, \quad \left|\frac{\partial \mathbf{r}}{\partial \varphi}\right| = r \sin\theta$$

$$\frac{\partial \mathbf{r}}{\partial r} = \left|\frac{\partial \mathbf{r}}{\partial r}\right|\hat{\mathbf{r}}, \quad \frac{\partial \mathbf{r}}{\partial \theta} = \left|\frac{\partial \mathbf{r}}{\partial \theta}\right|\hat{\boldsymbol{\theta}}, \quad \frac{\partial \mathbf{r}}{\partial \varphi} = \left|\frac{\partial \mathbf{r}}{\partial \varphi}\right|\hat{\boldsymbol{\varphi}}$$

$$\therefore \frac{\frac{\partial \mathbf{r}}{\partial r}}{\left|\frac{\partial \mathbf{r}}{\partial r}\right|} = \hat{\mathbf{r}}, \quad \frac{\frac{\partial \mathbf{r}}{\partial \theta}}{\left|\frac{\partial \mathbf{r}}{\partial \theta}\right|} = \hat{\boldsymbol{\theta}}, \quad \frac{\frac{\partial \mathbf{r}}{\partial \varphi}}{\left|\frac{\partial \mathbf{r}}{\partial \varphi}\right|} = \hat{\boldsymbol{\varphi}}$$

$$\frac{\partial \hat{\mathbf{r}}}{\partial r} = 0, \quad \frac{\partial \hat{\boldsymbol{\theta}}}{\partial r} = 0, \quad \frac{\partial \hat{\boldsymbol{\varphi}}}{\partial r} = 0, \quad \frac{\partial \hat{\boldsymbol{\varphi}}}{\partial \theta} = 0$$

$$\frac{\partial \hat{\mathbf{r}}}{\partial \theta} = \hat{\boldsymbol{\theta}}, \quad \frac{\partial \hat{\boldsymbol{\theta}}}{\partial \theta} = -\hat{\mathbf{r}}, \quad \frac{\partial \hat{\mathbf{r}}}{\partial \varphi} = \sin\theta\,\hat{\boldsymbol{\varphi}}, \quad \frac{\partial \hat{\boldsymbol{\theta}}}{\partial \varphi} = \cos\theta\,\hat{\boldsymbol{\varphi}}, \quad \frac{\partial \hat{\boldsymbol{\varphi}}}{\partial \varphi} = -\cos\theta\,\hat{\boldsymbol{\theta}} - \sin\theta\,\hat{\mathbf{r}}$$

Spherical Axial Relations

$$\frac{\partial}{\partial r}\hat{\mathbf{r}} = \frac{\partial}{\partial r}\begin{bmatrix} \sin\theta\,\cos\varphi \\ \sin\theta\,\sin\varphi \\ \cos\theta \end{bmatrix} = 0\,, \quad \frac{\partial}{\partial r}\hat{\boldsymbol{\theta}} = \frac{\partial}{\partial r}\begin{bmatrix} \cos\theta\,\cos\varphi \\ \cos\theta\,\sin\varphi \\ -\sin\theta \end{bmatrix} = 0\,, \quad \frac{\partial}{\partial r}\hat{\boldsymbol{\varphi}} = \frac{\partial}{\partial r}\begin{bmatrix} -\sin\varphi \\ \cos\varphi \\ 0 \end{bmatrix} = 0$$

$$\therefore\ \frac{\partial \hat{\mathbf{r}}}{\partial r} = 0\,, \quad \frac{\partial \hat{\boldsymbol{\theta}}}{\partial r} = 0\,, \quad \frac{\partial \hat{\boldsymbol{\varphi}}}{\partial r} = 0$$

$$\frac{\partial}{\partial \theta}\hat{\boldsymbol{\varphi}} = \frac{\partial}{\partial \theta}\begin{bmatrix} -\sin\varphi \\ \cos\varphi \\ 0 \end{bmatrix} = 0$$

$$\frac{\partial}{\partial \theta}\hat{\mathbf{r}} = \frac{\partial}{\partial \theta}\begin{bmatrix} \sin\theta\,\cos\varphi \\ \sin\theta\,\sin\varphi \\ \cos\theta \end{bmatrix} = \begin{bmatrix} \cos\theta\,\cos\varphi \\ \cos\theta\,\sin\varphi \\ -\sin\theta \end{bmatrix} = \hat{\boldsymbol{\theta}}$$

$$\frac{\partial}{\partial \theta}\hat{\boldsymbol{\theta}} = \frac{\partial}{\partial \theta}\begin{bmatrix} \cos\theta\,\cos\varphi \\ \cos\theta\,\sin\varphi \\ -\sin\theta \end{bmatrix} = \begin{bmatrix} -\sin\theta\,\cos\varphi \\ -\sin\theta\,\sin\varphi \\ -\cos\theta \end{bmatrix} = -\begin{bmatrix} \sin\theta\,\cos\varphi \\ \sin\theta\,\sin\varphi \\ \cos\theta \end{bmatrix} = -\hat{\mathbf{r}}$$

$$\therefore\ \frac{\partial \hat{\boldsymbol{\varphi}}}{\partial \theta} = 0\,, \quad \frac{\partial \hat{\mathbf{r}}}{\partial \theta} = \hat{\boldsymbol{\theta}}\,, \quad \frac{\partial \hat{\boldsymbol{\theta}}}{\partial \theta} = -\hat{\mathbf{r}}$$

$$\frac{\partial}{\partial \varphi}\hat{\mathbf{r}} = \frac{\partial}{\partial \varphi}\begin{bmatrix} \sin\theta\,\cos\varphi \\ \sin\theta\,\sin\varphi \\ \cos\theta \end{bmatrix} = \begin{bmatrix} -\sin\theta\,\sin\varphi \\ \sin\theta\,\cos\varphi \\ 0 \end{bmatrix} = \sin\theta\begin{bmatrix} -\sin\varphi \\ \cos\varphi \\ 0 \end{bmatrix} = \sin\theta\,\hat{\boldsymbol{\varphi}}$$

$$\frac{\partial}{\partial \varphi}\hat{\boldsymbol{\theta}} = \frac{\partial}{\partial \varphi}\begin{bmatrix} \cos\theta\,\cos\varphi \\ \cos\theta\,\sin\varphi \\ -\sin\theta \end{bmatrix} = \begin{bmatrix} -\cos\theta\,\sin\varphi \\ \cos\theta\,\cos\varphi \\ 0 \end{bmatrix} = \cos\theta\begin{bmatrix} -\sin\varphi \\ \cos\varphi \\ 0 \end{bmatrix} = \cos\theta\,\hat{\boldsymbol{\varphi}}$$

$$\frac{\partial}{\partial \varphi}\hat{\boldsymbol{\varphi}} = \frac{\partial}{\partial \varphi}\begin{bmatrix} -\sin\varphi \\ \cos\varphi \\ 0 \end{bmatrix} = \begin{bmatrix} -\cos\varphi \\ -\sin\varphi \\ 0 \end{bmatrix} = \begin{bmatrix} -(\cos^2\theta + \sin^2\theta)\cos\varphi \\ -(\cos^2\theta + \sin^2\theta)\sin\varphi \\ (\cos\theta\sin\theta - \sin\theta\cos\theta) \end{bmatrix}$$

$$\therefore\ \frac{\partial \hat{\mathbf{r}}}{\partial \varphi} = \sin\theta\,\hat{\boldsymbol{\varphi}}\,, \quad \frac{\partial \hat{\boldsymbol{\theta}}}{\partial \varphi} = \cos\theta\,\hat{\boldsymbol{\varphi}}\,, \quad \frac{\partial \hat{\boldsymbol{\varphi}}}{\partial \varphi} = -\cos\theta\,\hat{\boldsymbol{\theta}} - \sin\theta\,\hat{\mathbf{r}}$$

Axial Relation to Laplacian

$$\nabla_{xyz} = \left(\frac{\partial}{\partial x}, \frac{\partial}{\partial y}, \frac{\partial}{\partial z}\right) = \frac{\partial}{\partial x}\hat{\mathbf{x}} + \frac{\partial}{\partial y}\hat{\mathbf{y}} + \frac{\partial}{\partial z}\hat{\mathbf{z}}$$

$$\hat{\mathbf{x}} = \hat{\mathbf{r}}\sin\theta\cos\varphi, \quad \hat{\mathbf{y}} = \hat{\mathbf{r}}\sin\theta\sin\varphi, \quad \hat{\mathbf{z}} = \hat{\mathbf{r}}\cos\theta$$

$$R = \begin{bmatrix}\hat{\mathbf{r}}\\ \hat{\boldsymbol{\theta}}\\ \hat{\boldsymbol{\varphi}}\end{bmatrix} = \begin{bmatrix}\sin\theta\cos\varphi & \sin\theta\sin\varphi & \cos\theta\\ \cos\theta\cos\varphi & \cos\theta\sin\varphi & -\sin\theta\\ -\sin\varphi & \cos\varphi & 0\end{bmatrix}, \quad \begin{bmatrix}\hat{\mathbf{r}}\\ \hat{\boldsymbol{\theta}}\\ \hat{\boldsymbol{\varphi}}\end{bmatrix} = R\begin{bmatrix}\hat{\mathbf{x}}\\ \hat{\mathbf{y}}\\ \hat{\mathbf{z}}\end{bmatrix}$$

$$\therefore \frac{\partial \mathbf{r}}{\partial r} = \hat{\mathbf{r}}, \quad \frac{1}{r}\frac{\partial \mathbf{r}}{\partial \theta} = \hat{\boldsymbol{\theta}}, \quad \frac{1}{r\sin\theta}\frac{\partial \mathbf{r}}{\partial \varphi} = \hat{\boldsymbol{\varphi}} \quad : \text{Cyclops Eyes}$$

$$\nabla_{r\theta\varphi} = \left(\frac{\partial}{\partial r}, \frac{1}{r}\frac{\partial}{\partial \theta}, \frac{1}{r\sin\theta}\frac{\partial}{\partial \varphi}\right) = \frac{\partial}{\partial r}\hat{\mathbf{r}} + \frac{1}{r}\frac{\partial}{\partial \theta}\hat{\boldsymbol{\theta}} + \frac{1}{r\sin\theta}\frac{\partial}{\partial \varphi}\hat{\boldsymbol{\varphi}}$$

$$\therefore \nabla f = \frac{\partial f}{\partial r}\hat{\mathbf{r}} + \frac{1}{r}\cdot\frac{\partial f}{\partial \theta}\hat{\boldsymbol{\theta}} + \frac{1}{r\sin\theta}\cdot\frac{\partial f}{\partial \varphi}\hat{\boldsymbol{\varphi}} \quad : \text{Gradient } f$$

ViewPoint Nabla Lens

$$\because \nabla_{r\theta\varphi} = \left(\frac{\partial}{\partial r}, \frac{1}{r}\frac{\partial}{\partial \theta}, \frac{1}{r\sin\theta}\frac{\partial}{\partial \varphi}\right) = \frac{\partial}{\partial r}\hat{\mathbf{r}} + \frac{1}{r}\frac{\partial}{\partial \theta}\hat{\boldsymbol{\theta}} + \frac{1}{r\sin\theta}\frac{\partial}{\partial \varphi}\hat{\boldsymbol{\varphi}}$$

$$\nabla^2 = \nabla \cdot \nabla = \frac{\partial}{\partial r}\frac{\partial}{\partial r}\hat{\mathbf{r}}\cdot\hat{\mathbf{r}} + \frac{1}{r}\frac{\partial}{\partial \theta}\frac{1}{r}\frac{\partial}{\partial \theta}\hat{\boldsymbol{\theta}}\cdot\hat{\boldsymbol{\theta}} + \frac{1}{r\sin\theta}\frac{\partial}{\partial \varphi}\frac{1}{r\sin\theta}\frac{\partial}{\partial \varphi}\hat{\boldsymbol{\varphi}}\cdot\hat{\boldsymbol{\varphi}}$$

$$\hat{\mathbf{r}}\cdot\hat{\mathbf{r}} = |\hat{\mathbf{r}}| = 1, \quad \hat{\mathbf{r}}\cdot\hat{\mathbf{r}} = \hat{\boldsymbol{\theta}}\cdot\hat{\boldsymbol{\theta}} = \hat{\boldsymbol{\varphi}}\cdot\hat{\boldsymbol{\varphi}} = 1$$

$$\nabla^2 = \nabla\cdot\nabla = \frac{\partial^2}{\partial r^2} + \frac{1}{r^2}\frac{\partial^2}{\partial \theta^2} + \frac{1}{r^2\sin\theta^2}\frac{\partial^2}{\partial \varphi^2}$$

$$\nabla^2 = \frac{\partial^2}{\partial r^2} + \frac{1}{r^2}\frac{\partial^2}{\partial \theta^2} + \frac{1}{r^2\sin^2\theta}\frac{\partial^2}{\partial \varphi^2} \quad : \text{Brief mode}$$

$$\nabla^2 = \frac{1}{r^2}\frac{\partial}{\partial r}\left(r^2\frac{\partial}{\partial r}\right) + \frac{1}{r^2\sin\theta}\frac{\partial}{\partial \theta}\left(\sin\theta\frac{\partial}{\partial \theta}\right) + \frac{1}{r^2\sin^2\theta}\frac{\partial^2}{\partial \varphi^2} \quad : \text{Public mode}$$

$$\Delta f = \nabla^2 f = \nabla\cdot\nabla f$$

$$\therefore \Delta f = \frac{1}{r^2}\frac{\partial}{\partial r}\left(r^2\frac{\partial f}{\partial r}\right) + \frac{1}{r^2\sin\theta}\frac{\partial}{\partial \theta}\left(\sin\theta\frac{\partial f}{\partial \theta}\right) + \frac{1}{r^2\sin^2\theta}\frac{\partial^2 f}{\partial \varphi^2}$$

$$= \frac{1}{r}\frac{\partial^2}{\partial r^2}(rf) + \frac{1}{r^2\sin\theta}\frac{\partial}{\partial \theta}\left(\sin\theta\frac{\partial f}{\partial \theta}\right) + \frac{1}{r^2\sin^2\theta}\frac{\partial^2 f}{\partial \varphi^2}$$

$$= \left(\frac{\partial^2}{\partial r^2} + \frac{2}{r}\frac{\partial}{\partial r}\right)f + \frac{1}{r^2\sin\theta}\frac{\partial}{\partial \theta}\left(\sin\theta\frac{\partial}{\partial \theta}\right)f + \frac{1}{r^2\sin^2\theta}\frac{\partial^2}{\partial \varphi^2}f$$

$$(f\cdot g)' = f'\cdot g + f\cdot g' \quad : \text{Product Rule}$$

$$\frac{1}{r}\frac{\partial^2}{\partial r^2}(rf) = \frac{1}{r}\frac{\partial}{\partial r}f + \frac{1}{r}\frac{\partial}{\partial r}f + \frac{\partial^2}{\partial r^2}f = \left(\frac{2}{r}\frac{\partial}{\partial r} + \frac{\partial^2}{\partial r^2}\right)f$$

$$\frac{1}{r^2}\frac{\partial}{\partial r}\left(r^2\frac{\partial}{\partial r}\right) = \frac{1}{r^2}\frac{\partial}{\partial r}r^2\frac{\partial}{\partial r} + \frac{1}{r^2}r^2\frac{\partial}{\partial r}\frac{\partial}{\partial r} = \frac{2}{r}\frac{\partial}{\partial r} + \frac{\partial^2}{\partial r^2}$$

ViewPoint Divergence

$$\because \Delta f = \underbrace{\nabla^2 f = \nabla \cdot \nabla f}_{\text{Conjugate Square}} = \underbrace{\nabla \cdot \mathbf{F} = \operatorname{div} \mathbf{F}}_{\text{Divergence}}$$

$$\nabla \cdot \mathbf{F}(x,y,z) = \left(\frac{\partial}{\partial x}, \frac{\partial}{\partial y}, \frac{\partial}{\partial z}\right) \cdot (F_x, F_y, F_z) = \frac{\partial F_x}{\partial x} + \frac{\partial F_y}{\partial y} + \frac{\partial F_z}{\partial z}$$

$$\nabla \cdot \mathbf{F}(\mathbf{r}) = \left(\frac{\partial}{\partial r}, \frac{\partial}{\partial \theta}, \frac{\partial}{\partial \varphi}\right) \cdot \left(F_r, F_\theta, F_\varphi\right)$$

$$\nabla f = \mathbf{F} = \frac{\partial f}{\partial r}\hat{\mathbf{r}} + \frac{1}{r} \cdot \frac{\partial f}{\partial \theta}\hat{\boldsymbol{\theta}} + \frac{1}{r \sin\theta} \cdot \frac{\partial f}{\partial \varphi}\hat{\boldsymbol{\varphi}} = \hat{\mathbf{r}} F_r + \hat{\boldsymbol{\theta}} F_\theta + \hat{\boldsymbol{\varphi}} F_\varphi$$

$$\nabla f = \mathbf{F} = \left(F_r, F_\theta, F_\varphi\right) = \left(\frac{\partial f}{\partial r}, \frac{1}{r}\frac{\partial f}{\partial \theta}, \frac{1}{r \sin\theta}\frac{\partial f}{\partial \varphi}\right)$$

$$\mathbf{r} = r\hat{\mathbf{r}}, \quad \nabla = \nabla_{r\theta\varphi} = \frac{\partial}{\partial r}\hat{\mathbf{r}} + \frac{1}{r}\frac{\partial}{\partial \theta}\hat{\boldsymbol{\theta}} + \frac{1}{r \sin\theta}\frac{\partial}{\partial \varphi}\hat{\boldsymbol{\varphi}}, \quad \mathbf{F}(\mathbf{r}) = \hat{\mathbf{r}} F_r + \hat{\boldsymbol{\theta}} F_\theta + \hat{\boldsymbol{\varphi}} F_\varphi$$

$$\nabla \cdot \mathbf{F}(\mathbf{r}) = \left(\frac{\partial}{\partial r}\hat{\mathbf{r}} + \frac{1}{r}\frac{\partial}{\partial \theta}\hat{\boldsymbol{\theta}} + \frac{1}{r \sin\theta}\frac{\partial}{\partial \varphi}\hat{\boldsymbol{\varphi}}\right) \cdot \left(\hat{\mathbf{r}} F_r + \hat{\boldsymbol{\theta}} F_\theta + \hat{\boldsymbol{\varphi}} F_\varphi\right)$$

$$\frac{\partial \hat{\mathbf{r}}}{\partial r} = 0, \quad \frac{\partial \hat{\boldsymbol{\theta}}}{\partial r} = 0, \quad \frac{\partial \hat{\boldsymbol{\varphi}}}{\partial r} = 0, \quad \frac{\partial \hat{\boldsymbol{\varphi}}}{\partial \theta} = 0$$

$$\frac{\partial \hat{\mathbf{r}}}{\partial \theta} = \hat{\boldsymbol{\theta}}, \quad \frac{\partial \hat{\boldsymbol{\theta}}}{\partial \theta} = -\hat{\mathbf{r}}, \quad \frac{\partial \hat{\mathbf{r}}}{\partial \varphi} = \sin\theta\,\hat{\boldsymbol{\varphi}}, \quad \frac{\partial \hat{\boldsymbol{\theta}}}{\partial \varphi} = \cos\theta\,\hat{\boldsymbol{\varphi}}, \quad \frac{\partial \hat{\boldsymbol{\varphi}}}{\partial \varphi} = -\cos\theta\,\hat{\boldsymbol{\theta}} - \sin\theta\,\hat{\mathbf{r}}$$

$$\hat{\mathbf{r}} \cdot \hat{\mathbf{r}} = |\hat{\mathbf{r}}|^2 = 1, \quad \hat{\mathbf{r}} \cdot \hat{\mathbf{r}} = \hat{\boldsymbol{\theta}} \cdot \hat{\boldsymbol{\theta}} = \hat{\boldsymbol{\varphi}} \cdot \hat{\boldsymbol{\varphi}} = 1$$

$$\hat{\mathbf{r}} \perp \hat{\boldsymbol{\theta}} \perp \hat{\boldsymbol{\varphi}}, \quad \hat{\mathbf{r}} \cdot \hat{\boldsymbol{\theta}} = |\hat{\mathbf{r}}||\hat{\mathbf{r}}|\cos\frac{\pi}{2} = 0, \quad \hat{\mathbf{r}} \cdot \hat{\boldsymbol{\theta}} = \hat{\mathbf{r}} \cdot \hat{\boldsymbol{\varphi}} = \hat{\boldsymbol{\theta}} \cdot \hat{\boldsymbol{\varphi}} = 0$$

Laplacian Wave Dynamics

$$\nabla \cdot \mathbf{F(r)} = \left(\frac{\partial}{\partial r}\hat{\mathbf{r}} + \frac{1}{r}\frac{\partial}{\partial \theta}\hat{\boldsymbol{\theta}} + \frac{1}{r\sin\theta}\frac{\partial}{\partial \varphi}\hat{\boldsymbol{\varphi}}\right) \cdot \left(\hat{\mathbf{r}}F_r + \hat{\boldsymbol{\theta}}F_\theta + \hat{\boldsymbol{\varphi}}F_\varphi\right)$$

$$= \hat{\mathbf{r}} \cdot F_r \frac{\partial \hat{\mathbf{r}}}{\partial r} + \hat{\mathbf{r}} \cdot \hat{\mathbf{r}} \frac{\partial F_r}{\partial r} + \hat{\mathbf{r}} \cdot F_\theta \frac{\partial \hat{\boldsymbol{\theta}}}{\partial r} + \hat{\mathbf{r}} \cdot \hat{\boldsymbol{\theta}} \frac{\partial F_\theta}{\partial r} + \hat{\mathbf{r}} \cdot F_\varphi \frac{\partial \hat{\boldsymbol{\varphi}}}{\partial r} + \hat{\mathbf{r}} \cdot \hat{\boldsymbol{\varphi}} \frac{\partial F_\varphi}{\partial r}$$

$$+ \hat{\boldsymbol{\theta}} \cdot F_r \frac{1}{r}\frac{\partial \hat{\mathbf{r}}}{\partial \theta} + \hat{\boldsymbol{\theta}} \cdot \hat{\mathbf{r}} \frac{1}{r}\frac{\partial F_r}{\partial \theta} + \hat{\boldsymbol{\theta}} \cdot F_\theta \frac{1}{r}\frac{\partial \hat{\boldsymbol{\theta}}}{\partial \theta} + \hat{\boldsymbol{\theta}} \cdot \hat{\boldsymbol{\theta}} \frac{1}{r}\frac{\partial F_\theta}{\partial \theta} + \hat{\boldsymbol{\theta}} \cdot F_\varphi \frac{1}{r}\frac{\partial \hat{\boldsymbol{\varphi}}}{\partial \theta} + \hat{\boldsymbol{\theta}} \cdot \hat{\boldsymbol{\varphi}} \frac{1}{r}\frac{\partial F_\varphi}{\partial \theta}$$

$$+ \hat{\boldsymbol{\varphi}} \cdot F_r \frac{1}{r\sin\theta}\frac{\partial \hat{\mathbf{r}}}{\partial \varphi} + \hat{\boldsymbol{\varphi}} \cdot \hat{\mathbf{r}} \frac{1}{r\sin\theta}\frac{\partial F_r}{\partial \varphi} + \hat{\boldsymbol{\varphi}} \cdot F_\theta \frac{1}{r\sin\theta}\frac{\partial \hat{\boldsymbol{\theta}}}{\partial \varphi} + \hat{\boldsymbol{\varphi}} \cdot \hat{\boldsymbol{\theta}} \frac{1}{r\sin\theta}\frac{\partial F_\theta}{\partial \varphi} + \hat{\boldsymbol{\varphi}} \cdot F_\varphi \frac{1}{r\sin\theta}\frac{\partial \hat{\boldsymbol{\varphi}}}{\partial \varphi} + \hat{\boldsymbol{\varphi}} \cdot \hat{\boldsymbol{\varphi}} \frac{1}{r\sin\theta}\frac{\partial F_\varphi}{\partial \varphi}$$

$$\nabla \cdot \mathbf{F(r)} = \underbrace{\hat{\mathbf{r}} \cdot F_r \cdot 0}_{\frac{\partial \hat{\mathbf{r}}}{\partial r}=0} + 1 \cdot \frac{\partial F_r}{\partial r} + \underbrace{\hat{\mathbf{r}} \cdot F_\theta \cdot 0}_{\frac{\partial \hat{\boldsymbol{\theta}}}{\partial r}=0} + \underbrace{0 \cdot \frac{\partial F_\theta}{\partial r}}_{\hat{\mathbf{r}}\hat{\boldsymbol{\theta}}=0} + \underbrace{\hat{\mathbf{r}} \cdot F_\varphi \cdot 0}_{\frac{\partial \hat{\boldsymbol{\varphi}}}{\partial r}=0} + \underbrace{0 \cdot \frac{\partial F_\varphi}{\partial r}}_{\hat{\mathbf{r}}\hat{\boldsymbol{\varphi}}=0}$$

$$+ \underbrace{\hat{\boldsymbol{\theta}} \cdot F_r \frac{1}{r}\hat{\boldsymbol{\theta}}}_{\frac{\partial \hat{\mathbf{r}}}{\partial \theta}=\hat{\boldsymbol{\theta}},\ \hat{\boldsymbol{\theta}}\hat{\boldsymbol{\theta}}=1} + \underbrace{0\frac{1}{r}\frac{\partial F_r}{\partial \theta}}_{\hat{\boldsymbol{\theta}}\hat{\mathbf{r}}=0} + \underbrace{\hat{\boldsymbol{\theta}} \cdot F_\theta \frac{1}{r}(-\hat{\mathbf{r}})}_{\frac{\partial \hat{\boldsymbol{\theta}}}{\partial \theta}=-\hat{\mathbf{r}},\ \hat{\boldsymbol{\theta}}\hat{\mathbf{r}}=0} + \underbrace{1\frac{1}{r}\frac{\partial F_\theta}{\partial \theta}}_{\hat{\boldsymbol{\theta}}\hat{\boldsymbol{\theta}}=1} + \underbrace{\hat{\boldsymbol{\theta}} \cdot F_\varphi \frac{1}{r} 0}_{\frac{\partial \hat{\boldsymbol{\varphi}}}{\partial \theta}=0} + \underbrace{0\frac{1}{r}\frac{\partial F_\varphi}{\partial \theta}}_{\hat{\boldsymbol{\theta}}\hat{\boldsymbol{\varphi}}=0}$$

$$+ \underbrace{\hat{\boldsymbol{\varphi}} \cdot F_r \frac{1}{r\sin\theta}\sin\theta\hat{\boldsymbol{\varphi}}}_{\frac{\partial \hat{\mathbf{r}}}{\partial \varphi}=\sin\theta\hat{\boldsymbol{\varphi}},\ \hat{\boldsymbol{\varphi}}\hat{\boldsymbol{\varphi}}=1} + \underbrace{0\frac{1}{r\sin\theta}\frac{\partial F_r}{\partial \varphi}}_{\hat{\boldsymbol{\varphi}}\hat{\mathbf{r}}=0} + \underbrace{\hat{\boldsymbol{\varphi}} \cdot F_\theta \frac{1}{r\sin\theta}\cos\theta\hat{\boldsymbol{\varphi}}}_{\frac{\partial \hat{\boldsymbol{\theta}}}{\partial \varphi}=\cos\theta\hat{\boldsymbol{\varphi}},\ \hat{\boldsymbol{\varphi}}\hat{\boldsymbol{\varphi}}=1}$$

$$+ \underbrace{0\frac{1}{r\sin\theta}\frac{\partial F_\theta}{\partial \varphi}}_{\hat{\boldsymbol{\varphi}}\hat{\boldsymbol{\theta}}=0} + \underbrace{\hat{\boldsymbol{\varphi}} \cdot F_\varphi \frac{1}{r\sin\theta}(-\cos\theta\hat{\boldsymbol{\theta}} - \sin\theta\hat{\mathbf{r}})}_{\frac{\partial \hat{\boldsymbol{\varphi}}}{\partial \varphi}=-\cos\theta\hat{\boldsymbol{\theta}}-\sin\theta\hat{\mathbf{r}},\ \hat{\boldsymbol{\varphi}}\hat{\boldsymbol{\theta}}=0,\ \hat{\boldsymbol{\varphi}}\hat{\mathbf{r}}=0} + \underbrace{1\frac{1}{r\sin\theta}\frac{\partial F_\varphi}{\partial \varphi}}_{\hat{\boldsymbol{\varphi}}\hat{\boldsymbol{\varphi}}=1}$$

$$\hat{\boldsymbol{\theta}} \cdot F_r \frac{1}{r} \frac{\partial \hat{\mathbf{r}}}{\partial \theta} \stackrel{@}{=} \hat{\boldsymbol{\theta}} \cdot F_r \frac{1}{r} \hat{\boldsymbol{\theta}} = \frac{1}{r} F_r$$

$$\hat{\boldsymbol{\varphi}} \cdot F_r \frac{1}{r \sin \theta} \frac{\partial \hat{\mathbf{r}}}{\partial \varphi} \stackrel{@}{=} \hat{\boldsymbol{\varphi}} \cdot F_r \frac{1}{r \sin \theta} \sin \theta \hat{\boldsymbol{\varphi}} = \frac{1}{r} F_r$$

$$\hat{\boldsymbol{\varphi}} \cdot F_\theta \frac{1}{r \sin \theta} \frac{\partial \hat{\boldsymbol{\theta}}}{\partial \varphi} \stackrel{@}{=} \hat{\boldsymbol{\varphi}} \cdot F_\theta \frac{1}{r \sin \theta} \cos \theta \hat{\boldsymbol{\varphi}} = \frac{1}{r} \frac{\cos \theta}{\sin \theta} F_\theta$$

$$\nabla \cdot \mathbf{F}(\mathbf{r}) = \frac{\partial F_r}{\partial r} + F_r \frac{1}{r} + \frac{1}{r} \frac{\partial F_\theta}{\partial \theta} + \frac{1}{r} F_r + F_\theta \frac{1}{r} \frac{\cos \theta}{\sin \theta} + \frac{1}{r \sin \theta} \frac{\partial F_\varphi}{\partial \varphi}$$

$$= \left(\frac{\partial}{\partial r} + \frac{1}{r} + \frac{1}{r} \right) F_r + \frac{1}{r} \left(\frac{\partial}{\partial \theta} + \frac{\cos \theta}{\sin \theta} \right) F_\theta + \frac{1}{r \sin \theta} \frac{\partial F_\varphi}{\partial \varphi}$$

$$\nabla \cdot \mathbf{F}(\mathbf{r}) = \underline{\left(\frac{\partial}{\partial r} + \frac{2}{r} \right) F_r} + \frac{1}{r} \left(\frac{\partial}{\partial \theta} + \frac{\cos \theta}{\sin \theta} \right) F_\theta + \frac{1}{r \sin \theta} \frac{\partial F_\varphi}{\partial \varphi}$$

$$\because \frac{\partial}{\partial r} r^2 = 2r, \quad \frac{2}{r} = \frac{2}{r} \frac{r}{r} = \frac{2r}{r^2} = \frac{1}{r^2} 2r = \frac{1}{r^2} \frac{\partial}{\partial r} r^2$$

$$\left(\frac{\partial}{\partial r} + \underline{\frac{2}{r}} \right) F_r = \left(\frac{\partial}{\partial r} + \underline{\frac{1}{r^2} \frac{\partial}{\partial r} r^2} \right) F_r$$

$$\because \mathbf{F}(\mathbf{r}) = \hat{\mathbf{r}} F_r + \hat{\boldsymbol{\theta}} F_\theta + \hat{\boldsymbol{\varphi}} F_\varphi, \quad \frac{\partial}{\partial r} F_r \stackrel{@}{=} \frac{\partial}{\partial r} \lambda \stackrel{@}{=} 0$$

$$\left(\frac{\partial}{\partial r} + \frac{2}{r} \right) F_r = \underline{\frac{\partial}{\partial r} F_r} + \frac{1}{r^2} \frac{\partial}{\partial r} r^2 F_r = \frac{1}{r^2} \frac{\partial}{\partial r} r^2 F_r$$

$$\therefore \left(\frac{\partial}{\partial r} + \frac{2}{r} \right) F_r = \frac{1}{r^2} \frac{\partial}{\partial r} r^2 F_r$$

$$\nabla \cdot \mathbf{F}(\mathbf{r}) = \left(\frac{\partial}{\partial r} + \frac{2}{r}\right)F_r + \underline{\frac{1}{r}\left(\frac{\partial}{\partial \theta} + \frac{\cos\theta}{\sin\theta}\right)F_\theta} + \frac{1}{r\sin\theta}\frac{\partial F_\varphi}{\partial \varphi}$$

$$\frac{1}{r}\left(\frac{\partial}{\partial \theta}F_\theta + \frac{\cos\theta}{\sin\theta}F_\theta\right) = \frac{1}{r}\left(\frac{\sin\theta}{\sin\theta}\frac{\partial}{\partial \theta}F_\theta + \frac{\cos\theta}{\sin\theta}F_\theta\right)$$

$$\stackrel{@}{=} \frac{1}{r\sin\theta}\left(\frac{\partial}{\partial \theta}(\sin\theta\, F_\theta) - \cos\theta\, F_\theta + \frac{\cos\theta}{1}F_\theta\right) = \frac{1}{r\sin\theta}\frac{\partial}{\partial \theta}(\sin\theta\, F_\theta)$$

$$\therefore\ \cancel{-\cos\theta F_\theta + \frac{\cos\theta}{1}F_\theta} = 0 \quad : \text{0입자, 공간계 소멸 알고리즘}$$

$$\stackrel{@}{=} \frac{1}{r}\left(\frac{1}{\sin\theta}\frac{\partial}{\partial \theta}(\sin\theta\, F_\theta) + \frac{\cos\theta}{\sin\theta}F_\theta\right)$$

$$\therefore\ \frac{1}{r}\left(\frac{\partial}{\partial \theta}F_\theta + \frac{\cos\theta}{\sin\theta}F_\theta\right) = \frac{1}{r\sin\theta}\frac{\partial}{\partial \theta}(\sin\theta\, F_\theta)$$

$$\therefore\ \nabla \cdot \mathbf{F} = \frac{1}{r^2}\frac{\partial}{\partial r}(r^2 F_r) + \frac{1}{r\sin\theta}\frac{\partial}{\partial \theta}(\sin\theta\, F_\theta) + \frac{1}{r\sin\theta}\frac{\partial F_\varphi}{\partial \varphi}$$

$$\nabla f = \mathbf{F} = (F_r,\, F_\theta,\, F_\varphi) = \left(\frac{\partial f}{\partial r},\, \frac{1}{r}\frac{\partial f}{\partial \theta},\, \frac{1}{r\sin\theta}\frac{\partial f}{\partial \varphi}\right)$$

$$\therefore\ \nabla \cdot \mathbf{F} = \nabla^2 f = \frac{1}{r^2}\frac{\partial}{\partial r}\left(r^2 \frac{\partial f}{\partial r}\right) + \frac{1}{r^2 \sin\theta}\frac{\partial}{\partial \theta}\left(\sin\theta\, \frac{\partial f}{\partial \theta}\right) + \frac{1}{r^2 \sin^2\theta}\frac{\partial^2 f}{\partial \varphi^2}$$

$$\nabla^2 = \underbrace{\frac{1}{r^2}\frac{\partial}{\partial r}\left(r^2 \frac{\partial}{\partial r}\right)}_{\frac{\lambda}{r^2}} + \underbrace{\frac{1}{r^2 \sin\theta}\frac{\partial}{\partial \theta}\left(\sin\theta\, \frac{\partial}{\partial \theta}\right) + \frac{1}{r^2 \sin^2\theta}\frac{\partial^2}{\partial \varphi^2}}_{-\frac{\lambda}{r^2}} = 0$$

$$\nabla^2 = \left(\frac{\partial^2}{\partial r^2} + \frac{2}{r}\frac{\partial}{\partial r}\right) + \frac{1}{r^2 \sin\theta}\frac{\partial}{\partial \theta}\left(\sin\theta\, \frac{\partial}{\partial \theta}\right) + \frac{1}{r^2 \sin^2\theta}\frac{\partial^2}{\partial \varphi^2} = 0$$

$$\therefore\ \frac{1}{r^2}\frac{\partial}{\partial r}\left(r^2 \frac{\partial}{\partial r}\right) \stackrel{@}{=} \frac{\partial^2}{\partial r^2} + \frac{2}{r}\frac{\partial}{\partial r} \stackrel{@}{=} \nabla^2 - \left(-\frac{\lambda}{r^2}\right) = \frac{\lambda}{r^2}$$

Angular Momentum

$$\mathbf{L} = \mathbf{r} \times \mathbf{p} = \mathbf{r} \times m\mathbf{v} = m\mathbf{r} \times \mathbf{v} = mr^2\left(-\dot{\varphi}\sin\theta\,\hat{\boldsymbol{\theta}} + \dot{\theta}\,\hat{\boldsymbol{\varphi}}\right)$$

$$\mathbf{L} = -i\hbar(\mathbf{x} \times \nabla) = \left(L_x, L_y, L_z\right) = L_x\mathbf{i} + L_y\mathbf{j} + L_z\mathbf{k}$$

$$\mathbf{L}^2 = \mathbf{L}\bar{\mathbf{L}} = -i\hbar(\mathbf{r} \times \nabla)\cdot i\hbar(\mathbf{r} \times \nabla) = \hbar^2\ell(\ell+1)$$

$$\therefore\ \mathbf{L}^2 = \hbar^2\ell(\ell+1)$$

$$\frac{\partial^2}{\partial r^2}r^2 = \frac{\partial}{\partial r}\left(\frac{\partial}{\partial r}r^2\right) = \frac{\partial}{\partial r}2r = 2 = 1\cdot 2 = 1\cdot(1+1) = \ell(\ell+1)$$

$$\therefore\ \nabla_r^2 r^2 = \frac{\partial^2}{\partial r^2}r^2 = \ell(\ell+1)\,,\quad \nabla_r^2 = \frac{\partial^2}{\partial r^2} = \frac{\ell(\ell+1)}{r^2}$$

$$\nabla^2 = \frac{1}{r^2}\frac{\partial}{\partial r}\left(r^2\frac{\partial}{\partial r}\right) + \frac{1}{r^2}\left(\frac{1}{\sin\theta}\frac{\partial}{\partial\theta}\left(\sin\theta\frac{\partial}{\partial\theta}\right) + \frac{1}{\sin^2\theta}\frac{\partial^2}{\partial\varphi^2}\right) = 0$$

$$\nabla^2 = \nabla_r^2 + \nabla_{\theta\varphi}^2 = \frac{\lambda}{r^2} + \left(-\frac{\lambda}{r^2}\right) = \frac{\ell(\ell+1)}{r^2} + \left(-\frac{\ell(\ell+1)}{r^2}\right) = 0$$

$$\therefore\ r^2\nabla^2 = r^2\nabla_r^2 + r^2\nabla_{\theta\varphi}^2 = \lambda + (-\lambda) = \ell(\ell+1) + \left(-\ell(\ell+1)\right) = 0$$

$$-\lambda = -\ell(\ell+1) = -\frac{L^2}{\hbar^2} = \frac{1}{\sin\theta}\frac{\partial}{\partial\theta}\left(\sin\theta\frac{\partial}{\partial\theta}\right) + \frac{1}{\sin^2\theta}\frac{\partial^2}{\partial\varphi^2} = r^2\nabla_{\theta\varphi}^2$$

$$L^2 = -\hbar^2 r^2\nabla_{\theta\varphi}^2 = -\hbar^2 r^2(\nabla^2 - \nabla_r^2) = -\hbar^2 r^2\nabla^2 + \hbar^2 r^2\nabla_r^2$$

$$L^2 = -\hbar^2 r^2\nabla^2 + \hbar^2\frac{\partial}{\partial r}\left(r^2\frac{\partial}{\partial r}\right) = -\hbar^2\left(\frac{1}{\sin\theta}\frac{\partial}{\partial\theta}\left(\sin\theta\frac{\partial}{\partial\theta}\right) + \frac{1}{\sin^2\theta}\frac{\partial^2}{\partial\varphi^2}\right)$$

$$r^2\nabla_r^2 = \frac{\partial}{\partial r}\left(r^2\frac{\partial}{\partial r}\right)\,,\quad r^2\nabla_{\theta\varphi}^2 = \frac{1}{\sin\theta}\frac{\partial}{\partial\theta}\left(\sin\theta\frac{\partial}{\partial\theta}\right) + \frac{1}{\sin^2\theta}\frac{\partial^2}{\partial\varphi^2}$$

$$\therefore\ L^2 = -\hbar^2\left(r^2\nabla^2 - r^2\nabla_r^2\right) = -\hbar^2 r^2\nabla_{\theta\varphi}^2 = \hbar^2\ell(\ell+1) = \hbar^2\lambda$$

$$\because L^2 = -\hbar^2 r^2 \nabla^2_{\theta\varphi}, \quad \nabla^2_r = \frac{1}{r^2}\frac{\partial}{\partial r}\left(r^2 \frac{\partial}{\partial r}\right), \quad \nabla^2_{\theta\varphi} = -\frac{1}{r^2}\frac{L^2}{\hbar^2}$$

$$\nabla^2 = \nabla^2_r + \nabla^2_{\theta\varphi} = \frac{1}{r^2}\frac{\partial}{\partial r}\left(r^2 \frac{\partial}{\partial r}\right) - \frac{1}{r^2}\frac{L^2}{\hbar^2}$$

$$\mathbf{L} = -i\hbar\, \mathbf{r} \times \nabla = i\hbar\left(\frac{1}{\sin\theta}\frac{\partial}{\partial\varphi}\hat{\theta} - \frac{\partial}{\partial\theta}\hat{\varphi}\right)$$

$$\nabla = \left(\frac{\partial}{\partial r}, \frac{1}{r}\frac{\partial}{\partial\theta}, \frac{1}{r\sin\theta}\frac{\partial}{\partial\varphi}\right) = \frac{\partial}{\partial r}\hat{\mathbf{r}} + \frac{1}{r}\frac{\partial}{\partial\theta}\hat{\theta} + \frac{1}{r\sin\theta}\frac{\partial}{\partial\varphi}\hat{\varphi}$$

$$\mathbf{r} \times \nabla = \mathbf{r} \times \left(\frac{\partial}{\partial r}\hat{\mathbf{r}} + \frac{1}{r}\frac{\partial}{\partial\theta}\hat{\theta} + \frac{1}{r\sin\theta}\frac{\partial}{\partial\varphi}\hat{\varphi}\right)$$

$$\mathbf{r} = r\hat{\mathbf{r}}, \quad \mathbf{r} \times \nabla = r\hat{\mathbf{r}} \times \left(\frac{\partial}{\partial r}\hat{\mathbf{r}} + \frac{1}{r}\frac{\partial}{\partial\theta}\hat{\theta} + \frac{1}{r\sin\theta}\frac{\partial}{\partial\varphi}\hat{\varphi}\right)$$

$$\mathbf{r} \times \nabla = r\frac{\partial}{\partial r}\hat{\mathbf{r}} \times \hat{\mathbf{r}} + r\frac{1}{r}\frac{\partial}{\partial\theta}\hat{\mathbf{r}} \times \hat{\theta} + r\frac{1}{r\sin\theta}\frac{\partial}{\partial\varphi}\hat{\mathbf{r}} \times \hat{\varphi}$$

$$\because \hat{\mathbf{r}} \times \hat{\mathbf{r}} = |\hat{\mathbf{r}}||\hat{\mathbf{r}}|\sin 0 \cdot \hat{\mathbf{n}} = \hat{\mathbf{0}}, \quad \hat{\mathbf{r}} \times \hat{\theta} = \hat{\varphi}, \quad \hat{\mathbf{r}} \times \hat{\varphi} = -\hat{\theta}$$

$$\mathbf{r} \times \nabla = \hat{\mathbf{0}} + \frac{\partial}{\partial\theta}\hat{\varphi} - \frac{1}{\sin\theta}\frac{\partial}{\partial\varphi}\hat{\theta}$$

$$\therefore \mathbf{r} \times \nabla = \frac{\partial}{\partial\theta}\hat{\varphi} - \frac{1}{\sin\theta}\frac{\partial}{\partial\varphi}\hat{\theta}, \quad \frac{\mathbf{L}}{i\hbar} = -\mathbf{r} \times \nabla = \frac{1}{\sin\theta}\frac{\partial}{\partial\varphi}\hat{\theta} - \frac{\partial}{\partial\theta}\hat{\varphi}$$

$$\mathbf{L} = \mathbf{r} \times \mathbf{p} = \mathbf{r} \times m\mathbf{v}$$

$$\mathbf{L} = \mathbf{r} \times \mathbf{p} = -i\hbar(\mathbf{x} \times \nabla) = \left(L_x, L_y, L_z\right)$$

$$\mathbf{p} = m\mathbf{v} = -i\hbar\nabla \stackrel{@}{=} -i\nabla, \quad \hbar \stackrel{@}{=} 1$$

$i\hbar$: 시간계, $-i\hbar$: 공간계, ∇: 0입자, 양자화 알고리즘

$$\mathbf{r} = (x, y, z)$$

$$\mathbf{p} = -i\nabla = -i(p_x, p_y, p_z) = -i\left(\frac{\partial}{\partial x}, \frac{\partial}{\partial y}, \frac{\partial}{\partial z}\right)$$

$$\mathbf{L} = \begin{vmatrix} \hat{x} & \hat{y} & \hat{z} \\ x & y & z \\ p_x & p_y & p_z \end{vmatrix}, \quad \mathbf{L}_z = \begin{vmatrix} & & \hat{z} \\ x & y & \\ p_x & p_y & \end{vmatrix}$$

$$\because |\mathbf{A} \times \mathbf{B}| = |\mathbf{A}||\mathbf{B}|\sin\theta = \begin{vmatrix} a & b \\ c & d \end{vmatrix} = ad - bc$$

$$\mathbf{z} = \begin{bmatrix} x & p_x \\ y & p_y \end{bmatrix} = \mathbf{r}_{xy} \times \mathbf{p}_{xy} \stackrel{@}{=} |\mathbf{r}_{xy}||\mathbf{p}_{xy}|\sin\theta \cdot \hat{z} = L_z \hat{z}$$

$$|\hat{z}| = \begin{vmatrix} x & p_x \\ y & p_y \end{vmatrix} = |\mathbf{r}_{xy} \times \mathbf{p}_{xy}| = |\mathbf{r}_{xy}||\mathbf{p}_{xy}|\sin\theta = L_z$$

$$L_z = \begin{vmatrix} x & p_x \\ y & p_y \end{vmatrix} = xp_y - yp_x = x\left(-i\frac{\partial}{\partial y}\right) - y\left(-i\frac{\partial}{\partial x}\right)$$

$$\therefore L_z = -i\left(x\frac{\partial}{\partial y} - y\frac{\partial}{\partial x}\right) = -i\frac{\partial}{\partial \varphi}$$

$$x = r\cos\varphi, \quad y = r\sin\varphi$$

$$\frac{\partial}{\partial x} = \cos\varphi\frac{\partial}{\partial r} - \frac{\sin\varphi}{r}\frac{\partial}{\partial \varphi}, \quad \frac{\partial}{\partial y} = \sin\varphi\frac{\partial}{\partial r} + \frac{\cos\varphi}{r}\frac{\partial}{\partial \varphi}$$

$$L_z = -i\left[r\cos\varphi\left(\sin\varphi\frac{\partial}{\partial r} + \frac{\cos\varphi}{r}\frac{\partial}{\partial \varphi}\right) - r\sin\varphi\left(\cos\varphi\frac{\partial}{\partial r} - \frac{\sin\varphi}{r}\frac{\partial}{\partial \varphi}\right)\right]$$

$$= -i\left[r\cos\varphi\sin\varphi\frac{\partial}{\partial r} + \cos^2\varphi\frac{\partial}{\partial \varphi} - r\sin\varphi\cos\varphi\frac{\partial}{\partial r} + \sin^2\varphi\frac{\partial}{\partial \varphi}\right]$$

$$L_z = -i(\cos^2\varphi + \sin^2\varphi)\frac{\partial}{\partial \varphi} = -i\frac{\partial}{\partial \varphi}$$

$$\therefore L_z = -i\frac{\partial}{\partial \varphi}$$

Unveiling Angular Momentum

$$\left(r\frac{\partial}{\partial r}+1\right)r\frac{\partial}{\partial r}=r\frac{\partial}{\partial r}\left(r\frac{\partial}{\partial r}\right)+r\frac{\partial}{\partial r}=r\underline{\frac{\partial}{\partial r}r\frac{\partial}{\partial r}}+r\underline{r\frac{\partial}{\partial r}\frac{\partial}{\partial r}}+r\frac{\partial}{\partial r}$$

$$=r\frac{\partial}{\partial r}+r^2\frac{\partial^2}{\partial r^2}+r\frac{\partial}{\partial r}=r^2\frac{\partial^2}{\partial r^2}+2r\frac{\partial}{\partial r}=\left(r\frac{\partial}{\partial r}+2\right)r\frac{\partial}{\partial r}$$

$$\therefore \left(r\frac{\partial}{\partial r}+1\right)r\frac{\partial}{\partial r}=\left(r\frac{\partial}{\partial r}+2\right)r\frac{\partial}{\partial r}$$

$$\nabla^2=\frac{1}{r^2}\frac{\partial}{\partial r}\left(r^2\frac{\partial}{\partial r}\right)+\frac{1}{r^2\sin\theta}\frac{\partial}{\partial\theta}\left(\sin\theta\frac{\partial}{\partial\theta}\right)+\frac{1}{r^2\sin^2\theta}\frac{\partial^2}{\partial\varphi^2}$$

$$\nabla^2=\nabla_r^2+\nabla_{\theta\varphi}^2\ ,\ \ r^2\nabla^2=r^2\nabla_r^2+r^2\nabla_{\theta\varphi}^2$$

$$\mathbf{L}^2=-r^2\nabla^2+r^2\nabla_r^2=-r^2\nabla_{\theta\varphi}^2$$

$$\mathbf{L}^2=-r^2\nabla^2+\underline{\frac{\partial}{\partial r}\left(r^2\frac{\partial}{\partial r}\right)}=-r^2\nabla_{\theta\varphi}^2$$

$$\frac{\partial}{\partial r}\left(r^2\frac{\partial}{\partial r}\right)=\frac{\partial}{\partial r}r^2\frac{\partial}{\partial r}+r^2\frac{\partial}{\partial r}\frac{\partial}{\partial r}=2r\frac{\partial}{\partial r}+r^2\frac{\partial^2}{\partial r^2}=\left(2+r\frac{\partial}{\partial r}\right)r\frac{\partial}{\partial r}$$

$$\therefore \frac{\partial}{\partial r}\left(r^2\frac{\partial}{\partial r}\right)=\left(2+r\frac{\partial}{\partial r}\right)r\frac{\partial}{\partial r}$$

$$\therefore \frac{\partial}{\partial r}\left(r^2\frac{\partial}{\partial r}\right)=\left(r\frac{\partial}{\partial r}+2\right)r\frac{\partial}{\partial r}=\left(r\frac{\partial}{\partial r}+1\right)r\frac{\partial}{\partial r}\stackrel{@}{=}\frac{\partial^2}{\partial r^2}=\nabla_r^2$$

$$f'(x)=\frac{d}{dx}f(x)=\frac{f(x+0)-f(x)}{(x+0)-x}=\frac{\Delta y}{\Delta x}=\tan\varphi\stackrel{@}{=}\frac{\mathrm{Im}}{\mathrm{Re}}\stackrel{@}{=}\frac{y}{x}$$

$$\therefore y=\lambda_x\cdot x \quad \therefore U_{xyz}=\lambda_c\cdot U_{r\theta\varphi}$$

Segmental Quantization ∶ Special Analysis of Angles

$$\frac{1}{r^2 \sin\theta} \frac{\partial}{\partial\theta} \left(\sin\theta \frac{\partial}{\partial\theta}\right) = \frac{1}{r^2 \sin\theta} \frac{\partial}{\partial\theta} \sin\theta \frac{\partial}{\partial\theta} + \frac{1}{r^2 \sin\theta} \sin\theta \frac{\partial}{\partial\theta} \frac{\partial}{\partial\theta}$$

$$= \frac{1}{r^2} \frac{\cos\theta}{\sin\theta} \frac{\partial}{\partial\theta} + \frac{1}{r^2} \frac{\partial^2}{\partial\theta^2} = \frac{1}{r^2} \left(\frac{1}{\tan\theta} \frac{\partial}{\partial\theta} + \frac{\partial^2}{\partial\theta^2}\right)$$

$$\therefore \frac{1}{r^2 \sin\theta} \frac{\partial}{\partial\theta} \left(\sin\theta \frac{\partial}{\partial\theta}\right) = \frac{1}{r^2} \left(\frac{1}{\tan\theta} \frac{\partial}{\partial\theta} + \frac{\partial^2}{\partial\theta^2}\right) \stackrel{@}{=} \nabla^2_\theta$$

@@ $\quad \frac{\partial^2}{\partial\theta^2} = 0, \quad \frac{\partial}{\partial\theta} = 0 \quad \therefore \nabla^2_\theta = \frac{1}{r^2}\left(\frac{1}{\tan\theta} 0 + 0\right) = 0$

@@ $\quad \frac{\partial^2}{\partial\theta^2} = 0, \quad \frac{\partial}{\partial\theta} = 1 \quad \therefore \nabla^2_\theta = \frac{1}{r^2}\left(\frac{1}{\tan\theta} 1 + 0\right) = \frac{1}{r^2} \frac{1}{\tan\theta}$

@@ $\quad \frac{\partial^2}{\partial\varphi^2} = 0 \quad \therefore \nabla^2_\varphi \stackrel{@}{=} \frac{1}{r^2 \sin^2\theta} \frac{\partial^2}{\partial\varphi^2} \stackrel{@}{=} 0$

$$\nabla^2 = \frac{1}{r^2} \frac{\partial}{\partial r}\left(r^2 \frac{\partial}{\partial r}\right) + \frac{1}{r^2 \sin\theta} \frac{\partial}{\partial\theta}\left(\sin\theta \frac{\partial}{\partial\theta}\right) + \frac{1}{r^2 \sin^2\theta} \frac{\partial^2}{\partial\varphi^2} = 0$$

@@ $\quad \frac{\partial^2}{\partial r^2} = 0, \quad \frac{\partial}{\partial r} = 0, \quad \frac{\partial^2}{\partial\theta^2} = 0, \quad \underline{\frac{\partial}{\partial\theta} = 1}, \quad \frac{\partial^2}{\partial\varphi^2} = 0$

$$\nabla^2 = \frac{\partial^2}{\partial r^2} + \frac{2}{r} \frac{\partial}{\partial r} + \frac{1}{r^2} \frac{1}{\tan\theta} \frac{\partial}{\partial\theta} + \frac{1}{r^2} \frac{\partial^2}{\partial\theta^2} + \frac{1}{r^2 \sin^2\theta} \frac{\partial^2}{\partial\varphi^2}$$

$$\nabla^2 \stackrel{@}{=} 0 + 0 + \frac{1}{r^2} \frac{1}{\tan\theta} + 0 + 0 = \frac{1}{r^2} \frac{1}{\tan\theta} = 0$$

$$\therefore \nabla^2 \stackrel{@}{=} \frac{1}{r^2} \frac{1}{\tan\theta}$$

회전하는 파동 실험
Spinning Wave Dynamics

편미분의 편광 현상은 빛의 편광 실험에서도 나타난다. 여러 개의 편광 필름을 서로 겹쳐 빛의 입자성과 파동성을 실험해 보면, 배열 순서나 각도에 따라 양자적 특이 현상을 보인다. 이런 편광 필름 실험과 편미분의 편광 효과는 파인만의 스핀-원 사고 실험과 같은 알고리즘을 가졌다.

다음의 특정 항들은 편미분의 구면계 소거 성질과 두 단위벡터 곱의 0, 1 소거 성질 중 어느 쪽을 앞세우느냐에 따라 다른 관점의 부스러기 결과가 나타난다.

$$\hat{\boldsymbol{\theta}} \cdot F_r \frac{1}{r} \frac{\partial \hat{\boldsymbol{r}}}{\partial \theta} = \hat{\boldsymbol{\theta}} \cdot F_r \frac{1}{r} \hat{\boldsymbol{\theta}} = \frac{1}{r} F_r$$

$$\hat{\boldsymbol{\theta}} \cdot F_r \frac{1}{r} \frac{\partial \hat{\boldsymbol{r}}}{\partial \theta} \stackrel{@}{=} \hat{\boldsymbol{\theta}} \hat{\boldsymbol{r}} \cdot F_r \frac{1}{r} \frac{\partial}{\partial \theta} = 0 \cdot F_r \frac{1}{r} \frac{\partial}{\partial \theta} = 0$$

$$\hat{\boldsymbol{\varphi}} \cdot F_r \frac{1}{r \sin \theta} \frac{\partial \hat{\boldsymbol{r}}}{\partial \varphi} = \hat{\boldsymbol{\varphi}} \cdot F_r \frac{1}{r \sin \theta} \sin \theta \hat{\boldsymbol{\varphi}} = \frac{1}{r} F_r$$

$$\hat{\boldsymbol{\varphi}} \cdot F_r \frac{1}{r \sin \theta} \frac{\partial \hat{\boldsymbol{r}}}{\partial \varphi} \stackrel{@}{=} \hat{\boldsymbol{\varphi}} \hat{\boldsymbol{r}} \cdot F_r \frac{1}{r \sin \theta} \frac{\partial}{\partial \varphi} = 0 \cdot F_r \frac{1}{r \sin \theta} \frac{\partial}{\partial \varphi} = 0$$

$$\hat{\varphi} \cdot F_\theta \frac{1}{r \sin\theta} \frac{\partial \hat{\theta}}{\partial \varphi} = \hat{\varphi} \cdot F_\theta \frac{1}{r \sin\theta} \cos\theta \hat{\varphi} = \frac{1}{r} \frac{\cos\theta}{\sin\theta} F_\theta$$

$$\hat{\varphi} \cdot F_\theta \frac{1}{r \sin\theta} \frac{\partial \hat{\theta}}{\partial \varphi} @ \hat{\varphi} \hat{\theta} \cdot F_\theta \frac{1}{r \sin\theta} \frac{\partial}{\partial \varphi} = 0 \cdot F_\theta \frac{1}{r \sin\theta} \frac{\partial}{\partial \varphi} = 0$$

방향성은 그 존재가 양방향으로 성립한다. 단지 선분논리는 두 방향 중 하나만 택하여 논리의 시간을 흐르게 한다. 따라서 선분논리가 선택한 하나의 방향 뒤에는 반드시 반대 방향의 논리가 존재한다.

논리 입자의 소멸도 양방향으로 존재하기 때문에 동시공간에서는 두 방향에 대한 교환의 특성이 나타난다. 하지만 선분논리는 한쪽 방향만 향하고픈 관성이 있어 거꾸로 가는 것이 신비해 보인다. 이 태도를 부정적으로 받아들일 때 "틀린 것"이라 말한다.

이 사례에서 0과 1의 소멸성은 관점의 차이에서 발생한 것이지 근원 알고리즘이 달라진 것이 아니다.

앞으로 굴려 1로 소멸하는 것과 뒤로 굴려 0으로 소멸하는 것은 동시공간에서는 같은 알고리즘이다. 1로 소멸했다는 것은 2차원 곱셈의 관점이고 0으로 소멸했다는 것은 1차원 덧셈의 관점이다.

각도의 미분은 90도 회전하는 특성이 있어 삼각 구도 속에서 상대적 대칭 차원을 거울에 비춘다. 그런데 그 상대가 본래 자기 자신이었다. 결국 상대를 찾은 것이 아니고 자기 자신을 찾은 것이다.

방정식의 등호가 180도 상대이지만 결국 양변이 같다는 원리에서 상대라는 개념이 유래했다.

이런 현상은 빛의 편광 효과에서 발견한 양자의 스핀 상태에 대한 이야기와 맥을 같이 한다. 그 대표적인 이야기가 파인만이 심도 있게 해석했던 스핀-원 사고 실험이다.

슈테른-게를라흐 실험 Stern-Gerlach experiment 을 확장한 파인만의 사고 실험에서 일련의 연속적 관측을 할 때, 양자가 이전의 상태 정보를 보존하느냐에 관점을 둔 이야기다.

슈테른-게를라흐 실험은 전자 또는 은 원자의 스핀을 대상으로 하는 실험이라 고가의 기술적 자기 터널 장치가 필요하다. 그러나 근원적으로 원자나 전자 그리고 광자는 모두 양자화된 공간 입자로 같은 스핀의 성질을 가졌다.

3D 영화가 유행하던 시절 IMAX 영화관에서 하나씩 주던 3D 안경은 선형 편광 필름으로 되어 있다. 이 필름 3장을 이용하면 스핀-원 사고 실험을 간단히 경험할 수 있다.

편광의 중첩 상태 현상은 두 편광 필름 사이의 각도가 45도일 때 나타난다. 이는 쌍양자를 생성할 때 반-반사 거울을 사용하는 것과 같은 원리다.

1번 필름과 2번 필름은 편광이 90도일 때 검게 나타난다. 따라서 모든 빛이 사라졌을 것이라고 생각할 수 있다.

그러나 2번 편광 필름을 45도로 겹쳐 중간에 끼워 넣으면 죽었던 빛이 밝게 살아난다. 사실 이것은 죽었던 빛이 살아난 것이 아니라 파동의 회전성으로 나타난 현상이다.

선분논리는 이런 현상을 결과론적인 관점에서 **중첩 상태**라 말한다. 양자를 1단위로 구분하여 입자로 생각한다는 의미다. 따라서 1/2 반정수 환경에서는 0도 아니고 1도 아닌 **중첩 상태**로 해석할 수 있게 된다.

다음의 실험에서는 벡터를 **브라켓 표기법**을 사용하고 있다. 이에 대한 사전적 참고 배경 논리들은 본 장 말이에 덧붙여 둔다.

$$|H\rangle = \begin{bmatrix} 1 \\ 0 \end{bmatrix} \quad : 수평 편광 (Horizontal)$$

$$|V\rangle = \begin{bmatrix} 0 \\ 1 \end{bmatrix} \quad : 수직 편광 (Vertical)$$

$$|D\rangle = \frac{1}{\sqrt{2}}(|H\rangle + |V\rangle) = \frac{1}{\sqrt{2}} \begin{bmatrix} 1 \\ 1 \end{bmatrix} \quad : 45도 대각 편광 (Diagonal)$$

$$|V\rangle = \begin{bmatrix} 0 \\ 1 \end{bmatrix} \quad : 90도 직교 편광$$

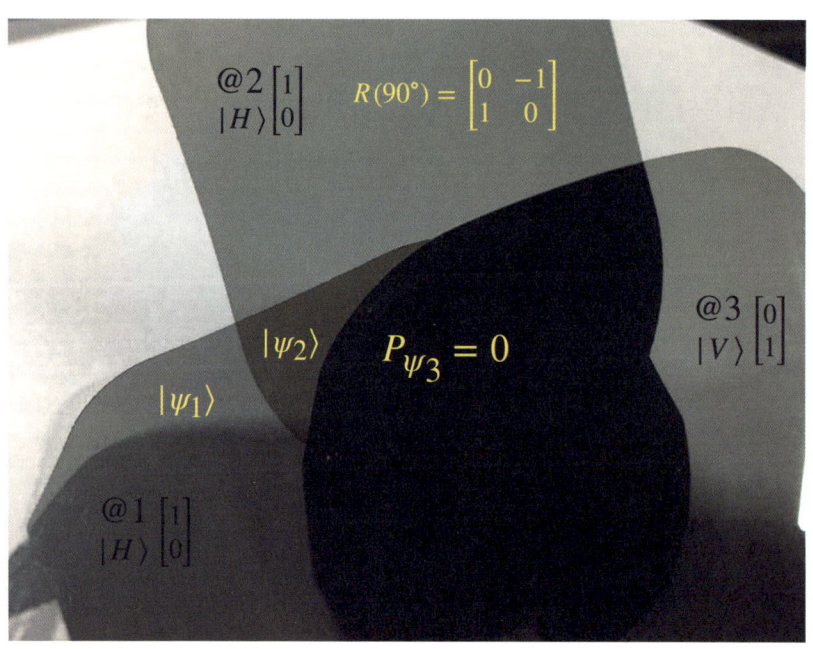

@ 1번 필름 : 수평 필름 통과

$$|\psi_1\rangle = |H\rangle = \begin{bmatrix} 1 \\ 0 \end{bmatrix} \quad : \text{수평 필름 통과 상태}$$

@ 2번 필름 : 수평 → 90° 회전

$$|V\rangle = \begin{bmatrix} 0 \\ 1 \end{bmatrix} \quad : \text{90도 필름 통과 상태}$$

$$R(90°) = \begin{bmatrix} \cos 90° & -\sin 90° \\ \sin 90° & \cos 90° \end{bmatrix} = \begin{bmatrix} 0 & -1 \\ 1 & 0 \end{bmatrix}$$

$$|\psi_2\rangle = R(90°) \cdot |\psi_1\rangle = \begin{bmatrix} 0 & -1 \\ 1 & 0 \end{bmatrix} \begin{bmatrix} 1 \\ 0 \end{bmatrix} = \begin{bmatrix} 0 \\ 1 \end{bmatrix} = |V\rangle$$

@ 3번 필름 : 90° → 수직 필름 통과 (회전 도약)

$$P_H = |H\rangle\langle H| = \begin{bmatrix} 1 \\ 0 \end{bmatrix} \begin{bmatrix} 1 & 0 \end{bmatrix} = \begin{bmatrix} 1 & 0 \\ 0 & 0 \end{bmatrix} \quad : \text{외적 관계}$$

$$|\psi_3\rangle = P_H \cdot |\psi_2\rangle = \begin{bmatrix} 1 & 0 \\ 0 & 0 \end{bmatrix} \cdot \begin{bmatrix} 0 \\ 1 \end{bmatrix} = \begin{bmatrix} 0 \\ 0 \end{bmatrix} = |0\rangle \quad : \text{수직 필름 통과 상태}$$

$$P_{\psi_3} = |\langle 0|\psi_3\rangle|^2 = \left| \begin{bmatrix} 0 & 0 \end{bmatrix} \cdot \begin{bmatrix} 0 \\ 1 \end{bmatrix} \right|^2 = |0|^2 = 0 \quad : \text{최종 결과 광자 확률}$$

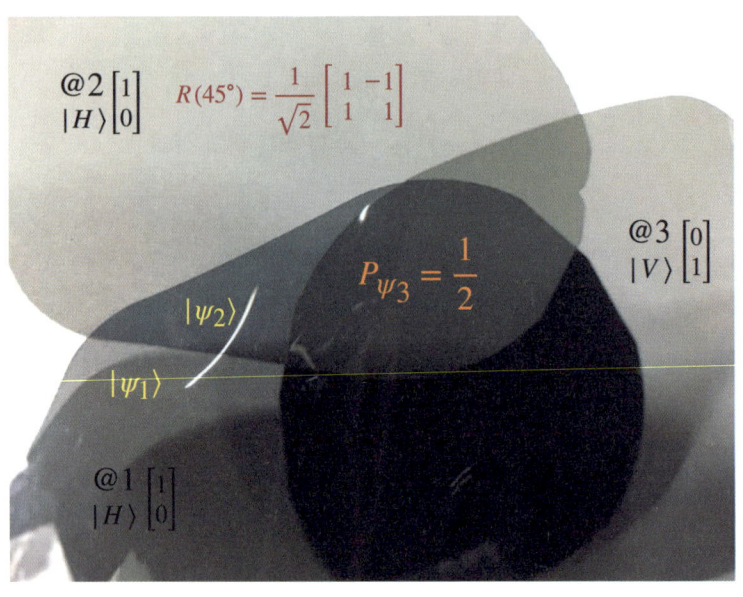

@ 1번 필름 : 수평 필름 통과

$|\psi_1\rangle = |H\rangle = \begin{bmatrix} 1 \\ 0 \end{bmatrix}$: 수평 필름 통과 상태

@ 2번 필름 : 수평 → 45°

$|D\rangle = \dfrac{1}{\sqrt{2}}(|H\rangle + |V\rangle)$: 45도 필름 통과 상태

$R(45°) = \begin{bmatrix} \cos 45° & -\sin 45° \\ \sin 45° & \cos 45° \end{bmatrix} = \dfrac{1}{\sqrt{2}} \begin{bmatrix} 1 & -1 \\ 1 & 1 \end{bmatrix}$

$\cos 45° = \sin 45° = \dfrac{1}{\sqrt{2}}$

$$R(45°) = \begin{bmatrix} \frac{1}{\sqrt{2}} & -\frac{1}{\sqrt{2}} \\ \frac{1}{\sqrt{2}} & \frac{1}{\sqrt{2}} \end{bmatrix} = \frac{1}{\sqrt{2}} \begin{bmatrix} 1 & -1 \\ 1 & 1 \end{bmatrix}$$

$$|\psi_2\rangle = R(45°) \cdot |\psi_1\rangle = \frac{1}{\sqrt{2}} \begin{bmatrix} 1 & -1 \\ 1 & 1 \end{bmatrix} \begin{bmatrix} 1 \\ 0 \end{bmatrix} = \frac{1}{\sqrt{2}} \begin{bmatrix} 1 \\ 1 \end{bmatrix}$$

@ 3번 필름 : 45° → 수직 필름 통과 (회전 도약, 켤레 투영)

$$|V\rangle = \begin{bmatrix} 0 \\ 1 \end{bmatrix}, \quad \langle V| = [0 \ \ 1] \quad : \text{Conjugate Transpose}$$

$$\langle V| = |V\rangle^\dagger = \begin{bmatrix} 0 \\ 1 \end{bmatrix}^\dagger = [0 \ \ 1] \quad : \text{행 벡터 (row vector)}$$

$$P_V = |V\rangle\langle V| = \begin{bmatrix} 0 \\ 1 \end{bmatrix} [0 \ \ 1] = \begin{bmatrix} 0 & 0 \\ 0 & 1 \end{bmatrix} \quad : \text{외적 관계}$$

$$|\psi_3\rangle = P_V \cdot |\psi_2\rangle = \begin{bmatrix} 0 & 0 \\ 0 & 1 \end{bmatrix} \cdot \frac{1}{\sqrt{2}} \begin{bmatrix} 1 \\ 1 \end{bmatrix} = \frac{1}{\sqrt{2}} \begin{bmatrix} 0 \\ 1 \end{bmatrix} = \frac{1}{\sqrt{2}} |V\rangle \quad : \text{수직 필름 통과 상태}$$

$$P_{\psi_3} = |\langle V|\psi_3\rangle|^2 = \left| [0 \ \ 1] \cdot \frac{1}{\sqrt{2}} \begin{bmatrix} 0 \\ 1 \end{bmatrix} \right|^2 = \left| \frac{1}{\sqrt{2}} \right|^2 = \frac{1}{2} \quad : \text{최종 결과 광자 확률}$$

입자를 **업 스핀**과 **다운 스핀** 둘로 구분하여 양자의 특성을 논하게 되면 하나의 입자에 두 특성을 가지기 때문에 동시공간에서 중첩 상태가 존재하게 된다.

이를 되돌아보면 논리는 전제에 따라 그 결과가 달라진다는 것을 알 수 있다. 그런데 전제를 잊고 다른 배경에 결과를 놓으면 신비로운 마법이 된다.

사람들은 결과만 보고 혼란스러워 엉뚱한 비유로 신비함을 이야기하지만, 그런 건 그냥 인간의 감성적 꿈일 뿐 정확한 논리의 흐름에 따라 연속적으로 이어진 이성적 현상이다.

자연계의 현상들은 허수계 시간의 소용돌이로 한 치의 오차도 없이 연속적 흐름으로 발생한다.

우리는 회전논리를 배경에 두고 선분논리를 운용하는 중이다. 이런 관점의 부스러기들을 염두에 두고 목적에 유익한 관점을 사용해 논리를 전개해 보자. 그러면 나중에 관점의 일관성에 대한 부스러기가 나타날 것이다.

Bra-ket Notation : Quantum States

$\langle\rangle$: angle brackets : kets , $|$: vertical bar : bars

vector space : V, complex plane : $\mathbb{C}$

unit vector : $\hat{\mathbf{v}} = \hat{v} = |v\rangle$

vector length : $|\vec{v}| = \|\vec{v}\| = v$

vector : $\vec{V} = \mathbf{V} = v\hat{\mathbf{V}} = v|v\rangle = |V\rangle$

$|\Psi\rangle$: state vector

linear form : $\langle f| \equiv f : V \to \mathbb{C}$

Inner product : $(\,\cdot\,,\,\cdot\,) = (\,\cdot\,|\,\cdot\,) = \langle\,\cdot\,,\,\cdot\,\rangle = \langle\,\cdot\,|\,\cdot\,\rangle$

$(\mathbf{v},\,\cdot\,) \equiv \langle v|\,,\quad (\,\cdot\,,\mathbf{v}) \equiv |v\rangle$

$(\mathbf{u},\mathbf{v}) = \mathbf{u}\cdot\mathbf{v} = \langle u|v\rangle$

$$\langle u|v\rangle \doteq (u_1 \; u_2 \; \cdots \; u_n)\begin{pmatrix}v_1\\v_2\\\vdots\\v_n\end{pmatrix} = \sum_{k=1}^{n} u_k v_k$$

$\doteq$: dot equal : representation

outer product in Euclidean space : $|x\rangle\langle y| = \hat{\mathbf{x}} \times \hat{\mathbf{y}} = \hat{\mathbf{z}} = |z\rangle$

outer product : $|u\rangle\langle v| = \mathbf{u} \otimes \mathbf{v} = \mathbf{u}\mathbf{v}^\dagger = \mathbf{u}(\mathbf{v}^T)^*$

$$|u\rangle\langle v| \doteq \begin{pmatrix}u_1\\u_2\\\vdots\\u_n\end{pmatrix}(v_1^* \; v_2^* \; \cdots \; v_n^*) = \begin{pmatrix}u_1 v_1^* & u_1 v_2^* & \cdots & u_1 v_n^*\\u_2 v_1^* & u_2 v_2^* & \cdots & u_2 v_n^*\\\vdots & \vdots & \ddots & \vdots\\u_n v_1^* & u_n v_2^* & \cdots & u_n v_n^*\end{pmatrix}$$

SyncClone Relation : $(\,\cdot\,,\,\cdot\,) \stackrel{@}{=} \cdot^2 \stackrel{@}{=} \mathbf{X} \times \mathbf{Y} \stackrel{@}{=} x + iy = z \stackrel{@}{=} \mathbb{C}$

Orthogonal basis : 직교 기저

$$(X, Y) = \langle X|Y \rangle \doteq \begin{pmatrix} X^*_{-\infty} & \cdots & X^*_{\infty} \end{pmatrix} \begin{pmatrix} Y_{\infty} \\ \vdots \\ Y_{\infty} \end{pmatrix}$$

$$\langle X|Y \rangle = X^*_{-\infty} Y_{-\infty} + \cdots + X^*_{\infty} Y_{\infty} = \int_{-\infty}^{\infty} X^*_n Y_n \, dn$$

$$\langle x|y \rangle = x \cdot y \cos \frac{\pi}{2} = x \cdot y \cdot 0 = 0$$

Orthogonal property : $\langle x|y \rangle = 0$

$$\langle x|x \rangle = |\vec{x}| \cdot |\vec{x}| = 1 \cdot 1 = 0 \quad : \text{unit property}$$

normal property : $\langle x|x \rangle = 1$, $\langle y|y \rangle = 1$

Orthonormal basis : 정규 직교 기저

Orthgonal property : $\langle x_i|x_j \rangle = 0$

normal property : $\langle x_i|x_i \rangle = 1$

Orthnormal property : $\langle x_i|x_j \rangle = \delta_{ij}$, $\langle x_i|x_j \rangle = \delta(i-j)$

Completeness property : $|x_i\rangle\langle x_i| = 1$, $\sum_i |x_i\rangle\langle x_i| = I$, $\int di \, |x_i\rangle\langle x_i| = I$

Identity matrix : unit matrix : 단위행렬

$$I = \begin{bmatrix} 1 & 0 & 0 & \cdots \\ 0 & 1 & 0 & \cdots \\ 0 & 0 & 1 & \cdots \\ \vdots & \vdots & \vdots & \ddots \end{bmatrix}$$

Kronecker delta

Identity Matrix Entry 단위행렬 인자

$$I_{ij} = \delta_{ij} = \begin{cases} 0 & \text{if } i \neq j \\ 1 & \text{if } i = j \end{cases}$$

$$\sum_i \delta_{ij} = 1, \quad \sum_i \delta_{ij} a_i = a_j$$

Levi-Civita symbol

Permutation Tensor 행렬 변환의 진동 부호

$$\varepsilon_{ij} = \begin{cases} +1 & \text{if } (i,j) = (1,2) \\ -1 & \text{if } (i,j) = (2,1) \\ 0 & \text{if } i = j \end{cases}$$

Dirac delta function

Fourier Transform, Fourier Integral Theorem
푸리에 변환의 진동 부호

$$\delta(x - \alpha) = \delta(\Delta x) \simeq \begin{cases} +\infty, & \Delta x = 0 \\ 0, & \Delta x \neq 0 \end{cases}$$

$$\delta(x - \alpha) = \frac{1}{2\pi} \int_{-\infty}^{\infty} dp \, \cos(px - p\alpha)$$

$$\int dx \, \delta(x - \alpha) = 1, \quad \int dx \, \delta(x - \alpha) f(x) = f(\alpha)$$

Lorentz gamma function

Lorentz Transformation, Rotation Transformation

$$\gamma\left(\beta = \frac{v}{c}\right) = \sqrt{1 - \beta^2}^{-1} = \cosh\zeta = \begin{cases} \infty, & \beta = 1 \\ 1, & \beta = 0 \\ i\alpha, & \beta > 1 \end{cases}$$

$$\gamma^2(1 - \beta^2) = \pm 1, \quad \gamma^2(\beta) = \pm(1-\beta^2)^{-1} = \begin{cases} \pm\infty, & \beta = 1 \\ \pm 1, & \beta = 0 \end{cases}$$

Position Vector

$$\mathbf{r} = \mathbf{x} + \mathbf{y} + \mathbf{z} = (x, y, z) = \overrightarrow{OP}$$

Cartesian $\mathbf{r}(t) = \mathbf{r}(x, y, z) = x(t)\hat{\mathbf{e}}_x + y(t)\hat{\mathbf{e}}_y + z(t)\hat{\mathbf{e}}_z$

radius : r , inclination : θ , azimuth : φ

$$r = \sqrt{x^2 + y^2 + z^2}, \quad \cos\theta = \frac{z}{r}, \quad \cos\varphi = \text{sgn}(y)\frac{x}{\sqrt{x^2 + y^2}}$$

Spherical polar : $\mathbf{r}(t) = \mathbf{r}(r, \theta, \varphi) = r(t) \cdot \hat{\mathbf{e}}_r\big(\theta(t), \phi(t)\big)$

polar : $\theta = \angle zr$, azimuthal : $\varphi = \angle x\rho$

$$\rho = \sqrt{x^2 + y^2}, \quad \rho\cos\varphi = x$$

$$x = r\sin\theta\cos\varphi, \quad y = r\sin\theta\sin\varphi, \quad z = r\cos\theta$$

Cylindrical : $\mathbf{r}(t) = \mathbf{r}(r, \varphi, z) = r(t)\hat{\mathbf{e}}_r\big(\phi(t)\big) + z(t)\hat{\mathbf{e}}_z$

axial radius : $\rho = r\sin\theta$, azimuth : $\varphi = \varphi$, elevation : $z = r\cos\theta$

$$r = \sqrt{\rho^2 + z^2}, \quad \tan\theta = \frac{\rho}{z}, \quad \cos\theta = \frac{z}{\sqrt{\rho^2 + z^2}}, \quad \varphi = \varphi$$

구면 조화파의 만물, 입자
Spherical Harmonic, Creatures

양자 역학은 실수계에 나타난 입자를 수량으로 해석한다. 입자란 기하적으로 폐곡선 무늬를 의미하고, 폐곡선은 동시공간에서 원이며, 원은 논리적으로 링 구조의 리 군이다.

라플라스 방정식은 우리가 인식할 수 있는 시공간의 입자 기본형이라 할 수 있다. 데카르트계의 라플라시안을 구면계의 라플라시안으로 해석하고 정리한다.

$$\nabla^2 f(x,y,z) = \frac{\partial^2 f}{\partial x^2} + \frac{\partial^2 f}{\partial y^2} + \frac{\partial^2 f}{\partial z^2} = 0$$

$$\text{Polar}: \theta = \angle zr, \quad \text{Azimuthal}: \varphi = \angle x\rho$$

$$\nabla^2 f = \frac{1}{r^2}\frac{\partial}{\partial r}\left(r^2\frac{\partial f}{\partial r}\right) + \frac{1}{r^2\sin\theta}\frac{\partial}{\partial \theta}\left(\sin\theta\frac{\partial f}{\partial \theta}\right) + \frac{1}{r^2\sin^2\theta}\frac{\partial^2 f}{\partial \varphi^2} = 0$$

$$r^2\,\nabla^2 f = \frac{\partial}{\partial r}\left(r^2\frac{\partial f}{\partial r}\right) + \frac{1}{\sin\theta}\frac{\partial}{\partial \theta}\left(\sin\theta\frac{\partial f}{\partial \theta}\right) + \frac{1}{\sin^2\theta}\frac{\partial^2 f}{\partial \varphi^2} = 0$$

구면계 라플라시안은 세부적으로 반지름, 위도, 경도 관점으로 정리되고, 반지름의 제곱이 공통으로 고르게 영향을 끼치면서 입자의 크기를 결정한다. 차원의 관점에서는 1차원의 길이와 2차원의 각도로 구분할 수 있다.

$$r^2 \nabla^2 = \underbrace{\frac{\partial}{\partial r}\left(r^2 \frac{\partial}{\partial r}\right)}_{Radius\ r} + \underbrace{\underbrace{\frac{1}{\sin\theta}\frac{\partial}{\partial\theta}\left(\sin\theta \frac{\partial}{\partial\theta}\right)}_{Polar\ \theta} + \underbrace{\frac{1}{\sin^2\theta}\frac{\partial^2}{\partial\varphi^2}}_{Azimuthal\ \varphi}}_{Angular\ \theta\ \varphi} = 0$$

구면계에서 각도의 편미분이 갖는 특이점들은 항을 관점으로 묶거나 분리할 때 그 무늬가 반응을 일으킨다.

$$\frac{\partial \hat{r}}{\partial \theta} = \hat{\theta}\ ,\quad \frac{\partial \hat{\theta}}{\partial \theta} = -\hat{r}\ ,\quad \frac{\partial \hat{r}}{\partial \varphi} = \sin\theta\ \hat{\varphi}\ ,\quad \frac{\partial \hat{\theta}}{\partial \varphi} = \cos\theta\ \hat{\varphi}\ ,\quad \frac{\partial \hat{\varphi}}{\partial \varphi} = -\cos\theta\ \hat{\theta} - \sin\theta\ \hat{r}$$

편미분은 관점으로, 다항식은 곱셈의 관계로 공간 입자를 분리할 수 있다. 곱셈의 관계로 쪼개는 것은 두 좌표축이 관계하여 2차 평면을 형성하는 것과 같고, 2차원 평면은 새로운 무한의 입자를 의미한다. 이런 방법을 편미분 방법론에서 **변수 분리법**이라 했다.

$$f(r,\theta,\varphi) = R(r)\ Y(\theta,\varphi)$$

Separation of variables : Radial & Angle

$$Y(\theta,\varphi) = \Theta(\theta)\ \Phi(\varphi)$$

Separation of variables : Polar & Azimuth

$$\therefore\ f(r,\theta,\varphi) = R(r)\ Y(\theta,\varphi) = R(r)\ \Theta(\theta)\ \Phi(\varphi)$$

$$\therefore f = R\,Y = R\,\Theta\,\Phi$$

변수 분리법은 라플라시안 입자를 길이와 각도의 관점으로 분해할 수 있기 때문에, 양자 역학에서 전자의 모형을 해석하는데 활용된다.

파동 방정식은 슈뢰딩거 방정식으로 전자의 모형을 구체화했었다. 슈뢰딩거 방정식은 파동 방정식의 원 무늬에서 나왔기 때문에, 구면 조화파의 결정체인 라플라시안으로 그 모형을 구체화할 수 있게 된다.

구면 조화파의 라플라시안은 반지름 함수 R 과 각도 함수 Y 로 쪼갤 수 있으며, 반지름 함수는 입자의 크기를 결정하고 각도 함수는 입자의 모양을 결정한다.

각도 함수 Y 는 다시 위도 Θ 함수와 경도 Φ 함수로 쪼갤 수 있다. 앞서 구면계의 탐험에서 보았듯이 위도 Θ 함수는 방위 양자수가 되어 러더퍼드의 전자구름을 가로 방향으로 쪼개고, 경도 Φ 함수는 자기 양자수가 되어 전자구름을 세로 방향으로 쪼갠다.

Θ : 위도 세타 함수, Φ : 경도 피 함수

이렇게 해서 보어의 전자궤도와 러더퍼드의 전자구름은 슈뢰딩거

의 오비탈로 그 모형이 구체화한다.

 전자는 전파와 같은 파동이면서 구체의 무늬를 그려 입자의 완성체로도 그 특성을 나타낸다. 단지 인간이 전자를 입자로 먼저 인식했기 때문에 전자라는 입자의 이름을 갖게 되었다. 전자기 업계에서는 때로는 전파의 관점에서 파동을 이용하고, 입자의 관점에서 전하량과 같은 에너지 입자로 활용한다.

 전자의 속을 들여다본다는 것은 구면 조화파를 들여다보는 것과 같고, 에너지화되는 시공간 입자의 속을 분석하는 것과 같다.

 라플라시안 입자를 0으로 만드는 라플라스 방정식을 반지름과 각도의 관점으로 분해하고 그 속으로 들어가 보자.

$$r^2 \nabla^2 f = r^2 \nabla^2 R Y = r^2 \nabla^2 R \Theta \Phi = 0$$

$$@_1 \quad f = RY, \quad \nabla^2 f = 0, \quad \nabla^2 RY = 0$$

$$r^2 \nabla^2 f = \left(\frac{\partial}{\partial r}\left(r^2 \frac{\partial}{\partial r}\right) + \frac{1}{\sin\theta}\frac{\partial}{\partial \theta}\left(\sin\theta \frac{\partial}{\partial \theta}\right) + \frac{1}{\sin^2\theta}\frac{\partial^2}{\partial \varphi^2} \right) f = 0$$

$$r^2 \nabla^2 RY = \left(\underbrace{\frac{\partial}{\partial r}\left(r^2 \frac{\partial}{\partial r}\right)}_{Radius\ r} + \underbrace{\frac{1}{\sin\theta}\frac{\partial}{\partial \theta}\left(\sin\theta \frac{\partial}{\partial \theta}\right) + \frac{1}{\sin^2\theta}\frac{\partial^2}{\partial \varphi^2}}_{Angular\ \theta\ \varphi} \right) RY = 0$$

$$r^2 \nabla^2 RY = \frac{\partial}{\partial r}\left(r^2 \frac{\partial}{\partial r}\right)RY + \left(\frac{1}{\sin\theta}\frac{\partial}{\partial\theta}\left(\sin\theta\frac{\partial}{\partial\theta}\right) + \frac{1}{\sin^2\theta}\frac{\partial^2}{\partial\varphi^2}\right)RY = 0$$

여기에 동시 자기복제 관점 렌즈를 이용하여 반지름 R 과 각도 Y 가 혼재된 다항식을 각 차원마다 일관된 항으로 초점을 맞춰 관찰하고 정리해 둔다.

$$@_2 \quad \frac{R}{R} = \frac{Y}{Y} = 1, \quad \nabla^2 = 0$$

$$r^2 \nabla^2 = \frac{\partial}{\partial r}\left(r^2 \frac{\partial}{\partial r}\right) + \left(\frac{1}{\sin\theta}\frac{\partial}{\partial\theta}\left(\sin\theta\frac{\partial}{\partial\theta}\right) + \frac{1}{\sin^2\theta}\frac{\partial^2}{\partial\varphi^2}\right) = 0$$

$$r^2 \nabla^2 RY = \underbrace{\frac{\partial}{\partial r}\left(r^2 \frac{\partial}{\partial r}\right)\frac{R}{R}}_{\lambda\,:\,R(r)} + \underbrace{\left(\frac{1}{\sin\theta}\frac{\partial}{\partial\theta}\left(\sin\theta\frac{\partial}{\partial\theta}\right) + \frac{1}{\sin^2\theta}\frac{\partial^2}{\partial\varphi^2}\right)\frac{Y}{Y}}_{-\lambda\,:\,Y(\theta,\varphi)} = 0$$

같은 방법으로 반지름, 위도, 경도 모두의 초점을 맞추면 키클롭스의 세 눈이 완성된다.

$$@_3 \quad \frac{R}{R} = \frac{\Theta}{\Theta} = \frac{\Phi}{\Phi} = 1, \quad \nabla^2 = 0$$

$$r^2 \nabla^2 R\Theta\Phi = \underbrace{\frac{\partial}{\partial r}\left(r^2 \frac{\partial}{\partial r}\right)\frac{R}{R}}_{\lambda\,:\,R(r)} + \underbrace{\frac{1}{\sin\theta}\frac{\partial}{\partial\theta}\left(\sin\theta\frac{\partial}{\partial\theta}\right)\frac{\Theta}{\Theta} + \frac{1}{\sin^2\theta}\frac{\partial^2}{\partial\varphi^2}\frac{\Phi}{\Phi}}_{-\lambda\,:\,Y(\theta,\varphi)} = 0$$

선분논리는 먼저 반지름 계의 R 항을 λ 로 두었고, 각도 계의 Y 항을 방정식의 원리를 이용하여 $-\lambda$ 로 관점을 두었다. 이는 상대적 대칭성에 따라 제곱 입자를 **정입자**와 **반입자**의 관계로 해석하는 것과 같다.

$$r^2 \nabla^2 = \lambda + (-\lambda) = 0$$

$$r^2 \nabla^2 RY = \underbrace{\frac{\partial}{\partial r}\left(r^2 \frac{\partial}{\partial r}\right)\frac{R}{R}}_{\lambda \,:\, r^2\nabla^2 R(r)} + \underbrace{\left(\frac{1}{\sin\theta}\frac{\partial}{\partial \theta}\left(\sin\theta \frac{\partial}{\partial \theta}\right) + \frac{1}{\sin^2\theta}\frac{\partial^2}{\partial \varphi^2}\right)\frac{Y}{Y}}_{-\lambda \,:\, r^2\nabla^2 Y(\theta,\varphi)} = 0$$

반지름 계의 항은 입자의 크기를 결정하는데, 양자 역학에서는 보어의 전자껍질과 에너지 준위 이론에 따라 입자의 크기를 양의 정수 또는 자연수로 정의한다. 이 자연수가 바로 주양자수 n 이다. 주양자수 n 은 양성자의 수에 따라 변하는 것으로 정의했기 때문에 자연히 원자 번호와도 같게 된다.

r : 구면계 반지름
n : 주양자수 : Principal quantum number
: 양성자 수, 원자 번호, 전자껍질 번호, 에너지 준위

$$n = 1,2,3,... \quad \ell = 0,1,2,... \quad \text{if } n = 3 \,, \quad \ell = 0,1,2$$

주양자수 n 은 양성자 수이므로, 전자에 관한 부양자수(방위 양자수) ℓ 은 주양자수 n 이 정의된 이후에 결정된다. 그리고 방위 양자수 ℓ 은 에너지 준위가 바닥상태인 0부터 시작하는 정수이고, 일반적으로 양성자 수를 초과할 수 없기 때문에 주양자수 n 보다 작은 값

을 가진다. 물론 특이한 환경에서는 초과하여 회전논리를 작동시킬 수도 있다.

참고로 수학 식을 작성할 때 소문자 l 이 숫자 1로 혼돈을 주는 경우가 있다. 그래서 방위 양자수라는 특별한 의미를 담아 필기체 ℓ 을 사용하여 구분한다.

주양자수 n 은 전체 전자구름의 크기와 관련이 있지만, 전자구름 속에서 에너지 준위에 따른 세부적 전자껍질은 방위 양자수 ℓ 에 의해 그 모양이 결정된다. 이런 방위 양자수의 태생에 근거하여 관점에 따라 방위 양자수 ℓ 을 반지름 함수 R 에 적용하기도 하고 각도 함수 Y 에 적용하기도 한다.

구면 조화파는 본래 구체 속에서 시간 파동이 왜곡 현상을 연속적으로 일으키는 무늬를 정리한 이론이다. 구면 조화파의 원론을 잘 돌이켜 보면 데카르트계의 눈으로 구면계를 보았기 때문에 발생한 왜곡 현상들이다.

이는 동시 자기복제 이론으로 우주 생성과정을 연출할 때 데카르트계의 정육면체 우주에서 꼭짓점을 제거하면 구체가 되는 현상과 같다. 이러한 현상을 선분논리의 수학에서 수리적으로 추적한 것이 구면 조화파다.

나중에 알게 되겠지만 양자적 특이한 현상들을 설명하는 수리적 복잡성은 모두 동시관계를 토대로 해소되고 기하적으로 Cubic 과

Sphere 의 관계로 귀결된다.

이는 시공간의 태생이 0과 ∞의 관계에 있기 때문이다. 그렇다고 해서 선분논리들이 헛 고생한 것 아니냐는 생각은 어리석다. 근본을 알게 되어 신의 경지에 올랐다 해도 인간의 세세한 삶을 다 안다고 할 수 없다. 시간의 소용돌이는 헤아릴 수 없이 무한한 무늬를 그리기 때문이다. 포괄적인 동양의 생각이 정밀한 서양을 배워야 하는 이유이기도 하다.

Spacing Algorithms

with Unlimited Spacing Function $U_n(x)$

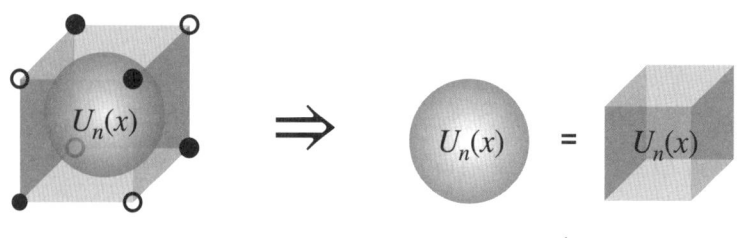

Rollback Points   Recycling Point

그런데 양자 역학은 불연속적인 에너지 준위를 정수론으로 해석해야 했고, 마침내 다항식에 대한 2차 편미분 방정식을 이용한 르장드르 다항식이 해법으로 적합했다.

동시대에 라플라스가 라플라스 방정식으로 연속적 해석을 했다면, 르장드르는 르장드르 다항식 논리로 불연속적 에너지 준위를 해석했다고 할 수 있다. 물론 두 접근은 코스에 차이가 있지만 모두 2차 편미분의 원리 속에 있다.

라플라스 방정식이 무한을 미분 입자 0으로 본 원론적 접근이라면, 르장드르 다항식은 파동을 무한히 적분한 경험적 접근이다. 그래서 각도 함수 Y를 설명할 때 일반적으로 르장드르 다항식을 주로 거론한다. 우리는 이 갈림길에서 원론적 접근 코스를 먼저 여행할 것이다.

구면 조화파에서 기저를 반지름 1로 설정하고 탐험하면, 각도 함수만 남아 분석이 간편해진다. 선분논리는 이러한 단순화 분석법을 통해 외부에서 입자를 보는 거시적 관점으로 구면 조화파를 하나의 견고한 입자로 본다. 이런 의미에서 고체 조화파 Solid harmonics 라고 부르기도 한다.

$$R(r) = R_\ell(r) = Ar^\ell + Br^{-\ell-1}, \quad B = 0 \quad \therefore R(r) = Ar^\ell$$

$$A = 1 \quad \therefore R(r) = r^\ell \quad : \text{Scale factor}$$

$$f = RY = R(r)Y_\ell^m(\theta,\varphi) \quad \therefore f = r^\ell Y_\ell^m(\theta,\varphi) \quad : \text{Solid harmonics}$$

$$\therefore \frac{1}{R}\frac{\partial}{\partial r}\left(r^2 \frac{\partial R}{\partial r}\right) = \lambda, \quad \frac{\partial}{\partial r}\left(r^2 \frac{\partial}{\partial r}\right)\frac{R}{R} = \lambda, \quad \frac{\partial}{\partial r}\left(r^2 \frac{\partial}{\partial r}\right) = \lambda$$

이 부분은 간단해 보이지만, 단순한 스핀의 세계와 복잡하지만 질서 있는 다항식의 세계를 관람한 후에 제대로 감상할 수 있다.

동시 자기복제 렌즈를 사용하여 먼저 반지름 계의 정입자 관점에서 λ 를 간략히 정리해두고, 반입자에 해당하는 $-\lambda$ 의 각도 계를 들여다본다.

$$r^2 \nabla^2 R\Theta\Phi = \underbrace{\frac{\partial}{\partial r}\left(r^2\frac{\partial}{\partial r}\right)\frac{R}{R}}_{\lambda\,:\,r^2\nabla^2 R(r)} + \underbrace{\frac{1}{\sin\theta}\frac{\partial}{\partial\theta}\left(\sin\theta\frac{\partial}{\partial\theta}\right)\frac{\Theta}{\Theta} + \frac{1}{\sin^2\theta}\frac{\partial^2}{\partial\varphi^2}\frac{\Phi}{\Phi}}_{-\lambda\,:\,r^2\nabla^2 Y(\theta,\varphi)} = 0$$

$$\therefore\ r^2\nabla^2 Y(\theta,\varphi) = \frac{1}{Y}\frac{1}{\sin\theta}\frac{\partial}{\partial\theta}\left(\sin\theta\frac{\partial Y}{\partial\theta}\right) + \frac{1}{Y}\frac{1}{\sin^2\theta}\frac{\partial^2 Y}{\partial\varphi^2} = -\lambda$$

$$\therefore\ r^2\nabla^2\Theta(\theta)\Phi(\varphi) = \frac{1}{\sin\theta}\frac{\partial}{\partial\theta}\left(\sin\theta\frac{\partial}{\partial\theta}\right)\frac{\Theta}{\Theta} + \frac{1}{\sin^2\theta}\frac{\partial^2}{\partial\varphi^2}\frac{\Phi}{\Phi} = -\lambda$$

$$\therefore\ \frac{1}{\sin\theta}\frac{\partial}{\partial\theta}\left(\sin\theta\frac{\partial}{\partial\theta}\right) + \frac{1}{\sin^2\theta}\frac{\partial^2}{\partial\varphi^2} = -\lambda$$

각도의 세계는 위도 Θ 와 경도 Φ, 두 관점으로 다항식이 나뉜다. 앞서 λ 로 양음의 켤레 입자를 해석한 바와 같이, 위도 θ 항을 정입자 m 으로 쪼개면, 상대적 켤레는 경도 φ 항이 되고 이 항은 자연히 동시 존재론으로 반입자 $-m$ 이 된다.

$$\lambda + \frac{1}{\sin\theta}\frac{\partial}{\partial\theta}\left(\sin\theta\frac{\partial}{\partial\theta}\right)\frac{\Theta}{\Theta} + \frac{1}{\sin^2\theta}\frac{\partial^2}{\partial\varphi^2}\frac{\Phi}{\Phi} = 0$$

$$\lambda \sin^2\theta + \sin^2\theta \frac{1}{\sin\theta}\frac{\partial}{\partial\theta}\left(\sin\theta\frac{\partial}{\partial\theta}\right)\frac{\Theta}{\Theta} + \sin^2\theta \frac{1}{\sin^2\theta}\frac{\partial^2}{\partial\varphi^2}\frac{\Phi}{\Phi} = 0$$

$$\lambda \sin^2\theta + \sin^2\theta \frac{\partial}{\partial\theta}\frac{\partial}{\partial\theta}\frac{\Theta}{\Theta} + \frac{\partial^2}{\partial\varphi^2}\frac{\Phi}{\Phi} = 0$$

$$\lambda \sin^2\theta + \underbrace{\frac{\sin\theta}{\Theta}\frac{\partial}{\partial\theta}\sin\theta\frac{\partial\Theta}{\partial\theta}}_{m^2} + \underbrace{\frac{\partial^2}{\partial\varphi^2}\frac{\Phi}{\Phi}}_{-m^2} = 0$$

그런데 라플라시안은 켤레 곱이 제곱으로 작용하여 실수 2차원 평면에 입자가 존재하는 것으로 논리가 성립했었다.

따라서 2차 편미분 입자 모형에 맞춰 m 을 제곱한 실수 입자로 설정한다. 물론 m 을 설정하지 않고 논리를 전개해도 나중에 허수가 나타날 것이니 문제는 없다.

이는 선행자의 여행기를 참조한 것이며, 이런 행위는 진화의 속도를 가속화하는 효과를 발휘한다. 그렇지 않으면 우리도 선행자가 헤맸던 오랜 시행착오에 시간을 투자해야 한다.

$$\therefore \frac{\partial^2}{\partial\varphi^2}\frac{\Phi}{\Phi} = -m^2, \quad \lambda \sin^2\theta + \frac{\sin\theta}{\Theta}\frac{d}{d\theta}\left(\sin\theta\frac{d\Theta}{d\theta}\right) = m^2$$

이렇게 각도의 세계를 m 으로 정리하고 해석했던 것이 바로 자기 양자수 m 이다. 따라서 자기 양자수 m 은 위도와 경도에 영향을 끼치며 구면 조화파 무늬를 드러낸다.

경도 Φ 항에 대해 편미분 입자의 관점으로 정리하면, 양음의 복소수 모형 $\pm im$ 이 나타난다.

$$\frac{\partial^2}{\partial \varphi^2} \frac{\Phi}{\Phi} = -m^2$$

$$\frac{\partial^2}{\partial \varphi^2} = -m^2, \quad \frac{\partial}{\partial \varphi} = \pm \sqrt{-m^2}, \quad \therefore \frac{\partial}{\partial \varphi} = \pm im$$

경도 Φ 함수는 Z축을 회전 축으로 하고 XY평면에서 원을 그리며 회전하는 각도 함수다.

따라서 각도 함수는 앞서 관람했던 오일러 공식의 **복소 단위원**이며 켤레 파동 방정식과 같다. 다른 점이 있다면 복소평면에서의 각도 θ 가 경도 φ 에 비례상수 m 을 곱한 각도 $m\varphi$ 로 변했다는 점이다.

이런 경도 Φ 함수를 편미분하면 지수함수의 편미분 특성에 따라 $\pm im$ 이 튀어나온다.

$$C_@^{\pm \theta} = \psi_z(\theta) = \cos \theta + i \sin \theta = e^{\pm i\theta} \quad : \text{Complex Uint Circle}$$

$$\theta = m\varphi, \quad \psi_z(\theta) = \psi_z(m\varphi) = \Phi(\varphi)$$

$$\therefore \Phi(\varphi) = e^{\pm im\varphi} \quad : \text{Complex Circle}$$

$$\therefore \frac{\partial}{\partial \varphi}\Phi(\varphi) = \frac{\partial}{\partial \varphi}e^{\pm im\varphi} = \pm im \cdot e^{\pm im\varphi}$$

경도 Φ 함수의 상대인 나머지 항들은 위도 Θ 함수에 대한 여위도 θ 의 2차 편미분 방정식의 변형에 해당한다. 경도 φ 항도 2차 미분 방정식이지만 단순 제곱 형태이기 때문에 복소평면 오일러 원으로 간단히 해석할 수 있었다.

그러나 위도 θ 부분은 다항식에서 2차 편미분 방정식 원리를 정리한 **오일러 방정식**에 베이스캠프가 있다. **오일러 방정식**은 **오일러-코시 방정식**이라고도 부른다.

오일러 방정식 원리를 토대로 구면 좌표계에 대해 구체화한 솔루션이 **연관 르장드르 다항식**이다. 여러 관점의 해석이 있지만 선분논리에서는 일반적으로 위도 θ 부분을 **연관 르장드르 다항식**으로 해석한다.

이 부분에 대한 탐험은 **무한 다항식**에서 **오일러 방정식, 일반 르장드르 다항식, 연관 르장드르 다항식, 라게르 다항식** 등 다양한 유물들이 있고, 그 근본 알고리즘에 0에서 무한으로 향하는 좌표축에 대한 개념이 있으므로 별도의 여행 코스로 잡을 필요가 있다.

구면계 각도 함수 Y 는 변수 분리법으로 경도 Φ 함수와 여위도 Θ 함수의 곱으로 단순화할 수 있다. 이 함수를 **구면 조화파 함수** Y 라 부르고, 밑수 ℓ 과 윗수 m 을 첨자로 표시하여 방위 양자수 ℓ 과 자기 양자수 m 에 대한 구면 조화파로 표현한다.

$$Y_\ell^m(\theta, \varphi) : S^2 \to \mathbb{C} \quad : \text{Spherical harmonic function}$$
$$\ell \quad : \text{Azimuthal quantum numbers}$$
$$m = m_\ell \quad : \text{Magnetic quantum numbers}$$

여위도 Θ 함수의 내부는 아직 관람하지 못했지만, m 제곱에 대한 두 방정식을 통해, 구면 조화파 함수 Y 는 계략적으로 경도 Φ 함수에 의해 자기 양자수 m 이 결정된다. 그리고 여위도 Θ 함수와 여위도 θ 의 실타래가 방위 양자수 ℓ 과 자기 양자수 m 을 얽히게 했다는 것을 알 수 있다.

$$\frac{\partial^2}{\partial \varphi^2}\frac{\Phi}{\Phi} = -m^2, \quad \lambda \sin^2\theta + \frac{\sin\theta}{\Theta}\frac{d}{d\theta}\left(\sin\theta \frac{d\Theta}{d\theta}\right) = m^2$$

$$@@ \quad (\varphi'', \Phi) \to m, \quad (\lambda, \theta'', \Theta) \to (m, \ell)$$

그래서 선분논리는 자기 양자수 m 을 특별하게 방위 양자수 ℓ 에 얽혀 있다는 의미에서 문자 m 의 밑수에 ℓ 을 사용하는 경우가 많다.

$$Y(\theta, \varphi) = \Theta(\theta)\, \Phi(\varphi)$$
$$\theta \quad : \text{CoLatitude}, \quad \varphi \quad : \text{Longitude}$$

앞서 λ 는 반지름과 각도를 매개했고, 각도 부분의 방정식을 쪼갠 것이 m 이었다.

$$\frac{\partial}{\partial r}\left(r^2 \frac{\partial}{\partial r}\right) = \lambda \ , \quad \frac{1}{\sin\theta}\frac{\partial}{\partial\theta}\left(\sin\theta\frac{\partial}{\partial\theta}\right) + \frac{1}{\sin^2\theta}\frac{\partial^2}{\partial\varphi^2} = -\lambda$$

$$\underbrace{\lambda\sin^2\theta + \frac{\sin\theta}{\Theta}\frac{\partial}{\partial\theta}\sin\theta\frac{\partial\Theta}{\partial\theta}}_{m^2} + \underbrace{\frac{\partial^2}{\partial\varphi^2}\frac{\Phi}{\Phi}}_{-m^2} = 0 \ , \quad \Phi(\varphi) = e^{\pm im\varphi}$$

@@ $r'' \to \lambda \ , \ (\varphi'', \Phi) \to m \ , \ (\lambda, \theta'', \Theta) \to (m, \ell)$

이렇게 구면 조화파는 반지름과 두 각도가 독립적인 듯하다가도 두 각도의 실타래가 세 입자의 관계를 얽히게 하여 완전히 닫힌 폐곡면 또는 구체로 존재하게 한다. 그러나 여기에 시간의 파동을 흐르게 하면 각자의 특성이 구면계로 표출된다.

λ 는 위도 Θ 함수와 경도 Φ 함수를 양음으로 동시에 존재할 수 있게 한다. 이것이 λ **의 연결성**이다. λ 를 특정될 고윳값인 상수로 보고 그 연결성을 끊어 0입자로 관점 전환하면 위도 Θ 함수는 여위도 θ 를 변수로 하는 독립적 입자로 그 실체가 결정된다.

이런 위도 Θ 입자는 반지름에 의해 크기가 결정되어 전자껍질의 에너지 준위와 관계하고, 위도와 경도 두 각도의 2차 편미분 관계로 시간이 흐른다.

전자껍질과 같이 유한해 보이는 전자궤도는 정수 또는 자연수의 무한성과 같이 무한한 궤도 공간을 배경으로 존재 가능하다.

궤도의 무한성은 무한 다항식과 같은 형식이다. 무한 다항식은 눈금이 있는 척도의 무한이며, 척도의 무한은 우리가 잘 알고 있는 좌표축과 같다. 따라서 다항식은 좌표축과 같은 벡터이면서 행렬이며 계수 또는 인자들의 관계 속에 일련의 수열이다.

선분논리는 이런 선분과 같은 논리 조각들이 이어져 슈뢰딩거 방정식에 도달했고, 다시 되돌아 구면 조화파에 안착했던 것이다.

그래서 사람들이 보고 싶어 하는 구면 조화파의 핵심 무늬는 다항식 P 함수에 있다. 이런 다항식 함수 P 는 여위도 θ 의 기준 축인 Z축을 상징하는 $\cos\theta$ 를 변수로 삼으면서 위도 Θ 함수를 만나게 된다.

$$\Theta(\theta) = N P_\ell^m (\cos\theta) \quad : \theta \text{ creates Legendre polynomials}$$
$$N : \text{Normalization constant}$$

위도 Θ 함수의 연관 르장드르 다항식 P 와 경도 Φ 함수의 원 파동을 결합하면 구면 조화파 함수 Y 가 된다.

$$\Phi(\varphi) = e^{\pm im\varphi} \quad : \text{Complex Circle}$$

$$P_\ell^m : [-1,1] \quad : \text{Associated Legendre polynomials}$$

$$\therefore Y_\ell^m(\theta, \varphi) = N e^{im\varphi} P_\ell^m(\cos\theta)$$

구면 조화파 함수 Y 를 라플라시안 모형으로 되돌리면, 다항식의 특성에 따라 방위 양자수 ℓ 에 대한 특정 계수 $\ell(\ell+1)$ 이 튀어나온다. 이 계수는 **위도**와 **경도** 두 입자가 관계 짓는 특성인데, 두 입자가 만났을 때 형성되는 **선형 조합**에 해당하며 각운동량과도 연관되어 있다.

$$r^2 \nabla^2 Y_\ell^m(\theta, \varphi) = -\ell(\ell+1) Y_\ell^m(\theta, \varphi)$$

$$\nabla^2_{\theta\varphi} = -\ell(\ell+1) \quad : \text{Linear Combination}$$

선형 조합은 영어권에서 Linear Combination 을 번역한 용어다. **선형 조합**은 원론적으로 XY축과 같이 두 시공간 입자를 각각 1차원의 벡터로 해석하여 덧셈의 다항식으로 기술하는 것을 의미한다. **선형 조합**은 두 입자의 관계를 다차원 벡터로 확장하여 다음과 같이 일반화한다.

$$a_1\mathbf{v}_1 + a_2\mathbf{v}_2 + a_3\mathbf{v}_3 + \cdots + a_n\mathbf{v}_n$$
Linear Combination Algorithm

선형 조합의 두 입자 관계 논리는 결국 균일한 기저 평면파를 형성해야 하기 때문에 직교 관계로 평면을 형성한다. 따라서 **선형 조합**이 시공간에 존재하기 위한 조건은 직교 관계로 귀결된다.

$$(x, y) = ax + by, \quad x \perp y$$

$$(x^3, t) \stackrel{@}{=} (x, y) = ax + by, \quad x \perp y \quad : \text{Spacetime Plane}$$
$$(x, y) \stackrel{@}{=} (x, x) = x^2 \quad : \text{SyncClone Plane Wave}$$

@@ Zero Plane Wave
$$\nabla^2 \stackrel{@}{=} (\nabla_x, \nabla_y, \nabla_z) \stackrel{@}{=} (\nabla_{xy}, \nabla_z) \stackrel{@}{=} (0_{xy}, 0_z) = 0^2$$
$$\nabla^2 \stackrel{@}{=} (\nabla_r, \nabla_\theta, \nabla_\varphi) \stackrel{@}{=} (\nabla_r, \nabla_{\theta\varphi}) \stackrel{@}{=} (0_r, 0_{\theta\varphi}) = 0^2$$

그래서 **선형 조합**의 원리는 3차원의 공간과 1차원의 시간을 각각 1차원 벡터로 삼아 **시공간 평면**으로 해석할 수 있게 되었던 것이다.

여기서 두 다항식은 Y 함수 속에 있는 위도 θ 차원의 다항식과 경도 φ 차원의 다항식이다. 결국 두 차원의 각도축이 관계하여 발생하는 **차원 상수**인 셈이다.

$\ell(\ell+1)$ 은 두 행렬이 만나서 $n \times n$ 정방행렬을 형성할 때 행렬 속에 있는 인자의 수와 달라 보이지만 원론적으로는 같은 알고리즘이다. 정방행렬의 인자 수는 제곱수에 해당한다. 예를 들어 2×2 행렬은 2의 제곱인 4가 되는 규칙이다.

$$2 \times 2 = 2^2, \quad 3 \times 3 = 3^2$$

그래서 선분논리의 눈에는 $\ell(\ell+1)$ 각운동량과 n^2 정방행렬의 인자 수가 많이 달라 보인다. 이는 나중에 반정수에 대한 스핀 양자수를 통해 밝혀진다. 이런 이유로 우리는 행렬의 관점에서 평면파로 인한 양자화의 관점을 특별히 λ_ℓ **행렬 차원수**라 정리해 둔다.

$$\ell \cdot n(|m_\ell|) = \ell(\ell+1) = \lambda_\ell^2 \quad : \text{Matrix Dimension}$$
$$n(|m_\ell|) = \ell + 1 \quad : \text{Number of non} - \text{negative magnetic}$$

게다가 이 수는 양음의 자기 양자수들 중 0과 양수만을 취한 수 $(\ell+1)$ 과 연관되어 있다. 이는 방위 양자수 ℓ 에 의존하여 자기 양자수 m 이 결정되며, 2차 편미분에서 발생하는 허수부를 생략하고 실수부만 취하여 입자를 인식하는 관점으로 발생한다.

행렬과 다항식은 정리하는 방식에 관점 차이가 발생한다. 행렬은 제곱수로 행렬 인자들의 각자 정해진 자기 자리가 있다. 그러나 다항식은 곱셈의 교환법칙을 감안하고 차수에 따라 같은 항을 묶어 버린다. 이 논리는 나중에 동차 다항식 또는 동차 소거법 등으로 연쇄 반응을 한다.

동차 다항식 Homogeneous Polynomials

$$(x+y)^2 = x^2 + 2xy + y^2, \quad x = y = 1, \quad (2)^2 = 4 = 1 + 2 + 1$$
$$(x+y)^3 = x^3 + 3x^2y + 3xy^2 + y^3, \quad x = y = 1, \quad (2)^3 = 8 = 1 + 3 + 3 + 1$$

이항 정리를 토대로 선형 조합을 관찰해 보면, 다항식의 단면에 조합의 파동 간섭이 **다항식 항수**로 양자화 무늬를 드러낸다.

이항 정리 선형 조합과 각운동량 관계 실험

$$(x+y)^2, \quad n = 2 = \ell, \quad n(x,y) = 3 = \ell + 1, \quad \ell(\ell+1) = 2 \cdot 3 = 6$$
$$(x+y)^3, \quad n = 3 = \ell, \quad n(x,y) = 4 = \ell + 1, \quad \ell(\ell+1) = 3 \cdot 4 = 12$$
$$(x+y)^n, \quad n = \ell, \quad n(x,y) = n + 1 = \ell + 1, \quad n \cdot n(x,y) = \ell(\ell+1)$$

선형 조합은 두 입자의 평면파가 발산과 수렴을 동시에 일으킨다. 누승의 차원수는 발산으로 향하고 동차항의 결합이 수렴을 향한다. 동시적 발산과 수렴의 경계는 독립적 공간을 확보하여 입자로 양자화한다.

다항식의 항수 표기법을 이용하여 선형 조합으로 인한 양자화 무늬를 정리할 수 있다. 선형 조합의 소용돌이는 차수와 항수의 곱으로 각운동량의 무늬에 접근한다.

다항식 항수 표기법 T : number of Terms
$$T\left((x+y)^2\right) = T\left(x^2 + 2xy + y^2\right) = 3$$

선형 조합의 각운동량
$$(x+y)^n = \sum_{k=0}^{n} \binom{n}{k} x^{n-k} y^k , \quad T\left((x+y)^n\right) = n+1$$

$$\therefore n \cdot T\left((x+y)^n\right) = n(n+1)$$

n : 차원수, 주 양자수, $T\left((x+y)^n\right)$: 다항식 항수

ℓ : 방위 양자수, $\ell + 1$: 0과 방위 양자수
$$n = \ell \quad \therefore n \cdot T\left((x+y)^n\right) = \ell(\ell+1)$$

∴ 차원수 × 항수 = 선형 조합 양자화 수

행렬의 소용돌이는 주대각선을 기준축으로 회전한다. 행렬은 스스로가 평면파를 가지고 있으며, 주대각선의 입자수만큼 차원 도약하여 양자화한다.

@@ $n \times n$ 행렬의 각운동량

$$A = (a_{ij})_{n \times n} = \begin{bmatrix} a_{11} & a_{12} & \cdots & a_{1n} \\ a_{21} & a_{22} & \cdots & a_{2n} \\ \vdots & \vdots & \ddots & \vdots \\ a_{n1} & a_{n2} & \cdots & a_{nn} \end{bmatrix}$$

차원수(인자수) : $\dim(A) = \dim\left((a_{ij})_{n \times n}\right) = n^2$

주대각선 집합 : $\mathrm{diag}(A) = (a_{11}, a_{22}, \cdots, a_{nn})^T$

주대각선 집합 : $A_{i=j} = \{a_{11}, a_{22}, \cdots, a_{nn}\}$, $n(A_{i=j}) = n$

주대각선 차원수(인자수) : $\dim\left(\mathrm{diag}(A)\right) = n$

@@ 행렬 차원의 양자화

$$\dim(A) + \dim\left(\mathrm{diag}(A)\right) = n^2 + n = n(n+1)$$

$$n = \ell \quad \therefore \ \dim(A) + \dim\left(\mathrm{diag}(A)\right) = \ell(\ell+1)$$

∴ 행렬 인자수 + 주대각 인자수 = 행렬 양자화 수

이렇듯 각운동량의 무늬는 선형 조합과 행렬의 논리를 통해서도 접근할 수 있다. 이는 각운동 현상을 선형 조합과 행렬의 관점으로 각각 단면을 관찰해 보면 같은 무늬가 보인다는 의미다. 그렇다면

이 결과는 각운동의 본질적 무늬라 할 수 있다. 그런데 조금 뒤로 물러나 관조해 보면, 선형 조합과 행렬의 논리가 본래 같은 알고리즘을 가졌다는 것을 알 수 있다.

한편 다항식에 대한 관점을 달리하면 항수가 $2\ell+1$ 로 나타나는 경우가 있다. **차수 대칭형 다항식**의 항수는 $2\ell+1$ 로 나타나며 이 경우는 양/음 대칭인 자기 양자수의 총개수와 같다.

차수 대칭형 다항식

$$P(x) = a_n x^n + a_{n-1} x^{n-1} + \ldots + a_1 x + a_0 + a_{-1} x^{-1} + \ldots + a_{-n} x^{-n}$$

$ex)$ $P(x) = x^2 + x + 1 + \dfrac{1}{x} + \dfrac{1}{x^2}$, $T(P(x)) = 2 \cdot 2 + 1 = 5$

$$T(P(x)) = 2n + 1$$

$n(Y_\ell^m) = 2\ell + 1$: Dimensions(Turms) Count

$n(m_\ell) = 2\ell + 1$: Magnetic States Count

차수 대칭형 다항식의 항수와 자기 양자수의 총개수가 같다는 것은 같은 목적지를 다른 코스로 등반한 것과 같은 양상이다.

Spherical harmonics 구면 조화파

1782 , Pierre Simon de Laplace

라플라스 방정식 = 구면 조화파

$$\nabla^2 f(x,y,z) = \frac{\partial^2 f}{\partial x^2} + \frac{\partial^2 f}{\partial y^2} + \frac{\partial^2 f}{\partial z^2} = 0$$

polar : $\theta = \angle zr$, azimuthal : $\varphi = \angle x\rho$

$$\nabla^2 f = \frac{1}{r^2}\frac{\partial}{\partial r}\left(r^2 \frac{\partial f}{\partial r}\right) + \frac{1}{r^2 \sin\theta}\frac{\partial}{\partial \theta}\left(\sin\theta \frac{\partial f}{\partial \theta}\right) + \frac{1}{r^2 \sin^2\theta}\frac{\partial^2 f}{\partial \varphi^2} = 0$$

$$r^2 \nabla^2 f = \frac{\partial}{\partial r}\left(r^2 \frac{\partial f}{\partial r}\right) + \frac{1}{\sin\theta}\frac{\partial}{\partial \theta}\left(\sin\theta \frac{\partial f}{\partial \theta}\right) + \frac{1}{\sin^2\theta}\frac{\partial^2 f}{\partial \varphi^2} = 0$$

$$r^2 \nabla^2 = \underbrace{\frac{\partial}{\partial r}\left(r^2 \frac{\partial}{\partial r}\right)}_{\text{Radius } r} + \underbrace{\underbrace{\frac{1}{\sin\theta}\frac{\partial}{\partial \theta}\left(\sin\theta \frac{\partial}{\partial \theta}\right)}_{\text{Polar } \theta} + \underbrace{\frac{1}{\sin^2\theta}\frac{\partial^2}{\partial \varphi^2}}_{\text{Azimuthal } \varphi}}_{\text{Angular } \theta\, \varphi} = 0$$

$\frac{\partial \hat{\mathbf{r}}}{\partial \theta} = \hat{\boldsymbol{\theta}}$, $\frac{\partial \hat{\boldsymbol{\theta}}}{\partial \theta} = -\hat{\mathbf{r}}$, $\frac{\partial \hat{\mathbf{r}}}{\partial \varphi} = \sin\theta\, \hat{\boldsymbol{\varphi}}$, $\frac{\partial \hat{\boldsymbol{\theta}}}{\partial \varphi} = \cos\theta\, \hat{\boldsymbol{\varphi}}$, $\frac{\partial \hat{\boldsymbol{\varphi}}}{\partial \varphi} = -\cos\theta\, \hat{\boldsymbol{\theta}} - \sin\theta\, \hat{\mathbf{r}}$

Separation of Variables

$$f(r,\theta,\varphi) = R(r)\,Y(\theta,\varphi)\,,\quad Y(\theta,\varphi) = \Theta(\theta)\,\Phi(\varphi)$$

$$f(r,\theta,\varphi) = R(r)\,Y(\theta,\varphi) = R(r)\,\Theta(\theta)\,\Phi(\varphi)$$

$$@_f\quad f = R\,Y = R\,\Theta\,\Phi$$

$$@_\nabla\quad r^2\,\nabla^2 f = r^2\,\nabla^2\,R\,Y = r^2\,\nabla^2\,R\,\Theta\,\Phi = 0$$

$$@:\quad f = RY,\quad \nabla^2 f = 0,\quad \nabla^2 RY = 0$$

$$r^2\,\nabla^2 f = \left(\frac{\partial}{\partial r}\left(r^2\frac{\partial}{\partial r}\right) + \frac{1}{\sin\theta}\frac{\partial}{\partial\theta}\left(\sin\theta\frac{\partial}{\partial\theta}\right) + \frac{1}{\sin^2\theta}\frac{\partial^2}{\partial\varphi^2}\right)f = 0$$

$$r^2\nabla^2 RY = \frac{\partial}{\partial r}\left(r^2\frac{\partial}{\partial r}\right)RY + \left(\frac{1}{\sin\theta}\frac{\partial}{\partial\theta}\left(\sin\theta\frac{\partial}{\partial\theta}\right) + \frac{1}{\sin^2\theta}\frac{\partial^2}{\partial\varphi^2}\right)RY = 0$$

$$@:\quad \frac{R}{R} = \frac{Y}{Y} = 1,\quad \nabla^2 = 0$$

$$r^2\,\nabla^2 = \frac{\partial}{\partial r}\left(r^2\frac{\partial}{\partial r}\right) + \left(\frac{1}{\sin\theta}\frac{\partial}{\partial\theta}\left(\sin\theta\frac{\partial}{\partial\theta}\right) + \frac{1}{\sin^2\theta}\frac{\partial^2}{\partial\varphi^2}\right) = 0$$

$$r^2\,\nabla^2 RY = \underbrace{\frac{\partial}{\partial r}\left(r^2\frac{\partial}{\partial r}\right)\frac{R}{R}}_{\lambda\,:\,R(r)} + \underbrace{\left(\frac{1}{\sin\theta}\frac{\partial}{\partial\theta}\left(\sin\theta\frac{\partial}{\partial\theta}\right) + \frac{1}{\sin^2\theta}\frac{\partial^2}{\partial\varphi^2}\right)\frac{Y}{Y}}_{-\lambda\,:\,Y(\theta,\varphi)} = 0$$

$$@:\quad \frac{R}{R} = \frac{\Theta}{\Theta} = \frac{\Phi}{\Phi} = 1,\quad \nabla^2 = 0$$

$$r^2\,\nabla^2 R\Theta\Phi = \underbrace{\frac{\partial}{\partial r}\left(r^2\frac{\partial}{\partial r}\right)\frac{R}{R}}_{\lambda\,:\,R(r)} + \underbrace{\frac{1}{\sin\theta}\frac{\partial}{\partial\theta}\left(\sin\theta\frac{\partial}{\partial\theta}\right)\frac{\Theta}{\Theta} + \frac{1}{\sin^2\theta}\frac{\partial^2}{\partial\varphi^2}\frac{\Phi}{\Phi}}_{-\lambda\,:\,Y(\theta,\varphi)} = 0$$

Radial λ

$$r^2 \nabla^2 = \lambda + (-\lambda) = 0$$

$$r^2 \nabla^2 = \underbrace{\frac{\partial}{\partial r}\left(r^2 \frac{\partial}{\partial r}\right)}_{\lambda} + \underbrace{\frac{1}{\sin\theta}\frac{\partial}{\partial \theta}\left(\sin\theta \frac{\partial}{\partial \theta}\right) + \frac{1}{\sin^2\theta}\frac{\partial^2}{\partial \varphi^2}}_{-\lambda} = 0$$

$$r^2 \nabla^2 f = \left(\frac{\partial}{\partial r}\left(r^2 \frac{\partial}{\partial r}\right) + \frac{1}{\sin\theta}\frac{\partial}{\partial \theta}\left(\sin\theta \frac{\partial}{\partial \theta}\right) + \frac{1}{\sin^2\theta}\frac{\partial^2}{\partial \varphi^2}\right) f = 0$$

$$r^2 \nabla^2 RY = \underbrace{\frac{\partial}{\partial r}\left(r^2 \frac{\partial}{\partial r}\right)\frac{R}{R}}_{\lambda \,:\, r^2 \nabla^2 R(r)} + \underbrace{\left(\frac{1}{\sin\theta}\frac{\partial}{\partial \theta}\left(\sin\theta \frac{\partial}{\partial \theta}\right) + \frac{1}{\sin^2\theta}\frac{\partial^2}{\partial \varphi^2}\right)\frac{Y}{Y}}_{-\lambda \,:\, r^2 \nabla^2 Y(\theta,\varphi)} = 0$$

$$r^2 \nabla^2 R(r) = \frac{\partial}{\partial r}\left(r^2 \frac{\partial}{\partial r}\right)\frac{R}{R}$$

$$\frac{1}{R}\frac{\partial}{\partial r}\left(r^2 \frac{\partial R}{\partial r}\right) = \frac{\partial}{\partial r}\left(r^2 \frac{\partial}{\partial r}\right)\frac{R}{R} = \frac{\partial}{\partial r}\left(r^2 \frac{\partial}{\partial r}\right) = \lambda$$

$$@_r \quad r'' \to \lambda$$

Solid harmonics

$$R(r) = R_\ell(r) = A r^\ell + B r^{-\ell-1}, \quad B = 0 \quad \therefore R(r) = A r^\ell$$

$$A = 1 \quad \therefore R(r) = r^\ell \quad : \text{Scale factor}$$

$$f = RY = R(r) Y_\ell^m(\theta, \varphi) \quad \therefore f = r^\ell Y_\ell^m(\theta, \varphi) \quad : \text{Solid harmonics}$$

$$R_\ell^m(\mathbf{r}) \equiv \sqrt{\frac{4\pi}{2\ell+1}}\, r^\ell Y_\ell^m(\theta, \varphi), \quad I_\ell^m(\mathbf{r}) \equiv \sqrt{\frac{4\pi}{2\ell+1}}\, \frac{Y_\ell^m(\theta, \varphi)}{r^{\ell+1}}$$

Polar θ & Azimuthal φ Angle Relation

$$r^2 \nabla^2 R\Theta\Phi = \underbrace{\frac{\partial}{\partial r}\left(r^2 \frac{\partial}{\partial r}\right)\frac{R}{R}}_{\lambda\,:\,r^2 \nabla^2 R(r)} + \underbrace{\frac{1}{\sin\theta}\frac{\partial}{\partial \theta}\left(\sin\theta \frac{\partial}{\partial \theta}\right)\frac{\Theta}{\Theta} + \frac{1}{\sin^2\theta}\frac{\partial^2}{\partial \varphi^2}\frac{\Phi}{\Phi}}_{-\lambda\,:\,r^2 \nabla^2 Y(\theta,\varphi)} = 0$$

$@_Y \quad r^2 \nabla^2 Y(\theta,\varphi) = \dfrac{1}{Y}\dfrac{1}{\sin\theta}\dfrac{\partial}{\partial\theta}\left(\sin\theta \dfrac{\partial Y}{\partial \theta}\right) + \dfrac{1}{Y}\dfrac{1}{\sin^2\theta}\dfrac{\partial^2 Y}{\partial \varphi^2} = -\lambda$

$@_{\Theta\Phi} \quad r^2 \nabla^2 \Theta(\theta)\Phi(\varphi) = \dfrac{1}{\sin\theta}\dfrac{\partial}{\partial\theta}\left(\sin\theta \dfrac{\partial}{\partial \theta}\right)\dfrac{\Theta}{\Theta} + \dfrac{1}{\sin^2\theta}\dfrac{\partial^2}{\partial \varphi^2}\dfrac{\Phi}{\Phi} = -\lambda$

$@_{\theta\varphi} \quad \dfrac{1}{\sin\theta}\dfrac{\partial}{\partial\theta}\left(\sin\theta \dfrac{\partial}{\partial \theta}\right) + \dfrac{1}{\sin^2\theta}\dfrac{\partial^2}{\partial \varphi^2} = -\lambda$

$\lambda + \dfrac{1}{\sin\theta}\dfrac{\partial}{\partial\theta}\left(\sin\theta \dfrac{\partial}{\partial \theta}\right)\dfrac{\Theta}{\Theta} + \dfrac{1}{\sin^2\theta}\dfrac{\partial^2}{\partial \varphi^2}\dfrac{\Phi}{\Phi} = 0$

$\lambda \sin^2\theta + \sin^2\theta \dfrac{1}{\sin\theta}\dfrac{\partial}{\partial\theta}\left(\sin\theta \dfrac{\partial}{\partial \theta}\right)\dfrac{\Theta}{\Theta} + \sin^2\theta \dfrac{1}{\sin^2\theta}\dfrac{\partial^2}{\partial \varphi^2}\dfrac{\Phi}{\Phi} = 0$

$\lambda \sin^2\theta + \sin^2\theta \dfrac{\partial}{\partial\theta}\dfrac{\partial}{\partial\theta}\dfrac{\Theta}{\Theta} + \dfrac{\partial^2}{\partial \varphi^2}\dfrac{\Phi}{\Phi} = 0$

$\underbrace{\lambda \sin^2\theta + \dfrac{\sin\theta}{\Theta}\dfrac{\partial}{\partial\theta}\sin\theta \dfrac{\partial\Theta}{\partial\theta}}_{m^2} + \underbrace{\dfrac{\partial^2}{\partial \varphi^2}\dfrac{\Phi}{\Phi}}_{-m^2} = 0$

Magnetic Azimuthal φ

$@_m \quad (\varphi'', \Phi) \to m, \quad (\lambda, \theta'', \Theta) \to (m, \ell)$

$@_{m^2} \quad \dfrac{\partial^2}{\partial \varphi^2} \dfrac{\Phi}{\Phi} = -m^2, \quad \lambda \sin^2 \theta + \dfrac{\sin \theta}{\Theta} \dfrac{d}{d\theta} \left(\sin \theta \dfrac{d\Theta}{d\theta} \right) = m^2$

$@_{\pm m} \quad \dfrac{\partial^2}{\partial \varphi^2} = -m^2, \quad \dfrac{\partial}{\partial \varphi} = \pm \sqrt{-m^2}, \quad \therefore \dfrac{\partial}{\partial \varphi} = \pm im$

$C_@^{\pm \theta} = \psi_z(\theta) = \cos \theta + i \sin \theta = e^{\pm i\theta}$: Complex Uint Circle

$\theta = m\varphi, \quad \psi_z(\theta) = \psi_z(m\varphi) = \Phi(\varphi)$

$\therefore \Phi(\varphi) = e^{\pm im\varphi}$: Complex Circle

$\therefore \dfrac{\partial}{\partial \varphi} \Phi(\varphi) = \dfrac{\partial}{\partial \varphi} e^{\pm im\varphi} = \pm im \cdot e^{\pm im\varphi}$

$Y(\theta, \varphi) = \Theta(\theta) \Phi(\varphi)$

θ : CoLatitude, φ : Longitude

$Y_\ell^m(\theta, \varphi) : S^2 \to \mathbb{C}$: Spherical harmonic function

ℓ : Azimuthal quantum numbers

$m = m_\ell$: Magnetic quantum numbers

$\Theta(\theta) = N P_\ell^m(\cos \theta)$: θ creates Legendre polynomials

$\Phi(\varphi) = e^{\pm im\varphi}$: Complex Circle

$P_\ell^m : [-1, 1]$: Associated Legendre polynomials

N : Normalization constant

$\therefore Y_\ell^m(\theta, \varphi) = N e^{im\varphi} P_\ell^m(\cos \theta)$

@@ 구면 각운동의 양자화 무늬들
Spherical Momentum Quantization Patterns

@1. 고윳값 관계식
$$r^2 \nabla^2 Y_\ell^m(\theta, \varphi) = -\ell(\ell+1) Y_\ell^m(\theta, \varphi)$$
구면 라플라시안의 각운동량 양자화 조건

@2. 각도 연산자 관점
$$\nabla^2_{\theta\varphi} = -\ell(\ell+1) \quad : \text{Linear Combination}$$

@3. 행렬 차원 관점
$$\ell \cdot n(|m_\ell|) = \ell(\ell+1) = \lambda_\ell^2 \quad : \text{Matrix Dimension}$$

@4. 자기 양자수의 개수 관점
$$n(|m_\ell|) = \ell + 1 \quad : \text{Number of non-negative magnetic}$$
$$n(m_\ell) = 2\ell + 1 \quad : \text{Magnetic States Count}$$

@5. 차원수 또는 항수의 관점
$$n(Y_\ell^m) = 2\ell + 1 \quad : \text{Dimensions(Turms) Count}$$

각도의 양자화, 양자수
Angle Quantization : Quantum Numbers

　미시 세계의 입자는 수량화해야 인식이 가능하다. 파동과 같이 연속적인 시간의 흐름을 정수 또는 자연수로 쪼개어 입자화하는 것이 양자 이론의 시작이었다.

　데카르트계의 육면체 논리를 구면계의 구체 논리로 전환하면서 구면 조화파에 대한 베이스캠프가 차려졌다. 육면체의 세상을 구체로 해석한다는 것은, 꼭짓점이 있는 사각형을 원과 같은 매끄러운 다양체로 인식하여 미적분을 사용한다는 의미를 내포하고 있다.

　회전논리는 이런 관점 전환을 **꼭짓점 반환법**으로 설명했다. 이는 꼭짓점의 존재가 직선의 편광적 왜곡 현상으로 해석한 데 근거한다.

　구면 조화파는 원을 켤레 복소수 두 차원으로 분해하면서 삼각함수의 논리가 펼쳐졌고, 삼각함수를 입자화하는 방법으로 2차 편미분을 사용한다.

　그러나 편미분으로 입자화한다는 것은 0에 접근하여 **0입자**가 되는 것을 의미한다. **0입자**는 인간이 일반적으로 인식할 수 있는 범위를 벗어난다. 이는 0이라는 것이 시간 이전의 무한 그 자체이며 시공간의 시작이기 때문이다.

　관점을 달리하면 0은 무한이지만 인식 가능한 정수의 중심이기도 하다. 무한은 곱셈의 미적분 관점에서 포괄적 연속이지만, 덧셈의 다항식 관점에서 부분적 분절이다. 결국 0점은 모든 상대적 관점의 기준이며 특정한 나의 관점에 대해 좌표계를 형성하는 상대적 중심이다.

다항식의 유리수적 논리와 미적분의 무리수적 논리는 이미 오일러 시대의 여러 수학자들이 좌표계의 특성으로 초석을 닦아 두었다.

양자 역학은 이런 수학적 이론들을 물리계에 적용했고, 그 중심에 파동 방정식이 있었다. 그리고 실수계에서 기하적 인식을 가능케 한 핵심 원리는 각도의 양자화에 있다.

각도의 양자화는 구면계 관점 전환으로 발견하게 됐고, 위도 θ 에 대한 방위 양자수 ℓ 과 경도 φ 에 대한 자기 양자수 m 이 각도의 양자화의 결과물이다.

각도의 양자화 과정을 수리적으로 정리하는 작업은 장편이 아니더라도 최소한 단편 소설과 같이 짧지 않은 여정이다. 그러나 두 각도의 관계를 개념적 인식으로 접근하여 양자수들을 해석하면 실험 작업은 비교적 간단하다. 우리는 이 실험을 통해 각도의 양자화에 대한 인식을 먼저 확보하려 한다.

n : Principal quantum numbers
ℓ : Azimuthal quantum numbers

$$m = m_\ell \quad : \text{Magnetic quantum numbers}$$
$$m_s \quad : \text{Spin quantum numbers}$$

현대의 양자 역학은 양자수를 4가지로 구분하여 원소 주기율표를 완성하고 만족했다. 여기서는 **방위 양자수** ℓ 과 **자기 양자수** m 이 주요 관점이다. 두 양자수의 조합으로 원자 오비탈을 정리하게 되는데, 당시 정리되는 과정에 별명이 붙으면서 에너지 준위가 낮은 전자껍질부터 s, p, d, f, g 의 오비탈 이름이 생기게 됐다.

Atomic Orbitals : 원자 궤도

sharp, **p**rincipal, **d**iffuse, **f**undamental, **g**allant, ⋯

s 오비탈은 방위 양자수가 $\ell = 0$ 이고 자기 양자수도 $m = 0$ 이다. 이는 방위각인 위도가 0임을 의미하고 구면의 가로 방향이 쪼개지지 않는 현상으로 나타난다.

자기 양자수가 0인 것은 경도각이 0이라는 의미이고 세로 방향으로 쪼개지지 않는 현상으로 나타난다. 따라서 s 오비탈은 온전한 구면을 형성한다.

$$s : \ell = 0, \ m_\ell = \{0\}$$
$$p : \ell = 1, \ m_\ell = \{-1, 0, 1\}$$

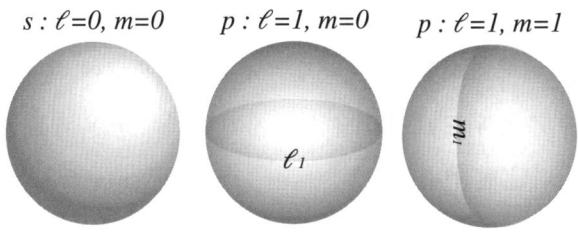

s 오비탈에서 자기 양자수는 $m=0$ 이므로 자기 양자수의 개수는 1개가 있고, 여기에 있을 수 있는 전자의 수는 2개가 된다.

$$m \stackrel{@}{=} m_\ell$$
$$s : \ell = 0, \ m_\ell = 0, \ n(m_\ell) = 1, \ n(e) = 2$$

양음의 특성을 지닌 전자는 켤레의 관계로 존재한다. 이를 선분논리는 파울리 배타 원리와 함께 1/2 반정수 스핀 값을 가진 스핀 양자수로 해석했다. 만일 논리의 시작을 **복소 전자**로 보았다면, 1개의 전자로 인식하고 계산했을 것이다.

양자수들은 양성자의 개수로부터 시작한다고 했다. 양성자의 개수가 **주 양자수** n 이고 주 양자수 n 보다 작은 음이 아닌 정수로 방위 양자수 ℓ 이 있을 수 있다.

$$n = 1, 2, 3, \ldots \quad \ell = 0, 1, 2, \ldots, n-1$$

따라서 양성자 수가 많아지면 전자구름 모양을 그리는 방위 양자수 ℓ 과 자기 양자수 m 이 연쇄적으로 증가하면서 구면계에 주름이 늘어난다.

돌이켜보면 세 가지의 양자수는 앞서 탐험했던 구면계의 반지름, 위도, 경도에서 유래했다. 주 양자수 n 은 반지름 r 에 해당하고, 방위 양자수 ℓ 은 위도 θ 에 해당하며, 자기 양자수 m 은 경도 φ 의 회전으로 나타난 현상이다.

(r, θ, φ) 의 관계 알고리즘은 (n, ℓ, m) 의 관계 알고리즘과 근원적으로 같다. 반지름 r 의 자식이 위도 θ 였고 손자는 경도 φ 였다.

같은 원리로 주 양자수 n 의 자식이 방위 양자수 ℓ 이고 손자가 자기 양자수 m 이다. 따라서 주 양자수 n 없이 방위 양자수 ℓ 은 존재할 수 없고, 방위 양자수 ℓ 없이 자기 양자수 m 이 존재할 수 없다.

$$(r, \theta, \varphi) = Q \cdot (n, \ell, m)$$

주 양자수 n 은 양성자 수이고 양성자가 1개 이상 있어야 전자가 존재할 수 있다. 이 때문에 선분논리에서 주 양자수 n 은 1부터 시작하고, 방위 양자수 ℓ 은 0에서 시작한다. 방위 양자수 ℓ 이 1개 이상 있을 때 구면을 분할하는 경계면이 생기기 시작한다. 여기에 양음의 극성이 더해지면 경계면이 90도 회전하여 방위 양자수 ℓ 의 가로 원반이 상대인 세로 원반의 자기 양자수 m 이 된다.

주 양자수, 방위 양자수, 자기 양자수는 종속적 관계에 있으며, 슈뢰딩거 방정식과 구면 조화파로 해석이 가능하다. 방위 양자수와 자기 양자수는 공전 궤도에 대한 알고리즘이고, 나중에 관람할 스핀 양자수는 자전의 반정수 양음 특성으로 해석한다.

$$0 \leq \ell \leq n-1, \quad -\ell \leq m_\ell \leq \ell, \quad m_\ell = 0, \cdots, \pm \ell, \quad m_s = \pm \frac{1}{2}\hbar$$

자기 양자수 m 은 방위 양자수 ℓ 이하의 정수이므로 0을 중심으로 양음이 펼쳐진 정수 집합이다. 이는 방위 양자수 ℓ 의 가로 주름이 존재한 후 그 속에서 이 가로 주름을 자기 양자수 m 이 연쇄적으로 세로 주름으로 쪼갤 수 있기 때문이다.

방위 양자수 ℓ 은 북쪽 Z축에서 기울어진 각이며, XY평면이 존재하기 전 상태이므로 한 바퀴 돌면 원이 완성된다. 이 때문에 방위 양자수 ℓ 은 양의 방향성만 가진 것으로 해석한다.

자기 양자수 m 은 Z축의 원반 평면이 존재한 이후의 상태에서 논리가 전개된다. 자기 양자수 m 은 적도선 위에 있는 X축이 회전하는 각도로 인해 발생한다. 이 경우 반 바퀴인 180도만 돌아도 원이 완성됨과 동시에 구체가 완성된다. 이는 Z축의 원반 평면을 회전시키기 때문이다. 그래서 자기 양자수 m 은 양방향의 양음성이 나타난다.

따라서 방위 양자수 ℓ 과 자기 양자수 m 의 양음 특성은 논리 시작점의 관점으로 발생하는 연쇄적 논리 현상이다.

이런 3차원 기하적 현상 때문에 나중에 스핀이 두 바퀴 돌면 한 바퀴가 완성된다는 착각을 낳는다. 물론 선분적 부분 논리에는 결함이 없지만, 왜 그렇게 됐는지 모르니 신비한 현상으로 대중에게 알려진다.

자기 양자수 m 은 양음의 중심에 0이 있기 때문에 홀수 개의 집합이 된다. 이 때문에 방위 양자수 ℓ 과의 관계에서 +1이 튀어나온다. 이것은 1/2 반정수성이 표출된 현상이기도 하며 정수의 관점에서 반올림으로 나타난다. 그래서 관점에 따라 다음과 같이 여러 이름으로 불릴 수 있다.

$$n(|m_\ell|) = \ell + 1 \quad : \text{Non} - \text{Negative Magnetic Count}$$
$$n(|m_\ell|) = \ell + 1 \quad : \text{Positive Magnetic Count}$$
$$n(|m_\ell|) = \ell + 1 \quad : \text{Half Magnetic Count}$$
$$n(m_\ell) = 2\ell + 1 \quad : \text{Magnetic States Count}$$

자기 양자수 m 의 절댓값은 수학적인 언어다. 회전논리의 눈은 음수를 양수에 대한 자기복제 독립체로 보기 때문에 절댓값을 취하지 않고도 음수를 허수계에 놓고 해석할 수 있다.

이는 관점의 기저를 어디에 두느냐에 따라 다른 언어로 구사할 수 있음을 의미한다. 이런 방법론이 구체화된 베이스캠프가 **미세구조 상수 분석법**이다. **미세구조 상수 분석법**은 원주율 π 나 플랑크 상수 h, 광속 c 등 복잡한 수를 분석 관점에 따라 항등원 1 또는 0으로 두고 분석하는 방법이다.

양음이 있는 전자는 자기 양자수 m 과 배수 관계에 있다. 양음 전자를 하나의 쌍으로 보면 자기 양자수 m 과 같고, 양음이 극성으로 쪼개진 전자 둘로 보면 2배의 자기 양자수 m 이 된다. 선분논리는 2배의 자기 양자수를 채택했다. 하나의 전자껍질 또는 궤도(오비탈) 속에 있는 전자의 수를 다시 방위 양자수 ℓ 로 환산하면 $2(2\ell+1)$ 이 된다.

@@ 오비탈 최대 전자수 : 파울리 배타 원리

$$n(e) = n(m_\ell) \cdot 2 = 2 \cdot (2\ell + 1)$$

$$n(e) = 2 \cdot (2\ell + 1) \quad : \text{Orbital Electron Capacity}$$

$$s : \ell = 0 : n(e) = 2 \cdot (2 \cdot 0 + 1) = 2$$
$$p : \ell = 1 : n(e) = 2 \cdot (2 \cdot 1 + 1) = 6$$
$$d : \ell = 2 : n(e) = 2 \cdot (2 \cdot 2 + 1) = 10$$
$$f : \ell = 3 : n(e) = 2 \cdot (2 \cdot 3 + 1) = 14$$

λ 는 한마디로 $n \times n$ 행렬의 차원을 의미한다. 세부적으로 들어가면 반지름과 각도의 관계로 양음이 나타나 0으로 입자화되는 제곱수다. 제곱수는 그 속에 복소수의 두 차원 켤레성이 내재되어 있다.

$$\ell \cdot n(|m_\ell|) = \ell(\ell + 1) = \lambda_\ell^2 \quad : \text{Matrix Dimension}$$

제곱수를 사용한다는 것은 복소계를 실수화한다는 것을 의미한다. 관조적 관점에서 반지름 r 제곱의 2차원 입자를 2차 편미분 하는 흐름에 그 무늬가 있다. 이는 해당 차원에 대해 2차 편미분이 연속되는 두 수를 곱하는 무늬로 양자화된다.

$$\frac{\partial}{\partial r}\left(r^2 \frac{\partial}{\partial r}\right) = \lambda = \frac{\partial}{\partial r} 2r = 1 \times 2 = 1 \times (1+1) \stackrel{@}{=} \ell(\ell+1)$$

$$\ell(\ell+1) = \lambda_\ell^2 \stackrel{@}{=} \lambda = \frac{\partial}{\partial r}\left(r^2 \frac{\partial}{\partial r}\right)$$

λ 제곱의 연속되는 두 수의 곱 무늬는 다항식의 2차 편미분 방정식에서도 나타나고, 각운동량의 분석에서도 나타나며, 확률론에서도 나타난다. 이는 각각 달라 보이는 선분논리가 원뿔곡선과 같이 하나의 원류에서 나왔기 때문이다.

그래서 미적분이 가능한 매끄러운 다양체는 무리수이지만, 자연수의 렌즈로 보면 곱셈의 항등원 1로 향하는 연속되는 자연수의 곱, 계승 $n!$ 로 보인다.

계승 $n!$ 은 무한 차수로 무리수의 무한 무늬를 표출하며, 2차 편미분 렌즈로 보면 연속되는 두 자연수의 곱이 나타난다. 이는 인접한 두 차원의 관계라는 단순한 알고리즘이 연쇄반응을 일으켜 무한계를 만들기 때문이다.

편미분 방정식에는 다차원이 존재할 수 있지만, 그 기본 원리는 2차원에 있다. 이는 공간 분기 이론에서 다차원 공간의 원리가 2차 방정식으로 정리될 수 있게 하는 이유이기도 하다.

방위 양자수 ℓ 과 자기 양자수 m , 행렬 차원수 λ_ℓ , 전자의 수

$n(e)$ 간의 연속적 관계를 따라 s 오비탈의 $\ell=0$ 부터 $\ell=7$ 까지 펼쳐본다.

$s : \ell = 0, \ m_\ell = 0, \ n(|m_\ell|) = 1, \ \ell \cdot n(|m_\ell|) = 0 = \lambda_0^2, \ n(m_\ell) = 1, \ n(e) = 2$
$p : \ell = 1, \ m_\ell = 0, \pm 1, \ n(|m_\ell|) = 2, \ \ell \cdot n(|m_\ell|) = 2 = \lambda_1^2, \ n(m_\ell) = 3, \ n(e) = 6$
$d : \ell = 2, \ m_\ell = 0, \pm 1, \pm 2, \ n(|m_\ell|) = 3, \ \ell \cdot n(|m_\ell|) = 6 = \lambda_2^2, \ n(m_\ell) = 5, \ n(e) = 10$
$f : \ell = 3, \ m_\ell = 0, \pm 1, \pm 2, \pm 3, \ n(|m_\ell|) = 4, \ \ell \cdot n(|m_\ell|) = 12 = \lambda_3^2, \ n(m_\ell) = 7, \ n(e) = 14$
$g : \ell = 4, \ m_\ell = 0, \pm 1, \cdots, \pm 4, \ n(|m_\ell|) = 5, \ \ell \cdot n(|m_\ell|) = 20 = \lambda_4^2, \ n(m_\ell) = 9, \ n(e) = 18$
$h : \ell = 5, \ m_\ell = 0, \pm 1, \cdots, \pm 5, \ n(|m_\ell|) = 6, \ \ell \cdot n(|m_\ell|) = 30 = \lambda_5^2, \ n(m_\ell) = 11, \ n(e) = 22$
$i : \ell = 6, \ m_\ell = 0, \pm 1, \cdots, \pm 6, \ n(|m_\ell|) = 7, \ \ell \cdot n(|m_\ell|) = 42 = \lambda_6^2, \ n(m_\ell) = 13, \ n(e) = 26$
$\ell = 7, \ m_\ell = 0, \pm 1, \cdots, \pm 7, \ n(|m_\ell|) = 8, \ \ell \cdot n(|m_\ell|) = 56 = \lambda_7^2, \ n(m_\ell) = 15, \ n(e) = 30$

s 오비탈을 그림으로 그려보면, 방위 양자수가 0이므로 자기 양자수도 0이며 가로 세로 주름이 모두 없다. p 오비탈은 방위 양자수가 1이므로 자기 양자수는 {0, ±1} 3개를 가질 수 있고, 음이 아닌 자기 양자수는 {0, 1} 2개다.

방위 양자수가 구면을 분할하는 모형은 마치 생물학에서 세포 분할하는 과정을 관찰하는 것과 같다. 세포 분열의 근간도 전자기 역학에 있으니 그럴만하다. 이 부분은 나중에 생화학 분야에서 탐험할 가치가 충분하다.

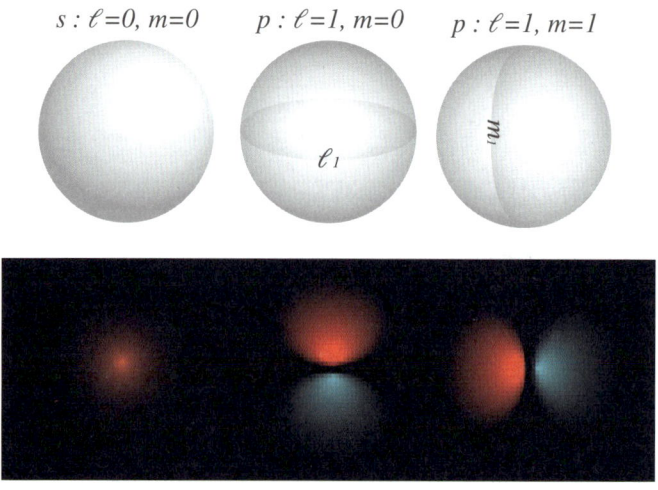

자기 양자수가 0이면, 방위 양자수 1개가 가로줄을 1개 만들고 세로 경도 주름은 없다. 이렇게 되면 전자구름은 가로 방향의 위도 선을 기준으로 위/아래 2개의 그룹으로 나뉜다.

자기 양자수가 1이면, 방위 양자수의 위도선 하나가 세로 경도선으로 바뀐다. 이렇게 되면 전자구름은 경도선으로 쪼개져 좌/우 2개 그룹으로 나뉜다.

이런 방식으로 나뉜 전자구름의 분포를 결과론적으로 사람들이 쉽게 이해할 수 있게 아령 모양으로 그려 오비탈 기초 이론에서 해석하기도 했던 것이다.

자기 양자수가 −1일 때는 +1일 때와 좌/우 대칭으로 그 자리가 뒤바뀌므로 기본 모형은 양음이 동일하다.

방위 양자수와 자기 양자수의 관계는 p 오비탈의 위도와 경도 규칙이 $d, f, \ldots$ 등 모든 오비탈에 동일하게 적용된다. 위도와 경도 형성 원리가 전자구름의 분포를 좌우한다. 이 원리가 담겨 있는 수리적 함수가 구면 조화파이고, 구면계 라플라시안이며, 르장드르 다항식이다.

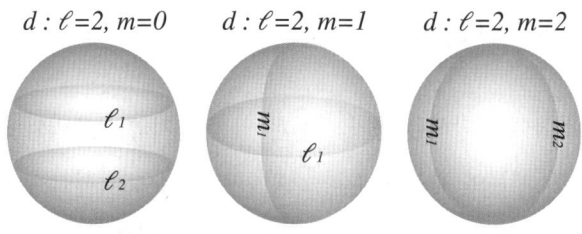

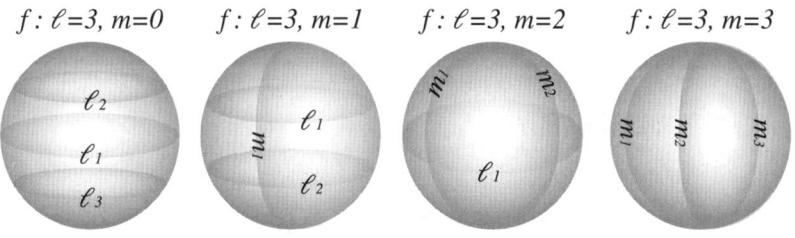

방위 양자수의 위도 경계면과 자기 양자수의 경도 경계면은 가로로 회전하고 세로로 회전하는 원이다. 따라서 운동 역학의 관점에서 각운동량으로 해석할 수 있다.

각운동과 스핀 양자화
Angular Momentum & Spin Quantization

각운동량은 궤도에 대한 기하적 해석을 심화하면서 궤도 공전의 회전과 구분하여 자전에 대해 스핀이라는 별명을 붙이게 된다.

일반적으로 공전이든 자전이든 모두 스핀이 될 수 있다. 공전을 거시적으로 보면 자전과 같은 스핀이 되기 때문이다.

양자 역학에서 말하는 양자 스핀은 일종의 지역 사투리와 같이 사용한다. 이 때문에 관점에 따라 **스핀**이라는 용어에 착시 현상이 나타나고, 일반 대중이 스핀을 이해하기 어렵게 만든다.

이런 혼돈은 학자들도 마찬가지다. 어떤 이는 공전과 자전을 포괄하여 스핀이라 말하고, 어떤 이는 공전은 궤도 이론으로 자전은 스핀 이론으로 설명한다.

스핀 양자수는 자전의 특성 중 양음의 특성만 취해 응용한 이론이다. 이 때문에 선분논리에서 스핀 이론에 대한 부스러기들이 착시 현상으로 나타난다.

회전논리는 공전과 자전을 관점 차이로 구분하고 하나의 소용돌이 알고리즘으로 해석한다.

각운동량은 반지름 r 벡터와 잠재 모멘텀 p 를 회전 곱(Curl) 하는 것으로 정리했다.

$$\mathbf{L} : \text{Angular Momentum}$$
$$\mathbf{r} : \text{Position}, \quad \mathbf{p} : \text{Momentum}$$
$$\mathbf{L} = \mathbf{r} \times \mathbf{p}$$

모멘텀 p 라는 개념이 없는 상태에서 각운동량을 생각해 보자. 반지름 r 인 입자가 회전하는 상황이므로, 나블라를 기본 입자로 삼으면 모멘텀의 기본 단위가 될 수 있다. 따라서 나블라의 배수로 각운동량을 표현할 수도 있다는 생각이 든다.

$$\mathbf{L} = \mathbf{r} \times \mathbf{p} \stackrel{@}{=} \mathbf{r} \times n\nabla$$

항등원과 단위벡터 논리를 바탕으로 각운동량을 나블라 논리에 태우면, 기본 척도 1인 단위벡터로 각운동량의 근본 알고리즘에 접근할 수 있다. 여기서 반지름 r 에 대한 회전 곱이 차원 도약으로 표출되어 허수 i 축과 양자 기본 단위계 h-bar ($\hbar$) 가 나타난다.

$$\mathbf{L} = L\hat{\mathbf{L}} = L(\hat{\mathbf{r}} \times \nabla) \quad \therefore \hat{\mathbf{L}} = (\hat{\mathbf{r}} \times \nabla)$$
$$\mathbf{r} = r\hat{\mathbf{r}}, \quad \mathbf{r} \times \nabla = r(\hat{\mathbf{r}} \times \nabla), \quad \mathbf{L} = L\hat{\mathbf{L}} = i\hbar(\mathbf{r} \times \nabla)$$

$$\mathbf{L} = L\hat{\mathbf{L}} = \underset{\text{from Imaginary}}{i} \quad \underset{\text{Unit}}{\hbar} \; (\underset{\text{r Curl}}{\mathbf{r} \times \nabla})$$

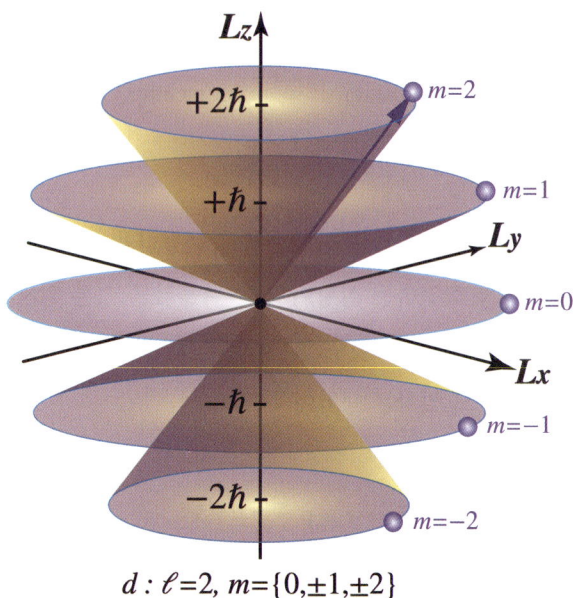

$d : \ell=2, m=\{0, \pm 1, \pm 2\}$
d orbital angular momentum

친숙한 XYZ 좌표계에서 각운동량을 해석하면, XY평면에서 반지름 r 입자가 회전하여 Z축 방향으로 에너지를 분출한다. 이를 선분논리에서는 오른손 법칙으로 힘의 기본 방향을 설정했다.

따라서 결과가 나타나는 Z축을 실수축이라 생각하면, XY평면축은 허수축이 된다. 그래서 각운동량을 오일러 복소평면의 확장 개념으로 해석하여 컬 회전을 복소수 i 로 표현할 수 있게 됐다.

각운동량에서 **허수축**은 반지름이 회전하는 **XY 허수평면**이고, 결과가 분출되는 **실수축**은 90도 법선 **Z축**이다. 선분논리의 관점은 실수축이므로 실수축 대비 비례 관계로 허수축의 척도를 정할 수 있다.

그리고 선분논리의 좌표축은 실수가 0을 중심으로 ±∞ 양방향을 향해 연속하여 펼쳐진다. 균일한 관계 속에서 두 축간의 비례 관계는 단위계 차이로 정리할 수 있다.

양자 역학에서는 최소 기본 단위를 디렉 상수 h-bar 로 정리했다. 디렉 상수 $\hbar$ 는 플랑크 상수 h 를 2π 로 쪼갠 입자의 크기였다.

단위원 1개 속에 들어 있는 플랑크 상수 h 는 입자성을 유지하면서 최소 단위로 쪼갠 근원 입자를 의미한다. 이를 토대로 양자 역학은 디렉 상수 h-bar 를 척도로 사용할 수 있게 된다. 게다가 이 원리는 드브로이 물질파 이론을 받아들이면서 성립하는 논리다.

실수축과 허수축의 관계는 복소수의 켤레 관계로 연쇄반응을 일으킨다. 이는 실수계의 양음 관계가 복소계의 양음 관계로 나타난 현상이었다.

따라서 각운동량의 회전 곱에는 양음의 켤레 현상이 나타난다. 양음의 켤레 현상은 위쪽과 아래쪽 두 방향의 관점으로 표출된다.

양성자를 중심으로 회전하는 궤도의 공전과 같은 큰 회전은 자기 양자수 m 의 양/음 켤레성으로 나타나고, 전자 자체의 자전과 같은 작은 회전은 스핀 양자수 s 의 업/다운 켤레성으로 나타난다.

$$\mathbf{L} \stackrel{@}{=} \mathbf{L}_z = \pm i\hbar(\mathbf{r} \times \nabla) \quad : \text{Up \& Down Conjugate Vector}$$

선분논리는 복소 각운동량에서 음수 부분을 기준으로 관점을 정했다. 이는 복소수를 제곱하여 실수의 관점에서 보려는 관성 때문이다.

$$\therefore \mathbf{L} = -i\hbar(\mathbf{r} \times \nabla)$$

그런데 복소수의 제곱은 오일러 복소평면의 논리에 따라 두 켤레의 곱이다. 복소 각운동량을 두 켤레 곱 관점에서 들여다보자. 그러면 각운동량의 제곱에서 허수와 음수가 사라진다. 이것이 선분논리의 고전적 관습인 양수 물리량 관점이다.

$$\mathbf{L}^2 = \mathbf{L}\bar{\mathbf{L}} = -i\hbar(\mathbf{r} \times \nabla) \cdot i\hbar(\mathbf{r} \times \nabla), \quad \mathbf{L}^2 = \hbar^2(\mathbf{r} \times \nabla)^2$$

그러면 각운동량을 기하적 다항식의 관점에서 실험해 보자. 각운동량은 XYZ 좌표계에서 한 점이 가진 **위치 운동량**이라 할 수 있다. 이 점이 원점을 중심으로 각운동을 한다는 것은 구면 조화파와 같이 원반 또는 쌍원뿔 무늬를 그리면서 원운동하는 것을 말한다.

$$\mathbf{L} = \left(L_x, L_y, L_z\right), \quad \mathbf{r} = \left(r_x, r_y, r_z\right)$$

양자계는 각운동이 입자성을 유지하면서 회전하는 기본 단위를 h-bar 로 삼았다. 그리고 입자성을 유지하게 하는 하나의 원 안에 정수배의 파동이 존재할 수 있기 때문에, h-bar 단위계의 입자성은 정수로만 존재한다는 생각을 할 수 있다.

정수는 실수계 관점을 의미하므로 각운동량의 제곱과 비례 관계를 형성한다. 그리고 양/음의 켤레 각운동량에서 양수 쪽만을 취하면 두 차원의 조합인 $\ell(\ell+1)$ 이 된다.

$$\ell \cdot n(|m_\ell|) = \ell(\ell+1) = \lambda_\ell^2 \quad : \text{Matrix Dimension}$$

$$L^2 = \ell(\ell+1)\hbar^2, \quad L = \sqrt{\ell(\ell+1)}\hbar$$

$$\mathbf{L}^2\Psi = \hbar^2\ell(\ell+1)\Psi$$

당시 양자 역학은 슈뢰딩거 방정식과 같이 편미분으로 모든 것이 해석될 수 있을 것만 같았다. 하지만 편미분의 본질은 무한을 정수로 해석하는 정수론에 있었다.

정수로 무한에 접근하는 경우의 수와 분수로 무한에 접근하는 확률의 배경에는 대각 관계의 행렬론이 있었다. 결국 0과 ∞의 두 관계가 정수적 입자와 분수적 파동의 두 눈을 만들었다.

물리학은 수학적인 입자를 **연산자**라고도 말한다. 이는 그 입자가 수학적 함수로 정의되어 있고, 시공간의 환경에 따라 수리적 계산에 의해 변형이 가능하기 때문이다.

엄밀함을 고집하는 학자는 연산자와 구분해야 한다고 강조하기도 한다. 엄밀한 논리는 스스로 프레임을 만들고 가두면서 절대성을 확보하려는 습관이 있다.

관점에 따라 해석을 유연하게 하는 회전논리 속 선분논리는 상대적 의사소통을 배경에 두고 '서수한무...' 보다는 간단하고 직감적인 용어를 사용한다.

각운동량은 회전 운동 관점의 부산물이다. 인간은 동그란 지구 속에서 땅을 딛고 직선 운동을 하기 때문에 직선 운동으로 회전 운동을 해석했다. 그러면서 **구면계 회전 변환**의 해석과 같이 왜곡 현상을 기이하게 여기고 각도의 무늬를 해석해 왔다.

회전 운동과 직선 운동의 차이는 원과 직선의 세계관의 차이에서 분기한다. 그래서 그 차이를 각도로 보는 관점과 반지름으로 보는 관점, 두 갈래가 생긴다.

그중 친밀한 직선인 반지름 관점이 우선이고, 그다음이 각도의 관점이다. 반지름의 해석은 직관적이지만 각도와 논리가 얽혀 있다. 그리고 각도는 삼각형의 선분 관계로 해석했으므로 원을 모두 직선으로 해석한 결과를 얻는다.

원은 다시 2차원의 원과 3차원의 구체, 두 단계에 걸친 해석 과정을 거친다. 각운동량도 2차원 원과 3차원 구체의 해석 과정을 거치는데, 원은 하나의 각도 논리고 구체는 두 각도의 논리다.

파동 방정식은 3차원을 목표로 향하는 논리여서 2차원 입자의 관계로 3차원을 형성하는 구조를 가지게 된다. 그래서 제곱수가 나타나고, 제곱수는 복소수를 배경에 두며, 제곱의 입자 분석은 2차 편미분 논리를 사용하게 된다.

입자로 존재할 수 있는 논리는 =0 이 성립해야 하므로 2차 편미분 방정식이 파동 방정식의 꼭대기에 자리 잡는다. 정상에 오르고 나면 산 아래를 보면서 논리의 시작이었던 정수의 눈으로 정리한다.

3차원에서 각운동량은 XYZ축과 같이 세 직교 축의 관계로 해석할 수 있다. 미시의 세계는 어떤 공간인지 모르는 상태에서 논리로 접근해야 하고, 복소평면의 논리로 무한 차원으로 확장할 수 있는 i, j, k 사원수를 사용하기도 한다.

$$\mathbf{L} = L_x + L_y\mathbf{i}, \quad \mathbf{L} = L_x\mathbf{i} + L_y\mathbf{j} \quad : 2D$$

$$\mathbf{L} = L_x\mathbf{i} + L_y\mathbf{j} + L_z\mathbf{k} \quad : 3D$$

각운동량에 대한 논리는 오일러의 각속도 해석에서 시작됐다. 2차원과 3차원의 각속도 결과물은 근원 알고리즘이 원을 회전의 시공간으로 해석했기 때문에 서로 비슷한 무늬를 한다.

$$\mathbf{r} = (r\cos\varphi, r\sin\varphi)$$

Angular Velocity 2D

$$\omega = \frac{d\phi}{dt} = \frac{v_\perp}{r} = \frac{v \sin \phi_v}{r} \ , \quad v_\perp = v \sin \phi_v$$

$$\therefore \ \nabla_{xy} \times \mathbf{X} = \mathbf{Z} \ , \quad \nabla \times \hat{r} = \hat{\omega} = \hat{\mathbf{z}} \ , \quad r \perp \omega$$

Angular Velocity 3D

$$\omega_Z = \frac{d\varphi}{dt} = \frac{v_\perp}{\rho} = \frac{v \sin \varphi_v}{\rho} \ , \quad v_\perp = v \sin \varphi_v$$

$$\therefore \ \nabla_{xy} \times \mathbf{X} = \mathbf{Z} \ , \quad \nabla \times \hat{\rho} = \hat{\omega} = \hat{\mathbf{z}} \ , \quad x \cos \varphi = \rho \perp \omega = z$$

각운동량과 에너지를 단위계의 관점에서 탐사해 보면, 그 차이가 시간에 있음을 알 수 있다. 질량 kg, 거리 m 을 시간 s 로 나누었다는 것은 시공간을 시간으로 쪼개어 동시공간 입자를 생각했다는 의미다.

여기에 시간 s 를 곱하거나 적분한다는 것은 동시공간 입자에 시간을 흐르게 한 시공간 입자를 만드는 일이다. 그런데 이 **결과 입자** 또한 시간을 멈춘 상태이므로 다시 관점 전환을 하면 동시공간 입자가 되기도 한다.

이렇게 보면 **시간 파동 방정식**은 관점에 따라 **시공간 입자**이면서 **동시공간 입자**가 된다.

I : 관성모멘트 (Moment of Inertia)

$$\mathbf{L} = I\omega = \mathbf{r} \times \mathbf{p} \quad [\text{kg} \cdot \text{m}^2/\text{s}]$$

$$E = mc^2 = pc = hf \quad [J]$$

$$[L_\omega] = [\text{kg} \cdot \text{m}^2/\text{s}], \quad [J] = [\text{kg} \cdot \text{m}^2/\text{s}^2]$$

$$\therefore [L_\omega] = [J \cdot s] = \int_{[s]} [J], \quad [J] = [L_\omega/s] = [L_\omega]\frac{\partial}{\partial t}$$

$$\therefore L \stackrel{@}{=} \int_t \Psi_z E = \int_t i\hbar \frac{\partial}{\partial t} \Psi_z = i\hbar \Psi_z \stackrel{@rz}{=} \pm i\hbar r$$

각운동량에 대한 다양한 해석을 인간이 알기 쉽게 기하적으로 표현한 것이 선분논리의 오비탈 각운동량 모형이다.

XY평면에서 회전하여 Z축의 양방향으로 쌍원뿔 무늬를 그리며 회전하고 입자성을 드러낸다.

그래서 회전논리가 안에서 밖을 보면 쌍원뿔로 보이고 밖에서 안을 보면 구체가 된다고 표현한다.

오비탈의 중앙에 있는 원반은 그 짝인 켤레가 자기 자신이다. 이 때문에 무리수의 눈과 정수의 눈 사이에 부스러기 현상이 나타난다.

행렬 역학은 정수의 눈으로 무한계를 해석하기 때문에, 부스러기를 무시하는 방법으로 무한계의 특성을 단정짓는 재능이 있다.

반면 부스러기는 그대로 남아 연쇄반응을 한 끝에 예기치 않는 현상을 일으키곤 한다. 이런 부스러기가 각운동량 제곱을 역산하면서 발생하는 무리수다.

$\ell = 2$ 일 경우 정수의 눈에는 음이 아닌 정수가 {0, 1, 2} 3 가지인데, $\ell(\ell+1)$ 의 루트 값은 3보다 작은 2.449... 무리수로 나타난다. 이 부스러기를 추스르는 것이 바로 h-bar 이고, h-bar 속에는 2π 가 있어 입자성을 보존한다.

$$\ell = 2, \quad L = \sqrt{\ell(\ell+1)}\hbar = \sqrt{2\cdot 3}\hbar = \sqrt{6}\hbar \approx 2.449...\hbar$$

$$d: \ell = 2, \ m_\ell = 0, \pm 1, \pm 2, \ n(|m_\ell|) = 3$$

$$d: \ell \cdot n(|m_\ell|) = 6 = \lambda_2^2, \ n(m_\ell) = 5, \ n(e) = 10$$

$$n(|m_\ell|) = \ell + 1 = 3 \approx \sqrt{6} = \sqrt{\ell(\ell+1)}$$

그러나 선 스펙트럼이 자기장에 의해 갈라지는 **제이만 효과**는 음이 아닌 자기 양자수 $\ell+1$ 을 취하는 것으로 설명이 가능케 된다.

음이 아닌 정수는 0을 포함한 양음 켤레 정수를 의미한다. 여기서도 스핀이 양음 켤레성을 가진다는 것을 알 수 있다.

참고로 선분논리는 전자껍질과 오비탈을 구분하여 말하기를 좋아하지만, 그 모양이 다르다고 해서 에너지 준위의 개념이 달라진 것은 아니다.

다만 전자껍질은 1차원적인 해석이고 오비탈은 3차원적 해석이라는 점에 차이가 있을 뿐이다.

에너지 자체는 본래 무차원이다. 에너지를 기하적 관점에서 어떻게 해석하느냐에 따라 점, 선, 면, 입체 등으로 그릴 수 있다.

그중 에너지를 변화량으로 해석하기 쉬운 가장 단순한 방법이 1차원의 선이고, 선들을 모아 변화 과정을 분석하기에 적합한 모형이 2차원 평면에 선들을 나열하는 방식이다.

이것이 에너지 준위를 보어의 전자껍질로 설명하는 이유다. 전자의 에너지 변화를 입체적으로 그리면 신비롭게 관람할 수는 있지만 분석하기에는 매우 복잡하다.

$$\text{Quantization Axis } L_{xyz}$$
$$L = (L_x, L_y, L_z), \quad L_z = m_\ell \hbar$$

$$L = \sqrt{\ell(\ell+1)}\hbar \approx \left(\ell+\frac{1}{2}\right)\hbar$$
$$\sqrt{\ell(\ell+1)} \approx \left(\ell+\frac{1}{2}\right), \quad \ell = n(m_{>0})$$

$$n(m_0) = 1, \quad n(m_{0+}) = \frac{1}{2}, \quad n(m_{0-}) = \frac{1}{2}$$

$$n(m_\ell) = 2\ell + 1 \quad : \text{Magnetic States Count}$$

$$n(m_s) = 2s + 1 \quad : \text{Magnetic Spin Count}$$

$$s_z = m_s \hbar \quad : \text{Spin Z Projection}$$

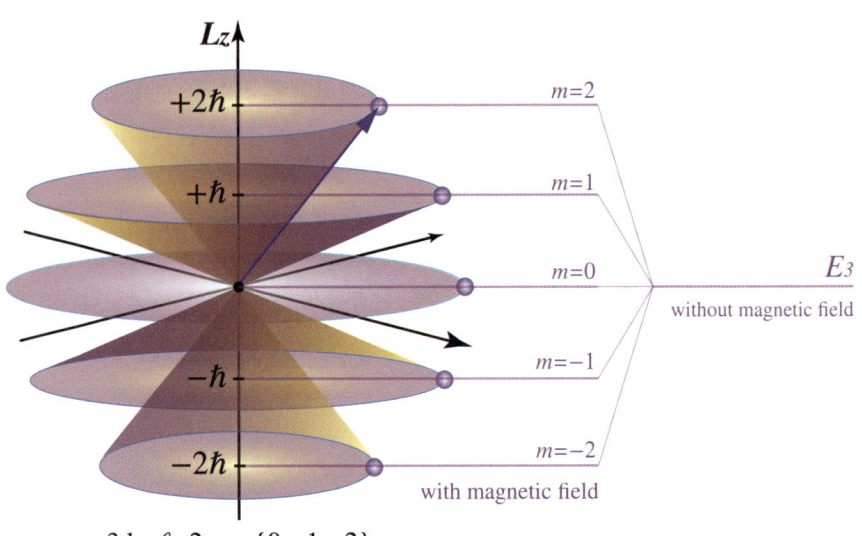

3d : $\ell = 2$, $m = \{0, \pm 1, \pm 2\}$
3d orbital angular momentum

제이만 효과는 보어의 전자껍질 하나가 자기장의 간섭으로 여러 개로 쪼개지는 현상에서 유래한 것으로 해석했다.

우리는 이런 현상을 **전자껍질 분기 현상**이라 부를 것이다. **전자껍질 분기 현상**은 전자껍질이 $2\ell+1$ 개로 분기한다.

$$n(|m_\ell|) = \ell + 1 \quad : \text{Half Magnetic Count}$$

$$\frac{1}{2}n(e) = n(m_\ell) = 2\ell + 1 \quad : \text{Magnetic States Count}$$

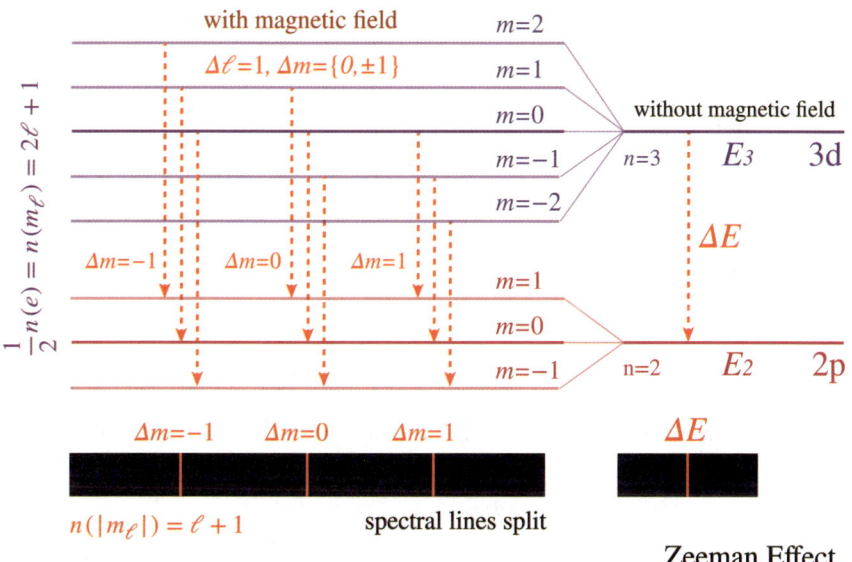

Zeeman Effect

전자껍질은 에너지 준위의 관점에서 선 스펙트럼을 해석한다. 전자는 에너지 준위를 낮추면서 위치 에너지 차이만큼 에너지를 방출하고, 방출 에너지는 선 스펙트럼으로 나타난다.

자기 양자수를 포함하여 3d 전자껍질에서 2p 전자껍질로 에너지 준위가 떨어지는 경우의 수를 정리하면, 제이만 효과의 선 스펙트럼 개수와 일치한다. 그 개수가 $\ell+1$ 이다. 따라서 전자껍질 분기 현상은 원론적으로는 $2\ell+1$ 이라 말할 수 있고, 결과론적으로는 $\ell+1$ 이라 말할 수 있다.

드브로이 물질파 이론에 근거하여 처음에는 방위 양자수 ℓ 이 정수인 것으로만 생각했다.

선 스펙트럼이 홀수로 갈라지는 제이만 효과에는 정수론이 문제가 없었지만, 짝수로 갈라지는 제이만 효과를 만나면서 $2\ell+1$ 이 짝수가 돼야 하는 상황에 봉착했다.

이런 현상이 선분논리의 선언에 의한 **프레임 갇힘**이다. 정수라는 프레임이 없다면 1/2 을 적용하는 것이 자연스럽다.

수론에서 복소수 속에 실수와 허수가 상호 작용으로 존재하고, 실수 속에 유리수와 무리수가 동시 상대로 존재한다. 그리고 유리수 속에는 정수와 반(反)정수가 있다.

> 반(反)정수 : 정수와 상대, 정수 아닌 유리수
> 반(半)정수 : 정수의 1/2

정수의 상대인 반(反)정수는 둘로 쪼개지는 1/2 에서 논리의 시간이 시작된다. 따라서 유리수 기반 없이 정수는 존재할 수 없으며 반정수와 상호작용하여 무한계에 연결된다.

선분논리도 쌍극자 모멘트라는 역학적 논리를 도모하여 반(半)정수 스핀이라는 개념을 수용한다. 이후 제이만 효과는 홀수 선 스펙트럼을 **정상 제이만 효과**라 부르고, 짝수 선 스펙트럼을 **비정상 제이만 효과**라 부르게 됐다.

Normal Zeeman Effect
정상 제이만 효과, 홀수 선 스펙트럼

Anomalous Zeeman Effect
비정상 제이만 효과, 짝수 선 스펙트럼

$$n(m_\ell) = 2\ell + 1 = \frac{1}{2}n(e)$$

$$n(|m_\ell|) = \ell + 1, \quad \ell_s = \frac{1}{2}\ell = \lambda_s \cdot \ell \quad \therefore \lambda_s = \frac{1}{2} @ s$$

$$s = \frac{1}{2} \quad : \text{Spin quantum number}$$

$$m_s = \pm \frac{1}{2} \quad : \text{Magnetic Spin quantum number}$$

이런 자기장과 스핀의 관계에 관점을 둔 것이 **자기 스핀 양자수**이고, 그 값을 $2s+1$ 로 표현하기도 한다. 이는 기존의 방위 양자수 ℓ 을 정수로 정의한 선분논리의 선언을 유지하면서 반정수 스핀 s 에 대한 논리와 구분하기 위한 방책이다.

$$\frac{1}{2}n(e) = n(m_\ell) = 2\ell + 1 \quad : \text{Magnetic States Count}$$

$$n(m_s) = 2s + 1 \quad : \text{Magnetic Spin Count}$$

선분논리가 $\ell(\ell+1)$ 각운동량을 행렬 차원수 또는 다항식의 선형결합으로 해석한 것은 공전과 같은 큰 회전의 해석만을 생각한 것이다. 여기에 작은 회전인 자전 개념을 더해야 완전한 각운동량의 구조가 완성된다.

그래서 선분논리는 전체 각운동량 J 로 표현하여 일반적인 공전에 대한 각운동량 L 과 구분했다. 따라서 전체 각운동량 J 는 공전 각운동량 L 과 자전 각운동량 S 를 합한 것으로 정리한다.

Spin Angular Momentum

$$\mathbf{S} = (S_x, S_y, S_z)$$

$$S = \hbar\sqrt{s(s+1)} = \frac{h}{2\pi}\sqrt{\frac{n}{2}\frac{(n+2)}{2}} = \frac{h}{4\pi}\sqrt{n(n+2)}$$

Total Angular Momentum

$$\mathbf{J} = \mathbf{L} + \mathbf{S}$$

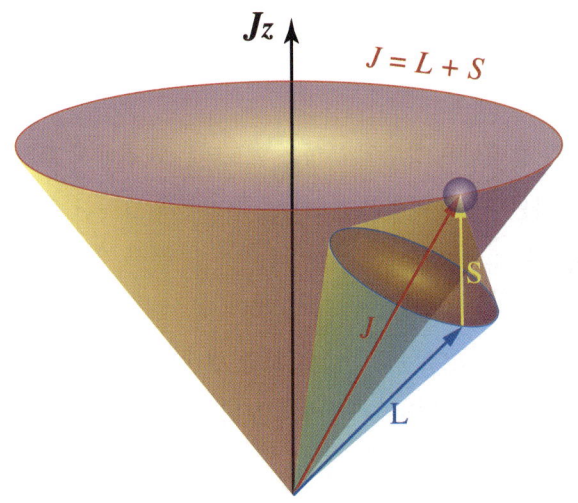

J : Total Angular Momentum
L : Orbital Angular Momentum
S: Spin Angular Momentum

양자 세계의 여행 코스는 인간의 짧은 역사이지만 논리의 세부 가지가 적지 않다. 그래서 부분만 보면 혼돈의 카오스 회오리가 나타나 미로가 만들어지기 일쑤다. 그중 스핀 양자수의 누락이 대표적이다.

이런 카오스 회오리는 모두 허수와 실수가 만나 양/음의 켤레성이 나타나는데 기원이 있다.

자전 스핀을 포함한 전체 각운동량 모형은 스핀의 원뿔과 오비탈 원뿔이 **두 원뿔 BiCone** 의 무늬를 그려 전체 각운동량 벡터가 입자로 존재할 수 있게 한다. 만일 **쌍원뿔 Double Cone** 의 무늬를 그린다면 허수계와 같이 시간은 흐르나 관점에 따라 입자로 보이지 않을 수 있다.

스핀의 켤레성은 정수의 특성을 깨뜨리는 지점에서 무한의 부스러기가 나타난다. 그 지점은 $m=0$ 인 지점에서 그려진 원반이 켤레성을 가질 때였다.

0을 쪼갤 수 없다는 관점에서 보면 켤레성이 자기 자신의 복제로 보이고, 쪼갤 수 있다는 관점에서 보면 켤레성이 반정수 1/2 로 나타난다.

이는 +0과 −0으로 0이 쪼개지는 현상을 반정수의 관점으로 해석한 결과이기도 하다. 기본 단위는 쪼갤 수 없어야 하지만 이는 프레임에 갇힌 세계 속에서만 통용되는 규칙이다.

시공간 입자를 창조하는 것은 0과 ∞의 두 관계였다. 반대 방향으로 시간을 흐르게 하여 다시 ∞ 입자를 쪼개면, 정수의 반쪽인 두 반정수로 쪼개진다. 이 현상을 통찰하면, 0과 ∞는 반정수의 관계로 켤레성을 해석할 수 있게 된다.

여기서 반대 방향으로 시간을 흐르게 한다는 것은, 현재에서 과거로 시간을 흐르게 하는 관점이 아니라, 관찰자의 시간은 미래로 향하고 관측 대상만 과거로 향하는 시간의 흐름이다. 즉 동영상을 거꾸로 재생하는 실험과 같은 꼴이다. 관측자까지도 시간을 거슬러 흐르게 하면 미래로 향하는 논리를 전개할 수 없다.

선분논리는 반정수 스핀을 h-bar 의 반으로 해석했고, 이를 스핀의 Z 성분으로 구체화하여 **양자 투사 스핀**이라 불렀다. 이런 반정수 스핀의 특성을 가진 입자를 **반정수 입자**라 부른다. 그 대표적인 입자가 **전자**다.

Z 성분 각운동량 Spin-Up/Down

$$s_z = \pm \frac{1}{2}\hbar$$

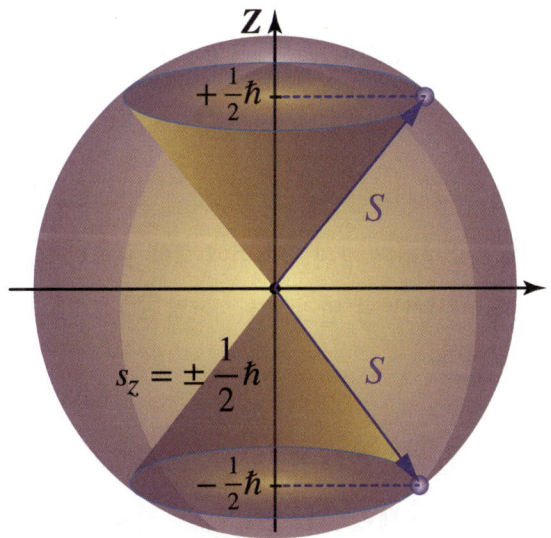

Quantum projection Sz : spin half particles

$s = \dfrac{1}{2}$: Spin quantum number

$$m_s = \pm \frac{1}{2} \quad : \text{Magnetic Spin quantum number}$$

$$s_z = m_s \hbar \quad : \text{Spin Z Projection}$$

$$s_z = \pm \frac{1}{2} \hbar \quad : \text{Hydrogen Spectrum}$$

스핀 양자수 s 는 관점에 따라 **1/2 반정수**라고도 하고, 업/다운 스핀의 관점에서는 **±1/2 자기 스핀 양자수**라고도 말한다.

Z축에 투사한 사영 공간의 관점에서 $\hbar$-bar 단위를 사용하여 스핀 양자수를 말하기도 한다.

회전 운동의 관점에서 모멘텀, 운동량으로 해석하여 논리를 전개할 수 있는데, 그 결과는 방위 양자수에 대한 모멘텀 원리와 같다. 단지 자연수를 사용하느냐 반정수를 사용하느냐에 차이가 있을 뿐이다.

이는 앞서 언급한 바와 같이 궤도의 공전과 자전이 모두 각도의 회전 운동 알고리즘이기 때문이다.

Electron Spin Angular Momentum

$$\|\mathbf{S}\| = \hbar\sqrt{s(s+1)} = \hbar\sqrt{\frac{1}{2}\left(\frac{1}{2}+1\right)} = \frac{\sqrt{3}}{2}\hbar$$

$n(m_s) = 2s + 1$: Magnetic Spin Count

이런 스핀 양자수에 대한 논리를 표준 모형에 적용하면 **스핀** 0은 힉스 입자이고, **스핀** 1은 양성자, 글루온, Z/W 보손이며, **반정수 스핀**은 쿼크와 렙톤이 된다.

Spin quantum numbers

Spin 0 : Higgs

Spin 1 : Photon, Gluon, Z/W boson

Spin Half : Quarks (Up/Down, Charm/Strange, Top/Bottom)
, Leptons (Electron, Muon, Tau, -Neutrino)

Quantum Numbers

n : Principal quantum numbers
ℓ : Azimuthal quantum numbers
$m = m_\ell$: Magnetic quantum numbers
m_s : Spin quantum numbers

$$0 \leq \ell \leq n-1, \quad -\ell \leq m_\ell \leq \ell, \quad m_\ell = 0, \cdots, \pm \ell, \quad m_s = \pm \frac{1}{2}\hbar$$

Atomic Orbitals
sharp, **p**rincipal, **d**iffuse, **f**undamental, **g**allant, $\cdots$

$s: \ell = 0, \ m_\ell = 0, \ n(|m_\ell|) = 1, \ \ell \cdot n(|m_\ell|) = 0 = \lambda_0^2, \ n(m_\ell) = 1, \ n(e) = 2$

$p: \ell = 1, \ m_\ell = 0, \pm 1, \ n(|m_\ell|) = 2, \ \ell \cdot n(|m_\ell|) = 2 = \lambda_1^2, \ n(m_\ell) = 3, \ n(e) = 6$

$d: \ell = 2, \ m_\ell = 0, \pm 1, \pm 2, \ n(|m_\ell|) = 3, \ \ell \cdot n(|m_\ell|) = 6 = \lambda_2^2, \ n(m_\ell) = 5, \ n(e) = 10$

$f: \ell = 3, \ m_\ell = 0, \pm 1, \pm 2, \pm 3, \ n(|m_\ell|) = 4, \ \ell \cdot n(|m_\ell|) = 12 = \lambda_3^2, \ n(m_\ell) = 7, \ n(e) = 14$

$g: \ell = 4, \ m_\ell = 0, \pm 1, \cdots, \pm 4, \ n(|m_\ell|) = 5, \ \ell \cdot n(|m_\ell|) = 20 = \lambda_4^2, \ n(m_\ell) = 9, \ n(e) = 18$

$h: \ell = 5, \ m_\ell = 0, \pm 1, \cdots, \pm 5, \ n(|m_\ell|) = 6, \ \ell \cdot n(|m_\ell|) = 30 = \lambda_5^2, \ n(m_\ell) = 11, \ n(e) = 22$

$i: \ell = 6, \ m_\ell = 0, \pm 1, \cdots, \pm 6, \ n(|m_\ell|) = 7, \ \ell \cdot n(|m_\ell|) = 42 = \lambda_6^2, \ n(m_\ell) = 13, \ n(e) = 26$

$\ell = 7, \ m_\ell = 0, \pm 1, \cdots, \pm 7, \ n(|m_\ell|) = 8, \ \ell \cdot n(|m_\ell|) = 56 = \lambda_7^2, \ n(m_\ell) = 15, \ n(e) = 30$

Azimuthal & Magnetic Orbital Relations

$n(m_\ell) = 2\ell + 1$: Magnetic States Count

$n(|m_\ell|) = \ell + 1$: Half Magnetic Count

$$n(e) = n(m_\ell) \cdot 2 = 2 \cdot (2\ell + 1)$$

$n(e) = 2 \cdot (2\ell + 1)$: Orbital Electron Capacity

$$|m_\ell| \le \ell, \quad n(|m_\ell|) = \ell + 1$$

$\ell \cdot n(|m_\ell|) = \ell(\ell + 1) = \lambda_\ell^2$: Matrix Dimension

$$\frac{\partial}{\partial r}\left(r^2 \frac{\partial}{\partial r}\right) = \lambda = \frac{\partial}{\partial r} 2r = 1 \times 2 = 1 \times (1+1) \stackrel{@}{=} \ell(\ell+1)$$

$$\ell(\ell+1) = \lambda_\ell^2 \stackrel{@}{=} \lambda = \frac{\partial}{\partial r}\left(r^2 \frac{\partial}{\partial r}\right)$$

$$\ell(\ell+1) = \lambda_\ell^2$$

$\therefore \ell = \lfloor \sqrt{\lambda_\ell^2} \rfloor = \lfloor |\lambda_\ell| \rfloor$: floor of λ

$$\lambda_\ell^2 = \ell(\ell+1)$$

$$\lambda_\ell = \pm\sqrt{\ell(\ell+1)} \approx \pm\left(\ell + \frac{1}{2}\right)$$

Azimuthal Angular Momentum

L : Angular Momentum

r : Position , **p** : Momentum

$$\mathbf{L} = \mathbf{r} \times \mathbf{p}$$

$$\mathbf{L} = \mathbf{r} \times \mathbf{p} \stackrel{@}{=} \mathbf{r} \times n\nabla$$

$$\mathbf{L} = L\hat{\mathbf{L}} = L(\hat{\mathbf{r}} \times \nabla) \quad \therefore \hat{\mathbf{L}} = (\hat{\mathbf{r}} \times \nabla)$$

$$\mathbf{r} = r\hat{\mathbf{r}}, \quad \mathbf{r} \times \nabla = r(\hat{\mathbf{r}} \times \nabla), \quad \mathbf{L} = L\hat{\mathbf{L}} = i\hbar(\mathbf{r} \times \nabla)$$

$$\mathbf{L} = L\hat{\mathbf{L}} = \underline{i} \quad \underline{\hbar} \; \underline{(\mathbf{r} \times \nabla)}$$

from Imaginary Unit   r Curl

Up & Down Conjugate Vector

$$\mathbf{L} \stackrel{@}{=} \mathbf{L}_z = \pm i\hbar(\mathbf{r} \times \nabla)$$

$$\therefore \mathbf{L} = -i\hbar(\mathbf{r} \times \nabla)$$

$$\mathbf{L}^2 = \mathbf{L}\bar{\mathbf{L}} = -i\hbar(\mathbf{r} \times \nabla) \cdot i\hbar(\mathbf{r} \times \nabla), \quad \mathbf{L}^2 = \hbar^2(\mathbf{r} \times \nabla)^2$$

$$\mathbf{L} = \left(L_x, L_y, L_z\right), \quad \mathbf{r} = \left(r_x, r_y, r_z\right)$$

$$\ell \cdot n(|m_\ell|) = \ell(\ell+1) = \lambda_\ell^2 \quad : \text{Matrix Dimension}$$

$$L^2 = \ell(\ell+1)\hbar^2, \quad L = \sqrt{\ell(\ell+1)}\hbar$$

$$\mathbf{L}^2 \Psi = \hbar^2 \ell(\ell+1)\Psi$$

Dimensional Momentum

$$\mathbf{L} = L_x + L_y \mathbf{i}, \quad \mathbf{L} = L_x \mathbf{i} + L_y \mathbf{j} \quad : 2D$$

$$\mathbf{L} = L_x \mathbf{i} + L_y \mathbf{j} + L_z \mathbf{k} \quad : 3D$$

$$\mathbf{r} = (r \cos(\varphi), r \sin(\varphi))$$

Angular Velocity 2D

$$\omega = \frac{d\phi}{dt} = \frac{v_\perp}{r} = \frac{v \sin \phi_v}{r}, \quad v_\perp = v \sin \phi_v$$

$$\therefore \nabla_{xy} \times \mathbf{X} = \mathbf{Z}, \quad \nabla \times \hat{\mathbf{r}} = \hat{\omega} = \hat{\mathbf{z}}, \quad \mathbf{r} \perp \omega$$

Angular Velocity 3D

$$\omega_Z = \frac{d\varphi}{dt} = \frac{v_\perp}{\rho} = \frac{v \sin \varphi_v}{\rho}, \quad v_\perp = v \sin \varphi_v$$

$$\therefore \nabla_{xy} \times \mathbf{X} = \mathbf{Z}, \quad \nabla \times \hat{\rho} = \hat{\omega} = \hat{\mathbf{z}}, \quad x \cos \varphi = \rho \perp \omega = z$$

Quantization Axis L_{xyz}

$$L = (L_x, L_y, L_z), \quad L_z = m_\ell \hbar$$

$$L = \sqrt{\ell(\ell+1)} \hbar \approx \left(\ell + \frac{1}{2}\right) \hbar$$

$$\sqrt{\ell(\ell+1)} \approx \left(\ell + \frac{1}{2}\right), \quad \ell = n(m_{>0})$$

$$Y = \frac{1}{\sin \theta} \frac{\partial}{\partial \theta} \left(\sin \theta \frac{\partial}{\partial \theta} \right) + \frac{1}{\sin^2 \theta} \frac{\partial^2}{\partial \varphi^2} = -\lambda = -\ell(\ell+1) = -\frac{L^2}{\hbar^2}$$

SI Unit Momentum

$$\mathbf{L} = I\omega = \mathbf{r} \times \mathbf{p} \quad [\text{kg} \cdot \text{m}^2/\text{s}], \quad E = mc^2 = pc = hf \quad [J]$$

$$[L_\omega] = [\text{kg} \cdot \text{m}^2/\text{s}], \quad [J] = [\text{kg} \cdot \text{m}^2/\text{s}^2]$$

$$\therefore [L_\omega] = [J \cdot s] = \int_{[s]} [J], \quad [J] = [L_\omega/s] = [L_\omega]\frac{\partial}{\partial t}$$

$$\therefore L \stackrel{@}{=} \int_t \Psi_z E = \int_t i\hbar \frac{\partial}{\partial t} \Psi_z = i\hbar \Psi_z \stackrel{@rz}{=} \pm i\hbar r$$

$$\ell = 2, \quad L = \sqrt{\ell(\ell+1)}\hbar = \sqrt{2 \cdot 3}\hbar = \sqrt{6}\hbar \approx 2.449... \hbar$$

$$d: \ell = 2, \; m_\ell = 0, \pm 1, \pm 2, \; n(|m_\ell|) = 3, \; \ell \cdot n(|m_\ell|) = 6 = \lambda_2^2, \; n(m_\ell) = 5, \; n(e) = 10$$

$$n(|m_\ell|) = \ell + 1 = 3 \approx \sqrt{6} = \sqrt{\ell(\ell+1)}$$

$$\therefore \ell = \lfloor \sqrt{\lambda_\ell^2} \rfloor = \lfloor |\lambda_\ell| \rfloor \quad : \text{floor of } \lambda$$

Electron Spin Half

$$n(m_0) = 1, \quad n(m_{0+}) = \frac{1}{2}, \quad n(m_{0-}) = \frac{1}{2}$$

$n(m_\ell) = 2\ell + 1$: Magnetic States Count

$n(m_s) = 2s + 1$: Magnetic Spin Count

$n(|m_\ell|) = \ell + 1$: Half Magnetic Count

$\frac{1}{2} n(e) = n(m_\ell) = 2\ell + 1$: Magnetic States Count

$$n(m_\ell) = 2\ell + 1 = \frac{1}{2} n(e)$$

$$n(|m_\ell|) = \ell + 1, \quad \ell_s = \frac{1}{2}\ell = \lambda_s \cdot \ell \quad \therefore \lambda_s = \frac{1}{2} \stackrel{@}{=} s$$

$s_z = \pm \frac{1}{2} \hbar$: Z Component angular momentum

$s = \frac{1}{2}$: Spin quantum number

$m_s = \pm \frac{1}{2}$: Magnetic Spin quantum number

$s_z = m_s \hbar$: Spin Z Projection

$s_z = \pm \frac{1}{2} \hbar$: Hydrogen Spectrum

Spin Angular Momentum

$$\mathbf{S} = (S_x, S_y, S_z)$$

$$S = \hbar\sqrt{s(s+1)} = \frac{h}{2\pi}\sqrt{\frac{n}{2}\frac{(n+2)}{2}} = \frac{h}{4\pi}\sqrt{n(n+2)}$$

Total Angular Momentum

$$\mathbf{J} = \mathbf{L} + \mathbf{S}$$

Electron Spin Angular Momentum

$$\|\mathbf{S}\| = \hbar\sqrt{s(s+1)} = \hbar\sqrt{\frac{1}{2}\left(\frac{1}{2}+1\right)} = \frac{\sqrt{3}}{2}\hbar$$

$n(m_s) = 2s + 1$: Magnetic Spin Count

Spin Quantum Numbers

Spin 0 : Higgs

Spin 1 : Photon, Gluon, Z/W boson

Spin Half : Quarks (Up/Down, Charm/Strange, Top/Bottom)
, Leptons (Electron, Muon, Tau, -Neutrino)

원자 에너지 속으로
Diving Into Atomic Energy

인간이 원자의 실체에 접근한 것은 눈에 보일 듯 말 듯 한 기체에 대한 탐험에서 시작한다. 기체에 대한 논리는 인간이 인지할 수 있는 기체의 속성을 수집하는 것으로 기체의 윤곽을 잡아간다.

무엇인지 알 수 없어 정의되지 않은 객체를 알아내는 방법 중에는 무한 알고리즘에서 사용하는 **메타 방법론**이 있다. 기체의 경우도 메타 논법에 해당하고, 원자나 전자 등의 실체를 알아가는 과학적 접근도 **메타 접근법**이다.

메타 Meta 논법은 객체를 무엇이라 정의하지 않고 속성을 붙여가며 변화무상 變化無常 한 만물을 창조하는 논리의 흐름을 말한다.

기체의 윤곽은 기체 입자들의 관계로 나타나는 그룹 공간 현상 중 부피, 압력, 온도의 관계를 정리한 볼츠만 상수에 베이스캠프가 있다. 이 지역 주변을 둘러보면 아보가드로의 이상기체가 우뚝 서 있다.

Boltzmann constant

$$pV = nRT, \quad pV = NkT$$

p : pressure , V : Volume , T : absolute Temperature
n : substance amount , N : Number of gas
R : molar gas constant , k : Boltzmann constant

아보가드로 수 N, 볼츠만 상수 k 등 물리 상수들은 모두 이상적인 상태를 가정한 논리 거점들이다. 실상에서 순수한 기체나 순수한 수소만 있는 환경은 이론적 확률로만 존재할 수 있고 그 확률도 확정할 수 있는 정확한 수치가 존재할 수 없다.

이런 변동성이나 불확정성은 모두 연속된 시간의 흐름과 그 부산물들의 간섭 현상에 이유가 있다.

한편으로 기체에 대한 논리 거점을 확보하고 다른 한편에서는 빛을 분해한 스펙트럼에 대한 접근이 있었다.

기체는 물질의 관점이 명확해 보이고 가둘 수도 있지만, 빛은 맨눈으로 구분하여 하나를 잡아내기 어렵다. 광학적 논리는 반사나 굴절로 빛을 잡아내고 분광기를 이용해 그 흐름을 분해했다.

그래도 빛은 멈추지 않고 계속 어디론가 향해 간다. 잠시 시간을 멈춰 관찰하면 내 방에 있던 빛은 어디론가 사라져 버린다. 이것이 모든 물질에 대한 매개 입자인 에너지다. 차차 알아가겠지만, 에너지는 소용돌이가 시간 입자로 공간계에 나타나는 현상이다.

스펙트럼에서 입자성은 원자의 특성에 따라 나타나는 분절적 검은 선의 선 스펙트럼이다. 선 스펙트럼에 대한 의문은 수소 스펙트럼에 대한 **발머 공식**에 베이스캠프가 있다.

Balmer's formula 1885

Hydrogen spectrum lines in the Balmer series

$$\lambda = B\frac{m^2}{m^2-n^2} = B\frac{m^2}{m^2-2^2} \ , \quad n = 3,4,5,6$$

$$B = 3.645\ 0682 \times 10^{-7} \text{m} \ , \quad m,n \in \mathbb{N} \ , \quad n \geq m$$

Red λ = 656.279 nm , Cyan λ = 486.135 nm

Blue λ = 434.0472 nm , Violet λ = 410.1734 nm

발머 공식은 실험적 결과에 대한 수리적 정리라 할 수 있다. 이를 **발머 시리즈**라 부른다. 당시는 부피, 압력, 온도의 비례 관계로 물질계를 해석했다. 그리고 실험 결과를 수리적으로 정리하여 근접하는 공식을 유도하는 방법이 과학계에 유행했고, 그런 방식이 과학이라 생각했다.

파동의 원리는 원을 축분해한 오일러 공식에 논리적 근거가 있기 때문에, 스펙트럼의 논리도 원의 파동에 대한 고윳값 파장 λ 로 논리의 거점을 마련했다.

$$\frac{1}{\lambda} = \frac{4}{B}\left(\frac{1}{2^2} - \frac{1}{n^2}\right) = R_H\left(\frac{1}{2^2} - \frac{1}{n^2}\right), \quad n = 3,4,5,...$$

$$R_H \simeq \frac{4}{B} = \frac{4}{3.645\,0682 \times 10^{-7}\,\text{m}} \approx 1.097\,373\,157 \times 10^7\,\text{m}^{-1}$$

발머의 파장 공식은 얼마 지나지 않아 **뤼드베리 공식**으로 정리된다. **뤼드베리 공식**은 분모의 n 을 자연수로 삼아 선 스펙트럼의 파장들을 분류할 수 있게 해준다. $n=1$ 에서부터 리만 계열, 발머 계열, 파센 계열, 브래킷 계열, 푼트 계열, 험프리 계열 등이 있다.

이는 보어의 전자궤도에서 에너지 준위에 해당하는데, 이 당시는 아직 보어의 원자 모형이 발표되기 전이다. 하지만 직감적으로 광자 에너지에는 계단식의 양자성이 있다는 것을 알 수 있다. 다만 이론적 체계가 과학적으로 정립되지 않았을 뿐이다. 이런 양자성은 원을 근원으로 한 단위로, 동심원을 형성하는 파동의 필연적 특성이다.

Rydberg formula 1888

$$\frac{1}{\lambda} = R_H\left(\frac{1}{n_1^2} - \frac{1}{n_2^2}\right)$$

$$R_H \approx 1.096\,775\,83 \times 10^7\,\text{m}^{-1}$$

$n_1 = 1$ Lyman series

$n_1 = 2$ Balmer series, $n_1 = 3$ Paschen series

이렇듯 과학적으로 절차에 따라 정리되지 않았다고 해서 그 시대 또는 그 이전 선각자들을 굳이 몰랐다고 하기에는 무리수가 있다. 내 주변 사람들이 모르는 것을 내가 알았다거나 나만의 아이디어가 있다고 착각하는 것을 경계할 필요가 있다는 의미다.

시간은 세상을 쌍으로 만들었기 때문에 나만의 것 반대쪽에는 복제된 나만의 것이 동시에 존재한다. 단지 공간적으로 거리가 먼 것이 나만이라는 착각을 만든다.

스펙트럼의 연구에서 정점은 보이지 않는 에너지에 대한 스펙트럼이다. 이것이 흑체 연구에 대한 이슈로 작용했다. 이 에너지는 눈에 보이지 않는 에너지이니 빛이 아닌 열 에너지라고 해야 할까?

메타 논법은 모르는 것을 특정하지 않고 알고 있는 단면으로 개념화하여 이름 짓는다. 이것이 Black body 흑체다. 흑체는 파장과 온도에 대한 관계로 에너지 입자를 해석하는 논리다.

먼저 저주파에 대한 연구결과가 **빈의 법칙**으로 알려졌고, 나머지 반쪽 고주파에 대한 연구 결과가 **자외선 재앙**이라 불리는 공식으로 알려진다. 재앙이라는 용어는 당시 예기치 못한 흑체 곡선에 대한 감성이 이름으로 붙여졌다. 그만큼 당시 학자들의 연구 과정은 간단치 않았던 것으로 보인다.

Wien approximation 1896

$$I(\lambda, T) = \frac{2hc^2}{\lambda^5} e^{-\frac{hc}{\lambda k_B T}}$$

Ultraviolet catastrophe 1900

$$B_\lambda(T) = \frac{2ck_B T}{\lambda^4}$$

저주파와 고주파에 대한 공식을 합쳐 정리하고, 이론적 해석을 공식화한 거점이 플랑크 상수였다.

Planck constant

$$E_n = n(hf), \quad P_n = e^{\frac{-E_n}{k_B T}}, \quad \bar{E} = \frac{\sum E_n P_n}{\sum P_n}$$

$$B(f, T) = \frac{2hf^3}{c^2} \frac{1}{e^{\frac{hf}{k_B T}} - 1}, \quad B(\lambda, T) = \frac{2hc^2}{\lambda^5} \frac{1}{e^{\frac{hc}{\lambda k_B T}} - 1}$$

$$f = \frac{c}{\lambda}, \quad \frac{2hf^3}{c^2} \frac{df}{d\lambda} = -\frac{2hc^2}{\lambda^5}, \quad B(\lambda, T) = -B(f, T) \frac{df}{d\lambda}$$

$$h \approx 6.55 \times 10^{-34} \text{ J} \cdot \text{s} \quad : \text{Planck's result}$$

플랑크 상수는 당사자의 당시 의도와 무관하게 집단 이성의 합작품이라 할 수 있다. 플랑크 상수의 중요성은 잘 보이지 않는 미시 세계의 무엇들을 입자로 생각할 수 있게 됐다는 점이고 그 논리를 양자화라 했다.

Quantization

$$E = hf = \frac{hc}{\lambda} = \hbar\omega$$

$$\Delta E = E' - E = hf$$

파동의 양자화 논리는 선 스펙트럼이 두 에너지 준위 관계에서 위치 에너지의 차이만큼 발생하는 현상으로 이해할 수 있게 했다.

회전논리는 이를 소용돌이가 만든 동심원 속에 인접한 두 원의 관계 에너지라 해석한다.

결국 선 스펙트럼은 원의 논리 속에 있다. 동심원 속 두 원의 관계는 중심이 같고 반지름이 다른 원의 관계이므로 선 스펙트럼은 반지름에 핵심 알고리즘이 있다.

Boltzmann constant

$$pV = nRT, \quad pV = NkT$$

p : pressure , V : Volume , T : absolute Temperature

n : substance amount , N : number of gas

R : molar gas constant , k : Boltzmann constant

Balmer's formula 1885

$$\lambda = B \frac{m^2}{m^2 - n^2} = B \frac{m^2}{m^2 - 2^2}, \quad n = 3,4,5,6$$

$B = 3.645\,0682 \times 10^{-7}$ m , $m, n \in \mathbb{N}$, $n \geq m$

Red $\lambda = 656.279$ nm , Cyan $\lambda = 486.135$ nm

Blue $\lambda = 434.0472$ nm , Violet $\lambda = 410.1734$ nm

$$\frac{1}{\lambda} = \frac{4}{B} \left(\frac{1}{2^2} - \frac{1}{n^2} \right) = R_\text{H} \left(\frac{1}{2^2} - \frac{1}{n^2} \right), \quad n = 3,4,5,\ldots$$

$$R_\text{H} \simeq \frac{4}{B} = \frac{4}{3.645\,0682 \times 10^{-7}\text{ m}} \approx 1.097\,373\,157 \times 10^7 \text{ m}^{-1}$$

Rydberg formula 1888

$$\frac{1}{\lambda} = R_\text{H} \left(\frac{1}{n_1^2} - \frac{1}{n_2^2} \right)$$

$R_\text{H} \approx 1.096\,775\,83 \times 10^7$ m^{-1}

$n_1 = 1$ Lyman series

$n_1 = 2$ Balmer series , $n_1 = 3$ Paschen series

Wien approximation 1896

$$I(\lambda,T) = \frac{2hc^2}{\lambda^5} e^{-\frac{hc}{\lambda k_B T}}$$

Ultraviolet catastrophe 1900

$$B_\lambda(T) = \frac{2ck_B T}{\lambda^4}$$

Planck constant

$$E_n = n(hf), \quad P_n = e^{\frac{-E_n}{k_B T}}, \quad \bar{E} = \frac{\sum E_n P_n}{\sum P_n}$$

$$B(f,T) = \frac{2hf^3}{c^2} \frac{1}{e^{\frac{hf}{k_B T}} - 1}, \quad B(\lambda,T) = \frac{2hc^2}{\lambda^5} \frac{1}{e^{\frac{hc}{\lambda k_B T}} - 1}$$

$$f = \frac{c}{\lambda}, \quad \frac{2hf^3}{c^2}\frac{df}{d\lambda} = -\frac{2hc^2}{\lambda^5}, \quad B(\lambda,T) = -B(f,T)\frac{df}{d\lambda}$$

$$h \approx 6.55 \times 10^{-34} \text{ J} \cdot \text{s} \quad : \text{Planck's result}$$

Quantization

$$E = hf = \frac{hc}{\lambda} = \hbar\omega$$

$$\Delta E = E' - E = hf$$

두 동심원의 관계
Two Concentric Relation

소용돌이가 만드는 동심원은 무한계의 파동이 양자화되는 과정을 기하적으로 해석한 그림이다. 동심원 속 두 원의 관계는 두 입자의 관계에서 중심이 같아 겹치는 현상으로 해석할 수 있다. 그럼 동심원의 관계를 회전논리로 전개해 보자.

단 주의할 것이 있는데, 기존의 선분논리 색안경을 벗고 관람할 필요가 있다. 관람을 마친 후에는 다시 익숙한 선글라스를 써도 된다.

간혹 사람들은 과정을 보지 않고 결과만으로 0과 ∞가 같다는 회전논리를 신의 논리라고도 하고, 속임수와 같은 마술이라고도 한다. 회전논리는 원론에 있는 코어 알고리즘을 사용하기 때문에 선분논리의 눈에는 비약적 논리 전개로 보일 수 있다.

두 원의 관계는 복소수의 켤레와 같은 자기복제 알고리즘으로 만들어진 시간 관계다. 선분논리에서 힘에 대한 논리는 $F=ma$ 에 시작점이 있다.

$$F = ma = m\frac{v^2}{r}, \quad \frac{v}{r} = \frac{1}{t} \stackrel{@}{=} r$$

가속도 a 는 속도를 시간으로 나눈 것이고 시간은 연관된 길이와 역수 관계에 있다. 입자 1 을 t 시간으로 쪼개면 관계의 길이 r 이 된다. 이 관점은 전체 수량이 1인 입자 속의 시간과 길이 공간의 관계에서 나온 관계식이다.

반대로 시간과 길이 공간을 곱하여 둘 간의 관계로 생성된 시공간이 1이라는 동시공간이다. 이는 밖에서 안을 들여다보는 시공간 알고리즘이다.

입자 1의 세계에서는 선분논리에서 말하는 힘 $F=ma$ 와 각운동량 $L=mvr$ 이 같은 동시공간 입자를 생성한다. 이 말은 직선 운동의 힘과 원운동의 각운동량이 관점에 따라 달라 보이지만 실체는 하나라는 것을 의미한다.

Paired Relation

$$\because \frac{v}{r} = \frac{1}{t} \stackrel{@}{=} r$$

$$F = ma = m\frac{v^2}{r} = mv\frac{v}{r} = mv\frac{1}{t} \stackrel{@}{=} mvr = L$$

힘 F 와 각운동량 L 은 90도 차원 관계에 있기 때문에 같은 수량을 가진다. 이 말은 그 세계에는 90도 이외의 다른 각도 개념이 없다는 전제를 암시한다. 이것을 선분논리에서는 힐베르트 공간 속에서 성립한다고 말한다.

회전논리의 또 다른 관점에서 힘 $F=ma$ 는 차원을 이탈하지 않았기 때문에 내적에 해당하고, 각운동량 $L=mvr$ 은 차원을 도약하기 때문에 외적에 해당한다.

선분논리도 힘과 각운동량을 내적과 외적으로 볼 수 있지만, 이는 국소적 프레임 속에 갇혀 있다. 그러나 무한계는 꼭짓점이 없는 원 무늬를 하면서 일대일 관계를 형성하기 때문에 내적과 외적이 대등한 관계를 형성한다.

따라서 힘은 각운동량의 굴절 현상이라 말할 수 있으므로 어떤 비례상수가 성립할 수 있다. 논리의 단순화는 수량을 1로 삼아 핵심 알고리즘을 단순화한 무늬로 정리하는 분석법이다.

두 입자의 관계를 힘의 관점에서 보면, XY평면의 형성 과정과 같이 두 입자의 힘을 곱하여 내적 관계로 기하적 무늬를 뽑아낸다. 두 입자의 관계를 일대일 대응하는 2차원 평면으로 정리하려면, 두 입자의 구성을 관점에 따라 같은 무한 입자로 설정하면 된다.

우리는 힘의 두 요소 중 가속도의 관점에서 분석할 것이므로, 두 입자의 가속도를 같은 무한대로 일대일 대응시킨다. 이 관점 논리는 선분논리의 편미분과 같은 편광 현상을 활용하는 방법이고 키클롭스의 한쪽 눈으로 윙크하는 구도다.

$$(F_1, F_2) = F_1 \cdot F_2 = m_1 a_1 m_2 a_2 = m_1 m_2 a_1 a_2$$

$$a_1 = a_2 = a \ , \ (F_1, F_2) = F_1 \cdot F_2 = m_1 m_2 a^2$$

가속도의 제곱은 가속도와 자기복제한 켤레 가속도가 관계하여 복소평면을 형성하는 원리와 같다.

가속도 자체는 나블라와 같이 실수계에 기하적 형체가 없지만, 자기복제로 제곱하면 실수계에 2차원 동시공간이 형성된다.

$$a^2 \stackrel{@}{=} \int_r R(r)\,dr \stackrel{@}{=} \int_r \nabla_r^2 \stackrel{@}{=} \pi r^2 \quad : \text{2D Circle Area}$$

$$F \stackrel{@}{=} m_1 m_2 \int_r R(r)\,dr \stackrel{@}{=} m_1 m_2 \int_r \nabla^2$$

입자 1은 왜곡 현상이 없는 근원 입자이고 이를 선분논리에서는 회전 운동으로 이해한다. 이 모양이 바로 원 모양이다. 따라서 가속도 제곱이 그리는 동시공간은 기하적으로 원의 넓이이고, 미분의 관점에서는 나블라 제곱 입자를 반지름으로 적분한 것과 같다.

이런 원리는 해석적 접근 코스가 다르지만, 선분논리도 시작과 끝이 만나 링 구조를 그리면서 근원 알고리즘에 도달할 수 있다. 그래서 원자의 반지름과 전자 궤도의 에너지 준위가 구면의 표면적과 같다는 근원 알고리즘을 이해할 수 있게 된다.

두 동심원의 관계는 뉴턴의 만유인력에도 나타났다. 만유인력은 실험적 결과로 반지름과 질량의 관계를 얻었던 것으로 알려진다.

$$F = G \frac{m_1 m_2}{r^2} \quad : \text{Newton's law G}$$

회전논리로 만유인력 관계식을 관찰하면 2차원의 관점에서 중력 상수 G 와 반지름 r 의 관계가 앞서 정리한 가속도 제곱과 같아진다.

$$F \stackrel{@}{=} m_1 m_2 \int_r R(r)\, dr \stackrel{@}{=} m_1 m_2 \int_r \nabla^2 \stackrel{@}{=} G \frac{m_1 m_2}{r^2}$$

$$a^2 \stackrel{@}{=} \int_r R(r)\, dr \stackrel{@}{=} \int_r \nabla_r^2 \stackrel{@}{=} \pi r^2 \stackrel{@}{=} \frac{G}{r^2}$$

$$\therefore \int_r \nabla^2 \stackrel{@}{=} \frac{G}{r^2}$$

중력 상수 G 는 일대일 대응하는 두 세계에 대한 일종의 상대적 비례상수다. 여기서 말하는 비례상수는 XY평면으로 일대일 대응하면서 관계하는 X축과 Y축에 대한 비례상수를 의미한다. XY 두 축 간의 비례상수는 XY평면 위에 그릴 수 있는 곡선이 무한한 만큼 관점에 따라 무한히 존재한다.

비례상수는 미분의 관점에서 기울기고, 벡터의 관점에서 방향 또는 각도를 의미한다. 일반적으로 비례상수는 하나라고 생각하는 경우가 많은데, 이는 관점인 척도가 고정됐을 때 비례상수를 생각해 왔기 때문이다.

이런 이유로 우주상수를 생각할 때 하나의 우주상수가 나와야 한다고 착각을 한다. 그러나 우주상수 또한 척도에 따라 무한히 존재할 수 있다. 물리 상수나 수학 상수도 그 배경을 찬찬히 들여다보면 척도가 정해졌기 때문에 하나의 고윳값을 가진다는 것을 알 수 있다.

중력 상수도 반지름 제곱이라는 관점이 정해졌기 때문에 존재할 수 있는 하나의 고윳값이다. 따라서 회전논리는 중력 상수를 무한계 속에서 상대적 고윳값으로 본다.

질량의 개념을 제외한 근원적 동시공간 논리에서 반지름이 커지면 중력 상수도 커진다. 반지름 제곱은 2차원 공간을 의미한다.

간혹 π 가 없는데 어떻게 원의 논리를 전개하느냐에 대한 의구심을 가지는 경우가 있다. 근원적 동시공간은 꼭짓점의 개념이 없고, 꼭짓점의 개념이 없다는 것은 원과 사각형의 구분이 없다는 것을 의미한다. 그래서 π 라는 개념도 사라진다. 이런 현상을 선분논리에서는 π 에 1을 대입한다고 해석한다.

반대로 생각하면 π 라는 개념은 꼭짓점이 만드는 불연속적 왜곡현상의 산물이다. 원에 꼭짓점을 추가하여 다각형이 만들어졌기 때문에 π 라는 무리수가 생겨났다. 따라서 π 는 본래 선분논리의 **사각 세계**와 회전논리의 **원 세계**에 대한 2차원 우주상수였다.

중력 상수는 일종의 굴절 계수와도 같다. 그렇게 만들어진 중력 상수를 반지름 제곱으로 나누면, 시간이 2차원 공간을 만드는 가속도가 된다. 그래서 **가속도**는 상대적 관계로 시간이 흘러 공간을 만드는 **메타 속성 입자**라 할 수 있다.

가속도가 공간을 만들어 입자가 되면 입자의 기본 단계인 에너지 파가 생성되고 이 에너지파는 파동의 무늬를 그리면서 열, 소리, 빛 등의 형상으로 나타난다.

돌멩이를 끝없이 돌리면 회전하는 공간에 에너지가 생기고 그 에너지가 회전하는 공간을 만든다. 이런 현상이 거시 세계에서는 태양계나 은하계를 형성하고 더 확장하면 중력계의 시공간 4차원 평면을 만든다. 미시 세계에서는 전자가 원자핵 주위를 돌아 원자 영역을 형성하는 논리로 연쇄반응을 일으킨다.

전자와 원자핵의 관계도 두 동심원의 관계이므로 만유인력과 같은 관계 방정식이 성립한다. 만유인력에서 힘의 근원은 질량이고 전자계에서 힘의 근원은 전하량이다. 두 동심원의 관계의 근원은 반지름이고, 중력과 전자력은 중력계와 전자계의 두 축 관계로 일대일 대응한다. 이에 따른 두 세계 간의 비례상수는 중력 상수와 쿨롱 상수의 비로 결정된다.

$$F = k_e \frac{q_1 q_2}{r^2} \quad : \text{Coulomb's law}$$

중력계의 경우 중력 상수 G 외에도 지구 표면을 전제로 한 중력 가속도 g 가 있다. 중력 가속도 g 는 만유인력과 $F=ma$ 를 대응시켜 구한 근사치다.

$$F = G\frac{m_1 m_2}{r^2} \stackrel{@}{=} mg \stackrel{@}{=} m_2 g, \quad g = G\frac{m_1}{r^2} = 9.8 \text{ m/s}^2$$

중력 상수와 쿨롱 상수는 질량과 전하량의 비례 차이를 SI 단위계 논리로도 해석할 수 있다. 단위계 논리를 사용하면, 전하량의 단위 쿨롱 C 와 질량의 단위 kg 간의 관계를 해석할 수도 있다.

@@ 전하량-질량 등가 원리

$$G = \frac{Fr^2}{m_1 m_2} = \frac{Nr^2}{m_1 m_2} \stackrel{@}{=} \frac{\text{kg} \cdot \text{m}}{\text{s}^2}\frac{\text{m}^2}{\text{kg}^2} = \frac{\text{m}^3}{\text{kg} \cdot \text{s}^2}$$

$$G = 6.67430(15) \times 10^{-11} \text{ m}^3 \cdot \text{kg}^{-1} \text{s}^{-2}$$

$$k_e = \frac{1}{4\pi\varepsilon_0} = 8.987\,551\,792\,3\,(14) \times 10^9 \text{ N} \cdot \text{m}^2 \cdot \text{C}^{-2}$$

$$k_e = \frac{\text{N} \cdot \text{m}^2}{\text{C}^2} = \frac{\text{kg} \cdot \text{m}}{\text{s}^2}\frac{\text{m}^2}{\text{C}^2} = \frac{\text{kg} \cdot \text{m}^3}{\text{C}^2 \cdot \text{s}^2} = \frac{\text{kg} \cdot \text{m}^3}{\text{C}^2 \cdot \text{s}^2}\frac{\text{kg}}{\text{kg}} = \frac{\text{kg}^2}{\text{C}^2}\frac{\text{m}^3}{\text{kg} \cdot \text{s}^2}$$

@@ $\quad k_e = \left[\dfrac{\text{kg}^2}{\text{C}^2}\right] G, \quad \left[\dfrac{\text{kg}^2}{\text{C}^2}\right] = \dfrac{k_e}{G}\quad$: GC Constant

단위계의 분석을 기하적으로 해석하면, 질량 제곱이 만드는 2차 평면은 쿨롱 상수 동시공간이고, 쿨롱 제곱이 만드는 2차 평면은 중력 상수 동시공간이라는 것을 알 수 있다. 우리는 이 상수를 **중력-쿨롱 상수**라 이름 붙여 둔다.

이 상수를 활용하면, 전하량을 질량으로 전환하는 **전하량-질량 등가 원리**를 만들 수 있고, 두 메타 입자의 관계를 통해 질량과 전하량의 생성 원리를 추적할 수도 있다.

두 동심원의 관계를 3차원 기하체의 관점으로 관찰한다. 원을 회전시켜 구체를 만들면, 두 입자의 관계는 구체 중심과 구체 표면의 관계가 된다. 이때 중심과 표면의 거리는 반지름이며 반지름이 **동시 관계 공간**이다. 이는 미적분에서 원에 대해 회전 적분하는 것과 같고, 그 결과는 산술적으로 구체의 표면적이 된다.

$$\oint_s f(r)\,ds = 4\pi r^2 \quad : \text{Spherical surface area}$$

역학에서 말하는 뉴턴의 만유인력이나 쿨롱 법칙은 기하적으로 해석할 때 구체 표면적에 있다. 만유인력에서 중력 상수 G 는 질량과 반지름의 두 속성 세계의 2차 평면 공간과 이상적 2차원 평면 공간 사이의 비례상수였다.

또한 이런 비례상수는 관점에 대한 굴절률이라 했다. 관점의 굴절률은 기하적 무늬로 표현할 수 있는데, 그 무늬가 구체의 표면적이다.

구체 표면적의 기본 원소는 구체 표면적을 입자 1로 삼고 표면적으로 나눈값과 같다. 확률의 원리를 수리적으로 해석한 사례에 빗대어 말하자면, 1을 전체로 나누어 확률 공간의 기본 입자를 추출하는 방식과 같은 양상이다.

$$@@ \quad \oint_s f(r)\,ds = 4\pi r^2 = 1, \quad r^2 = \frac{1}{4\pi}, \quad \frac{r^2}{\varepsilon_0} = \frac{1}{4\pi\varepsilon_0} = k_e$$

이것이 전자계의 관점에서 쿨롱 상수에 해당하는데, 선분논리의 경우 이상적인 배경 공간이 진공이라는 의미에서 진공 유전율을 곱하여 전체 공간 수량을 정의한다.

$$k_e = \frac{1}{4\pi\varepsilon_0}, \quad F = k_e \frac{q_1 q_2}{r^2} = \frac{1}{4\pi\varepsilon_0} \frac{q_1 q_2}{r^2}$$

회전논리의 관점과 같이 선분논리를 운용하면 어떤 세계의 프레임을 쉽게 벗어날 수 있다. 미시 세계의 전자계 쿨롱 법칙을 거시 세계의 뉴턴 가속도 법칙과 관계하면, 역학계와 기하계의 대칭 관점이 생긴다. 시간의 소용돌이가 속도라는 속성계를 통해 구면과 같은 공간적 기하체를 만드는 시간 여행을 할 수도 있다.

시간의 파도 위에서 서핑을 즐기다 보면, 질량과 전하량 사이를 오가면서 오일러가 말했던 에너지의 소용돌이를 찾을 수도 있을 것이다.

$$a = \frac{v^2}{r}, \quad F = ma = \frac{mv^2}{r}$$

$$\therefore \frac{1}{4\pi\varepsilon_0}\frac{q_1 q_2}{r^2} = F = \frac{mv^2}{r}$$

두 동심원의 관계를 원점과 구면의 관계로 관점 전환하면, 전자 궤도의 역학 구도와 같아진다. 이 관점에서 쿨롱 법칙을 운용해 본다. 전하량의 기본 입자를 전자 e 로 삼고, 원점의 전자와 구면 전자 간의 비례 관계로 비례상수 q 를 정한다.

$$q_1 = qe, \quad q_2 = e, \quad \frac{1}{4\pi\varepsilon_0}\frac{qe^2}{r^2} = F = \frac{mv^2}{r}$$

나중에 하나의 에너지 입자에 대한 해석에서는 자기복제의 역학구도이므로 비례상수 $q = 1$ 이 되기 때문에 전자 e 만으로 해석하기도 한다. 물론 이런 해석은 회전논리의 해석이다. 하지만 선분논리의 결과론적 해석과 다르지 않다.

$$@@ \quad q_1 = q_2 = e, \quad \frac{mv^2}{r} = F = \frac{1}{4\pi\varepsilon_0}\frac{e^2}{r^2}$$

보어의 원자 모형에 대비하면, 원점의 전자는 양성자의 양전자가 되고, 구면의 전자는 음전자가 된다.

회전논리와 선분논리의 전자에 대한 관점 차이는 0과 ∞의 관계로 보는 관점과 양음의 관계로 보는 관점에 차이가 있을 뿐이다.

쿨롱 법칙은 힘의 관점에 있다. 이 관계식을 에너지의 관점으로 확장해 본다. 선분논리의 에너지는 힘을 뉴턴 단위 N 으로 삼았고, 그 힘이 시간의 결과로 만들어진 길이 공간을 곱하여 2차 평면 공간으로 생각한다. 여기서 길이 공간은 미터 단위 m 을 척도로 삼았다.

$$\because \text{J} = \text{Nm} , \quad E = F \cdot r = mv^2$$

이와 같은 에너지는 힘이 더해졌다는 관점에서 가속도 에너지로 말하고, 힘을 보유했다는 관점에서는 등속 에너지 또는 잠재된 퍼텐셜 에너지라 말한다. 미시 세계의 전자 궤도 또는 전자 구름의 관점은 보유한 에너지의 관점으로 해석한다. 어떤 궤도나 분포가 있다는 것은 전체적 관점에서 그만큼의 시공간 입자가 존재한다는 의미다.

힘 F 에 반지름 r 을 곱하여 만들어진 에너지 공간은 구체의 부피와 같은 무늬를 그린다. 구체의 부피 공간에 전자의 전하량을 꽉 채우면 그것이 전자 에너지가 된다. 물론 여기서도 원뿔곡선과 같이 관점에 따라 점, 직선, 포물선, 타원, 원 등 다양한 무늬의 수량으로 보인다.

$$E_p = Fr = \frac{1}{4\pi\varepsilon_0} \frac{qe^2}{r^2} r = \frac{1}{4\pi\varepsilon_0} \frac{qe^2}{r}$$

회전논리는 적분의 관점에서 쿨롱 에너지를 다음과 같이 정리할 수도 있다. 원점을 0으로 삼으면 그 우주의 끝은 반지름 r 이 된다. 0 에서 반지름 r 까지 동심원을 연속적으로 적분하면 구체의 부피가 되고 일반적으로 인식 가능한 입자의 모형이 된다.

$$F = k_e \frac{q_1 q_2}{r^2}, \quad P(r) = \int_0^r F\,dr = \int_0^r k_e \frac{q_1 q_2}{r^2}\,dr = \left[-k_e \frac{q_1 q_2}{r}\right]_0^r = -k_e \frac{q_1 q_2}{r}$$

$$= \left[-k_e \frac{q_1 q_2}{r}\right]_0^r = -k_e \frac{q_1 q_2}{r} + k_e \frac{q_1 q_2}{0} = -k_e \frac{q_1 q_2}{r} \stackrel{@}{=} k_e \frac{q_1 q_2}{r}$$

$$\therefore E_p = \frac{1}{4\pi\varepsilon_0} \frac{qe^2}{r} = mv^2$$

여기에는 회전논리의 **관계없는** 0이 있다. 두 입자간의 거리는 두 입자간의 관계에 대한 수량을 의미한다. 따라서 회전논리는 두 입자간의 거리가 0이라는 것을 **관계없는** 0으로 해석한다.

$$@ \quad k_e \frac{q_1 q_2}{0} = 0 \quad : 관계없는\ 0$$

선분논리는 분모에 0이 들어가면 **불능**이라 선언하여 논리를 프레임 속에 가두었다. 그 방편으로 0이 아닌 "무한히 접근한다"는 $limit$ 논리로 해법을 찾는다. 이와 같은 $\lim\limits_{r \to \infty}$ 극한의 논리를 사용하면 거리가 0인 쿨롱 에너지는 무한대가 되어 버려 벼랑 끝에 선다.

반면 회전논리는 그 벼랑끝에서 $0 = \infty$ 의 논리가 있어 ∞에서 0으로 건너는 다리를 놓는다.

$$@ \quad k_e \frac{q_1 q_2}{0} = \infty \stackrel{@}{=} 0$$

그래도 선분논리는 나름의 방식으로 다음과 같은 해석을 동원하지만 단 하나의 원리로 연속적 논리를 전개하지는 못한다.

$$P(r) = \int_{\infty}^{r} F(r')\,dr' = \int_{\infty}^{r} k_e \frac{q_1 q_2}{r'^2} dr'$$
$$= \left[-k_e \frac{q_1 q_2}{r'}\right]_{\infty}^{r} = -k_e \frac{q_1 q_2}{r} + k_e \frac{q_1 q_2}{\infty} = -k_e \frac{q_1 q_2}{r}$$

이렇게 [∞, r] 구간으로 전개할 경우 반지름 밖에서 무한대까지의 적분이 된다. 이는 하나의 입자가 무한대 공간 안에 있는 역학 구도로 해석한 것이 되어 버린다.

본래 두 입자를 배경으로 두 입자간의 거리를 r 로 선언해 놓고 두 입자의 관계를 한 입자와 여백의 관계로 해석한 것이니 은유적 해석이라 할 수 있다. 물론 회전논리도 충분히 받아들일 수 있지만 논리의 일관성에 문제가 발생한다.

회전논리를 섭렵하고 나면 선분논리의 뜬금없는 이야기도 꿈보다 해몽처럼 잘 들어주게 된다. 논리란 어느 방향으로 전개하더라도 일관성이 유지되면 언젠가는 원점으로 돌아오게 된다.

곱에 의한 2차 평면이나 동심원의 적분으로 정리한 퍼텐셜 에너지는 동시공간 에너지다. 이 에너지 방정식을 관점에 따라 변형하면, 입자의 운동 에너지 모형이 나타난다.

$$\frac{E_p}{r} = \frac{1}{4\pi\varepsilon_0}\frac{qe^2}{r^2} = \frac{mv^2}{r} = F$$

$$\frac{1}{2}E_p = \frac{1}{8\pi\varepsilon_0}\frac{qe^2}{r} = \frac{1}{2}mv^2 = E_k$$

이런 현상은 잠재 에너지와 운동 에너지가 원뿔곡선과 같이 본질이 같고 관점에 따라 달리 이름을 붙였기 때문에 발생한 당연한 현상이다.

잠재 에너지는 고전 물리계의 자유 낙하 운동 관계에서 위치 에너지라고도 불렀다. 위치 에너지의 관점은 원점으로 향하는 구심력 방향이고, 운동 에너지는 무한대로 향하는 원심력 방향이라고 생각하여 서로 양음의 부호가 반대 방향이다.

이 관점은 논리 전개 당사자의 관점에 따라 안쪽을 양수로 삼고 바깥쪽을 음의 방향으로 생각하여 논리를 전개해도 결함이 없다.

이런 양방향의 생각은 무한계와 같은 우주에서 시작과 끝이 정해져 있는 것이 아니라, 어디든 시작점으로 삼으면 동시에 그 반대쪽이 끝점이 되고 그 끝점은 시작점에 연결되어 있기 때문에 가능하다. 이런 회전논리를 선분논리로 정리하는 방식이 조건부 표기법이다.

$$\text{sgn}(E_p) \cdot \text{sgn}(E_k) = -1$$

$$E_k = \pm \frac{1}{2} E_p \begin{cases} E_n = E_k + E_p = \frac{1}{2} E_p \geq 0, & E_k = \frac{1}{2} mv^2 = -\frac{1}{2} E_p \\ E_n = E_k + E_p = -E_k \leq 0, & -2E_k = mv^2 = E_p \end{cases}$$

$$@_1 \quad E = E_k + E_p = -\frac{1}{2} E_p + E_p = \frac{1}{2} E_p$$

$$@_2 \quad E = E_k + E_p = +E_k - 2E_k = -E_k$$

$$@@ \quad -E_k = E = \frac{1}{2} E_p$$

참고로 이 정리는 회전논리의 관점이라 선분논리가 다음과 같이 착각할 수 있다. 운동 에너지와 위치 에너지는 상대적 방향성을 가진다. 따라서 한 쪽을 양수로 취하면 반대쪽은 음수가 되는 연쇄 현상을 일으킨다. 이는 라그랑지언의 부호 해석과 같은 현상이다.

$$E = E_k + E_p \neq \frac{1}{2} E_p + E_p = \frac{3}{2} E_p$$

$$@ \quad E_k = \frac{1}{2} E_p, \quad E_p = -E_p$$

$$@@ \quad E = E_k - E_p = \frac{1}{2}E_p - E_p = -\frac{1}{2}E_p$$

선분논리는 운동 에너지와 위치 에너지를 서로 부호가 다르게 반드시 입력하도록 강요하지만 일상의 소통법과는 괴리가 있다. 회전논리는 관점에 따른 렌즈 전환이 익숙하여 두 에너지 관계를 양/음으로 표현한다.

두 동심원 관계에서 운동 에너지와 위치 에너지는 서로 부호가 다르고 위치 에너지의 절반이 운동 에너지와 같다. 이는 원자 모형의 관점에서 원자핵 주위의 전자가 둘로 쪼개져 쌍으로 존재한다는 것을 암시한다.

이런 두 동심원의 알고리즘이 기본 원리로 연쇄적 현상을 일으키면, 구면 조화파에서 방위 양자수가 양음의 자기 양자수 현상을 일으킨다.

한걸음 더 들어가 세부적으로 관찰하면, 전자의 자전이 양음으로 분기하여 전자의 스핀 양자수가 반정수로 나타나는 현상도 발견한다.

그래서 선분논리는 3차원 공전의 관점에서 자기 양자수의 양음 분기 현상을 정리하고, 3차원 자전의 관점에서 스핀 양자수의 반정수 분기 현상을 정리했던 것이다.

그러나 자전에서 반정수 현상이 일어나는 것도 관점의 분기 현상이다. 궤도의 공전과 자전은 모두 같은 하나의 회전 운동이며 두 동심원의 관계로 그 근원이 같다.

공전은 원점과 원주로 구분된 입자로 보이고 자전은 자기복제쌍이 하나로 겹쳐있는 꼴이다. 그렇다면 하나의 입자가 홀로 도는 것처럼 보이는 것은 착시 현상이라 할 수 있다.

앞서 새로운 두 수학은 자기복제 존재론에서 0과 ∞의 관계를 세 가지 모델(SCS Relation Models)로 소개한 바 있었다. 그중 Complementary Model 이 공전의 모태이고, Single Model 이 자전의 모태라 할 수 있다.

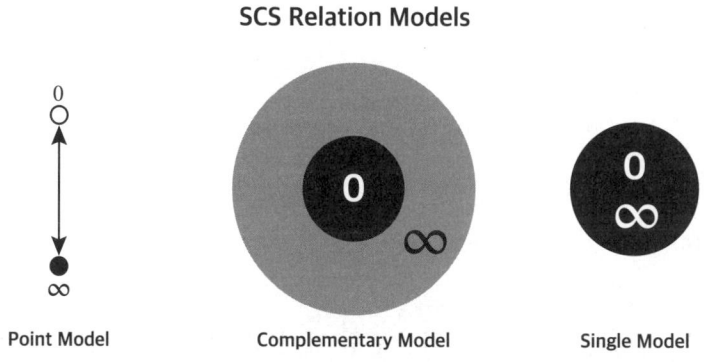

SCS Relation Models

Point Model   Complementary Model   Single Model

자전과 공전은 별개의 역학 관계라고 착각하는 경우가 대부분인데 자전과 공전은 사실 연속적 관계에 있다. **자전과 공전의 연속성**은 구체와 도넛 모형의 변화 과정을 통해 쉽게 이해할 수 있다.

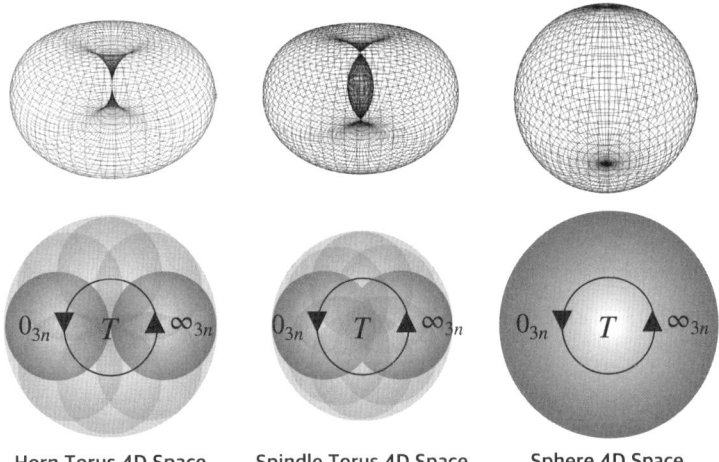

Horn Torus 4D Space　　　Spindle Torus 4D Space　　　Sphere 4D Space

　자전과 공전의 중간에는 0과 1 사이에 무수히 존재하는 연속적 실수의 존재와 같은 알고리즘이 있다. 0과 ∞의 동시관계 이론을 토대로 논리의 연쇄적 현상을 이끌어내는 방법은 미시 세계의 탐험에 유용할 것이다.

　공전과 자전에서 회전의 원론을 제대로 이해하고 정리하는 작업은 이론 물리학 뿐 아니라 여타의 수학적 논리 전개에서 중요한 자리에 있다.

　두 동심원 관계에서 밝혀진 운동 에너지와 위치 에너지의 양/음 반정수 관계는 총 에너지에서도 퍼텐셜 에너지의 양/음 반정수 특성을 그대로 이어 표출한다.

$$E_k = -\frac{1}{2}mv^2, \quad E_p = mv^2 = mc^2 \quad \therefore E_k = -\frac{1}{2}E_p$$

$$E_n = E_k + E_p = -\frac{1}{2}E_p + E_p = \frac{1}{2}E_p$$

$$E_n = \frac{1}{2}\frac{1}{4\pi\varepsilon_0}\frac{qe^2}{r} = \frac{1}{8\pi\varepsilon_0}\frac{qe^2}{r}$$

$$\therefore E_n = \pm \frac{1}{8\pi\varepsilon_0}\frac{qe^2}{r_n}$$

쿨롱 에너지 관점과 선형 운동 에너지 관점을 관계하여 속도의 관점으로 정리하면, 공전하는 전자 궤도의 속도를 입체적으로 정리할 수 있다.

$$\frac{1}{8\pi\varepsilon_0}\frac{qe^2}{r_n} = E = mv^2 = pv$$

$$\frac{1}{4\pi\varepsilon_0}\frac{qe^2}{r^2}\frac{r}{m} = v^2 = \frac{1}{4\pi\varepsilon_0}\frac{qe^2}{rm} \quad \therefore v = \pm\sqrt{\frac{1}{4\pi\varepsilon_0}\frac{qe^2}{rm}}$$

또한 공전 궤도에서 속도는 각운동량의 관점으로 전환할 수 있게 한다. 각운동량에는 여러 관점이 있다. 그중 운동 법칙의 관점은 mvr 이고 파동의 관점은 $n\hbar$ 다.

mvr 관점과 $n\hbar$ 관점을 연결하면 여러 동심원들에 대한 반지름 관

점을 유도할 수 있게 된다. 여러 동심원들은 연속하는 소용돌이 회전 곡선을 양자화한 공전 궤도들이고, 전자계에서는 전자껍질 또는 에너지 준위라 말한다.

$$L = mvr = \pm \sqrt{\frac{1}{4\pi\varepsilon_0}\frac{qe^2}{rm}m^2r^2} = \pm \sqrt{\frac{1}{4\pi\varepsilon_0}qe^2mr}$$

$$L = n\hbar = \sqrt{\frac{1}{4\pi\varepsilon_0}qe^2mr} \quad \therefore\ r = \frac{4\pi\varepsilon_0}{qe^2m}n^2\hbar^2 = r_n$$

공전 속도와 동심원 반지름에서 전하량 q 는 0에서 ∞까지 연속적으로 존재한다. 미세 구조 분석법을 이용하여 전하량 q 를 단위 전하량 1로 설정하면, 이상적 전자에 관한 공전 궤도 반지름을 정리할 수 있다. 이런 논리의 흐름을 타고 정리된 반지름이 보어 반지름이다.

$$q = 1,\quad r_n = \frac{4\pi\varepsilon_0\hbar^2}{e^2m_e}n^2$$

$$n = 1,\quad r_0 = \frac{4\pi\varepsilon_0\hbar^2}{e^2m_e} \quad : \text{Bohr radius}$$

양자역학에서는 자연수 단위로 궤도가 양자화되어 띄엄띄엄 존재한다고 했지만 이는 관점의 왜곡 현상일 뿐이다. 사실 앞서 언급한 바와 같이 전자는 원점에서 그 계의 무한대까지 연속적인 실수 단위로 존재한다. 그리고 그 배경에는 허수의 연속적 시간의 흐름이 그림자처럼 가려져 있다.

동심원의 반지름을 동심원 에너지 공식에 대입하여 정리하면, 각 전자 궤도에 대한 에너지 공식을 정리할 수 있게 된다.

$$E_n = \frac{1}{8\pi\varepsilon_0}\frac{qe^2}{r_n} = \frac{1}{8\pi\varepsilon_0}\frac{qe^2}{1}\frac{qe^2 m}{4\pi\varepsilon_0}\frac{1}{n^2\hbar^2} = \frac{m}{2}\left(\frac{1}{4\pi\varepsilon_0}\frac{qe^2}{\hbar}\right)^2\frac{1}{n^2}$$

$$q=1, \quad E_n = \frac{e^4 m_e}{2\varepsilon_0^2 4^2\pi^2\hbar^2}\frac{1}{n^2} = \frac{e^4 m_e}{8\varepsilon_0^2 h^2}\frac{1}{n^2}$$

$$\therefore E_n = \frac{m_e e^4}{32\pi^2\hbar^2\varepsilon_0^2}\frac{1}{n^2} = \frac{m_e e^4}{8h^2\varepsilon_0^2}\frac{1}{n^2}, \quad 32\pi^2\hbar^2 = 8h^2, \quad 2\pi\hbar = h$$

동심원 에너지는 공식과 같이 반지름으로 결정된다. 그래서 나중에 구면 파동 에너지를 관찰할 때 반지름 파동을 양자화하는 연관 라게르 렌즈에서 활용된다.

$$\frac{1}{r_0} = \frac{me^2}{4\pi\varepsilon_0\hbar^2}, \quad \frac{1}{r_0^2} = \frac{m^2 e^4}{4^2\pi^2\varepsilon_0^2\hbar^4}$$

@@ $$E = \frac{1}{2}\frac{me^4}{4^2\pi^2\varepsilon_0^2\hbar^2}\frac{1}{n^2} = \frac{1}{2}\frac{\hbar^2}{m}\cdot\frac{m^2 e^4}{4^2\pi^2\varepsilon_0^2\hbar^4}\cdot\frac{1}{n^2} = \frac{\hbar^2}{2m}\frac{1}{r_0^2}\frac{1}{n^2} = E_n$$

선 스펙트럼은 동심원 간의 에너지 차이만큼 발생하는 현상이었다. 동심원 에너지 공식을 토대로 동심원 간의 에너지 차이 ΔE 를 계산하면, 앞서 관람했던 뤼드베리 상수가 나타난다.

$$\Delta E = E_{n_1} - E_{n_2} = hf = \frac{hc}{\lambda} \ , \quad \hbar = \frac{h}{2\pi} \ , \quad 2\pi\hbar = h \ , \quad q = 1$$

$$\Delta E = E_{n_1} - E_{n_2} = \frac{e^4 m_e}{8\varepsilon_0^2 h^2}\left(\frac{1}{n_1^2} - \frac{1}{n_2^2}\right) = \frac{hc}{\lambda}$$

$$\frac{1}{hc}\Delta E = \frac{1}{hc}\frac{e^4 m_e}{8\varepsilon_0^2 h^2}\left(\frac{1}{n_1^2} - \frac{1}{n_2^2}\right) = \frac{1}{\lambda}$$

$$\frac{1}{\lambda} = R_\mathrm{H}\left(\frac{1}{n_1^2} - \frac{1}{n_2^2}\right)$$

$$\therefore R_\mathrm{H} = \frac{1}{hc}\frac{e^4 m_e}{8\varepsilon_0^2 h^2} = \frac{e^4 m_e}{8\varepsilon_0^2 h^3 c}$$

$$R_\infty = \frac{e^4 m_e}{8\varepsilon_0^2 h^3 c} = 10\ 973\ 731.568\ 157(12)\ \mathrm{m}^{-1}$$

$$R_\mathrm{H} = \frac{m_p}{m_e + m_p} R_\infty \approx 1.09678 \times 10^7\ \mathrm{m}^{-1}$$

Paired Relation

$$F = ma = m\frac{v^2}{r} = mv\frac{v}{r} = mv\frac{1}{t} \stackrel{@}{=} mvr = L \quad \because \frac{v}{r} = \frac{1}{t} \stackrel{@}{=} r$$

$$F \stackrel{@}{=} m_1 m_2 \int_r R(r)\,dr \stackrel{@}{=} m_1 m_2 \int_r \nabla^2 \stackrel{@}{=} G\frac{m_1 m_2}{r^2}$$

$$a^2 \stackrel{@}{=} \int_r R(r)\,dr \stackrel{@}{=} \int_r \nabla_r^2 \stackrel{@}{=} \pi r^2 \stackrel{@}{=} \frac{G}{r^2}$$

$$\therefore \int_r \nabla^2 \stackrel{@}{=} \frac{G}{r^2}$$

$$F = G\frac{m_1 m_2}{r^2} \quad : \text{Newton's law } G$$

$$F = k_e \frac{q_1 q_2}{r^2} \quad : \text{Coulomb's law}$$

$$F = G\frac{m_1 m_2}{r^2} \stackrel{@}{=} mg, \quad g = G\frac{m_1}{r^2} = 9.8 \text{ m/s}^2$$

$$G = 6.67430(15) \times 10^{-11} \text{ m}^3 \cdot \text{kg}^{-1} \text{s}^{-2}$$

$$k_e = \frac{1}{4\pi\varepsilon_0} = 8.987\,551\,792\,3\,(14) \times 10^9 \text{ N} \cdot \text{m}^2 \cdot \text{C}^{-2}$$

Gravitational-Coulomb Constant : SI Units

$$G = \frac{Fr^2}{m_1 m_2} = \frac{Nr^2}{m_1 m_2} \stackrel{@}{=} \frac{\text{kg} \cdot \text{m}}{\text{s}^2} \frac{\text{m}^2}{\text{kg}^2} = \frac{\text{m}^3}{\text{kg} \cdot \text{s}^2}$$

$$k_e = \frac{\text{N} \cdot \text{m}^2}{\text{C}^2} = \frac{\text{kg} \cdot \text{m}}{\text{s}^2} \frac{\text{m}^2}{\text{C}^2} = \frac{\text{kg} \cdot \text{m}^3}{\text{C}^2 \cdot \text{s}^2} = \frac{\text{kg} \cdot \text{m}^3}{\text{C}^2 \cdot \text{s}^2} \frac{\text{kg}}{\text{kg}} = \frac{\text{kg}^2}{\text{C}^2} \frac{\text{m}^3}{\text{kg} \cdot \text{s}^2}$$

$$\therefore k_e = \left[\frac{\text{kg}^2}{\text{C}^2}\right] G, \quad \left[\frac{\text{kg}^2}{\text{C}^2}\right] = \frac{k_e}{G} \quad : \text{GC Constant}$$

$$\oint_s f(r)\,ds = 4\pi r^2 \quad : \text{spherical surface area}$$

$$k_e = \frac{1}{4\pi\varepsilon_0}, \quad F = \frac{q_1 q_2}{4\pi\varepsilon_0 r^2}$$

$$a = \frac{v^2}{r}, \quad F = ma = \frac{mv^2}{r}$$

$$\therefore \frac{1}{4\pi\varepsilon_0} \frac{q_1 q_2}{r^2} = F = \frac{mv^2}{r}$$

Energy Viewpoint Chain Relation

$$q_1 = qe, \quad q_2 = e, \quad \frac{1}{4\pi\varepsilon_0}\frac{qe^2}{r^2} = F = \frac{mv^2}{r}$$

$$\because J = Nm, \quad E = F \cdot r = mv^2$$

$$E_p = Fr = \frac{1}{4\pi\varepsilon_0}\frac{qe^2}{r^2}r = \frac{1}{4\pi\varepsilon_0}\frac{qe^2}{r}$$

$$F = k_e\frac{q_1q_2}{r^2}, \quad P(r) = \int_0^r F\,dr = \int_0^r k_e\frac{q_1q_2}{r^2}\,dr = \left[-k_e\frac{q_1q_2}{r}\right]_0^r = -k_e\frac{q_1q_2}{r}$$

$$= \left[-k_e\frac{q_1q_2}{r}\right]_0^r = -k_e\frac{q_1q_2}{r} + k_e\frac{q_1q_2}{0} = -k_e\frac{q_1q_2}{r} \stackrel{@}{=} k_e\frac{q_1q_2}{r}$$

$$\therefore E_p = \frac{1}{4\pi\varepsilon_0}\frac{qe^2}{r} = mv^2$$

$$\frac{E_p}{r} = \frac{1}{4\pi\varepsilon_0}\frac{qe^2}{r^2} = \frac{mv^2}{r} = F$$

$$\frac{1}{2}E_p = \frac{1}{8\pi\varepsilon_0}\frac{qe^2}{r} = \frac{1}{2}mv^2 = E_k$$

$$E_k = \pm \frac{1}{2} E_p \begin{cases} E_n = E_k + E_p = \frac{1}{2} E_p \geq 0, & E_k = \frac{1}{2} m v^2 = -\frac{1}{2} E_p \\ E_n = E_k + E_p = -E_k \leq 0, & -2E_k = m v^2 = E_p \end{cases}$$

$$\mathrm{sgn}(E_p) \cdot \mathrm{sgn}(E_k) = -1$$

$$@_1 \quad E_n = E_k + E_p = -\frac{1}{2} E_p + E_p = \frac{1}{2} E_p$$

$$@_2 \quad E_n = E_k + E_p = +E_k - 2E_k = -E_k$$

$$E_k = \pm \frac{1}{2} m v^2, \quad E_p = m v^2 = m c^2 \quad \therefore \quad E_k = -\frac{1}{2} E_p$$

$$@ \quad E_k = \frac{1}{2} E_p, \quad E_p = -E_p$$

$$@@ \quad E = E_k - E_p = \frac{1}{2} E_p - E_p = -\frac{1}{2} E_p$$

$$@@ \quad E = \pm \frac{1}{2} E_p = \pm \frac{1}{2} \frac{1}{4\pi \varepsilon_0} \frac{q e^2}{r} = \pm \frac{1}{8\pi \varepsilon_0} \frac{q e^2}{r}$$

$$\frac{1}{4\pi \varepsilon_0} \frac{q e^2}{r^2} \frac{r}{m} = v^2 = \frac{1}{4\pi \varepsilon_0} \frac{q e^2}{r m}, \quad v = \pm \sqrt{\frac{1}{4\pi \varepsilon_0} \frac{q e^2}{r m}}$$

$$L = m v r = \pm \sqrt{\frac{1}{4\pi \varepsilon_0} \frac{q e^2}{r m} m^2 r^2} = \pm \sqrt{\frac{1}{4\pi \varepsilon_0} q e^2 m r}$$

$$L = n \hbar = \sqrt{\frac{1}{4\pi \varepsilon_0} q e^2 m r}, \quad r = \frac{4\pi \varepsilon_0}{q e^2 m} n^2 \hbar^2 = r_n$$

Unit Relation

$$q = 1, \quad r_n = \frac{4\pi\varepsilon_0 \hbar^2}{e^2 m_e} n^2$$

$$n = 1, \quad r_0 = \frac{4\pi\varepsilon_0 \hbar^2}{e^2 m_e} \quad : \text{Bohr radius}$$

$$E_n = \frac{1}{8\pi\varepsilon_0} \frac{qe^2}{r_n} = \frac{1}{8\pi\varepsilon_0} \frac{qe^2}{1} \frac{qe^2 m}{4\pi\varepsilon_0} \frac{1}{n^2 \hbar^2} = \frac{m}{2} \left(\frac{1}{4\pi\varepsilon_0} \frac{qe^2}{\hbar} \right)^2 \frac{1}{n^2}$$

$$q = 1, \quad E_n = \frac{e^4 m_e}{2\varepsilon_0^2 4^2 \pi^2 \hbar^2} \frac{1}{n^2} = \frac{e^4 m_e}{8\varepsilon_0^2 h^2} \frac{1}{n^2}$$

$$\therefore E_n = \frac{m_e e^4}{32\pi^2 \hbar^2 \varepsilon_0^2} \frac{1}{n^2} = \frac{m_e e^4}{8h^2 \varepsilon_0^2} \frac{1}{n^2}, \quad 32\pi^2 \hbar^2 = 8h^2, \quad 2\pi\hbar = h$$

@ $\quad n\hbar = L = mvr = m \cdot \sqrt{\frac{1}{4\pi\varepsilon_0} \frac{e^2}{rm}} \cdot r = \sqrt{\frac{me^2}{4\pi\varepsilon_0} r}$

$$n\hbar = \sqrt{\frac{me^2}{4\pi\varepsilon_0} r}, \quad n^2 \hbar^2 = \frac{me^2}{4\pi\varepsilon_0} r, \quad n^2 \hbar^2 \frac{4\pi\varepsilon_0}{me^2} = r$$

@ $\quad r_n = \frac{4\pi\varepsilon_0 \cdot n^2 \hbar^2}{me^2}, \quad r_0 = r_1 = \frac{4\pi\varepsilon_0 \hbar^2}{me^2} \quad : \text{Bohr radius}$

@ $\quad r_n = \frac{4\pi\varepsilon_0 \hbar^2}{me^2} n^2 = r_0 n^2, \quad \frac{1}{r_n} = \frac{me^2}{4\pi\varepsilon_0} \frac{1}{n^2 \hbar^2} = \frac{1}{r_0 n^2}$

$$E_n = \frac{1}{8\pi\varepsilon_0} \frac{e^2}{r_n} = \frac{1}{8\pi\varepsilon_0} \frac{e^2}{1} \cdot \frac{me^2}{4\pi\varepsilon_0} \frac{1}{n^2 \hbar^2} = \frac{1}{2} \frac{me^4}{4^2 \pi^2 \varepsilon_0^2 \hbar^2} \frac{1}{n^2}$$

$$\frac{1}{r_n^2} = \frac{m^2 e^4}{4^2 \pi^2 \varepsilon_0^2} \frac{1}{n^4 \hbar^4} = \frac{1}{r_0^2 n^4} \ , \quad \times \frac{1}{2} \frac{\hbar^2 n^2}{m}$$

$$\frac{1}{2} \frac{\hbar^2 n^2}{m} \cdot \frac{1}{r_n^2} = \frac{1}{2} \frac{\hbar^2 n^2}{m} \cdot \frac{m^2 e^4}{4^2 \pi^2 \varepsilon_0^2} \frac{1}{n^4 \hbar^4} = \frac{1}{2} \frac{\hbar^2 n^2}{m} \cdot \frac{1}{r_0^2 n^4}$$

$$\frac{1}{2} \frac{\hbar^2 n^2}{m} \frac{1}{r_n^2} = \frac{1}{2} \frac{m e^4}{4^2 \pi^2 \varepsilon_0^2} \frac{1}{n^2 \hbar^2} = \frac{1}{2} \frac{\hbar^2}{m} \frac{1}{r_0^2 n^2}$$

$$@@ \quad E_n = \frac{1}{2} \frac{m e^4}{4^2 \pi^2 \varepsilon_0^2 \hbar^2} \frac{1}{n^2} = \frac{\hbar^2}{2m} \frac{1}{r_0^2} \frac{1}{n^2} = E$$

$$\Delta E = E_{n_1} - E_{n_2} = hf = \frac{hc}{\lambda} \ , \quad \hbar = \frac{h}{2\pi} \ , \quad 2\pi \hbar = h \ , \quad q = 1$$

$$\Delta E = E_{n_1} - E_{n_2} = \frac{e^4 m_e}{8\varepsilon_0^2 h^2} \left(\frac{1}{n_1^2} - \frac{1}{n_2^2} \right) = \frac{hc}{\lambda}$$

$$\frac{1}{hc} \Delta E = \frac{1}{hc} \frac{e^4 m_e}{8\varepsilon_0^2 h^2} \left(\frac{1}{n_1^2} - \frac{1}{n_2^2} \right) = \frac{1}{\lambda}$$

$$\frac{1}{\lambda} = R_H \left(\frac{1}{n_1^2} - \frac{1}{n_2^2} \right)$$

$$\therefore R_H = \frac{1}{hc} \frac{e^4 m_e}{8\varepsilon_0^2 h^2} = \frac{e^4 m_e}{8\varepsilon_0^2 h^3 c}$$

$$R_\infty = \frac{e^4 m_e}{8\varepsilon_0^2 h^3 c} = 10\ 973\ 731.568\ 157(12)\ \text{m}^{-1}$$

$$R_H = \frac{m_p}{m_e + m_p} R_\infty \approx 1.09678 \times 10^7 \ \text{m}^{-1}$$

동심원 에너지 정리
Concentric Energy Theorem

선분논리의 시작과 끝이 만나는 사례도 관점에 따라 다양하다. 그 중 보어 반지름과 슈뢰딩거 파동 방정식의 에너지 준위 반지름이 만났다는 이야기도 이 사례 중 하나라 할 수 있다.

다르게 보이는 공식의 외형이 같은 원리였다는 이야기는 정상에 오르는 길이 서로 다르지만 각자의 코스에 대한 부분적 벡터를 모두 합했을 때 같은 방향을 가리킨다는 의미를 가졌다.

보어 코스와 슈뢰딩거 코스의 시작점이 다르다고 생각할 수 있으나 그런 생각은 시작점을 중간 과정으로 보았기 때문이다.

두 산행길의 시작점은 사실상 같은 곳이었다. 보어는 원자의 전자계를 태양계와 같은 소용돌이의 동심원으로 보는 관점이 그 시작이었다. 슈뢰딩거는 원을 파동으로 해석한 오일러 공식에 에너지를 곱한 것으로 파동 방정식을 정리했다. 두 관점은 모두 물방울이 만드는 원의 동심원 무늬에 그 시작점이 있었다.

동심원 무늬에 라그랑지언 에너지를 곱하면 동심원 에너지가 된다. 그리고 동심원의 파동은 사인 또는 코사인이 하나의 주기를 단위로 자연수와 같이 양자화된다. 그것이 에너지 준위였고 이를 척도로 계산한 반지름이 에너지 준위에 대한 보어 반지름이었다.

선분논리가 보어의 방식과 슈뢰딩거 방식의 계산이 같다는 결과에 감동했던 이유는 슈뢰딩거 방정식을 이해하기까지 많은 선분들을 연결해야 하는 과정에서 망각을 불러일으켰기 때문이다.

　동심원 파동 무늬의 사인파는 시간의 격차를 배경에 두고 양음 대칭 모양을 한다. 그런데 이 관점은 2차원의 관점이다. 1차원의 관점은 1과 −1을 양 끝으로 삼은 선분 코스 속에서 왔다 갔다 하는 시간의 진동 무늬이고, 3차원의 관점은 쌍원뿔의 무늬다. 쌍원뿔의 무늬는 다시 관점을 뒤집어 구체 무늬로 입자화된다.

　이 논리의 흐름을 선분논리의 눈으로 예리하게 편미분하면, 사인곡선과 쌍곡선에 대한 의문이 나타난다.

사인 곡선이 쌍곡선과 같은 알고리즘인가?

　그 실마리는 원 무늬에 있다. 사인파는 원을 윙크 축분해 해서 자기복제 켤레에서 태어났다. 쌍곡선은 원뿔 곡선의 편광 현상이었고 원을 뒤집어 태어났다. 쌍곡선의 극한적 무늬는 원점에서 교차하는 두 직선 × 무늬이다. 일명 쌍직선 × 무늬를 회전하면, 관점에 차이가 있지만 동일한 쌍원뿔 무늬를 그린다.

　원의 자기복제 켤레는 사인과 코사인이며, 90도 시간차를 가진 대칭적 반정수 입자라 할 수 있다. 이 두 반정수 입자는 원론적으로 쌍곡선과 같은 구도로 양음 대칭 관계에 있다. 단지 선분논리의 데카르트 좌표계의 관점에서 삼각함수와 같은 왜곡된 특성을 나타낼 뿐이다.

 이런 현상은 모든 방향에 대해 연속적으로 똑같은 물리량을 가진 구면 좌표계를 왜곡된 사각형의 데카르트 좌표계로 해석하는 현상과 같은 양상이다.

 회전논리에서 무한대는 하나인데, 선분논리에서는 무한대가 하나가 아니라 무한 개의 무한대 수량이 존재하는 이유도 여기에 있다. 이는 선분논리의 무질서적 단점이면서 다양성의 장점이다.

 인간을 포함한 모든 생명체는 왜곡된 시간의 편중으로 탄생했기 때문에 선분논리의 눈을 가졌다. 그래서 선분논리의 눈은 모난 꼭짓점을 가진 데카르트 좌표계에서 논리를 시작했고 모든 것이 달라 보이는 무한한 독립성을 가졌다. 그리고 생물계의 원천은 무생물계의 관계를 이어받았다.

 세상이 몰랐던 것은 신비하고, 알게 되면 자연스럽고 당연하다. 이런 현상은 알게 됐다는 두뇌의 흐름이 끊어진 두 선분이 연결로 매끄러운 곡선을 형성했기 때문이다. 그래서 우리는 당연하다는 느낌을 가진다. 사실은 알게 돼서 당연하다기보다는 당연해서 알게 됐던 것이다.

 파동과 복소수 그리고 편미분의 라플라시안을 라그랑지언 에너지에 담아 선분적 관계들을 회전논리로 간략히 정리하고 메모리에 올린다.

$$\because \hbar^2 k^2 = \frac{h^2}{\lambda^2} = p^2 , \quad k^2 = -\frac{\partial^2}{\partial x^2} = -\nabla_x^2 , \quad \omega = i\frac{\partial}{\partial t}$$

$$E = E_k + E_p = \frac{1}{2}m\dot{x}^2 + mgx , \quad p = mc$$

$$E_k = \frac{1}{2}mv^2 = \frac{1}{2}mc^2 = \frac{1}{2}pc = \frac{1}{2}p\frac{p}{m} = \frac{p^2}{2m} = \frac{h^2}{2m\lambda^2}$$

$$E = \frac{1}{2m}\frac{h^2}{\lambda^2} + E_p = \frac{p^2}{2m} + E_p = \frac{\hbar^2 k^2}{2m} + E_p$$

$$E = -\frac{\hbar^2}{2m}\nabla_x^2 + E_p = hf = \hbar\omega = i\hbar\frac{\partial}{\partial t}$$

파동 에너지에 복소 파동 입자를 곱하여 슈뢰딩거 파동 방정식의 시간파와 공간파의 관점도 정리하여 메모리에 올린다.

$$\Psi_z \cdot E = -\frac{\hbar^2}{2m}\nabla_x^2 \Psi_z + P \cdot \Psi_z = i\hbar\frac{\partial \Psi_z}{\partial t}$$

$$\psi(x) \cdot E = -\frac{\hbar^2}{2m} \cdot \nabla_x^2 \cdot \psi(x) + P(x) \cdot \psi(x) \quad : \text{Time Independent}$$

$$\tau(t) \cdot E = i\hbar\frac{\partial}{\partial t}\tau(t) , \quad \tau(t) = e^{-\frac{i}{\hbar}Et} \quad : \text{Time Dependent}$$

$$\psi(x)\tau(t) \cdot E = -\frac{\hbar^2}{2m}\nabla_x^2 \cdot \psi(x)\tau(t) + P(x) \cdot \psi(x)\tau(t) = i\hbar\frac{\partial}{\partial t}\psi(x)\tau(t)$$

$$E = -\frac{\hbar^2}{2m}\nabla_x^2 + P = i\hbar\frac{\partial}{\partial t}$$

파동 에너지 방정식을 라플라시안의 관점으로 살펴본다. 라플라시안은 2차 편미분으로 공간 기본입자를 추출해 낸 연산자이기도 하다. 공간은 데카르트계 관점으로 볼 수도 있고, 반지름이 r 인 구면계 관점으로 볼 수도 있는 관점 현미경이다. 파동 에너지 방정식을 라플라시안 구면계 공간 기본입자로 정리해 본다.

$$r \stackrel{@}{=} x, \quad \frac{\partial^2}{\partial r^2} = \nabla_r^2 \stackrel{@}{=} \nabla^2, \quad P(r) = E_p = \frac{e^2}{4\pi\varepsilon_0 r} = mv^2$$

$$@@ \quad \nabla^2 = \frac{2m}{\hbar^2}(E_p - E), \quad r^2\nabla^2 = \frac{2mr^2}{\hbar^2}(E_p - E)$$

라그랑지언의 에너지 관계를 다각도로 살펴보면 라플라시안 속에 있는 운동 에너지와 위치 에너지가 그 무늬를 드러낸다.

$$E = -\frac{\hbar^2}{2m}\nabla^2 + E_p, \quad \frac{\hbar^2}{2m}\nabla^2 = E_p - E$$

$$E = E_k + E_p = -\frac{1}{2}E_p + E_p = \frac{1}{2}E_p$$

@@ 라그랑지언 거울 렌즈

$$-E_k = E_p - E = E_p - \frac{1}{2}E_p = \frac{1}{2}E_p = E$$

$$@ \quad E = -E_k = \frac{1}{2}E_p = \frac{1}{2}\frac{e^2}{4\pi\varepsilon_0 r} = \frac{1}{2}mv^2$$

$$@@ \quad \nabla^2 = \frac{2m}{\hbar^2}(E_p - E) = -\frac{2mE_k}{\hbar^2} = \frac{2mE}{\hbar^2}$$

전체 에너지 E 는 운동 에너지 E_k 와 위치 에너지 E_p 의 합이지만 운동 에너지 E_k 와 위치 에너지 E_p 는 양/음의 상대 관계를 한다.

이로 인한 연쇄반응으로 전체 에너지 E 가 위치 에너지 E_p 의 반정수 1/2 이 되고, 음의 운동 에너지 $-E_k$ 와 전체 에너지 E 가 같아진다.

다시 찬찬히 생각해 보자. 위치 에너지 E_p 는 변화가 없어서 시간이 정지된 **동시공간**이다. 그렇다면 전체 에너지 E 는 시간이 정지된 동시 공간에서 위치 에너지 E_p 의 반정수 1/2 로 나타난다는 말인가?

$$E = E_k + E_p = -\frac{1}{2}E_p + E_p = \frac{1}{2}E_p$$

반대로 운동 에너지 E_k 는 흐르는 **시공간**이다. 방향에 대한 요소를 제외하고 해석하면, 운동 에너지 E_k 가 곧 전체 에너지 E 라는 말이 된다.

$$-E_k = E_p - E = E_p - \frac{1}{2}E_p = \frac{1}{2}E_p = E$$

그렇다. 안으로 치는 소용돌이는 시간이 밖으로 흐르지 않아 밖에서 보면 시간이 흐르지 않는 동시공간이 되고 반정수로 관측된다.

위치 에너지 E_p는 본래 쌍원뿔이지만 공간계에서 관측하면 쌍원뿔의 반쪽만 표출된다. 이 원리는 "유리구슬 속 쌍원뿔 거울 대칭 효과" 실험에서도 확인할 수 있다.

유리구슬은 구체다. 구체를 투과하는 빛은 굴절률에 따라 양자막의 경계면이 형성된다. 이 양자막의 안과 밖에서 원의 구면파와 쌍곡선의 쌍원뿔 파동으로 분기한다.

구슬 가까이에 피사체를 두고 피사체 반대편에서 관측하면 상이 굴절률에 따라 휘어지기는 하지만 상하좌우가 그대로 유지된다.

이 상태는 양자화 경계면 속에 피사체가 있어 볼록 렌즈 효과만 나타낸 것인데 이 구도가 원의 구면파에 속한다. 이런 양자막은 일반적으로 유리구슬의 표면에서 약간 떨어진 정도에 경계면을 형성한다.

하지만 피사체가 양자막 경계면을 벗어나면 상하좌우가 모두 반전되는 현상이 나타난다. 이 구도를 2차원 단면으로 그리면 쌍곡선의 무늬가 되고 3차원으로 해석하면 쌍원뿔의 무늬가 된다.

그런데 쌍원뿔 구도에서 관측자가 어느 방향으로 관측하더라도 쌍원뿔 중 하나의 원뿔에 대한 밑면을 보는 것과 같은 구도를 보인다.

양자 역학에서 구체와 쌍원뿔의 관계를 그림으로 표현할 때 쌍원뿔의 측면을 구체의 원 안에 그린다. 하지만 실제 관측하면 쌍원뿔의 밑면이 실시간으로 나의 눈을 따라 움직인다.

컴퓨터처럼 랙이 걸리지도 렌더링 하느라 열이 나지도 않는다. 이것은 각운동의 쌍원뿔이 동시에 구면을 형성하는 동시공간의 알고리즘이다.

동시공간은 "짠" 하고 존재한다.

이렇게 위치 에너지 E_p 는 본래 쌍원뿔의 역학 구조를 가지고 있어 회전논리는 안으로 치는 소용돌이라 말한다.

이를 라그랑지언 역학으로 해석하면 위치 에너지 E_p 의 반쪽인 하나의 원뿔만 그 밑면을 공간에 표출한다. 이는 복소수에서 실수부만 취하는 것과 같은 양상이다.

상대적으로 밖으로 치는 소용돌이는 시간이 밖으로 흘러 **시공간**이 되며 온전한 정수로 관측된다.

운동 에너지 E_k 가 음수로 표출되는 것은 입자의 경계면에 반사된 에너지의 상이기 때문이다. 굳이 유리구슬에 대비한다면 양자막 안에 있는 피사체의 구도와 같다.

따라서 라그랑지언에 대한 착시 현상을 종합하면 구체와 쌍원뿔의 역학 구도로 정리할 수 있다.

위치 에너지 E_p 는 쌍원뿔의 동시공간이고
운동 에너지 E_k 는 구체의 시공간이다.

$$@@ \quad -E_k = E = \frac{1}{2}E_p$$

참고로 회전논리는 나중에 라그랑지언의 세 눈을 **라그랑지언 켤레 삼각**으로 정리한다. 이에 대한 여정은 지름 파동의 말미에서 관람할 수 있을 것이다.

구면계 라플라시안 방정식과 **파동 에너지 라플라시안 방정식**을 동일선 상에 올려놓고 관찰한다. 이 구도는 기하적 공간과 에너지 공간을 두 눈으로 보고 상을 겹쳐 입체적 모형을 그리는 일종의 AI C.G. 합성 작업이다.

기하적 모양과 무형의 에너지가 별개로 구분된 상태는 시간이 멈춘 동시공간과 같아 시공간 속 실체와 같이 생동감이 부족하다. 모양과 에너지를 합성한 상태가 우리의 현실 속에 존재하는 실체적 시공간 입자라 할 수 있다.

$$\nabla^2 = \frac{1}{r^2}\frac{\partial}{\partial r}\left(r^2\frac{\partial}{\partial r}\right) + \frac{1}{r^2\sin\theta}\frac{\partial}{\partial \theta}\left(\sin\theta\frac{\partial}{\partial \theta}\right) + \frac{1}{r^2\sin^2\theta}\frac{\partial^2}{\partial \varphi^2}$$

$$\frac{2m}{\hbar^2}(P-E) = \nabla^2 = \frac{1}{r^2}\frac{\partial}{\partial r}\left(r^2\frac{\partial}{\partial r}\right) + \frac{1}{r^2\sin\theta}\frac{\partial}{\partial \theta}\left(\sin\theta\frac{\partial}{\partial \theta}\right) + \frac{1}{r^2\sin^2\theta}\frac{\partial^2}{\partial \varphi^2}$$

모양과 에너지 관계를 가진 시공간 입자는 모양의 관점에서 반지름 r, 방위각 θ, 자기각 φ 세 관점으로 분해하여 편광 효과를 관찰할 수 있다.

$$\frac{2m}{\hbar^2}(P-E) = \frac{1}{r^2}\frac{\partial}{\partial r}\left(r^2\frac{\partial}{\partial r}\right)\frac{R}{R} + \frac{1}{r^2\sin\theta}\frac{\partial}{\partial \theta}\left(\sin\theta\frac{\partial}{\partial \theta}\right)\frac{\Theta}{\Theta} + \frac{1}{r^2\sin^2\theta}\frac{\partial^2}{\partial \varphi^2}\frac{\Phi}{\Phi}$$

$$\frac{2mr^2\sin^2\theta}{\hbar^2}(P-E) = \frac{r^2\sin^2\theta}{r^2}\frac{\partial}{\partial r}\left(r^2\frac{\partial}{\partial r}\right)\frac{R}{R} + \sin\theta\frac{\partial}{\partial \theta}\left(\sin\theta\frac{\partial}{\partial \theta}\right)\frac{\Theta}{\Theta} + \frac{\partial^2}{\partial \varphi^2}\frac{\Phi}{\Phi}$$

앞서 구면계 라플라시안 분석에서 반지름은 파동의 λ 입자로 정리했고, 반입자의 관점에서 각도 부분을 $-\lambda$ 입자로 정리했다.

$$r^2 \nabla^2 R\Theta\Phi = \underbrace{\frac{\partial}{\partial r}\left(r^2 \frac{\partial}{\partial r}\right)\frac{R}{R}}_{\lambda\,:\,R(r)} + \underbrace{\frac{1}{\sin\theta}\frac{\partial}{\partial \theta}\left(\sin\theta \frac{\partial}{\partial \theta}\right)\frac{\Theta}{\Theta} + \frac{1}{\sin^2\theta}\frac{\partial^2}{\partial \varphi^2}\frac{\Phi}{\Phi}}_{-\lambda\,:\,Y(\theta,\varphi)} = 0$$

각도 부분 $-\lambda$ 방정식은 방위각 θ 와 자기각 φ 로 분리하여 정리했다. 방위각 θ 와 자기각 φ 는 상대적 대칭 관계에 있다.

자기 양자수의 제곱(m_ℓ^2)인 원반은 자기각 φ 가 회전하여 기본형의 원반을 만들고 방위각 θ 에 연쇄반응하여 각운동의 원뿔을 완성한다. 이 원반은 **자기 평면파**이기도 하다. **자기 평면파**가 공간에 현상으로 나타나려면 자기각 φ 와 방위각 θ , 두 각도의 관계가 있어야 한다.

반면 자기각 φ 가 홀로 회전하는 것은 3차원 공간의 관점에서 미완성 상태. 미완성 입자는 그 계에서 관측되지 않는다. 단적으로 말해 자기각 φ 의 회전은 공간에 현상으로 나타나기 전의 상태다.

위상의 관점에서 해석하자면, 자기각 φ 가 홀로 있을 때 2차원에서는 평면파로 관측되지만 3차원 공간에서는 방위각 θ 의 위상이 정의되지 않아(Undefined) 관측되지 않는다.

따라서 자기각 φ 는 시간계에서 회전하는 소용돌이와 같다. 이런 이유로 자기각 φ 가 만드는 원반을 음수($-m_\ell^2$)로 삼는다.

$$\underbrace{\lambda \sin^2 \theta + \sin\theta \frac{\partial}{\partial \theta}\left(\sin\theta \frac{\partial}{\partial \theta}\right)\frac{\Theta}{\Theta}}_{m_\ell^2} + \underbrace{\frac{\partial^2}{\partial \varphi^2}\frac{\Phi}{\Phi}}_{-m_\ell^2} = 0$$

입자 λ 는 파동이 입자로 양자화하는 배경 속에 있다. 양자화는 파동의 시작과 끝이 만나 원 둘레를 형성하는 원리다.

그런데 원 둘레 $2\pi r$ 은 반지름 r 에 의해 결정된다. 따라서 입자 λ 는 두 각도와의 관계로 결정되기보다는 반지름 r 에 의해 결정되므로 반지름계에 묶어 정리하는 것이 적절해 보인다.

$$\underbrace{\frac{\partial}{\partial r}\left(r^2 \frac{\partial}{\partial r}\right)\frac{R}{R}}_{\lambda\,:\,R} + \underbrace{\frac{2mr^2}{\hbar^2}(E-P)}_{-r^2 \nabla^2} = \underbrace{\frac{m_\ell^2}{\sin^2\theta} - \frac{1}{\sin\theta}\frac{\partial}{\partial \theta}\left(\sin\theta \frac{\partial}{\partial \theta}\right)\frac{\Theta}{\Theta}}_{-(-\lambda\,:\,Y)} = \ell(\ell+1)$$

$$\nabla^2_{\theta\varphi} = -\ell(\ell+1) = -\lambda \quad : \text{Linear Combination}$$

방위각 θ 는 선형 조합의 관점에서 세포 분할과 같이 구면을 $\ell(\ell+1)$ 로 분할하여 구면 조화파 현상을 일으킨다고 했다. 물론 각운동으로 해석할 수도 있고 파동 입자 λ 로 해석할 수도 있다.

각운동 또는 구면 분할수 $\ell(\ell+1)$ 의 관점에서 반지름 방정식과 방위각 방정식을 정리하면 다음과 같다.

$$\underbrace{\frac{\partial}{\partial r}\left(r^2\frac{\partial}{\partial r}\right)\frac{R}{R}}_{\lambda\,:\,R}+\underbrace{\frac{2mr^2}{\hbar^2}(E-P)}_{-r^2\nabla^2}=\ell(\ell+1)=\lambda$$

$$\frac{\partial^2}{\partial\varphi^2}\frac{\Phi}{\Phi}=-m_\ell^2\,,\quad \underbrace{\frac{m_\ell^2}{\sin^2\theta}-\frac{1}{\sin\theta}\frac{\partial}{\partial\theta}\left(\sin\theta\frac{\partial}{\partial\theta}\right)\frac{\Theta}{\Theta}}_{-(-\lambda\,:\,Y)}=\ell(\ell+1)=\lambda$$

$$\underbrace{\frac{1}{\sin^2\theta}\frac{\partial^2}{\partial\varphi^2}\frac{\Phi}{\Phi}+\frac{1}{\sin\theta}\frac{\partial}{\partial\theta}\left(\sin\theta\frac{\partial}{\partial\theta}\right)\frac{\Theta}{\Theta}}_{-\lambda\,:\,Y}=-\ell(\ell+1)=-\lambda$$

선분논리에는 반지름이 원의 둘레를 결정하고 원 둘레를 진동하는 드브로이 물질파의 해석이 있었다. 이 해석에 따라 파장 λ 가 원 둘레 파동의 기본 인자가 된다. 그래서 반지름 관련 2차 편미분 항을 λ 로 대표하는데 무리수가 없었던 것이다.

이와 같은 일련의 구면 조화파 논리를 정리해 보자. 자기각 φ 는 양/음의 극성을 가진 자기 양자수 m 을 만들고, 반지름 r 은 입자의 파장 λ 를 대표한다.

자기각 φ 와 반지름 r 사이에는 방위각 θ 가 있다. 방위각 θ 는 방위 양자수 ℓ 만 만드는 것으로 끝나는 것이 아니라 반지름 r 의 λ 와 자기 양자수 m 를 매개하는 역할도 한다.

$$\frac{1}{R}\frac{\partial}{\partial r}\left(r^2 \frac{\partial R}{\partial r}\right) = \frac{\partial}{\partial r}\left(r^2 \frac{\partial}{\partial r}\right)\frac{R}{R} = \frac{\partial}{\partial r}\left(r^2 \frac{\partial}{\partial r}\right) = \lambda = \ell(\ell+1)$$

$$\frac{\partial^2}{\partial \varphi^2}\frac{\Phi}{\Phi} = \nabla_\varphi^2 = -m_\ell^2$$

$$\lambda \sin^2\theta + \sin\theta \frac{\partial}{\partial \theta}\left(\sin\theta \frac{\partial}{\partial \theta}\right)\frac{\Theta}{\Theta} = m_\ell^2$$

$$@@ \quad (\varphi'', \Phi) \to m, \quad (\lambda, \theta'', \Theta) \to (\ell, m_\ell)$$

자기각 φ 는 2차원의 원을 회전하여 3차원의 구면을 완성한다. 이는 자기각 φ 자체가 2차원의 원을 그렸기 때문이다. 그래서 자기각 함수 Φ 는 오일러 파동 방정식으로 표현했고, 원론적으로는 **켤레 복소원 함수**로 표현할 수 있었다.

$$C_@^{\pm x} = e^{\pm ix} \quad : \text{Complex Uint Circle}$$

$$x = m\varphi, \quad \psi_z(x) = \psi_z(m\varphi) = \Phi(\varphi)$$

$$\Phi(\varphi) = e^{\pm im\varphi} \quad : \text{Complex Circle}$$

$$\therefore \frac{\partial^2}{\partial \varphi^2}\frac{\Phi}{\Phi} = -m_\ell^2, \quad \frac{\partial}{\partial \varphi} = \pm im_\ell, \quad \Phi_{m_\ell}(\varphi) = A e^{\pm im_\ell \varphi}$$

$$\therefore m_\ell = 0, \pm 1, \pm 2, \ldots, \pm \ell \quad : \text{Magnetic quantum numbers}$$

자기 양자수 m 이 방위 양자수 ℓ 에 의존하는 한편, 방위각 θ 는 파장 λ 로 반지름 r 과 관계한다.

원은 무한을 담은 입자다

구면에서 방위각 θ 가 일으키기 시작하는 세포 분열은 무한을 담고 있는 원을 쪼개는 현상이다.

세포 분열은 반정수 현상과 같이 나눗셈 방향으로 양자화하는 알고리즘의 흐름이다. 따라서 방위 양자수 ℓ 은 근원적으로 분수 알고리즘을 가졌다.

$$Y = \underbrace{\frac{1}{\sin^2\theta}\frac{\partial^2}{\partial\varphi^2}\frac{\Phi}{\Phi} + \frac{1}{\sin\theta}\frac{\partial}{\partial\theta}\left(\sin\theta\frac{\partial}{\partial\theta}\right)\frac{\Theta}{\Theta} = -\ell(\ell+1) = -\lambda}_{-\lambda\,:\,Y}$$

$$Y + \lambda = \ell(\ell+1) + \frac{1}{\sin^2\theta}\frac{\partial^2}{\partial\varphi^2}\frac{\Phi}{\Phi} + \frac{1}{\sin\theta}\frac{\partial}{\partial\theta}\left(\sin\theta\frac{\partial}{\partial\theta}\right)\frac{\Theta}{\Theta} = 0$$

$$Y + \lambda = \ell(\ell+1) - \frac{m_\ell^2}{\sin^2\theta} + \frac{1}{\sin\theta}\frac{\partial}{\partial\theta}\left(\sin\theta\frac{\partial}{\partial\theta}\right)\frac{\Theta}{\Theta} = 0$$

$$(Y + \lambda)\Theta = \left(\ell(\ell+1) - \frac{m_\ell^2}{\sin^2\theta}\right)\Theta + \frac{1}{\sin\theta}\frac{\partial}{\partial\theta}\left(\sin\theta\frac{\partial}{\partial\theta}\right)\Theta = 0$$

$$\therefore \ell \geq |m_\ell| \quad : \text{Azimuthal quantum numbers}$$

$$\Theta_{\ell,m}(\theta) = P_\ell^m(\cos\theta) \quad : \text{Associated Legendre Polynomials}$$

$$Y_\ell^m(\theta, \varphi) = \sqrt{\frac{(2\ell+1)}{4\pi}\frac{(\ell-m)!}{(\ell+m)!}}\, P_\ell^m(\cos\theta)\, e^{im\varphi}$$

방위 양자수 ℓ 의 분할 무늬 $\ell(\ell+1)$ 을 선분논리는 연관 르장드르 다항식 $P_\ell^m(\cos\theta)$ 로 표현할 수 있다는 것을 발견한다.

$$Y = -\ell(\ell+1) = -\lambda$$

$$Y_\ell^m(\theta, \varphi) = N_{\theta\varphi} \cdot P_\ell^m(\cos\theta) \cdot e^{im\varphi}$$

이는 수학적으로 르장드르 다항식의 알고리즘이 테일러 급수와 같은 계승분수 급수 원리에서 나왔기 때문이다.

르장드르 다항식과 분수의 연관성에 대해 의아해 하는 반응을 보이는 것이 일반적이다. 그러나 르장드르 다항식은 1보다 작은 분수에서 유용하다.

수학은 풀이에만 전념하는 계산학에 머물고 물리학은 활용에만 전념하는 공학에 머물면서 르장드르 다항식의 본질은 외면되어 왔던 것이 사실이다. 왜 그런지보다는 결과의 신비함에 만족하는 현상이다.

르장드르 다항식에는 분수, 수열, 무한급수, 조합과 확률 그리고 2차 편미분 방정식의 선분논리들이 연결되어 있다. 르장드르 다항식은 동심원 에너지의 크기보다는 모양에 관한 관점이다. 에너지 모양에 대한 탐험은 잠시 미루고, 에너지의 크기에 관점을 두고 관찰을 이어 간다.

다소 복잡한 세포 분열 무늬의 방위 양자수는 선형 조합 $\ell(\ell+1)$로 단순화할 수 있었다. 이를 이용하여 반지름의 관점으로 동심원 에너지를 관찰하면, 라게르 다항식과 만난다고 했다.

그러나 라게르 다항식은 르장드르 다항식의 연장선상에 있는 에너지 모양에 대한 이야기다. 여기서는 방위 양자수 ℓ 이 주양자수 n 속에서 발생한 연쇄반응이라는 특성을 발견하는 데 만족해야 할 것 같다.

$$\underbrace{\frac{\partial}{\partial r}\left(r^2 \frac{\partial}{\partial r}\right)\frac{R}{R}}_{\lambda\,:\,R} + \underbrace{\frac{2mr^2}{\hbar^2}(E-P)}_{-r^2 \nabla^2} = \ell(\ell+1)$$

$$\frac{\partial}{\partial r}\left(r^2\frac{\partial}{\partial r}\right)\frac{R}{R} + \frac{2mr^2}{\hbar^2}(E-P) - \ell(\ell+1) = 0$$

$$\frac{\partial}{\partial r}\left(r^2\frac{\partial}{\partial r}\right)R + \left(\frac{2mr^2}{\hbar^2}(E-P) - \ell(\ell+1)\right)R = 0$$

$$\therefore n = \{1,2,3,\ldots\} \quad : \text{Principal quantum numbers}$$

$$0 \leq \ell \leq n-1$$

$$R_{n,\ell}(r) = L_n^{\ell}(r) \quad : \text{Associated Laguerre Polynomials}$$

지도는 선행자의 기록이다. 결국 동심원 에너지의 크기는 고전적 운동 법칙과 라그랑지언 그리고 오일러의 각운동을 통해 구하는 코스다.

$$E_p = Fr = mar = \frac{mv^2}{r}r = \frac{1}{4\pi\varepsilon_0}\frac{e^2}{r^2}r = \frac{1}{4\pi\varepsilon_0}\frac{e^2}{r}$$

$$P(r) = E_p = \frac{e^2}{4\pi\varepsilon_0 r} = mv^2, \quad v = \pm\sqrt{\frac{1}{4\pi\varepsilon_0}\frac{e^2}{rm}}$$

$$\therefore E = E_k + E_p = -\frac{1}{2}E_p + E_p = \frac{1}{2}E_p$$

$$\text{sgn}(E_p) \cdot \text{sgn}(E_k) = -1, \quad E_p = -\frac{e^2}{4\pi\varepsilon_0 r}$$

$$E = -\frac{\hbar^2}{2m}\nabla_r^2 + E_p = -\frac{\hbar^2}{2m}\nabla_r^2 - \frac{e^2}{4\pi\varepsilon_0 r} \stackrel{@}{=} \frac{1}{2}\frac{e^2}{4\pi\varepsilon_0 r}$$

$$L = \sqrt{\ell(\ell+1)}\,\hbar \approx \left(\ell + \frac{1}{2}\right)\hbar$$

$$\mathbf{L} = \mathbf{r}\times\mathbf{p} = \mathbf{r}\times m\mathbf{v}, \quad L = mvr \stackrel{@}{=} n\hbar$$

$$L = mvr = \sqrt{\frac{1}{4\pi\varepsilon_0}e^2 mr} \stackrel{@}{=} n\hbar$$

$$r = \frac{4\pi\varepsilon_0}{e^2 m}n^2\hbar^2 \stackrel{@}{=} r_n$$

앞서 각도의 양자화를 탐색할 때, 각운동량 L 이 방위 양자수 ℓ 과 디랙 상수 $\hbar$ 로 양자화되는 것을 확인했다. 각운동량을 고전 역학에 따라 잠재 에너지 E_p 를 바탕에 두고 질량 m 과 반지름 r 에 대한 속도로 계산한 수량은 반지름의 주양자수 n 과 디랙 상수 $\hbar$ 를 만난다.

각운동량 L 의 잠재 에너지 E_p 는 전자의 만유인력이고, 디랙 상수 $\hbar$ 는 파동론의 물질파다. 회전 운동을 두 눈으로 동시에 보면 전자궤도의 반지름을 파동으로 볼 수 있다. 이 반지름 공식에서 주양자수 n 이 1이면 전자궤도 반지름 r 의 기저라고 생각하는 보어 반지름 r_0 가 된다.

물리학계는 보어 반지름이 보어 원자 모델을 전제로 만들어진 논리이기 때문에 일반적인 r_0 와 구분하기 위해 a_0 기호를 많이 사용한다. 원론적으로는 주양자수 n 이 1부터 시작하기 때문에 r_1 이라고 해야 하지만 물리학계는 관습적 사투리와 같이 $r_1 = r_0 = a_0$ 로 사용한다.

$$r_n = \frac{4\pi \varepsilon_0 \hbar^2}{m e^2} n^2 \, , \quad r_0 = \frac{4\pi \varepsilon_0 \hbar^2}{m e^2} \, , \quad r_n = r_0 n^2$$

$$\frac{1}{r} = \frac{m e^2}{4\pi \varepsilon_0 \hbar^2} \frac{1}{n^2} = \frac{1}{r_n}$$

$$r_n = \frac{4\pi \varepsilon_0 \hbar^2}{m e^2} n^2$$

$$r_1 = r_0 = a_0 = \frac{4\pi \varepsilon_0 \hbar^2}{m e^2} \quad : \text{Bohr radius}$$

선분논리는 보어 반지름을 척도로 삼아 전자궤도를 해석하고 전자궤도에 대한 에너지 준위를 계산한다. 이때 파생적인 논리의 연쇄반응이 숨어있다.

보어 반지름을 기준으로 전자궤도의 반지름을 해석한다는 것은 곱셈의 항등원 1과 같이 보어 반지름을 1로 삼아 곱셈의 비율로 반지름을 해석한다는 의미다.

$$@@ \quad r_n = r_0 \cdot n^2 = a_0 \cdot n^2 = r, \quad n^2 = \frac{r}{r_0} = \rho$$

이 논리를 가만히 지켜보면 주양자수의 제곱이 보어 반지름에 대한 비율이 되고, 이 비율은 등비수열의 논리이며, 주양자수의 제곱은 평면파라는 것을 짐작할 수 있다.

이와 같은 논리의 연쇄반응은 나중에 라게르 파동론에서 다시 만나게 될 것이다. 반지름 파동론에서 반지름의 비율을 ρ 로 사용하기도 한다. 선분논리는 ρ 를 **무차원 변수**라고 부른다. 이는 전자궤도 반지름의 비율이어서 그 수량에 대한 단위가 없기 때문이다.

일상에서 반지름은 직선이라고 생각하지만, 회전논리는 곡선의 파동으로 해석한다. 이것은 직각 좌표계를 토대로 한 선분논리가 구면 좌표계를 해석하면서 발생하는 논리적 굴절 효과이다. 본래 직선 역시 곡선의 1차원적 해석이며, 공간이 시간의 동시적 파동으로 생성되기 때문이다.

그런데 선분논리의 눈은 직선을 1차원으로만 보기 때문에 회전논리는 이것을 **동시 파동 착시 현상**이라 부른다.

슈뢰딩거 파동 방정식에서 동심원의 에너지량을 구한다는 것은 보어의 반지름으로 에너지량을 구하는 것과 같은 방식의 논리였다. 알고 보면 당연하다. 슈뢰딩거와 보어의 생각은 모두 원에서 시작했다.

$$E = E_k + E_p = -\frac{1}{2}E_p + E_p = \frac{1}{2}E_p = \frac{1}{2}\frac{e^2}{4\pi\varepsilon_0}\frac{1}{r}$$

$$E = \frac{1}{2}\frac{e^2}{4\pi\varepsilon_0}\frac{1}{r} = \frac{1}{2}\frac{e^2}{4\pi\varepsilon_0}\frac{me^2}{4\pi\varepsilon_0\hbar^2}\frac{1}{n^2} = \frac{1}{2}\frac{me^4}{4^2\pi^2\varepsilon_0^2\hbar^2}\frac{1}{n^2} = E_n$$

$$\therefore E_n = \frac{1}{2}\frac{me^4}{4^2\pi^2\varepsilon_0^2\hbar^2}\frac{1}{n^2} = \frac{me^4}{32\pi^2\varepsilon_0^2\hbar^2}\frac{1}{n^2}$$

구면 조화파 현상으로 그 모양이 일그러진다고 해서 고유 에너지량이 변하진 않는다. 그 이유는 온도와 압력의 상대적 편광 요소가 배제됐기 때문이다.

슈뢰딩거의 파동 방정식에 대한 신비한 감동은 많은 착각을 낳았다. 그래서 양자역학을 관찰할 때는 착시 현상에 주의할 필요가 있다. 반면에 선분논리의 착시 현상은 경제와 산업에 장점으로 작용하기도 한다.

Nabla Energy

$$\hbar^2 k^2 = \frac{h^2}{\lambda^2} = p^2 , \quad k^2 = -\frac{\partial^2}{\partial x^2} = -\nabla_x^2, \quad \omega = i\frac{\partial}{\partial t}$$

$$E = E_k + E_p = \frac{1}{2}m\dot{x}^2 + mgx$$

$$E = \frac{1}{2m}\frac{h^2}{\lambda^2} + P = \frac{\hbar^2 k^2}{2m} + P = -\frac{\hbar^2}{2m}\nabla_x^2 + P = hf = \hbar\omega = i\hbar\frac{\partial}{\partial t}$$

$$\Psi_z \cdot E = -\frac{\hbar^2}{2m}\nabla_x^2 \Psi_z + P \cdot \Psi_z = i\hbar\frac{\partial \Psi_z}{\partial t}$$

$$\psi(x) \cdot E = -\frac{\hbar^2}{2m} \cdot \nabla_x^2 \cdot \psi(x) + P(x) \cdot \psi(x)$$

$$\tau(t) \cdot E = i\hbar\frac{\partial}{\partial t}\tau(t), \quad \tau(t) = e^{-\frac{i}{\hbar}Et}$$

$$\psi(x)\tau(t) \cdot E = -\frac{\hbar^2}{2m}\nabla_x^2 \cdot \psi(x)\tau(t) + P(x) \cdot \psi(x)\tau(t) = i\hbar\frac{\partial}{\partial t}\psi(x)\tau(t)$$

$$E = -\frac{\hbar^2}{2m}\nabla_x^2 + P = i\hbar\frac{\partial}{\partial t}$$

$$r \stackrel{@}{=} x, \quad \frac{\partial^2}{\partial r^2} = \nabla_r^2 \stackrel{@}{=} \nabla^2, \quad P(r) = E_p = \frac{e^2}{4\pi\varepsilon_0 r} = mv^2$$

$$\therefore \nabla^2 = \frac{2m}{\hbar^2}(P - E), \quad r^2 \nabla^2 = \frac{2mr^2}{\hbar^2}(P - E)$$

Nabla Combination

$$\nabla^2 = \frac{1}{r^2}\frac{\partial}{\partial r}\left(r^2\frac{\partial}{\partial r}\right) + \frac{1}{r^2\sin\theta}\frac{\partial}{\partial \theta}\left(\sin\theta\frac{\partial}{\partial \theta}\right) + \frac{1}{r^2\sin^2\theta}\frac{\partial^2}{\partial \varphi^2}$$

$$\frac{2m}{\hbar^2}(P-E) = \nabla^2 = \frac{1}{r^2}\frac{\partial}{\partial r}\left(r^2\frac{\partial}{\partial r}\right) + \frac{1}{r^2\sin\theta}\frac{\partial}{\partial \theta}\left(\sin\theta\frac{\partial}{\partial \theta}\right) + \frac{1}{r^2\sin^2\theta}\frac{\partial^2}{\partial \varphi^2}$$

$$\frac{2m}{\hbar^2}(P-E) = \frac{1}{r^2}\frac{\partial}{\partial r}\left(r^2\frac{\partial}{\partial r}\right)\frac{R}{R} + \frac{1}{r^2\sin\theta}\frac{\partial}{\partial \theta}\left(\sin\theta\frac{\partial}{\partial \theta}\right)\frac{\Theta}{\Theta} + \frac{1}{r^2\sin^2\theta}\frac{\partial^2}{\partial \varphi^2}\frac{\Phi}{\Phi}$$

$$\frac{2mr^2\sin^2\theta}{\hbar^2}(P-E) = \frac{r^2\sin^2\theta}{r^2}\frac{\partial}{\partial r}\left(r^2\frac{\partial}{\partial r}\right)\frac{R}{R} + \sin\theta\frac{\partial}{\partial \theta}\left(\sin\theta\frac{\partial}{\partial \theta}\right)\frac{\Theta}{\Theta} + \frac{\partial^2}{\partial \varphi^2}\frac{\Phi}{\Phi}$$

$$\sin^2\theta\frac{\partial}{\partial r}\left(r^2\frac{\partial}{\partial r}\right)\frac{R}{R} + \sin\theta\frac{\partial}{\partial \theta}\left(\sin\theta\frac{\partial}{\partial \theta}\right)\frac{\Theta}{\Theta} + \frac{\partial^2}{\partial \varphi^2}\frac{\Phi}{\Phi} + \frac{2mr^2\sin^2\theta}{\hbar^2}(E-P) = 0$$

$$\sin^2\theta\frac{\partial}{\partial r}\left(r^2\frac{\partial}{\partial r}\right)\frac{R}{R} + \sin\theta\frac{\partial}{\partial \theta}\left(\sin\theta\frac{\partial}{\partial \theta}\right)\frac{\Theta}{\Theta} - m_\ell^2 + \frac{2mr^2\sin^2\theta}{\hbar^2}(E-P) = 0$$

$$\frac{\partial}{\partial r}\left(r^2\frac{\partial}{\partial r}\right)\frac{R}{R} + \frac{1}{\sin\theta}\frac{\partial}{\partial \theta}\left(\sin\theta\frac{\partial}{\partial \theta}\right)\frac{\Theta}{\Theta} - \frac{m_\ell^2}{\sin^2\theta} + \frac{2mr^2}{\hbar^2}(E-P) = 0$$

$$\underbrace{\frac{\partial}{\partial r}\left(r^2\frac{\partial}{\partial r}\right)\frac{R}{R}}_{\lambda\,:\,R} + \underbrace{\frac{2mr^2}{\hbar^2}(E-P)}_{-r^2\nabla^2} = \underbrace{\frac{m_\ell^2}{\sin^2\theta} - \frac{1}{\sin\theta}\frac{\partial}{\partial \theta}\left(\sin\theta\frac{\partial}{\partial \theta}\right)\frac{\Theta}{\Theta}}_{-(-\lambda\,:\,Y)} = \ell(\ell+1)$$

$$\nabla^2_{\theta\varphi} = -\ell(\ell+1) = -\lambda \quad :\text{Linear Combination}$$

Nabla Relation

$$r^2 \nabla^2 R\Theta\Phi = \underbrace{\frac{\partial}{\partial r}\left(r^2 \frac{\partial}{\partial r}\right)\frac{R}{R}}_{\lambda\,:\,R(r)} + \underbrace{\frac{1}{\sin\theta}\frac{\partial}{\partial \theta}\left(\sin\theta \frac{\partial}{\partial \theta}\right)\frac{\Theta}{\Theta} + \frac{1}{\sin^2\theta}\frac{\partial^2}{\partial \varphi^2}\frac{\Phi}{\Phi}}_{-\lambda\,:\,Y(\theta,\varphi)} = 0$$

$$\underbrace{\frac{\partial}{\partial r}\left(r^2 \frac{\partial}{\partial r}\right)\frac{R}{R}}_{\lambda\,:\,R} + \underbrace{\frac{2mr^2}{\hbar^2}(E-P)}_{-r^2\nabla^2} = \ell(\ell+1) = \lambda$$

$$\frac{\partial^2}{\partial \varphi^2}\frac{\Phi}{\Phi} = -m_\ell^2, \quad \underbrace{\frac{m_\ell^2}{\sin^2\theta} - \frac{1}{\sin\theta}\frac{\partial}{\partial \theta}\left(\sin\theta \frac{\partial}{\partial \theta}\right)\frac{\Theta}{\Theta}}_{-(-\lambda\,:\,Y)} = \ell(\ell+1) = \lambda$$

$$\underbrace{\frac{1}{\sin^2\theta}\frac{\partial^2}{\partial \varphi^2}\frac{\Phi}{\Phi} + \frac{1}{\sin\theta}\frac{\partial}{\partial \theta}\left(\sin\theta \frac{\partial}{\partial \theta}\right)\frac{\Theta}{\Theta}}_{-\lambda\,:\,Y} = -\ell(\ell+1) = -\lambda$$

$$\underbrace{\lambda \sin^2\theta + \sin\theta \frac{\partial}{\partial \theta}\left(\sin\theta \frac{\partial}{\partial \theta}\right)\frac{\Theta}{\Theta}}_{m_\ell^2} + \underbrace{\frac{\partial^2}{\partial \varphi^2}\frac{\Phi}{\Phi}}_{-m_\ell^2} = 0$$

$$\therefore \frac{1}{R}\frac{\partial}{\partial r}\left(r^2 \frac{\partial R}{\partial r}\right) = \frac{\partial}{\partial r}\left(r^2 \frac{\partial}{\partial r}\right)\frac{R}{R} = \frac{\partial}{\partial r}\left(r^2 \frac{\partial}{\partial r}\right) = \lambda = \ell(\ell+1)$$

$$\therefore \frac{\partial^2}{\partial \varphi^2}\frac{\Phi}{\Phi} = \nabla_\varphi^2 = -m_\ell^2, \quad \lambda \sin^2\theta + \frac{\sin\theta}{\Theta}\frac{d}{d\theta}\left(\sin\theta \frac{d\Theta}{d\theta}\right) = m_\ell^2$$

@@ $(\varphi'', \Phi) \to m$, $(\lambda, \theta'', \Theta) \to (\ell, m_\ell)$

Magnetic Angle Relation

$$C_@^{\pm x} = e^{\pm ix} \quad : \text{Complex Uint Circle}$$

$$x = m\varphi, \quad \psi_z(x) = \psi_z(m\varphi) = \Phi(\varphi)$$

$$\Phi(\varphi) = e^{\pm im\varphi} \quad : \text{Complex Circle}$$

$$\therefore \frac{\partial^2}{\partial \varphi^2} \frac{\Phi}{\Phi} = -m_\ell^2, \quad \frac{\partial}{\partial \varphi} = \pm im_\ell, \quad \Phi_{m_\ell}(\varphi) = A e^{\pm im_\ell \varphi}$$

$$\therefore m_\ell = 0, \pm 1, \pm 2, \ldots, \pm \ell \quad : \text{Magnetic quantum numbers}$$

Azimuthal Angle Relation

$$Y = \underbrace{\frac{1}{\sin^2 \theta} \frac{\partial^2}{\partial \varphi^2} \frac{\Phi}{\Phi} + \frac{1}{\sin \theta} \frac{\partial}{\partial \theta} \left(\sin \theta \frac{\partial}{\partial \theta} \right) \frac{\Theta}{\Theta}}_{-\lambda : Y} = -\ell(\ell+1) = -\lambda$$

$$Y + \lambda = \ell(\ell+1) + \frac{1}{\sin^2 \theta} \frac{\partial^2}{\partial \varphi^2} \frac{\Phi}{\Phi} + \frac{1}{\sin \theta} \frac{\partial}{\partial \theta} \left(\sin \theta \frac{\partial}{\partial \theta} \right) \frac{\Theta}{\Theta} = 0$$

$$Y + \lambda = \ell(\ell+1) - \frac{m_\ell^2}{\sin^2 \theta} + \frac{1}{\sin \theta} \frac{\partial}{\partial \theta} \left(\sin \theta \frac{\partial}{\partial \theta} \right) \frac{\Theta}{\Theta} = 0$$

$$(Y + \lambda) \Theta = \left(\ell(\ell+1) - \frac{m_\ell^2}{\sin^2 \theta} \right) \Theta + \frac{1}{\sin \theta} \frac{\partial}{\partial \theta} \left(\sin \theta \frac{\partial}{\partial \theta} \right) \Theta = 0$$

$$\therefore \ell \geq |m_\ell| \quad : \text{Azimuthal quantum numbers}$$

$$\Theta_{\ell,m}(\theta) = P_\ell^m(\cos \theta) \quad : \text{Associated Legendre Polynomials}$$

$$Y_\ell^m(\theta, \varphi) = \sqrt{\frac{(2\ell+1)}{4\pi} \frac{(\ell-m)!}{(\ell+m)!}} P_\ell^m(\cos \theta) e^{im\varphi}$$

Azimuthal Concentric Relation

$$\underbrace{\frac{\partial}{\partial r}\left(r^2\frac{\partial}{\partial r}\right)\frac{R}{R}}_{\lambda\,:\,R} + \underbrace{\frac{2mr^2}{\hbar^2}(E-P)}_{-r^2\nabla^2} = \ell(\ell+1)$$

$$\frac{\partial}{\partial r}\left(r^2\frac{\partial}{\partial r}\right)\frac{R}{R} + \frac{2mr^2}{\hbar^2}(E-P) - \ell(\ell+1) = 0$$

$$\frac{\partial}{\partial r}\left(r^2\frac{\partial}{\partial r}\right)R + \left(\frac{2mr^2}{\hbar^2}(E-P) - \ell(\ell+1)\right)R = 0$$

$\therefore n = \{1,2,3,\ldots\}$: Principal quantum numbers

$$0 \le \ell \le n-1$$

$R_{n,\ell}(r) = L_n^\ell(r)$: Associated Laguerre Polynomials

Lagrangian Angular Energy

$$E_p = Fr = mar = \frac{mv^2}{r}r = \frac{1}{4\pi\varepsilon_0}\frac{e^2}{r^2}r = \frac{1}{4\pi\varepsilon_0}\frac{e^2}{r}$$

$$P(r) = E_p = \frac{e^2}{4\pi\varepsilon_0 r} = mv^2, \quad v = \pm\sqrt{\frac{1}{4\pi\varepsilon_0}\frac{e^2}{rm}}$$

$$\because E = E_k + E_p = -\frac{1}{2}E_p + E_p = \frac{1}{2}E_p$$

$$E = -\frac{\hbar^2}{2m}\nabla_r^2 + P = -\frac{\hbar^2}{2m}\nabla_r^2 - \frac{e^2}{4\pi\varepsilon_0 r} \stackrel{@}{=} \frac{1}{2}\frac{e^2}{4\pi\varepsilon_0 r}$$

$$\mathbf{L} = \mathbf{r} \times \mathbf{p} = \mathbf{r} \times m\mathbf{v}, \quad L = mvr \stackrel{@}{=} n\hbar$$

$$L = mvr = \sqrt{\frac{1}{4\pi\varepsilon_0}e^2 mr} \stackrel{@}{=} n\hbar, \quad r = \frac{4\pi\varepsilon_0}{e^2 m}n^2\hbar^2 \stackrel{@}{=} r_n$$

$$\frac{1}{r} = \frac{me^2}{4\pi\varepsilon_0 n^2\hbar^2} = \frac{1}{r_n}$$

$$E = \frac{1}{2}\frac{e^2}{4\pi\varepsilon_0}\frac{1}{r} = \frac{1}{2}\frac{e^2}{4\pi\varepsilon_0}\frac{me^2}{4\pi\varepsilon_0 n^2\hbar^2} = \frac{1}{2}\frac{me^4}{4^2\pi^2\varepsilon_0^2 n^2\hbar^2} = E_n$$

$$\therefore E_n = \frac{me^4}{2 \cdot 4^2\pi^2\varepsilon_0^2\hbar^2}\frac{1}{n^2} = \frac{me^4}{32\pi^2\varepsilon_0^2\hbar^2}\frac{1}{n^2}$$

동심원의 왜곡
Concentric Distortion

양자역학에서 말하는 오비탈은 동심원의 무늬다. 오비탈은 사각형의 눈으로 원을 보는 것과 같은 편광 현상이었다. 그 알고리즘의 핵심은 구면계 변환에 있었다. 그 파생 상품들이 르장드르 다항식과 라게르 다항식이다. 두 다항식은 표면적으로 2차 편미분의 모형이며, 원론적 중심은 **켤레 복소원**의 세포 분열이었다.

$$\Psi = R \cdot \Theta \cdot \Phi = L_n^\ell \cdot P_{m\ell}^\ell \cdot e^{im_\ell \varphi}$$

$$R_{n,\ell}(r) = L_n^\ell(r) \quad : \text{Associated Laguerre Polynomials}$$

$$\Theta_{\ell,m}(\theta) = P_\ell^m(\cos\theta) \quad : \text{Associated Legendre Polynomials}$$

$$\Phi(\varphi) = e^{\pm im\varphi} \quad : \text{Complex Circle}$$

$$\Psi_{n,\ell,m_\ell}(r,\theta,\varphi) = R_{n,\ell}(r) \cdot \Theta_{\ell,m_\ell}(\theta) \cdot \Phi_{m_\ell}(\varphi)$$

$$\Psi_{n,\ell,m_\ell}(r,\theta,\varphi) = L_n^\ell(r) \cdot P_{m\ell}^\ell(\cos\theta) \cdot e^{im_\ell \varphi}$$

다항식의 원론은 서로 다른 두 세계의 관계에 있다. 이 관계를 수학적 관계의 시작인 덧셈으로 표현하면서 논리의 연쇄반응을 일으킨다.

다항식의 논리는 본래 차원이 다른 선들을 합하는 알고리즘이기 때문에 기하적으로 **다각형의 논리**에 본질이 있다. **다각형의 논리**에 무한의 역수인 **극소 논리**를 적용하면 원의 논리가 된다. **극소 논리**는 제논의 분수 접근법에서 기원을 찾을 수 있었다. 그래서 무한은 발산과 수렴의 두 방향이 존재한다.

회전논리는 발산과 수렴을 관점에 따라 상대적으로 해석한다. 관점의 초점을 0점으로 삼아 그곳으로 결과적 접근이 나타나면 그 흐름이 곧 수렴이다. 이런 **0점 조정 논리**를 활용하면 발산도 수렴으로 해석하여 논리를 전개할 수 있다.

선분논리는 분수 또는 계승분수가 0으로 수렴하는 원리를 이용하여 무한급수에 대한 해법을 운용한다.

다항식의 논리가 계승분수의 무한으로 연쇄반응을 하면 앞서 관람했던 **테일러 급수**가 나타난다. **홀수 진동 급수**는 사인 파동을 만들고 **짝수 진동 급수**는 코사인 파동을 만든다.

Taylor Series

$$\sin x = \pm \text{OT}_@(\infty) = \sum_{n=0}^{\infty} (-1)^n \frac{x^{2n+1}}{(2n+1)!} = \frac{x^1}{1!} - \frac{x^3}{3!} + \frac{x^5}{5!} - \frac{x^7}{7!} + \cdots$$

$$\cos x = \pm \text{ET}_@(\infty) = \sum_{n=0}^{\infty} (-1)^n \frac{x^{2n}}{(2n)!} = \frac{x^0}{0!} - \frac{x^2}{2!} + \frac{x^4}{4!} - \frac{x^6}{6!} + \cdots$$

그런데 양음으로 진동하지 않는 테일러 급수는 쌍곡선 함수로 수렴한다. 이는 진동하는 테일러 급수를 허수 관점으로 전환한 결과다.

$$@ \quad \sinh x = -i\sin(ix)$$

$$\sin x = \pm \text{OT}_@(\infty) = \sum_{n=0}^{\infty}(-1)^n \frac{x^{2n+1}}{(2n+1)!}$$

$$x = ix, \quad \sin ix = \sum_{n=0}^{\infty}(-1)^n \frac{(ix)^{2n+1}}{(2n+1)!}$$

$$\sinh x = -i\sin ix = -i\sum_{n=0}^{\infty}(-1)^n \frac{(ix)^{2n+1}}{(2n+1)!}$$

$$= -i\sum_{n=0}^{\infty}(-1)^n \frac{i^{2n+1}x^{2n+1}}{(2n+1)!} = -i\sum_{n=0}^{\infty} \frac{ix^{2n+1}}{(2n+1)!} = \sum_{n=0}^{\infty} \frac{x^{2n+1}}{(2n+1)!}$$

$$\because i^{2n+1} = i(i^2)^n = i(-1)^n, \quad (-1)^n i^{2n+1} = (-1)^n \cdot i \cdot (-1)^n = i$$

$$\therefore \sinh x = \sum_{n=0}^{\infty} \frac{x^{2n+1}}{(2n+1)!}$$

$$\sinh x = -i\sin(ix), \quad \cosh x = \cos(ix)$$

$$\sinh x = \sum_{n=0}^{\infty} \frac{x^{2n+1}}{(2n+1)!} = \frac{x^1}{1!} + \frac{x^3}{3!} + \frac{x^5}{5!} + \frac{x^7}{7!} + \cdots$$

$$\cosh x = \sum_{n=0}^{\infty} \frac{x^{2n}}{(2n)!} = \frac{x^0}{0!} + \frac{x^2}{2!} + \frac{x^4}{4!} + \frac{x^6}{6!} + \cdots$$

$$e^x = \cosh x + \sinh x = \sum_{n=0}^{\infty} \frac{x^n}{n!} = \frac{x^0}{0!} + \frac{x^1}{1!} + \frac{x^2}{2!} + \frac{x^3}{3!} + \cdots$$

$$C_{@}^{-i\zeta} = \Psi_z(-i\zeta) = \cosh \zeta + \sinh \zeta = e^\zeta \quad : \text{Conjugate Hyperbolic Wave}$$

그리고 진동하는 홀짝 테일러 급수의 본체는 오일러 공식에 의해 원 무늬로 귀결되었다. 홀수와 짝수의 관계도 90도로 직교하여 2차원 평면 공간을 형성한다는 의미다.

$$e^{ix} = \sum_{n=0}^{\infty} \frac{(-1)^n}{(2n)!} x^{2n} + i \sum_{n=0}^{\infty} \frac{(-1)^n}{(2n+1)!} x^{2n+1}$$

$$e^{ix} = \pm \text{ET}_{@}(\infty) + i \pm \text{OT}_{@}(\infty)$$

$$e^{ix} = \cos x + i \sin x$$

테일러 급수의 주요 관점은 다항식의 계수 관점이었다. 기하적으로 다항식은 각도가 선을 휘어뜨려 분기 곡선을 만드는 시간의 흐름이다.

사인과 코사인의 삼각함수는 하나의 패턴이 무한대로 펼쳐진다. 다항식도 하나의 규칙으로 수열을 이루어 무한대를 펼친다. 이런 일관된 논리의 흐름이 무한대로 하여금 시작점을 만나게 하여 원의 논리를 이룬다.

그래서 다항식은 무한대로 펼치면 삼각함수로 귀결되고 지수함수의 파동이 되며 복소평면의 관점에서 원의 무늬를 그린다.

공간 분기의 관점 현미경으로 선이라는 공간을 관찰하면, 다항식은 각도가 없는 수평선 0차 상수 함수에서 출발한다. 각도가 생기면 수평선이 기울어지면서 직선의 1차 함수가 된다.

각도는 회전하면서 회전의 시작인 0과 끝인 ∞가 만나면 분기점에 도달하고, 각도가 선을 휘어뜨려 곡선을 만든다.

1차 분기점은 2차 함수를 만들고 2차 분기점은 3차 함수를 만들며 $n-1$ 차 분기점은 n 차 함수를 만든다.

분기점의 차수는 관점에 따라 함수의 차수와 같을 수도 있고 1차의 격차가 있을 수도 있지만, 선분논리에서는 2차 함수부터 곡선으로 구분하기 때문에 1차의 격차로 보인다.

참고로 공간 분기의 핵심 알고리즘은 각도의 근본이 담겨 있는 2차 방정식으로 정리된다.

다항식을 매개변수 x 에 대한 함수의 관점으로 보면 다항식의 가변 형태는 매개변수 x 의 차수를 한 단계씩 높여 연속적 무한계를 형성하는 구조다.

수열의 관점으로 관찰하면 다항식은 변수 수열 x 와 계수 수열 a 의 관계로 구성되어 있다. 변수 수열 x 는 지수함수이고, 어떤 계수 수열 a 와 곱셈 관계를 한다.

Polynomials

$$P_n(x) = \sum_{k=0}^{n} a_k x^k = a_n x^n + a_{n-1} x^{n-1} + \cdots + a_2 x^2 + a_1 x + a_0$$

$$\text{ex) } P_3(x) = \sum_{k=0}^{3} a_k x^k = a_3 x^3 + a_2 x^2 + a_1 x^1 + a_0 x^0$$

$$\frac{d}{dx} P_3(x) = 3x^2 + 2x + 1 \; , \quad \frac{d^2}{dx^2} P_3(x) = 3 \cdot 2x + 2 \cdot 1$$

지수함수는 원 알고리즘을 모태로 한 편광현상이었다. 그리고 계승분수 급수는 베르누이의 교란순열의 흐름을 타고 오일러 수 e 로 수렴한다고 했다. 이런 이유로 테일러 급수가 원의 무늬로 귀결된 것이다.

선분논리는 이 구조를 분석하기 위해 분수 기본입자 알고리즘을 가진 미분법을 사용했다. 그런데 연속되는 구조체는 수열의 무늬가 있어 점화식 형태로 단순화되고, 수열의 합인 급수는 무한의 특성으로 무한급수의 논리가 된다.

무한급수에 대한 선분논리의 주요 해법은 **소거법**이다. **소거법**은 파동의 간섭 현상과 같이, 두 파동의 관계가 무한히 반복되고 회전하면서 사라지는 시간의 알고리즘이다. 이런 원리는 나중에 파동 원리의 끝에서 푸리에 급수 변환의 공학적 논리를 이끌어낸다.

무한급수의 논리를 되돌려 논리의 원점을 바라보면, 이항정리와 경우의 수에서 뻗어 나가는 확률론의 가지가 보인다.

선분논리는 무한 알고리즘에 접근할 때, 0에 수렴하는 분수에 대한 해법을 정리한 후에 발산하는 무한을 분수의 관점으로 정리할 수 있었다.

회전논리의 관점은 분수의 관점을 기하적으로 원의 켤레성을 가진 쌍곡선 무늬로 해석한다. 앞서 테일러 급수의 모형이 쌍곡선 함수로 정리된다는 것을 보았다.

미분 방정식은 모두 원의 삼각함수와 쌍곡선 함수의 원리를 이용하고 원 또는 쌍곡선으로 귀결된다. 원과 쌍곡선의 관계는 앞서 관찰한 바와 같이 실수축과 허수축의 관계였기 때문에 원의 각도를 허수계로 변환하면 쌍곡선이 된다.

$$C_{@}^{\theta} = \Psi_z(\theta) = \cos\theta + i\sin\theta = e^{i\theta} \quad : \text{Circle Wave}$$

$$\text{Hyperbolic Transformation} \quad \theta = i\zeta$$

$$C_{@}^{i\zeta} = \Psi_z(i\zeta) = \cos(i\zeta) + i\sin(i\zeta) = e^{i(i\zeta)} = e^{-\zeta}$$

sinh : Hyperbolic Sine ,   cosh : Hyperbolic Cosine

$$\cos(i\zeta) = \cosh(\zeta) , \quad i\sin(i\zeta) = -\sinh(\zeta)$$

$$C_{@}^{i\zeta} = \Psi_z(i\zeta) = \cosh\zeta - \sinh\zeta = e^{-\zeta} \quad : \text{Hyperbolic Wave}$$

쌍곡선 함수는 그 태생이 원을 뒤집어 놓은 무늬이며 원을 허수계로 전환한 알고리즘이다. 이는 실수계의 원을 허수계의 눈으로 보면 쌍곡선이 된다는 것을 의미한다.

Hyperbolic Functions

$$\sinh x = -i\sin(ix), \quad \cosh x = \cos(ix)$$
$$\tanh x = -i\tan(ix)$$

그래서 쌍곡선 함수의 논리도 오일러 공식의 지수함수 알고리즘 굴레에서 벗어날 수 없다. 이쯤 되면 반복하지 않는 것으로만 생각했던 지수함수가 주기적 반복을 하는 파동 함수의 일종이라는 것을 눈치챌 수 있을 것이다. 사실 모든 선은 시간의 진동으로 그려지는 파동 함수다. 공간에 진동이 보이지 않는다고 파동이 없는 것은 아니다.

$$\tanh x = \frac{\sinh x}{\cosh x} = \frac{e^x - e^{-x}}{e^x + e^{-x}} = \frac{e^{2x} - 1}{e^{2x} + 1}$$

$$\coth x = \frac{\cosh x}{\sinh x} = \frac{e^x + e^{-x}}{e^x - e^{-x}} = \frac{e^{2x}+1}{e^{2x}-1} = e^x$$

$$\cosh x + \sinh x = e^x, \quad \cosh x - \sinh x = e^{-x}$$

$$\cosh^2 x - \sinh^2 x = 1$$

복소수의 관점에서 지수함수를 들여다보면, 쌍곡선과 원의 곱으로 나타난다. 이는 쌍곡선 축과 원 축이 90도로 만나 복소 지수 평면을 형성하는 것과 같다.

$$e^x = \cosh x + \sinh x, \quad e^{iy} = \cos y + i \sin y$$

$$e^{x+iy} = e^x e^{iy} = (\cosh x + \sinh x)(\cos y + i \sin y)$$

@₁ $e^{x+iy} = \cosh(x+iy) + \sinh(x+iy)$

@₂ $e^{x+iy} = e^x(\cos y + i \sin y)$

@ $e^{x+iy} = e^x \cos y + i e^x \sin y \stackrel{@}{=}$ 실수축 + 허수축

@ $e^{x+iy} = e^x \cdot e^{iy} \stackrel{@}{=}$ 실수축 · 허수축

@@ $e^x \perp e^{iy}$,   실수축 ⊥ 허수축

쌍곡선과 원이 90도로 직교하는 관계는 근원적으로 실수축과 허수축이 90도 관계에 있는 복소평면의 논리에 기초가 있다.

$$@_2 \quad e^{x+iy} = e^x(\cos y + i \sin y)$$

$$\mathfrak{R}(e^{x+iy}) = e^x \cos y, \quad \mathfrak{I}(e^{x+iy}) = e^x \sin y$$

$$\int_0^{2\pi} \mathfrak{R}(e^{x+iy}) \cdot \mathfrak{I}(e^{x+iy}) \, dy = e^{2x} \int_0^{2\pi} \cos y \sin y \, dy = e^{2x} \cdot 0 = 0$$

$$\because \sin(2y) = 2 \sin y \cos y, \quad \cos y \sin y = \frac{1}{2} \sin(2y)$$

$$\int_0^{2\pi} \cos y \sin y \, dy = \frac{1}{2} \int_0^{2\pi} \sin(2y) \, dy = \frac{1}{2} \left[-\frac{1}{2} \cos(2y) \right]_0^{2\pi}$$

$$= -\frac{1}{4} \big(\cos(4\pi) - \cos(0)\big) = -\frac{1}{4}(1-1) = 0$$

$$\therefore \int_0^{2\pi} \cos y \sin y \, dy = 0$$

복소평면의 직교성은 푸리에 급수의 논리에서도 파동이 극한에서 양자화하는 원리의 기반이 된다.

Fourier Orthogonal

$$\int_0^{2\pi} e^{imy}\overline{e^{iny}}\,dy = \int_0^{2\pi} e^{i(m-n)y}\,dy = 2\pi\,\delta_{mn}$$

$$\int_0^{2\pi} \cos(my)\sin(ny)\,dy = 0$$

쌍곡선 함수를 각도와 위치의 관계로 관찰하면, 미분의 논리가 작동한다.

$$x = \sinh\theta,\quad \cosh^2 x - \sinh^2 x = 1$$

$$\therefore \frac{d}{d\theta}x = \frac{d}{d\theta}\sinh\theta = \cosh\theta = \sqrt{1+x^2}$$

여기서 한걸음 더 나아가면, 제곱과 2차 편미분이 연쇄반응을 일으킨다.

$$\cosh x = \frac{e^x + e^{-x}}{2},\quad \sinh x = \frac{e^x - e^{-x}}{2}$$

$$\frac{d}{dx}\cosh x = \frac{d}{dx}\frac{e^x + e^{-x}}{2} = \frac{e^x - e^{-x}}{2} = \sinh x$$

$$\frac{d}{dx}\sinh x = \frac{d}{dx}\frac{e^x - e^{-x}}{2} = \frac{e^x + e^{-x}}{2} = \cosh x$$

$$@_1 \quad \frac{d}{dx}\cosh x = \sinh x, \quad \cosh x = \frac{d}{dx}\sinh x$$

$$@_2 \quad \frac{d^2}{dx^2}\sinh x = \sinh x, \quad \frac{d^2}{dx^2}\cosh x = \cosh x$$

이는 쌍곡선 함수의 역수에서 실수계와 허수계가 나뉘는 것과 같이, 유효한 부분에 대한 영역이 나타난다.

$$e^x = \sqrt{\frac{1+\tanh x}{1-\tanh x}} = \frac{1+\tanh \frac{x}{2}}{1-\tanh \frac{x}{2}}$$

Inverse Hyperbolic Functions

$$\cosh^{-1} x = \ln\left(x + \sqrt{x^2-1}\right) = y$$

$$\frac{d}{dx}\frac{1}{\sinh x} = \frac{d}{dx}\sinh^{-1} x = \frac{d}{dx}\operatorname{arsinh} x = \frac{1}{\sqrt{x^2+1}}$$

$$\frac{d}{dx}\frac{1}{\cosh x} = \frac{d}{dx}\operatorname{arcosh} x = \frac{1}{\sqrt{x^2-1}} \qquad 1 < x$$

$$\frac{d}{dx}\frac{1}{\tanh x} = \frac{d}{dx}\operatorname{artanh} x = \frac{1}{1-x^2} \qquad |x| < 1$$

$$\frac{d}{dx}\frac{1}{\coth x} = \frac{d}{dx}\operatorname{arcoth} x = \frac{1}{1-x^2} \qquad 1 < |x|$$

$$\frac{d}{dx}\frac{1}{\operatorname{sech} x} = \frac{d}{dx}\operatorname{arsech} x = -\frac{1}{x\sqrt{1-x^2}} \qquad 0 < x < 1$$

$$\frac{d}{dx}\frac{1}{\operatorname{csch} x} = \frac{d}{dx}\operatorname{arcsch} x = -\frac{1}{|x|\sqrt{1+x^2}} \qquad x \neq 0$$

다채로운 이런 공식들의 x **조건**이 파동 곡선의 **유효 구간**을 형성한다. 이것은 무한히 흐르는 시간을 존재하게 하는 원리이기도 하다. 이 공식들에는 시간의 파동이 임계점을 넘어 공간적 현상으로 그 무늬를 드러내는 알고리즘이 숨어 있다.

원에서 쌍곡선으로 변환하는 것을 우리는 **제타 관점 변환**이라 불렀다. 이는 각도를 허수계의 눈으로 보는 데 그 알고리즘의 근원이 있다. 이런 제타의 관점에서 주기적으로 반복하는 원론적 파동 함수를 관찰하면 분수의 무늬를 볼 수 있다.

$$\text{Hyperbolic Transformation} \quad \theta = i\zeta$$

$$C_@^{i\zeta} = \Psi_z(i\zeta) = \cos(i\zeta) + i\sin(i\zeta) = e^{i(i\zeta)} = e^{-\zeta} = \frac{1}{e^\zeta}$$

$$T(x) = e^{-x}, \quad f(x) = x^n$$

$$T_\zeta(f) = T(x)f(x) = e^{-x}x^n = \frac{x^n}{e^x}$$

이 무늬는 테일러 급수를 거꾸로 보는 구도다. 테일러 급수에는 두 가지 관점이 있다. 하나는 지수의 관점이고 또하나는 이산합의 관점이다. 지수의 관점은 곱셈이고 이산합의 관점은 덧셈이다. 곱셈의 세계를 뒤집으면 분수가 되고 덧셈을 거꾸로 하면 음수가 된다.

$$e^x = \sum_{n=0}^{\infty} \frac{x^n}{n!} = \frac{x^0}{0!} + \frac{x^1}{1!} + \frac{x^2}{2!} + \frac{x^3}{3!} + \cdots$$

$$e^{-x} = \sum_{n=0}^{\infty} \frac{(-x)^n}{n!} = \frac{(-x)^0}{0!} + \frac{(-x)^1}{1!} + \frac{(-x)^2}{2!} + \frac{(-x)^3}{3!} + \cdots$$

지수는 오일러 공식에 따라 삼각함수로 관점 전환할 수 있다. 따라서 테일러 급수는 삼각함수와 이산합의 두 관점으로도 정리할 수 있다.

$$\cosh x = \sum_{n=0}^{\infty} \frac{x^{2n}}{(2n)!}, \quad \sinh x = \sum_{n=0}^{\infty} \frac{x^{2n+1}}{(2n+1)!}$$

$$\cos x = \sum_{n=0}^{\infty} (-1)^n \frac{x^{2n}}{(2n)!}, \quad \sin x = \sum_{n=0}^{\infty} (-1)^n \frac{x^{2n+1}}{(2n+1)!}$$

$$e^{-x} = \sum_{n=0}^{\infty} \frac{x^{2n}}{(2n)!} + \sum_{n=0}^{\infty} \frac{x^{2n+1}}{(2n+1)!}$$

$$e^{-x} = \cosh x - \sinh x$$

$$e^{ix} = \sum_{n=0}^{\infty} \frac{(-1)^n}{(2n)!} x^{2n} + i \sum_{n=0}^{\infty} \frac{(-1)^n}{(2n+1)!} x^{2n+1}$$

$$e^{ix} = \cos x + i \sin x$$

두 차원의 근본 입자를 곱한 것은 라플라시안의 근본 개념이다. 라플라시안은 근본 입자이므로 0으로 귀결하는 방정식이 성립하며, 0은 두 무한을 곱한 것과 같다. 우리는 이러한 회전논리를 통해서 양자 세계를 탐험하고 있다.

$$x y \stackrel{@}{=} \nabla^2 = 0 \stackrel{@}{=} \infty^2$$

제타 관점 변환은 파동과 같은 어떤 주기 함수를 고윳값과 고유 벡터의 알고리즘으로 해석할 수도 있다. 이 원리를 이용하면 주기 함수에 얽혀 있는 실타래의 꼬임을 제타 변환의 렌즈에 담아두고 변화의 본질만을 분석할 수 있는 솔루션을 만들 수 있다.

$$T(\mathbf{v}) = \lambda \cdot \mathbf{v}, \quad \frac{df}{dx} = \lambda \cdot f \quad : \text{Eigen Algorithm}$$

Zeta ViewPoint Transformation
$$T_\zeta(y) = y_\zeta = e^{-x} \cdot y = \frac{y}{e^x} \stackrel{@\zeta}{=} y$$

모든 기하체는 폐곡선과 개곡선, 둘로 나뉜다. 이는 모든 곡선이 폐곡선과 개곡선 안에 있다는 것을 암시한다. 그런데 원은 폐곡선을 대표하고 쌍곡선은 개곡선을 대표한다.

원을 토대로 쌍곡선을 해석할 수 있다는 것은 모든 곡선이 원을 시간으로 왜곡한 파생 상품이라는 것을 의미한다.

그리고 이런 다양한 곡선의 논리는 다항식의 극한에서 유래한다. 다항식의 논리는 고대의 이항정리에 그 토대가 있으며, 다항식의 무한 논리는 다시 경우의 수와 확률론으로 전개된다.

Binomial Theorem

$$(x+y)^n = \sum_{r=0}^{\infty} \binom{n}{r} x^{n-r} y^r$$

$$= x^n + nx^{n-1}y + \frac{n(n-1)}{2!}x^{n-2}y^2 + \frac{n(n-1)(n-2)}{3!}x^{n-3}y^3 + \cdots$$

$$_nP_r = (n)_r = n^{\underline{r}} = \frac{n!}{(n-r)!} = n(n-1)\cdots(n-r+1)$$

$$_nC_r = \frac{n(n-1)\cdots(n-r+1)}{r!}$$

$$_nC_r = \binom{n}{r} = \frac{n^{\underline{r}}}{r!} = \frac{(n)_r}{r!} = \frac{_nP_r}{r!} = \frac{n!}{(n-r)!r!}$$

$$_nC_r = \frac{1}{r!}\prod_{k=0}^{r-1}(n-k) = \frac{\Gamma(n+1)}{\Gamma(n-r+1)\Gamma(r+1)}$$

$$_nH_r = \frac{n^{\overline{r}}}{r!} = \left(\!\binom{n}{r}\!\right) = \binom{n+r-1}{r}$$

$$_nH_r = \frac{(n+r-1)!}{r!(n-1)!} = \frac{n(n+1)(n+2)\cdots(n+r-1)}{r!}$$

$$_nH_r = {}_{n+r-1}C_r$$

차수를 더해가는 다항식이 극한에 도달하면 다시 미분의 논리가 전개되는데, 연속적 미분에 대한 다차원을 라이프니츠 표기법으로 미분의 차원을 기록하기도 한다. 이때 다항식의 차수와 미분의 차수를 구분하기 위해 미분의 차수에 괄호를 사용한다. 그러나 깊은 논리에 집중하여 전개할 때는 때때로 괄호를 생략하는 경우도 많다.

General Leibniz Rule

$$\frac{d^n}{dx^n}y = y^{(n)}, \quad (fg)^{(n)} = \sum_{r=0}^{n}\binom{n}{r}f^{(n-r)}g^{(k)}$$

$$\frac{d^n}{dx^n}(fg) = \sum_{r=0}^{n}\binom{n}{r}\frac{d^{n-r}}{dx^{n-r}}f\,\frac{d^r}{dx^r}g$$

Spherical Wave Relation

$$\Psi = R \cdot \Theta \cdot \Phi = L_n^\ell \cdot P_{m\ell}^\ell \cdot e^{im_\ell \varphi}$$

$R_{n,\ell}(r) = L_n^\ell(r)$: Associated Laguerre Polynomials

$\Theta_{\ell,m}(\theta) = P_\ell^m(\cos\theta)$: Associated Legendre Polynomials

$\Phi(\varphi) = e^{\pm im\varphi}$: Complex Circle

$$\Psi_{n,\ell,m_\ell}(r,\theta,\varphi) = R_{n,\ell}(r) \cdot \Theta_{\ell,m_\ell}(\theta) \cdot \Phi_{m_\ell}(\varphi)$$

$$\Psi_{n,\ell,m_\ell}(r,\theta,\varphi) = L_n^\ell(r) \cdot P_{m\ell}^\ell(\cos\theta) \cdot e^{im_\ell \varphi}$$

$$C_@^\theta = \Psi_z(\theta) = \cos\theta + i\sin\theta = e^{i\theta} \quad : \text{Circle Wave}$$

Hyperbolic Transformation $\theta = i\zeta$

$$C_@^{i\zeta} = \Psi_z(i\zeta) = \cos(i\zeta) + i\sin(i\zeta) = e^{i(i\zeta)} = e^{-\zeta}$$

$$\cos(i\zeta) = \cosh(\zeta), \quad \sin(i\zeta) = -\sinh(\zeta)$$

$$C_@^{i\zeta} = \Psi_z(i\zeta) = \cosh\zeta - \sinh\zeta = e^{-\zeta} \quad : \text{Hyperbolic Wave}$$

Hyperbolic Functions

$$\sinh x = -i\sin(ix), \quad \cosh x = \cos(ix)$$

$$\tanh x = -i\tan(ix)$$

$$\tanh x = \frac{\sinh x}{\cosh x} = \frac{e^x - e^{-x}}{e^x + e^{-x}} = \frac{e^{2x} - 1}{e^{2x} + 1}$$

$$\coth x = \frac{\cosh x}{\sinh x} = \frac{e^x + e^{-x}}{e^x - e^{-x}} = \frac{e^{2x} + 1}{e^{2x} - 1}$$

$$\cosh x + \sinh x = e^x, \quad \cosh x - \sinh x = e^{-x}$$

$$\cosh^2 x - \sinh^2 x = 1$$

$$e^{x+iy} = (\cosh x + \sinh x)(\cos y + i\sin y)$$

$$e^x = \sqrt{\frac{1+\tanh x}{1-\tanh x}} = \frac{1+\tanh\frac{x}{2}}{1-\tanh\frac{x}{2}}$$

$$\cosh^{-1} x = \ln\left(x + \sqrt{x^2 - 1}\right) = y$$

Inverse Hyperbolic Functions

$$x = \sinh\theta, \quad \cosh^2 x - \sinh^2 x = 1$$

$$\therefore \frac{d}{d\theta}x = \frac{d}{d\theta}\sinh\theta = \cosh\theta = \sqrt{1+x^2}$$

$$\frac{d^2}{dx^2}\sinh x = \sinh x, \quad \frac{d^2}{dx^2}\cosh x = \cosh x$$

$$\sinh^{-1} x = \operatorname{arsinh} x = \ln\left(x + \sqrt{x^2+1}\right) \qquad -\infty < x < \infty$$

$$\cosh^{-1} x = \operatorname{arcosh} x = \ln\left(x + \sqrt{x^2-1}\right) \qquad 1 \leq x < \infty$$

$$\tanh^{-1} x = \operatorname{artanh} x = \frac{1}{2} \ln \frac{1+x}{1-x} \qquad -1 < x < 1$$

$$\operatorname{csch}^{-1} x = \operatorname{arcsch} x = \ln\left(\frac{1}{x} + \sqrt{\frac{1}{x^2}+1}\right) \qquad -\infty < x < \infty, x \neq 0$$

$$\operatorname{sech}^{-1} x = \operatorname{arsech} x = \ln\left(\frac{1}{x} + \sqrt{\frac{1}{x^2}-1}\right) \qquad 0 < x \leq 1$$

$$\coth^{-1} x = \operatorname{arcoth} x = \frac{1}{2} \ln \frac{x+1}{x-1} \qquad -\infty < x < -1 \text{ or } 1 < x < \infty$$

$$\ln(x) = \operatorname{arcosh}\left(\frac{x^2+1}{2x}\right) = \operatorname{arsinh}\left(\frac{x^2-1}{2x}\right) = \operatorname{artanh}\left(\frac{x^2-1}{x^2+1}\right)$$

$$\frac{d}{dx} \frac{1}{\sinh x} = \frac{d}{dx} \operatorname{arsinh} x = \frac{1}{\sqrt{x^2+1}}$$

$$\frac{d}{dx} \frac{1}{\cosh x} = \frac{d}{dx} \operatorname{arcosh} x = \frac{1}{\sqrt{x^2-1}} \qquad 1 < x$$

$$\frac{d}{dx} \frac{1}{\tanh x} = \frac{d}{dx} \operatorname{artanh} x = \frac{1}{1-x^2} \qquad |x| < 1$$

$$\frac{d}{dx} \frac{1}{\coth x} = \frac{d}{dx} \operatorname{arcoth} x = \frac{1}{1-x^2} \qquad 1 < |x|$$

$$\frac{d}{dx} \frac{1}{\operatorname{sech} x} = \frac{d}{dx} \operatorname{arsech} x = -\frac{1}{x\sqrt{1-x^2}} \qquad 0 < x < 1$$

$$\frac{d}{dx} \frac{1}{\operatorname{csch} x} = \frac{d}{dx} \operatorname{arcsch} x = -\frac{1}{|x|\sqrt{1+x^2}} \qquad x \neq 0$$

Hyperbolic Transformation $\quad \theta = i\zeta$

$$C_{@}^{i\zeta} = \Psi_z(i\zeta) = \cos(i\zeta) + i\sin(i\zeta) = e^{i(i\zeta)} = e^{-\zeta}$$

$$T(x) = e^{-x}, \quad f(x) = x^n, \quad T_\zeta(f) = T(x)f(x) = e^{-x}x^n = \frac{x^n}{e^x}$$

$$xy \stackrel{@}{=} \nabla^2 = 0 \stackrel{@}{=} \infty^2$$

Zeta ViewPoint Transformation

$$T(\mathbf{v}) = \lambda \cdot \mathbf{v}, \quad \frac{df}{dx} = \lambda \cdot f \quad : \text{eigen algorithm}$$

$$T_\zeta(y) = y_\zeta = e^{-x} \cdot y = \frac{y}{e^x} \stackrel{@\zeta}{=} y$$

General Leibniz Zule

$$\frac{d^n}{dx^n}y = y^{(n)}, \quad (fg)^{(n)} = \sum_{r=0}^{n} \binom{n}{r} f^{(n-r)} g^{(k)}$$

$$\frac{d^n}{dx^n}(fg) = \sum_{r=0}^{n} \binom{n}{r} \frac{d^{n-r}}{dx^{n-r}} f \frac{d^r}{dx^r} g$$

Binomial Theorem

$$(x+y)^n = \sum_{r=0}^{\infty} \binom{n}{r} x^{n-r} y^r$$

$$= x^n + n x^{n-1} y + \frac{n(n-1)}{2!} x^{n-2} y^2 + \frac{n(n-1)(n-2)}{3!} x^{n-3} y^3 + \cdots$$

$$_nP_r = (n)_r = n^{\underline{r}} = \frac{n!}{(n-r)!} = n(n-1)\cdots(n-r+1)$$

$$_nC_r = \frac{n(n-1)\cdots(n-r+1)}{r!}$$

$$_nC_r = \binom{n}{r} = \frac{n^{\underline{r}}}{r!} = \frac{(n)_r}{r!} = \frac{_nP_r}{r!} = \frac{n!}{(n-r)!\,r!}$$

$$_nC_r = \frac{1}{r!} \prod_{k=0}^{r-1} (n-k) = \frac{\Gamma(n+1)}{\Gamma(n-r+1)\Gamma(r+1)}$$

$$_nH_r = \frac{n^{\overline{r}}}{r!} = \left(\!\binom{n}{r}\!\right) = \binom{n+r-1}{r}$$

$$_nH_r = \frac{(n+r-1)!}{r!\,(n-1)!} = \frac{n(n+1)(n+2)\cdots(n+r-1)}{r!}$$

$$_nH_r = {}_{n+r-1}C_r$$

각도의 무늬 : 르장드르 다항식

Angular Harmonics : Legendre Polynomials

파동이 그리는 곡선은 원에서 유래했다. 직선이 원을 그리는 원리는 각도에 있다. 이런 시간의 흐름으로 인간이 개념화한 양자 세계의 입자는 모두 원을 각도로 회전한 구체가 된다.

파동이 그리는 양자의 무늬는 각도의 무늬와 반지름의 무늬가 서로 곱셈으로 관계하여 구체를 형성한다. 구체 속에 있는 파동의 높낮이가 그 모양을 왜곡하여 **구면 조화파**라고 부르는 오비탈 현상을 낳는다.

선분논리는 제논과 아르키메데스가 무한을 무수히 쪼개어 그 수량에 접근한 것을 토대로 미적분의 논리에 도달했다. 구면 조화파 역시 각도를 이해하기 위해 다항식의 미분 방정식에서 그 해석을 찾아낸다.

각도의 논리는 덧셈을 모태로 한 직선의 차원 도약에서 시작했다. 덧셈의 차원 도약은 곱셈이다. 어떤 규칙을 가진 다차원 수열을 모두 합한 것이 다항식인데 이런 다항식을 미분하면서 미분 방정식의 논리가 하나씩 정리된다.

다항식은 기하적으로 다차원 곡선을 모두 합한 모형이다. 이는 파동을 여러 다차원의 곡선의 합으로 해석하여 파동의 간섭 현상을 해석하는 도구로 응용할 수 있다는 것을 의미한다.

다항식을 이용하여 응용 프로그램을 만들면 물리적 한계로 분석하기 어려운 파동 현상을 정확히 계산할 수 있게 된다.

Polynomials

$$P_n(x) = \sum_{k=0}^{n} a_k x^k = a_n x^n + a_{n-1} x^{n-1} + \cdots + a_2 x^2 + a_1 x + a_0$$

$$y = \sum_{k=0}^{\infty} a_k x^k, \quad y' = \sum_{k=0}^{\infty} k a_k x^{k-1} = \sum_{k=1}^{\infty} k a_k x^{k-1}$$

$$y'' = \sum_{k=0}^{\infty} k(k-1) a_k x^{k-2} = \sum_{k=2}^{\infty} k(k-1) a_k x^{k-2}$$

ex1) $P_3(x) = \sum_{k=0}^{3} a_k x^k = a_3 x^3 + a_2 x^2 + a_1 x^1 + a_0 x^0$

ex2) $P_3(x) = x^3 + x^2 + x + 1$

$\dfrac{d}{dx} P_3(x) = 3x^2 + 2x + 1$

$\dfrac{d^2}{dx^2} P_3(x) = 3 \cdot 2x + 2 \cdot 1$

오일러-코시 미분 방정식
Euler-Cauchy Equation

미분 방정식의 근원적 해법은 2차 방정식이고, 그 해법은 오일러-코시 방정식에 있다.

$$\sum_{k=0}^{n} a_k x^k y^{(k)}(x) = 0$$
$$= a_n x^n y^{(n)}(x) + a_{n-1} x^{n-1} y^{(n-1)}(x) + \ldots + a_0 x^0 y^{(0)}(x)$$

$$x^2 y^{(2)} + a x y^{(1)} + b y^{(0)} = 0$$
$$x^2 y'' + a x y' + b y = 0$$
$$x^2 \frac{d^2}{dx^2} y + a x \frac{d}{dx} y + b y = 0$$

Euler's Equation : Euler-Cauchy Equation

Leonhard Euler 1707~1783
Augustin-Louis Cauchy 1789~1857

$$x^2 \frac{d^2 y}{dx^2} + a x \frac{dy}{dx} + b y = 0$$

오일러-코시 방정식은 y 를 1차 미분, 2차 미분하여 2차 방정식 표준 모델에 대입하는 것으로 논리가 전개된다.

$$y = x^m, \quad \frac{dy}{dx} = m x^{m-1}, \quad \frac{d^2y}{dx^2} = m(m-1)x^{m-2}$$

$$x^2 \frac{d^2y}{dx^2} + ax\frac{dy}{dx} + by = 0$$

$$x^2\left(m(m-1)x^{m-2}\right) + ax\left(mx^{m-1}\right) + b\left(x^m\right) = 0$$

이렇게 하면 미분에 의한 차수 감소가 2차 방정식의 차수와 **간섭 현상**을 일으키면서 차수 m 에 대한 2차 방정식을 유도할 수 있다.

Wave Interference

$$x^2 \cdot x^{m-2} = x^m, \quad x \cdot x^{m-1} = x^m$$

$$m(m-1)x^m + amx^m + bx^m = 0$$
$$x^m\left(m(m-1) + am + b\right) = 0$$
$$x^m = 0, \quad m(m-1) + am + b = 0$$

m 의 2차 방정식을 계수 a, b 와의 관계로 관찰할 수도 있고, 판별식과 같이 근의 상태에 따라 분석할 수도 있다.

$$m^2 + (a-1)m + b = 0, \quad a + b = \frac{-m^2 + m}{m} = 1 - m$$

$$m = \{두\ 실근\} = \{m_1, m_2\}, \quad y = c_1 x^{m_1} + c_2 x^{m_2}$$

$$m = \{중근\}, \quad y = c_1 x^m \ln(x) + c_2 x^m$$

$$m = \{복소수\} = \alpha \pm \beta, \quad \alpha = \text{Re}(m), \quad \beta = \text{Im}(m)$$

$$y = c_1 x^\alpha \cos(\beta \ln(x)) + c_2 x^\alpha \sin(\beta \ln(x))$$

오일러-코시 방정식에 시간 t 에 대한 지수함수를 대입하면, 공간 x 에 시간을 흐르게 할 수 있다. 이때 시간의 지수함수는 시간의 파동을 의미하며 시간이 흘러 공간을 만드는 순간이다.

지수함수는 시간 t 를 관점으로 하는 로그함수 $\ln(x)$ 로 관점 전환할 수 있다. 이렇게 하면 공간 함수 $y(x)$ 와 시간 함수 $\varphi(t)$ 의 관계가 형성된다.

$$x = e^t, \quad t = \ln(x)$$

$$\therefore y(x) = \varphi(\ln(x)) = \varphi(t)$$

오일러 시공간 방정식의 양변에 1차 미분을 가하면 공간의 기울기와 시간의 기울기 사이의 비례 관계가 공간 인자 x 의 역수로 나타난다. 이는 시간의 파동 입자 $\dfrac{d\varphi}{dt}$ 가 공간의 단위 입자 $\dfrac{1}{x}$ 과 곱셈 관계로 공간 입자 $\dfrac{dy}{dx}$ 를 형성한다는 것을 의미한다.

$$\frac{d}{dx}t = \frac{d}{dx}\ln(x) = \frac{1}{x} , \quad \frac{dt}{dx} = \frac{1}{x} , \quad x\,dt = dx$$

$$(f(g))' = f'(g)\cdot g' , \quad \frac{dz}{dx} = \frac{dz}{dy}\cdot\frac{dy}{dx} \quad : \text{Chain Rule}$$

$$\frac{d}{dx}y(x) = \frac{d}{dx}\varphi(\ln x) = \frac{d}{dt}\varphi(t)\cdot\frac{dt}{dx} = \frac{1}{x}\frac{d}{dt}\varphi(t)$$

$$\therefore \frac{dy}{dx} = \frac{1}{x}\frac{d\varphi}{dt}$$

여기에 또 한 번 미분을 가하여 시공간의 2차 미분 관계를 정리한다. 2차 미분의 경우 곱 미분 규칙이 사용되며, 1차 미분에서 공간 미분 인자 dx 가 로그계 $t=\ln(x)$ 를 거쳐 시간 미분 인자 dt 로 변환되는 원리가 재활용된다.

$$\frac{d}{dx}\frac{dy}{dx} = \frac{d}{dx}\left[\frac{1}{x}\frac{d\varphi}{dt}\right]$$

$$(fg)' = f'g + fg' \quad : \text{Product Rule}$$

$$\frac{d^2 y}{dx^2} = \frac{d}{dx}\frac{dy}{dx} = \frac{d}{dx}\left[\frac{1}{x}\frac{d\varphi}{dt}\right] = \frac{d}{dx}\left[\frac{1}{x}\right]\frac{d\varphi}{dt} + \frac{1}{x}\frac{d}{dx}\left[\frac{d\varphi}{dt}\right]$$

$$\frac{d}{dx}\left[\frac{1}{x}\right]\frac{d\varphi}{dt} = \frac{d}{dx}\left[x^{-1}\right]\frac{d\varphi}{dt} = -x^{-2}\frac{d\varphi}{dt} = -\frac{1}{x^2}\frac{d\varphi}{dt}$$

$$xdt = dx, \quad \frac{1}{x}\frac{d}{dx}\left[\frac{d\varphi}{dt}\right] = \frac{1}{x} \cdot \frac{d}{xdt}\left[\frac{d\varphi}{dt}\right] = \frac{1}{x} \cdot \left(\frac{1}{x}\frac{d^2\varphi}{dt^2}\right) = \frac{1}{x^2}\frac{d^2\varphi}{dt^2}$$

$$\frac{d^2y}{dx^2} = -\frac{1}{x^2}\frac{d\varphi}{dt} + \frac{1}{x^2}\frac{d^2\varphi}{dt^2} \quad \therefore \frac{d^2y}{dx^2} = \frac{1}{x^2}\left(\frac{d^2\varphi}{dt^2} - \frac{d\varphi}{dt}\right)$$

시공간 관계식과 1차, 2차 미분 결과를 오일러 미분 방정식에 대입한다. 이렇게 하면 공간 함수 $y(x)$ 에 대한 공간 미분 방정식이 시간 함수 $\varphi(t)$ 에 관한 시간 미분 방정식으로 정리된다.

$$x^2\frac{d^2y}{dx^2} + ax\frac{dy}{dx} + by = 0$$

$$y(x) = \varphi(t), \quad \frac{dy}{dx} = \frac{1}{x}\frac{d\varphi}{dt}, \quad \frac{d^2y}{dx^2} = \frac{1}{x^2}\left(\frac{d^2\varphi}{dt^2} - \frac{d\varphi}{dt}\right)$$

$$x^2\frac{1}{x^2}\left(\frac{d^2\varphi}{dt^2} - \frac{d\varphi}{dt}\right) + ax\frac{1}{x}\frac{d\varphi}{dt} + b\varphi = 0$$

$$\frac{d^2\varphi}{dt^2} - \frac{d\varphi}{dt} + a\frac{d\varphi}{dt} + b\varphi = 0$$

$$\therefore \frac{d^2\varphi}{dt^2} + (a-1)\frac{d\varphi}{dt} + b\varphi = 0$$

시간 미분 방정식에서 시간 함수 $\varphi(t)$ 를 양변에 나누어 제거하면, 라플라시안과 같은 시간 미분 방정식으로 정리할 수 있다.

$$\frac{d^2}{dt^2} + (a-1)\frac{d}{dt} + b = 0$$

$$\frac{d}{dt} = \lambda, \quad \lambda^2 + (a-1)\lambda + b = 0$$

이때 시간 미분 입자를 λ 로 관점 전환하면, 2차 방정식의 해법으로 2차 미분 방정식을 해석할 수 있게 된다.

이 2차 방정식의 근 λ 가 중근을 가질 때와 서로 다른 두 실근을 가질 때 등의 관점으로 시간 파동에 대해 해석적 접근을 할 수 있다.

$$x = e^t, \quad t = \ln(x)$$

$$\lambda = \{\lambda_1\}, \quad \varphi(t) = c_1 e^{\lambda_1 t} + c_2 e^{\lambda_1 t}, \quad y(x) = c_1 x^{\lambda_1} + c_2 \ln(x) x^{\lambda_1}$$

$$\lambda = \{\lambda_1, \lambda_2\}, \quad \varphi(t) = c_1 e^{\lambda_1 t} + c_2 e^{\lambda_2 t}, \quad y(x) = c_1 x^{\lambda_1} + c_2 x^{\lambda_2}$$

이 사례에서 공간은 지수함수로 발산하고, 시간은 로그함수로 수렴하여 발산과 수렴의 동시성으로 입자를 형성하는 양자화 근원 알고리즘을 보여 준다.

무한 굴레, 르장드르 미분 방정식
Sisyphus, Legendre Differential Equation

르장드르 다항식은 어떤 규칙을 가진 수열의 무한 굴레에서 벗어나려는 몸부림과 같다. 수학은 무한수열을 모두 합하는 것으로 그 굴레의 출구를 찾았다. 이런 수학적 체험은 미시의 굴레에서 반복적 무늬를 찾아 그 미시의 전체를 통찰하는 방법을 보여준다.

그리스 신화 시지프스의 이야기와 같이 무한의 굴레 속에서 삶을 살아가는 당사자에게는 그 출구가 좀처럼 보이지 않는다. 동양에서는 이런 이야기를 **굴레**라 표현했다.

르장드르는 다항식에 대한 2차 미분 방정식의 계수를 좀 더 구체화한다. 기본 접근은 오일러 미분 방정식과 같이 다항식을 수열의 합으로 하되 무한급수를 사용하여 무한의 특성에 따라 발생하는 간섭현상을 가속화한다.

현재까지 많은 학자들이 여러 미분 방정식들을 정리해 왔다. 사실 이런 정리들은 원론을 알고 접근했다기보다 대부분 수학적 경험에서 얻은 감각적 추정에서 시작했다. 초기에 모델을 가정하고 수많은 실험적 노력을 통해 일반 모델을 완성하는 과정을 거친다.

우리는 르징드르 다항식에 녹아 있는 그들의 누적된 시행착오의 행적을 쫓아 다항식과 구면 파동의 논리적 연결 관계를 연속적으로 해석해 보려 한다. 다항식과 입체 파동의 관계 사이에는 각도의 알고리즘이 있다. 수학에서 다항식의 이산합 구간을 무한대로 확장한 것을 **무한급수**라 했다.

Legendre Polynomials 1782

$$P_\infty(x) = \sum_{k=0}^{\infty} a_k x^k = a_\infty x^\infty + a_{\infty-1} x^{\infty-1} + \cdots + a_2 x^2 + a_1 x + a_0$$

$$P_\infty(x)' = \frac{d}{dx} \sum_{k=0}^{\infty} a_k x^k = \sum_{k=0}^{\infty} \frac{d}{dx} a_k x^k = \sum_{k=0}^{\infty} k\, a_k x^{k-1} = \sum_{k=1}^{\infty} k\, a_k x^{k-1}$$

$$P_\infty(x)'' = \frac{d}{dx} \sum_{k=0}^{\infty} k\, a_k x^{k-1} = \sum_{k=0}^{\infty} k(k-1) a_k x^{k-2} = \sum_{k=2}^{\infty} k(k-1) a_k x^{k-2}$$

무한급수에 대한 1, 2차 미분을 시도하고 알려진 르장드르 미분 방정식에 대입해 본다. x 를 기준으로 차수에 따라 미분 방정식을 정리한다.

Legendre Differential Equation

$$(1 - x^2) P_n''(x) - 2x P_n'(x) + n(n+1) P_n(x) = 0$$

$$(1 - x^2) P_\infty''(x) - 2x P_\infty'(x) + n(n+1) P_\infty(x) = 0$$

$$(1 - x^2) \sum_{k=0}^{\infty} k(k-1) a_k x^{k-2} - 2x \sum_{k=0}^{\infty} k\, a_k x^{k-1} + n(n+1) \sum_{k=0}^{\infty} a_k x^k = 0$$

$$\sum_{k=0}^{\infty} k(k-1)a_k x^{k-2}(1-x^2) - \sum_{k=0}^{\infty} k a_k x^{k-1} 2x + \sum_{k=0}^{\infty} n(n+1)a_k x^k = 0$$

$$\therefore \sum_{k=0}^{\infty} k(k-1)a_k x^{k-2}(1-x^2) = \sum_{k=0}^{\infty} k(k-1)a_k x^{k-2} - \sum_{k=0}^{\infty} k(k-1)a_k x^{k-2} x^2$$

$$\sum_{k=0}^{\infty} k(k-1)a_k x^{k-2} - \sum_{k=0}^{\infty} k(k-1)a_k x^{k-2} x^2 - \sum_{k=0}^{\infty} k a_k x^{k-1} 2x + \sum_{k=0}^{\infty} n(n+1)a_k x^k = 0$$

$$\sum_{k=0}^{\infty} k(k-1)a_k x^{k-2} - \sum_{k=0}^{\infty} k(k-1)a_k x^k - \sum_{k=0}^{\infty} 2k a_k x^k + \sum_{k=0}^{\infty} n(n+1)a_k x^k = 0$$

차수로 정리된 미분 방정식을 다항식의 관점에서 살펴보면, 각 항이 독립적인 수열로 각각의 무한급수를 형성하고 있다. 따라서 각 항마다 독립적인 변수 k 를 원하는 관점 렌즈로 변환하여 변수 k 를 재정의할 수 있다.

$$\therefore k \stackrel{@}{=} k+2, \quad \sum_{k=0}^{\infty} k(k-1)a_k x^{k-2} = \sum_{k=-2}^{\infty} (k+2)(k+1)a_{k+2} x^k$$

$$k = -2, \quad (-2+2)(-2+1)a_{-2+2} x^{-2} = 0$$
$$k = -1, \quad (-1+2)(-1+1)a_{-1+2} x^{-1} = 0$$

$$\sum_{k=-2}^{\infty} (k+2)(k+1)a_{k+2} x^k$$
$$= \sum_{k=0}^{\infty} (k+2)(k+1)a_{k+2} x^k + \underline{(-2+2)(-2+1)a_{-2+2} x^{-2}} + \underline{(-1+2)(-1+1)a_{-1+2} x^{-1}}$$

$$\sum_{k=-2}^{\infty}(k+2)(k+1)a_{k+2}x^k = \sum_{k=0}^{\infty}(k+2)(k+1)a_{k+2}x^k + 0 + 0$$

$$\therefore \sum_{k=-2}^{\infty}(k+2)(k+1)a_{k+2}x^k = \sum_{k=0}^{\infty}(k+2)(k+1)a_{k+2}x^k$$

이렇게 변수 k 를 관점 전환하면 모든 항에 대한 x 의 차수를 일치시켜 초기 다항식의 모형인 하나의 특정 수열에 대한 급수 형태로 정리할 수 있게 된다. 이런 방식은 회전논리의 재귀법을 사용하는 것과 같다.

$$\sum_{k=0}^{\infty}(k+2)(k+1)a_{k+2}x^k - \sum_{k=0}^{\infty}k(k-1)a_k x^k - \sum_{k=0}^{\infty}2k\,a_k x^k + \sum_{k=0}^{\infty}n(n+1)a_k x^k = 0$$

$$\therefore \sum_{k=0}^{\infty}\left[(k+2)(k+1)a_{k+2} - k(k-1)a_k - 2k\,a_k + n(n+1)a_k\right]x^k = 0$$

@ $\quad A_k = (k+2)(k+1)a_{k+2} - k(k-1)a_k - 2k\,a_k + n(n+1)a_k$

@@ $\quad \displaystyle\sum_{k=0}^{\infty}[A_k]\,x^k = 0$

결국 재귀법으로 정리한 미분 방정식은 계수가 하나인 다항식이 됐다. 이 계수식은 수열 a 에 대한 다항식이며 계수식을 정리하고 수열의 관점에서 정리한다.

$$A_k = (k+2)(k+1)a_{k+2} + \left(-k(k-1) - 2k + n(n+1)\right)a_k$$

$$A_k = (k+2)(k+1)a_{k+2} + \left(-k^2 - k + n^2 + n\right)a_k$$

$$A_k = (k+2)(k+1)a_{k+2} + \left(n^2 + n - k(k+1)\right)a_k$$

$$\because n^2 + n - k^2 - k = n^2 + n - k(k+1)$$

$$\begin{array}{ccc} n & -k & = & -nk \\ \times & \times & & + \\ n & k+1 & = & nk+n \\ \| & \| & & \| \\ n^2 & -k^2-k & & n \end{array}$$

$$n^2 + n - k(k+1) = (n-k)(n+(k+1))$$

$$\therefore n = \{k, -k-1\}$$

$$A_k = (k+2)(k+1)a_{k+2} + (n+k+1)(n-k)a_k$$

$$\therefore \sum_{k=0}^{\infty}\left[(k+2)(k+1)a_{k+2} + (n+k+1)(n-k)a_k\right]x^k = 0$$

르장드르 다항식은 르장드르 미분 방정식에 의해 계수에 대한 수열의 무늬를 재귀식으로 정리한다.

$$A_k = (k+2)(k+1)a_{k+2} + (n+k+1)(n-k)a_k = 0$$

@1 $\quad a_{k+2} = -\dfrac{(n+k+1)(n-k)}{(k+2)(k+1)} a_k$

$$n = \ell, \quad k = m$$

Legendre Coefficient Recurrence Relations

@2 $\quad a_{m+2} = -\dfrac{(\ell+m+1)(\ell-m)}{(m+2)(m+1)} a_m$

그런데 이 계수의 재귀식은 1칸씩 연속되는 수열의 관계식이 아니고, 2칸씩(a_k, a_{k+2}) 연속되는 재귀 특성을 보인다. 2칸씩 묶인다는 것은 2개를 하나로 생각한다는 의미이기 때문에 1/2 반정수 특성을 암시한다. 이는 르장드르 다항식이 켤레성을 가졌다는 의미다.

2칸의 반정수 특성은 서로 다른 두 르장드르 함수의 곱이 $[-1, 1]$ 구간에서 서로 직교하는 특성으로 연쇄반응한다.

르장드르 다항식이 가진 무한 굴레는 이것만으로 벗어날 출구를 찾기에 부족하다. 우리가 얻은 것은 수열의 계수에 대한 열쇠를 얻었을 뿐이다.

진짜 열쇠는 지수의 굴레에 있다. 지수는 그냥 일련의 정수와 같은 무한 그 자체다. 무한한 수의 근본 무늬에 대한 질문과도 같아 보인다.

무한은 무한으로 관계한다

　선분논리가 여러 시행착오 속에서 찾아낸 해법이 무한히 쪼개어 근본 입자에 접근하는 미분이다. 그리고 나중에 회전논리는 그 무한의 끝을 시작점에 가져다 놓으면서 그 본질이 원이라는 것을 보여준다.

연속 미분파, 로드리게스 공식
Multiple Differential Wave, Rodrigues' Formula

르장드르 다항식은 함수의 관점으로 정리해야 기하적 해석을 할 수 있다. 그 대표적인 함수가 로드리게스 공식이다.

$$P_n(x) = \frac{1}{2^n n!} \frac{d^n}{dx^n}(x^2-1)^n \quad : \text{Rodrigues' formula, 1816}$$

Olinde Rodrigues 1795~1851

일반적으로 로드리게스 공식은 르장드르 미분 방정식에 대한 해를 정리한 공식이라고 말한다. 이런 설명은 수학을 수리적 계산이라는 프레임 속에서의 피상적 이야기다.

로드리게스 공식에는 원이 자기복제로 무한 차원을 만드는 알고리즘이 있다. 이 공식 속에는 원을 그리는 제곱의 이항 파동이 있고, 이 파동 입자를 누승하면 자기복제로 무한 차원을 형성한다.

무한 차원의 파동을 반대 방향으로 연미분하면 그 파동의 근원적 무늬를 뽑아낼 수 있다. 이때 발생하는 부산물이 로드리게스 공식의 계수다. 따라서 회전하는 원의 파동을 연미분하면 르장드르 다항식의 무늬를 그릴 수 있는데, 이 알고리즘을 정리한 것이 로드리게스 공식이다.

로드리게스 공식의 접근 방식은 나중에 탐색할 라게르 다항식에서도 그대로 활용된다. 로드리게스 공식은 근원적 파동의 소스에 따라 다양한 2차 미분 방정식에 대한 무한 다항식을 구현할 수 있다.

르장드르 다항식에 대한 로드리게스 공식은 원을 그리는 파동이 코사인 파동이고, **라게르 다항식**에 대한 로드리게스 공식은 원을 그리는 파동이 지수함수 파동이다.

$$P_\ell^m(\cos\theta) = (-1)^m (\sin\theta)^m \frac{d^m}{d(\cos\theta)^m} P_\ell(\cos\theta)$$

$$L_n(x) = \frac{e^x}{n!} \frac{d^n}{dx^n} \frac{x^n}{e^x}$$

르장드르와 같은 2차 미분 방정식은 시간으로 회전하여 무한계를 형성하는 알고리즘을 미분의 관점에서 정리한 무늬다. 공간 분기 이론에 따라 2차 방정식은 무한에 이르는 고차 방정식의 모태이며 곡선을 대표하는 기본 파동이다.

로드리게스 공식의 핵심 접근법은 **연미분**이다. **연미분**은 미세한 관점의 차이에 따라 **연쇄 미분** 또는 **연속 미분**이라고도 말할 수 있다. 로드리게스가 르장드르 다항식에 접근하기 위해 연속 미분을 하는 경우에는 미분 대상인 근원 파동이 2차 함수이기 때문에 합성함수 미분법을 사용해야 한다.

합성함수는 치환 합성인지 곱셈 합성인지 용어에 모호성이 있다. 좀 더 구체적으로 표현할 때, 치환 합성의 경우 **연쇄 법칙** 또는 **연쇄 미분법**이라고 말하고, 곱셈 합성인 경우는 **곱 미분법**이라 말한다.

Chain Rule : 연쇄 미분법

$$[f(g)]' = g' \cdot f(g)'$$

Product Rule : 곱 미분법

$$[f \cdot g]' = f'g + fg'$$

특히 **곱 미분법**은 **곱 규칙**, **곱 법칙**이라고도 부르며, 둘로 나누기 알고리즘이 있어 다항식을 형성하는 특성이 있다. 이런 곱 미분법의 다항식을 일반화한 것이 **라히프니츠 룰**이다.

General Leibniz Rule

$$\frac{d^n}{dx^n}(fg) = \sum_{r=0}^{n} \binom{n}{r} \frac{d^{n-r}}{dx^{n-r}} f \frac{d^r}{dx^r} g$$

$$[fg]^{(n)} = \sum_{r=0}^{n} \binom{n}{r} [f]^{(n-r)} [g]^{(r)}$$

연쇄 미분법은 비교적 간단하면서 계수를 낳는 특성이 있다. **곱 미분법**은 편광의 특성이 있어 항수 증가 현상을 나타낸다. 그렇다면 **연쇄 미분법**은 배수의 파동이고, **곱 미분법**은 덧셈의 파동이다.

이 때문에 선분논리의 눈은 **연쇄 미분법**과 **곱 미분법**을 통해 의미 있는 무늬를 찾으려 한다. 여기서 추출되는 무늬는 각자 항들이 진동하여 간섭현상을 일으키고 파동이 합쳐지거나 상쇄되는 현상을 보인다.

로드리게스 알고리즘은 근본적으로 곡선의 원론인 오일러 공식을 통해 무한의 굴레에서 벗어날 수 있는 출구를 찾는다.

르장드르 미분 방정식의 2차 미분 계수는 포물선과 삼각함수의 굴절 현상이다. 길이 렌즈에서 포물선으로 나타나는 무늬는 각도 렌즈에서 사인 파동으로 보인다.

모든 곡선은 포물선의 합성과 왜곡이고, 포물선은 오일러 파동 함수로 구성되어 있다. 그래서 음의 사인 제곱을 연미분하면 르장드르 미분 방정식에 접근하게 된다.

$$\Psi_z = e^{\pm i\theta} = \cos\theta \pm i\sin\theta$$

$$|e^{\pm i\theta}|^2 = |\cos\theta \pm i\sin\theta|^2, \quad 1 = \cos^2\theta + \sin^2\theta$$

@@ 포물선과 삼각함수의 관계
$$x = \cos\theta, \quad 1 - x^2 = \sin^2\theta, \quad x^2 - 1 = -\sin^2\theta$$

르장드르 다항식과 미분 방정식을 만족하는 미분 도함수 $u(x)$ 를 미분 인자 대상으로 삼아 계수 C 로 가정한다.

Legendre Polynomials ViewPoints

$$P_n(x) = \sum_{k=0}^{n} a_k x^k \stackrel{@}{=} C \frac{d^n}{dx^n} u(x)$$

대상 함수를 n 번 연미분하여 르장드르 함수에 도달해야 하므로 미분 도함수 $u(x)$ 는 $2n$ 차 다항식의 형식이 된다.

$$(1-x^2)\frac{d^2}{dx^2}P_n(x) - 2x\frac{d}{dx}P_n(x) + \ell(\ell+1)P_n(x) = 0$$

$$u(x) = (x^2-1)^n = \left(-\sin^2\theta\right)^n \quad : \text{Found Seed}$$

르장드르 미분 방정식에 대해 미분 도함수 $u(x)$ 는 포물선과 삼각함수의 관계에서 보았듯이 르장드르 함수의 씨앗이 된다. 이 씨앗은 n 차 거듭제곱의 꼴이고, 이 씨앗을 n 번 연미분하는 알고리즘이 르장드르 함수에 도달하는 코스다. 우리는 이와 같은 미분 도함수 $u(x)$ 를 **르장드르 씨앗**이라 별명을 붙여 둔다.

르장드르 씨앗은 n 차이므로 미분할 때마다 $(n-1)$ 과 같이 차수가 1씩 낮아지고 n 차수가 계수에 곱해진다. 따라서 계수는 연미분에 따라 $n(n-1)(n-2)...$ 과 같이 $n!$ 의 계승 무늬를 보이는 특성이 있다. 그래서 로드리게스 공식의 계수에 $n!$ 무늬가 나타난다.

$$P_n(x) = \frac{1}{2^n n!} \frac{d^n}{dx^n}(x^2-1)^n$$

그리고 **르장드르 씨앗** 속에 있는 (x^2-1) 은 연쇄 미분법으로 인해 2가 지속적으로 계수에 곱해지는 효과를 낳는다. 그래서 로드리게스 공식의 계수에 $2n$ 의 무늬가 나타난다.

미분 도함수 $u(x)$ 를 연미분하는 실험을 수행해 보면, 연쇄 미분 특성에 따라 비례상수 C 에 접근할 수 있다. **르장드르 씨앗**은 치환 합성함수 꼴이므로 먼저 연쇄 미분법을 사용해야 한다.

$$\frac{d^1}{dx^1} f(g) = [f(g)]^{(1)} = [f(g)]' = g'f'(g) \quad : \text{Chain Rule}$$

$$\frac{d^1}{dx^1}(x^2-1)^n = \left[(x^2-1)^n\right]^{(1)}$$
$$= [x^2-1]' \cdot n(x^2-1)^{n-1} = 2x \cdot n(x^2-1)^{n-1}$$

$$\therefore \left[(x^2-1)^n\right]' = 2xn(x^2-1)^{n-1}$$

$$P_n(x) = C\frac{d^n}{dx^n}(x^2-1)^n = C\left[(x^2-1)^n\right]^{(n)}$$

$$P_n(x) = C\,2n\left[x(x^2-1)^{n-1}\right]^{(n-1)}$$

수학이 직업인 사람은 익숙하겠지만, 그렇다 해도 인간은 현안에 집중하여 메모리를 사용하는 두뇌 알고리즘을 가졌다. 천재든 컴퓨터든, 신이라 해도 시공간 속에서는 모두 마찬가지다. 몇 년 지나면 가물가물한 것이 당연하다. 메모리에 미분법을 올리고 기억을 되살려 한 걸음씩 산책해 보자.

르장드르 씨앗에 1차 미분을 하면, 연쇄 미분법에 따라 괄호 속에 있는 x 가 계수로 튀어나온다. 이 때문에 2차 미분부터는 곱 미분법을 사용해야 한다.

$$\frac{d^1}{dx^1} f \cdot g = [f \cdot g]^{(1)} = [f \cdot g]' = f'g + fg' \quad : \text{Product Rule}$$

$$\left[x \cdot (x^2-1)^{n-1} \right]^{(n-1)} = \left[[x]' \cdot (x^2-1)^{n-1} + x \cdot \left[(x^2-1)^{n-1} \right]' \right]^{(n-2)}$$

$$\because [x]' = 1, \quad \left[(x^2-1)^{n-1} \right]' = 2x(n-1)(x^2-1)^{n-2}$$

$$\left[x \cdot (x^2-1)^{n-1} \right]^{(n-1)} = \left[(x^2-1)^{n-1} + x \cdot 2x(n-1)(x^2-1)^{n-2} \right]^{(n-2)}$$
$$= \left[(x^2-1)^{n-1} + 2(n-1)x^2(x^2-1)^{n-2} \right]^{(n-2)}$$

2차 미분 결과를 르장드르 함수 모델에 정리하고 관조하자. 자기복제법을 이용하여 분모와 분자에 $2(n-1)!$ 을 곱해주면, 다항식에서 파동 상쇄 현상이 나타난다.

$$P_n(x) = C\,2n\left[(x^2-1)^{n-1} + 2(n-1)x^2(x^2-1)^{n-2}\right]^{(n-2)}$$

$$P_n(x) = \frac{2(n-1)!}{2(n-1)!} \cdot C\,2n\left[(x^2-1)^{n-1} + 2(n-1)x^2(x^2-1)^{n-2}\right]^{(n-2)}$$

$$@ \quad n(n-1)! = n!$$
$$2n \cdot 2(n-1)! = 2^2 \cdot n(n-1)! = 2^2 n!$$
$$\frac{1}{2(n-1)!}2(n-1) = \frac{1}{(n-2)!}$$

$$P_n(x) = C\,\underbrace{2n\,2(n-1)!}_{=2^2 n!}\left[\frac{1}{2(n-1)!}(x^2-1)^{n-1} + \underbrace{\frac{1}{2(n-1)!}2(n-1)}_{=\frac{1}{(n-2)!}}x^2(x^2-1)^{n-2}\right]^{(n-2)}$$

$$P_n(x) = C\,\underline{2^2 n!}\left[\frac{1}{2(n-1)!}(x^2-1)^{n-1} + \frac{1}{\underline{(n-2)!}}x^2(x^2-1)^{n-2}\right]^{(n-2)}$$

우리가 뽑아내려는 것은 계수의 무늬다. 계수는 르장드르 함수의 고윳값이고, 나머지 x 다항식은 르장드르 알고리즘을 가진 일종의 고유함수다.

이런 경우 x 다항식을 어떤 고유함수에 대한 관점함수 $M_@(x)$ 로 개념화하여 식을 간단한 모델로 정리할 수 있다. $M_@(x)$ 속에서 몇 번 미분을 하든 상관 없다. 물론 이 실험에서는 n 번 미분하는 것을 전제로 하고 있다. $M_@(x)$ 와 같이 개념화하여 입자로 양자화할 수 있는 것은 회전논리의 양자화에 그 논리적 토대가 있다.

$$M_@(x) = \left[\frac{1}{2(n-1)!}(x^2-1)^{n-1} + \frac{1}{(n-2)!}x^2(x^2-1)^{n-2}\right]^{(n-2)}$$

$$M_@(x) \stackrel{@}{=} [M(x)]^{(n-k)} \stackrel{@}{=} [M(x)]^{(n-n)}$$

$$\therefore P_n(x) = C\frac{d^n}{dx^n}(x^2-1)^n = Cn!2^n[M(x)]^{(n-n)} = Cn!2^n M_@(x)$$

$$@@ \quad P_n(x) = Cn!2^n M_@(x)$$

여기에 회전논리의 개념화 표기법을 활용하면 일일이 n 번 미분하지 않아도 미분 전의 초기 모델과 n 번 미분한 결과를 관조할 수 있다. 이는 라히프니츠 표기를 확장한 것으로 (n)을 밑수에 기록하여 n 번 미분한 결과를 표현한다.

$$\therefore P_n(x) = Cn!2^n \left[\frac{d^n}{dx^n}(x^2-1)^n\right]_{(n)}$$

끝으로 모든 르장드르 곡선이 점$(1,1)$ 에서 만나는 분기 특성을 이용하여 일반화하면 로드리게스 공식에 도달한다. 그런데 일반화한 르장드르 다항식에서 계수의 합이 1이라는 특성을 발견할 수 있다.

$$(x_n, P_n(x)) = (1,1)$$

$$P_n(1) = \sum_{k=0}^{n} a_k 1^k = 1 \ , \quad P_n(1) = 1 \quad : \text{Normalization}$$

모든 n 곡선은 $(1,1)$ 에서 만난다.
르장드르 계수의 합은 1이다.

$$\frac{d^n}{dx^n}(1^2-1)^n = \frac{d^n}{dx^n} 0^n = \begin{cases} 1 & n=0 \\ 0 & n \geq 1 \end{cases}$$

$$P_n(1) = \sum_{k=0}^{n} a_k 1^k = 1 = C \frac{d^n}{dx^n}(1^2-1)^n$$

$$= Cn!2^n \left[\frac{d^n}{dx^n}(1^2-1)^n\right]_{(n)} = Cn!2^n \cdot 1$$

$$@@ \quad C = \frac{1}{n!2^n}$$

$$\therefore \ P_n(x) = C\frac{d^n}{dx^n}(x^2-1)^n = \frac{1}{n!2^n}\frac{d^n}{dx^n}(x^2-1)^n$$

선분논리로 구현한 로드리게스 공식은 사실상 초기에 다수의 실험적 시행착오를 거쳐 모델링에 도달한 함수다. 현대는 주로 이 함수를 사용하여 르장드르 다항식을 해석한다.

우리도 그들의 경험을 쫓아 탐험해 보자. 0차에서 5차까지 르장드르 다항식을 추출하고 컴퓨터 응용 프로그램을 이용하여 그래프를 그려보고 관찰한다.

$P_0(x) = 1$
$P_1(x) = x$
$P_2(x) = \frac{1}{2}\left(3x^2 - 1\right)$
$P_3(x) = \frac{1}{2}\left(5x^3 - 3x\right)$
$P_4(x) = \frac{1}{8}\left(35x^4 - 30x^2 + 3\right)$
$P_5(x) = \frac{1}{8}\left(63x^5 - 70x^3 + 15x\right)$
$P_6(x) = \frac{1}{16}\left(231x^6 - 315x^4 + 105x^2 - 5\right)$
$P_7(x) = \frac{1}{16}\left(429x^7 - 693x^5 + 315x^3 - 35x\right)$
$P_8(x) = \frac{1}{128}\left(6435x^8 - 12012x^6 + 6930x^4 - 1260x^2 + 35\right)$
$P_9(x) = \frac{1}{128}\left(12155x^9 - 25740x^7 + 18018x^5 - 4620x^3 + 315x\right)$
$P_{10}(x) = \frac{1}{256}\left(46189x^{10} - 109395x^8 + 90090x^6 - 30030x^4 + 3465x^2 - 63\right)$
$\vdots$
$P_n(x) = \frac{1}{n!2^n}\frac{d^n}{dx^n}(x^2 - 1)^n$

$$P_n(x) = \sum_{k=0}^{n} a_k x^k, \quad a_{k+2} = -\frac{(n+k+1)(n-k)}{(k+2)(k+1)}a_k$$

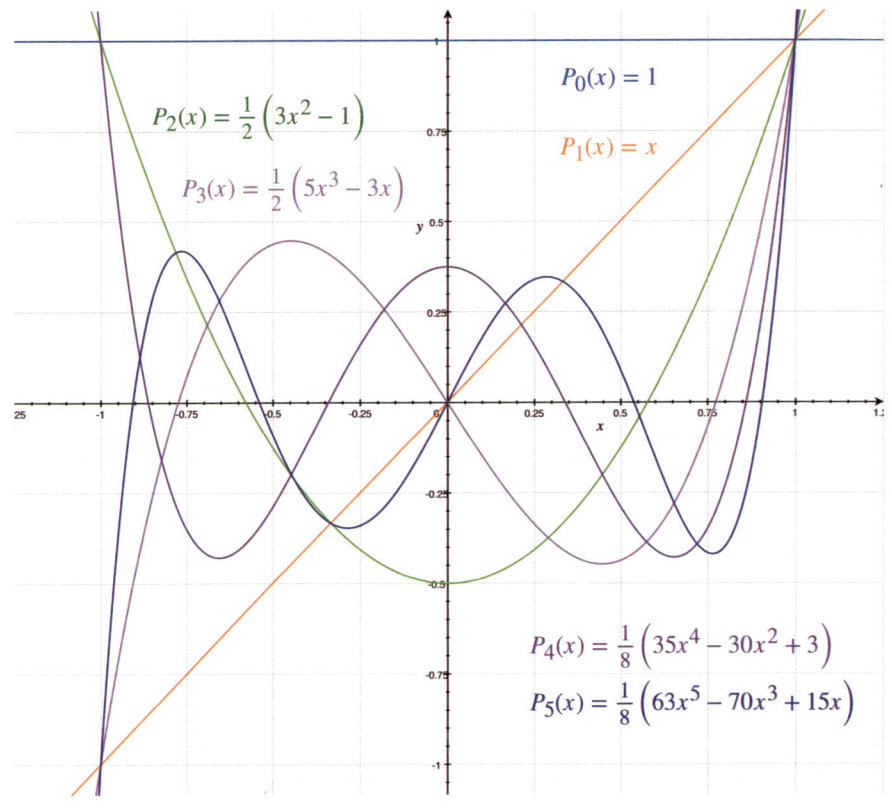

르장드르 다항식은 그래프와 같이 0점을 중심으로 각도가 0인 0차원 직선에서 각도가 있는 1차 직선을 거쳐 2, 3, 4, 5차 곡선 등으로 펼쳐진다.

짝수 차원은 Y축을 기준으로 좌우대칭이고, 홀수 차원은 Y축 대칭이면서 양음이 반전된 내각 대칭이다.

중요한 특이점은 점$(-1, 1)$, 점$(-1, -1)$, 점$(1, 1)$에서 만나 분기 현상을 일으킨다. 그래서 선분논리 수학은 르장드르 다항식에 대해 [−1,

1] 구간의 분수 영역에서 "해석적이다"라고 말한다.

  수학에서 "해석적이다"라는 말은 단적으로는 해를 구할 수 있다는 의미다. 하지만 해를 구하는 범위를 넘어 "포괄적으로 설명할 수 있다"는 의미도 담겨 있다.

  게다가 점(1,1)에서 모든 르장드르 함수 곡선이 만난다. 이 특징은 르장드르 함수를 로드리게스 공식으로 일반화하는데 유용하다.

르장드르 파동의 유래
Genesis of Legendre Waves

르장드르 다항식의 씨앗은 로드리게스 공식에서 보는 바와 같이 이항정리와 오일러 복소원의 알고리즘을 가졌다.

@@ 르장드르 파동의 원류

$$x^2 + y^2 = 1^2$$

$$\cos^2\theta + \sin^2\theta = 1^2$$

$$(\cos\theta - i\sin\theta)(\cos\theta + i\sin\theta) = e^{-i\theta}e^{i\theta} = 1$$

$$\cos^2\theta - 1^2 = -\sin^2\theta$$

$$x^2 - 1^2 = -y^2$$

@@ $(x^2 - 1) = -y^2 = (-\sin^2\theta)$: Legendre Origin

@@ $x = \cos\theta$, $y = \sin\theta$: Legendre Lens

여기에는 원과 직선의 평면파에 대한 연속적 논리의 흐름이 소용돌이친다. 직선은 원 위에 있다. 직선은 차원 도약으로 양자화할 때 평면파로 존재한다. 직선의 평면파가 양자화하기 전에는 양/음으로 펼쳐져 있었다. 이런 직선의 양/음 켤레성은 복소원에서 유래한 흐름이다.

$$P_n(x) = \frac{1}{2^n n!} \frac{d^n}{dx^n}(x^2-1)^n$$

$$u(x) = (x^2-1)^n = \left(-\sin^2\theta\right)^n \quad : \text{Legendre Seed}$$

르장드르 씨앗을 n 차 연미분하여 근원 파동을 추적하면 르장드르 함수가 어떻게 구성되어 있는지 파악할 수 있다.

@@ 르장드르 근원 입자

$$\frac{d^n}{dx^n}u(x) = \frac{d^n}{dx^n}(x^2-1)^n$$

우리는 **르장드르 씨앗**의 n 차 연미분을 **르장드르 근원 입자**라고 이름 붙인다. 사각형 렌즈로 **르장드르 씨앗**을 관찰하면 이항정리가 보인다.

이항정리

$$(x+y)^n = \sum_{k=0}^{n}\binom{n}{k}x^{n-k}y^k = \sum_{k=0}^{n}\binom{n}{k}x^k y^{n-k}$$

$$y=1, \quad (x+1)^n = \sum_{k=0}^{n}\binom{n}{k}x^k$$

이항정리 렌즈로 **르장드르 씨앗**을 해석하면 일련의 계수가 조합의 무늬로 펼쳐지는 다항식을 이산합으로 정리할 수 있다.

$$(x^2 - 1)^n = \sum_{k=0}^{n} \binom{n}{k}(x^2)^k(-1)^{n-k}$$

$$(x^2 - 1)^n = \sum_{k=0}^{n} \binom{n}{k}(-1)^{n-k}x^{2k}$$

이렇게 되면 **르장드르 씨앗**은 이항정리에 의해 **단항식**을 연미분하는 것으로 단순화할 수 있다.

$$\frac{d^n}{dx^n}(x^2 - 1)^n = \frac{d^n}{dx^n}\sum_{k=0}^{n} \binom{n}{k}(-1)^{n-k}x^{2k}$$

$$\frac{d^n}{dx^n}(x^2 - 1)^n = \sum_{k=0}^{n} \binom{n}{k}(-1)^{n-k} \cdot \frac{d^n}{dx^n}x^{2k}$$

단항식 연미분에 따른 계수 법칙을 상기하고 이산합 속에 있는 x 거듭제곱을 연미분한다.

단항식 연미분

$$\frac{d^m}{dx^m}x^\ell = \frac{\ell!}{(\ell - m)!}x^{\ell - m}$$

$$\frac{d^n}{dx^n}x^{2k} = \frac{(2k)!}{(2k - n)!}x^{2k-n}$$

연미분 파동으로 발생하는 계수는 일종의 **감마파**이며 **내림 계승**의 특징을 보인다.

내림 계승 표기법

$$(m)_{\underline{n}} = (m)^{\underline{n}} = m(m-1)\cdots(m-n+1) = \frac{m!}{(m-n)!}$$

$$@ \quad \frac{(2k)!}{(2k-n)!} = (2k)^{\underline{n}}$$

$$\frac{d^n}{dx^n} x^{2k} = (2k)^{\underline{n}} x^{2k-n}$$

참고로 회전논리는 0과 ∞가 만나는 원의 양자화 논리가 토대에 있기 때문에 계승으로 나타나는 무늬를 모두 감마파 양자화로 근원적 해석을 한다.

한편 다항식을 미분하면 상수항은 0으로 소멸하는 현상이 발생한다. 이로 인해 연미분 파동은 공간에 살아남는 항과 **0입자**로 소멸하는 항으로 **둘로 나누기**를 할 수 있다. 이 **둘로 나누기**는 실수의 공간 세계와 허수의 시간 세계로 분할하는 것과 같다.

@@ 연미분 둘로 나누기

$$\frac{d^n}{dx^n} x^{2k} = \begin{cases} \frac{(2k)!}{(2k-n)!} x^{2k-n}, & 2k \geq n \\ 0, & 2k < n \end{cases}$$

0입자로 소멸하는 파동은 거듭제곱 차수 $2k$ 보다 미분 횟수 n 이 클 때 발생하는데 이것을 우리는 **초과 미분**이라 부를 것이다.

회전논리는 **초과 미분**에 따른 소멸 현상을 단순히 0으로 사라진 것으로만 보지 않고 **0입자**로 해석한다.

0입자는 단지 공간에서 관측되지 않을 뿐 알고리즘을 그대로 보유하고 있어 자기복제와 같은 방식으로 다시 공간에 그 무늬를 표출할 수 있다. 이런 현상은 나중에 지름 파동에 발생하는 감마파에서 **초과 미분 양자화**를 통해 상세히 관람할 기회가 있을 것이다.

르장드르 근원 입자을 다항식으로 정리하면 다음과 같다.

$$(x^2 - 1)^n = \sum_{k=0}^{n} \binom{n}{k}(-1)^{n-k} x^{2k}$$

$$\frac{d^n}{dx^n}(x^2 - 1)^n = \sum_{k=0}^{n} \binom{n}{k}(-1)^{n-k} \cdot \frac{d^n}{dx^n} x^{2k}$$

$$\frac{d^n}{dx^n}(x^2 - 1)^n = \sum_{k=0}^{n} \binom{n}{k}(-1)^{n-k} \frac{(2k)!}{(2k-n)!} x^{2k-n}$$

그런데 여기에는 반정수성이 숨어 있다. 이 다항식은 **초과 미분**으로 소멸되는 항이 반이고 살아남는 항이 반인데, 총 항수가 짝수이면 딱 떨어지겠지만 홀수이면 하나가 더 살아남는다.

초과 미분에 따른 **항수의 반정수성**은 입자가 제곱인 평면파로 공간에 존재하는 데서 유래했다. 다항식의 **반정수성**은 평면파 제곱이 선형으로 쪼개지면서 발생한다.

제곱인 2가 선형의 파동으로 분해되면 복소평면과 같은 켤레성이 반정수 특성으로 나타난다. 수리적으로는 평면파인 x 의 지수 $2k$ 가 미분에 의해 차원을 낮추어 선형으로 변하면서 계수 $2k$ 로 나타난다. $2k$ 의 2배수는 선형 다항식에서 반정수 단위로 눈금을 만든다. 반정수 단위의 눈금은 켤레성을 대표한다.

$$2k - n \geq 0 , \quad k \geq \frac{n}{2}$$

이 특성은 감마파 양자화로 연쇄반응을 일으키는데 이에 대한 이야기도 지름 파동론에서 좀 더 자세히 관람할 수 있다.

선분논리는 반정수의 특성을 표현할 때 이산합에 **올림 표기법**을 사용한다. **올림 표기법**을 사용하면 **르장드르 근원 입자**의 다항식에서 0입자로 소멸되는 항을 제외하고 공간에 살아남은 항만으로 이산합 구간을 확정 지을 수 있다.

올림 / 내림 표기법

$\lceil 3/2 \rceil = \lceil 1.5 \rceil = 2$: 올림

$\lfloor 3/2 \rfloor = \lfloor 1.5 \rfloor = 1$: 내림

$$k = \lceil n/2 \rceil , \quad \sum_{k=\lceil n/2 \rceil}^{n}$$

$$n = 5 , \quad k = \lceil n/2 \rceil = \lceil 5/2 \rceil = \lceil 2.5 \rceil = 3 , \quad \sum_{k=\lceil n/2 \rceil}^{n} = \sum_{k=3}^{5}$$

$$\frac{d^n}{dx^n}(x^2-1)^n = \sum_{k=\lceil n/2 \rceil}^{n} \binom{n}{k}(-1)^{n-k}\frac{(2k)!}{(2k-n)!}x^{2k-n}$$

르장드르 근원 입자의 다항식 속에 생존하는 항의 개수를 관찰하면, 올림 또는 내림으로 반정수 양자화하는 현상을 확인할 수 있다.

@@ 생존 항수 : 반정수 양자화

$$N_s = N_{\text{survive}} = n - \left\lceil \frac{n}{2} \right\rceil + 1$$

$$N_s = N_{\text{survive}} = \left\lfloor \frac{n}{2} \right\rfloor + 1$$

$$\frac{d^0}{dx^0}(x^2-1)^0 = 1, \quad N_s = 1$$

$$\frac{d^1}{dx^1}(x^2-1)^1 = 2x, \quad N_s = 1$$

$$\frac{d^2}{dx^2}(x^2-1)^2 = 12x^2 - 4, \quad N_s = 2$$

$$\frac{d^3}{dx^3}(x^2-1)^3 = 120x^3 - 72x, \quad N_s = 2$$

$$\frac{d^4}{dx^4}(x^2-1)^4 = 1680x^4 - 1440x^2 + 144, \quad N_s = 3$$

$$\frac{d^5}{dx^5}(x^2-1)^5 = 30240x^5 - 33600x^3 + 7200x, \quad N_s = 3$$

내림 계승 표기법에 따라 **르장드르 근원 입자**를 정리하면, 켤레성을 가진 $2k$ 의 무늬가 도드라지게 나타난다.

$$\frac{d^n}{dx^n}(x^2-1)^n = \sum_{k=0}^{n} \binom{n}{k}(-1)^{n-k} \cdot \frac{d^n}{dx^n} x^{2k}$$

$$\frac{d^n}{dx^n}(x^2-1)^n = \sum_{k=\lceil n/2 \rceil}^{n} \binom{n}{k}(-1)^{n-k} \frac{(2k)!}{(2k-n)!} x^{2k-n}$$

$$\frac{d^n}{dx^n}(x^2-1)^n = \sum_{k=0}^{n} \binom{n}{k}(-1)^{n-k} \cdot (2k)^{\underline{n}} x^{2k-n}$$

내림 계승은 이산합 속에서 **초과 내림 계승**일 때 0입자로 소멸하는 특성이 숨어 있다. 이 때문에 **내림 계승**을 사용하면 이산합 구간에서 반정수 올림 표기를 생략할 수 있게 된다.

$$(2k)^{\underline{n}} = (2k)(2k-1)(2k-2)\cdots(2k-n+1) = \frac{(2k)!}{(2k-n)!}$$

@@ 초과 내림 계승 0입자 소멸성

$$2k < n, \quad (2k)^{\underline{n}} = 0$$

$$(2 \cdot 1)^{\underline{3}} = (2)(2-1)(2-2) = 0$$

올림 표기법으로 이산합 구간을 특정하고 보면 x 의 지수 $2k-n$ 이 양수라는 것을 알 수 있다. x 의 최고차항의 경우 $k=n$ 일 때이므로 $2n-n=n$ 차가 된다.

$$\frac{d^n}{dx^n}(x^2-1)^n = \sum_{k=\lceil n/2 \rceil}^{n} \binom{n}{k}(-1)^{n-k}\frac{(2k)!}{(2k-n)!}x^{2k-n}$$

$$k = n, \quad x^{2k-n} = x^{2n-n} = x^n$$

x 의 지수를 $n-2k$ 로 관점 전환해 보자. 먼저 변수 변환에 혼동을 피하기 위해 임시로 x 의 지수를 $n-2j$ 로 변환하는 렌즈를 사용한다. 그러면 조합수, 음부호, 계승, 지수에 대한 변환을 다음과 같이 정리할 수 있다.

@ $j = n-k, \quad k = n-j$

$$\binom{n}{k} = \binom{n}{n-j} = \binom{n}{j}$$

$$(-1)^{n-k} = (-1)^j$$

$$\frac{(2k)!}{(2k-n)!} = \frac{(2(n-j))!}{(2(n-j)-n)!} = \frac{(2n-2j)!}{(n-2j)!}$$

$$\frac{1}{n!} \cdot \frac{(2n-2j)!}{(n-2j)!} = \binom{2n-2j}{n}$$

$$\frac{(2n-2j)!}{(n-2j)!} = n! \cdot \binom{2n-2j}{n}$$

$$x^{2k-n} = x^{n-2j}$$

그런데 $n-2j$ 변환 렌즈로 이산합의 구간을 관찰하면 이산합의 구간이 $[\lceil n/2 \rceil, n]$ 올림꼴에서 $[0, \lfloor n/2 \rfloor]$ 내림꼴로 뒤집히는 현상이 나타난다.

이산합 구간이 반전되는 분기점은 n 이 홀수일 때 발생한다. 수리적으로도 추적해 보면 올림이었던 반정수가 내림으로 뒤집히는 것을 확인할 수 있다.

$$@ \quad n = 2m+1$$

$$\lceil n/2 \rceil = \lceil (2m+1)/2 \rceil = \lceil m+1/2 \rceil = m+1$$

$$n - \lceil n/2 \rceil = (2m+1) - (m+1) = m$$

$$m = \lfloor m+1/2 \rfloor = \lfloor (2m+1)/2 \rfloor = \lfloor n/2 \rfloor$$

$$@ \quad n - \lceil n/2 \rceil = \lfloor n/2 \rfloor$$

$$\sum_{k=\lceil n/2 \rceil}^{k=n} = \sum_{k-\lceil n/2 \rceil=0}^{j=n-k} = \sum_{k-\lceil n/2 \rceil+n=n}^{j=n-k} = \sum_{k+\lfloor n/2 \rfloor=n}^{j} = \sum_{\lfloor n/2 \rfloor=j}^{j=0} = \sum_{j=0}^{\lfloor n/2 \rfloor}$$

이산합의 구간 변환까지 종합하고 j 를 k 로 환원하여 **르장드르 근원 입자**를 다항식의 여러 관점으로 정리해 본다.

$$\frac{d^n}{dx^n}(x^2-1)^n = \sum_{j=0}^{\lfloor n/2 \rfloor} \binom{n}{j}(-1)^j \frac{(2n-2j)!}{(n-2j)!} x^{n-2j}$$

@ $k = j$

$$\frac{d^n}{dx^n}(x^2-1)^n = \sum_{k=0}^{\lfloor n/2 \rfloor} \binom{n}{k}(-1)^k \frac{(2n-2k)!}{(n-2k)!} x^{n-2k}$$

$$\frac{d^n}{dx^n}(x^2-1)^n = \sum_{k=0}^{\lfloor n/2 \rfloor} \binom{n}{k}(-1)^k n! \binom{2n-2k}{n} x^{n-2k}$$

@@ $$\frac{d^n}{dx^n}(x^2-1)^n = n! \sum_{k=0}^{\lfloor n/2 \rfloor} (-1)^k \binom{n}{k}\binom{2n-2k}{n} x^{n-2k}$$

르장드르 근원 입자를 내림 계승으로 정리하면 이산합은 $[0, \lfloor n/2 \rfloor]$ 반쪽 내림 구간 속에 $(2n-2k)_{\underline{n}}$ 내림 계승의 무늬가 된다. 여기서도 내림 계승은 0입자성으로 버림의 반쪽 이산합을 내포하고 있다.

내림 계승 표기법

$$(m)_{\underline{n}} = (m)^{\underline{n}} = m(m-1)\cdots(m-n+1) = \frac{m!}{(m-n)!}$$

$$n!\binom{2n-2k}{n} = \frac{(2n-2k)!}{(n-2k)!} = (2n-2k)_{\underline{n}}$$

$$\frac{d^n}{dx^n}(x^2-1)^n = \sum_{k=0}^{\lfloor n/2 \rfloor} \binom{n}{k}(-1)^k n! \binom{2n-2k}{n} x^{n-2k}$$

$$\frac{d^n}{dx^n}(x^2-1)^n = \sum_{k=0}^{\lfloor n/2 \rfloor} (-1)^k \binom{n}{k} (2n-2k)_{\underline{n}}\, x^{n-2k}$$

$$\frac{d^n}{dx^n}(x^2-1)^n = \sum_{k=0}^{n} (-1)^k \binom{n}{k} (2n-2k)_{\underline{n}}\, x^{n-2k}$$

르장드르 씨앗의 경우도 관점에 따라 다음과 같이 다른 지표의 다항식으로 나타난다. 이런 양면의 두 관점은 반정수성이 반쪽 다항식의 특성으로 발현하기 때문이다.

$$@_1 \quad (x^2-1)^n = \sum_{k=0}^{n} \binom{n}{k}(-1)^{n-k} x^{2k}$$

$$@ \quad k = n - k$$

$$\sum_{k=0}^{k=n} = \sum_{n-k=0}^{n-k=n} = \sum_{n=k}^{0=k} = \sum_{k=0}^{n}$$

$$(x^2-1)^n = \sum_{k=0}^{n} \binom{n}{n-k}(-1)^k x^{2n-2k}$$

$$\binom{n}{n-k} = \frac{n!}{(n-k)!k!} = \binom{n}{k}$$

$$@_2 \quad (x^2-1)^n = \sum_{k=0}^{n} \binom{n}{k}(-1)^k x^{2n-2k}$$

이번엔 다항식의 계수들을 모두 계승으로 전환하여 **감마파 렌즈**로 관찰해 보자.

$$\frac{d^n}{dx^n}(x^2-1)^n = \sum_{k=0}^{n} (-1)^k \binom{n}{k}(2n-2k)\underline{{}^n}\, x^{n-2k}$$

$$@ \quad \binom{n}{k} = \frac{n!}{k!(n-k)!}, \quad (2n-2k)_{\underline{n}} = \frac{(2n-2k)!}{(n-2k)!}$$

$$\frac{d^n}{dx^n}(x^2-1)^n = \sum_{k=0}^{n} (-1)^k \frac{n!}{k!(n-k)!} \frac{(2n-2k)!}{(n-2k)!} x^{n-2k}$$

$$\frac{d^n}{dx^n}(x^2-1)^n = \sum_{k=0}^{\lfloor n/2 \rfloor} (-1)^k \frac{n!}{k!(n-k)!} \frac{(2n-2k)!}{(n-2k)!} x^{n-2k}$$

감마파를 대표하는 $n!$ 은 **동차 연미분**에서 만난다. 우리는 이것을 **단위 감마파**라 부를 것이다.

$$\frac{d^n}{dx^n} x^n = n! = \Gamma(n+1)$$

나중에 알게 되겠지만 감마파의 근원은 양자화에 있다. 그래서 회전논리는 양자화를 배경에 두고 감마파를 해석한다. 본래 음의 계승은 시간계에 대칭적 파동으로 존재하지만 여기서는 반쪽인 공간계만을 해석하기 때문에 0입자 소멸로 판단한다.

따라서 회전논리는 입자를 관점에 따라 해석하여 논리를 전개하기 때문에 감마파를 사용할 때 반쪽 구간을 특정하지 않는 것을 선호한다. 선분논리는 당연히 반쪽 구간을 특정해야 한다고 생각한다.

단위 감마파 $n!$ 을 자기복제하면 양변에 $n!$ 을 나누어 주는 효과가 나타나는데 이것이 르장드르에 접근하는 **위상 가중치**의 시작이다.

@@ 단위 감마파 자기복제

$$\frac{d^n}{dx^n}(x^2-1)^n = \frac{n!}{n!} \cdot \sum_{k=0}^{n} (-1)^k \frac{n!}{k!(n-k)!} \frac{(2n-2k)!}{(n-2k)!} x^{n-2k}$$

$$\frac{1}{n!}\frac{d^n}{dx^n}(x^2-1)^n = \frac{1}{n!}\sum_{k=0}^{n} (-1)^k \frac{n!}{k!(n-k)!} \frac{(2n-2k)!}{(n-2k)!} x^{n-2k}$$

$$\frac{1}{n!}\frac{d^n}{dx^n}(x^2-1)^n = \sum_{k=0}^{n} (-1)^k \frac{1}{k!(n-k)!} \frac{(2n-2k)!}{(n-2k)!} x^{n-2k}$$

방정식의 양변에 같은 수를 곱하는 것은 **자기복제 존재 원리**에 근원이 있다. 선분논리는 저울과 같은 현상으로 방정식의 등호를 생각한다. 이는 표면적 현상의 해석에 그친다.

왜 저울이 수평을 이루는지에 대한 의문은 어린아이의 장난 어린 질문만은 아니다. 지구 표면에서 나침판을 사용하는 것과 지구 속에서 자기장을 생각하는 차이일 것이다.

평면파를 반만 연미분하는 것은 2차원 원형을 1차원 선형 파동으로 변환하는 과정이기 때문에 반정수성을 가진 2가 미분 회차를 거듭할수록 누적하여 곱해지는 현상이 나타난다.

$$P_n(x) = C \frac{d^n}{dx^n}(x^2-1)^n = C\left[(x^2-1)^n\right]^{(n)}$$

$$P_n(x) = C\,2n\left[x(x^2-1)^{n-1}\right]^{(n-1)}$$

$$P_n(x) = C\,2n\left[(x^2-1)^{n-1} + 2(n-1)x^2(x^2-1)^{n-2}\right]^{(n-2)}$$

$$P_n(x) = \frac{2(n-1)!}{2(n-1)!} \cdot C\,2n\left[(x^2-1)^{n-1} + 2(n-1)x^2(x^2-1)^{n-2}\right]^{(n-2)}$$

$$@ \quad n(n-1)! = n!$$
$$2n \cdot 2(n-1)! = 2^2 \cdot n(n-1)! = 2^2\,n!$$
$$\frac{1}{2(n-1)!}2(n-1) = \frac{1}{(n-2)!}$$

$$P_n(x) = C\,2^2 \cdot \mathbf{n}! \cdot \left[\frac{1}{2}\frac{1}{(n-1)!}(x^2-1)^{n-1} + \frac{1}{(n-2)!}x^2(x^2-1)^{n-2}\right]^{(n-2)}$$

반정수성에 대한 미분 계수 누적 현상을 정리하면 다음과 같은 무늬가 펼쳐진다.

$$P_n(x) = C\, 2^1 n \left[\frac{d^n}{dx^n}(x^2-1)^n\right]_{(n-1)}$$

$$P_n(x) = C\, 2^2 n! \left[\frac{d^n}{dx^n}(x^2-1)^n\right]_{(n-2)}$$

$$P_n(x) = C\, 2^3 n! \left[\frac{d^n}{dx^n}(x^2-1)^n\right]_{(n-3)}$$

$$P_n(x) = C \cdot 2^\mathbf{n} n! \left[\frac{d^n}{dx^n}(x^2-1)^n\right]_{(n-\mathbf{n})}$$

르장드르 근원 입자는 닫힌 원형의 입자이고 **르장드르 함수**는 열린 선형의 파동이다. 따라서 **반정수성** 2^n 과 **단위 감마파** $n!$ 이 원형의 **르장드르 근원 입자**와 선형의 **르장드르 함수** 사이에 대한 비례상수가 된다.

$$P_n(x) = C\frac{d^n}{dx^n}(x^2-1)^n = C\left[(x^2-1)^n\right]^{(n)}$$

$$P_n(x) = C \cdot 2^\mathbf{n} n! \left[\frac{d^n}{dx^n}(x^2-1)^n\right]_{(n-\mathbf{n})}$$

$$P_n(x) = \frac{1}{2^n n!} \cdot 2^\mathbf{n} n! \left[\frac{d^n}{dx^n}(x^2-1)^n\right]_{(n-\mathbf{n})}$$

$$P_n(x) = \left[\frac{d^n}{dx^n}(x^2-1)^n\right]_{(n-\mathbf{n})}$$

르장드르 근원 입자에 **반정수성** 2^n 과 **단위 감마파** $n!$ 을 나누어 소거하면 르장드르 함수에 도달한다. 이때 가해진 비례상수가 바로 **르장드르 위상 가중치**가 된다.

@@ 르장드르 위상 가중치 C

$$P_n(x) = \sum_{k=0}^{n} a_k x^k \stackrel{@}{=} C \frac{d^n}{d x^n} u(x)$$

$$C = \frac{1}{2^n n!}, \quad u(x) = (x^2 - 1)^n$$

$$P_n(x) = C \cdot \frac{d^n}{d x^n} u(x) = \frac{1}{2^n n!} \cdot \frac{d^n}{d x^n} (x^2 - 1)^n$$

참고로 **르장드르 위상 가중치** 속에 있는 반정수성 2^n 은 어린 오일러의 이야기 속에 많이 등장하는 무늬다. 회전논리에서는 이것을 이항 정리의 기본 파동이라는 의미에서 **단위 이항 계수**라 부른다.

$$(1+1)^n = \sum_{k=0}^{n} \binom{n}{k} 1^{n-k} 1^k = \sum_{k=0}^{n} \binom{n}{k}$$

$$2^n = \sum_{k=0}^{n} \binom{n}{k} = \sum_{k=0}^{n} \frac{n!}{k!(n-k)!}$$

르장드르 근원 입자에 **단위 감마파 자기복제**와 **단위 이항 계수**가 **위상 가중치**로 작용하여 **르장드르 함수**가 되는 과정을 종합하면 다음과 같이 정리할 수 있다.

$$\frac{d^n}{dx^n}(x^2-1)^n = \sum_{k=0}^{n} \binom{n}{k}(-1)^{n-k}(2k)^{\underline{n}} x^{2k-n}$$

$$\frac{d^n}{dx^n}(x^2-1)^n = \sum_{k=\lceil n/2 \rceil}^{n} \binom{n}{k}(-1)^{n-k}\frac{(2k)!}{(2k-n)!} x^{2k-n}$$

$$\frac{d^n}{dx^n}(x^2-1)^n = \sum_{k=0}^{n} (-1)^k \binom{n}{k}(2n-2k)^{\underline{n}} x^{n-2k}$$

$$\frac{d^n}{dx^n}(x^2-1)^n = \sum_{k=0}^{\lfloor n/2 \rfloor} (-1)^k \frac{n!}{k!(n-k)!}\frac{(2n-2k)!}{(n-2k)!} x^{n-2k}$$

$$\frac{d^n}{dx^n}(x^2-1)^n = \sum_{k=0}^{n} (-1)^k \frac{n!}{k!(n-k)!}\frac{(2n-2k)!}{(n-2k)!} x^{n-2k}$$

@1 단위 감마파 $n!$ 자기복제

$$\frac{d^n}{dx^n}(x^2-1)^n = \frac{n!}{n!} \cdot \sum_{k=0}^{n} (-1)^k \frac{n!}{k!(n-k)!}\frac{(2n-2k)!}{(n-2k)!} x^{n-2k}$$

$$\frac{1}{n!}\frac{d^n}{dx^n}(x^2-1)^n = \frac{1}{n!} \cdot \sum_{k=0}^{n} (-1)^k \frac{n!}{k!(n-k)!}\frac{(2n-2k)!}{(n-2k)!} x^{n-2k}$$

@2 단위 이항 계수 2^n

$$\frac{1}{2^n}\frac{1}{n!}\frac{d^n}{dx^n}(x^2-1)^n = \frac{1}{2^n}\frac{1}{n!} \cdot \sum_{k=0}^{n} (-1)^k \frac{n!}{k!(n-k)!}\frac{(2n-2k)!}{(n-2k)!} x^{n-2k}$$

$$P_n(x) = \frac{1}{2^n n!} \cdot \frac{d^n}{dx^n}(x^2-1)^n$$

$$P_n(x) = \frac{1}{2^n n!} \cdot \sum_{k=0}^{n} (-1)^k \frac{n!}{k!(n-k)!} \frac{(2n-2k)!}{(n-2k)!} x^{n-2k}$$

르장드르 함수를 조합의 관점에서 관찰하면 파동이 여러 가지 무늬로 출렁인다.

$$P_n(x) = \frac{1}{2^n n!} \frac{d^n}{dx^n}(x^2-1)^n$$

$$P_n(x) = \frac{1}{2^n n!} \sum_{k=0}^{\lfloor n/2 \rfloor} (-1)^k \frac{n!}{k!(n-k)!} \frac{(2n-2k)!}{(n-2k)!} x^{n-2k}$$

$$P_n(x) = \frac{1}{2^n n!} \sum_{k=0}^{\lfloor n/2 \rfloor} (-1)^k \binom{n}{k} \frac{(2n-2k)!}{(n-2k)!} x^{n-2k}$$

$$P_n(x) = \frac{1}{2^n} \sum_{k=0}^{\lfloor n/2 \rfloor} (-1)^k \binom{n}{k} \binom{2n-2k}{n} x^{n-2k}$$

$$P_n(x) = \frac{1}{2^n} \sum_{k=0}^{\lfloor n/2 \rfloor} (-1)^k \binom{n}{k} \frac{n!}{n!} \binom{2n-2k}{n} x^{n-2k}$$

$$P_n(x) = \frac{1}{2^n} \frac{1}{n!} \sum_{k=0}^{\lfloor n/2 \rfloor} (-1)^k \binom{n}{k} n! \binom{2n-2k}{n} x^{n-2k}$$

우리는 앞서 르장드르를 어떤 다항식으로 추정하고 미분 방정식을 토대로 그 계수를 재귀식으로 정리한 바 있다. 그런데 이제는 르장드르에 대한 다항식 모델을 완성했다. 따라서 정리된 르장드르 다항식을 통해서도 계수의 수열에 대한 재귀식에 도달할 수 있게 되었다.

$$P_n(x) = \sum_{k=0}^{n} a_k x^k \stackrel{@}{=} C \frac{d^n}{dx^n} u(x)$$

$$P_n(x) = \sum_{m=0}^{n} a_m x^m = \frac{1}{2^n n!} \sum_{k=0}^{\lfloor n/2 \rfloor} (-1)^k \binom{n}{k} \frac{(2n-2k)!}{(n-2k)!} x^{n-2k}$$

$$a_m x^m = a_{n-2k} x^{n-2k} = \frac{1}{2^n n!} (-1)^k \binom{n}{k} \frac{(2n-2k)!}{(n-2k)!} x^{n-2k}$$

이산합 속에 있는 x 의 차수를 기준으로 수열을 정리하면 반정수성을 가진 k 와 정규화 변수 m 의 관계 (m, k) 로 반정수 k 렌즈가 만들어진다.

$$a_{n-2k} = \frac{1}{2^n n!} (-1)^k \binom{n}{k} \frac{(2n-2k)!}{(n-2k)!}$$

$$a_{n-2k} = \frac{1}{2^n n!} (-1)^k \frac{n!}{k!(n-k)!} \frac{(2n-2k)!}{(n-2k)!}$$

$$a_{n-2k} = (-1)^k \frac{1}{2^n} \frac{1}{k!(n-k)!} \frac{(2n-2k)!}{(n-2k)!}$$

> @@ k의 반정수성
>
> @ $m = n - 2k$, $k = \dfrac{n-m}{2}$
>
> k는 정수 : $n-m$이 짝수일 때 성립

앞서 확인한 바와 같이 르장드르 계수 수열은 2칸씩 반복되는 재귀식 특성을 보였다. 이는 르장드르의 반정수성이 홀짝과 같은 켤레성으로 발현한 것이다.

> @$_1$ $a_{k+2} = -\dfrac{(n+k+1)(n-k)}{(k+2)(k+1)} a_k$

반정수 k 렌즈로 m차와 $m+2$차에 대한 수열을 정리해 본다. m차는 $m = n - 2k$ 척도로 비교적 간단하게 변환 과정을 추적할 수 있다.

> @ $m = n - 2k$, $k = \dfrac{n-m}{2}$

> $n - k = n - \dfrac{n-m}{2} = \dfrac{2n - (n-m)}{2} = \dfrac{n+m}{2}$

> $a_{n-2k} = (-1)^k \dfrac{1}{2^n} \dfrac{1}{k!(n-k)!} \dfrac{(2n-2k)!}{(n-2k)!}$

> $a_m = (-1)^k \dfrac{1}{2^n} \dfrac{1}{k!(n-k)!} \dfrac{(n+m)!}{m!}$

$$a_m = (-1)^{\frac{n-m}{2}} \frac{1}{2^n} \frac{1}{\left(\frac{n-m}{2}\right)!\left(\frac{n+m}{2}\right)!} \frac{(n+m)!}{m!}$$

k 를 모두 m 으로 전환하면 계승에 반정수성이 확연히 보인다. 그런데 $m+2$ 차는 m 차의 (m, k) 와 다른 (m_2, k_2) 가 적용되어야 한다. 먼저 $m+2$ 차 모형을 정리하고 차근히 변화하는 과정을 추적한다.

$$a_{m+2} = a_{m_2} = (-1)^{k_2} \frac{1}{2^n} \frac{1}{k_2!(n-k_2)!} \frac{(n+m_2)!}{m_2!}$$

@ $\quad m_2 = m+2 = n - 2k_2, \quad k_2 = \frac{n-(m+2)}{2}$

$$k_2 = \frac{n-(m+2)}{2} = \frac{n-m-2}{2} = \frac{n-m}{2} - 1 = k - 1$$

$$-k_2 = \frac{-n+(m+2)}{2} = \frac{-n+m+2}{2} = \frac{-n+m}{2} + 1 = -k + 1$$

$$n - k_2 = \frac{2n-n+m+2}{2} = \frac{n+m+2}{2} = \frac{n+m}{2} + 1 = n - k + 1$$

$$a_{m+2} = a_{m_2} = (-1)^{k_2} \frac{1}{2^n} \frac{1}{k_2!(n-k_2)!} \frac{(n+m_2)!}{m_2!}$$

$$a_{m+2} = \frac{1}{2^n} (-1)^{\frac{n-m-2}{2}} \frac{1}{\left(\frac{n-m-2}{2}\right)!\left(\frac{n+m+2}{2}\right)!} \frac{(n+(m+2))!}{(m+2)!}$$

이 수열의 재귀 관계는 등비수열의 일종이므로 m 차와 $m+2$ 차를 같은 변수로 통일하여 비율을 계산해야 한다. 따라서 $m+2$ 차를 (m, k) 의 관계식으로 한 번 더 변환할 필요가 있다.

@ $m_2 = m + 2$, $k_2 = k - 1$

$$a_{m+2} = (-1)^{k-1} \frac{1}{2^n} \frac{1}{(k-1)!(n-(k-1))!} \frac{(n+(m+2))!}{(m+2)!}$$

$$a_{m+2} = (-1)^{k-1} \frac{1}{2^n} \frac{1}{(k-1)!(n-k+1)!} \frac{(n+m+2)!}{(m+2)!}$$

참고로 m 으로 정리한 식을 사용하지 않는 이유는 계승 안이 반정수 모형이기 때문이다. 물론 반정수 계승도 계산할 수는 있지만 좀 더 복잡한 과정을 거쳐야 한다. 여기서는 좀 더 명확히 관찰할 수 있는 정수형을 시료로 사용한다.

(m, k) 로 변수 통합한 두 인자를 비율로 계산한다. **단위 이항 계수**는 분모와 분자가 상쇄 파동 현상으로 소멸되고, 음부호 신호는 k 차수가 상쇄되어 음부호 하나만 남는다.

$$\frac{a_{m+2}}{a_m} = \frac{(-1)^{k-1} \frac{1}{2^n} \frac{1}{(k-1)!(n-k+1)!} \frac{(n+m+2)!}{(m+2)!}}{(-1)^k \frac{1}{2^n} \frac{1}{k!(n-k)!} \frac{(n+m)!}{m!}}$$

$$\frac{(-1)^{k-1}}{(-1)^k} = (-1)^{-1} = \frac{1}{(-1)} = -1$$

$$\frac{a_{m+2}}{a_m} = -\frac{\dfrac{1}{(k-1)!(n-k+1)!}\dfrac{(n+m+2)!}{(m+2)!}}{\dfrac{1}{k!(n-k)!}\dfrac{(n+m)!}{m!}}$$

이중으로 겹쳐진 분수를 단일 분수로 정리한다. 계승의 파동을 차근히 정리해 보면 계승들이 같은 부류끼리 상쇄되는 것을 알 수 있다.

$$\frac{a_{m+2}}{a_m} = -\frac{k!(n-k)!}{(k-1)!(n-k+1)!} \cdot \frac{(n+m+2)!}{(m+2)!}\frac{m!}{(n+m)!}$$

$$\frac{k!}{(k-1)!} = k, \quad \frac{(n-k)!}{(n-k+1)!} = \frac{1}{n-k+1}$$

$$\frac{k!(n-k)!}{(k-1)!(n-k+1)!} = \frac{k}{n-k+1}$$

$$\frac{(n+m+2)!}{(n+m)!} = (n+m+2)(n+m+1)$$

$$\frac{m!}{(m+2)!} = \frac{1}{(m+2)(m+1)}$$

$$\frac{a_{m+2}}{a_m} = -\frac{k}{n-k+1} \cdot \frac{(n+m+2)(n+m+1)}{(m+2)(m+1)}$$

끝으로 k 를 m 으로 통합하여 정리하면 분수가 좀 더 단순해진다.

이 비율식이 앞서 르장드르 미분 방정식에서 유도한 재귀식과 같은 꼴이다.

$$@ \quad m = n - 2k, \quad k = \frac{n-m}{2}$$

$$\frac{k}{n-k+1} = \frac{\frac{n-m}{2}}{\frac{n+m+2}{2}} = \frac{n-m}{n+m+2}$$

$$\frac{a_{m+2}}{a_m} = -\frac{n-m}{n+m+2} \cdot \frac{(n+m+2)(n+m+1)}{(m+2)(m+1)}$$

$$\frac{a_{m+2}}{a_m} = -\frac{(n-m)(n+m+1)}{(m+2)(m+1)}$$

$$@@ \quad a_{k+2} = -\frac{(n+k+1)(n-k)}{(k+2)(k+1)} a_k$$

되돌아 다항식 세계에서 반정수성을 대표하는 k 를 관점으로 르장드르 다항식을 정리하고 관조하면 홀짝이 진동하는 시간이 보인다.

$$P_n(x) = \frac{1}{2^n n!} \frac{d^n}{dx^n}(x^2-1)^n$$

$$P_n(x) = \frac{1}{2^n n!} \sum_{k=0}^{\lfloor n/2 \rfloor} (-1)^k \frac{n!}{k!(n-k)!} \frac{(2n-2k)!}{(n-2k)!} x^{n-2k}$$

$$@ \quad m = n - 2k, \quad k = \frac{n-m}{2}$$

$$a_m = (-1)^k \frac{1}{2^n} \frac{1}{k!(n-k)!} \frac{(n+m)!}{m!}$$

$$P_n(x) = \sum_{m=0}^{n} a_m x^m = \frac{1}{2^n} \sum_{m=0}^{n} (-1)^k \frac{(n+m)!}{k!(n-k)!m!} x^m$$

$$P_n(x) = \frac{1}{2^n} \sum_{m=0}^{n} (-1)^{\frac{n-m}{2}} \frac{(n+m)!}{\left(\frac{n+m}{2}\right)!\left(\frac{n-m}{2}\right)!m!} x^m$$

선분논리는 이와 같이 홀짝으로 진동하는 시간의 파동을 **패리티**(Parity)라는 개념으로 공학에 활용한다.

컴퓨터 시대에 대표적인 사례가 하드 디스크의 논리다. 사실 하드 디스크뿐 아니라 디지털 데이터를 빠른 속도로 처리할 때 홀짝으로 나누어 동시 처리하기 위해 이 개념을 사용한다. **둘로 나누기**를 연쇄적으로 확장하면 Multi Thread 가 된다.

르장드르 파동의 경우 짝수일 때만 유효하고 홀수일 때는 0으로 소멸된다. 이런 경우 **패리티 델타**(Parity Delta)라는 개념으로 정리할 수 있다. 홀수와 짝수를 구분하는 수학적 표현은 다양하다. 하지만 기본 원리는 2로 **나눈 나머지**(mod) 함수다.

패리티 델타(Parity Delta)

$$(-1)^{n+m} = \begin{cases} 1 & \text{even} \\ -1 & \text{odd} \end{cases}$$

$$\mathbf{1}_{\{n+m \equiv 0 \pmod 2\}} = \frac{1+(-1)^{n+m}}{2} = \begin{cases} 1 & \text{even} \\ 0 & \text{odd} \end{cases}$$

$$P_n(x) = \sum_{m=0}^{n} \frac{1+(-1)^{n+m}}{2} (-1)^{\frac{n-m}{2}} \frac{(n+m)!}{2^n \left(\frac{n+m}{2}\right)! \left(\frac{n-m}{2}\right)! m!} x^m$$

$$\delta_{n+m}^{(2)} := \frac{1+(-1)^{n+m}}{2} = \begin{cases} 1 & \text{n + m : even} \\ 0 & \text{n + m : odd} \end{cases}$$

$$P_n(x) = \sum_{m=0}^{n} \delta_{n+m}^{(2)} (-1)^{\frac{n-m}{2}} \frac{(n+m)!}{2^n \left(\frac{n+m}{2}\right)! \left(\frac{n-m}{2}\right)! m!} x^m$$

$$P_n(x) = \sum_{m=0}^{n} \delta_{n+m}^{(2)} (-1)^{k-m} \frac{2k!}{2^n k! (k-m)! m!} x^m, \quad k = \frac{n+m}{2}$$

패리티 델타의 관점에서 르장드르 함수의 사례를 간단히 살펴보면 좀 더 직관적으로 이해하는 데 도움이 된다.

$$P_2(x) = \frac{1}{2}(3x^2 - 1) \ : \text{짝수 항만}$$

$$P_3(x) = \frac{1}{2}(5x^3 - 3x) \ : \text{홀수 항만}$$

$$P_4(x) = \frac{1}{8}(35x^4 - 30x^2 + 3) \ : \text{짝수 항만}$$

$P_n(x)$: n 과 같은 패리티(짝수/홀수)의 항만 살아남는다.

르장드르의 반정수성은 **홀짝**으로 나타난다.

홀짝의 반정수정은 직교성으로 나타나며,
테일러 급수와 오일러 공식에 근원이 있다.

르장드르 평면파, 직교성
Legendre Plane Wave, Orthogonality

르장드르 파동 곡선에서 $[-1,1]$ 분수 구간을 적분하면 좌우 대칭과 대각 대칭의 특성에 따라 0에 수렴한다.

$$P_n(x) = \frac{1}{2^n n!} \frac{d^n}{dx^n}(x^2 - 1)^n$$

$$\int_{-1}^{1} P_n(x)\, dx = 0 = \int_{-1}^{1} \frac{1}{2^n n!} \frac{d^n}{dx^n}(x^2 - 1)^n dx, \quad n \geq 1$$

르장드르 파동은 구간합이 0이다

$$\therefore \int_{-1}^{1} \frac{d^n}{dx^n}(x^2 - 1)^n dx = 0$$

또 서로 다른 두 곡선을 곱셈 관계하여 적분하면, 0이 되어 두 곡선이 직교 관계에 있다는 것을 보여준다. 따라서 두 곡선의 관계를 크로네커 델타로 정리할 수 있다.

$$\int_{-1}^{1} P_m(x)\, dx = 0, \quad \int_{-1}^{1} P_n(x)\, dx = 0$$

$$\therefore \int_{-1}^{1} P_m(x)P_n(x)\,dx = 0, \quad n \neq m$$

서로 다른 두 르장드르의 곱은
구간합이 0이다

**두 르장드르는
직교성을 가진다**

Orthogonality : Kronecker delta

$$\int_{-1}^{1} P_m(x)P_n(x)\,dx = \frac{2}{2n+1}\delta_{mn}$$

적분은 내적과 같은 알고리즘이다. 내적은 두 벡터를 한 쪽의 관점에서 **편적분**한 결과다. **편적분**의 결과가 0이면 90도로 서로 직교하는 특성을 가진다.

XY평면에서 X축을 x 관점으로 Y축을 y 관점으로 적분하면 모두 0이 된다. 그래서 X축과 Y축은 곱 관계로 평면을 형성할 때 90도 직교 관계로 나타난다.

서로 다른 두 르장드르 다항식의 곱 관계도 XY평면과 같은 관점에서 직교 관계가 성립한다.

선분논리의 직교성은 X축과 Y축이 90도로 관계하여 XY평면을 형성하는 알고리즘을 두 곡선의 관계로 확장한 개념이다.

직교성의 근본 알고리즘은 평면의 형성 원리에 있으며, 내적이 0인 경우 평면에 대한 두 기준축이 90도로 관계한다. 이 특성이 논리의 거점이다.

내적은 한쪽 기준축의 관점으로 면적을 구하는 원리다. 따라서 내적은 **편적분**과 같은 알고리즘을 가졌다.

내적 직교성

$$\vec{x} \cdot \vec{y} = |x| \cdot |y| \cos \frac{\pi}{2} = 0, \quad \cos \frac{\pi}{2} = 0$$

두 르장드르 파동 곡선도 두 기준축 관계를 형성하여 평면 공간을 이루는데, 우리는 이를 **르장드르 평면파**라 이름 붙인다.

르장드르 평면파의 직교성을 탐색해 보려면 르장드르 함수를 적분해야 한다. 그런데 로드리게스 공식을 토대로 곧바로 적분해서 핵심 무늬에 도달하기에는 무리수가 있다. 이는 이미 여러 선대 학자들이 겪었던 시행착오다.

따라서 우리는 **르장드르 평면파**에 대한 탐험을 하기 전에, 먼저 다항식과 삼각함수 그리고 지수함수의 양자화에 대한 관점 렌즈를 확보할 필요가 있다.

$$P_n(x) = \frac{1}{2^n n!} \frac{d^n}{dx^n}(x^2-1)^n$$

$$u(x) = (x^2-1)^n \quad : \text{Found Seed}$$

$$x = \cos\theta, \quad 1-x^2 = \sin^2\theta, \quad x^2-1 = -\sin^2\theta$$

르장드르 함수는 로드리게스 공식에서 보는 바와 같이 핵심 요소가 2차 다항식을 n 제곱하고 이것을 다시 n 차례 연미분한 꼴이다.

2차 다항식은 삼각함수로 변환되며 오일러 공식을 통해 정방형 세계에서 원형 세계로 전환되기도 한다.

오일러 공식은
삼각함수와 지수함수의 연결 통로다

게다가 **지수함수**는 **테일러 급수**와 같이 연속적 분수의 합으로 무한에 접근하여 양자화한다. 그래서 지수함수는 유한의 세계와 무한의 세계를 연결한다. 이런 알고리즘의 논리 거점에는 **오일러 베타**와 **감마** 함수가 있다.

오일러의 베타와 감마, 평면파
Euler's Beta & Gamma, Plane Wave

오일러 베타와 감마 함수는 표면적으로 다항식의 적분에 대한 값을 구하려다 얻은 알고리즘이다. 그 실체가 무엇인지 모르는 상태에서 접근했지만, 산 정상에 올라 되돌아보면 관조적 해석이 생긴다.

그러나 우리의 여정에는 이 정도의 관조 능력만으로는 부족함이 있다. 여러 산이 맥을 이어 더 큰 흐름이 보이는 위성지도 수준의 포괄적 해석이 필요하다.

오일러 베타 함수는 감마 함수를 토대로 형성된다. 따라서 감마 함수의 논리적 연쇄반응이 베타 함수를 낳았다. 그리고 감마 함수는 지수의 시간 파동이 누적되어 공간을 형성하면서 시공간 입자로 양자화되는 과정을 보여준다.

선분논리에서 베타 함수는 오일러 적분의 첫 번째 유형으로 소개한다. 베타 함수는 [0,1] 구간의 적분에서 감마 함수로 양자화된다.

Euler integral

Beta function : Euler's integral of the first kind

$$B(z_1, z_2) = \frac{\Gamma(z_1)\,\Gamma(z_2)}{\Gamma(z_1 + z_2)} \qquad \mathfrak{R}(z_1) > 0 \ , \ \mathfrak{R}(z_2) > 0$$

베타 함수의 양자화는 계승 factorial 으로 정리되며, 이는 오일러 곱과 같고 리만의 제타 함수와 소수의 무늬에 도달한다.

$$B(z_1, z_2) = B(z_2, z_1) \quad : \text{Symmetric}$$

$$B(\alpha_1, \alpha_2, \ldots \alpha_n) = \frac{\Gamma(\alpha_1)\Gamma(\alpha_2)\cdots\Gamma(\alpha_n)}{\Gamma(\alpha_1 + \alpha_2 + \cdots + \alpha_n)}$$

$$B(m, n) = B(n, m), \quad \Gamma(n) = (n-1)! = \prod_{k=1}^{n-1} k$$

베타 함수는 대칭적 특성을 나타내기 때문에 두 파동의 곱 관계에는 선후가 없다. 두 파동은 모두 시간의 흐름에 따라 진행하는 지수함수이며, 두 파동의 시간차는 $2t-1$ 과 같이 홀수의 특성을 가졌다.

$$t - (1 - t) = 2t - 1$$

따라서 본래는 같은 지수함수이지만, 홀수성 시간차로 발생하는 두 공간 입자의 파동이 베타 함수의 무늬로 양자화되어 나타난다.

$$B(m, n) = \int_0^1 t^{m-1}(1-t)^{n-1}\,dt = \frac{\Gamma(m)\Gamma(n)}{\Gamma(m+n)} = B(n, m)$$

$$\Gamma(n) = (n-1)!, \quad \Gamma(m) = (m-1)!$$

$$\Gamma(n+m) = (n+m-1)!$$

$$\mathrm{B}(n,m) = \frac{\Gamma(m)\Gamma(n)}{\Gamma(m+n)} = \frac{(n-1)!(m-1)!}{(n+m-1)!} = \frac{(n+m)}{nm}\frac{(n)!(m)!}{(n+m)!}$$

$$\binom{n}{k} = \frac{n!}{k!(n-k)!}$$

$$\binom{n+m}{n} = \frac{(n+m)!}{n!\big((n+m)-n\big)!} = \frac{(n+m)!}{n!\,m!}$$

$$\mathrm{B}(n,m) = \frac{(n+m)}{nm}\frac{(n)!(m)!}{(n+m)!} = \frac{n+m}{nm}\frac{1}{\binom{n+m}{n}}$$

$$\mathrm{B}(n,m) = \frac{n+m}{nm}\frac{1}{\binom{n+m}{n}} = \left(\frac{1}{n}+\frac{1}{m}\right)\frac{1}{\binom{n+m}{n}}$$

$$\therefore\ \mathrm{B}(n,m) = \frac{\Gamma(m)\Gamma(n)}{\Gamma(m+n)} = \frac{(n-1)!(m-1)!}{(n+m-1)!} = \left(\frac{1}{n}+\frac{1}{m}\right)\frac{1}{\binom{n+m}{n}}$$

$$\frac{(n-1)!(m-1)!}{(n+m-1)!} = \frac{n!\,m!}{nm}\frac{n+m}{(n+m)!}$$

$$= \frac{n+m}{nm}\frac{n!(n+m-n)!}{(n+m)!} = \frac{n+m}{nm}\frac{1}{\binom{n+m}{n}}$$

계승 factorial 은 순열과 조합의 원형 알고리즘이었다. 이런 알고리즘이 확률로 접근하는 파동론으로 하여금 양자 알고리즘에 도달할 수 있게 한다.

$$m = n , \quad B(n,n) = \int_0^1 t^{n-1}(1-t)^{n-1} dt = \frac{\Gamma(n)^2}{\Gamma(2n)}$$

두 지수 파동의 지수 차원이 서로 같아 동시에 관계를 일으키면, 좀 더 단순한 감마 함수의 모형이 된다. 이 부분이 나중에 두 르장드르 파동이 직교성을 가지는 무늬로 나타나는 토대가 된다.

두 파동의 관계는 X축과 Y축이 XY평면 공간을 형성하는 것과 같은 알고리즘이라 했다. XY평면 공간이 왜곡되지 않고 균일하려면, X축과 Y축의 공간의 길이가 같아야 한다.

이런 원리로 지수 차원이 같고 홀수 시간차를 가진 두 지수 파동은 홀수 특성을 그대로 가진 무늬를 보인다. 이런 현상이 바로 두 르장드르 파동의 직교성이다.

$$\int_{-1}^{1} P_m(x)P_n(x) dx = \frac{2}{2n+1}\delta_{mn}$$

그러나 우리는 이제야 결과론적 해석을 안내자에게 들은 정도다. 좀 더 세부적인 탐험은 감마 함수를 들여다봐야 한다.

먼저 선대 학자들이 정리한 감마 함수의 특성을 살펴보고 회전논리로 재해석한다. 감마 함수는 1차이가 있는 $(n-1)!$ 계승이다.

Gamma function : Euler integral of the second kind
$$\Gamma(n) = (n-1)!$$
$$\Gamma(z) = \int_0^\infty t^{z-1}e^{-t}dt \quad \Re(z) > 0$$

그리고 $(n-1)!$ 계승은 두 지수함수의 곱 관계가 형성하는 어떤 평면 공간이 양자화된 결과다. 하나는 시간 t 를 $z-1$ 거듭제곱한 $z-1$ 차원의 곡선이고, 또 하나는 원 무늬를 그리는 자연상수 e 에 대한 지수함수다.

시간을 거듭제곱하면서 공간을 만드는 것은 정방형의 사각형, 육면체 등의 정사각형을 모태로 한 데카르트계 공간 또는 직선계 공간이고, 자연상수 e 의 지수함수는 시간이 지수에서 회전하는 원형 공간이며 회전계 또는 구면계 공간이다. 따라서 감마 함수는 직선계 공간과 회전계 공간의 곱 관계가 형성하는 평면 공간을 의미한다.

우리는 이 현상을 좀 더 관조적으로 해석하여, 직선계와 회전계가 만나면 **계승 평면파**를 형성한다고 정리한다. 아직은 **평면파**에 대한 논리가 정립되지 않은 상태이니 좀 새로워 보일 수 있다. 그러나 그렇게 새로워 보이는 것들은 본래 항상 내 옆에 있던 것들이다.

앞서 우리는 분수 현미경으로 교란순열에서 계승분수를 만났고, 계승분수를 통해 자연상수 e 에 접근했다.

이때 분수 함수는 지수함수를 기점으로 그 적분 공간이 1로 쪼개지는 양자화 현상을 이미 목격한 바 있었다. 그때는 가까이 있어 당연한 듯 자각하지 못했지만 이제는 분수의 양자화 현상이 조금은 친근해진 듯하다.

감마 함수에 1을 대입하여 그림을 그려보면, 적분 영역이 1로 양자화되는 현상을 볼 수 있다.

$$\Gamma(z) = (z-1)! = \int_0^\infty t^{z-1} e^{-t} dt$$

$$z = 1, \quad \Gamma(1) = (1-1)! = \int_0^\infty t^{1-1} e^{-t} dt = \int_0^\infty e^{-t} dt$$
$$= \left[C - e^{-t} \right]_0^\infty = \left[-e^{-t} \right]_0^\infty = -e^{-\infty} + e^{-0} = 0 + 1 = 1$$

$$\therefore \Gamma(1) = 0! = 1 = \int_0^\infty e^{-x} dx = \int_0^\infty \frac{1}{e^x} dx$$

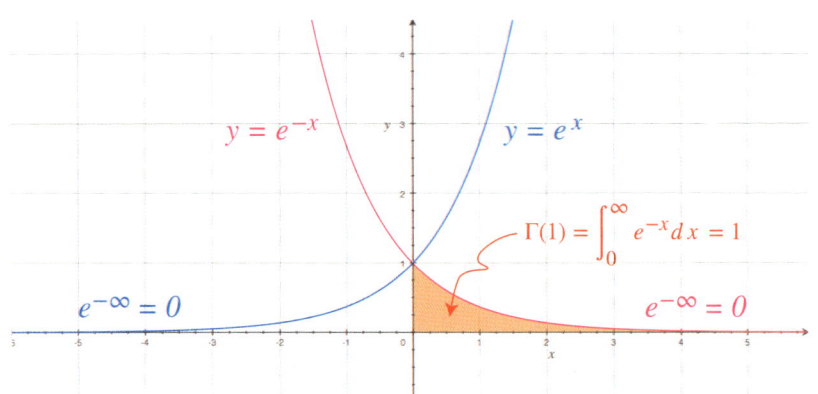

수리적으로 감마 함수를 적분하는 과정에는 두 합성함수에 대한 적분 공식이 사용된다. 참고로 이 공식은 합성함수의 미분 법칙을 연산하여 정리한 공식이다.

합성함수 미적분 관계
Composite function Calculus Relation

$$\frac{d}{dx}[f \cdot g] = (f \cdot g)' = f' \cdot g + f \cdot g'$$

$$\int \frac{d}{dx}[f \cdot g] = \int [f' \cdot g + f \cdot g']$$

$$\int d[f \cdot g] = \int [f' \cdot g + f \cdot g']dx$$

$$\therefore [f \cdot g] = \int f' \cdot g\, dx + \int f \cdot g'\, dx$$

$$\therefore \int f \cdot g'\, dx = [f \cdot g] - \int f' \cdot g\, dx$$

곱셈의 관계로 형성된 알고리즘을 정리할 때 1은 중요한 논리의 거점이 된다. 곱셈은 논리의 모태가 항등원 1이기 때문이다. 분수, 로그, 지수는 모두 곱셈의 관계에서 파생된 상품들이므로 곱셈의 항등원 1이라는 공간에서 만난다.

$$\ln e = 1 = \int_1^e x^{-1} dx = \int_1^e \frac{1}{x} dx = \int_0^\infty \frac{1}{e^x} dx = \int_0^\infty e^{-x} dx$$

감마 함수는 본래 계승 함수와 변수에 1차이가 있다. 감마 함수의 변수에 1을 더해 적분의 관점에서 전개해 보면, 다시 감마 함수로 재귀하는 수열 관점의 등비수열과 같은 재귀식이 나타난다. 이런 재귀 현상은 시간으로 회전하다 0과 ∞가 만나 직선계와 회전계가 상쇄되는 지수함수의 회전성 영향이다.

$$f(g)' = g' \cdot f'(g)$$

$$\int f \cdot g' dx = [f \cdot g] - \int f' \cdot g \, dx$$

$$f = t^z$$
$$g' = e^{-t} = (-e^{-t})' = (-t)'(-e^{-t})$$

$$\Gamma(z+1) = \int_0^\infty t^z e^{-t} dt = \left[-t^z e^{-t}\right]_0^\infty + \int_0^\infty z t^{z-1} e^{-t} dt$$

$$= (-\infty^z \underbrace{e^{-\infty}}_{=0}) - (\underbrace{-0^z}_{=0} e^{-0}) + z \int_0^\infty t^{z-1} e^{-t} dt$$

$$\therefore \Gamma(z+1) = z \int_0^\infty t^{z-1} e^{-t} dt = z\Gamma(z)$$

$$\therefore \Gamma(n+1) = n\Gamma(n)$$

$$\Gamma(n) = \frac{\Gamma(n+1)}{n} = \frac{(n+1-1)!}{n} = (n-1)!$$

감마 함수는 수리적 관점에서 계승 함수로 나타나기 때문에 간단해 보이지만, 공간적 무늬는 그리 간단하지 않다. 컴퓨터 프로그램을 이용하여 감마 함수를 그려보면 규칙성이 있어 보일 것도 같지만, 왜곡된 쌍곡선 무늬와 같이 무질서해 보이며 난해하다.

감마 함수는 계승과 적분, 두 관점이 있다. 계승은 특정 상수이기 때문에 계승의 눈에는 수평선 또는 직선으로 보이고, 적분은 넓이이기 때문에 적분의 눈에는 $\frac{x^{z-1}}{e^x}$ 곡선과 X축으로 닫힌 면적으로 보인다.

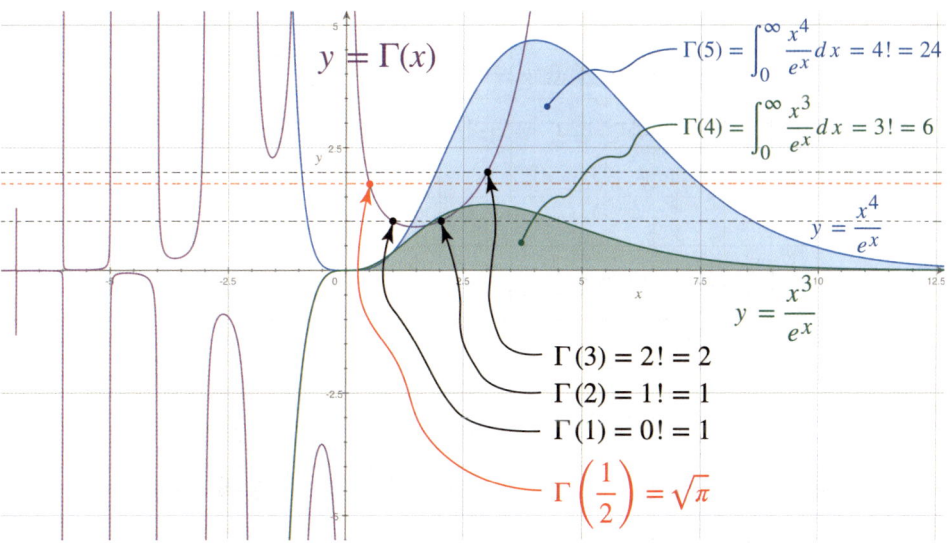

$$\Gamma(z) = (z-1)! = \int_0^\infty x^{z-1} e^{-x} dx = \int_0^\infty \frac{x^{z-1}}{e^x} dx$$

$$z=1, \quad \Gamma(1) = (1-1)! = 0! = 1 = \int_0^\infty x^{1-1} e^{-x} dx = \int_0^\infty \frac{x^0}{e^x} dx$$

$$z=2, \quad \Gamma(2) = (2-1)! = 1! = 1 = \int_0^\infty x^{2-1} e^{-x} dx = \int_0^\infty \frac{x}{e^x} dx$$

$$z=3, \quad \Gamma(3) = (3-1)! = 2! = 2 = \int_0^\infty x^{3-1} e^{-x} dx = \int_0^\infty \frac{x^2}{e^x} dx$$

$$z=4, \quad \Gamma(4) = (4-1)! = 3! = 6 = \int_0^\infty x^{4-1} e^{-x} dx = \int_0^\infty \frac{x^3}{e^x} dx$$

$$z=5, \quad \Gamma(5) = (5-1)! = 4! = 24 = \int_0^\infty x^{5-1} e^{-x} dx = \int_0^\infty \frac{x^4}{e^x} dx$$

감마 함수는 직선계와 회전계가 형성하는 적분 공간이므로 적분 전의 함수를 비교하면 감마 무늬의 형성 과정을 이해하는 데 도움이 된다.

감마 함수의 적분 공간은 점으로 압축되어 양자화하고, 이 점들이 연속적으로 이어지면서 감마 곡선을 그린다.

감마 함수에 정수를 대입하면 양자화된 계승 렌즈를 통해 그 수량 입자를 쉽게 파악할 수 있다. 하지만 정수를 벗어나면 계승 렌즈로는 관찰할 수 없게 된다.

계승 렌즈로 볼 수 없다면 적분 렌즈로 관찰해야 한다. 이는 계승 렌즈의 눈금이 정수로 만들어졌기 때문이다. 이런 상태를 수학에서는 **이산적**이라고 표현한다. 반면 적분 렌즈는 **연속적**이어서 그 눈금이 실수로 만들어져 있다.

회전논리는 감마 함수를 파동으로 해석한다. 감마파에 대한 양자화 알고리즘은 라게르 감마파에서 자세히 관람할 수 있다.

감마 함수에 계승과 적분, 두 눈이 있는 것은 행렬역학에서 말하는 불확정성 원리와도 연관이 있다. 전자의 위상과 운동량(수량)을 동시에 관측할 수 없는 현상이 감마파의 두 눈에도 나타난다.

일종의 윙크 관측법이라 할 수 있다. 두 관측 결과를 각각 해석할 수는 있지만 두 관측 결과를 겹쳐 동시공간에 놓으면 희한해 보인다.

감마파를 계승의 눈으로 압축하여 관측하면 점이 되어 위상으로 해석된다. 반면 적분의 눈으로 시간의 흐름이 만든 공간을 관측하면 면적으로 해석된다.

그런데 감마 함수는 방정식의 논리로 이 두 관점의 값이 같다고 말한다. 이는 본래 위상과 수량(운동량)이 같은 본질이라는 것을 암시한다. 이와 같은 숨은 알고리즘은 라그랑지언의 위치 에너지와 운동 에너지의 관계를 합할 수 있는 에너지 보존의 법칙에 대한 토대가 된다.

이처럼 감마파에는 시공간이 공간량과 위상으로 존재할 수 있게 하는 원리가 숨어 있다.

선대 학자들은 반정수에 대한 감마 무늬가 π 의 제곱근이라는 것을 찾아냈다. 이 논리에 대한 거점은 가우스 적분에 있다.

$$\Gamma\left(\frac{1}{2}\right) = \left(\frac{1}{2} - 1\right)! = \sqrt{\pi}$$

$$\Gamma\left(\frac{1}{2}\right) = \int_0^\infty x^{\frac{1}{2}-1} e^{-x} dx = \int_0^\infty x^{-\frac{1}{2}} e^{-x} dx$$

가우스 적분은 **오일러-푸아송 적분**이라고도 한다. 참고로 푸아송은 확률론에서 푸아송 분포로 잘 알려져 있다. 푸아송 분포는 기댓값 λ 에 대해 k 번 사건이 발생할 확률이다.

푸아송 분포 : Poisson Distribution

Siméon Denis Poisson 1781~1840

$$f(k;\lambda) = \frac{\lambda^k e^{-\lambda}}{k!}$$

가우스 적분의 대상인 **가우스 함수**는 **정규 분포**의 무늬를 하고 있다. 확률론에 익숙한 학자들은 가우스 적분의 무늬에 익숙할 것이다. 그래서 **정규 분포**를 **가우스 분포**라고도 부른다.

Normal Distribution : Gaussian Distribution

$$f(x) = \frac{1}{\sqrt{2\pi\sigma^2}} e^{-\frac{(x-\mu)^2}{2\sigma^2}}$$

μ : 평균 Mean , σ : 표준편차 Standard Deviation , σ^2 : 분산 Variance

여기서 잠시 회전논리의 눈으로 확률 논리의 핵심 거점을 살펴보자.

편차는 기하적으로 둘 간의 1차원 거리를 의미한다. 따라서 편차는 두 입자가 확보한 **관계공간**인 셈이다. 이런 편차들을 평균 알고리즘으로 표준화한 것이 표준편차 σ 다. 그래서 표준편차 σ 는 1차원 관계공간이다.

표준편차 σ 를 제곱하여 2차원 평면파로 만들면 그 수량이 바로 분산 σ^2 이다. 이는 분산이 둘 간의 관계로 형성하는 **관계집단**의 공간량임을 암시한다.

실험적으로 전자를 추적할 당시 하나의 전자궤도 속에 입자라고 생각했던 전자가 어디에 얼마나 있는지 도대체 알 수가 없었다. 하지만 추적을 포기할 때쯤 뒤안길에서 "전자는 무엇인가?"에 대한 질문을 다시 던지고 나서야 깨닫는다.

전자는 양성자와의 관계로 공간을 확보한다. 양음의 관계가 확보된 전체 공간은 확률론의 분산으로 계산할 수 있다. 그래서 양자역학은 확률론에 귀착하고 전자가 양음의 관계로 확보하는 공간이 오비탈 모형으로 나타난다.

하이젠베르크의 행렬역학과 슈뢰딩거 방정식의 선분논리는 분산의 논리에서 만나게 되어 있었다. 광자가 파동이면서 입자인 것과 같이 전자도 파동이면서 입자다. 이는 관점에 따라 달리 보이는 편미분의 라플라시안 현상이다.

알려진 **정규 분포** 함수에 분산을 1로 하고 평균을 0으로 설정하면 **표준 정규 분포**가 된다.

표준 정규 분포 Standard Normal Distribution

$$\sigma^2 = 1, \quad \mu = 0$$

$$f(x) = \frac{1}{\sqrt{2\pi}} e^{-\frac{x^2}{2}}$$

표준 정규 분포를 전체 구간에 대해 적분하면 그 면적이 1이 된다. 그리고 정규 분포 함수에 변수를 0으로 설정하면 계수만 남게 되는데, 이 계수를 **정규화 상수**라 부른다.

정규화 상수 Normalizing Constant

$$\int_{-\infty}^{\infty} f(x)\,dx = \int_{-\infty}^{\infty} \frac{1}{\sqrt{2\pi}} e^{-\frac{x^2}{2}}\,dx = 1$$

$$x = 0, \quad f(0) = \frac{1}{\sqrt{2\pi}}$$

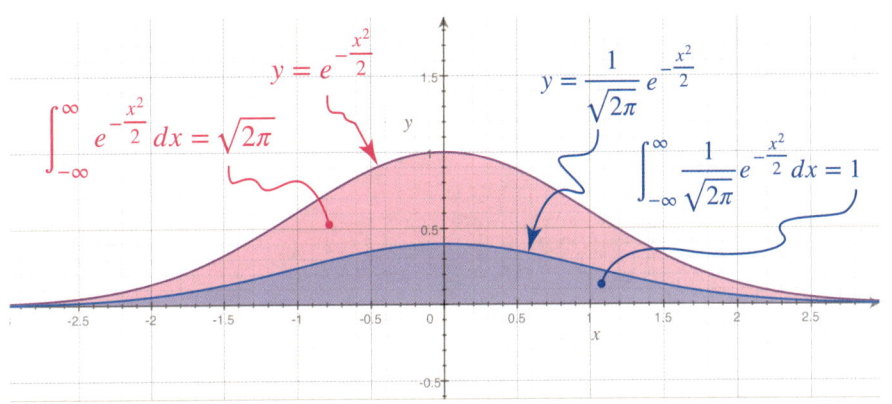

확률론에서 표준편차는 분산에서 나오고 분산은 절댓값의 제곱 알고리즘이다. 그래서 가우스 함수의 근원 알고리즘은 제곱에 있다.

제곱은 기하적으로 면적을 의미하며 수리적으로는 그 논리의 거점이 적분에 있다. 게다가 적분의 넓이는 실수로 나타나 공간으로 인식된다. 그리고 그 배경에는 시간의 진동이 있다.

적분은 허수계의 시간 파동이 실수계의 수량적 공간으로 나타나는 현상이기 때문에, 적분 자체가 양자화의 특성을 가진다.

$$p(x) = e^{-\frac{x^2}{2}}, \quad x \in (-\infty, \infty)$$

$$\int_{-\infty}^{\infty} p(x)\,dx = \int_{-\infty}^{\infty} e^{-\frac{x^2}{2}}\,dx = \sqrt{2\pi}$$

$$\varphi(x) = \frac{1}{\sqrt{2\pi}} p(x) = \frac{1}{\sqrt{2\pi}} e^{-\frac{x^2}{2}}$$

$$\int_{-\infty}^{\infty} \varphi(x)\,dx = \int_{-\infty}^{\infty} \frac{1}{\sqrt{2\pi}} e^{-\frac{x^2}{2}}\,dx = 1$$

$\dfrac{1}{\sqrt{2\pi}}$: Normalizing Constant

정규 분포는 주로 **확률 밀도 함수**와 **누적 분포 함수**로 분석한다. **가우스 적분**이 **확률 밀도 함수**의 원천이라면, 잠시 후 보게 될 **가우스 오차 함수**는 **누적 분포 함수**의 근원에 해당한다.

수학에서 무한계의 정점에 확률론이 있듯이, 양자역학도 슈뢰딩거 미분 방정식을 거쳐 반대 방향의 적분 논리를 통해 확률 분포 논리에 이른다.

가우스 적분의 핵심은 가우스 함수다. 가우스 함수는 오일러의 수 e를 척도로 삼은 지수함수인데, 지수가 2차원 평면을 그리고 있다.

가우스 함수는 수식만으로는 직관하기 어렵지만 컴퓨터 프로그램을 이용하여 그림을 그려보면 정규 분포 무늬로 나타나는 것을 볼 수 있다.

가우스 함수는 지수가 음수이므로 정규 분포를 그리지만, 지수가 양수일 때는 반대 방향으로 포물선 무늬를 그린다. 나중에 통찰하게 되겠지만 지수 자리에 있는 제곱 변수는 시간이 자기복제로 만드는 공간 입자에 해당한다.

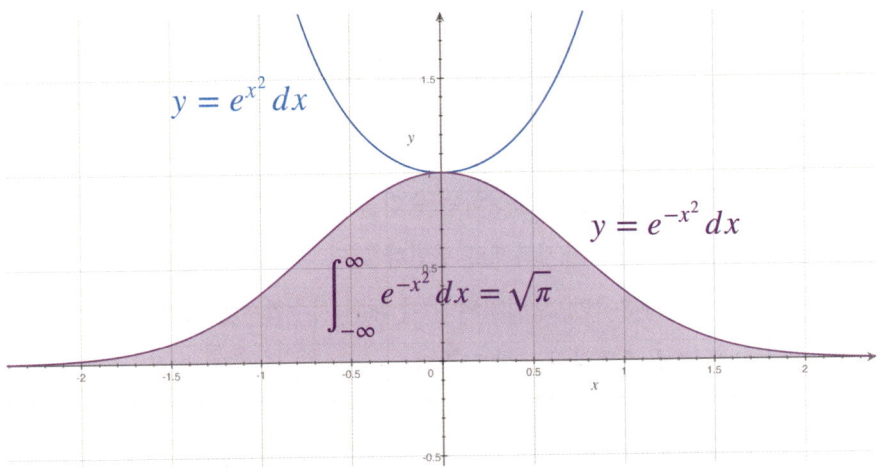

가우스 함수가 형성하는 적분 영역이 바로 π 의 제곱근이다. 미적분에 능숙한 학자라면 가우스 함수가 간단한 합성함수로 보일 수 있다. 그럼에도 선대 학자들이 **가우스 적분**이라 이름을 붙인 데는 그

만큼 함축적 의미가 있기 때문이다.

가우스 적분이 π 의 제곱근에 도달하려면, 가우스 함수 자체가 반정수 특성을 가진 시간 파동이라는 것을 알아야 한다. 물론 그 의미를 모르고 수학적 계산만으로도 도달할 수는 있다. 하지만 그것은 무의식의 계산기 역할에 그친다. 인간이 수학을 하는 이유는 세상을 인식하기 위해서다.

계산은 컴퓨터가 해야 할 세상이기도 하고 컴퓨터가 아니더라도 대자연은 한 치의 오차도 없이 순식간에 그런 계산을 정확히 하면서 동시에 실행해 내기까지 한다. 우리는 그것이 궁금해서 수학을 탐험하고 있다.

우리는 우주의 일부이면서 우주 그 자체이기도 하다. 이 관점에서 우리가 수학을 하는 것은 자기 인식이라고 말할 수 있다.

시간의 파동이 공간을 형성하는 순간을 포착한 가우스 함수는 보이지 않는 음지에서 자기복제로 **평면파**를 만든다. 이 평면파는 직선계의 무늬를 가졌지만, 오일러의 수에 태워 지수함수를 돌리면 원의 파동으로 정규 분포의 무늬를 그린다.

가우스 함수가 정규 분포 무늬를 그린다는 것은 미완성 입자를 의미한다. 정규 분포는 그 자체가 입자로 태어나기 직전의 무늬다. 그래서 100%의 확률을 모두 채운 무늬로 나타난다. 학자들은 확률의 관점에서 그 영역을 전체 집합이라는 의미로 1이라 개념화하여 확률론을 펼치게 됐다.

그래서 미완성 입자는 전자구름과 같이 확률로 그 분포를 논할 수 있게 된 것이다. 미완성이라는 것은 관점에 따라 완성으로 인식할 수도 있다. 만일 시간의 변화량이 인식할 수 있을 정도로 크면 거시 세계 속의 완성 입자로 나타나고, 변화량이 인식할 수 없을 정도로 작으면 미시 세계의 미완성 입자로 인식된다.

이런 관점차가 양자 역학에서 전자를 반정수로 인식케 한다. 미시 세계를 잘 알지 못했을 당시 전자를 하나의 입자로 개념화했던 이유가 여기에 있다. 이후 양자 역학이 구체화되면서 전자를 반정수라고 인식하게 됐다.

가우스 함수가 반쪽짜리이기 때문에 실수의 해를 찾아야 하는 선분 논리는 가우스 적분을 제곱하여 완성 입자의 관점에서 실수의 해를 찾게 된다.

되돌아보면 앞서 가우스 함수의 그래프에서도 회전논리의 눈으로 보았다면 반쪽 입자라는 것을 충분히 인식할 수 있었을 것이다.

그러고 보면 정규 분포의 무늬는 반원이 양/음의 무한대로 양 끝이 일그러진 무늬였다. 생명체의 신경망 시스템은 시간이 흘러야 인식이 작동한다. 이 때문에 인간은 매 순간 통찰력을 발휘할 수는 없다.

가우스 적분을 제곱하여 온전한 입자로 만든 후 적분 논리를 펼쳐 간다. 반입자의 제곱은 분산을 의미하고 켤레 곱이 그 논리의 근원이다.

한 켤레의 신발이 온전한 신발이다. 일반적으로 제곱은 좌우를 구분하지 않지만 이는 거시적 관점이다. 미시의 알고리즘을 보려면 좌우를 구분해야 짝이 맞는지 알 수 있다.

좌우를 (x, y) 켤레로 구분하여 적분 논리를 전개하면, 직선계의 두 평면파가 합쳐져서 회전계의 원으로 보이기 시작한다.

$$\left(\int_{-\infty}^{\infty} e^{-x^2} dx \right)^2$$

$$= \int_{-\infty}^{\infty} e^{-x^2} dx \int_{-\infty}^{\infty} e^{-y^2} dy = \int_{-\infty}^{\infty} \int_{-\infty}^{\infty} e^{-\left(x^2 + y^2\right)} dx\, dy$$

$$r^2 = x^2 + y^2, \quad e^{-\left(x^2 + y^2\right)} = e^{-r^2}$$

회전계는 반지름 r 과 각도 θ 두 척도로 모든 위치가 특정되고, 직선계는 가로 x 와 세로 y 두 척도로 모든 위치가 정의된다.

회전계의 척도와 직선계의 척도는 하나의 실체를 서로 다른 두 렌즈로 관찰하는 것과 같은 양상이다.

회전계 렌즈와 직선계 렌즈의 관계는 선분논리에서 회전 변환으로 정리한 바 있다. 우리도 앞서 오일러의 회전 변환을 관람한 적이 있다. 회전 변환의 근본 논리는 삼각함수의 정의에 있었다.

$$x = r \cos\theta, \quad y = r \sin\theta, \quad dx\,dy = r\,dr\,d\theta$$

2차원 회전 변환 정리를 토대로 직선계의 미분 입자 (dx, dy) 와 회전계의 미분 입자 $(dr, d\theta)$ 에 대한 관계를 방정식으로 확장하여 정리한다.

선분논리에서 미분 입자에 대한 회전 변환은 자코비안 행렬로도 잘 정리되어 있다. 자코비안을 사용할 때는 변환할 기준을 분모로 하고 관측 대상을 분자로 하여 행렬 논리를 전개하면 된다. 분모란 전체 집합을 의미하기 때문에 세계관의 기준이라 할 수 있다.

Polar Transformation : Jacobian

$$\mathbf{J}(r,\theta) = \frac{d(x,y)}{d(r,\theta)} = \begin{bmatrix} dx & dy \end{bmatrix} \begin{bmatrix} \frac{1}{dr} \\ \frac{1}{d\theta} \end{bmatrix} = \begin{bmatrix} \frac{\partial x}{\partial r} & \frac{\partial x}{\partial \theta} \\ \frac{\partial y}{\partial r} & \frac{\partial y}{\partial \theta} \end{bmatrix} = \begin{bmatrix} \cos\theta & -r\sin\theta \\ \sin\theta & r\cos\theta \end{bmatrix}$$

$$|J(r,\theta)| = r\cos^2\theta + r\sin^2\theta = r$$

$$d(x,y) = |J(r,\theta)|d(r,\theta) = r\,d(r,\theta)$$
$$d(x,y) = dx\,dy = r\,dr\,d\theta = r\,d(r,\theta)$$

$$\therefore \, dx\,dy = r\,dr\,d\theta$$

적분을 관점 전환하려면, 적분 구간 역시 직선계의 척도에서 회전계의 척도로 관점 전환되어야 한다.

직선계는 음의 무한대에서 양의 무한대까지가 전체 세계다. 이에 대응하는 회전계의 반지름은 0에서 무한대가 전체 집합이며, 각도는 회전하기 때문에 0에서 360도가 전체 집합이 된다.

$$-\infty \leq x \leq \infty \implies 0 \leq r \leq \infty, \; 0 \leq \theta \leq 2\pi$$

이렇게 회전 변환 렌즈가 준비되면, 가우스 적분을 제곱한 평면 입자를 들여다본다.

가우스 평면 입자는 각도에 대한 적분으로 각도의 요소인 2π 가 남고, 반지름에 대한 적분이 적분 구조체로 남게 된다.

반지름에 대한 적분 구조체는 다시 가우스 적분의 무늬와 비슷하면서 구간이 반쪽이며 반지름이 하나 더 곱해진 꼴이다.

$$\int_{-\infty}^{\infty}\int_{-\infty}^{\infty} e^{-(x^2+y^2)}\,dx\,dy = \int_{0}^{2\pi}\int_{0}^{\infty} e^{-r^2} r\,dr\,d\theta$$
$$= \int_{0}^{2\pi} d\theta \int_{0}^{\infty} e^{-r^2} r\,dr = [\theta]_{0}^{2\pi} \int_{0}^{\infty} e^{-r^2} r\,dr = 2\pi \int_{0}^{\infty} e^{-r^2} r\,dr$$

반지름 적분 구조체를 **치환 적분** 공식의 관점으로 보면 해법이 드러난다.

$$u = g(x), \quad du = g'(x)dx$$

$$f(g(x)) = f(u), \quad [a,b]_x = [g(a), g(b)]_u$$

$$\int_a^b f(g(x)) \cdot g'(x)\,dx = \int_{g(a)}^{g(b)} f(u)\,du$$

Integration by Substitution

반지름의 제곱을 평면파 객체 s 로 개념화하면, 단순한 지수함수에 대한 적분 모형으로 **평면파 관점 전환**을 할 수 있다.

$$r^2 = s, \quad g(r) = r^2, \quad f(g(r)) = e^{-r^2}$$

먼저 **치환 적분** 논리를 전개하여 반지름 인자에 대한 파동을 소거하면서 반정수 수량으로 양자화한다.

$$\int_0^\infty f(g(r)) \cdot g(r)'\,dr = \int_{g(0)}^{g(\infty)} f(s)\,ds$$

$$g(r) = r^2, \quad g'(r) = (r^2)' = 2r$$

$$f(g(r)) = e^{-r^2}, \quad f(g(r)) \cdot g(r)' = e^{-r^2}(r^2)' = e^{-s}$$

$$\int_0^\infty e^{-r^2} r\,dr = \int_0^\infty e^{-r^2}(r^2)' \frac{1}{(r^2)'} r\,dr$$

$$= \int_0^\infty e^{-s} \frac{1}{2r} r\,dr = \int_0^\infty \frac{1}{2} e^{-s} dr = \int_{0^2}^{\infty^2} \frac{1}{2} e^{-s} ds$$

$$r\,dr \stackrel{@}{=} d(r^2), \quad r^2 = s, \quad r\,dr = ds$$

$$0 \le r \le \infty, \quad 0 \stackrel{@}{=} 0^2 \le s \le \infty^2 \stackrel{@}{=} \infty$$

$$\therefore \int_0^\infty e^{-r^2} r\,dr = \int_{0^2}^{\infty^2} \frac{1}{2} e^{-s} ds$$

연이어 **평면파 관점 전환**으로 정리한 **반지름 적분 구조체**를 가우스 **평면 입자**에 대입하고, 지수함수에 대한 적분 논리를 전개하면 π가 남는다.

선분논리에서 적분은 면적의 관점에서 양수를 취한다. 그래서 가우스 적분을 제곱근으로 정리했다.

@@ 가우스 평면파

$$\left(\int_{-\infty}^{\infty} e^{-x^2} dx\right)^2 = \int_{-\infty}^{\infty} e^{-x^2} dx \int_{-\infty}^{\infty} e^{-y^2} dy$$

$$= \int_{-\infty}^{\infty} \int_{-\infty}^{\infty} e^{-(x^2+y^2)} dx\, dy = \int_{0}^{2\pi} \int_{0}^{\infty} e^{-r^2} r\, dr\, d\theta$$

$$= 2\pi \int_{0}^{\infty} e^{-r^2} r\, dr = 2\pi \int_{0}^{\infty} \frac{1}{2} e^{-s} ds = \pi \int_{0}^{\infty} e^{-s} ds$$

$$= \pi \left[-e^{-s}\right]_{0}^{\infty} = \pi \left(-e^{-\infty} + e^{-0}\right) = \pi (0+1) = \pi$$

$$\therefore \left(\int_{-\infty}^{\infty} e^{-x^2} dx\right)^2 = \pi \;,\; \int_{-\infty}^{\infty} e^{-x^2} dx = \sqrt{\pi}$$

이제 다시 감마 함수 이야기로 돌아와 가우스 적분을 토대로 감마 함수에 대한 추적을 이어간다. 앞서 확인했던 감마 함수의 무늬를 다시 상기시켜 보자.

감마 함수는 적분한 2차원 면적을 1차원적 파동 렌즈로 본 곡선이다. 즉 면적으로 나타난 공간 입자에서 선형적 시간 파동을 추출하는 **시간파 렌즈**라 할 수 있다.

감마 함수를 시간의 관점에서 보고 반정수에 대한 감마 함수를 정리해 본다.

@@ 시간파 렌즈 감마 함수

$$\Gamma(z) \stackrel{@}{=} \Gamma(z,t) = \int_0^\infty t^{z-1} e^{-t} dt$$

$$\Gamma\left(\frac{1}{2}\right) \stackrel{@}{=} \Gamma\left(\frac{1}{2},t\right) = \int_0^\infty t^{\frac{1}{2}-1} e^{-t} dt = \int_0^\infty t^{-\frac{1}{2}} e^{-t} dt$$

우주의 생성원리를 순차적으로 볼 때, 시간이 공간을 만드는 흐름으로 생각할 수 있다.

그런데 **동시 자기복제 상대론**으로 재해석하면, 시간의 회전은 코사인파와 사인파를 동시에 만들고, 두 파동이 곱 관계를 형성하여 원이라는 2차원 평면파를 형성한다. 이 흐름을 축약하면, 시간이 자기복제로 2차원 평면파를 만든다.

따라서 시간 t 는 x 의 제곱과 같다는 방정식을 설정할 수 있다. 이렇게 시간을 공간으로 변환하는 **평면파 렌즈**를 사용하여, 시간에 대한 감마 함수를 관찰해 본다.

@@ 시공간 평면파 렌즈

$$t = x^2$$

$$0 \leq t \leq \infty$$

$$0 \stackrel{@}{=} 0^{\frac{1}{2}} \leq x^2 \leq \infty^{\frac{1}{2}} \stackrel{@}{=} \infty$$

$$dt = d(x^2)\frac{dx}{dx} = \frac{d}{dx}(x^2)dx = 2xdx$$

$$@@ \quad dt = 2xdx$$

평면파 변환에 따라 미분 입자와 구간을 정리한 후, 평면파에 대한 감마 함수를 전개한다. 구간 변환의 경우 무한대 제곱근이 나타나는데, 적분 구간의 대상이 가우스 함수이며 가우스 함수의 양 끝은 모두 0으로 수렴했다.

따라서 무한대 제곱근은 관점에 따라 그냥 무한대로 정리할 수 있다. 평면파 렌즈로 본 반정수 감마 함수는 가우스 적분의 우측 반쪽에 대하여 2배로 나타난다.

$$\Gamma(z) \stackrel{@}{=} \Gamma(z, x^2) = \int_{t=0}^{\infty} x^{2(z-1)} e^{-x^2} 2x\, dx$$

$$\Gamma\left(\frac{1}{2}\right) \stackrel{@}{=} \Gamma\left(\frac{1}{2}, x^2\right) = \int_{t=0}^{\infty} x^{2\left(\frac{1}{2}-1\right)} e^{-x^2} 2x\, dx$$

$$= \int_{t=0}^{\infty} x^{-1}e^{-x^2} 2x \, dx = \int_{t=0}^{\infty} 2e^{-x^2} dx$$

$$= \int_{x=0}^{\infty^{\frac{1}{2}}} 2e^{-x^2} dx = \int_{x=0}^{\infty} 2e^{-x^2} dx$$

$$\therefore \Gamma\left(\frac{1}{2}, x^2\right) = 2\int_{x=0}^{\infty} e^{-x^2} dx$$

온전한 가우스 적분은 π 의 제곱근이므로, 반쪽은 π 의 제곱근의 반에 해당한다.

$$\left(\int_{-\infty}^{\infty} e^{-x^2} dx\right)^2 = \pi$$

$$\int_{-\infty}^{\infty} e^{-x^2} dx = \sqrt{\pi}, \quad \int_{0}^{\infty} e^{-x^2} dx = \frac{1}{2}\sqrt{\pi}$$

Gaussian Integral : Euler–Poisson Integral

가우스 적분의 수량을 감마 함수에 대입하면, **반정수 감마 함수**는 π 의 제곱근이 된다.

$$\Gamma\left(\frac{1}{2}, x^2\right) = 2\int_{0}^{\infty} e^{-x^2} dx = 2\frac{\sqrt{\pi}}{2} = \sqrt{\pi}$$

$$\therefore \Gamma\left(\frac{1}{2}\right) = \sqrt{\pi}$$

이렇게 감마 함수는 정수의 눈에 단순해 보이지만, 연속적인 실수의 눈으로 추적해 보면, 시간의 회전 알고리즘이 드러나면서 원주율 π 에 도달한다.

수학의 핵심 논리를 모두 포괄했다고 수많은 석학들이 극찬했던 오일러 공식의 핵심 요소는 길이 x 또는 각도 θ 와 허수 i , 그리고 자연상수 e 와 원주율 π 였다.

$$e^{i\theta} = \cos\theta + i\sin\theta$$

우리는 길이 x 와 각도 θ 의 태생에 대해 동시 자기복제 알고리즘을 바탕으로 회전 변환 등 여러 관점에서 밝힌 바 있다.

허수 i 에 대해서는 복소평면 또는 시공간의 윙크 축분해를 통해 그 실체에 도달했다. 또한 자연상수 e 는 분수의 연쇄반응 알고리즘 속에서 진동하는 테일러 급수의 파도를 타고 도달했다.

그리고 마침내 **감마 함수**가 마지막 요소인 원주율 π 에 도달하는 방향타라는 것을 알게 됐다.

가우스 함수의 논리적 연쇄반응은 **가우스 오차 함수**로 전개된다. 이 함수는 확률론에서 **누적 분포 함수**의 모태가 된다.

확률의 편차 또는 변화량은 관점에 따라 평균이라는 척도를 기준으로 발생한 오차 또는 오류 Error 로 표현한다.

가우스 오차 함수의 논리는 본래 가우스 적분의 반쪽에서 나타나는 상수를 양자화한 데서 시작한다. 반대 방향으로 **가우스 오차 함수**를 미분하면 **반쪽 가우스 적분값**이 계수로 나타난다.

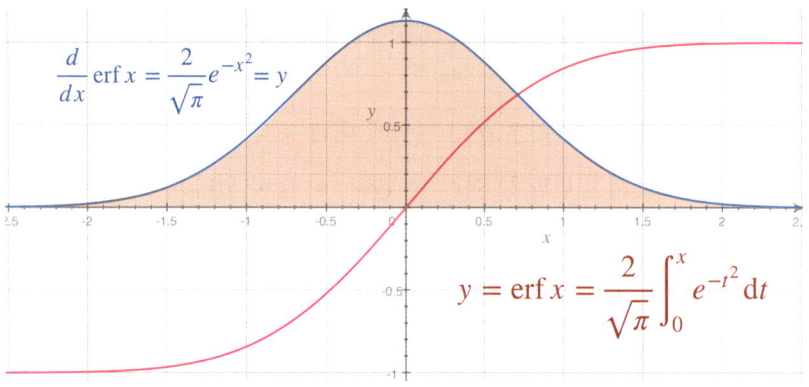

가우스 오차 함수는 반쪽 가우스 적분의 특정 지점을 전체로 나눈 것과 같은 구도다. 다시 말해 $[0, \infty]$ 전체 구간을 분모로 삼고, $[0, z]$ 특정 구간을 분자로 삼아 가우스 입자의 존재를 확률로 정리한 모델이다.

$$f(x) = e^{-x^2} \qquad : \text{Gaussian Function}$$

$$\int_{-\infty}^{\infty} e^{-x^2} dx = \sqrt{\pi} \qquad : \text{Gaussian Integral}$$

$$\int_{0}^{\infty} e^{-x^2} dx = \frac{\sqrt{\pi}}{2} \qquad : \text{Half Gaussian Integral}$$

$$\therefore \operatorname{erf} z = \frac{2}{\sqrt{\pi}} \int_{0}^{z} e^{-t^2} dt = \frac{\int_{0}^{z} e^{-t^2} dt}{\frac{\sqrt{\pi}}{2}} = \frac{\int_{0}^{z} e^{-t^2} dt}{\int_{0}^{\infty} e^{-t^2} dt}$$

따라서 **가우스 오차 함수**에 ∞를 대입하면 확률에서 전체를 의미하는 1이 된다.

$$\operatorname{erf} z = \frac{2}{\sqrt{\pi}} \int_{0}^{z} e^{-t^2} dt$$

$$\int_{0}^{\infty} e^{-t^2} dt = \frac{\sqrt{\pi}}{2} \;,\quad \int_{0}^{-\infty} e^{-t^2} dt = -\frac{\sqrt{\pi}}{2}$$

$$\operatorname{erf} \infty = \frac{2}{\sqrt{\pi}} \int_{0}^{\infty} e^{-t^2} dt = \frac{2}{\sqrt{\pi}} \frac{\sqrt{\pi}}{2} = 1$$

$$\text{erf}(-\infty) = \frac{2}{\sqrt{\pi}} \int_0^{-\infty} e^{-t^2}\, dt = \frac{2}{\sqrt{\pi}} \cdot -\frac{\sqrt{\pi}}{2} = -1$$

가우스 오차 함수는 그 모태가 **가우스 적분**이고 **가우스 함수**이며 **감마 함수**다.

그래서 **가우스 오차 함수**는 홀수성을 가지면서 양/음으로 진동하는 다항식으로 정리된다. 또한 이 다항식은 오일러 곱으로 정리할 수 있다.

$$\text{erf}\, z = \frac{2}{\sqrt{\pi}} \sum_{n=0}^{\infty} \frac{(-1)^n z^{2n+1}}{n!(2n+1)} = \frac{2}{\sqrt{\pi}} \left(z - \frac{z^3}{3} + \frac{z^5}{10} - \frac{z^7}{42} + \frac{z^9}{216} - \cdots \right)$$

$$\text{erf}\, z = \frac{2}{\sqrt{\pi}} \sum_{n=0}^{\infty} \left(z \prod_{k=1}^{n} \frac{-(2k-1)z^2}{k(2k+1)} \right) = \frac{2}{\sqrt{\pi}} \sum_{n=0}^{\infty} \frac{z}{2n+1} \prod_{k=1}^{n} \frac{-z^2}{k}$$

$$\prod_{k=1}^{n} \frac{2k-1}{2k+1} = \frac{1}{\cancel{3}} \cdot \frac{\cancel{3}}{\cancel{5}} \cdot \frac{\cancel{5}}{\cancel{7}} \cdot \cdots \cdot \frac{\cancel{2n-3}}{\cancel{2n-1}} \cdot \frac{\cancel{2n-1}}{2n+1} = \frac{1}{2n+1}$$

$$\prod_{k=1}^{n} \frac{(2k-1)}{k(2k+1)} = \frac{1}{2n+1} \prod_{k=1}^{n} \frac{1}{k}$$

$$ex)\ n = 3$$

$$k = 1 : \frac{-(2 \cdot 1 - 1)z^2}{1 \cdot 3} = \frac{-1 \cdot z^2}{3}$$

$$k = 2 : \frac{-(2 \cdot 2 - 1)z^2}{2 \cdot 5} = \frac{-3 \cdot z^2}{10}$$

$$k = 3 : \frac{-(2 \cdot 3 - 1)z^2}{3 \cdot 7} = \frac{-5 \cdot z^2}{21}$$

$$z \cdot \prod_{k=1}^{3} \left(\frac{-(2k-1)z^2}{k(2k+1)} \right) = z \cdot \left(\frac{-z^2}{3} \cdot \frac{-3z^2}{10} \cdot \frac{-5z^2}{21} \right)$$

$$= z \cdot \left(\frac{(-1)^3 \cdot 3 \cdot 5 \cdot z^6}{3 \cdot 10 \cdot 21} \right) = z \cdot \left(\frac{-15z^6}{630} \right) = -\frac{15z^7}{630} = -\frac{z^7}{42}$$

미적분 제1정리

the 1st fundamental theorem of calculus

$$F(x) = \int_a^x f(t)\,dt, \quad F'(x) = f(x)$$

$$\int f(x)\,dx = \int_a^x f(t)\,dt + C$$

$$a = 0, \quad \int f(x)\,dx = \int_0^x f(t)\,dt + C$$

C : 적분 상수, 망각의 부스러기

시간을 누적하여 공간을 만든다.
논리는 공간을 위상과 수량으로 인식한다.
시간은 태초부터 잊은 적이 없다.
시간은 망각으로 영원하다.

@@ 가우스 오차 함수의 양자화

$$\frac{d}{dx}\operatorname{erf} x = \frac{2}{\sqrt{\pi}}e^{-x^2}$$

$$\int e^{-x^2} dx = \left[\frac{\sqrt{\pi}}{2}\operatorname{erf} x + C\right]$$

$$\operatorname{erf} x = \frac{2}{\sqrt{\pi}}\left(\int e^{-x^2} dx - C\right)$$

$$\operatorname{erf} x = \int \frac{2}{\sqrt{\pi}}e^{-x^2} dx = \frac{2}{\sqrt{\pi}}\int_0^x e^{-t^2} dt + C, \quad C \stackrel{@}{=} 0$$

$$\operatorname{erf} x = \int \frac{2}{\sqrt{\pi}}e^{-x^2} dx \stackrel{@}{=} \frac{2}{\sqrt{\pi}}\int_0^x e^{-t^2} dt$$

미적분 동시공간
Calculus Sync-Clone Space

적분은 시간을 무한히 쌓아 공간을 만들고, 미분은 공간을 무한히 쪼개어 시간으로 향한다. 미분은 공간의 파동이 흐르는 근원적 방향을 찾아간다. 그 과정에 나타나는 수량이 **양자**이자 **입자**이다.

입자의 단계를 넘어서면 파동의 진동만 있고 그 진동마저 보이지 않으면 허수계에서 시간의 관계만 남는다.

적분은 시간 이전의 관계를 진동하면서 시간을 형성하고, 시간의 파동이 동시공간을 넘어 시간과 공간이 동시에 진동하는 시공간을 형성한다.

미분과 적분은 시간과 공간을 드나들 수 있는 논리적 도구 중 하나다. 미분과 적분의 양방향이 동시에 존재하는 상태를 목격할 수 있는 선분논리의 도구가 있다. 합성함수에 대한 미적분 동시관계를 추적하면 시공간의 통로를 발견할 수 있다.

두 함수의 곱은 X축과 Y축을 곱하여 그 사이에 공간을 형성하는 것과 같은 양상이다. 단지 두 기저인 기준축이 함수 알고리즘으로 휘어지고 일그러져 왜곡될 뿐이다.

곱적분 규칙은 **곱미분** 규칙을 역방향으로 전개한 논리다. 두 함수의 곱 관계가 미분과 적분의 논리에 따라 다항식으로 쪼개진다. 이는 편미분의 알고리즘과도 같다. 그래서 **곱적분**을 **편적분**이라고도 하고 **부분적분**이라고도 한다. 적분을 근원적 관점에서 반미분(Anti-derivative)의 논리로 전개하는 경우도 있다.

곱 함수의 미적분 관계

$$\frac{d}{dx}[f \cdot g] = (f \cdot g)' = f' \cdot g + f \cdot g' \quad : \text{Product Rule}$$

$$\int f \cdot g' dx = [f \cdot g] - \int f' \cdot g \, dx$$

Partial Integration Integration by parts

$$\int \frac{d}{dx}[f \cdot g] = \int [f' \cdot g + f \cdot g']$$

$$\int d[f \cdot g] = \int [f' \cdot g + f \cdot g'] dx$$

$$\therefore [f \cdot g] = \int f' \cdot g \, dx + \int f \cdot g' dx$$

편적분법에서 수열과 같이 순환 알고리즘이 있는 경우 어떻게 미분을 표시하고 연쇄적 적분 논리를 전개하느냐에 따라 자기 자신으로 돌아와 버리는 착시 효과가 나타난다.

이런 현상을 단순한 착각으로만 보고 넘긴다면 회전논리가 무한히 회전하는 **미로 알고리즘**을 놓쳐 버린다.

$$@_1 \quad \int f \cdot g' dx = [f \cdot g] - \int f' \cdot g\, dx$$

$$@_2 \quad \int f' \cdot g\, dx = [f \cdot g] - \int f \cdot g' dx$$

$$\int f \cdot g' dx = [f \cdot g] - \int f' \cdot g\, dx = [f \cdot g] - \left([f \cdot g] - \int f \cdot g' dx \right)$$

Regressive Illusion in Integration by Parts

$$\therefore \int f \cdot g' dx = \int f \cdot g' dx$$

이런 미로 현상은 두 함수의 관계가 교환 법칙이 성립하는 관계에 있다는 것을 의미한다. 교환 법칙은 본래 선후가 특정되지 않아 0과 무한대가 만나는 원의 관계라는 것을 말한다. 그래서 순환하는 수열의 **재귀 현상**이 나타나는 것이다.

둘 간의 관계에 무엇인가 쳇바퀴 도는 듯한 느낌이 든다면 거기에는 반드시 착시 현상이 동반된다.

그리고 미로의 해법은 시작과 끝이 만나는 지점에 출구가 있는데, 원에는 본래 시작과 끝이 없기 때문에 출구를 찾으려고 하면 그 지점을 영원히 찾을 수 없게 되어 있다.

죽음에 도달할 때쯤 알게 되는 문제의 핵심은 착시 현상이다. 본래 원 속에 시작과 끝이 없어 0과 ∞가 만난다는 것은 어디에나 만나는 지점이 있다는 것을 의미한다. 단지 내가 관점으로 그 지점을 특정하기에 달렸다.

연속 적분과 이에 따른 연속 미분 논리를 전개할 때는 지수 표기법을 활용하는 것이 착시 현상을 방지하는 데 유용하다.

일반적으로 미분의 지수 표기법에서 자연수만을 사용하는데 우리는 회전논리를 운용하므로 정수 영역까지 확장하여 **미적분 지수 표기법**을 사용할 것이다.

@@ 미적분 지수 표기법
Extending Calculus Notation

$$f' = f^{(1)} = \frac{d}{dx}f, \quad f^{(2)} = \frac{d^2}{dx^2}f$$

$$@@ \quad f^{(k)} = \frac{d^k}{dx^k}f$$

$$\int f\,dx = f^{(-1)}$$

$$\iint f\,dx^2 = f^{(-2)}, \quad \int_{dx^2} f = f^{(-2)}$$

$$@@ \quad \int_{dx^k} f = f^{(-k)}$$

연쇄 미적분에서 연쇄반응 현상이 나타나는 경우가 있다. 오일러 베타 함수가 대표적인 사례이며, 이 함수는 양자 역학에서 르장드르 함수의 로드리게스 모형에서 잘 나타난다.

미적분 연쇄반응이 선분논리의 눈에 의미 있는 결과를 도출하는 경우는 중간항들이 모두 0으로 상쇄될 때다.

$$\int f \cdot g' dx = [f \cdot g] - \int f' \cdot g \, dx$$

$$\int f^{(0)} \cdot g^{(1)} dx = \left[f^{(0)} \cdot g^{(0)}\right] - \int f^{(1)} \cdot g^{(0)} dx$$

$$\therefore \int f^{(0)} \cdot g^{(1)} dx = \sum_{j=0}^{k} (-)^j \left[f^{(j)} \cdot g^{(-j)}\right] + (-)^{k+1} \int f^{(k+1)} \cdot g^{(-k)} dx$$

$$\therefore \left[f^{(j)} g^{(-j)}\right]_a^b = 0 \, , \quad \int_a^b f^{(0)} \cdot g^{(1)} dx = (-)^{k+1} \int_a^b f^{(k+1)} \cdot g^{(-k)} dx$$

$$g^{(0)} \stackrel{@}{=} g^{(1)} \quad \therefore \, (-)^k \stackrel{@}{=} (-)^{k+1} \, , \quad f^{(k)} \stackrel{@}{=} f^{(k+1)}$$

$$\int f^{(0)} \cdot g^{(0)} dx = \left[f^{(0)} \cdot g^{(-1)}\right] - \int f^{(1)} \cdot g^{(-1)} dx$$

$$\therefore \int f^{(0)} \cdot g^{(0)} dx = \sum_{j=0}^{k-1} (-)^j \left[f^{(j)} \cdot g^{(-j-1)}\right] + (-)^k \int f^{(k)} \cdot g^{(-k)} dx$$

@@ 미적분 연쇄반응 CCR

Calculus Chain Reaction

$$@@ \quad \left[f^{(j)}g^{(-j-1)}\right]_a^b = 0 \;,\quad \int_a^b f^{(0)} \cdot g^{(0)} dx = (-)^k \int f^{(k)} \cdot g^{(-k)} dx$$

두 함수 입자가 하나는 미분을 하고 하나는 적분을 하면서 곱 관계를 하는 복잡한 구조다. 하지만 주로 **양자화 구간**의 특성에 따라 이런 상쇄 현상이 나타나곤 한다.

우리는 미적분 연쇄반응을 직접 체험하기 위해 트래킹에 나선다. 여기서 말하는 트래킹(Tracking)은 트레킹(Trekking)에 언어유희를 더한 복선적 혼돈 의미다.

생각하면서 걷는 여행의 트레킹에 진리를 추적하는 목적을 더해 트래킹을 한다. 우리의 트래킹은 자동차로 빨리 갈 수 있는 길을 천천히 걸으며 주변과 대화를 나누고 음미하는 여정이다. 기본 곱 함수 적분 모형을 지수 표기법으로 정리하고 출발한다.

미적분 연쇄반응 트래킹 CCR TRK

Calculus Chain Reaction Tracking

$$\int f^{(0)} \cdot g^{(1)} dx = \left[f^{(0)} \cdot g^{(0)}\right] - \int f^{(1)} \cdot g^{(0)} dx$$

$$(-)^1\int f^{(1)}\cdot g^{(0)}dx = (-)^1\left(\left[f^{(1)}\cdot g^{(-1)}\right] - \int f^{(2)}\cdot g^{(-1)}dx\right)$$

$$(-)^1\int f^{(1)}\cdot g^{(0)}dx = (-)^1\left[f^{(1)}\cdot g^{(-1)}\right] + (-)^2\int f^{(2)}\cdot g^{(-1)}dx$$

$$\int f^{(0)}\cdot g^{(1)}dx = \left[f^{(0)}\cdot g^{(0)}\right] + (-)^1\left[f^{(1)}\cdot g^{(-1)}\right] + (-)^2\int f^{(2)}\cdot g^{(-1)}dx$$

$$(-)^2\int f^{(2)}\cdot g^{(-1)}dx = (-)^2\left[f^{(2)}\cdot g^{(-2)}\right] + (-)^3\int f^{(3)}\cdot g^{(-2)}dx$$

$$\int f^{(0)}\cdot g^{(1)}dx = (-)^0\left[f^{(0)}\cdot g^{(0)}\right] + (-)^1\left[f^{(1)}\cdot g^{(-1)}\right] + (-)^2\left[f^{(2)}\cdot g^{(-2)}\right]$$
$$+ (-)^3\int f^{(3)}\cdot g^{(-2)}dx$$

$$(-)^0\int f^{(0)}\cdot g^{(1)}dx = (-)^0\left[f^{(0)}\cdot g^{(0)}\right] + (-)^1\int f^{(1)}\cdot g^{(0)}dx$$

$$(-)^1\int f^{(1)}\cdot g^{(0)}dx = (-)^1\left[f^{(1)}\cdot g^{(-1)}\right] + (-)^2\int f^{(2)}\cdot g^{(-1)}dx$$

$$(-)^2\int f^{(2)}\cdot g^{(-1)}dx = (-)^2\left[f^{(2)}\cdot g^{(-2)}\right] + (-)^3\int f^{(3)}\cdot g^{(-2)}dx$$

$$(-)^k\int f^{(k)}\cdot g^{(-(k-1))}dx = (-)^k\left[f^{(k)}\cdot g^{(-k)}\right] + (-)^{k+1}\int f^{(k+1)}\cdot g^{(-k)}dx$$

$$\therefore \int f^{(0)}\cdot g^{(1)}dx = \sum_{j=0}^{k}(-)^j\left[f^{(j)}\cdot g^{(-j)}\right] + (-)^{k+1}\int f^{(k+1)}\cdot g^{(-k)}dx$$

$$\therefore \left[f^{(j)}g^{(-j)}\right]_a^b = 0, \quad \int_a^b f^{(0)} \cdot g^{(1)} dx = (-)^{k+1} \int f^{(k+1)} \cdot g^{(-k)} dx$$

$$g^{(0)} \stackrel{@}{=} g^{(1)} \quad \therefore (-)^k \stackrel{@}{=} (-)^{k+1}, \quad f^{(k)} \stackrel{@}{=} f^{(k+1)}$$

$$\int f^{(0)} \cdot g^{(0)} dx = \left[f^{(0)} \cdot g^{(-1)}\right] - \int f^{(1)} \cdot g^{(-1)} dx$$

$$\therefore \int f^{(0)} \cdot g^{(0)} dx = \sum_{j=0}^{k-1} (-)^j \left[f^{(j)} \cdot g^{(-j-1)}\right] + (-)^k \int f^{(k)} \cdot g^{(-k)} dx$$

$$\therefore \left[f^{(j)}g^{(-j)}\right]_a^b = 0, \quad \int_a^b f^{(0)} \cdot g^{(0)} dx = (-)^k \int f^{(k)} \cdot g^{(-k)} dx$$

이번엔 미적분 연쇄반응 CCR을 이용하여 **오일러 베타 함수**를 트래킹 해본다.

베타 함수 트래킹
Tracking Beta Function

$$B(m,n) = \int_0^1 t^{m-1}(1-t)^{n-1} dt = \frac{\Gamma(m)\Gamma(n)}{\Gamma(m+n)} = B(n,m)$$

$$B(m,n) = \int_0^1 f \cdot g' \, dt$$

먼저 **오일러 베타 함수**의 적분에 대한 함수를 둘로 구분한다. $m-1$ 차 함수를 f 함수로 삼고, 0차에서 2차 미분까지 실행해 보면

k 차 미분에 대한 무늬가 나타난다.

$$f = t^{m-1}$$
$$f^{(0)} = t^{m-1}$$
$$f^{(1)} = (m-1)t^{m-2}$$
$$f^{(2)} = (m-1)(m-2)t^{m-3}$$

$$f^{(k)} = (m-1)(m-2)\cdots(m-k)t^{m-k-1}$$

$$@@ \quad f^{(k)} = \frac{(m-1)!}{(m-k-1)!}t^{m-k-1}$$

$n-1$ 차 함수를 g 함수로 잡고 보면 g' 함수에서 논리가 출발하기 때문에 적분을 해야 한다.

$$\int f \cdot g' \, dx = [f \cdot g] - \int f' \cdot g \, dx$$

$$g' = g^{(1)} = (1-t)^{n-1}$$

이 함수는 일종의 합성함수이므로 **합성함수 적분** 규칙을 적용한다. **합성 적분**도 관점에 따라 **치환 적분**이라고 말한다. g 함수를 몇 차례 적분하면 k 번째 적분에 대한 무늬가 나타난다.

$$\int f(x)dx = \int f(g(t))g(t)'dt$$

$$\frac{d}{dt}(1-t)^n = -n(1-t)^{n-1}$$
$$\int \frac{d}{dt}(1-t)^n = \int -n(1-t)^{n-1}$$

$$(1-t)^n = \int -n(1-t)^{n-1} dt$$

$$-\frac{1}{n}(1-t)^n = \int (1-t)^{n-1} dt$$

@ @ $\quad \int dt \cong \frac{dt}{d} \; , \quad \int \cong \frac{1}{d}$

$$\frac{d}{dt}(1-t)^n = -n(1-t)^{n-1}$$

$$\therefore \; -\frac{1}{n}(1-t)^n = \frac{dt}{d}(1-t)^{n-1}$$

$$g' = g^{(1)} = (1-t)^{n-1}$$

$$g^{(1)} = (1-t)^{n-1}$$

$$g^{(0)} = (-)^1 \frac{1}{n}(1-t)^n$$

$$g^{(-1)} = (-)^2 \frac{1}{n(n+1)}(1-t)^{n+1}$$

$$g^{(-k)} = (-)^{k+1} \frac{1}{n(n+1)\cdots(n+k)}(1-t)^{n+k}$$

@@ $$g^{(-k)} = (-)^{k+1} \frac{(n-1)!}{(n+k)!}(1-t)^{n+k}$$

두 함수의 무늬를 정리하고, 시간 t 에 0과 1을 대입해 보자.

@@ $$0^0 = \begin{cases} \stackrel{@}{=} \lim_{x \to 0} 0^x = 0 & \text{극한} \\ \stackrel{@}{=} 1 & \text{조합론, 작용없음 0} \end{cases}$$

$$f^{(k)} = \frac{(m-1)!}{(m-k-1)!} t^{m-k-1}$$

$$g^{(-k)} = (-)^{k+1} \frac{(n-1)!}{(n+k)!}(1-t)^{n+k}$$

$$f^{(k)}(0) = \frac{(m-1)!}{(m-k-1)!} 0^{m-k-1} = \begin{cases} 0 & m-k-1 > 0 \\ \frac{(m-1)!}{(m-k-1)!} & m-k-1 = 0 \end{cases}$$

$$f^{(k)}(1) = \frac{(m-1)!}{(m-k-1)!}1^{m-k-1} = \frac{(m-1)!}{(m-k-1)!}$$

$$@@ \quad f^{(k)}(0) \stackrel{@}{=} f^{(k)}(1) = \frac{(m-1)!}{(m-k-1)!}$$

$$g^{(-k)}(0) = (-)^{k+1}\frac{(n-1)!}{(n+k)!}(1-0)^{n+k} = (-)^{k+1}\frac{(n-1)!}{(n+k)!}$$

$$g^{(-k)}(1) = (-)^{k+1}\frac{(n-1)!}{(n+k)!}(1-1)^{n+k} = \begin{cases} 0 & n+k > 0 \\ (-)^{k+1}\frac{(n-1)!}{(n+k)!} & n+k = 0 \end{cases}$$

$$@@ \quad g^{(-k)}(1) \stackrel{@}{=} g^{(-k)}(0) = (-)^{k+1}\frac{(n-1)!}{(n+k)!}$$

따라서 베타 함수의 편적분 모형에서 중간항 [0,1] 구간이 모두 0으로 소멸되고 적분항만 남는다.

$$@@ \quad f^{(k)}(0) = 0, \quad g^{(-k)}(1) = 0$$

$$\left[f^{(k)}g^{(-k)}\right]_0^1 = f^{(k)}(1)g^{(-k)}(1) - f^{(k)}(0)g^{(-k)}(0)$$
$$= f^{(k)}(1) \cdot 0 - 0 \cdot g^{(-k)}(0) = 0$$

$$@@ \quad f^{(k)}(0) \stackrel{@}{=} f^{(k)}(1), \quad g^{(-k)}(1) \stackrel{@}{=} g^{(-k)}(0)$$

$$\left[f^{(k)}g^{(-k)}\right]_0^1 = f^{(k)}(1)g^{(-k)}(1) - f^{(k)}(0)g^{(-k)}(0) = 0$$

$$\int f^{(0)} \cdot g^{(1)} dx = \sum_{j=0}^{k} (-)^j \left[f^{(j)} \cdot g^{(-j)}\right] + (-)^{k+1} \int f^{(k+1)} \cdot g^{(-k)} dx$$

$$\left[f^{(j)}g^{(-j)}\right]_a^b = 0, \quad \int_a^b f^{(0)} \cdot g^{(1)} dx = (-)^{k+1} \int f^{(k+1)} \cdot g^{(-k)} dx$$

앞서 f 와 g 두 함수로 치환했던 요소들을 추스르고, 베타 함수의 편적분 모형을 t 에 관한 식으로 복기하여 정리해 둔다.

$$f^{(0)} = t^{m-1}, \quad g^{(1)} = (1-t)^{n-1}$$

$$\int_0^1 f^{(0)} \cdot g^{(1)} dt = \int_0^1 t^{m-1}(1-t)^{n-1} dt$$

$$f^{(k)} = \frac{(m-1)!}{(m-k-1)!} t^{m-k-1}$$

$$@ \quad k = k+1$$

$$m - k - 1 = m - (k+1) - 1 = m - k - 2$$

$$f^{(k+1)} = \frac{(m-1)!}{(m-k-2)!}t^{m-k-2}$$

$$g^{(-k)} = (-)^{k+1}\frac{(n-1)!}{(n+k)!}(1-t)^{n+k}$$

$$\int_0^1 t^{m-1}(1-t)^{n-1}dt = \int_0^1 f^{(0)} \cdot g^{(1)}dt = (-)^{k+1}\int_0^1 f^{(k+1)} \cdot g^{(-k)}dt$$

$$= (-)^{k+1}\int_0^1 \frac{(m-1)!}{(m-k-2)!}t^{m-k-2} \cdot (-)^{k+1}\frac{(n-1)!}{(n+k)!}(1-t)^{n+k}dt$$

$$= (-)^{2(k+1)}\frac{(m-1)!}{(m-k-2)!}\frac{(n-1)!}{(n+k)!}\int_0^1 t^{m-k-2} \cdot (1-t)^{n+k}dt$$

$$= \frac{(m-1)!}{(m-k-2)!}\frac{(n-1)!}{(n+k)!}\int_0^1 t^{m-k-2} \cdot (1-t)^{n+k}dt$$

$$\therefore \int_0^1 t^{m-1}(1-t)^{n-1}dt = \frac{(m-1)!}{(m-k-2)!}\frac{(n-1)!}{(n+k)!}\int_0^1 t^{m-k-2} \cdot (1-t)^{n+k}dt$$

두 적분 객체에 대한 방정식의 관점에서 좌변과 우변을 비교해 본다. 지수를 눈여겨보자.

우변에 $k+2=m$ 을 적용하면 지수함수 하나가 1로 소멸되는 것을 예측할 수 있다. 이렇게 되면 우변은 단순한 합성함수로 정리된다.

우변에 합성 적분을 전개하고 정리하면 남은 지수함수도 1로 소멸되면서 계수만 남는다.

$$\int_0^1 t^{m-1}(1-t)^{n-1}\,dt = \frac{(m-1)!}{(m-k-2)!}\frac{(n-1)!}{(n+k)!}\int_0^1 t^{m-k-2}\cdot(1-t)^{n+k}\,dt$$

$$k+2 \stackrel{@}{=} m,\quad k+1 = m-1,\quad k = m-2$$

$$\int_0^1 t^{m-1}(1-t)^{n-1}\,dt = \frac{(m-1)!}{(m-m)!}\frac{(n-1)!}{(n+m-2)!}\int_0^1 t^{m-m}\cdot(1-t)^{n+m-2}\,dt$$

$$\int_0^1 (1-t)^{n+m-2}\,dt = \frac{1}{n+m-1}\left[(1-t)^{n+m-1}\right]_0^1$$

$$= -\frac{1}{n+m-1}\left[(1-1)^{n+m-1} - (1-0)^{n+m-1}\right]$$

$$= -\frac{1}{n+m-1}[0-1] = \frac{1}{n+m-1}$$

$$\therefore \int_0^1 t^{m-1}(1-t)^{n-1}\,dt = \frac{(m-1)!(n-1)!}{(n+m-2)!}\frac{1}{n+m-1} = \frac{(m-1)!(n-1)!}{(n+m-1)!}$$

베타 함수의 편적분 결과는 계승으로 정리된다. 이 계승의 구조를 보면, -1 차이가 있는 감마 함수의 무늬가 드러난다.

감마 함수로 최종 정리하면 **오일러 베타 함수 정리**에 도착하여 트래킹을 완주한다.

$$\therefore \int_0^1 t^{m-1}(1-t)^{n-1}\,dt = \frac{(m-1)!(n-1)!}{(n+m-1)!}$$

$$\Gamma(n) = (n-1)!$$

$$\therefore \int_0^1 t^{m-1}(1-t)^{n-1}\,dt = \frac{\Gamma(m)\Gamma(n)}{\Gamma(n+m)}$$

$$\therefore \mathrm{B}(m,n) = \int_0^1 t^{m-1}(1-t)^{n-1}\,dt = \frac{\Gamma(m)\Gamma(n)}{\Gamma(m+n)} = \mathrm{B}(n,m)$$

반정수 베타파
Half-Integer Beta Wave

잠시 차 한 잔의 여유를 즐긴 후, 연관 르장드르 무늬로 향하는 로드리게스 공식을 감마 렌즈로 트래킹한다. 르장드르 다항식은 그래프에서 확인한 바와 같이 $[-1,1]$ 구간에서 유효하다. 선분논리에서 유효하다는 것은 역학의 관점에서 양자화된다는 것을 의미한다.

로드리게스 공식 트래킹
Tracking Rodrigues' Formula

$$P_\ell(x) = \frac{1}{2^\ell \ell!} \frac{d^\ell}{dx^\ell}\left[(x^2-1)^\ell\right]$$

Legendre polynomials , Rodrigues' formula

로드리게스 공식에서 미분 대상 함수가 다항식의 핵심 알고리즘이다. 이 다항식을 $[-1,1]$ 구간에서 적분한다. 그리고 이 다항식은 적분의 관점에서 좌우 대칭이기 때문에 $[0,1]$ 구간을 적분한 수량의 2배가 된다. 이렇게 구간 정리를 한 이유는 베타 함수의 꼴에 접근하기 위해서다.

$$\int_{-1}^{1}(x^2-1)^n dx = 2\int_{0}^{1}(x^2-1)^n dx$$

로드리게스 공식의 다항식 요소는 베타 함수의 다항식 요소와 닮아 있다. 두 다항식을 비교하여 관점 렌즈를 만든다. 로드리게스 공식 속의 제곱항은 공간적 평면파이고, 베타 함수 속의 1차항은 시간의 파동으로 보인다. 이렇게 평면파 x 제곱과 시간파 t 를 매개로 시간파 관점 렌즈를 만들어 관찰하고 시간파의 무늬로 정리한다.

$$\int_0^1 (\underline{x^2} - 1)^n dx \quad \text{vs.} \quad B(m, n) = \int_0^1 t^{m-1}(1 - \underline{t})^{n-1} dt$$

$$t = x^2, \quad dt = 2x\,dx, \quad \frac{1}{2}dt = x\,dx$$

$$x = \pm t^{\frac{1}{2}}, \quad x = [0,1], \quad x = t^{\frac{1}{2}}$$

$$\int_0^1 (x^2 - 1)^n dx = \int_0^1 (x^2 - 1)^n x^{-1} x\,dx$$
$$= \frac{1}{2}\int_0^1 (t - 1)^n t^{-\frac{1}{2}} dt = (-)^n \frac{1}{2}\int_0^1 (1 - t)^n t^{-\frac{1}{2}} dt$$

이번엔 지수 m, n 에 대해 비교하여 지수 변환 렌즈를 만든다.

$$\frac{1}{2}\int_0^1 (1 - t)^n t^{-\frac{1}{2}} dt \quad \text{vs.} \quad B(m, n) = \int_0^1 t^{m-1}(1 - t)^{n-1} dt$$

$$(1 - t)^n = (1 - t)^{n-1}, \quad t^{-\frac{1}{2}} = t^{m-1}$$

$$m - 1 \stackrel{@}{=} -\frac{1}{2}, \quad m = \frac{1}{2}, \quad n - 1 \stackrel{@}{=} n, \quad n = n + 1$$

지수 변환 렌즈를 베타 함수에 적용하면 베타 함수를 거쳐 감마 함수들로 정리할 수 있게 된다.

$$B(m,n) = \int_0^1 t^{m-1}(1-t)^{n-1}dt = \frac{\Gamma(m)\Gamma(n)}{\Gamma(m+n)}$$

$$B\left(\frac{1}{2}, n+1\right) = \int_0^1 t^{-\frac{1}{2}}(1-t)^n dt = \frac{\Gamma\left(\frac{1}{2}\right)\Gamma(n+1)}{\Gamma\left(\frac{1}{2}+n+1\right)}$$

$$B\left(\frac{1}{2}, n+1\right) = \int_0^1 t^{-\frac{1}{2}}(1-t)^n dt = \frac{\Gamma\left(\frac{1}{2}\right)\Gamma(n+1)}{\Gamma\left(n+\frac{3}{2}\right)}$$

반정수 감마 함수는 앞서 확인한 바와 같이 π 의 제곱근으로 정리할 수 있다.

$$\Gamma(n) = \int_0^\infty t^{n-1}e^{-t}dt = (n-1)!$$

$$\Gamma(n+1) = n\Gamma(n), \quad \Gamma\left(\frac{1}{2}\right) = \sqrt{\pi}$$

$$\int_{-1}^1 (x^2-1)^n dx = 2\int_0^1 (x^2-1)^n dx$$
$$= (-)^n B\left(\frac{1}{2}, n+1\right) = (-)^n \frac{\Gamma(n+1)\sqrt{\pi}}{\Gamma\left(n+\frac{3}{2}\right)}$$

$$\int_{-1}^{1}(x^2-1)^n dx = (-)^n \frac{n!\sqrt{\pi}}{\Gamma\left(n+\frac{3}{2}\right)}$$

그러나 분모에 남은 감마 속에는 반정수 특성이 그대로 남아있다. 반정수 변수를 가진 감마의 무늬를 관찰해 보자.

감마의 양자화 알고리즘은 그 모태가 계승이다. 계승은 정수계에서만 존재한다. 따라서 반정수 변수의 감마가 양자화된다면 정수형으로 치환을 통해서라도 반드시 계승의 무늬로 귀결될 것이다.

이 말은 감마 그래프에서 보는 바와 같이 감마선을 따라 연속적으로 이어진 곡선 위의 모든 점들이 계승의 형태를 가질 수 있다는 것을 의미한다.

선분논리에서는 감마가 계승의 형태가 되는 조건으로 양의 정수를 사용한다. 정수계를 벗어나 실수계에서 계승의 알고리즘은 1씩 감소하며 누적 곱셈을 하되, 곱셈의 항등원 1에 도달할 때 연속곱을 종료한다.

이런 **등차수열**의 흐름은 곱셈의 세계 속에서 항등원 1을 단위로 감소하는 연속곱임을 보여준다.

자연수는 1에서 무한대까지 연속적이고, 실수는 0에서 무한대까지 연속적이다. 단지 연속의 단위가 서로 다를 뿐이다. 이런 무한에 대한 대비 논리는 갈루아의 군론을 연상케한다.

갈루아의 무한 렌즈로 계승을 관찰하면 실수계에서도 계승 알고리즘이 존재한다. 연속에 대한 **등차**의 비례상수를 두 세계의 우주상수로 보면 새로운 세계가 펼쳐진다.

여기서는 갈루아의 무한 렌즈에 비해 아주 단순한 반정수 렌즈만 필요하다. $n = n + 1/2$ 로 변환하는 **등차 반정수 렌즈**를 사용하고, 감마 수열의 재귀 방정식을 이용하여 몇 차례 회전시켜 본다.

$$\Gamma(n) = \frac{\Gamma(n+1)}{n} = \frac{(n+1-1)!}{n} = (n-1)!$$

$$\Gamma(n+1) = n\,\Gamma(n)$$
Gamma Recursive Equation

@@ 등차 반정수 렌즈

$$n \stackrel{@}{=} n + \frac{1}{2} \quad : \text{Half Integer Lens}$$

$$\Gamma\left(n + \frac{3}{2}\right) = \left(n + \frac{1}{2}\right) \cdot \Gamma\left(n + \frac{1}{2}\right)$$

$$\Gamma\left(n + \frac{1}{2}\right) = \left(n - \frac{1}{2}\right) \cdot \Gamma\left(n - \frac{1}{2}\right)$$

$$\Gamma\left(n-\frac{1}{2}\right) = \left(n-\frac{3}{2}\right)\cdot\Gamma\left(n-\frac{3}{2}\right)$$

$$\Gamma\left(n+\frac{3}{2}\right) = \left(n+\frac{1}{2}\right)\left(n-\frac{1}{2}\right)\left(n-\frac{3}{2}\right)\cdot\Gamma\left(n-\frac{3}{2}\right)$$
$$=\underbrace{\left(n+\frac{1}{2}-0\right)\left(n+\frac{1}{2}-1\right)\left(n+\frac{1}{2}-2\right)\cdots\left(n+\frac{1}{2}-k\right)\cdots\left(n+\frac{1}{2}-n\right)}_{n+1}\cdot\Gamma\left(n+\frac{1}{2}-n\right)$$

$$\therefore\ \Gamma\left(n+\frac{3}{2}\right) = \prod_{k=0}^{n}\left(n+\frac{1}{2}-k\right)\cdot\Gamma\left(\frac{1}{2}\right) = \underbrace{\prod_{k=0}^{n}\left(n-\left[k-\frac{1}{2}\right]\right)}_{n+1}\cdot\Gamma\left(\frac{1}{2}\right)$$

감마 재귀 방정식의 특성을 이용하면, 감마 속에 있던 변수 n 을 감마 밖으로 내보낼 수 있다.

이렇게 하면 감마 속에는 반정수만 남고 감마 밖에는 비례상수로 계수화된다. 이 계수가 일종의 두 감마 세계 사이에 대한 우주상수 가 된다. 이 계수는 반정수 꼴이 1씩 차이를 둔 계승형이다.

이를 정수형으로 변경하기 위해 양변에 2의 $n+1$ 승을 곱해주고, 계수의 변환에 집중할 수 있도록 분수형으로 정리한다.

$$\Gamma\left(n+\frac{3}{2}\right) = \underbrace{\prod_{k=0}^{n}\left(n-\left[k-\frac{1}{2}\right]\right)}_{n+1}\cdot\Gamma\left(\frac{1}{2}\right)$$

$$@ \quad 2^{n+1} = \prod_{k=0}^{n} 2$$

$$2^{n+1}\cdot\Gamma\left(n+\frac{3}{2}\right) = \prod_{k=0}^{n} 2\left(n-\left[k-\frac{1}{2}\right]\right)\Gamma\left(\frac{1}{2}\right)$$

$$2^{n+1}\cdot\Gamma\left(n+\frac{3}{2}\right) = \prod_{k=0}^{n}(2n-(2k-1))\,\Gamma\left(\frac{1}{2}\right)$$

$$2^{n+1}\cdot\Gamma\left(n+\frac{3}{2}\right) = (2n+1)(2n-1)\cdots(2n-(2k-1))\cdots 1\cdot\Gamma\left(\frac{1}{2}\right)$$

$$\Gamma\left(n+\frac{3}{2}\right) = \frac{(2n+1)(2n-1)\cdots 1}{2^{n+1}}\Gamma\left(\frac{1}{2}\right)$$

분수형으로 정리된 계수를 계승 렌즈로 관찰하면, 분자에 누락된 계승의 연속 인자들이 보인다.

분자를 계승 꼴로 정리하면 연쇄적으로 분모도 분자에서 누락된 계승 인자들이 자동으로 채워진다. 이런 것이 자연의 동시 알고리즘이다. 이렇게 자연은 한 치의 오차도 없이 동시에 정확히 계산을 해낸다.

$$\Gamma\left(n+\frac{3}{2}\right) = \frac{(2n+1)(2n-1)\cdots 1}{2^{n+1}}\Gamma\left(\frac{1}{2}\right)$$

$$\Gamma\left(n+\frac{3}{2}\right) = \frac{(2n+1)\cdot 2n \cdot (2n-1)\cdot (2n-2)\cdots 2\cdot 1}{2^{n+1}\cdot 2n(2n-2)\cdots 2}\Gamma\left(\frac{1}{2}\right)$$

$$\Gamma\left(n+\frac{3}{2}\right) = \frac{(2n+1)\,2n\,(2n-1)(2n-2)\cdots 2\cdot 1}{2^{n+1}\cdot 2n\,2(n-1)\cdots 2\cdot 1}\Gamma\left(\frac{1}{2}\right)$$

$$\Gamma\left(n+\frac{3}{2}\right) = \frac{(2n+1)\,2n\,(2n-1)(2n-2)\cdots 2\cdot 1}{2^{n+1}\cdot 2^n \cdot n(n-1)\cdot 1}\Gamma\left(\frac{1}{2}\right)$$

@@ $\Gamma\left(n+\frac{3}{2}\right) = \frac{(2n+1)!}{2^{n+1}\cdot 2^n \cdot n!}\cdot \Gamma\left(\frac{1}{2}\right) = \frac{(2n+1)!}{2^{2n+1}\cdot n!}\cdot \sqrt{\pi}$

계수를 계승으로 정리하고 **반정수 감마파**를 π **의 제곱근**으로 양자화하면, 반정수 변수에 대한 감마 알고리즘이 정리된다.

로드리게스 공식의 다항식 적분에 위의 알고리즘을 적용해보자.

$$\int_{-1}^{1}(x^2-1)^n dx = 2\int_{0}^{1}(x^2-1)^n dx$$

$$=(-)^n \mathrm{B}\left(\frac{1}{2}, n+1\right) = (-)^n \frac{\Gamma(n+1)\sqrt{\pi}}{\Gamma\left(n+\frac{3}{2}\right)}$$

$$@_1 \quad \int_{-1}^{1}(x^2-1)^n dx = (-)^n \frac{\Gamma(n+1)\sqrt{\pi}}{\Gamma\left(n+\frac{3}{2}\right)}$$

$$\Gamma\left(n+\frac{3}{2}\right) = \frac{(2n+1)!}{2^{n+1}\cdot 2^n \cdot n!}\cdot \Gamma\left(\frac{1}{2}\right) = \frac{(2n+1)!}{2^{2n+1}\cdot n!}\cdot \sqrt{\pi}$$

$$\frac{1}{\Gamma\left(n+\frac{3}{2}\right)} = \frac{2^{2n+1}n!}{(2n+1)!}\frac{1}{\sqrt{\pi}}$$

$$\Gamma(n+1) = n!$$

$$\int_{-1}^{1}(x^2-1)^n dx = (-)^n \frac{n!\sqrt{\pi}}{\Gamma\left(n+\frac{3}{2}\right)}$$

$$=(-)^n \frac{n!\sqrt{\pi}}{1}\frac{2^{2n+1}n!}{(2n+1)!}\frac{1}{\sqrt{\pi}}$$

적분 파동은 **베타파**로 양자화하면 π 의 제곱근이 나타나지만, 연쇄적으로 **반정수 감마파**가 π 의 제곱근을 또 한 번 뱉어낸다.

이런 연쇄 반응은 π 의 **제곱근**이 **쌍**으로 존재하는 것으로 다시 상쇄되어 **0입자**가 되며 시간계 속으로 그 무늬를 숨긴다.

그리고 분모의 계승에는 두 파동의 시간차로 발생하는 $2n+1$ 홀수의 알고리즘이 그대로 드러난다.

$$@_2 \quad \int_{-1}^{1} (x^2-1)^n dx = (-)^n \frac{2^{2n+1}(n!)^2}{(2n+1)!}$$

$$@@ \quad \int_{-1}^{1} (x^2-1)^n dx = (-)^n \frac{2^{2n+1}(n!)^2}{(2n+1)!} = (-)^n \frac{\Gamma(n+1)\sqrt{\pi}}{\Gamma\left(n+\frac{3}{2}\right)}$$

로드리게스 공식의 다항식은 고대의 이항정리 알고리즘을 가지고 있다. **이항정리 렌즈**로 로드리게스 공식의 연속 미분을 들여다본다.

로드리게스 공식에는 -1로 인해 파동의 진동과 상쇄 현상이 내재되어 있다.

Binomial Theorem

$$(x+y)^n = \sum_{k=0}^{n} \binom{n}{k} x^{n-k} y^k$$

$$(x^2-1)^n = \sum_{k=0}^{n} \binom{n}{k} (-)^{n-k} (x^2)^k$$

로드리게스 공식의 이항의 본류는 $(x-1)$ 에 있다. 이 이항의 누승에 대한 연속을 관찰해 본다.

이항 중 -1 의 파동 특성으로 연속 미분을 하게 되면 **최고차항**만 남는 알고리즘을 가졌다. 양/음의 진동 특성은 동차 연속 미분으로 사라지고 남은 x 항의 미분 특성만 남는다. 우리는 이것을 **이항의 연속 미분 정리**라 이름 붙이고 기록해 둔다.

$$n > k \ , \quad \frac{d^n}{d\,x^n} x^k = 0$$

$$\therefore \ \frac{d^n}{d\,x^n}(x-1)^n = \frac{d^n}{d\,x^n} x^n = (n)!$$

$$\frac{d^n}{d\,x^n}(x-1)^n = \sum_{k=0}^{n} \binom{n}{k}(-)^{n-k} \frac{d^n}{d\,x^n} x^k$$
$$= \binom{n}{n}(-)^{n-n} \frac{d^n}{d\,x^n} x^n = \frac{d^n}{d\,x^n} x^n$$

이항의 연속 미분 정리

Binomial n-th Derivative Theorem
the Highest Power Left

$$@@ \quad \frac{d^n}{d\,x^n}(x-1)^n = \frac{d^n}{d\,x^n} x^n = (n)!$$

이항의 연속 미분 정리를 토대로 로드리게스 공식의 이항을 전개하면 최고차항만 남는 특성으로 $(2n)!$ 의 결과에 도달할 수 있다.

$$\frac{d^n}{dx^n}(x-1)^n = \frac{d^n}{dx^n}x^n = (n)!$$

$$n \stackrel{@}{=} 2n$$

$$\frac{d^{2n}}{dx^{2n}}(x-1)^{2n} = \frac{d^{2n}}{dx^{2n}}(x^2-1)^n = \frac{d^{2n}}{dx^{2n}}x^{2n} = (2n)!$$

연속 미분 결과는 최고차항만 남음

@ @ $\quad \dfrac{d^{2n}}{dx^{2n}}(x^2-1)^n = \dfrac{d^{2n}}{dx^{2n}}x^{2n} = (2n)!$

르장드르 직교성 : 반정수 베타파
Legendre Orthogonality: Half-Integer Beta Wave

이제 준비된 이항 렌즈를 가지고 로드리게스 함수를 평면파 관점으로 접근한다. 로드리게스 함수를 자기복제하여 제곱이 되면 양음의 단위 구간 $[-1,1]$에 대해 적분을 실행한다.

로드리게스 평면파의 적분에서 계수를 적분 영역 밖으로 정리하면, 두 함수의 곱에 대한 적분 형식이 된다. 선분논리에서 일반적으로 적분식이 길 때는 Integral 의 약자로 I 를 사용하여 적분 입자를 선언하고 논리를 전개한다.

$$\int_{-1}^{1} P_n(x)^2 dx = \int_{-1}^{1} \frac{1}{2^n n!} \frac{d^n}{dx^n}(x^2-1)^n \cdot \frac{1}{2^n n!} \frac{d^n}{dx^n}(x^2-1)^n dx$$

$$\int_{-1}^{1} P_n(x)^2 dx = \frac{1}{2^{2n}(n!)^2} \cdot \int_{-1}^{1} \frac{d^n}{dx^n}(x^2-1)^n \cdot \frac{d^n}{dx^n}(x^2-1)^n dx$$

$$@@ \quad \int_{-1}^{1} P_n(x)^2 dx = \frac{1}{2^{2n}(n!)^2} \cdot I_n$$

$$@_1 \quad I_n = \int_{-1}^{1} \frac{d^n}{dx^n}(x^2-1)^n \cdot \frac{d^n}{dx^n}(x^2-1)^n dx$$

앞서 정리한 **미적분 연쇄반응 CCR** 현상을 상기하고 중간에 누적되는 **미적분 중간항**이 간섭 현상으로 사라지는지 확인한다.

로드리게스 함수의 이항은 −1과 1에 대해 0으로 소멸되는 알고리즘을 가졌기 때문에 **미적분 연쇄반응 CCR** 현상을 일으킨다.

$$\int f^{(0)} \cdot g^{(0)} dx = \sum_{j=0}^{k-1} (-)^j \left[f^{(j)} \cdot g^{(-j-1)} \right] + (-)^k \int f^{(k)} \cdot g^{(-k)} dx$$

$$\left[f^{(j)} g^{(-j-1)} \right]_a^b = 0, \quad \int_a^b f^{(0)} \cdot g^{(0)} dx = (-)^k \int f^{(k)} \cdot g^{(-k)} dx$$

Calculus Chain Reaction CCR

$$\left[\frac{d^n}{dx^n}(x^2-1)^n \frac{d^{n-1}}{dx^{n-1}}(x^2-1)^n \right]_{-1}^{1}$$

$$= \frac{d^n}{dx^n}(0)^n \frac{d^{n-1}}{dx^{n-1}}(0)^n - \frac{d^n}{dx^n}(0)^n \frac{d^{n-1}}{dx^{n-1}}(0)^n = 0$$

미적분 연쇄반응 CCR에 따라 I 를 전개하면, 쌍둥이 두 함수 중 하나가 $(2n)!$ 로 양자화되고, 나머지 함수에는 연속 미분 인자가 소멸된다. 그리고 **미적분 연쇄반응 CCR**을 n 번 일으키면서 n 으로 결정되는 양/음 진동 요소가 남는다.

$$@_1 \quad I_n = \int_{-1}^{1} \frac{d^n}{dx^n}(x^2-1)^n \frac{d^n}{dx^n}(x^2-1)^n dx$$

$$= (-)^n \int_{-1}^{1} \frac{d^n}{dx^n} \frac{d^n}{dx^n}(x^2-1)^n \frac{d^{-n}}{dx^{-n}} \frac{d^n}{dx^n}(x^2-1)^n dx$$

$$\frac{d^n}{dx^n}\frac{d^n}{dx^n}(x^2-1)^n = \frac{d^{2n}}{dx^{2n}}(x^2-1)^n$$

$$\frac{d^{-n}}{dx^{-n}}\frac{d^n}{dx^n}(x^2-1)^n = (x^2-1)^n$$

$$@_2 \quad I_n = (-)^n \int_{-1}^{1} \left(\frac{d^{2n}}{dx^{2n}}(x^2-1)^n\right) \cdot (x^2-1)^n dx$$

$$\frac{d^{2n}}{dx^{2n}}(x^2-1)^n = \frac{d^{2n}}{dx^{2n}}x^{2n} = (2n)!$$

$$@_3 \quad I_n = (-)^n (2n)! \int_{-1}^{1} (x^2-1)^n dx$$

로드리게스 평면파의 적분에 I 의 결과를 대입하고 양자화된 계수를 정리한다.

$$\int_{-1}^{1} P_n(x)^2 dx = \frac{1}{2^{2n}(n!)^2} \cdot \int_{-1}^{1} \frac{d^n}{dx^n}(x^2-1)^n \frac{d^n}{dx^n}(x^2-1)^n dx$$

$$\int_{-1}^{1} P_n(x)^2 dx = \frac{1}{2^{2n}(n!)^2} \cdot I_n$$

$$@_3 \quad I_n = (-)^n (2n)! \int_{-1}^{1} (x^2-1)^n dx$$

$$@@ \quad \int_{-1}^{1} P_n(x)^2 dx = \frac{(-)^n(2n)!}{2^{2n}(n!)^2} \int_{-1}^{1} (x^2-1)^n dx$$

나머지 적분 요소는 앞서 **베타 함수**에서 나왔던 양자화 알고리즘과 같다. 베타 함수 렌즈로 로드리게스 평면파의 적분을 마무리 정리한다.

$$\therefore \int_{-1}^{1} (x^2-1)^n dx = (-)^n \mathrm{B}\left(\frac{1}{2}, n+1\right) = (-)^n \frac{2^{2n+1}(n!)^2}{(2n+1)!}$$

$$\int_{-1}^{1} P_n(x)^2 dx = \frac{(-)^n(2n)!}{2^{2n}(n!)^2} \frac{(-)^n 2^{2n+1}(n!)^2}{(2n+1)!} = \frac{2^{2n} \cdot 2 \cdot (2n)!}{2^{2n} \cdot (2n+1)!}$$

$$= \frac{2 \cdot (2n)!}{(2n+1)!} = \frac{2 \cdot (2n)!}{(2n+1) \cdot (2n)!} = \frac{2}{(2n+1)}$$

$$@@ \quad \int_{-1}^{1} P_n(x)^2 dx = \frac{2}{2n+1}$$

홀수 특성은 $2n+1$ 로 분모에 나타나고, 적분 구간 $[-1,1]$ 의 대칭성은 분자에 0점을 중심으로 둘로 쪼개진 2배로 나타난다.

참고로 적분 구간 $[-1,1]$ 은 르장드르 함수에 대해 **단위 대칭 구간**이라 할 수 있다. 르장드르 다항식의 무늬가 정수형으로 양자화되는 것은 직교 특성에 그 토대가 있다.

제곱의 자기복제 생성 원리는 회전논리의 평면파 관점이다. 선분논리의 관점은 어떤 두 로드리게스 함수의 곱 관계로 논리를 시작한다. 서로 다를 수 있는 로드리게스 함수를 m 과 n 으로 구분하여 적분 논리를 전개해 보자.

제곱의 자기복제 알고리즘과 크게 다르지 않다. 단지 m 과 n 을 같은 것으로 보느냐 아니면 서로 다른 것으로 보느냐의 관점에 차이가 있을 뿐이다.

위의 쌍둥이 로드리게스 함수의 경우는 모든 적분 요소들을 양자화할 수 있었다. 이는 **베타 함수**의 알고리즘을 통해서 가능했다. **베타 함수**는 **단위 대칭 구간**에서 적분 안에 있는 다항식 x 가 양자화되는 알고리즘이다.

$$m = n, \quad \int_{-1}^{1} P_m(x)P_n(x)dx = \int_{-1}^{1} P_n(x)^2 dx = \frac{2}{2n+1}$$

그러면 m 과 n 이 서로 다를 경우를 생각해 보자. 먼저 두 로드리게스 함수에서 계수 부분은 적분 영역 밖으로 빼내어 식을 정리하고, 적분 부분을 I 로 삼아 **미적분 연쇄반응 CCR** 논리를 적용한다.

$$\int_{-1}^{1} P_m(x)P_n(x)dx = \int_{-1}^{1} \frac{1}{2^m m!} \frac{d^m}{dx^m}(x^2-1)^m \frac{1}{2^n n!} \frac{d^n}{dx^n}(x^2-1)^n dx$$

$$\int_{-1}^{1} P_m(x)P_n(x)dx = \frac{1}{2^m m!} \frac{1}{2^n n!} \cdot \int_{-1}^{1} \frac{d^m}{dx^m}(x^2-1)^m \frac{d^n}{dx^n}(x^2-1)^n dx$$

$$\int_{-1}^{1} P_m(x)P_n(x)dx = \frac{1}{2^m m!}\frac{1}{2^n n!} \cdot I_{mn}$$

$$\therefore \left[f^{(j)}g^{(-j-1)}\right]_a^b = 0 , \quad \int_a^b f^{(0)} \cdot g^{(0)} dx = (-)^k \int f^{(k)} \cdot g^{(-k)} dx$$

Calculus Chain Reaction

$$\left[\frac{d^n}{dx^n}\frac{d^m}{dx^m}(x^2-1)^m \frac{d^{-n-1}}{dx^{-n-1}}\frac{d^n}{dx^n}(x^2-1)^n\right]_{-1}^{1}$$

$$= \left[\frac{d^{n+m}}{dx^{n+m}}(x^2-1)^m \frac{d^{-1}}{dx^{-1}}(x^2-1)^n\right]_{-1}^{1}$$

$$= \frac{d^{n+m}}{dx^{n+m}}(0)^m \frac{d^{-1}}{dx^{-1}}(0)^n - \frac{d^{n+m}}{dx^{n+m}}(0)^m \frac{d^{-1}}{dx^{-1}}(0)^n = 0$$

이 경우 역시 누적되는 **중간항**이 모두 0으로 소멸되므로 **미적분 연쇄반응** 알고리즘이 그대로 적용된다. 미적분 연쇄 현상에 따라 두 함수 중 하나는 미분 인자가 소멸되고 나머지 함수 쪽은 미분이 누적된다.

$$I_{mn} = \int_{-1}^{1} \frac{d^m}{dx^m}(x^2-1)^m \frac{d^n}{dx^n}(x^2-1)^n dx$$

$$= (-)^n \int_{-1}^{1} \frac{d^n}{dx^n}\frac{d^m}{dx^m}(x^2-1)^m \frac{d^{-n}}{dx^{-n}}\frac{d^n}{dx^n}(x^2-1)^n dx$$

$$= (-)^n \int_{-1}^{1} \left(\frac{d^{m+n}}{dx^{m+n}}(x^2-1)^m \right)(x^2-1)^n dx$$

$$\therefore I_{mn} = (-)^n \int_{-1}^{1} (x^2-1)^n \frac{d^{m+n}}{dx^{m+n}}(x^2-1)^m dx$$

두 로드리게스 함수의 적분식에 대입하여 정리한다. 이 상태에서는 더 양자화할 만한 요소가 잘 드러나지 않는다.

$$\int_{-1}^{1} P_m(x) P_n(x) dx = \int_{-1}^{1} \frac{1}{2^m m!} \frac{d^m}{dx^m}(x^2-1)^m \cdot \frac{1}{2^n n!} \frac{d^n}{dx^n}(x^2-1)^n dx$$

$$= \frac{1}{2^m m!} \frac{1}{2^n n!} \cdot I_{mn}$$

$$= \frac{1}{2^m m!} \frac{1}{2^n n!} \cdot \int_{-1}^{1} \frac{d^m}{dx^m}(x^2-1)^m \cdot \frac{d^n}{dx^n}(x^2-1)^n dx$$

$$\therefore \int_{-1}^{1} P_m(x) P_n(x) dx = \frac{(-)^n}{2^{m+n} m! n!} \int_{-1}^{1} (x^2-1)^n \frac{d^{m+n}}{dx^{m+n}}(x^2-1)^m dx$$

서로 다른 두 로드리게스 함수의 경우, 미적분 처리 후 다항식이 상수로 양자화되지 않고 미지수 x 가 남게 된다.

적분 속의 다항식을 미분한 후, 다항식 x 의 차수를 추정해 보면 $m+n$ 차수의 항이 남아 있다는 것을 알 수 있다.

$$m \neq n$$

$$\int_{-1}^{1} P_m(x)P_n(x)dx = \frac{(-)^n}{2^{m+n}m!n!} \cdot I_{mn}$$

$$I_{mn} = \int_{-1}^{1} (x^2-1)^m \frac{d^{m+n}}{dx^{m+n}}(x^2-1)^n dx$$

$$x^{2m} \cdot x^{2n-(m+n)} = x^{m+n}$$

적분 속에 남은 미지수 x 에 **단위 대칭 구간**을 대입하면 0으로 모두 소멸되는 현상을 맞이한다. 그래서 서로 다른 두 르장드르 함수는 직교성을 가진다.

$$I_{mn} = \int_{-1}^{1} (x^2-1)^m \frac{d^{m+n}}{dx^{m+n}}(x^2-1)^n dx$$

$$= \left[\left((x^2-1)^m \frac{d^{m+n}}{dx^{m+n}}(x^2-1)^n\right)^{(-1)}\right]_{-1}^{1}$$

$$= \left((1^2-1)^m \frac{d^{m+n}}{dx^{m+n}}(1^2-1)^n\right)^{(-1)} - \left(((-1)^2-1)^m \frac{d^{m+n}}{dx^{m+n}}((-1)^2-1)^n\right)^{(-1)}$$

$$= \left(0^m \frac{d^{m+n}}{dx^{m+n}}0^n\right)^{(-1)} - \left(0^m \frac{d^{m+n}}{dx^{m+n}}0^n\right)^{(-1)} = 0$$

$$m \neq n, \quad \int_{-1}^{1} P_m(x)P_n(x)dx = \frac{(-)^n}{2^{m+n}m!n!} \cdot I_{mn} = 0$$

회전논리의 눈으로 보면, 서로 다른 두 르장드르 함수는 평면파를 형성하면서 차원 도약을 한다. 이 말은 평면파를 형성하여 그 차원에 머무르지 않는다는 의미다.

둘 간의 관계는 서로 의존적인 관계로, 각자의 1차원이 무한히 펼쳐져 2차원 평면으로 도약한다.

그런데 이 과정을 면밀히 살펴보면 무엇인가 숨겨진 비밀이 있다. 각각의 1차원은 2차원으로 도약했기 때문에 2차원 속의 1차원만으로 존재한다. 따라서 본래의 독립적 1차원은 0으로 소멸되는 현상이 나타난다.

평면파의 적분은 무엇을 의미하는가?
0의 소멸은 어떤 의미인가?

여기서 우리가 탐험한 두 르장드르 함수의 적분은 평면파의 에너지 무늬를 의미한다. 두 르장드르 함수는 자기복제로 존재한다.

자기복제의 제곱은 x 의 제곱과 같은 차원 도약을 한다. 근원적으로 같은 알고리즘을 가지면서 복제품인 두 입자의 관계는 XY 평면파와 같은 직교성을 가지면서 시간파의 진동 특성을 나타낸다.

이와 같은 두 르장드르 함수의 직교성은 크로네커 델타로 정리할 수 있다. 크로네커 델타는 근원적으로 0 또는 1로 양분한다. 그런데 0과 1은 양/음으로 진동하는 시간파와 같은 알고리즘이다.

$$\therefore \int_{-1}^{1} P_m(x)P_n(x)dx = \frac{2}{2n+1}\delta_{mn}$$

이쯤에서 우리는 크로네커 델타가 의미하는 바를 조금은 알 수 있을 것 같다. 크로네커 델타는 같으면 1이고 다르면 0이다.

1이라는 것은 자기복제로 그 세계에 머무르면서 차원 도약을 하는 내적과 같은 양상이고, 0이라는 것은 그 세계를 떠나 새로운 평면계로 차원 도약을 하는 외적과 같은 흐름이다.

0은 단편적으로 소멸을 의미하지만, 연속적 관점에서는 다른 세계로의 차원 도약을 의미한다. 기하적으로 두 곡선의 직교 관계는 두 파동의 간섭이 0으로 소멸되는 현상을 야기하며, 동시에 파동의 양자화를 암시한다.

직교 관계가 형성되는 원류를 보면 두 입자의 대칭성에 핵심 알고리즘이 있다. 좌우 대칭은 실수계 속에서 양/음 특성을 보이고, 대각 대칭은 실수축과 허수축의 축이 뒤바뀌는 복소계 속에서 켤레 특성을 암시한다.

연관 르장드르 관점 렌즈
Associated Legendre ViewPoint Lens

르장드르 미분 방정식은 2차 미분항의 계수 $(1-x^2)$ 을 오일러 공식의 삼각함수로 관점 전환하여 형성됐다. $x=\cos\theta$ 의 관점 전환 렌즈를 사용했기 때문에 나중에 구면 조화파와의 만남이 이루어진다.

Legendre Differential Equation

$$(1-x^2)P_n''(x) - 2xP_n'(x) + n(n+1)P_n(x) = 0$$

$$(1-x^2)\frac{d^2}{dx^2}P(x) - 2x\frac{d}{dx}P(x) + n(n+1)P(x) = 0$$

$$\frac{d}{dx}\left((1-x^2)\frac{d}{dx}P(x)\right) + n(n+1)P(x) = 0$$

르장드르 미분 방정식을 해석하기 위해 x 를 $\cos\theta$ 로 관점 전환하고 관점 렌즈 $x=\cos\theta$ 를 편미분한다.

Azimuthal Position Relation

$$x = \cos\theta, \quad \partial x = -\sin\theta\, \partial\theta, \quad \frac{\partial}{\partial x} = -\frac{1}{\sin\theta}\frac{\partial}{\partial\theta}$$

$$x = \cos\theta, \quad \sin^2\theta = 1 - \cos^2\theta = 1 - x^2$$

$$x = \cos\theta, \quad \frac{\partial}{\partial\theta}x = \frac{\partial}{\partial\theta}\cos\theta = -\sin\theta \quad \therefore \partial x = -\sin\theta\,\partial\theta$$

$$\sin\theta\,\partial\theta = -\partial x, \quad \frac{1}{\sin\theta\,\partial\theta} = -\frac{1}{\partial x} \quad \therefore \frac{\partial}{\partial x} = \frac{-1}{\sin\theta}\frac{\partial}{\partial\theta}$$

x 와 $\cos\theta$ 의 관계는 위치 인자를 대변하는 x 와 방위 양자수를 대변하는 방위각 θ 의 관계를 의미한다.

x 에 대한 편미분 인자는 θ 의 편미분 인자로 전환되면서 $\sin\theta$ 가 음의 역수로 나타나는 특성을 보인다. 이러한 특성이 구면 조화파 알고리즘의 무늬가 드러나는 현상을 야기한다.

$\cos\theta$ 는 물리학계에서 파동을 생성하는 실험을 할 때 사용하는 오실레이터(Oscillators)의 근원 알고리즘이다. 그리고 이런 오실레이터는 오일러 공식의 실수부만 취한 응용 프로그램이었다.

르장드르 미분 방정식은 관점에 따라 미분 인자를 묶어 정리할 수 있다. 여기서 미분 방정식의 본질적 무늬를 분석하기 위해 다항식 함수 $P(x)$ 를 양변에 나누어 상쇄시킬 수 있다.

$$(1-x^2)\frac{d^2}{dx^2}P(x) - 2x\frac{d}{dx}P(x) + n(n+1)P(x) = 0$$

$$\frac{d}{dx}\left((1-x^2)\frac{d}{dx}P(x)\right) + n(n+1)P(x) = 0$$

$$\frac{d}{dx}\left((1-x^2)\frac{d}{dx}\right) + n(n+1) = 0$$

이를 다시 곱미분 규칙에 따라 전개하면 본래의 미분 방정식으로 돌아오는 것을 검증할 수 있다.

$$\frac{d}{dx}\left((1-x^2)\frac{d}{dx}\right) + n(n+1) = 0$$

$$(fg)' = f'g + fg'$$

$$\left((1-x^2)\frac{d}{dx}\right)' = \frac{d}{dx}\left((1-x^2)\frac{d}{dx}\right)$$

$$= \left(\frac{d}{dx}(1-x^2)\right)\frac{d}{dx} + (1-x^2)\left(\frac{d}{dx}\frac{d}{dx}\right) = -2x\frac{d}{dx} + (1-x^2)\frac{d^2}{dx^2}$$

$$\therefore (1-x^2)\frac{d^2}{dx^2} - 2x\frac{d}{dx} + n(n+1) = 0$$

앞서 정리한 구면 조화파에서 각도 부분만 가져와 각도 관점 렌즈 $x = \cos\theta$ 를 대입하는 실험을 해본다. 물론 르장드르 다항식에서 구면 조화파로 접근하는 방법도 있으나, 추가적 과정들이 필요하기 때문에 일반적으로 구면 조화파에서 르장드르 다항식에 접근하는 코스를 사용한다.

나중에 알게 되겠지만 구면 조화파는 르장드르 다항식을 변형한 형태로 귀결된다. 따라서 구면 조화파는 르장드르 다항식의 일종인 셈이고, 이 때문에 구면 조화파에서 르장드르 다항식에 접근하는 방식을 사용하는 것이 결과적으로 합리적이다.

구면 조화파에서 각도의 관점 Y 영역은 각운동의 양자화로 구면 분할수 $\ell(\ell+1)$ 과 같았다. 구면 조화파의 각도 Y 함수는 경도 φ 와 방위각 θ 로 구성되어 있다.

$$r^2 \nabla^2 R\Theta\Phi = \underbrace{\underbrace{\frac{\partial}{\partial r}\left(r^2 \frac{\partial}{\partial r}\right)\frac{R}{R}}_{\lambda\,:\,R(r)} + \frac{1}{\sin\theta}\frac{\partial}{\partial\theta}\left(\sin\theta\frac{\partial}{\partial\theta}\right)\frac{\Theta}{\Theta} + \frac{1}{\sin^2\theta}\underbrace{\frac{\partial^2}{\partial\varphi^2}\frac{\Phi}{\Phi}}_{\nabla^2_\varphi = -m_\ell^2}}_{-\lambda\,:\,Y(\theta,\varphi) = -\ell(\ell+1)} = 0$$

$$\frac{\partial^2}{\partial\varphi^2}\frac{\Phi}{\Phi} = \nabla^2_\varphi = -m_\ell^2 \,, \quad \lambda\sin^2\theta + \frac{\sin\theta}{\Theta}\frac{d}{d\theta}\left(\sin\theta\frac{d\Theta}{d\theta}\right) = m_\ell^2$$

$$\nabla^2_{\theta\varphi} = -\ell(\ell+1) \quad : \text{Linear Combination}$$

$$Y = \frac{1}{\sin\theta}\frac{\partial}{\partial\theta}\left(\sin\theta\frac{\partial}{\partial\theta}\right)\frac{\Theta}{\Theta} - \frac{m_\ell^2}{\sin^2\theta} = -\ell(\ell+1) = -\lambda$$

$$\frac{1}{\sin\theta}\frac{\partial}{\partial\theta}\left(\sin\theta\frac{\partial}{\partial\theta}\right)\frac{\Theta}{\Theta} + \ell(\ell+1) - \frac{m_\ell^2}{\sin^2\theta} = 0$$

방위각에 대한 구면 조화파 Y 방정식에서 방위각 함수 Θ 를 소거하여 방위각에 대한 근본 무늬를 들여다본다.

$$\frac{1}{\sin\theta}\frac{\partial}{\partial\theta}\left(\sin\theta\frac{\partial}{\partial\theta}\right) + \ell(\ell+1) - \frac{m_\ell^2}{\sin^2\theta} = 0$$

위치와 각도에 대한 관점 렌즈 $x = \cos\theta$ 로 전환하기 좋게 정리하고, 방위각 θ 관점의 방정식을 위치 x 관점의 방정식으로 변환한다.

$$\frac{1}{\sin\theta}\frac{\partial}{\partial\theta}\left(\sin\theta\frac{\partial}{\partial\theta}\right) + \ell(\ell+1) - \frac{m_\ell^2}{\sin^2\theta} = 0$$

$$x = \cos\theta, \quad \partial x = -\sin\theta\,\partial\theta$$

@ $\quad\dfrac{\partial}{\partial x} = \dfrac{1}{-\sin\theta}\dfrac{\partial}{\partial\theta}, \quad \dfrac{1}{\sin\theta}\dfrac{\partial}{\partial\theta} = \dfrac{\partial}{-\partial x}$

@ $\quad\dfrac{\partial}{\partial\theta} = \sin\theta\dfrac{\partial}{-\partial x}, \quad \sin\theta\dfrac{\partial}{\partial\theta} = \sin^2\theta\dfrac{\partial}{-\partial x}$

$$\frac{\partial}{-\partial x}\left(\sin^2\theta\frac{\partial}{-\partial x}\right) + \ell(\ell+1) - \frac{m_\ell^2}{\sin^2\theta} = 0$$

@ $\quad \sin^2\theta = 1 - x^2$

$$\frac{\partial}{\partial x}\left((1-x^2)\frac{\partial}{\partial x}\right) + \ell(\ell+1) - \frac{m_\ell^2}{1-x^2} = 0$$

$$(fg)' = f'g + fg'$$

$$\frac{\partial}{\partial x}\left((1-x^2)\frac{\partial}{\partial x}\right) = \left(\frac{d}{dx}(1-x^2)\right)\frac{d}{dx} + (1-x^2)\left(\frac{d}{dx}\frac{d}{dx}\right)$$

$$\frac{\partial}{\partial x}\left((1-x^2)\frac{\partial}{\partial x}\right) = -2x\frac{d}{dx} + (1-x^2)\frac{d^2}{dx^2}$$

$$(1-x^2)\frac{\partial^2}{\partial x^2} - 2x\frac{\partial}{\partial x} + \ell(\ell+1) - \frac{m_\ell^2}{1-x^2} = 0$$

이렇게 위치와 각도에 대한 관점 렌즈 $x = \cos\theta$ 로 구면 조화파를 변환하면 널리 알려져 있는 연관 르장드르 미분 방정식의 모형이 된다.

$$(1-x^2)\frac{d^2}{dx^2}P(x) - 2x\frac{d}{dx}P(x) + n(n+1)P(x) = 0$$

Legendre Differential Equation

$$(1-x^2)\frac{d^2}{dx^2}P_\ell^m(x) - 2x\frac{d}{dx}P_\ell^m(x) + \left[\ell(\ell+1) - \frac{m_\ell^2}{1-x^2}\right]P_\ell^m(x) = 0$$

Associated Legendre Differential Equation

결국 **연관 르장드르** 미분 방정식은 **기본 르장드르** 미분 방정식에 방위 양자수 ℓ 과 자기 양자수 m 이 추가된 형태다.

다항식의 n 이 방위각의 무늬였고 방위 양자수 ℓ 로 전환되었다. 이때 방위 양자수 ℓ 에 상속된 자기 양자수 m 의 무늬가 더해진다.

연관 르장드르 미분 방정식을 다시 관점 렌즈 $x=\cos\theta$ 로 역산하여 전개하면 구면 조화파 Y 에 관한 미분 방정식에 도달할 수 있다. 이렇게 거슬러 재검산해 보는 것은 불필요해 보일 수 있으나 사고실험의 과정에서 매우 중요하다.

$$(1-x^2)\frac{d^2}{dx^2}P_\ell^m(x) - 2x\frac{d}{dx}P_\ell^m(x) + \left[\ell(\ell+1) - \frac{m_\ell^2}{1-x^2}\right]P_\ell^m(x) = 0$$

$$\frac{d}{dx}\left[(1-x^2)\frac{d}{dx}P_\ell^m(x)\right] + \left[\ell(\ell+1) - \frac{m_\ell^2}{1-x^2}\right]P_\ell^m(x) = 0$$

$$[-1,1], \quad 0 \le m \le \ell$$

$$x = \cos\theta, \quad dx = -\sin\theta\, d\theta, \quad \sin^2\theta = 1-x^2$$

$$\frac{d}{-\sin\theta\, d\theta}\left[\sin^2\theta\frac{d}{-\sin\theta\, d\theta}P_\ell^m(\cos\theta)\right] + \left[\ell(\ell+1) - \frac{m_\ell^2}{\sin^2\theta}\right]P_\ell^m(\cos\theta) = 0$$

$$\frac{1}{\sin\theta}\frac{d}{d\theta}\left[\sin\theta\frac{d}{d\theta}P_\ell^m(\cos\theta)\right] + \left[\ell(\ell+1) - \frac{m_\ell^2}{\sin^2\theta}\right]P_\ell^m(\cos\theta) = 0$$

$$\frac{1}{\sin\theta}\frac{d}{d\theta}\left(\sin\theta\frac{d}{d\theta}\right) + \ell(\ell+1) - \frac{m_\ell^2}{\sin^2\theta} = 0$$

구면 조화파 Y 함수는 라플라시안의 해석에서 위도 Θ 함수와 경도 Φ 함수의 곱으로 정리했다.

$$r^2 \nabla^2 R\Theta\Phi = r^2 \nabla^2 RY = 0$$

$$Y = \Theta\Phi, \quad Y(\theta, \varphi) = \Phi(\varphi)\,\Theta(\theta)$$

경도 Φ 함수는 복소원의 파동이었고, 2차 편미분을 하면 자기 양자수의 제곱과 허수 차원에서 만났다.

$$C_@^{\pm x} = e^{\pm ix} \quad : \text{Complex Uint Circle}$$

$$x = m\varphi, \quad \psi_z(x) = \psi_z(m\varphi) = \Phi(\varphi)$$

$$\Phi(\varphi) = e^{\pm im\varphi} \quad : \text{Complex Circle}$$

$$\frac{\partial}{\partial \varphi} e^{\pm im\varphi} = \pm i m\, e^{\pm im\varphi}$$

$$\frac{\partial^2}{\partial \varphi^2} e^{\pm im\varphi} = (\pm im)^2 e^{\pm im\varphi} = -m^2 e^{\pm im\varphi}$$

$$@@ \quad \frac{\partial^2}{\partial \varphi^2} = -m^2, \quad \frac{\partial}{\partial \varphi} = \pm im$$

$$\frac{\partial}{\partial \varphi} = \pm im \ , \quad \left(\frac{\partial}{\partial \varphi} + im\right)\left(\frac{\partial}{\partial \varphi} - im\right) = 0$$

$$\frac{d^2}{d\varphi^2} - (im)^2 = 0 \ , \quad \frac{d^2}{d\varphi^2} + m^2 = 0$$

$$\frac{d^2\Phi}{d\varphi^2} + m^2\Phi = 0$$

$$\Phi_m(\varphi) = A e^{+im\varphi} + B e^{-im\varphi}$$

$$@ @ \quad \Phi_m(\varphi) = A e^{\pm im\varphi}$$

위도 Θ 함수는 관점 렌즈 $x = \cos\theta$ 를 통해 연관 르장드르 다항식에 이른다.

$$x = \cos\theta$$

$$\Theta_{\ell,m}(\theta) = P_\ell^m(\cos\theta) \quad : \text{Associated Legendre Polynomial}$$

동시공간 사인파의 신호 얽힘
Signal Entanglement of Sync-Cloned Sine Waves

선분논리의 미분 공식에서 사인을 미분하면 코사인이 되고 또 한 번 미분하면 사인으로 돌아오면서 음부호를 뱉어낸다.

회전논리의 **동시공간 렌즈**를 활용하여 사인에 대해 미분 전/후를 구분하고 사인파에 대해 4차 미분까지 양/음의 신호를 추적해 보자.

$$[\sin\theta]^{(m)} \; : \text{미분 전}, \quad [\sin\theta]_{(m)} \; : \text{미분 후}$$

$$[\sin\theta]^{(1)} = \cos\theta = + [\sin\theta]_{(1)}$$

$$[\sin\theta]^{(2)} = [\cos\theta]^{(1)} = -\sin\theta = -[\sin\theta]_{(2)}$$

$$[\sin\theta]^{(3)} = [-\sin\theta]^{(1)} = -\cos\theta = -[\sin\theta]_{(3)}$$

$$[\sin\theta]^{(4)} = [-\cos\theta]^{(1)} = \sin\theta = +[\sin\theta]_{(4)}$$

미분 후의 신호를 $\text{sgn}(m)$ 신호 함수로 양자화하고 자기 양자수 m 에 따라 변화하는 신호의 패턴을 모델링 한다.

이 신호에는 반정수성이 있다. 따라서 자기 양자수 m 을 반으로 쪼개고 내림(버림) 기호로 양자화하면 사인 입자에서 진동하는 신호를 잡아낼 수 있다.

@@ 사인 미분파 신호 모델링

$$[\sin\theta]^{(m)} = \text{sgn}(m)\,[\sin\theta]_{(m)}$$

$$\text{sgn}(m) = (-1)^{\lfloor m/2 \rfloor}$$

$$= \begin{cases} (-)^{\lfloor 1/2 \rfloor} = (-)^{\lfloor 0.5 \rfloor} = (-)^0 = +1 &, m = 1 \\ (-)^{\lfloor 2/2 \rfloor} = (-)^{\lfloor 1 \rfloor} = (-)^1 = -1 &, m = 2 \\ (-)^{\lfloor 3/2 \rfloor} = (-)^{\lfloor 1.5 \rfloor} = (-)^1 = -1 &, m = 3 \\ (-)^{\lfloor 4/2 \rfloor} = (-)^{\lfloor 2 \rfloor} = (-)^2 = +1 &, m = 4 \end{cases}$$

한편 이와 같은 신호는 4개의 단위로 패턴을 이룬다. 따라서 자기양자수 m 을 4로 나눈 나머지로도 정리할 수 있다.

$$\text{sgn}(m) = (-1)^{\lfloor m/2 \rfloor} = \begin{cases} +1 & m \equiv 0 \pmod 4 \\ +1 & m \equiv 1 \pmod 4 \\ -1 & m \equiv 2 \pmod 4 \\ -1 & m \equiv 3 \pmod 4 \end{cases}$$

이렇게 정리한 **사인 미분파 신호**를 **동시공간 사인 입자**에 적용하면 **미분 파동**에 대해 좀 더 구체적인 간섭현상 과정을 관측하고 묘사할 수 있다. 공학적으로 양자 컴퓨팅에 유용한 도구가 될 것이다.

@@ 사인 미분파 신호

$$@@ \quad [\sin\theta]^{(m)} \stackrel{@}{=} (-)^{\lfloor m/2 \rfloor} [\sin\theta]_{(m)}$$

사인 미분파 신호는 실수계와 허수계가 차원 도약으로 진동하는 일종의 시간파라 할 수 있다. 사인(sin)이 미분으로 차원이 낮아지면 코사인(cos)으로 차원 도약한다.

허수계가 시간이라면 실수계는 공간이므로 시간의 파동이 도약하여 공간으로 나올 때 그 방향은 양수가 된다. 물론 이 원리는 인간이 시간보다 공간을 먼저 인식하고 수학의 논리를 시작했기 때문이다.

그래서 시간계의 사인(sin)을 미분하면 공간계로 도약하여 방향이 양수인 +cos 파동이 된다. 반대로 공간계의 코사인(cos)을 미분하면 시간계로 도약하여 방향이 음수인 −sin 파동이 된다.

$$\frac{d}{d\theta}\sin\theta = \cos\theta, \quad \frac{d}{d\theta}\cos\theta = -\sin\theta$$

이번엔 음의 자기 양자수 $-m$ 을 적용해 보자. 삼각함수에 대한 선분논리의 적분은 다음과 같다.

$$\frac{d^{-1}}{d\theta^{-1}}\cos\theta = \int \cos\theta\, d\theta = \sin\theta + C$$

$$\frac{d^{-1}}{d\theta^{-1}} \sin\theta = \int \sin\theta \, d\theta = -\cos\theta + C$$

여기서는 양자화를 전제에 두고 논리를 전개한다. 그래서 **미적분 가역성**이 성립하기 때문에 적분 상수 $C = 0$ 을 논리의 배경에 둔다.

0과 ∞의 자기복제 논리는 그 근원에 적분 상수와 같은 부스러기가 없다. 무한이 무한 그 자체와 관계하는 논리이기 때문이다. 이에 대한 양자화 논리는 나중에 지름 파동에서 구체적으로 관람할 수 있을 것이다.

그래서 회전논리에서 음의 미분 또는 적분은 **괄호를 이용하여 부스러기를 만들지 않았던 것이다**. 회전논리로 음의 자기 양자수 $-m$ 을 동시공간 사인파에 적용하면 **양자화 적분파**에 대해 양/음으로 진동하는 시간파의 신호를 추적할 수 있다.

@@ 사인 양자화 적분파

@@ $C = 0$

$$[\sin\theta]^{(-1)} = -\cos\theta = -[\sin\theta]_{(-1)}$$

$$[\sin\theta]^{(-2)} = [-\cos\theta]^{(-1)} = -\sin\theta = -[\sin\theta]_{(-2)}$$

$$[\sin\theta]^{(-3)} = [-\sin\theta]^{(-1)} = \cos\theta = +[\sin\theta]_{(-3)}$$

$$[\sin\theta]^{(-4)} = [\cos\theta]^{(-1)} = \sin\theta = +[\sin\theta]_{(-4)}$$

사인에 대한 **양자화 적분파 신호**를 정리하면 앞서 확인한 **사인 미분파 신호**와 달라 보인다. 이것은 **신호 함수**의 관점으로 보았을 때 일어나는 착시 현상이다.

@@ 사인 양자화 적분파 신호

$$\mathrm{sgn}(-m) = (-1)^{\lfloor -m/2 \rfloor}$$

$$= \begin{cases} (-)^{\lfloor -1/2 \rfloor} = (-)^{\lfloor -0.5 \rfloor} = (-)^{-1} = -1 &, m = -1 \\ (-)^{\lfloor -2/2 \rfloor} = (-)^{\lfloor -1 \rfloor} = (-)^{-1} = -1 &, m = -2 \\ (-)^{\lfloor -3/2 \rfloor} = (-)^{\lfloor -1.5 \rfloor} = (-)^{-2} = +1 &, m = -3 \\ (-)^{\lfloor -4/2 \rfloor} = (-)^{\lfloor -2 \rfloor} = (-)^{-2} = +1 &, m = -4 \end{cases}$$

$$\mathrm{sgn}(-m) = (-1)^{\lfloor -m/2 \rfloor} = \begin{cases} +1 & m \equiv 0 \pmod 4 \\ -1 & m \equiv -1 \pmod 4 \\ -1 & m \equiv -2 \pmod 4 \\ +1 & m \equiv -3 \pmod 4 \end{cases}$$

신호 함수의 착시 현상은 근원적으로 반정수성에 따른 연쇄반응으로 나타난다.

$$\text{sgn}(-m) = (-1)^{\lfloor -m/2 \rfloor} \neq (-1)^{\lfloor m/2 \rfloor} = \text{sgn}(m)$$

양자화 적분파 신호를 사용하여 **동시공간 사인 적분파**를 정리하면 다음과 같다.

$$@@ \text{ 동시공간 사인 적분파}$$

$$@@ \quad [\sin\theta]^{(-m)} \stackrel{@}{=} (-)^{\lfloor -m/2 \rfloor}[\sin\theta]_{(-m)}$$

동시공간 사인파는 시공간에 발현되기 전에 **동시공간 사인 입자**로만 존재한다. 이와 같은 동시 현상은 사인파가 신호만 다른 미분 재귀성을 가진 데서 나왔으며, 이 논리의 근원에는 0과 ∞의 **동시 자기복제 존재론**이 있다.

동시공간 사인파에서 나오는 **신호 함수**는 얽힌 상태가 관측으로 분기하는 양자 컴퓨팅의 큐비트로 활용할 수 있다. 이 방법을 활용하면 둘로 쪼개지는 큐비트를 4개로 쪼개지는 큐비트로 전환할 수 있다.

여기서 조금만 더 생각해 보면 큐비트를 굳이 몇 가지로 특정할 필요가 없어진다는 것을 깨닫게 된다. 이 원리는 구면 조화파의 무늬에 모두 함축되어 있다.

각도의 진동 도약
Angular Dimensional Pulsing

XY 평면에서 사잇각을 θ 라고 했을 때 $\cos\theta$ 가 x 에 해당하기 때문에 $x=\cos\theta$ 가 길이와 각도의 대표 관계가 된 것이다.

이 관계는 길이 세계에서 각도 세계로 전환할 때 발생하는 일종의 굴절률과 같다. 이런 굴절률을 활용하는 기술이 **관점 렌즈**다. 그래서 우리는 $x=\cos\theta$ 를 간단히 **각도 렌즈**라 부를 것이다.

@@ 길이와 각도의 굴절 관계

@ $x = \cos\theta$: 각도 렌즈

@ $\nabla_x = \dfrac{d}{dx} = \dfrac{d}{d(\cos\theta)} = \nabla_{\cos\theta}$: 각도 입자 렌즈

$$1 - x^2 = 1 - \cos^2\theta = \sin^2\theta$$

$$x^2 - 1 = -\sin^2\theta$$

@@ 선과 각도의 비율 : 도약 관계

$$\frac{\partial}{\partial\theta}x = \frac{\partial}{\partial\theta}\cos\theta = -\sin\theta$$

$$\therefore \partial x = -\sin\theta\, \partial\theta$$

$$\frac{1}{\partial\theta} = -\sin\theta\,\frac{1}{\partial x} \; , \quad \frac{\partial x}{\partial\theta} = -\sin\theta \; , \quad -\frac{\partial x}{\partial\theta} = \sin\theta$$

굴절은 근원적으로 비율을 의미하며 비율은 두 세계의 비례상수와 같다. 각도 렌즈는 미분 입자의 관점에서 각도 입자 렌즈로 연쇄반응한다.

각도 렌즈를 논리의 기반에 두고 길이 x 와 각도 θ 의 관계를 해석하면 두 입자는 비례관계가 성립하게 된다. 각도 θ 를 기준으로 길이 x 에 대한 비율은 음의 사인파 $-\sin\theta$ 로 나타난다.

여기서 음부호는 상대적으로 반대 방향의 차원 도약을 의미한다. 1차원 길이 x 와 2차원 각도 θ 사이의 차원 도약은 같은 실수계에서 관측할 때 양/음이 진동하는 현상으로 표출된다.

사인과 코사인의 미분 공식을 회전논리로 관찰하면, 사인의 시간계에서 코사인의 공간계로 차원 도약할 때를 양부호로 해석한다. 이에 따라 반대 방향의 차원 도약은 음부호가 된다.

$$\frac{\partial}{\partial \theta}\cos\theta = -\sin\theta \ , \ \frac{\partial}{\partial \theta}\sin\theta = \cos\theta$$

$$@ \quad [\cos\theta]^{(1)} = -\sin\theta = -[\cos\theta]_{(1)}$$

$$@ \quad [\sin\theta]^{(1)} = \cos\theta = [\sin\theta]_{(1)}$$

그런데 적분의 경우 미분의 반대 방향성을 가지고 있기 때문에 코사인의 공간 입자를 적분하면 양의 사인이 공간량으로 나타난다. 이 때 사인의 공간량은 시간계의 소용돌이가 Y축 방향으로 표출된 시공간량으로 해석된 결과다.

@@ 각도 렌즈 미분파 방향성

@ $x = \cos\theta, \quad y = -\sin\theta$

$(x, y) = (\cos\theta, -\sin\theta)$

수평선에서 시계 방향 회전

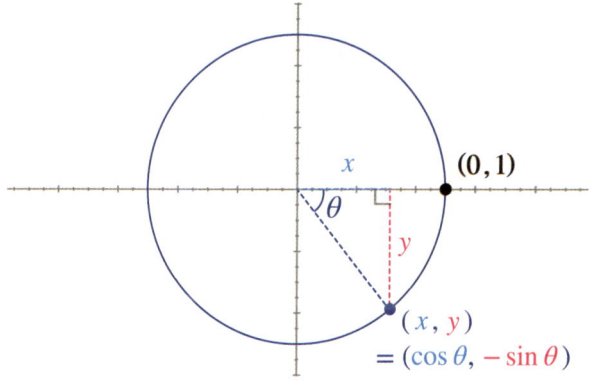

@ $x = \cos\theta = [\sin\theta]^{(1)} = [\sin\theta]_{(1)}$

@ $y = -\sin\theta = [\cos\theta]^{(1)} = -[\cos\theta]_{(1)}$

XY 평면 위에 점$(0, 1)$이 있다. 이 점을 시작점으로 삼고 시계 방향으로 회전하는 길이를 각도 θ 라고 생각한다. 이것이 회전 변환의 기원이다.

반대로 사인의 적분은 시간계의 누적이 공간계 코사인의 관점에서 상대 차원을 공간량으로 해석한 결과로 나타난다. 이는 선분논리가 적분을 공간의 관점에서 정의한 데서 비롯한다.

$$\frac{d^{-1}}{d\theta^{-1}} \cos\theta = \int \cos\theta \, d\theta = \sin\theta + C$$

$$\frac{d^{-1}}{d\theta^{-1}} \sin\theta = \int \sin\theta \, d\theta = -\cos\theta + C$$

@@ 각도 렌즈 적분파 방향성

@ $\quad [\cos\theta]^{(-1)} = \sin\theta = [\cos\theta]_{(-1)} = -y$

@ $\quad [\sin\theta]^{(-1)} = -\cos\theta = -[\sin\theta]_{(-1)} = -x$

그래서 회전논리는 나중에 양자화 논리에서 **음부호**를 상대 차원에 대한 **거울막**으로 해석한다.

회전논리는 양자화 관점에서 논리를 전개할 때 적분상수를 $C=0$으로 해석한다. 이는 적분상수를 입자가 쪼개질 때 발생하는 부스러기로 해석하는 데서 유래했다. 입자를 쪼개지 않은 상태로 유지하면 부스러기가 발생하지 않아 적분상수는 **0입자**가 되는 원리다.

부스러기는
관점에 따라 발생한다

한편 1차원 길이 x 에서 2차원 각도 θ 로 차원 도약할 때 XY 평면 속에서는 Y축 방향으로 향하기 때문에 길이 y 차원의 방향을 대표하는 $\sin\theta$ 로 나타난다.

차원 도약과 진동성을 모두 함축하면 **각도 입자**로 양자화하는데 이 입자는 실수계에서 음의 탄젠트 $-\tan\theta$ 로 그 수량을 표출한다.

@@ 각도 입자 $-\tan\theta$

$$\frac{\partial}{\partial \theta}\cos\theta = -\sin\theta \, , \quad \frac{\partial}{\partial \theta}\sin\theta = \cos\theta$$

@@ $\quad \nabla_\theta = \dfrac{\partial}{\partial \theta} = -\dfrac{\sin\theta}{\cos\theta} = -\tan\theta \quad$: 각도 입자

여기에 개념적으로 구분할 필요가 있다. **각도 입자**와 **각도 입자 렌즈**에는 관점의 차이가 있다. **렌즈**는 어떤 굴절률을 기반으로 왜곡되는 파동을 관찰한다는 의미이므로 수학적으로는 **변환**을 의미한다.

@@ $\quad \nabla_\theta = \dfrac{\partial}{\partial \theta} = -\dfrac{\sin\theta}{\cos\theta} = -\tan\theta \quad$: 각도 입자

@ $\quad \nabla_x = \dfrac{\partial}{\partial x} = \dfrac{\partial}{\partial \cos\theta} = \nabla_{\cos\theta} \quad$: 각도 입자 변환 렌즈

특히 연관 르장드르의 논리에서는 **각도 입자 렌즈**를 어떻게 해석하느냐에 따라 이후 펼쳐지는 논리의 연쇄반응에 부스러기 효과가 동반한다.

참고로 선분논리는 표면적 접근법에 의한 공학적 결과론을 중요시 하기 때문에 미분 입자에 대한 해석도 부스러기를 동반하는 논리로 전개된다.

반면 회전논리는 관점에 따라 달라 보이는 편광 효과를 전제로 부분적 선분논리를 구사한다.

그래서 무한을 깨뜨리지 않고 고스란히 동시공간 입자로 양자화하여 논리를 전개한다. 회전논리는 이런 방식을 "무한을 무한으로 관계한다"고 말한다. 이로 인해 선분논리와 같은 부스러기를 발생시키지 않으려 하는 관성이 있다.

각도 입자의 연산자 분기
Angular Genesis : Operator Bifurcation

길이와 각도의 관계에서 파생된 렌즈에는 두 가지가 있다. 하나는 **코사인 입자**이고 또 하나는 **근원 각도 입자**다.

발견된 순서에 따르면 길이를 대표하는 x 에 대한 **코사인 입자**가 먼저다. 그리고 **코사인 입자**를 오일러 원에 따라 분해한 것이 **근원 각도 입자**가 된다.

$$@_1 \quad \nabla_x = \frac{\partial}{\partial x} = \frac{\partial}{\partial \cos\theta} = \nabla_{\cos\theta} \quad : \text{코사인 입자 렌즈}$$

$$\nabla_{\cos\theta} = \frac{\partial}{\partial \cos\theta} = \frac{\partial}{-\sin\theta\, \partial\theta} = \frac{1}{-\sin\theta} \frac{\partial}{\partial\theta} = \frac{1}{-\sin\theta} \nabla_\theta$$

$$@_2 \quad \nabla_x = \nabla_{\cos\theta} = \frac{1}{-\sin\theta} \nabla_\theta \quad : \text{근원 각도 입자 렌즈}$$

@@ 두 각도 입자와 연산자 분기

$$\nabla_x = \frac{\partial}{\partial x} = \frac{\partial}{\partial \cos\theta} = \nabla_{\cos\theta} = \frac{\partial}{-\sin\theta\, \partial\theta} = \frac{1}{-\sin\theta} \frac{\partial}{\partial\theta} = \frac{1}{-\sin\theta} \nabla_\theta$$

문제는 **코사인 입자**와 **근원 각도 입자**가 연산자로 작용할 때이다. 이 현상을 경험할 수 있게 하는 것이 르장드르 다항식이다. 선형의 르장드르를 각도 렌즈로 관찰할 때 **연산자 분기** 현상이 일어난다.

길이 x 와 각도 θ 의 관계는 오일러 원에서 유래한 **르장드르 렌즈**의 굴절 효과에 따른 연쇄반응들로 나타난다.

Length & Angle Relation

$$@@ \quad x = \cos\theta$$

$$\frac{\partial}{\partial\theta}x = \frac{\partial}{\partial\theta}\cos\theta = -\sin\theta$$

$$\therefore\ \partial x = -\sin\theta\,\partial\theta$$

길이 x 는 $\cos\theta$ 에 대응하고 $\cos\theta$ 를 미분하면 $-\sin\theta$ 가 된다. 그리고 $-\sin\theta$ 는 $-y$ 를 의미하며, x 와 $\cos\theta$ 의 중간에 있다.

길이 x 와 각도 θ 의 미분 입자 관계를 보면 두 입자 사이에 $-\sin\theta$ 가 중간자 역할을 하면서 계수 형식으로 발현한다. 쉽게 말해 1을 빗변으로 한 피타고라스 삼각형 구도를 형성한다. 근원적으로는 원의 알고리즘이 길이의 세계에서 직각 삼각형으로 표출된다는 것을 의미한다.

$$@ \quad -\sin^2\theta = \cos^2\theta - 1 = x^2 - 1$$

$$\sin^2\theta = 1 - x^2 \quad \therefore\ \sin\theta = \pm(1-x^2)^{\frac{1}{2}}$$

$$\partial x = -\sin\theta\,\partial\theta,\quad \partial\theta = \frac{1}{-\sin\theta}\partial x = \mp(1-x^2)^{-\frac{1}{2}}\partial x$$

$$\therefore \frac{\partial}{\partial \theta} = \mp (1-x^2)^{\frac{1}{2}} \frac{\partial}{\partial x}$$

각도 입자는 회전하면서 제곱을 토대로 양음이 진동한다. 이것은 시간 파동에서 기원했고 수리적으로 제곱이 양음의 제곱근이 되는 것은 입자의 켤레와 반정수성을 암시한다.

$$@@ \quad \frac{\partial}{\partial \theta} = -\sin^2 \theta = \mp \sqrt{1-x^2} \frac{\partial}{\partial x}$$

$$\frac{\partial}{\partial \theta} = -\sin^2 \theta = \begin{cases} -\sqrt{1-x^2} \frac{\partial}{\partial x}, & \sin \theta > 0, \ 0 < \theta < \pi \\ +\sqrt{1-x^2} \frac{\partial}{\partial x}, & \sin \theta < 0, \ \pi < \theta < 2\pi \end{cases}$$

연관 르장드르는 **기본 르장드르**를 자기 양자수만큼 추가적으로 m차 연미분하여 쪼갠 입자다. 그런데 이 과정에 길이와 각도, 두 미분 입자 사이의 비례상수와 같은 계수가 발생한다.

수학에서 이와 같이 미분 연산자에 동반하는 배수 입자를 포괄하여 **복합 연산자**라 부른다. 이 관점은 원형의 각도 세계에서 탄생한 연관 르장드르를 사각형의 길이 세계로 전환했을 때의 해석이다.

$$P_\ell^m(\cos \theta) = \frac{d^m}{d\theta^m}\left(P_\ell(\cos \theta)\right)$$

$$@_1 \quad \frac{\partial}{\partial \theta} = \mp (1-x^2)^{\frac{1}{2}} \frac{\partial}{\partial x}$$

$$P_\ell^m(x) = \left(\mp (1-x^2)^{\frac{1}{2}} \frac{\partial}{\partial x} \right)^m (P_\ell(x))$$

$$@@ \quad P_\ell^m(x) = (-)^m (1-x^2)^{\frac{m}{2}} \frac{d^m}{dx^m}(P_\ell(x))$$

반대로 결과론적 관점에서 로드리게스 공식을 보면 m 차 연미분에 대해 위상 보정을 하기 위한 **위상 가중치**를 부여한 것으로 해석한다. 이 해석이 선분논리의 주된 해석이다.

$$P_\ell(x) = \frac{1}{2^\ell \ell!} \frac{d^\ell}{dx^\ell}(x^2-1)^\ell$$

$$P_\ell^m(x) = (-1)^m (1-x^2)^{\frac{m}{2}} \frac{d^m}{dx^m} \left[\frac{1}{2^\ell \ell!} \frac{d^\ell}{dx^\ell}(x^2-1)^\ell \right]$$

$$P_\ell^m(x) = \frac{(-1)^m}{2^\ell \ell!} (1-x^2)^{\frac{m}{2}} \frac{d^{\ell+m}}{dx^{\ell+m}}(x^2-1)^\ell$$

그리고 선분논리는 길이 x 의 로드리게스 공식을 $x = \cos\theta$ 로 변환하면 연관 르장드르가 나온다는 것으로 이해한다.

그러면 선분논리의 눈으로 회전논리를 굴려보자. **르장드르 각도 렌즈**로 길이 x 의 로드리게스 공식을 관찰한다. 그러면 $-\sin\theta$ 가 자기복제 꼴로 나타난다.

$$P_\ell^m(x) = (-1)^m(1-x^2)^{\frac{m}{2}} \frac{d^m}{dx^m}\left(P_\ell(x)\right)$$

@$_2$ $(-1)^m(1-x^2)^{\frac{m}{2}} = (-1)^m(\sin^2\theta)^{\frac{m}{2}} = (-\sin\theta)^m$

@$_3$ $\partial x = -\sin\theta\, \partial\theta$, $\dfrac{\partial}{\partial x} = \dfrac{1}{-\sin\theta}\dfrac{\partial}{\partial\theta}$

$$\frac{\partial^m}{\partial x^m} = \left(\frac{1}{-\sin\theta}\frac{\partial}{\partial\theta}\right)^m \stackrel{@}{=} \frac{1}{(-\sin\theta)^m}\frac{\partial^m}{\partial\theta^m}$$

@@ 동시공간 사인 렌즈

$$P_\ell^m(\cos\theta) \stackrel{@}{=} (-\sin\theta)^m \frac{1}{(-\sin\theta)^m}\frac{d^m}{d\theta^m}\left(P_\ell(\cos\theta)\right)$$

$$P_\ell^m(\cos\theta) \stackrel{@}{=} \frac{(-\sin\theta)^m}{(-\sin\theta)^m}\frac{d^m}{d\theta^m}\left(P_\ell(\cos\theta)\right)$$

@@ $P_\ell^m(\cos\theta) \stackrel{@}{=} \dfrac{d^m}{d\theta^m}\left(P_\ell(\cos\theta)\right)$

그런데 선분논리는 $-\sin\theta$ 가 자기복제로 소멸되는 전개 방식을 받아들이기 어렵다. **복합 연산자** 속에 있는 인자가 밖에 있는 일반 인자와 곱 관계를 하는 것이 문제라 생각한다. 선분논리의 생각은 다음과 같다.

$$P_\ell^m(\cos\theta) = (-\sin\theta)^m \left(\frac{1}{-\sin\theta}\frac{d}{d\theta}\right)^m (P_\ell(\cos\theta))$$

$$m=2, \quad \frac{d^2}{dx^2} = \left(\frac{1}{-\sin\theta}\frac{d}{d\theta}\right)^2 = \frac{1}{\sin^2\theta}\frac{d^2}{d\theta^2} - \frac{\cos\theta}{\sin^3\theta}\frac{d}{d\theta}$$

$$\left(\frac{1}{-\sin\theta}\frac{d}{d\theta}\right)^2 = \frac{1}{-\sin\theta}\frac{d}{d\theta}\left(\frac{1}{-\sin\theta}\frac{d}{d\theta}\right)$$

$$= \frac{1}{-\sin\theta}\left(\frac{d}{d\theta}\left(\frac{1}{-\sin\theta}\right)\frac{d}{d\theta} + \frac{1}{-\sin\theta}\frac{d}{d\theta}\left(\frac{d}{d\theta}\right)\right)$$

$$= \frac{1}{-\sin\theta}\left(\frac{\cos\theta}{\sin^2\theta}\frac{d}{d\theta} + \frac{1}{-\sin\theta}\frac{d^2}{d\theta^2}\right)$$

$$= -\frac{\cos\theta}{\sin^3\theta}\frac{d}{d\theta} + \frac{1}{\sin^2\theta}\frac{d^2}{d\theta^2}$$

$$\frac{\partial^m}{\partial x^m} = \left(\frac{1}{-\sin\theta}\frac{\partial}{\partial\theta}\right)^m \neq \frac{1}{(-\sin\theta)^m}\frac{\partial^m}{\partial\theta^m}$$

이와 같은 인식은 하나의 관점만이 진리라는 생각에서 시작된다. 이러한 생각이 오래되면 그것만이 엄격한 수학이라는 프레임에 갇히게 된다.

선분논리는 **코사인 입자**를 채택했다. 그리고 더 이상 깊이 들어가는 것은 무의미하다고 생각한다.

$$P_\ell(x) = \frac{1}{2^\ell \ell!} \frac{d^\ell}{dx^\ell}\left[(x^2-1)^\ell\right]$$

@₁ $\nabla_x = \dfrac{d}{dx} = \dfrac{d}{d(\cos\theta)} = \nabla_{\cos\theta}$: 코사인 입자 렌즈

@₁ $P_\ell(\cos\theta) = \dfrac{1}{2^\ell \ell!} \dfrac{d^\ell}{d(\cos\theta)^\ell}(-\sin^2\theta)^\ell$

@₁ $P_\ell(\cos\theta) = \dfrac{1}{2^\ell \ell!} \nabla_{\cos\theta}^\ell (-\sin^2\theta)^\ell$

하지만 한걸음 더 들어가 보면 **복합 연산자**가 둘로 쪼개지는 분기 현상을 목격할 수 있다.

@₂ $\nabla_x = \nabla_{\cos\theta} = \dfrac{1}{-\sin\theta}\nabla_\theta$: 근원 각도 입자 렌즈

$$P_\ell(\cos\theta) = \frac{1}{2^\ell \ell!}\left(\frac{1}{-\sin\theta}\frac{d}{d\theta}\right)^\ell (-\sin^2\theta)^\ell$$

$$= \frac{1}{2^\ell \ell!}(-)^\ell \left(\frac{1}{\sin\theta}\frac{d}{d\theta}\right)^\ell (-)^\ell (\sin^2\theta)^\ell$$

@₂ $P_\ell(\cos\theta) = \dfrac{1}{2^\ell \ell!}\left(\dfrac{1}{\sin\theta}\dfrac{d}{d\theta}\right)^\ell (\sin^2\theta)^\ell$

$$@_2 \quad P_\ell(\cos\theta) = \frac{1}{2^\ell \ell!} \left(\frac{1}{\sin\theta} \nabla_\theta\right)^\ell (\sin^2\theta)^\ell$$

연산 객체를 하나의 묶음으로 해석하는 것이 일반적이다. 이 연산자는 각도에 대해 미분한 후 연쇄적으로 음의 사인파 $-\sin\theta$ 를 나누어 주는 것으로 연산 작용을 일단락한다. 그래서 **복합 연산**이라 부르게 되었다. 회전논리는 이 연산자를 두 단계로 쪼개어 복합 연산자의 분기 현상을 감지한다.

$$@_{()}^{\ell} = \left(\frac{1}{-\sin\theta}\frac{d}{d\theta}\right)^\ell (-\sin^2\theta)^\ell = \left(\frac{1}{\sin\theta}\frac{d}{d\theta}\right)^\ell (\sin^2\theta)^\ell$$

@@ 복합 연산자 분기

$$@_{()()}^{\ell} \stackrel{@}{=} \frac{1}{(-\sin\theta)^\ell}\frac{d^\ell}{d\theta^\ell}(-\sin^2\theta)^\ell = \frac{1}{(\sin\theta)^\ell}\frac{d^\ell}{d\theta^\ell}(\sin^2\theta)^\ell$$

회전논리는 부분적으로 시간을 흐르게 하여 논리를 전개할 수 있다. 따라서 음부호에만 시간을 흐르게 하면 미분 대상자와 반응하여 음부호가 소멸된다.

그런데 $-\sin\theta$ 는 어디서 나왔었나?

음의 사인파 $-\sin\theta$ 는 길이 x 가 **각도 렌즈**를 투과하면서 **관계**라는 입자가 둘로 쪼개지는 분기 현상을 일으켜 나타났다. 이런 분기 현상은 스펙트럼과 같은 효과라 할 수 있다.

회전논리는 동시공간을 이용하여 복합 연산자를 분기한 상태로 쓰고 논리를 전개한다. 그러나 선분논리의 눈은 이런 표기법이 혼란스럽게 보일 수 있다. 선분논리는 단방향의 논리만 있어 연산자와 일반 입자가 섞이면 안 된다고 생각하기 때문이다.

$$@^{\ell}_{00} = \frac{1}{(-\sin\theta)^{\ell}} \frac{d^{\ell}}{d\theta^{\ell}}(-\sin^2\theta)^{\ell} = \frac{1}{(-\sin\theta)^{\ell}} \left[(-\sin^2\theta)^{\ell}\right]^{(\ell)}$$

$$@^{\ell}_{00} = \frac{1}{(\sin\theta)^{\ell}} \frac{d^{\ell}}{d\theta^{\ell}}(\sin\theta)^{2\ell} = \frac{1}{(\sin\theta)^{\ell}} \left[(\sin\theta)^{2\ell}\right]^{(\ell)}$$

각도 렌즈의 **굴절 과정**을 다시 살펴보자. 길이 x를 대표하는 코사인 파동의 미분 과정에서 도약의 방향인 y를 대표하는 음의 사인파 $-\sin\theta$가 나왔다.

$$@ \quad x = \cos\theta, \quad y = -\sin\theta$$

$$\frac{\partial}{\partial\theta}x = \frac{\partial}{\partial\theta}\cos\theta = -\sin\theta = y$$

$$@@ \quad \partial x = \partial\cos\theta = -\sin\theta\,\partial\theta = y\,\partial\theta$$

굴절 현상은 $x = \cos\theta$에만 나타나는 것이 아니라 상대 편에 있는 $y = -\sin\theta$에서도 관측할 수 있다.

$$@ \quad y = -\sin\theta$$

$$\frac{\partial}{\partial\theta}\sin\theta = \cos\theta, \quad \partial\sin\theta = \cos\theta\,\partial\theta$$

$$@@ \quad \partial y = -\partial\sin\theta = -\cos\theta\,\partial\theta = -x\,\partial\theta$$

이 현상의 근원지에는 시간계의 사인과 공간계의 코사인을 구분하는 두 눈이 있다. 이 지점에서 발생하는 **구분**이라는 것은 시공간의 탄생에 그 알고리즘이 있었다. 이 때문에 시간을 멈춰 동시공간을 만들면 연산자의 분기 현상도 일어나지 않는다. 세상에 그런 것이 있을까라는 생각이 들기도 하지만 그것이 바로 **동시공간 렌즈**다.

사인파를 동시공간 렌즈로 보면, 선분논리에서 말하는 사인과 코사인의 두 파동이 켤레로 존재함을 알 수 있다. 사인과 코사인은 90도 시간차를 가졌다. 그리고 사인파에 시간을 흐르게 하여 두 눈으로 분해하면 사인과 코사인이 분기하는 것으로 해석할 수 있게 된다.

그러나 사인파에 시간을 멈추게 하여 동결시키면 사인과 코사인이 하나의 입자로 같아지는 현상이 나타난다. 이것을 우리는 **동시공간 사인 렌즈**라 부른다.

@@ 동시공간 사인 렌즈 : Sine SCS Lens

Sine Sync-Clone Space Lens

$$\sin\left(\theta + \frac{\pi}{2}\right) = \cos\theta \stackrel{@}{=} \sin\theta = \cos\left(\theta - \frac{\pi}{2}\right)$$

동시공간 사인 렌즈를 사용하면 사인파의 미분 입자에 시간이 흐르지 않아 사인과 코사인에 대한 동시성을 가진 채 미분 횟수만 증가한다. 이것이 동시공간 사인파의 **중첩 상태**다.

@@ 동시공간 사인파의 중첩 상태

$$\frac{\partial}{\partial\theta}\sin\theta = \cos\theta \stackrel{@}{=} \sin\theta$$

$$[\sin\theta]^{(1)} = [\sin\theta]_{(1)} = \cos\theta \stackrel{@}{=} \sin\theta$$

길이의 관점에서 **기본 르장드르**가 **연관 르장드르**로 변화하는 과정을 미분 연산자의 관점에서 관찰해 보자.

$$P_\ell(x) = \frac{1}{2^\ell \ell!}\frac{d^\ell}{dx^\ell}(x^2-1)^\ell$$

$$P_\ell^m(x) = (-1)^m(1-x^2)^{\frac{m}{2}}\frac{d^m}{dx^m}P_\ell(x)$$

$$P_\ell^m(x) = (-1)^m(1-x^2)^{\frac{m}{2}} \cdot \frac{d^m}{dx^m}\left(\frac{1}{2^\ell \ell!}\frac{d^\ell}{dx^\ell}(x^2-1)^\ell\right)$$

$$P_\ell^m(x) = \frac{(-1)^m(1-x^2)^{\frac{m}{2}}}{2^\ell \ell!} \cdot \frac{d^{\ell+m}}{dx^{\ell+m}}(x^2-1)^\ell$$

연이어 각도 렌즈를 통과하면서 사각형의 세계가 원의 세계로 전환하는 과정을 정리한다.

$$x = \cos\theta, \quad \sin^2\theta = 1-x^2, \quad x^2-1 = -\sin^2\theta$$

$$(-1)^m(1-x^2)^{\frac{m}{2}} = (-1)^m(\sin^2\theta)^{\frac{m}{2}} = (-\sin\theta)^m$$

$$dx = d\cos\theta = -\sin\theta\, d\theta, \quad \frac{d\theta}{dx} = \frac{1}{-\sin\theta}$$

$$@_1 \cdots \frac{d}{d(\cos\theta)} = \frac{d}{dx} = \frac{d\theta}{dx}\frac{d}{d\theta} = \frac{1}{-\sin\theta}\frac{d}{d\theta} \cdots @_2$$

각도 입자는 $\cos\theta$ 의 단일 연산자와 θ 의 복합 연산자 두 관점이 있다. 그리고 복합 연산자의 경우 연산자 속에 있는 음부호가 방위 양자수 ℓ 과 자기 양자수 m 각자의 세계에서 결맞음으로 소멸한다.

$$P_\ell^m(\cos\theta) = \frac{(-\sin\theta)^m}{2^\ell \ell!}\frac{d^{\ell+m}}{d(\cos\theta)^{\ell+m}}(-\sin^2\theta)^\ell$$

$$P_\ell^m(\cos\theta) = (-\sin\theta)^m \frac{d^m}{d(\cos\theta)^m} P_\ell(\cos\theta)$$

기본 르장드르는 방위 양자수 ℓ 차원 속에서 결맞음으로 음부호가 소멸한다.

$$P_\ell(\cos\theta) = \frac{1}{2^\ell \ell!} \left(\frac{1}{-\sin\theta}\frac{d}{d\theta}\right)^\ell (-\sin^2\theta)^\ell$$

$$P_\ell(\cos\theta) = \frac{1}{2^\ell \ell!} (-)^\ell \left(\frac{1}{\sin\theta}\frac{d}{d\theta}\right)^\ell (-)^\ell (\sin^2\theta)^\ell$$

$$P_\ell(\cos\theta) = \frac{1}{2^\ell \ell!} \left(\frac{1}{\sin\theta}\frac{d}{d\theta}\right)^\ell (\sin^2\theta)^\ell$$

연관 르장드르는 추가 미분에 따른 자기 양자수 m 차원 속에서 결맞음으로 음부호가 소멸한다.

$$P_\ell^m(\cos\theta) = (-\sin\theta)^m \left(\frac{1}{-\sin\theta}\frac{d}{d\theta}\right)^m P_\ell(\cos\theta)$$

$$P_\ell^m(\cos\theta) = (-)^m (\sin\theta)^m (-)^m \left(\frac{1}{\sin\theta}\frac{d}{d\theta}\right)^m P_\ell(\cos\theta)$$

$$P_\ell^m(\cos\theta) = (\sin\theta)^m \left(\frac{1}{\sin\theta}\frac{d}{d\theta}\right)^m P_\ell(\cos\theta)$$

기본 르장드르와 융합하여 정리하면 최종적으로 구면계에서 작동하는 연관 르장드르가 된다.

$$P_\ell(\cos\theta) = \frac{1}{2^\ell \ell!}\left(\frac{1}{\sin\theta}\frac{d}{d\theta}\right)^\ell (\sin^2\theta)^\ell$$

$$P_\ell^m(\cos\theta) = (\sin\theta)^m \left(\frac{1}{\sin\theta}\frac{d}{d\theta}\right)^m \left[\frac{1}{2^\ell \ell!}\left(\frac{1}{\sin\theta}\frac{d}{d\theta}\right)^\ell (\sin^2\theta)^\ell\right]$$

@ @ $$P_\ell^m(\cos\theta) = \frac{(\sin\theta)^m}{2^\ell \ell!}\left(\frac{1}{\sin\theta}\frac{d}{d\theta}\right)^{\ell+m} (\sin^2\theta)^\ell$$

길이와 각도 렌즈
Length & Angle Lens

연관 르장드르는 코사인 파동의 관점에서 기본 르장드르를 연미분한 것과 같다. 여기에는 길이 x 와 각도 θ 의 관계 속에 근원 알고리즘이 있다.

$$\Theta_{\ell,m}(\theta) = P_\ell^m(\cos\theta) \quad : \text{Associated Legendre Polynomial}$$

$$P_\ell^m(\cos\theta) = \frac{d^m}{d\theta^m}\left(P_\ell(\cos\theta)\right)$$

$$P_\ell^m(x) = (-1)^m(1-x^2)^{\frac{m}{2}}\frac{d^m}{dx^m}P_\ell(x), \quad x = \cos\theta$$

$$P_\ell^m(\cos\theta) = (-1)^m(\sin\theta)^m \cdot \left[(-1)^m\left(\frac{1}{\sin\theta}\frac{d}{d\theta}\right)^m P_\ell(\cos\theta)\right]$$

$$P_\ell^m(\cos\theta) = (\sin\theta)^m\left(\frac{1}{\sin\theta}\frac{d}{d\theta}\right)^m P_\ell(\cos\theta)$$

르장드르의 씨앗에서 싹이 돋아 나타난 반정수성은 1차원 선형에서 양음의 신호로 발현되고 2차원 원형에서는 제곱으로 양자화한다.

르장드르 미분 방정식에서도 낯익은 무늬를 발견할 수 있다. 그 무늬의 실체는 **사인 제곱**의 무늬다.

사인 제곱의 무늬는 복소원의 오일러 공식에서 허수계에 속하는 무늬다. 허수계의 무늬는 슈뢰딩거 방정식에서 보았듯이 시간의 파동이 흐르는 세계다.

$$\sin^2 \theta = 1 - x^2$$

$$@@ \quad \sin \theta = \pm (1 - x^2)^{\frac{1}{2}}$$

Legendre Differential Equation

$$(1 - x^2)\frac{d^2}{dx^2}P_\ell(x) - 2x\frac{d}{dx}P_\ell(x) + \ell(\ell + 1)P_\ell(x) = 0$$

Associated Legendre Differential Equation

$$(1 - x^2)\frac{d^2}{dx^2}P_\ell^m(x) - 2x\frac{d}{dx}P_\ell^m(x) + \left[\ell(\ell + 1) - \frac{m_\ell^2}{1 - x^2}\right]P_\ell^m(x) = 0$$

$$\frac{d}{dx}\left[(1 - x^2)\frac{d}{dx}P_\ell^m(x)\right] + \left[\ell(\ell + 1) - \frac{m_\ell^2}{1 - x^2}\right]P_\ell^m(x) = 0$$

연관 르장드르 다항식을 각도의 관점에서 보면, 라플라스 방정식과 같이 본래 단순한 모형이다.

그런데 다항식 논리의 출발점인 길이로 변환하면서 복잡한 무늬가 나타났던 것이다. 사각형의 눈으로 원의 세계를 이해하려면 이렇게 무한계의 안경을 쓸 필요가 있다.

선분논리는 음의 미분을 적분으로 구분하여 논리를 전개하기 때문에 연속적 미분을 할 때도 양수만을 생각하는 관성이 짙다. 그러나 연관 르장드르 다항식은 근원적으로 양음의 자기 양자수 $\pm m$ 으로 해석해야 한다.

그렇다면 음수 미분에 대한 개념으로 확장할 필요가 있다. 이는 실수의 대칭이 허수인 것과 같이, 미분의 세계에서도 양의 상대인 음의 방향이 존재한다는 암시이기도 하다.

선분논리는 양의 차수에 대한 미분만 사용하기 위해 자기 양자수 m 을 절댓값으로 표현하여 전개하기도 한다. 그러나 세부 연구에 들어선 후에는 양수 미분을 상식으로 받아들여 생략하는 경우가 많다.

$$P_\ell^m(x) = (1-x^2)^{\frac{|m|}{2}} \frac{d^{|m|}}{dx^{|m|}} P_\ell(x)$$

관점 렌즈 $x = \cos\theta$ 를 통해 로드리게스 공식 속에 숨은 길이와 각도 알고리즘을 좀 더 자세히 관찰한다.

$$P_\ell(x) = \frac{1}{2^\ell \ell!} \frac{d^\ell}{dx^\ell}\left[(x^2-1)^\ell\right]$$

선분논리는 표면적 현상을 해석하는 접근 방식이기 때문에 단순히 $x = \cos\theta$ 를 대입했더니 연관 르장드르가 만들어졌다고 설명한다.

그러나 여기에는 길이와 각도의 근원 알고리즘이 숨어 있다. 길이와 각도의 관계는 우리가 살고 있는 우주가 3차원으로 인식되고 무한 차원으로 펼쳐진 원리의 첫 단추이기도 하다.

앞서 언급한 바와 같이 본래는 **위상 가중치**가 추가로 부가된 것이 아니고 각도의 연미분에서 파생된 것이다. 하지만 선분논리는 길이의 관점에서 논리를 시작했기 때문에 **위상 가중치**를 부가하여 연관 르장드르가 되었다고 생각한다.

회전논리는 양방향의 논리를 전개하기 때문에 선분논리의 관점도 포괄할 필요가 있다. 따라서 선분논리의 위상 가중치 관점에서 연관 르장드르를 정리하면 다음과 같다.

@@ 연관 르장드르 위상 가중치

$$M_\theta^m = (-\sin\theta)^m$$

$$P_\ell^m(\theta) = M_{\cos\theta}^m \cdot \frac{d^m}{d\theta^m} P_\ell(\cos\theta)$$

$$P_\ell^m(\cos\theta) = M_\theta^m \cdot \frac{d^m}{d\theta^m} \left[\frac{1}{2^\ell \ell!} \frac{d^\ell}{d(\cos\theta)^\ell}(-\sin^2\theta)^\ell\right]$$

$$P_\ell^m(\cos\theta) = \frac{(-\sin\theta)^m}{2^\ell \ell!} \frac{d^{m+\ell}}{d(\cos\theta)^{m+\ell}}(-\sin^2\theta)^\ell$$

$$@_1 \cdots \frac{d}{d(\cos\theta)} = \frac{d}{dx} = \frac{d\theta}{dx}\frac{d}{d\theta} = \frac{1}{-\sin\theta}\frac{d}{d\theta} \cdots @_2$$

$$P_\ell^m(\cos\theta) = \frac{(-\sin\theta)^m}{2^\ell \ell!}\left(\frac{1}{-\sin\theta}\frac{d}{d\theta}\right)^{\ell+m}(-\sin^2\theta)^\ell$$

$$P_\ell^m(\cos\theta) = \frac{(\sin\theta)^m}{2^\ell \ell!}\left(\frac{1}{\sin\theta}\frac{d}{d\theta}\right)^{\ell+m}(\sin^2\theta)^\ell$$

위도 θ 세계의 로드리게스 공식에 자기 양자수에 대한 m 차 미분을 적용해 근원 입자에 접근한다. 자기 양자수는 양음의 특성이 있으니 양의 미분과 음의 미분으로 구분할 수 있다. 이것이 **연관 르장드르 함수**다.

$$P_\ell^{\pm m}(\cos\theta) = \frac{(\sin\theta)^{\pm m}}{2^\ell \ell!}\left(\frac{1}{\sin\theta}\frac{d}{d\theta}\right)^{\ell \pm m}(\sin^2\theta)^\ell$$

$$P_\ell^m(\cos\theta) = \frac{(\sin\theta)^m}{2^\ell \ell!}\left(\frac{1}{\sin\theta}\frac{d}{d\theta}\right)^{\ell+m}(\sin^2\theta)^\ell$$

$$P_\ell^{-m}(\cos\theta) = \frac{(\sin\theta)^{-m}}{2^\ell \ell!}\left(\frac{1}{\sin\theta}\frac{d}{d\theta}\right)^{\ell-m}(\sin^2\theta)^\ell$$

양/음의 연관 르장드르 함수는 기하적으로 구체의 북반부와 남반부의 관계와 같이 모양은 같고 방향만 반대인 대칭이다. 이는 다항식의 관점에서 차수는 같고 어떤 비례상수가 있다는 것을 의미한다.

양/음이 서로 부호만 다르다고 단순히 생각할 수 있지만 이런 생각은 길이 세계의 관점이다. 길이를 각도로 변환한 왜곡된 안경으로 보면, 본래는 대칭이지만 눈앞에 나타나는 모양은 달라 보일 수 있다.

대표적인 사례가 대각 대칭의 경우다. 인간은 대각 대칭을 인식할 때 무의식적으로 회전하여 위/아래 또는 좌/우로 비교하여 대칭인지를 해석한다.

그러나 대칭축 자체가 곡선으로 왜곡되기만 해도 납득하기 어려워진다. 이와 같은 경우까지 포괄적으로 해석할 때 비례상수를 활용한다. 우리는 각도 세계 속에서 양/음 연관 르장드르의 관계를 각도에 대한 비례상수로 설정한다.

$$P_\ell^{-m}(\cos\theta) = C_{d\theta}\, P_\ell^m(\cos\theta)$$

$$C_{d\theta} = \frac{P_\ell^{-m}(\cos\theta)}{P_\ell^m(\cos\theta)}$$

$$P_\ell^{-m}(\cos\theta) = \frac{(\sin\theta)^{-m}}{2^\ell \ell!}\left(\frac{1}{\sin\theta}\frac{d}{d\theta}\right)^{\ell-m}(\sin^2\theta)^\ell$$

$$P_\ell^m(\cos\theta) = \frac{(\sin\theta)^m}{2^\ell \ell!}\left(\frac{1}{\sin\theta}\frac{d}{d\theta}\right)^{\ell+m}(\sin^2\theta)^\ell$$

양/음의 연관 르장드르를 대입하고, 양/음의 미분과 무관한 요소를 제거한다. **기본 르장드르**의 위상 가중치인 **단위 이항 계수** 2^n 과 **단위 감마파** $n!$ 은 미분과 무관하므로 비례관계에서 상쇄된다.

$$C_{d\theta} = \frac{\frac{(\sin\theta)^{-m}}{2^\ell \ell!}\left(\frac{1}{\sin\theta}\frac{d}{d\theta}\right)^{\ell-m}(\sin^2\theta)^\ell}{\frac{(\sin\theta)^m}{2^\ell \ell!}\left(\frac{1}{\sin\theta}\frac{d}{d\theta}\right)^{\ell+m}(\sin^2\theta)^\ell}$$

$$C_{d\theta} = \frac{(\sin\theta)^{-m}\left(\frac{1}{\sin\theta}\frac{d}{d\theta}\right)^{\ell-m}(\sin^2\theta)^\ell}{(\sin\theta)^m\left(\frac{1}{\sin\theta}\frac{d}{d\theta}\right)^{\ell+m}(\sin^2\theta)^\ell}$$

여기서 연미분에 대한 근원적 무늬를 생각해 보자. 거듭제곱 $()^\ell$ 에 대한 자기 양자수 m 의 연미분은 이항정리의 순열 계수 알고리즘에 그 원류가 있다.

$$\frac{d^m}{dx^m}()^\ell = \frac{\ell!}{(\ell-m)!}()^{\ell-m} = \ell(\ell-1)\ldots(\ell-m-1)()^{\ell-m}$$

Permutation : 순열 : 내림계승

$$_nP_r = (n)_r = n^{\underline{r}} = \frac{n!}{(n-r)!} = n(n-1)\cdots(n-r+1)$$

$$_\ell P_m = \frac{\ell!}{(\ell-m)!} = n_{\underline{r}}$$

방위 양자수 ℓ 개에서 자기 양자수 m 개를 뽑아 나열하는 경우의 수는 **내림 계승**에 해당하는 **순열**이지만 **미분의 계수**가 되기도 한다.

@@ 미분 계수법 : DCC Rule

Differential Common Coefficients

$$\frac{d^m}{dx^m}()^\ell = \frac{\ell!}{(\ell-m)!}()^{\ell-m} = \ell(\ell-1)...(\ell-m-1)()^{\ell-m}$$

$$\left[\frac{d^m}{dx^m}()^\ell\right]_{DCC} = \frac{\ell!}{(\ell-m)!} = \ell(\ell-1)...(\ell-m-1)$$

$$\frac{d^{-m}}{dx^{-m}}()^\ell = \frac{\ell!}{(\ell+m)!}()^{\ell+m} = \ell(\ell+1)...(\ell+m-1)()^{\ell+m}$$

$$\left[\frac{d^{-m}}{dx^{-m}}()^\ell\right]_{DCC} = \frac{\ell!}{(\ell+m)!} = \ell(\ell+1)...(\ell+m-1)$$

이와 같이 연미분에서 계수의 무늬를 관측하는 렌즈를 우리는 **미분 계수법**이라 이름 붙인다.

미분 계수법으로 렌즈를 만들어 연관 르장드르 파동을 관찰하면 계수에 나타나는 감마파를 관측할 수 있다.

@@ 미분 계수 렌즈 : 감마파

$$\left[\left(\frac{1}{-\sin\theta}\frac{d}{d\theta}\right)^{\ell-m}(-\sin^2\theta)^\ell\right]_{DCC} = \frac{(2\ell)!}{(2\ell-(\ell-m))!} = \frac{(2\ell)!}{(\ell+m)!}$$

$$\left[\left(\frac{1}{-\sin\theta}\frac{d}{d\theta}\right)^{\ell+m}(-\sin^2\theta)^\ell\right]_{\text{DCC}} = \frac{(2\ell)!}{(2\ell-(\ell+m))!} = \frac{(2\ell)!}{(\ell-m)!}$$

연관 르장드르에는 사인 파동이 있다. 이 사인파에 시간을 흐르게 하면 사인과 코사인 그리고 양/음이 진동하는 현상으로 복잡한 다항식이 된다. 그러나 **차수 렌즈**를 사용하면 미분 파동에 따른 차수 파동을 관측할 수 있다.

@@ 차수 렌즈 : 동차 상쇄

$$\deg\left[(\sin\theta)^{-m}\left(\frac{1}{\sin\theta}\frac{d}{d\theta}\right)^{\ell-m}(\sin\theta)^{2\ell}\right] = \ell$$
$$= -m - (\ell-m) + 2\ell = \ell$$

$$\deg\left[(\sin\theta)^{m}\left(\frac{1}{\sin\theta}\frac{d}{d\theta}\right)^{\ell+m}(\sin\theta)^{2\ell}\right] = \ell$$
$$= m - (\ell+m) + 2\ell = \ell$$

차수 렌즈로 양/음의 두 연관 르장드르 파동을 관측하면 모두 동일한 동차 입자라는 것을 알 수 있다. 따라서 양/음의 연관 르장드르의 비례관계에서 **동차 상쇄** 현상이 일어난다.

$$C_{d\theta} = \frac{P_\ell^{-m}(\cos\theta)}{P_\ell^m(\cos\theta)} = \frac{\frac{(2\ell)!}{(\ell+m)!} \cdot ()^\ell}{\frac{(2\ell)!}{(\ell-m)!} \cdot ()^\ell} = \frac{(\ell-m)!}{(\ell+m)!}$$

미분 계수 렌즈와 **차수 렌즈**의 관측 결과를 종합하면, 방위 양자수 ℓ 과 진동하는 자기 양자수 $\pm m$ 의 관계만으로 형성된 감마파가 비율로 나타난다.

$$P_\ell^{-m}(\cos\theta) = C_{d\theta}\, P_\ell^m(\cos\theta)$$

$$@@ \quad P_\ell^{-m}(\cos\theta) = \frac{(\ell-m)!}{(\ell+m)!}\, P_\ell^m(\cos\theta)$$

이 비율은 연관 르장드르의 직교 관계에서도 나타나는 무늬다. 양/음의 관계는 근원적으로 좌/우 대칭이며 방정식의 등호 관계가 성립한다고 했다. 등호 관계는 선형에서 $180°$이지만 원형의 평면파에서는 $90°$ 직교 관계가 된다.

참고로 우리가 펼친 논리는 원형의 평면파를 배경으로 했다. 그리고 사인파에 대해 동시공간을 적용했기 때문에 사인 또는 코사인에 대한 시간의 진동파가 연관 르장드르 속에 숨어 있다. 선분논리의 눈으로 전환하면 사인파에 시간이 흘러 **시공간 사인파**의 영향으로 진동 부호가 나타날 것이다.

@@ 시공간 사인파 진동 부호

$$\frac{\partial}{\partial \theta} \cos \theta = (-) \sin \theta, \quad \frac{\partial}{\partial \theta} \sin \theta = \cos \theta$$

@ $\quad [\cos \theta]^{(1)} = (-) \sin \theta = (-) [\cos \theta]_{(1)}$

@ $\quad [\sin \theta]^{(1)} = \cos \theta = [\sin \theta]_{(1)}$

각도의 심장
Pulsing Angle

각도 θ 가 원형의 세계라면 길이 x 는 선형의 세계에 해당한다. **길이 렌즈**로 연관 르장드르를 관측하면 2차원을 1차원으로 펼치는 꼴이기 때문에 제곱의 평면파와 반정수성이 모두 나타난다.

$$P_\ell^m(x) = (-)^m (1-x^2)^{\frac{m}{2}} \frac{d^m}{dx^m} P_\ell(x)$$

$$P_\ell^{-m}(x) = (-)^{-m} (1-x^2)^{\frac{-m}{2}} \frac{d^{-m}}{dx^{-m}} P_\ell(x)$$

기본 르장드르를 대입하고 양음의 **연관 르장드르**를 길이의 관점에서 정리한다.

$$P_\ell(x) = \frac{1}{2^\ell \ell!} \frac{d^\ell}{dx^\ell} \left[(x^2-1)^\ell\right]$$

$$P_\ell^m(x) = (-)^m (1-x^2)^{\frac{m}{2}} \frac{d^m}{dx^m} \frac{1}{2^\ell \ell!} \frac{d^\ell}{dx^\ell} \left[(x^2-1)^\ell\right]$$

$$P_\ell^m(x) = \frac{(-)^m (1-x^2)^{\frac{m}{2}}}{2^\ell \ell!} \frac{d^{\ell+m}}{dx^{\ell+m}} (x^2-1)^\ell$$

$$P_\ell^{-m}(x) = (-)^{-m} (1-x^2)^{\frac{-m}{2}} \frac{d^{-m}}{dx^{-m}} \frac{1}{2^\ell \ell!} \frac{d^\ell}{dx^\ell} \left[(x^2-1)^\ell\right]$$

$$P_\ell^{-m}(x) = \frac{(-)^{-m}(1-x^2)^{\frac{-m}{2}}}{2^\ell \ell!} \frac{d^{\ell-m}}{dx^{\ell-m}}(x^2-1)^\ell$$

양/음의 두 연관 르장드르를 길이 x 의 관점에서 비교하고 두 세계에 대한 비례상수를 추적해 보자.

$$P_\ell^{-m}(x) = C_x \cdot P_\ell^m(x), \quad C_x = \frac{P_\ell^{-m}(x)}{P_\ell^m(x)}$$

$$C_x = \frac{\frac{(-)^{-m}(1-x^2)^{\frac{-m}{2}}}{2^\ell \ell!} \frac{d^{\ell-m}}{dx^{\ell-m}}(x^2-1)^\ell}{\frac{(-)^m(1-x^2)^{\frac{m}{2}}}{2^\ell \ell!} \frac{d^{\ell+m}}{dx^{\ell+m}}(x^2-1)^\ell}$$

음의 부호 $(-)$ 에 대한 양/음 거듭제곱 $(-)^m$ 은 자기 양자수 m 이 홀수냐 짝수냐에 따라 부호가 결정되므로 $(-)^{2m} = 1$로 소멸된다. 기본 연관 르장드르에서 나온 감마파도 자연스레 상쇄된다.

$$\frac{(-)^{-m}}{(-)^m} = \frac{1}{(-)^m \cdot (-)^m} = \frac{1}{(-)^{2m}} = 1$$

$$C_x = \frac{(1-x^2)^{\frac{-m}{2}} \frac{d^{\ell-m}}{dx^{\ell-m}}(x^2-1)^\ell}{(1-x^2)^{\frac{m}{2}} \frac{d^{\ell+m}}{dx^{\ell+m}}(x^2-1)^\ell}$$

한편 $\frac{-m}{2}$ 과 $\frac{m}{2}$ 반정수 지수는 한 쪽으로 몰아 정수 지수로 양자화하여 정리할 수 있다.

$$\frac{(1-x^2)^{\frac{-m}{2}}}{(1-x^2)^{\frac{m}{2}}} = \frac{1}{(1-x^2)^m}$$

$$C_x = \frac{1}{(1-x^2)^m} \cdot \frac{\frac{d^{\ell-m}}{dx^{\ell-m}}(x^2-1)^\ell}{\frac{d^{\ell+m}}{dx^{\ell+m}}(x^2-1)^\ell}$$

그러고 보니 **위상 가중치**에 해당하는 자기 양자수 m 의 거듭제곱에는 음의 부호가 숨어 있다. 이 음의 부호를 밖으로 빼내면 **르장드르 씨앗**과 같은 꼴로 정리할 수 있다.

$$(1-x^2)^m = (-)^m (x^2-1)^m$$

$$C_x = \frac{1}{(-)^m(x^2-1)^m} \cdot \frac{\frac{d^{\ell-m}}{dx^{\ell-m}}(x^2-1)^\ell}{\frac{d^{\ell+m}}{dx^{\ell+m}}(x^2-1)^\ell}$$

$$C_x = (-)^m \cdot \frac{\frac{d^{\ell-m}}{dx^{\ell-m}}(x^2-1)^\ell}{(x^2-1)^m \frac{d^{\ell+m}}{dx^{\ell+m}}(x^2-1)^\ell}$$

다항식에 대한 **차수 렌즈**로 관찰하면 양/음의 르장드르 파동이 같은 차수의 다항식이라는 것을 확인할 수 있다.

@@ 다항식 차수 렌즈

$$\deg\left(\frac{d^{\ell-m}}{dx^{\ell-m}}(x^2-1)^\ell\right) = 2\ell - (\ell-m) = \ell+m$$

$$\deg\left((1-x^2)^m \cdot \frac{d^{\ell+m}}{dx^{\ell+m}}(x^2-1)^\ell\right) = 2m + (2\ell-(\ell+m)) = \ell+m$$

두 파동의 미분한 결과는 양변 동차 다항식이므로 계수만 남기고 소멸될 것이다. 연미분으로 발생하는 계수를 **미분 계수법**으로 렌즈를 만들어 추출해 보자.

@@ 미분 계수 렌즈 : DCC Rens

$$\left[\frac{d^m}{dx^m}()^\ell\right]_{DCC} = \frac{\ell!}{(\ell-m)!} = (\ell)^{\underline{m}}$$

$$\left[\frac{d^{-m}}{dx^{-m}}()^\ell\right]_{DCC} = \frac{\ell!}{(\ell+m)!} = (\ell)^{\underline{-m}}$$

$$\left[\frac{d^{\ell-m}}{dx^{\ell-m}}(x^2-1)^\ell\right]_{DCC} = \left[\frac{d^{\ell-m}}{dx^{\ell-m}}()^{2\ell}\right]_{DCC} = \frac{(2\ell)!}{(2\ell-(\ell-m))!} = \frac{(2\ell)!}{(\ell+m)!}$$

$$\left[\frac{d^{\ell+m}}{dx^{\ell+m}}(x^2-1)^\ell\right]_{DCC} = \left[\frac{d^{\ell+m}}{dx^{\ell+m}}()^{2\ell}\right]_{DCC} = \frac{(2\ell)!}{(2\ell-(\ell+m))!} = \frac{(2\ell)!}{(\ell-m)!}$$

차수 렌즈와 **미분 계수 렌즈**를 조합하면 미분 입자를 모델링할 수 있다. 양음의 두 파동이 각각 양자화하는 입자 모델링을 해보자.

$$\frac{d^m}{dx^m}()^\ell = \left[\frac{d^m}{dx^m}()^\ell\right]_{\text{DCC}} ()^{\deg} = \frac{\ell!}{(\ell-m)!}()^{\ell-m}$$

$$\frac{d^{-m}}{dx^{-m}}()^\ell = \left[\frac{d^{-m}}{dx^{-m}}()^\ell\right]_{\text{DCC}} ()^{\deg} = \frac{\ell!}{(\ell+m)!}()^{\ell+m}$$

@@ 미분 입자 모델링

$$\deg\left(\frac{d^{\ell-m}}{dx^{\ell-m}}(x^2-1)^\ell\right) = 2\ell - (\ell-m) = \ell+m$$

$$\frac{d^{\ell-m}}{dx^{\ell-m}}(x^2-1)^\ell = \left[\frac{d^{\ell-m}}{dx^{\ell-m}}(x^2-1)^\ell\right]_{\text{DCC}} ()^{\deg} = \frac{(2\ell)!}{(\ell+m)!}()^{\ell+m}$$

$$\deg\left((1-x^2)^m \cdot \frac{d^{\ell+m}}{dx^{\ell+m}}(x^2-1)^\ell\right) = 2m + (2\ell - (\ell+m)) = \ell+m$$

$$(x^2-1)^m \frac{d^{\ell+m}}{dx^{\ell+m}}(x^2-1)^\ell$$
$$= \left[(x^2-1)^m \frac{d^{\ell+m}}{dx^{\ell+m}}(x^2-1)^\ell\right]_{\text{DCC}} ()^{\deg} = \frac{(2\ell)!}{(\ell-m)!}()^{\ell+m}$$

양음의 두 파동 입자를 비례상수 식에 대입하면 동차 다항식은 소멸하고 계수만 남을 것이다.

$$C_x = (-)^m \cdot \frac{\frac{d^{\ell-m}}{dx^{\ell-m}}(x^2-1)^\ell}{(x^2-1)^m \frac{d^{\ell+m}}{dx^{\ell+m}}(x^2-1)^\ell} = (-)^m \cdot \frac{\frac{(2\ell)!}{(\ell+m)!} \cdot ()^{\ell+m}}{\frac{(2\ell)!}{(\ell-m)!} \cdot ()^{\ell+m}}$$

실험 과정의 핵심 거점을 되돌아보자. 양/음의 두 파동을 동차 형식으로 정리하는 과정에 **위상 가중치**의 이항 식을 반전시켰다. 이때 음부호가 나타났고, 동차 다항식은 소멸하며 양/음의 두 감마파를 남겼다.

$$(1-x^2)^m = (-)^m(x^2-1)^m$$

$$C_x = \frac{P_\ell^{-m}(x)}{P_\ell^m(x)} = (-)^m \cdot \frac{\frac{(2\ell)!}{(\ell+m)!} \cdot ()^{\ell+m}}{\frac{(2\ell)!}{(\ell-m)!} \cdot ()^{\ell+m}}$$

$$C_x = \frac{P_\ell^{-m}(x)}{P_\ell^m(x)} = (-)^m \cdot \frac{(\ell-m)!}{(\ell+m)!}$$

이 결과는 앞서 관찰했던 각도에 대한 결과와 같은 무늬를 가지면서 음의 부호가 진동하는 모델로 정리된다.

$$P_\ell^{-m}(x) = C_x \cdot P_\ell^m(x)$$

$$C_x = (-)^m \cdot \frac{(\ell-m)!}{(\ell+m)!}$$

$$@@ \quad P_\ell^{-m}(x) = (-)^m \cdot \frac{(\ell-m)!}{(\ell+m)!} \cdot P_\ell^m(x)$$

길이와 각도 두 실험 결과에서 비례상수 C 가 음의 부호로 인해 달리 나타나는 것은 왜일까?

수리적으로는 자기 양자수의 연미분에 대한 위상 가중치가 반전하면서 나타난 것이 맞다. 그러나 이것은 길이와 각도의 차이에서 발생했다.

우리는 각도에 대해 동시공간 렌즈를 사용했다. 이 때문에 각도에서 시간파가 흘러나오지 않았다. 그렇다면 각도 θ 가 연미분에 의해 진동하는 시간파가 발생한다는 것을 의미한다.

@@ 각도의 양음 진동 : 동시공간 렌즈

$$P_\ell^{-m}(\cos\theta) = C_\theta\, P_\ell^m(\cos\theta) \stackrel{@}{=} C_x\, P_\ell^m(x) = P_\ell^{-m}(x)$$

$$P_\ell^{-m}(\cos\theta) = \frac{(\ell-m)!}{(\ell+m)!} P_\ell^m(\cos\theta) \stackrel{@}{=} (-)^m \frac{(\ell-m)!}{(\ell+m)!} P_\ell^m(x) = P_\ell^{-m}(x)$$

$$\therefore\ P_\ell^m(\cos\theta) \stackrel{@}{=} (-)^m P_\ell^m(x)$$

참고로 선분논리는 **동시공간 사인 렌즈**가 없기 때문에 삼각함수에 대한 양자막을 깨고 길이 x 세계의 비례상수와 같은 것으로 사전적 정리를 한다. 그래서 선분논리의 눈은 진동하는 시간파를 감지하지 못한다.

> @@ 선분논리의 정리 : 시공간 관점
>
> $$P_\ell^{-m}(x) = (-)^m \cdot \frac{(\ell-m)!}{(\ell+m)!} \cdot P_\ell^m(x)$$
>
> $$P_\ell^{-m}(\cos\theta) = (-)^m \cdot \frac{(\ell-m)!}{(\ell+m)!} \cdot P_\ell^m(\cos\theta)$$

> $$P_\ell^m(x) = (-1)^m (1-x^2)^{\frac{m}{2}} \frac{d^m}{dx^m}\left(P_\ell(x)\right)$$

> $$P_\ell^{-m}(x) = (-1)^m \frac{(\ell-m)!}{(\ell+m)!} \cdot P_\ell^m(x)$$

> $$P_\ell^{-m}(x) = (-1)^m \frac{(\ell-m)!}{(\ell+m)!} \cdot (-1)^m (1-x^2)^{\frac{m}{2}} \frac{d^m}{dx^m}\left(P_\ell(x)\right)$$

> $$@_{C_x} \quad P_\ell^{-m}(x) = \frac{(\ell-m)!}{(\ell+m)!} \cdot (1-x^2)^{\frac{m}{2}} \frac{d^m}{dx^m}\left(P_\ell(x)\right)$$

양/음의 연관 르장드르 파동을 관점에 따라 회전논리로 정리하면 양의 연미분과 음의 연미분으로 나뉜다. 여기서 음의 연미분은 당연히 연적분을 의미한다.

> $$@_{-m} \quad P_\ell^{-m}(x) := (-1)^{-m}(1-x^2)^{\frac{-m}{2}} \frac{d^{-m}}{dx^{-m}}\left(P_\ell(x)\right)$$

$$P_\ell^m(x) = (-1)^m \frac{(\ell+m)!}{(\ell-m)!} \cdot P_\ell^{-m}(x)$$

$$P_\ell^m(x) = (-1)^m \frac{(\ell+m)!}{(\ell-m)!} \cdot (-1)^m (1-x^2)^{\frac{-m}{2}} \frac{d^{-m}}{dx^{-m}} \left(P_\ell(x)\right)$$

$$@_{-m} \quad P_\ell^m(x) = \frac{(\ell+m)!}{(\ell-m)!} \cdot (1-x^2)^{\frac{-m}{2}} \frac{d^{-m}}{dx^{-m}} \left(P_\ell(x)\right)$$

양자 물리학에서 이런 현상들을 맞이할 때마다 원론적 해석보다는 현상적 신화를 만드는 경우가 종종 있다. 그러나 그런 마법은 없다. 이 세계는 끊임없는 논리의 연쇄반응으로 이루어져 있다.

수평선과 같이 길이의 세계에서는 양의 방향으로 무한히 가면 양수만 나온다. 음의 세계로 가려면 반대 방향으로 가야 한다.

그런데 각도의 세계에서는 한쪽 방향으로 회전하면 양과 음의 세계를 모두 지나갈 수 있다. 이런 직선과 원의 알고리즘 차이가 양/음의 연관 르장드르 관계식에서 길이와 각도의 관점차로 나타난 것이다.

연관 르장드르 직교성
Associated Legendre Orthogonality

피상적으로 **연관 르장드르**는 **기본 르장드르**의 변형으로 보일 수 있다. 그러나 연관 르장드르는 자기 양자수 m 으로 연미분한 것이므로 이 관점에서는 자기 양자수 m 에 대한 **근원 입자**라 할 수 있다. 따라서 자기 스스로의 근본 알고리즘은 그대로 유지된다.

$$P_\ell^m(\cos\theta) \stackrel{@}{=} \frac{d^m}{d\theta^m}\left(P_\ell(\cos\theta)\right)$$

$$@_\theta \quad P_\ell^m(\cos\theta) = (-\sin\theta)^m \left(\frac{1}{-\sin\theta}\frac{d}{d\theta}\right)^m P_\ell(\cos\theta)$$

$$P_\ell^m(x) \stackrel{@}{=} \frac{d^m}{dx^m}\left(P_\ell(x)\right)$$

$$@_x \quad P_\ell^m(x) = (-)^m (1-x^2)^{\frac{m}{2}} \frac{d^m}{dx^m}\left(P_\ell(x)\right)$$

르장드르 함수는 -1 과 1 에서 모든 차원이 만나고, 선분논리는 -1 과 1 사이에서 의미 있는 해석을 도출한다. 그런 해석 중 대표적인 특성이 직교성이다.

두 연관 르장드르 함수의 곱을 적분하면 특정 계수와 함께 크로네커 델타에 이른다. 크로네커 델타는 특정 조건에서 두 함수가 직교한다는 의미가 유용하여 공학적 논리로 많이 활용된다.

$$\delta_{k,\ell} = \begin{cases} 1 & k = \ell \\ 0 & k \neq \ell \end{cases}$$

$$\int_{-1}^{1} P_k P_\ell \, dx = \frac{2}{2\ell+1} \delta_{k,\ell}$$

$$\int_{-1}^{1} P_k^m P_\ell^m \, dx = \frac{2}{(2\ell+1)} \frac{(\ell+m)!}{(\ell-m)!} \delta_{k,\ell}$$

미적분 연쇄반응 CCR 렌즈를 통해 연관 르장드르 평면파를 트래킹 해보자. 다항식으로 관찰하기 용이한 길이 x 관점의 연관 르장드르를 준비한다.

$$P_\ell(x) = \frac{1}{2^\ell \ell!} \frac{d^\ell}{dx^\ell} (x^2 - 1)^\ell$$

$$P_\ell^m(x) = (-1)^m (1-x^2)^{\frac{m}{2}} \frac{d^m}{dx^m} P_\ell(x)$$

$$P_\ell^m(x) = (-1)^m (1-x^2)^{\frac{m}{2}} \frac{d^m}{dx^m} \frac{1}{2^\ell \ell!} \frac{d^\ell}{dx^\ell} (x^2 - 1)^\ell$$

연관 르장드르를 자기복제로 제곱하여 평면파를 만든다. 이 평면파는 미지수 x 의 값을 특정하지 않았기 때문에 알고리즘만 있는 **0 입자**와 같은 상태다.

$$P_\ell^m(x) = \frac{(-1)^m (1-x^2)^{\frac{m}{2}}}{2^\ell \ell!} \frac{d^{\ell+m}}{dx^{\ell+m}}(x^2-1)^\ell$$

$$P_\ell^m(x)^2 = \left(\frac{(-1)^m (1-x^2)^{\frac{m}{2}}}{2^\ell \ell!} \frac{d^{\ell+m}}{dx^{\ell+m}}(x^2-1)^\ell\right)^2$$

$$P_\ell^m(x)^2 = \frac{(-1)^{2m}(1-x^2)^m}{2^{2\ell}(\ell!)^2}\left(\frac{d^{\ell+m}}{dx^{\ell+m}}(x^2-1)^\ell\right)^2$$

$$P_\ell^m(x)^2 = \frac{(1-x^2)^m}{2^{2\ell}(\ell!)^2}\left(\frac{d^{\ell+m}}{dx^{\ell+m}}(x^2-1)^\ell\right)^2$$

@ $(1-x^2)^m = (-)^m(x^2-1)^m$

$$P_\ell^m(x)^2 = \frac{(-)^m(x^2-1)^m}{2^{2\ell}(\ell!)^2}\left(\frac{d^{\ell+m}}{dx^{\ell+m}}(x^2-1)^\ell\right)^2$$

여기서 자기복제할 때 **켤레**를 사용했는데 자기 양자수가 양음으로 변하지 않았다. 선분논리는 실수를 전제로 르장드르를 만들었고 허수가 없기 때문에 그 켤레는 양/음의 변동 없이 자기 자신이 된 것이다. 이는 선분논리의 눈으로 해석했기 때문이다. 선분논리는 켤레를 복소수에서만 사용하는 것으로 생각한다.

물론 회전논리의 해석은 좀 더 확장되지만 선분논리를 포괄하기 때문에 논리를 전개하는 데는 문제가 없다. 나중에 실수 속에서 양/음으로 켤레를 해석하면 숨어 있던 시간파가 0입자로 나타날 것이다.

연관 르장드르의 제곱 평면파를 계수와 구분하여 정리하면 **르장드르 씨앗**을 연미분하는 근원 입자 꼴이 된다. 단지 연미분의 차수가 방위 양자수 ℓ 과 자기 양자수 m 의 합으로 $\ell+m$ **연관 차수**를 형성하고 있다. 우리는 이것을 **연관 르장드르 근원입자**라 부를 것이다.

@@ 연관 르장드르 근원입자

$\ell + m$: 연관 차수

$$\frac{d^{\ell+m}}{dx^{\ell+m}}(x^2-1)^\ell \quad : \text{Associated Legendre Identitant}$$

$$P_\ell^m(x)^2 = \frac{(-)^m(x^2-1)^m}{2^{2\ell}(\ell!)^2}\left(\frac{d^{\ell+m}}{dx^{\ell+m}}(x^2-1)^\ell\right)^2$$

연관 르장드르 평면파는 알고리즘이 **0입자**이므로 적분하면 이 알고리즘에 대한 공간량이 나올 것이다. 적분 파동과 무관한 계수는 적분 밖으로 정리한다.

$$\int_{-1}^{1} P_\ell^m(x)^2 dx = \frac{(-)^m}{2^{2\ell}(\ell!)^2}\int_{-1}^{1}(x^2-1)^m\left(\frac{d^{\ell+m}}{dx^{\ell+m}}(x^2-1)^\ell\right)^2 dx$$

적분 파동을 집중적으로 관찰하기 위해 적분 대상을 I 로 개념화한다.

$$\int_{-1}^{1} P_\ell^m(x)^2 dx = \frac{(-)^m}{2^{2\ell}(\ell!)^2} \cdot I_{\ell m}$$

$$I_{\ell m} = \int_{-1}^{1} (x^2-1)^m \cdot \left(\frac{d^{\ell+m}}{dx^{\ell+m}} (x^2-1)^\ell \right)^2 dx$$

적분 대상은 근원입자의 제곱인데 적분 파동을 **CCR** 렌즈로 관측하기에 적합하도록 두 근원입자의 곱 관계로 재정리한다.

$$I_{\ell m} = \int_{-1}^{1} (x^2-1)^m \cdot \frac{d^{\ell+m}}{dx^{\ell+m}}(x^2-1)^\ell \cdot \frac{d^{\ell+m}}{dx^{\ell+m}}(x^2-1)^\ell dx$$

르장드르 씨앗은 적분 구간의 양 끝에서 0입자 특성을 보인다. 이로 인해 **르장드르 근원입자** 유형의 적분 파동은 **CCR** 의 중간항이 0으로 소멸한다.

$$\int f^{(0)} \cdot g^{(0)} dx = \sum_{j=0}^{k-1} (-)^j \left[f^{(j)} \cdot g^{(-j-1)} \right] + (-)^k \int f^{(k)} \cdot g^{(-k)} dx$$

@ $\left[f^{(j)} g^{(-j-1)} \right]_a^b = 0$, $\int_a^b f^{(0)} \cdot g^{(0)} dx = (-)^k \int f^{(k)} \cdot g^{(-k)} dx$

@@ 르장드르 씨앗의 CCR 중간항 0입자 특성

@ $(x^2 - 1) = -y^2 = (-\sin^2 \theta)$: Legendre Origin

@ $(x^2 - 1)^n = \left(-\sin^2 \theta\right)^n$: Legendre Seed

@ $(x^2 - 1) = ((\pm 1)^2 - 1) = 0$

$$\left[\left[(x^2-1)^m \cdot \frac{d^{\ell+m}}{dx^{\ell+m}}(x^2-1)^\ell\right]^{(j)} \cdot \left[\frac{d^{\ell+m}}{dx^{\ell+m}}(x^2-1)^\ell\right]^{(-j-1)}\right]_{-1}^{1} = 0$$

따라서 르장드르 씨앗에 대한 연미분 꼴은 모두 **CCR** 렌즈로 미적분 파동을 관측하는데 적합하다.

$$I_{\ell m} = \int_{-1}^{1} (x^2-1)^m \cdot \frac{d^{\ell+m}}{dx^{\ell+m}}(x^2-1)^\ell \cdot \frac{d^{\ell+m}}{dx^{\ell+m}}(x^2-1)^\ell \, dx$$

$$= (-)^{\ell+m} \int_{-1}^{1} \frac{d^{\ell+m}}{dx^{\ell+m}} \left((x^2-1)^m \cdot \frac{d^{\ell+m}}{dx^{\ell+m}}(x^2-1)^\ell\right) \cdot \frac{d^{-\ell-m}}{dx^{-\ell-m}} \frac{d^{\ell+m}}{dx^{\ell+m}}(x^2-1)^\ell \, dx$$

$$= (-)^{\ell+m} \int_{-1}^{1} \frac{d^{\ell+m}}{dx^{\ell+m}} \left((x^2-1)^m \cdot \frac{d^{\ell+m}}{dx^{\ell+m}}(x^2-1)^\ell\right) \cdot (x^2-1)^\ell \, dx$$

$$I_{\ell m} = (-)^{\ell+m} \int_{-1}^{1} D_{\ell m} \cdot (x^2-1)^\ell \, dx$$

1차 연미적분 파동 상쇄 현상을 유도하고 나면 시간파의 진동 신호가 발생하고 연미분에 대한 곱미분 관계가 남는다. **연속 곱미분**을 D 로 개념화하고 라히프니츠 곱 규칙에 따라 이산합으로 정리한다.

$$\frac{d^N}{dx^N}(fg) = \sum_{k=0}^{N} \binom{N}{k} f^{(k)}(x) g^{(N-k)}(x)$$

$$D_{\ell m} = \frac{d^{\ell+m}}{dx^{\ell+m}}\left((x^2-1)^m \cdot \frac{d^{\ell+m}}{dx^{\ell+m}}(x^2-1)^\ell\right)$$
$$= \sum_{k=0}^{\ell+m} \binom{\ell+m}{k} \frac{d^k}{dx^k}(x^2-1)^m \cdot \frac{d^{\ell+m-k}}{dx^{\ell+m-k}}\left[\frac{d^{\ell+m}}{dx^{\ell+m}}(x^2-1)^\ell\right]$$

그러면 연미분은 이산합 속에 있는 두 근원입자에 대한 연미분으로 정리된다.

$$\frac{d^{\ell+m-k}}{dx^{\ell+m-k}}\left[\frac{d^{\ell+m}}{dx^{\ell+m}}(x^2-1)^\ell\right] = \frac{d^{2\ell+2m-k}}{dx^{2\ell+2m-k}}(x^2-1)^\ell$$
$$= \sum_{k=0}^{\ell+m} \binom{\ell+m}{k} \frac{d^k}{dx^k}(x^2-1)^m \cdot \frac{d^{2\ell+2m-k}}{dx^{2\ell+2m-k}}(x^2-1)^\ell$$

지수 법칙에 따라 근원입자 연미분 차수를 정리하고 deg 함수를 이용하여 두 근원입자에 대한 다항식 차수를 뽑아낸다. 이 차수는 이산합 속의 시간인 k 의 값에 따라 변화하고 결정된다.

$$\deg\left(\frac{d^k}{dx^k}(x^2-1)^m\right) = 2m - k$$

다항식 차수는 미분의 관점에서 **초과 미분** 여부에 따라 0입자로 소멸하는 분기 현상을 일으킨다. 이런 분기점을 선분논리는 **경계 조건**이라 말한다.

$$\frac{d^k}{dx^k}(x^2-1)^m = \begin{cases} 0 & 2m-k < 0, \quad k > 2m \\ \left[(x^2-1)^m\right]^{(k)} & 2m-k \geq 0, \quad k \leq 2m \end{cases}$$

두번째 근원입자에 대한 다항식 차수를 계산하고 **0입자 분기점**을 정리한다.

$$\deg\left(\frac{d^{2\ell+2m-k}}{dx^{2\ell+2m-k}}(x^2-1)^\ell\right) = 2\ell - (2\ell + 2m - k) = k - 2m$$

$$\frac{d^{2\ell+2m-k}}{dx^{2\ell+2m-k}}(x^2-1)^\ell = \begin{cases} 0 & k-2m < 0 \quad k < 2m \\ \left[(x^2-1)^\ell\right]^{(2\ell-(k-2m))} & k-2m \geq 0 \quad k \geq 2m \end{cases}$$

두 근원입자의 초과 미분에 대한 **0입자 분기점**을 교집합으로 정리하면 0입자가 아닌 **생존 입자**의 조건이 나타난다. 이 파동의 경우 $k=2m$ 일 때만 항이 살아 남고 나머지는 **0입자**로 공간에서 소멸한다.

$$k \leq 2m, \quad k \geq 2m \quad \therefore \ k = 2m$$

생존 조건 $k=2m$ 을 대입하면 이산합이 단항식으로 양자화한다. 그리고 생존한 두 근원입자는 미분 차수가 **완전 미분** 꼴을 하고 있어 최고차항만 남는 형식이다. 따라서 두 근원입자는 모두 감마파로 양자화한다.

$$D_{\ell m} = \frac{d^{\ell+m}}{dx^{\ell+m}}\left((x^2-1)^m \cdot \frac{d^{\ell+m}}{dx^{\ell+m}}(x^2-1)^\ell\right)$$

$$= \sum_{k=0}^{\ell+m} \binom{\ell+m}{k} \frac{d^k}{dx^k}(x^2-1)^m \cdot \frac{d^{2\ell+2m-k}}{dx^{2\ell+2m-k}}(x^2-1)^\ell$$

$$= \binom{\ell+m}{2m} \frac{d^{2m}}{dx^{2m}}(x^2-1)^m \cdot \frac{d^{2\ell+2m-2m}}{dx^{2\ell+2m-2m}}(x^2-1)^\ell$$

$$= \binom{\ell+m}{2m} \left[(x^2-1)^m\right]^{(2m)} \cdot \left[(x^2-1)^\ell\right]^{(2\ell-(2m-2m))}$$

$$= \binom{\ell+m}{2m} \left[(x^2-1)^m\right]^{(2m)} \cdot \left[(x^2-1)^\ell\right]^{(2\ell)}$$

$$\left[(x^2-1)^m\right]^{(2m)} = (2m)!, \quad \left[(x^2-1)^\ell\right]^{(2\ell)} = (2\ell)!$$

두 근원입자의 감마파를 대입하고 D 를 정리하면 조합과 간섭현상을 일으키면서 직교성의 무늬가 드러나기 시작한다.

$$D_{\ell m} = \binom{\ell + m}{2m}(2m)! \cdot (2\ell)! = \frac{(\ell+m)!}{(2m)!(\ell-m)!} \cdot (2m)! \cdot (2\ell)!$$

$$D_{\ell m} = \frac{(\ell+m)!}{(\ell-m)!}(2\ell)!$$

감마파로 정리된 D 를 I 에 대입하면 남은 적분파동은 **반정수 베타파**가 된다.

$$I_{\ell m} = (-)^{\ell+m}\int_{-1}^{1} D_{\ell m} \cdot (x^2-1)^\ell dx$$

$$= (-)^{\ell+m}\int_{-1}^{1} \frac{(\ell+m)!}{(\ell-m)!}(2\ell)! \cdot (x^2-1)^\ell dx$$

$$I_{\ell m} = (-)^{\ell+m}\frac{(\ell+m)!}{(\ell-m)!}(2\ell)! \cdot \int_{-1}^{1}(x^2-1)^\ell dx$$

$$\int_{-1}^{1}(x^2-1)^\ell dx = (-)^\ell \mathrm{B}\left(\frac{1}{2}, \ell+1\right) = (-)^\ell \frac{2^{2\ell+1}(\ell!)^2}{(2\ell+1)!}$$

반정수 베타파는 앞서 정리한 감마파로 전환하여 다른 감마들과 간섭현상을 일으킨다.

$$I_{\ell m} = (-)^{\ell+m}\frac{(\ell+m)!}{(\ell-m)!}(2\ell)! \cdot \int_{-1}^{1}(x^2-1)^\ell dx$$

$$= (-)^{\ell+m}\frac{(\ell+m)!}{(\ell-m)!}(2\ell)! \cdot (-)^{\ell}\frac{2^{2\ell+1}(\ell!)^2}{(2\ell+1)!}$$

$$= (-)^{2\ell+m}\frac{(\ell+m)!}{(\ell-m)!} \cdot \frac{(2\ell)!}{(2\ell+1)!} 2^{2\ell+1}(\ell!)^2$$

$$\frac{(2\ell)!}{(2\ell+1)!} = \frac{1}{2\ell+1}$$

$$I_{\ell m} = (-)^m \frac{(\ell+m)!}{(\ell-m)!} \cdot \frac{2}{2\ell+1} \cdot 2^{2\ell}(\ell!)^2$$

끝으로 연관 르장드르 적분파에 대입하고 위상 가중치의 감마파와 간섭을 일으키면 직교성을 대표하는 감마파 무늬가 나타난다.

$$\int_{-1}^{1} P_\ell^m(x)^2 dx = \frac{(-)^m}{2^{2\ell}(\ell!)^2} \cdot I_{\ell m}$$

$$= \frac{(-)^m}{2^{2\ell}(\ell!)^2} \cdot (-)^m \frac{(\ell+m)!}{(\ell-m)!} \cdot \frac{2}{2\ell+1} \cdot 2^{2\ell}(\ell!)^2$$

@@ 연관 르장드르 직교성

$$@@ \quad \int_{-1}^{1} P_\ell^m(x)^2 dx = \frac{(\ell+m)!}{(\ell-m)!} \cdot \frac{2}{2\ell+1}$$

연관 르장드르 적분파의 직교성 무늬는 기본 르장드르의 방위 양자수 ℓ 에서 유래한 직교파와 자기 양자수 $\pm m$ 에서 나온 직교파가 뚜렷이 구분된다. 직교성 감마파는 두 각도 파동이 켤레로 양자화하는 기저의 직교 파동이다.

@@ 르장드르 양자화 직교파

$$\int_{-1}^{1} P_\ell(x)^2 \, dx = \frac{2}{2n+1}$$

$$\int_{-1}^{1} P_\ell^m(x)^2 \, dx = \frac{(\ell+m)!}{(\ell-m)!} \cdot \int_{-1}^{1} P_\ell(x)^2 \, dx$$

회전논리는 실수계 속에서도 양/음의 시간파로 켤레성을 해석한다. 연관 르장드르의 제곱 평면파 중 하나에 음의 자기 양자수 $-m$을 사용하면 두 연관 르장드르 평면파를 켤레짝의 곱으로 해석하는 것이 된다.

이런 경우 실수계와 복소계에 대한 비례상수가 발생하는데, 이 무늬가 **각도계 시간파 렌즈**에 해당한다. 물론 이 시간파는 연관 르장드르 세계를 전제로 하고 각도의 세계에서 발생하는 굴절 현상이다.

@@ 각도계 시간파 렌즈

$$C_x = (-)^m \cdot \frac{(\ell-m)!}{(\ell+m)!}$$

$$P_\ell^{-m}(x) = (-1)^m \frac{(\ell-m)!}{(\ell+m)!} P_\ell^m(x)$$

$$(-)^m \frac{(\ell-m)!}{(\ell+m)!} \cdot \int_{-1}^{1} P_\ell^m(x)^2 dx = \int_{-1}^{1} P_\ell^m(x) P_\ell^{-m}(x) dx$$

$$\int_{-1}^{1} P_\ell^m(x)^2 dx = (-)^m \frac{(\ell+m)!}{(\ell-m)!} \cdot \int_{-1}^{1} P_\ell^m(x) P_\ell^{-m}(x) dx$$

연관 르장드르는 양음으로 켤레를 이루며 특정 감마파로 비례관계가 성립하는 **비례 대칭성**을 가지고 있다.

@@ 동차 비례 켤레

$$P_\ell^m(x) = \frac{(-1)^m (1-x^2)^{\frac{m}{2}}}{2^\ell \ell!} \frac{d^{\ell+m}}{dx^{\ell+m}} (x^2-1)^\ell$$

$$P_\ell^{-m}(x) = \frac{(-1)^{-m} (1-x^2)^{\frac{-m}{2}}}{2^\ell \ell!} \frac{d^{\ell-m}}{dx^{\ell-m}} (x^2-1)^\ell$$

양음의 연관 르장드르를 켤레짝의 관점에서 **양음짝 평면파**를 구성하고 정리한다. 그러면 자기 양자수 $\pm m$ 이 미분 연산자 속에서 양음으로 진동하는 두 근원입자가 나타난다.

@@ 연관 르장드르 양음짝 평면파

$$P_\ell^m(x) P_\ell^{-m}(x)$$

$$= \frac{(-1)^m (1-x^2)^{\frac{m}{2}}}{2^\ell \ell!} \frac{d^{\ell+m}}{dx^{\ell+m}} (x^2-1)^\ell \cdot \frac{(-1)^{-m} (1-x^2)^{\frac{-m}{2}}}{2^\ell \ell!} \frac{d^{\ell-m}}{dx^{\ell-m}} (x^2-1)^\ell$$

$$= \frac{(-1)^{2m}}{2^{2\ell}(\ell!)^2} \cdot \frac{d^{\ell+m}}{dx^{\ell+m}}(x^2-1)^\ell \frac{d^{\ell-m}}{dx^{\ell-m}}(x^2-1)^\ell$$

연관 르장드르 양음짝 평면파를 적분으로 묶어 적분파동을 정리하고 CCR 렌즈로 관측한다.

$$\int_{-1}^{1} P_\ell^m(x)\, P_\ell^{-m}(x)\, dx$$

$$= \frac{1}{2^{2\ell}(\ell!)^2} \cdot \int_{-1}^{1} \frac{d^{\ell+m}}{dx^{\ell+m}}(x^2-1)^\ell \cdot \frac{d^{\ell-m}}{dx^{\ell-m}}(x^2-1)^\ell\, dx$$

$$= (-1)^{\ell+m} \cdot \frac{1}{2^{2\ell}(\ell!)^2} \cdot \int_{-1}^{1} \frac{d^{-\ell-m}}{dx^{-\ell-m}} \frac{d^{\ell+m}}{dx^{\ell+m}}(x^2-1)^\ell \cdot \frac{d^{\ell+m}}{dx^{\ell+m}} \frac{d^{\ell-m}}{dx^{\ell-m}}(x^2-1)^\ell\, dx$$

$$= (-1)^{\ell+m} \cdot \frac{1}{2^{2\ell}(\ell!)^2} \cdot \int_{-1}^{1} (x^2-1)^\ell \cdot \frac{d^{2\ell}}{dx^{2\ell}}(x^2-1)^\ell\, dx$$

$$= (-1)^{\ell+m} \cdot \frac{1}{2^{2\ell}(\ell!)^2} \cdot \int_{-1}^{1} (x^2-1)^\ell \cdot (2\ell)!\, dx$$

$$= (-1)^{\ell+m} \cdot \frac{(2\ell)!}{2^{2\ell}(\ell!)^2} \cdot \int_{-1}^{1} (x^2-1)^\ell\, dx$$

여기서도 완전 미분 구도가 만들어지면서 감마파로 양자화하고 **반정수 베타파**가 남는다.

$$\int_{-1}^{1} (x^2-1)^\ell dx = (-)^\ell \mathrm{B}\left(\frac{1}{2}, \ell+1\right) = (-)^\ell \frac{2^{2\ell+1}(\ell!)^2}{(2\ell+1)!}$$

$$\int_{-1}^{1} P_\ell^m(x) P_\ell^{-m}(x) \, dx = (-1)^{\ell+m} \cdot \frac{(2\ell)!}{2^{2\ell}(\ell!)^2} \cdot \int_{-1}^{1} (x^2-1)^\ell \, dx$$

$$= (-1)^{\ell+m} \cdot \frac{(2\ell)!}{2^{2\ell}(\ell!)^2} \cdot (-)^\ell \frac{2^{2\ell+1}(\ell!)^2}{(2\ell+1)!} = (-1)^m \cdot \frac{2(2\ell)!}{(2\ell+1)!}$$

$$\text{Signal}: \quad (-)^{\ell+m} \cdot (-)^\ell = (-)^{2\ell} \cdot (-)^m = (-)^m$$

반정수 베타파를 감마파로 양자화시키고 상쇄 현상을 정리한다. 최종적으로 방위 양자수 ℓ 에 대해서는 기본 르장드르 직교파가 나타나고 자기 양자수 m 에 대해서는 진동하는 시간파만 살아남는다.

$$@ \quad \frac{(2\ell)!}{(2\ell+1)!} = \frac{1}{2\ell+1}$$

$$\int_{-1}^{1} P_\ell^m(x) P_\ell^{-m}(x) \, dx = (-1)^m \cdot \frac{2(2\ell)!}{(2\ell+1)!} = (-1)^m \cdot \frac{2}{2\ell+1}$$

$$\therefore \int_{-1}^{1} P_\ell^m(x) P_\ell^{-m}(x) \, dx = (-1)^m \cdot \frac{2}{2\ell+1}$$

이 결과는 양음짝의 간섭으로 자기 양자수 m 에 대한 감마파가 0 **입자**로 소멸되었음을 암시한다. 0**입자**로 소멸된 감마파는 자기복제 원리로 다시 재연할 수 있는데, 이 논리의 흐름을 따라가면 양음의 연관 르장드르 관계식에 도달한다.

$$\int_{-1}^{1} P_\ell^m(x) P_\ell^{-m}(x) \, dx = (-1)^m \cdot \frac{2}{2\ell + 1}$$

$$\frac{(\ell + m)!}{(\ell - m)!} \int_{-1}^{1} P_\ell^m(x) P_\ell^{-m}(x) \, dx = (-1)^m \frac{2}{2\ell + 1} \frac{(\ell + m)!}{(\ell - m)!}$$

$$P_\ell^{-m}(x) = (-1)^m \frac{(\ell - m)!}{(\ell + m)!} P_\ell^m(x)$$

$$\frac{(\ell + m)!}{(\ell - m)!} \int_{-1}^{1} P_\ell^m(x) P_\ell^{-m}(x) \, dx$$

$$= \frac{\cancel{(\ell + m)!}}{\cancel{(\ell - m)!}} \int_{-1}^{1} P_\ell^m(x) \cdot (-1)^m \frac{\cancel{(\ell - m)!}}{\cancel{(\ell + m)!}} P_\ell^m(x) \, dx$$

$$= (-1)^m \int_{-1}^{1} P_\ell^m(x) P_\ell^m(x) \, dx = (-1)^m \frac{2}{2\ell + 1} \frac{(\ell + m)!}{(\ell - m)!}$$

$$\frac{(\ell + m)!}{(\ell - m)!} \int_{-1}^{1} P_\ell^m(x) P_\ell^{-m}(x) \, dx = (-1)^m \int_{-1}^{1} P_\ell^m(x) P_\ell^m(x) \, dx$$

$$\int_{-1}^{1} P_\ell^m(x)^2 \, dx = (-)^m \frac{(\ell + m)!}{(\ell - m)!} \int_{-1}^{1} P_\ell^m(x) P_\ell^{-m}(x) \, dx$$

$$\therefore \int_{-1}^{1} P_\ell^m(x)^2 \, dx = \frac{2}{(2\ell + 1)} \frac{(\ell + m)!}{(\ell - m)!}$$

따라서 **연관 르장드르 평면파**에는 앞서 트래킹한 **기본 르장드르 평면파**의 무늬가 그대로 상속받아 나타나고, **연관 르장드르**의 고유한 직교 파동이 곱해진 무늬로 정리된다. **연관 르장드르 직교파** 역시 0과 1의 크로네커 델타로 정리할 수 있다.

$$\therefore \int_{-1}^{1} P_p^m(x) P_q^m(x) dx = \frac{2}{(2\ell+1)} \frac{(\ell+m)!}{(\ell-m)!} \cdot \delta_{pq}$$

우리는 연관 르장드르 평면파를 두 관점에서 접근하는 실험을 했다. 자기복제의 적분파와 양/음 켤레의 적분파 사이에는 **각도계 시간파 렌즈**의 굴절 현상이 있다는 것을 통찰할 수 있다.

$$@_1 \quad \int_{-1}^{1} P_\ell^m(x)^2 dx = \int_{-1}^{1} P_\ell^m(x) \cdot P_\ell^m(x) dx = \frac{2}{2\ell+1} \frac{(\ell+m)!}{(\ell-m)!}$$

$$@_2 \quad (-)^m \frac{(\ell-m)!}{(\ell+m)!} \int_{-1}^{1} P_\ell^m(x) \cdot P_\ell^{-m}(x) dx = \frac{2}{(2\ell+1)} \frac{(\ell+m)!}{(\ell-m)!}$$

$$C_x = (-)^m \cdot \frac{(\ell-m)!}{(\ell+m)!} \quad : \text{각도계 시간파 렌즈}$$

$$P_\ell^{-m}(x) = (-1)^m \frac{(\ell-m)!}{(\ell+m)!} P_\ell^m(x)$$

참고로 각도 렌즈를 사용하여 적분파동을 관측할 수 있는데, 이때 적분의 구간이 각도로 변하면서 **구간 반전 효과**가 발생한다.

$$dx = d\cos\theta = -\sin\theta\, d\theta, \quad \frac{d\theta}{dx} = \frac{1}{-\sin\theta}$$

$$@_1 \cdots \frac{d}{d(\cos\theta)} = \frac{d}{dx} = \frac{d\theta}{dx}\frac{d}{d\theta} = \frac{1}{-\sin\theta}\frac{d}{d\theta} \cdots @_2$$

$$P_\ell^m(x) = P_\ell^m(\cos\theta)$$

@@ 각도 렌즈의 구간 반전 효과

$$x = \cos\theta, \quad 1 = \cos 0, \quad -1 = \cos\pi, \quad [-1,1] = [\cos\pi, \cos 0]$$

$$\sin\theta = \frac{e^{i\theta} - e^{-i\theta}}{2i}, \quad \sin(-\theta) = \frac{e^{-i\theta} - e^{i\theta}}{2i} = -\sin\theta$$

$$\sin(-\theta) = -\sin\theta, \quad \cos(-\theta) = \cos\theta$$

$$@@ \quad \int_{-1}^{1} dx = \int_{\pi}^{0} (-\sin\theta\, d\theta) = \int_{0}^{\pi} (\sin\theta\, d\theta)$$

$$\int_{-1}^{1} P_\ell^m(x)^2\, dx = \int_{\pi}^{0} P_\ell^m(\cos\theta)^2 (-\sin\theta\, d\theta) = \int_{0}^{\pi} P_\ell^m(\cos\theta)^2 (\sin\theta\, d\theta)$$

구간 반전 효과는 **복합 미분 입자**의 부호에 연쇄반응을 일으켜 음의 사인이 양의 사인으로 변하는 현상으로 이어진다.

이 효과는 **길이**가 **선분 구조**인데 반해 **각도**는 **회전 구조**이기 때문에 Upside Down 현상이 발생한 것이다. 이런 현상은 안에서 밖을 보면 ∞로 향하는 쌍곡선이 밖에서 안을 보면 원의 0입자로 반전되어 나타나는 것과 같다.

구간 반전 효과를 사용하여 각도에 대한 연관 르장드르 직교성을 정리하면 다음과 같다.

$$\int_{-1}^{1} P_p^m(x) P_q^m(x) \, dx = \frac{2}{(2\ell+1)} \frac{(\ell+m)!}{(\ell-m)!} \cdot \delta_{pq}$$

$$\int_0^\pi P_p^m(\cos\theta) P_q^m(\cos\theta) \sin\theta \, d\theta = \frac{2}{(2\ell+1)} \frac{(\ell+m)!}{(\ell-m)!} \cdot \delta_{pq}$$

각도의 양자화
Angle Quantization

길이에 대한 각도의 **굴절 렌즈**가 연관 르장드르 평면파 알고리즘을 통해 구면 조화파 현상을 일으킨다.

구면 조화파는 초기에 사람들이 상상했듯이 구면계의 지구 표면에 진동하는 파도와 같다. 단지 미시 세계의 파도는 시간의 소용돌이가 일으키는 포괄적 확률파라는 점이 조금 달라 보인다.

각도에 대한 근원 알고리즘은 구면 조화파에 있다. 구면 조화파 Y 속으로 들어가 비례상수 N 에 접근해 본다.

구면 조화파 Y 에 대한 알고리즘을 메모리에 다시 올려 보자. 우리는 앞서 구면계 라플라시안의 관점 실험에서 반지름 항을 λ 로 삼았고, 이에 대응하는 각도 항을 $-\lambda$ 로 정리했다.

$$r^2 \nabla^2 = r^2 \frac{\partial^2}{\partial r^2} + \frac{\partial^2}{\partial \theta^2} + \frac{1}{\sin^2 \theta} \frac{\partial^2}{\partial \varphi^2} = 0$$

$$r^2 \nabla^2 = \frac{\partial}{\partial r}\left(r^2 \frac{\partial}{\partial r}\right) + \frac{1}{\sin \theta} \frac{\partial}{\partial \theta}\left(\sin \theta \frac{\partial}{\partial \theta}\right) + \frac{1}{\sin^2 \theta} \frac{\partial^2}{\partial \varphi^2} = 0$$

@@ 반지름과 각도의 상대성
$$r^2 \nabla^2 = \lambda + (-\lambda) = 0$$

각도 항은 구면 조화파 Y 에 해당하며, 구면 조화파 Y 는 각운동량 또는 선형 조합으로 양자화되어 $\ell(\ell+1)$ 이 되었다.

@@ 각운동량의 양자화

$$\frac{1}{\sin\theta}\frac{\partial}{\partial\theta}\left(\sin\theta\frac{\partial}{\partial\theta}\right)+\frac{1}{\sin^2\theta}\frac{\partial^2}{\partial\varphi^2}=-\lambda=-\ell(\ell+1)=-\frac{L^2}{\hbar^2}$$

구면계의 라플라시안을 각도의 관점 렌즈로 보면, 반지름 항이 사라진다.

라플라시안에 구면 조화 함수 Y 를 자기복제하여 반응시키면 각도와 연관된 각운동 항은 반응하여 살아남는다. 하지만 90도 직교이면서 180도로 평행인 관계를 하는 다른 차원의 반지름 항은 반응하지 못하고 소멸한다.

이 현상은 다항식의 관점에서 나타나는 편광 효과이고 곱셈의 세계에서는 편미분과 같은 변수 분리법이라 할 수 있다.

$$r^2\nabla^2=\frac{\partial}{\partial r}\left(r^2\frac{\partial}{\partial r}\right)-\ell(\ell+1)=\frac{\partial}{\partial r}\left(r^2\frac{\partial}{\partial r}\right)-\frac{L^2}{\hbar^2}$$

@@ 다항식 관점의 편광 변수 분리법

$$r^2\nabla^2\frac{Y}{Y}=\frac{\partial}{\partial r}\left(r^2\frac{\partial}{\partial r}\right)\frac{Y}{Y}-\ell(\ell+1)\frac{Y}{Y}=\frac{\partial}{\partial r}\left(r^2\frac{\partial}{\partial r}\right)\frac{Y}{Y}-\frac{L^2}{\hbar^2}\frac{Y}{Y}$$

$$r^2 \nabla^2 \frac{Y}{Y} = -\ell(\ell+1)\frac{Y}{Y} = -\frac{L^2}{\hbar^2}\frac{Y}{Y}$$

$$r^2 \nabla^2 Y = -\ell(\ell+1)Y = -\frac{L^2}{\hbar^2}Y$$

각도 관점의 구면계 라플라시안은 방정식으로 정리할 수 있다. 이 방정식의 구도는 구면계의 각도 알고리즘이 자기 자신이면서 거울 속에 있는 또 다른 각운동량 알고리즘을 합쳐 무한의 0으로 소멸시킨다.

@@ 구면계 라플라시안의 각도 관점 방정식

$$\frac{1}{\sin^2\theta}\frac{\partial^2}{\partial\varphi^2} + \frac{1}{\sin\theta}\frac{\partial}{\partial\theta}\left(\sin\theta\frac{\partial}{\partial\theta}\right) + \ell(\ell+1) = 0$$

그렇다고 해서 정말로 각도의 파동이 완전히 사라진 것일까?
아니면 무한계로 돌아간 것일까?
무한계 속에서 되살릴 수 있을까?

또 하나 여기서 우리는 편미분의 편광 알고리즘이 보여주는 특이 현상을 목격할 수 있다. 각도 렌즈로 본 라플라시안의 편광 현상은 $-\lambda$로 그 무늬를 드러내고, 반지름 렌즈로 본 편광은 λ로 표출한다.

$$r^2\nabla^2 Y = -\ell(\ell+1)Y, \quad r^2\nabla^2 Y + \ell(\ell+1)Y = 0$$

@@ 라플라시안의 각도 렌즈 편광 현상

$$r^2 \nabla^2 Y + \lambda Y = 0, \quad r^2 \nabla^2 = -\lambda$$

@@ 라플라시안의 반지름 렌즈 편광 현상

$$r^2 \nabla^2 R = r^2 R = \lambda, \quad r^2 \nabla^2 = \lambda$$

게다가 라플라시안은 본래 각도와 반지름을 모두 포괄하여 0으로 귀결되었다. 반지름과 각도의 편광 현상을 모두 종합해 보자.

구면계 라플라시안은 각운동량의 양자화로 그 입자를 형성하고, 구면계에서 양음으로 양자화된 입자 무늬가 0점을 중심으로 진동한다.

@@ 라플라시안의 진동 편광 현상

$$\therefore r^2 \nabla^2 = \{\pm \lambda, 0\}$$

구면계의 3차원 **입체 미분 입자**는 구면에 접하여 휘어진 모양의 **구면 육면체** 꼴이다.

구면 육면체의 부피는 평면 육면체의 **부피** 공식과 같이 **가로×세로×높이**로 구할 수 있다. 단지 가로, 세로, 높이의 직선이 구면의 곡면 기울기를 따라 휘었다는 점이 다르다.

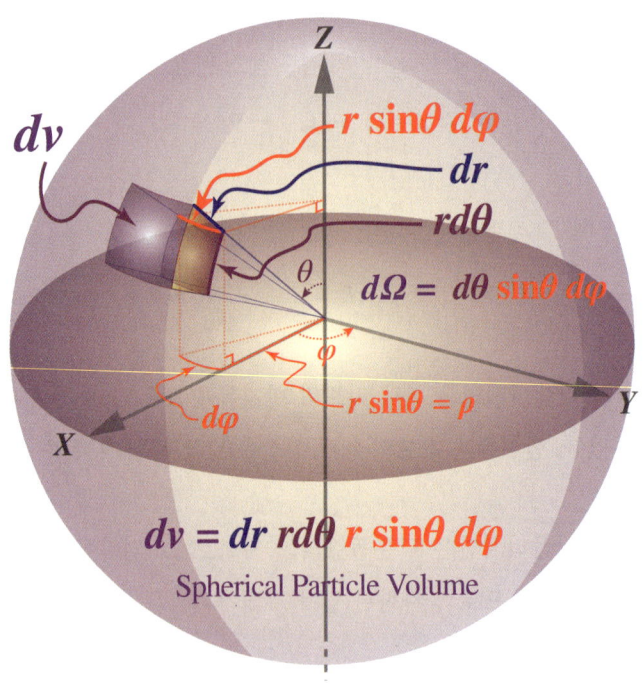

구면 육면체의 가로, 세로, 높이의 길이를 정리한 후, 구면 미분 입자의 부피 공식을 정리해 둔다.

@ 구면계 입자

Spherical Particle Volume dv

$$dv = dr \cdot rd\theta \cdot r\sin\theta d\varphi$$

$$dv = r^2 dr \cdot \sin\theta\, d\varphi\, d\theta$$

$$d\Omega = d\theta \sin\theta\, d\varphi \quad \therefore\ dv = r^2 dr \cdot d\Omega$$

구면계에서 각도에 대한 미분 입자를 $d\Omega$ 로 정리할 수 있다. 이는 반지름 요소를 편광 효과로 제거하고, 위도와 경도의 회전하는 시간만을 추출한 입자다.

각도 미분 입자 $d\Omega$ 는 전자기학의 맥스웰 방정식에서도 관람한 바 있다. $d\Omega$ 를 단위로 구면 조화파 Y 함수를 적분하면, 연관 르장드르를 바탕으로 한 구면 조화파의 무늬를 볼 수 있다.

$$d\Omega = d\theta \sin\theta \, d\varphi$$

$$\int_{\theta=0}^{\pi}\int_{\varphi=0}^{2\pi} Y d\Omega = \int_{\theta=0}^{\pi}\int_{\varphi=0}^{2\pi} \Theta \cdot \Phi \, d\theta \sin\theta \, d\varphi$$
$$= \int_{\theta=0}^{\pi} \Theta \sin\theta d\theta \cdot \int_{\varphi=0}^{2\pi} \Phi \, d\varphi$$

구면 조화파 Y 함수는 위도 θ 와 경도 φ 두 각도의 회전 관계로 형성된다. 경도 φ 는 한 바퀴로 하나의 입자성을 가지고, 위도 θ 는 반 바퀴로 하나의 입자성을 완성한다.

그러나 두 각도의 결합은 위도 θ 의 반정수 특성으로 인해 복소수와 같은 켤레성을 가진다. 켤레성은 정입자와 반입자의 곱이 온전한 하나의 입자를 형성한다.

이런 이유로 구면 조화파 Y 함수 역시 켤레곱이 분산의 무늬인 제곱의 절댓값으로 실체를 표출한다. 경도 Φ 함수는 복소계 원반의 양음으로 켤레가 되고, 위도 Θ 함수는 연관 르장드르의 양/음으로 켤레를 형성한다. 따라서 포괄적으로 구면 조화파 Y 함수는 양/음의 자기 양자수 $\pm m$ 이 켤레를 이루는 요인이 된다.

Spherical Harmonic Angular Function

$$Y_\ell^m(\theta, \varphi) = N e^{im\varphi} P_\ell^m(\cos\theta)$$

$$Y = \Theta \cdot \Phi = N \cdot P_\ell^{\pm m} \cdot e^{\pm im\varphi}$$

이렇게 되면 방위 양자수 ℓ 과 자기 양자수 $\pm m$ 에 켤레 기호를 추가하여 표현할 필요가 생긴다. 그래서 선분논리는 음의 자기 양자수 $-m$ 을 밑첨자 m 으로 이동하여 표기하고, 켤레 기호(*)를 윗첨자 자리에 표기하는 경우가 나타난다.

$$Y_{\ell,m} = Y_\ell^{-m}$$

$$Y_\ell^{m*} = Y_{\ell,m}^* = (-1)^m Y_\ell^{-m}$$

$$\therefore P_\ell^{-m} = (-1)^m \frac{(\ell-m)!}{(\ell+m)!} P_\ell^m, \quad P_{\ell m} = (-1)^m P_\ell^m$$

구면 조화파 Y 함수 속에 있는 경도 Φ 함수는 오일러 복소원을 대표하는 원반이며 자기 양자수 $\pm m$ 으로 쌍을 이룬다.

위도 Θ 함수 역시 양/음의 자기 양자수 $\pm m$ 으로 연관 르장드르

P 함수의 켤레 특성을 표출한다. 이는 연관 르장드르 P 함수 속에서 오일러 공식을 토대로 복소평면을 형성하기 때문이다.

오일러 공식 자체가 복소평면을 의미한다. 복소평면은 관점에 따라 길이 x 렌즈와 각도 θ 렌즈를 통해 사각형 세계와 원의 세계를 드나든다.

$$x = \cos\theta$$

$$Y_\ell^m = N e^{im\varphi} P_\ell^m(\cos\theta)$$

$$Y_\ell^{-m} = N e^{-im\varphi} P_\ell^{-m}(\cos\theta)$$

$$Y_{\ell,m}^* = N e^{-im\varphi} P_{\ell,m}^*(\cos\theta)$$

켤레 구면 조화파 Y 함수를 서로 곱하면 제곱의 절댓값이 된다. 이는 확률 세계의 분산과 같은 꼴이며, 입자가 존재할 확률을 통계의 관점에서 분산의 무늬로 뽑아내는 행위다. 따라서 양자 역학에서는 이 무늬를 전자가 존재하는 오비탈 모형으로 개념화한다.

$$|Y_\ell^m|^2 = Y_\ell^m \cdot Y_{\ell,m}^* = N e^{im\varphi} P_\ell^m \cdot N e^{-im\varphi} P_\ell^{-m}$$

$$= N^2 e^{im\varphi} e^{-im\varphi} P_\ell^m P_\ell^{-m}$$

켤레 구면 조화파 Y 함수의 곱은 구면 입자에 대한 평면파가 된다. 이 평면파를 각도로 적분하면 **구면계 기본 입자**로 나타난다. 이때 각도는 위도 θ 와 경도 φ 의 알고리즘을 포괄한 Ω 로 표현할 수 있다.

$$\int_{\theta=0}^{\pi} \int_{\varphi=0}^{2\pi} Y_\ell^m Y_{\ell'}^{m'*} d\Omega = \delta_{\ell\ell'} \delta_{mm'},$$

$$d\Omega = \sin\theta \, d\varphi \, d\theta \, , \quad \int |Y_\ell^m|^2 d\Omega = 1$$

경도 Φ 함수의 켤레 곱은 지수의 합이 0이므로 분산값은 1이 된다. 이 때문에 구면 조화파 Y 함수에 대한 논리를 전개할 때 경도 Φ 함수를 생략하고 말하는 경우가 많다. 그러나 1이라고 무시할 문제는 아니다. 구면계로 전환하면 1이 회전하여 2π 를 그린다.

$$|\Phi|^2 = \Phi\Phi^* = e^{im\varphi} e^{-im\varphi} = e^0 = 1$$

$$\left| e^{im\varphi} \right|^2 = e^{im\varphi} e^{-im\varphi} = 1 \quad \therefore \quad \left| e^{im\varphi} \right|^2 = 1$$

$$\int_0^{2\pi} \left| e^{im\varphi} \right|^2 d\varphi = \int_0^{2\pi} 1 \, d\varphi = [\varphi]_0^{2\pi} = 2\pi - 0 = 2\pi$$

위도 Θ 함수는 연관 르장드르 P 함수에 비례한다. 이는 위도 Θ 함수가 각운동량으로 양자화하는 데 대해, 연관 르장드르 P 함수도 각도 렌즈의 왜곡과 베타 함수를 통해 양자화하는 알고리즘을 가졌기 때문이다. 다시 말해, 구면계 **각운동량**의 양자화 알고리즘과 **베타 함수**의 양자화 알고리즘은 그 맥락이 같다.

$$\Theta = N_p \cdot P_\ell^{\pm m}$$

$$P_\ell(x) = \frac{1}{2^\ell \ell !}\frac{d^\ell}{dx^\ell}(x^2-1)^\ell$$

$$P_\ell^m(x) = (-1)^m(1-x^2)^{\frac{m}{2}}\frac{d^m}{dx^m}P_\ell(x)$$

$$P_\ell^m(x) = (-1)^m(1-x^2)^{\frac{m}{2}}\frac{d^m}{dx^m}\frac{1}{2^\ell \ell !}\frac{d^\ell}{dx^\ell}(x^2-1)^\ell$$

$$\therefore \int_{-1}^{1} P_p^m(x)P_q^m(x)dx = \frac{2}{(2\ell+1)}\frac{(\ell+m)!}{(\ell-m)!}\cdot \delta_{pq}$$

$$@@ \quad \int_{-1}^{1}(x^2-1)^\ell dx = (-)^\ell B\left(\frac{1}{2},\ell+1\right) = (-)^\ell \frac{2^{2\ell+1}(\ell!)^2}{(2\ell+1)!}$$

$$@@ \quad r^2 \nabla_{\theta\varphi}^2 = \frac{1}{\sin\theta}\frac{\partial}{\partial\theta}\left(\sin\theta\frac{\partial}{\partial\theta}\right) + \frac{1}{\sin^2\theta}\frac{\partial^2}{\partial\varphi^2}$$

$$@@ \quad r^2 \nabla_{\theta\varphi}^2 = -\lambda = -\ell(\ell+1) = -\frac{L^2}{\hbar^2}$$

연관 르장드르는 기본 르장드르를 연미분한 형식에서 유래했다. 각도의 관점에서 연관 르장드르 함수의 켤레와 분산을 관찰하면, 자기 양자수의 양/음이 켤레를 형성하는 요소가 된다. 켤레 쌍을 곱하면 확률론의 관점에서 분산의 꼴이 된다.

$$P_\ell^{-m} = (-1)^m \frac{(\ell-m)!}{(\ell+m)!} P_\ell^m$$

$$|P_\ell^m|^2 = P_\ell^m \cdot P_\ell^{-m} = P_\ell^m \cdot (-1)^m \frac{(\ell-m)!}{(\ell+m)!} P_\ell^m$$

$$|P_\ell^m|^2 = P_\ell^m P_\ell^{-m} = (-1)^m \frac{(\ell-m)!}{(\ell+m)!} (P_\ell^m)^2$$

$$P_\ell^{\pm m}(\cos\theta) = \frac{(\sin\theta)^{\pm m}}{2^\ell \ell!} \left(\frac{1}{\sin\theta}\frac{d}{d\theta}\right)^{\ell \pm m} (\sin^2\theta)^\ell$$

$$P_\ell^{m}(\cos\theta) = \frac{(\sin\theta)^{m}}{2^\ell \ell!} \left(\frac{1}{\sin\theta}\frac{d}{d\theta}\right)^{\ell+m} (\sin^2\theta)^\ell$$

$$P_\ell^{-m}(\cos\theta) = \frac{(\sin\theta)^{-m}}{2^\ell \ell!} \left(\frac{1}{\sin\theta}\frac{d}{d\theta}\right)^{\ell-m} (\sin^2\theta)^\ell$$

$$P_\ell^m(\cos\theta) = \frac{d^m}{d\theta^m} P_\ell(\cos\theta)$$

$$P_\ell^{-m}(\cos\theta) = \frac{d^{-m}}{d\theta^{-m}} P_\ell(\cos\theta)$$

$$|P_\ell^m|^2 = P_\ell^m P_\ell^{-m} = \frac{d^m}{d\theta^m} P_\ell(\cos\theta) \frac{d^{-m}}{d\theta^{-m}} P_\ell(\cos\theta)$$

연관 르장드르는 그 자체가 연속 미분으로 쪼개진 근원적 미분 입자다. 이것을 확률의 눈으로 관찰하면 100% 존재 확률을 포괄한 **분산 입자**로 보인다. 앞서 회전논리는 이것을 **평면파**라 불렀다.

연관 르장드르 평면파를 전체 구간으로 적분하면, 수량이 있는 **양자**가 된다.

따라서 전자 오비탈의 관점에서 **연관 르장드르 평면파의 적분**은 전자의 **확률분포량**이 되고, 그 영역 속에 전자가 존재할 수 있는 **공간량**이 된다.

전자가 존재할 수 있는 공간량은 거시적 관점에서 미시를 볼 때 **전자**라 지칭할 수 있게 된다.

길이의 각도 변환 렌즈 $x=\cos\theta$ 로 미분 입자와 적분 구간을 살펴본다. 연관 르장드르 세계에서 공간적으로 존재할 수 있는 길이의 구간은 양자화할 수 있고 직교성으로 차원 도약의 공간을 형성한다.

이 구간이 $[-1,1]$ 이며 XY평면과 비교한다면 $[-\infty, \infty]$ 와 다를 바 없다. 이 구간은 위도 θ 의 눈에 $[0, \pi]$ 구간으로 보인다. 2π 로 보이지 않고 π 로 보이는 이유는 앞서 언급한 바와 같이, 경도 φ 로 형성된 원반의 평면파를 반바퀴만 회전해도 하나의 구체가 형성되기 때문이다.

$$P_\ell^m(\cos\theta) = \frac{(\sin\theta)^m}{2^\ell \ell!} \left(\frac{1}{\sin\theta}\frac{d}{d\theta}\right)^{\ell+m} (\sin^2\theta)^\ell$$

$$P_\ell^{-m}(\cos\theta) = \frac{(\sin\theta)^{-m}}{2^\ell \ell!}\left(\frac{1}{\sin\theta}\frac{d}{d\theta}\right)^{\ell-m}(\sin^2\theta)^\ell$$

$$x = \cos\theta, \quad 1 = \cos 0, \quad -1 = \cos\pi, \quad dx = -\sin\theta\, d\theta$$

$$\int_{-1}^{1}\left|P_\ell^m(x)\right|^2 dx = \int_{1}^{-1}\left|P_\ell^m(x)\right|^2(-dx) = \int_{0}^{\pi}\left|P_\ell^m(\cos\theta)\right|^2 \sin\theta\, d\theta$$

연관 르장드르 평면파의 공간량은 켤레에 대한 분산의 관점과 자기복제에 대한 제곱의 관점이 동일한 알고리즘을 가진다.

앞서 연관 르장드르의 직교성에서 두 함수가 서로 같으면 1에 비례하는 특정 상수로 양자화하고, 서로 다르면 0으로 90도 관계를 한다고 했다.

$$\therefore \int_{-1}^{1} P_\ell^m(x)^2 dx = \frac{2}{(2\ell+1)}\frac{(\ell+m)!}{(\ell-m)!}$$

$$\therefore \int_{0}^{\pi}\left|P_\ell^m(\cos\theta)\right|^2 \sin\theta\, d\theta = \int_{-1}^{1}\left|P_\ell^m(x)\right|^2 dx = \frac{2}{(2\ell+1)}\frac{(\ell+m)!}{(\ell-m)!}$$

두 입자가 관계하여 평면파가 새로운 공간을 만들면서 차원 도약을 할 때는 90도 관계를 한다. 그리고 자기 자신의 세계에 머무르면서 자체 차원 도약을 하여 양자화할 때는 자신의 알고리즘에 대한 기본 입자가 된다.

따라서 선분논리의 눈에 **연관 르장드르 평면파**의 공간량은 전자에 대한 기본 입자로 대표할 수 있게 된다.

구면 조화파 Y 에 대한 평면파를 적분한 Y 공간량에 **경도** Φ 공간량과 **위도** Θ 공간량을 대입한다.

$$Y = \Theta \cdot \Phi = N \cdot P_\ell^{\pm m} \cdot e^{\pm im\varphi}$$

$$\int Y_\ell^m \, d\Omega = \int \Theta \cdot \Phi \, d\Omega$$

참고로 이 식을 적분할 때는 적분 대상 미분 인자에 따라 독립적으로 적분을 수행할 수 있다. 그래서 경도와 위도 함수를 적분할 때 합성함수 적분법을 사용하지 않고 **변수 분리법**을 사용한다.

$$d\Omega = \sin\theta \, d\varphi \, d\theta$$

$$\int_{\theta=0}^{\pi} \int_{\varphi=0}^{2\pi} Y_\ell^m \, d\Omega = \int_{\theta=0}^{\pi} \Theta \sin\theta \, d\theta \cdot \int_{\varphi=0}^{2\pi} \Phi \, d\varphi$$

앞서 르장드르 함수의 적분과 마찬가지로 구면 조화파도 제곱의 형태에서 적분을 해야 공간량을 구할 수 있다.

제곱이란 본래 둘 간의 관계로 평면파를 형성하는 원리를 가졌다. 비록 서로 다른 두 입자의 곱이라 해도 그 원론은 자기복제의 제곱과 같은 알고리즘이다.

제곱의 평면파 알고리즘은 세 가지의 경우로 생각할 수 있다. 서로 다른 두 함수의 제곱과 자기 자신을 제곱하는 경우 그리고 켤레의 곱이다.

평면파는 넓은 의미에서 세 가지를 모두 포괄하지만, 양자적 관점에서는 주로 **켤레곱**의 **분산 꼴**을 지칭한다.

$$\int_{\theta=0}^{\pi} \int_{\varphi=0}^{2\pi} |Y_\ell^m|^2 \, d\Omega = \int_{\theta=0}^{\pi} |\Theta|^2 \sin\theta \, d\theta \cdot \int_{\varphi=0}^{2\pi} |\Phi|^2 \, d\varphi$$

$$\int_{\theta=0}^{\pi} \int_{\varphi=0}^{2\pi} |Y_\ell^m|^2 \, d\Omega = |N|^2 \int_0^\pi \left| P_\ell^m(\cos\theta) \right|^2 \sin\theta \, d\theta \cdot \int_0^{2\pi} \left| e^{im\varphi} \right|^2 d\varphi$$

복소수 차원의 켤레 곱은 파동 속에 숨은 무늬를 드러낸다. 그리고 켤레 속에 숨은 자기 자신의 제곱은 시간 이전의 알고리즘을 가졌다.

서로 다른 두 입자의 제곱은 시간 이후의 **시공간 평면파**를 대표하고, 켤레의 제곱은 **동시공간 평면파**를 대표한다. **동시공간 평면파**는 **자기복제 존재성**을 표출하는 파동이다. 그래서 켤레의 제곱이 **존재 확률**을 의미하는 **분산 꼴**로 나타난다.

$$\sigma^2 = \text{Var}(X) = \sum_{i=1}^{n} p_i \cdot (x_i - \mu)^2 = \frac{1}{n} \sum_{i=1}^{n} (x_i - \mu)^2$$

$$p_i = \frac{1}{n}, \quad \mu = \sum p_i x_i$$

분산 : Variance, x_i : 표본, P_i : 확률, μ : 평균

확률의 형태를 보인다는 것은 시간의 흐름으로 결정되지 않은 전체를 의미한다. 시간이 흐르지 않는다는 것은 시간이 정지된 상태이고, 수량을 가지면 그 상태가 바로 동시공간이다.

확률 분포의 눈은 구면 조화파 Y 의 전체 공간량을 1로 본다. 이 관점은 **자기복제**가 양/음으로 쪼개진 켤레를 서로 곱하여 확률 공간을 만든 것이라 생각한다.

확률 분포 : Probability distribution

$$\int |Y_\ell^m|^2 d\Omega = \int_{\theta=0}^{\pi} \int_{\varphi=0}^{2\pi} |Y_\ell^m|^2 d\Omega = 1$$

구면 조화파 Y 는 르장드르 P 의 직교성을 그대로 상속받지만, 구면 조화파 Y 의 직교성은 세부적으로 방위 양자수 ℓ 과 자기 양자수 m 에 대한 크로네커 델타로 표현된다.

$$\int_{-1}^{1} P_k^m P_\ell^m dx = \frac{2}{(2\ell+1)} \frac{(\ell+m)!}{(\ell-m)!} \delta_{k,\ell}$$

$$\int_{\theta=0}^{\pi}\int_{\varphi=0}^{2\pi} Y_\ell^m Y_{\ell'}^{m'}{}^* d\Omega = \delta_{\ell\ell'}\delta_{mm'}$$

구면 조화파 Y 의 평면파를 적분해 보자. 경도 Φ 함수는 자기 양자수에 따라 변하는 오일러 복소원이다.

$$\int_{\theta=0}^{\pi}\int_{\varphi=0}^{2\pi} |Y_\ell^m|^2 d\Omega = \int_{\theta=0}^{\pi} |\Theta|^2 \sin\theta d\theta \cdot \int_{\varphi=0}^{2\pi} |\Phi|^2 d\varphi$$

$$\int \left|Y_\ell^m(\theta,\varphi)\right|^2 \sin\theta d\theta d\varphi = |N|^2 \int_0^{2\pi} \left|e^{im\varphi}\right|^2 d\varphi \int_0^{\pi} \left|P_\ell^m(\cos\theta)\right|^2 \sin\theta d\theta = 1$$

복소원의 켤레는 서로 곱해서 곱셈의 항등원 1로 상쇄된다. 항등원 1을 $[0, 2\pi]$ 구간에서 적분하여 한 바퀴 돌리면 XY평면에 대한 원을 그린다.

$$\left|e^{im\varphi}\right|^2 = e^{im\varphi}e^{-im\varphi} = 1 \quad \therefore \quad \left|e^{im\varphi}\right|^2 = 1$$

$$\therefore \int_0^{2\pi} \left|e^{im\varphi}\right|^2 d\varphi = \int_0^{2\pi} 1\, d\varphi = 2\pi$$

$$A = 2\pi r, \quad r = 1, \quad A = 2\pi$$

이 원이 평면파 공간이고, 그 공간량은 2π 가 된다. 이 공간량은 우리가 잘 알고 있는 반지름이 1인 원의 둘레다.

위도 Θ 함수는 앞서 트래킹 했던 연관 르장드르 평면파의 적분 결과를 가져온다.

$$\therefore \int_0^\pi \left|P_\ell^m(\cos\theta)\right|^2 \sin\theta\, d\theta = \int_{-1}^1 \left|P_\ell^m(x)\right|^2 dx = \frac{2}{(2\ell+1)} \frac{(\ell+m)!}{(\ell-m)!}$$

$$\therefore \int_0^{2\pi} \left|e^{im\varphi}\right|^2 d\varphi = \int_0^{2\pi} 1\, d\varphi = 2\pi$$

위도와 경도가 양자화된 공간량을 구면 조화파 Y 의 평면파 적분식에 대입하면 구면 조화파 Y 의 평면파를 양자화하여 그 공간량을 정리할 수 있다.

$$\int_{\theta=0}^\pi \int_{\varphi=0}^{2\pi} |Y_\ell^m|^2 d\Omega = \int_{\theta=0}^\pi \int_{\varphi=0}^{2\pi} |\Theta|^2 \cdot |\Phi|^2 d\theta \sin\theta\, d\varphi$$

$$\int_{\theta=0}^\pi \int_{\varphi=0}^{2\pi} |Y_\ell^m|^2 d\Omega = \int_{\theta=0}^\pi |\Theta|^2 \sin\theta\, d\theta \cdot \int_{\varphi=0}^{2\pi} |\Phi|^2 d\varphi$$

$$\int_{\theta=0}^\pi \int_{\varphi=0}^{2\pi} |Y_\ell^m|^2 d\Omega = |N|^2 \int_0^\pi \left|P_\ell^m(\cos\theta)\right|^2 \sin\theta\, d\theta \cdot \int_0^{2\pi} \left|e^{im\varphi}\right|^2 d\varphi$$

$$\therefore \int \left|Y_\ell^m(\theta,\varphi)\right|^2 d\Omega = |N|^2 [2\pi] \left[\frac{2}{2\ell+1} \frac{(\ell+|m|)!}{(\ell-|m|)!}\right]$$

구면 조화파 Y 의 공간을 확률 공간으로 보면 그 공간량은 1이 된다. 확률의 눈으로 남은 비례상수를 정리하면 비례상수는 역수형이 된다.

$$\int \left| Y_\ell^m(\theta,\varphi) \right|^2 d\Omega = |N|^2 \frac{4\pi}{2\ell+1} \frac{(\ell+|m|)!}{(\ell-|m|)!} = 1$$

$$\therefore \ |N|^2 = \frac{2\ell+1}{4\pi} \frac{(\ell-|m|)!}{(\ell+|m|)!}$$

구면 조화파 Y 의 공간량에 나타난 무늬에서 4π 는 우리가 잘 알고 있는 반지름이 1인 구의 표면적이다.

$$\text{구의 표면적}: A = 4\pi r^2, \quad r = 1, \quad A = 4\pi$$

$$\text{구의 부피}: V = \frac{4}{3}\pi r^3 = \frac{4}{3}\pi \left(\frac{d}{2}\right)^3 = \frac{\pi}{6} d^3$$

$$\text{지름}: d = 2r$$

따라서 구면 조화파는 나중에 구체의 표면적이 전자 오비탈 모형이 된다는 것을 알 수 있다. 그래서 전자 오비탈은 반지름에 따라 전자의 궤도가 구면으로 입체적 형상을 그린다.

구면 조화파 Y 가 위도 알고리즘을 가졌다는 관점에서는 연관 르장드르 직교성을 그대로 상속받아 포괄적으로 크로네커 델타로 정리할 수도 있다.

$$\int_{\theta=0}^{\pi} \Theta_\ell^m \Theta_{\ell'}^{m'} d\theta \sin\theta = \int_{\theta=0}^{\pi} P_\ell^m P_{\ell'}^{m'} d\theta \sin\theta = \int_{-1}^{1} P_p^m(x) P_q^m(x) dx$$

$$\therefore \int_{-1}^{1} P_p^m(x) P_q^m(x) dx = \frac{2}{(2\ell+1)} \frac{(\ell+m)!}{(\ell-m)!} \cdot \delta_{pq}$$

$$|N|^2 = \frac{1}{2\pi} \cdot \frac{2\ell+1}{2} \frac{(\ell-|m|)!}{(\ell+|m|)!}$$

$$\int_{\theta=0}^{\pi} \int_{\varphi=0}^{2\pi} Y_\ell^m Y_{\ell'}^{m'*} d\Omega = \delta_{\ell\ell'} \delta_{mm'}$$

켤레의 자기복제쌍 관점에서는 0으로 소멸되지 않고 위도와 경도의 직교성 무늬가 그대로 드러난다.

$$|N|^2 = \frac{2\ell+1}{4\pi} \frac{(\ell-|m|)!}{(\ell+|m|)!}$$

$$\int \left| Y_\ell^m(\theta,\varphi) \right|^2 d\Omega = |N|^2 \frac{4\pi}{2\ell+1} \frac{(\ell+|m|)!}{(\ell-|m|)!} = 1$$

$$\int_{\theta=0}^{\pi} \int_{\varphi=0}^{2\pi} Y_\ell^m Y_{\ell'}^{m'*} d\Omega = \frac{4\pi}{(2\ell+1)} \delta_{\ell\ell'} \delta_{mm'}$$

$$\delta_{\ell\ell'} = \begin{cases} 1 & \ell=\ell' \\ 0 & \ell\neq\ell' \end{cases}, \quad \delta_{mm'} = \begin{cases} 1 & m=m' \\ 0 & m\neq m' \end{cases}$$

구면 조화파는 여러 학자들의 다양한 관점이 있어 구면 조화 함수를 분야에 따라 공학적으로 정리하여 활용한다. 이 때문에 후학들이 논리 배경에 가려진 특정 비례상수를 누락하여 혼돈을 야기하는 경우가 종종 있다.

$$P_{\ell m}(x) = (-1)^m P_\ell^m(x)$$

$$Y_{\ell m}(\theta, \varphi) = (-1)^m Y_\ell^m(\theta, \varphi)$$

Laplace Spherical Harmonics 라플라스 구면 조화파

Acoustics 음향학

$$Y_{\ell m}(\theta, \varphi) = \sqrt{\frac{(2\ell+1)(\ell-m)!}{4\pi(\ell+m)!}} \, P_\ell^m(\cos\theta) \, e^{im\varphi}$$

$$\int_{\theta=0}^{\pi} \int_{\varphi=0}^{2\pi} Y_\ell^m Y_{\ell'}^{m'*} d\Omega = \delta_{\ell\ell'} \delta_{mm'}$$

Quantum Mechanics 양자 역학

$$Y_\ell^m(\theta, \varphi) = (-1)^m \sqrt{\frac{(2\ell+1)}{4\pi} \frac{(\ell-m)!}{(\ell+m)!}} \, P_\ell^m(\cos\theta) \, e^{im\varphi}$$

$$\int_{\theta=0}^{\pi} \int_{\varphi=0}^{2\pi} Y_\ell^m Y_{\ell'}^{m'*} d\Omega = \delta_{\ell\ell'} \delta_{mm'}$$

$$\int \left| Y_\ell^m \right|^2 d\Omega = 1 \quad : \text{Normalized}$$

Spectral Analysis 스펙트럼 분석

Geodesy 측량

$$Y_\ell^m(\theta, \varphi) = \sqrt{(2\ell + 1)\frac{(\ell - m)!}{(\ell + m)!}} \, P_\ell^m(\cos\theta) \, e^{im\varphi}$$

$$\frac{1}{4\pi} \int_{\theta=0}^{\pi} \int_{\varphi=0}^{2\pi} Y_\ell^m \, Y_{\ell'}^{m'} {}^* d\Omega = \delta_{\ell\ell'} \, \delta_{mm'}$$

$$@@ \quad \pi = 1, \quad \frac{1}{4\pi} = 1$$

Magnetics 자기학

Schmidt Semi-Normalized Harmonics 슈미트 반 정규화 조화파

$$Y_\ell^m(\theta, \varphi) = \sqrt{\frac{(\ell - m)!}{(\ell + m)!}} \, P_\ell^m(\cos\theta) \, e^{im\varphi}$$

$$\int_{\theta=0}^{\pi} \int_{\varphi=0}^{2\pi} Y_\ell^m \, Y_{\ell'}^{m'} {}^* d\Omega = \frac{4\pi}{(2\ell + 1)} \delta_{\ell\ell'} \, \delta_{mm'}$$

$$@@ \quad 2\ell + 1 = 1, \quad \pi = 1, \quad \frac{1}{4\pi} = 1$$

현미경으로 미시 세계를 세세하게 탐험하다 보면 내가 거시 세계의 어디쯤에 있는가를 망각하기 십상이다.

구면 조화파는 위도파와 경도파를 포괄하는 파동이고, 파동 방정식의 일부를 편광으로 관찰할 때 나타나는 무늬였다.

이런 편광적 관찰법은 그 기본 알고리즘이 편미분에 있으며, 편미분은 나블라와 같이 키클롭스의 세 눈으로 보아야 입체적으로 인식할 수 있다.

구면 조화파를 탐험하고 나서 파동 함수를 포괄적으로 상기하면, 반지름 함수가 눈에 들어온다. 이제 반지름 파동 속으로 탐험할 차례다. 반지름 함수는 라게르 다항식에 그 DNA가 있다고 전해 들었다.

Spherical Wave Relation

$$\Psi = R\Theta\Phi = L_n^\ell\, P_\ell^m\, e^{im_\ell \varphi}$$

$$R_{n,\ell}(r) = L_n^\ell(r) \quad : \text{Associated Laguerre polynomial}$$

$$\Theta_{\ell,m}(\theta) = P_\ell^m(\cos\theta) \quad : \text{Associated Legendre polynomial}$$

$$\Phi(\varphi) = e^{\pm im\varphi} \quad : \text{Complex Circle}$$

$$\Psi_{n,\ell,m_\ell}(e,\theta,\varphi) = R_{n,\ell}(r)\,\Theta_{\ell,m_\ell}(\theta)\,\Phi_{m_\ell}(\varphi)$$

$$\Psi_{n,\ell,m_\ell}(e,\theta,\varphi) = L_n^\ell(r)\, P_\ell^m(\cos\theta)\, e^{im_\ell \varphi}$$

$$\Psi_{n,\ell,m}(\vec{r}) = R_{n,\ell}(r)\, Y_{\ell,m}(\theta,\varphi)$$

$$\int |\Psi_{n,\ell,m}(\vec{r})|^2\, dv = \int |R_{n,\ell}(r)\, Y_{\ell,m}(\theta,\varphi)|^2\, r^2 \sin\theta\, dr\, d\theta\, d\varphi$$

다항식은 자기복제로 존재하는 무한한 우주 생성 알고리즘을 포괄하고 있다. 르장드르 다항식이 무엇을 말하는지 전반적으로 그 흐름을 관조해 보자.

Legendre Polynomials ViewPoints

$$P_n(x) = \sum_{k=0}^{n} a_k x^k \stackrel{@}{=} C \frac{d^n}{dx^n} u(x)$$

$$(1-x^2)\frac{d^2}{dx^2}P_n(x) - 2x\frac{d}{dx}P_n(x) + \ell(\ell+1)P_n(x) = 0$$

$$u(x) = (x^2 - 1)^n = \left(-\sin^2\theta\right)^n$$

Found Seed

결과적으로 르장드르 다항식은 다항식의 세계를 각도의 관점에서 관찰했다. 그리고 각도로 연미분하여 각도의 근본 무늬에 접근한다.

르장드르 알고리즘은 각 다항식을 각도 렌즈로 미분의 확대 배율을 높여가며 양자화를 관찰하는 현미경과 같다.

르장드르 현미경은 위도에 대한 기본 입자를 찾아 연관 르장드르 다항식에 도달하여 전자 오비탈의 무늬를 그려낸다.

$$x = \cos\theta, \quad -\sin^2\theta = \cos^2\theta - 1 = x^2 - 1$$

$$-\sin^2\theta \implies \frac{d^\ell}{d\theta^\ell}\sin^{2\ell}\theta \implies P_\ell \implies \frac{d^m}{d\theta^m}P_\ell \implies P_\ell^m$$

$$P_\ell(\cos\theta) = \frac{1}{2^\ell \ell!}\frac{1}{\sin^\ell\theta}\frac{d^\ell}{d\theta^\ell}\sin^{2\ell}\theta \quad \stackrel{@}{=} \quad \frac{1}{2^\ell \ell!}\frac{d^\ell}{dx^\ell}(x^2-1)^\ell = P_\ell(x)$$

$$P_\ell^m(\cos\theta) = \frac{d^m}{d\theta^m}P_\ell(\cos\theta) \quad \stackrel{@}{=} \quad (-1)^m(1-x^2)^{\frac{m}{2}}\frac{d^m}{dx^m}P_\ell(x) = P_\ell^m(x)$$

$$\Theta_{\ell,m}(\theta) = P_\ell^m(\cos\theta) \quad : \text{Associated Legendre Polynomial}$$

구면 조화파 절댓값 모델

$$|Y_\ell^m(\theta,\varphi)| = N_{\theta\varphi} \cdot |P_\ell^m(\cos\theta)| \cdot |e^{\pm im\varphi}|$$

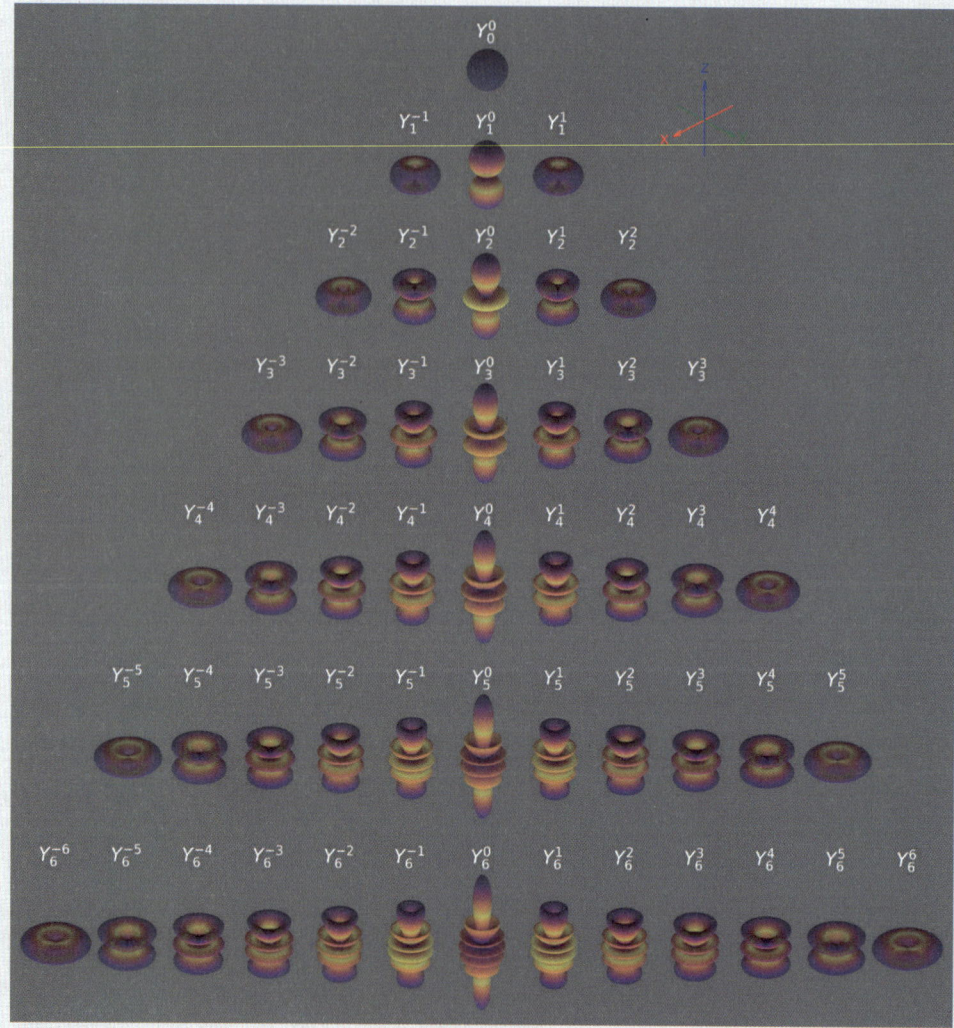